Theorie und Praxis
der Diskursforschung

Herausgegeben von
R. Keller, Augsburg, Deutschland

Seit Mitte der 1990er Jahre hat sich im deutschsprachigen Raum quer durch die verschiedenen sozial- und geisteswissenschaftlichen Disziplinen eine lebendige Szene der diskurstheoretisch begründeten empirischen Diskurs- und Dispositivforschung entwickelt. Nicht nur Qualifikationsarbeiten etwa im Rahmen von Graduiertenkollegs, sondern auch Forschungsprojekte, Methodenwerkstätten und Tagungen oder die von der Deutschen Gesellschaft für Soziologie unlängst vergebenen Nachwuchs-Preise für empirische Diskursstudien dokumentieren die zunehmende Bedeutung des Diskursbegriffs für die Analyse gesellschaftlicher Wissensverhältnisse und Wissenspolitiken. Vor diesem Hintergrund zielt die interdisziplinär angelegte Reihe durch die Veröffentlichung von Studien und Diskussionsbeiträgen auf eine weitere Profilschärfung der Diskursforschung sowie auf die Vorstellung entsprechender Arbeiten für ein breiteres wissenschaftliches Publikum. Die einzelnen Bände werden sich mit theoretischen und methodologischen Grundlagen, methodischen Umsetzungen und empirischen Ergebnissen der Diskurs- und Dispositivforschung sowie mit deren Verhältnis zu anderen Theorieprogrammen und Vorgehensweisen beschäftigen. Vorgesehen ist die Publikation von Forschungsarbeiten aus unterschiedlichen Fachdisziplinen sowie von Sammel- und Tagungsbänden.

Herausgegeben von
Prof. Dr. Reiner Keller,
Universität Augsburg

Birgit Freitag

Die Grüne-Gentechnik-Debatte

Der Einfluss von Sprache auf die Herstellung von Wissen

Birgit Freitag
Heidelberg, Deutschland

Dissertation, Ruprecht-Karls-Universität Heidelberg, 2012

Originaltitel der Dissertation: „Linguistische Diskursanalyse der Grünen-Gentechnik-Debatte in fachexterner Kommunikation und Medienkommunikation"

ISBN 978-3-658-01748-4   ISBN 978-3-658-01749-1 (eBook)
DOI 10.1007/978-3-658-01749-1

Die Deutsche Nationalbibliothek verzeichnet diese Publikation in der Deutschen Nationalbibliografie; detaillierte bibliografische Daten sind im Internet über http://dnb.d-nb.de abrufbar.

Springer VS
© Springer Fachmedien Wiesbaden 2013
Das Werk einschließlich aller seiner Teile ist urheberrechtlich geschützt. Jede Verwertung, die nicht ausdrücklich vom Urheberrechtsgesetz zugelassen ist, bedarf der vorherigen Zustimmung des Verlags. Das gilt insbesondere für Vervielfältigungen, Bearbeitungen, Übersetzungen, Mikroverfilmungen und die Einspeicherung und Verarbeitung in elektronischen Systemen.

Die Wiedergabe von Gebrauchsnamen, Handelsnamen, Warenbezeichnungen usw. in diesem Werk berechtigt auch ohne besondere Kennzeichnung nicht zu der Annahme, dass solche Namen im Sinne der Warenzeichen- und Markenschutz-Gesetzgebung als frei zu betrachten wären und daher von jedermann benutzt werden dürften.

Gedruckt auf säurefreiem und chlorfrei gebleichtem Papier

Springer VS ist eine Marke von Springer DE. Springer DE ist Teil der Fachverlagsgruppe Springer Science+Business Media.
www.springer-vs.de

Meinen Eltern

Danksagung

Für seine stete Unterstützung und seine Ermunterung zur wissenschaftlichen Eigenständigkeit gilt mein besonderer Dank meinem Doktorvater Ekkehard Felder.

Klaus-Peter Konerding, meinem Zweitgutachter, danke ich für seine positiven Anregungen und Motivation.

Für die Aufnahme der Arbeit in die Reihe „Theorie und Praxis der Diskursforschung" schulde ich dem Herausgeber Reiner Keller großen Dank.

Beim Springer VS Verlag, namentlich Elke Flatau und Dorothee Koch, bedanke ich mich für die freundliche Betreuung.

Herzlich danken möchte ich Marcus Müller und Jörn Stegmeier für ihren Zuspruch und ihre fachliche Unterstützung.

Für zahlreiche Gespräche, wertvolle Hinweise und spannenden Austausch danke ich Matthias Attig, Simone Burel, Katharina Bremer, Janine Luth, Friedemann Vogel und nicht zuletzt Angelina Hartnagel.

Bedanken möchte ich mich auch bei meinen Freunden und meiner Schwester für ihr Verständnis und ihre Aufgeschlossenheit gegenüber dieser Aufgabe.

Meinen Eltern gebührt besonderer Dank für ihr Vertrauen und ihre unentbehrliche Unterstützung.

Geleitwort

Was wir an Spezialwissen erwerben, wird von Diskursakteuren mit Hilfe der natürlichen Sprache vermittelt. Sprache ist dabei kein neutrales Medium, das 1:1 fest Vorgegebenes wiedergibt, sondern Protagonisten versprachlichen bestimmte Wissenskomponenten ganz spezifisch aus ihren Rollen heraus innerhalb komplexer Kommunikationssituationen. Noch vielschichtiger wird es, wenn diese Wissensbestände beurteilt werden. Denn die jeweiligen Formen der Versprachlichung enthalten Perspektiven, die das Wissen der Rezipienten prägen und Akzeptanz schaffen sollen. Dieser Umstand ist von zentraler Bedeutung, wenn Fachleute für Laien Spezialwissen zubereiten und wenn Medien über die Auseinandersetzung verschiedener Fachleute und Institutionen berichten.

Mit diesem Problemkreis beschäftigt sich die interdisziplinär ausgerichtete Untersuchung von Birgit Freitag. Das Thema der Dissertation ist im Forschungsbereich der Diskurslinguistik und der Wissenschaftskommunikation einzuordnen. Die Autorin legt auf der empirischen Basis eines umfangreichen Textkorpus einen linguistisch fundierten Untersuchungsansatz vor, der neue Einblicke in eine bereits seit Jahren geführte Debatte über die Folgen (sog. Chancen und Risiken) veränderter biotechnischer Möglichkeiten eröffnet. Sie objektiviert zum Beispiel das Phänomen der Diskursverhärtung und macht im Rahmen einer hermeneutischen Auswertung mit Hilfe korpuslinguistischer Analyseverfahren deutlich, wie vor allem der Kampf um rechtliche und antizipierte Sachverhalte zu solchen Diskursverhärtungen führt. Dazu werden systematisch die Sprachhandlungsstrategien der zentralen Diskursakteure herausgearbeitet und verglichen. Damit wird auch das Machtgefüge diskursiver Formationen unter kommunikationstheoretischen und -praktischen Gesichtspunkten offengelegt.

Der Autorin Birgit Freitag gelingt es, einen grundständig anders gelagerten Zugriff auf eine prominente Debatte vorzulegen, der im Unterschied zu Diskursanalysen der Soziologie oder Politikwissenschaft die sprachliche Oberfläche zum Ausgangspunkt der Untersuchung macht. Im Rahmen einer Linguistischen Diskursanalyse (LDA) wird deutlich, welche Rolle die Sprache bei der Herstellung (kollektiven) Wissens einnimmt und wie die interessengeleiteten Diskursprotagonisten den Sachverhalt perspektiviert in den Diskurs einbringen.

Birgit Freitag stellt ein überzeugendes und praktikables Analysemodell des Wissenstransfers naturwissenschaftlicher und technischer Erkenntnisse und Möglichkeiten vor, das mit Sicherheit für ähnliche Untersuchungen inspirierend, wenn nicht sogar maßgebend sein wird.

Heidelberg, im März 2013   Prof. Dr. Ekkehard Felder

Inhaltsverzeichnis

Abbildungsverzeichnis 15
Abkürzungsverzeichnis 17
1 Einleitung 21
   1.1 Thema und Einordnung 21
   1.2 Geisteswissenschaftlicher Forschungsstand im Bereich Grüne Gentechnik 22
   1.3 Forschungsziel und Erkenntnisinteresse 23
   1.4 Methodik und Aufbau 24
2 Erkenntnistheoretischer Hintergrund 29
   2.1 Herstellung von Gegenstandsbezügen 29
   2.2 Bedeutungsherstellung 31
   2.3 Diskursakteure 32
   2.4 Macht und Diskurs 33
   2.5 Sprache und Wissen – Konstituierung von Sachverhalten ... 35
   2.6 Kampf um Wissen 37
      2.6.1 Wissensbegriff 37
      2.6.2 Kulturelle Praxen, Erfahrungswissen, Erklärungswissen und agonaler Sprachgebrauch 38
      2.6.3 Wissen und Gesellschaft 40
      2.6.4 Dissens bei der Wissenskonstitution 41
   2.7 Medialität der Wissensvermittlung 42
3 Linguistische Diskursanalyse (LDA): Methodik 45
   3.1 Grundlage der Untersuchung: die Korpora zur Grünen Gentechnik .. 45
      3.1.1 Erstellung des fachexternen Korpus 47
      3.1.2 Erstellung des Medienkorpus 48
   3.2 Hermeneutische Diskursanalyse 49
      3.2.1 Linguistische Diskursanalyse (LDA) als hermeneutisches Vorgehen 49
      3.2.2 Eruierung von Wissenseinheiten 51
   3.3 Korpuslinguistische Diskursanalyse 55

4	Empirische Untersuchung des fachexternen Diskurses: hermeneutische Vorgehensweise	61
4.1	Erscheinungsformen des fachexternen Diskurses	61
4.1.1	Fachexterne Kommunikation	62
4.1.2	Fachlichkeitsgrad	63
4.1.3	Fachexterner Diskurs – Textklasse	69
4.1.4	Fachexterner Diskurs – Textfunktion	71
4.1.5	Blogosphäre und Online-Enzyklopädie Wikipedia	71
4.1.5.1	Blogosphäre	72
4.1.5.2	Online-Enzyklopädie Wikipedia	73
4.2	Diskursakteure der fachexternen Kommunikation	74
4.2.1	Politik	75
4.2.1.1	Bundestagsfraktionen	75
4.2.1.2	Bundesministerien	81
4.2.2	Wissenschaft	90
4.2.2.1	Stellungnahme der wissenschaftlichen Akademien	90
4.2.2.2	Deutsche Forschungsgemeinschaft (DFG)	91
4.2.2.3	Fachverlag (Wiley InterScience): einzelne Wissenschaftler	92
4.2.2.4	Wissenschaftliche Lehrbücher/ Scientific Community	94
4.2.2.5	Transfer-Akteure (Spiegel für den Unterricht – Unterrichtsmagazin Gentechnik II (spiegel@klett))	96
4.2.3	Wissenschaft/ Industrie	96
4.2.4	Industrie	98
4.2.4.1	Interessenverbände	98
4.2.4.2	Unternehmen	102
4.2.5	Nichtregierungsorganisationen	106
4.2.6	Blogosphäre	112
4.2.6.1	ScienceBlogs-Portal – Redaktion	113
4.2.6.2	Einzelne Blogs des Scienceblogs-Portals	113
4.2.6.3	Blogleser	117
4.2.7	Online-Enzyklopädie Wikipedia	118
4.2.8	Kirche	118
4.2.8.1	Gemeinsame Positionspapiere der Evangelischen und Katholischen Kirche in Deutschland	118
4.2.8.2	Evangelische Kirche	120
4.2.8.3	Römisch-katholische Kirche	122
4.3	Sprachhandlungskategorien	124

Inhaltsverzeichnis 13

4.3.1 Sachverhaltsfestsetzung und Sachverhaltsabgrenzung –
 Grüne Gentechnik 126
4.3.2 Sachverhaltsverknüpfung 148
4.3.3 Sachverhaltsbewertung 150
4.4 Handlungsstrategien der Diskursakteure im Kampf um Wissen 158
4.4.1 Kampf um Wissen – Semantische Kämpfe 159
    4.4.1.1 Bezeichnungskonkurrenz 160
    4.4.1.2 Bedeutungsfixierung 174
4.4.2 Kampf um Wissen – Diskursverhärtungen 236
    4.4.2.1 Kampf um rechtliche Sachverhalte 238
    4.4.2.2 Kampf um antizipierte Sachverhalte 257
4.4.3 Kampf um Wissen – Argumentation und Dialogizität 269
4.4.4 Kampf um Wissen – Themensetzung und Themenausblendung .. 327
    4.4.4.1 Von ablehnender Akteursgruppe dominierte Themen 327
    4.4.4.2 Hauptsächlich von Befürwortern besetzte Themen 349
4.5 Sprachliche Strategien beim Kampf um Wissen 360
4.5.1 Verstärkung der Glaubwürdigkeit 361
    4.5.1.1 Bezugnahme auf Autoritäten (auctoritas) 361
    4.5.1.2 Bezugnahme auf Studien 369
    4.5.1.3 Bezugnahme auf ein Beispiel (inductio) 372
4.5.2 Diskreditierung des Gegners 373
    4.5.2.1 Indirekte Kritik an Forschung –
          Bezugnahme auf einen Akteur 375
    4.5.2.2 Direkte Kritik an Forschung 376
    4.5.2.3 Kritik üben am Verhalten des Gegners 378
    4.5.2.4 Zuschreibung von Einstellungen 379
4.5.3 Adressatenorientierung 379
    4.5.3.1 Herstellung von Gruppenzugehörigkeit 379
    4.5.3.2 Inklusives „wir" 381
    4.5.3.3 Herstellung von Volksnähe:
          fachexterner Sprachgebrauch 384
4.5.4 Versuch der Faktizitätsherstellung bzw.
 des Anspruchserhebens auf Gültigkeit 384
    4.5.4.1 Absolutheitsanspruch 387
    4.5.4.2 Kausalitätsherstellung 396
4.6 Ergebnisse der empirischen Untersuchung
 des fachexternen Diskurses 400

5	Empirische Untersuchung des fachexternen Diskurses und des Mediendiskurses: exemplarische korpuslinguistische Verfahren 403
5.1	Eingesetzte Software und Vorgehensweise 403
5.1.1	Software 403
5.1.1.1	Korpus-Tagging 403
5.1.1.2	LDA-Tool 404
5.1.1.3	AntConc 405
5.1.2	Konkordanz-Auswertung 405
5.2	Erscheinungsformen des Mediendiskurses 406
5.2.1	Medienkommunikation 406
5.2.2	Massenmedialität 407
5.2.3	Pressetexte 408
5.3	Keyword-Analyse 410
5.3.1	Fachexternes Korpus versus Medienkorpus 411
5.3.2	Gegner versus Befürworter des fachexternen Korpus 428
5.4	N-Gramm-Analyse 433
5.4.1	Medienkorpus versus Mauerkorpus 434
5.4.2	Konkordanzanalyse des Determinans „Designer-" 438
5.5	Diskursverhärtungen: Überprüfung der Konzepte im Mediendiskurs 442
5.5.1	Konzept ›Verbreitung‹ 442
5.5.1.1	Konzeptattribut ‚nicht aufhaltbar' 443
5.5.1.2	Konzeptattribut ‚aufhaltbar' 445
5.5.2	Konzept ›Technikfolge von Herbizidtoleranzen‹ 446
5.5.2.1	Konzeptattribut ‚Keine Existenz von Superunkräutern' und ‚Existenz von resistenten Unkräutern' 446
5.5.2.2	Konzeptattribut ‚Existenz bzw. Entstehen von Superunkräutern' 447
5.5.3	Konzept ›Rückholung‹ 449
5.6	Ergebnisse der empirischen Untersuchung des fachexternen Diskurses und des Mediendiskurses 450
6	Schlussbetrachtung 451
7	Literaturverzeichnis 459

Abbildungsverzeichnis

Tabellen

Tabelle 1: Notation. 27
Tabelle 2: Dimensionen von Wissen. 38
Tabelle 3: Dialogizität. 271

Grafiken

Grafik 1: Semiotisches Dreieck. 31
Grafik 2: Moderne Pflanzenzucht/ Biotechnologie/ Grüne Gentechnik. 148
Grafik 3: Semantischer Kampf - Dissens, die Sprache betreffend. 160
Grafik 4: Diskursverhärtung – rechtliche oder
    antizipierte Sachverhalte betreffender Dissens. 238
Grafik 5: Fremde Redewiedergabe. 363
Grafik 6: Feldmodell der Massenkommunikation. 408

Abkürzungsverzeichnis

AbL	Aktionsgemeinschaft bäuerliche Landwirtschaft
ADL	Ausschuss für den Dienst auf dem Lande in der Evangelischen Kirche in Deutschland
AE	Amerikanisches Englisch
AGKOD	Arbeitsgemeinschaft der katholischen Organisationen Deutschlands
AGU	Arbeitsgemeinschaft der Umweltbeauftragten der Gliedkirchen in der EKD
Art.	Artikel
BASF	Weltweit agierendes Chemieunternehmen
BBA	Biologische Bundesanstalt für Land- und Forstwirtschaft
BCE	Industriegewerkschaft Bergbau, Chemie, Energie
BDP	Bundesverband Deutscher Pflanzenzüchter e. V.,
BE	Britisches Englisch
B.F.	Siglum der Verfasserin (Birgit Freitag)
BFE	Bundesforschungsanstalt für Ernährung
BfEL	Bundesforschungsanstalt für Ernährung und Lebensmittel
BfN	Bundesamt für Naturschutz
BfR	Bundesinstitut für Risikobewertung
BfT	Bundesverband für Tiergesundheit e.V.
BGA e.V.	Bundesverband Großhandel, Außenhandel, Dienstleistungen
BGBl	Bundesgesetzblatt
BGH	Bundesgerichtshof
BLL	Bund für Lebensmittelrecht und Lebensmittelkunde e.V.
BMBF	Bundesministerium für Bildung und Forschung
BMELV	Bundesministerium für Ernährung, Landwirtschaft und Verbraucherschutz
BMJ	Bundesministerium der Justiz
BML	Bundesministerium für Ernährung, Landwirtschaft und Forsten
BMU	Bundesministerium für Umwelt, Naturschutz und Reaktorsicherheit
BSA	Bundessortenamt
BSE	Bovine spongiforme Enzephalopathie
Bt 63	gentechnisch veränderter Mais

Bt	*bacterium thuringiensis* (z. B.: Der Bt-Mais ist eine Variante des GV Mais, in die ein oder mehrere Gene des Bakteriums *bacterium thuringiensis* eingeschleust wurden.
BUND	Bund für Umwelt und Naturschutz Deutschland e.V.
BVerfG	Bundesverfassungsgericht
BVerwG	Bundesverwaltungsgericht
BVE	Bundesvereinigung der Deutschen Ernährungsindustrie e.V.
BMVEL	Bundesministerium für Verbraucherschutz, Ernährung und Landwirtschaft
BVL	Bundesamt für Verbraucherschutz und Lebensmittelsicherheit
bzw.	beziehungsweise
CADS	Corpus-Assisted Discourse Studies
CAMD	computer-aided molecular design
CDU	Christlich Demokratische Union
CSU	Christlich Soziale Union
DBK	Deutsche Bischofskonferenz
DBV	Deutscher Bauernverband e. V.,
DIB	Deutsche Industrievereinigung Biotechnologie
DIMEAN	Diskurslinguistische Mehr-Ebenen-Analyse
DFG	Deutsche Forschungsgemeinschaft
DGE	Deutsche Gesellschaft für Ernährung e. V.
d. h.	das heißt
DLG	Deutsche Landwirtschafts-Gesellschaft e.V.
DNA/ DNS	Desoxyribonucleic acid/ Desoxyribonukleinsäure
DPMA	Deutsches Patent- und Markenamt
DRV	Deutscher Raiffeisenverband e. V., IG
DVT	Deutscher Verband Tiernahrung e.V.
ebd.	ebenda; ebendort
etc.	et cetera
EFSA	European Food Safety Authority; die Europäische Behörde für Lebensmittelsicherheit
EGGenTDurchfG	Gesetz zur Durchführung der Verordnungen der Europäischen Gemeinschaft oder der Europäischen Union auf dem Gebiet der Gentechnik und über die Kennzeichnung ohne Anwendung gentechnischer Verfahren hergestellter Lebensmittel
EKD	Evangelische Kirche in Deutschland

EKD	Evangelische Kirche in Deutschland
et al.	et alii
EU	Europäische Union
e. V.	eingetragener Verein
FAO	Ernährungs- und Landwirtschaftsorganisation der Vereinten Nationen (engl.: Food and Agriculture Organization of the United Nations, FAO)
FAS	Frankfurter Allgemeine Sonntagszeitung
FAZ	Frankfurter Allgemeine Zeitung
FDP	Freie Demokratische Partei
FNL	Fördergemeinschaft Nachhaltige Landwirtschaft e.V.
FR	Frankfurter Rundschau
GeN	Gen-ethisches Netzwerk e.V.
GenTG	Gesetz zur Regelung der Gentechnik
GenTRNeuordG	Gesetz zur Neuordnung des Gentechnikrechts
GG	Grundgesetz für die Bundesrepublik Deutschland
GFP	Gemeinschaft zur Förderung der privaten deutschen Pflanzenzüchtung e.V.
GM	genetically modified
GMO	genetically modified organism
GPZ	Gesellschaft für Pflanzenzüchtung e.V.
GV	gentechnisch verändert
GVO	gentechnisch veränderter Organismus
IAASTD	"International Assessment of Agricultural Science and Technology for Development"
ICC	Deutschland e.V. Internationale Handelskammer
IDG	Informationsdienst Gentechnik
IVA	Industrieverband Agrar e.V.
IVA	Industrieverband Agrar e. V. und
KAS	Konrad-Adenauer-Stiftung
KLB	Katholische Landvolkbewegung
KLJB	Katholische Landjugendbewegung Deutschlands
KWIC	Keywords in Context
KWS	KWS SAAT AG
LDA	Linguistische Diskursanalyse
LL 601	*LL601* ist ein gentechnisch veränderter Reis des deutschen Konzerns Bayer CropScience
MON 810	Bt-Mais der Linie MON 810 des US-amerikanischen Agrarkonzerns Monsanto

MRI	dem Max Rubner-Institut, Bundesforschungsinstitut für Ernährung und Lebensmittel
NABU	Der Naturschutzbund Deutschland e.V.
NGO	Non-Governmental Organization
NK 603	Gentechnisch veränderter Mais des US-amerikanischen Agrarkonzerns Monsanto
OECD	Die Organisation für wirtschaftliche Zusammenarbeit und Entwicklung (engl.: *Organisation for Economic Co-operation and Development, OECD*)
OVID	Verband der Ölsaatenverarbeitenden Industrie in Deutschland e.V.
POS	*Part-of-Speech*
SPD	Sozialdemokratische Partei Deutschlands
STTS	Stuttgart-Tübingen Tagset
SZ	Süddeutsche Zeitung
u. a.	und andere(s); unter anderem; unter anderen
UBA	Umweltbundesamt
UFOP	Verband der Chemischen Industrie e.V. (VCI)
VdG	*Verein der Getreidehändler* der Hamburger Börse e.V.
VDOe	Verband Deutscher Oelmühlen e.V.
VDMA	Verband Deutscher Maschinen- und Anlagenbau e.V.
Vgl.	vergleiche
VLI	Verbindungsstelle Landwirtschaft – Industrie e.V.
VO 1829/2003/EG	Verordnung (EG) Nr. 1829/2003 des Europäischen Parlaments und des Rates vom 22. September 2003 über genetisch veränderte Lebensmittel und Futtermittel
VBIO	Verband Biologie, Biowissenschaften und Biomedizin in Deutschland e.V.
WHO	Die Weltgesundheitsorganisation (engl.: *World Health Organization*, WHO)
WWW	World Wide Web
z. B.	zum Beispiel
ZdK	Zentralkomitee der deutschen Katholiken
z. T.	zum Teil

1 Einleitung

1.1 Thema und Einordnung

Die Debatten um Grüne Gentechnik, Energie, Nanotechnologie und Sterbehilfe bewegen unsere Gesellschaft. Nicht ohne Grund handelt es sich bei der Mehrzahl dieser Themen um Sachverhalte, die aufgrund ihrer fachlichen Komplexität nur schwer einen breiten gesellschaftlichen Konsens erzielen. Gerade der Diskurs um die Grüne Gentechnik[1] ist sehr umstritten und kontrovers. Das Unternehmen KWS SAAT AG spricht sogar von einem Dissens, der zum „fundamentalen Glaubenskrieg" geworden sei (KWS)[2].

Kontroverse Diskurse um fachliche Themen stehen für eine Gesellschaft, in der Wissen große Bedeutung erlangt hat; man bezeichnet sie bisweilen als Wissensgesellschaft (Schulz-Schaeffer/ Böschen 2003: 9). Zwar wird innerhalb dieser Wissensgesellschaft der Wissenschaft ein hoher Stellenwert zugesprochen, es wäre jedoch unangebracht, vom Entstehen einer Wissenschaftsgesellschaft zu sprechen, in der die Zunahme wissenschaftlichen Wissens und dessen weitreichendere Verbreitung ein wesentliches Merkmal darstellen würden (ebd.). Denn schließlich ist das Wissen, das über einen umstrittenen Sachverhalt existiert, mitnichten vorwiegend von der Wissenschaft geprägt. Ganz im Gegenteil: Wissen, das über einen gesellschaftlich umstrittenen Gegenstand besteht, erhalten die Gesellschaftsmitglieder über verschiedene gesellschaftliche Bereiche und deren

---

1 Da bereits in der Bezeichnung des Referenzobjekts Perspektivität zum Ausdruck gebracht wird, wird hier nun offen gelegt, dass im Folgenden in geisteswissenschaftlicher Tradition der Ausdruck „Grüne Gentechnik" für das Referenzobjekt verwendet wird, auf das im naturwissenschaftlichen Kontext häufig auch durch die alternativen Bezeichnungen Pflanzengentechnik, Pflanzenbiotechnologie, Pflanzenzüchtung oder auf das im gegnerischen Umfeld als Agrogentechnik usw. Bezug genommen wird. Beim Bezug auf die vorgenommene Wahl der Großschreibung der Grünen Gentechnik beruft sich die vorliegende Arbeit auf die Einordnung von Eisenberg, dass „[...] die Eigennamen und die Substantive [großgeschrieben werden]. Ist ein Eigenname zusammengesetzt, so gilt Großschreibung für alle seine Bestandteile außer für Artikel, Präpositionen und Konjunktionen, die nicht am Anfang des Eigennamens stehen" (Eisenberg ³2006: 342f). Grüne Gentechnik wird hier als ein Eigenname für eine Technologie behandelt.

2 KWS (Juni 2009) – KWS im Dialog – Moderne Pflanzenzüchtung – Aktuelles für Entscheidungsträger; der Text ist Bestandteil des fachexternen Korpus.

Vertreter. Zu einem großen Anteil setzt sich das gesellschaftliche Wissen über einen kontroversen Sachverhalt nicht nur aus direkten Quellen von den an einer Debatte beteiligten Akteuren zusammen, sondern wird den Bürgern auch über Medien zugetragen. Somit ist es gerechtfertigt, von einer „Pluralisierung von Wissensformen" (ebd.: 10) zu sprechen. Diese Pluralisierung bietet Anlass, die Art und Weise der Vermittlung zu hinterfragen. Denn jeder Informationsgeber vermittelt das Wissen entsprechend seiner Haltung in Bezug auf den zu vermittelnden Sachverhalt. Eine linguistische Diskursanalyse eignet sich besonders, um diese sprachliche Gestaltetheit offenzulegen. Deshalb verschreibt sich die vorliegende diskurslinguistische Arbeit der Aufgabe, am Beispiel des fachexternen[3] Diskurses und des Mediendiskurses der Grünen-Gentechnik-Debatte, das sprachliche Gestaltungspotenzial bei der Herstellung von Wissen aufzuzeigen.

1.2 Geisteswissenschaftlicher Forschungsstand im Bereich Grüne Gentechnik

Bei der vorliegenden Arbeit handelt es sich nicht um die erste geisteswissenschaftliche Untersuchung, die sich mit dem Gegenstand der Gentechnik befasst. Tatsächlich existieren bereits diverse Untersuchungen, die sich aus einer sozial- bzw. medienwissenschaftlichen Perspektive dieses Diskursthemas angenommen haben. Deren methodisches Vorgehen umfasst vor allem Befragungen von Bürgern zu ihrer Einstellung über Gentechnik, Inhaltsanalysen der Darstellung von Gentechnik in den Medien sowie Technikfolgenabschätzungen in Bezug auf die Grüne Gentechnik. Hierzu werden beispielsweise die Arbeiten von Hans Mathias Kepplinger et al. (1991), Ortwin Renn und Jürgen Hampel (1999) sowie Heinz Bonfadelli und Urs Dahinden (2002) gezählt. Christian Schwarke (2000) untersuchte die Gentechnik im Kontext wissenschafts- und technikethischer Konflikte.

Explizit mit der Grünen Gentechnik befassen sich die wissenschaftliche Technikfolgenabschätzung von Achim Bühl (2009), in welcher er diese gegenwärtig als ein „sinnloses Risiko" beurteilt (Bühl 2009: 438 und 443), sowie die Arbeit von Jörg Oberthür (2008), die eine soziologische Perspektive verfolgt. Oberthür untersucht anhand eines diskursanalytischen Ansatzes die sozialen Bedingungen der Einführung von gentechnischen Verfahren im Bereich Landwirtschaft und Pflanzenzucht. Im Rahmen des 2001 von der Bundesregierung

---

3   In einem fachexternen Diskurs werden keine fachinternen Texte analysiert, sondern die Kommunikation zwischen Experten und Laien, also Texte, die von Experten verfasst sind und sich an Laien richten.

(BMVEL) initiierten „Diskurs grüne Gentechnik" beschäftigt er sich mit von den beteiligten Akteuren angewandten „Frames"[4]. Seine qualitative Analyse bietet einen Einblick in die verschiedenen Argumentationsstrategien der Gegner bzw. Befürworter der Grünen Gentechnik.

In Abgrenzung zu dem dargestellten Forschungsstand im Bereich Grüne Gentechnik besteht der innovative Beitrag der vorliegenden Arbeit darin, aufzuzeigen, welchen Beitrag Sprache bei der Konstitution von Wissen leistet, und im Hinblick auf einen umstrittenen Sachverhalt deutlich zu machen, welche sprachlichen Strategien die Akteure bewusst oder unbewusst einsetzen, um ihre Position bezüglich der Grünen Gentechnik durchzusetzen.

1.3 Forschungsziel und Erkenntnisinteresse

Originäres Forschungsziel dieser Arbeit ist es, am Beispiel der Grünen-Gentechnik-Debatte zu veranschaulichen, wie groß der Einfluss von Sprachverwendung in Bezug auf die Herstellung von Wissen ist.

Dadurch soll ein Beitrag zur Sensibilisierung für die Macht der Sprache geleistet und ein bewussterer Umgang mit der Sprachverwendung hinsichtlich umstrittener Sachverhalte gefördert werden.

Deshalb sollen im Laufe der Arbeit folgende Erkenntnis leitende Fragen beantwortet werden:

1. Wie lassen sich die Erscheinungsformen des fachexternen Diskurses aus varietätenlinguistischer Perspektive beschreiben?
2. Was ist die einzelne Funktion der Akteure des fachexternen Diskursausschnitts und wie positionieren sie sich zur Grünen Gentechnik? Kann man eine Kohärenz zwischen dem sprachlichen Handeln der Diskursakteure und ihrer offen gelegten Denkhaltung erkennen?
3. Welche Erkenntnisse liefert die Analyse der Sprachhandlungskategorien mit Blick auf den fachexternen Diskurs der Grünen-Gentechnik-Debatte?
4. Dient die Eruierung „semantischer Kämpfe", „Diskursverhärtungen", „Argumentation und Dialogizität" und „Themensetzung und Themenausblendung" dazu, die Bedingtheit der Konstitution fachlichen Wissens im fachexternen Diskurs zur Grünen Gentechnik durch die Sprachverwendung zu verdeutlichen?
5. Wie agieren die am Diskurs beteiligten Akteure und welche sprachlichen Strategien setzen sie bewusst oder unbewusst ein, um ihre Position in Bezug auf den untersuchten Gegenstand durchzusetzen?

---

4 Im soziologischen Kontext werden mit Frames Argumentationsmuster bezeichnet.

6. Bieten die ausgewählten korpuslinguistischen Verfahren die Möglichkeit, Differenzen zwischen fachexternem Diskurs und Mediendiskurs aufzuzeigen, und kann durch sie das sprachliche Handeln der medialen Akteure bei der Vermittlung von Wissen über die Grüne Gentechnik verdeutlicht werden?

Diese Arbeit versteht sich als deskriptive linguistische Diskursanalyse. Damit schließt sie sich einer diskurslinguistischen Tradition an und legt ihren Fokus auf die Beschreibung des Einflusses von Sprache bei der Konstituierung von Wissen.

1.4 Methodik und Aufbau

Um das Forschungsziel, die sprachliche Einflussnahme auf das der Gesellschaft vermittelte Fachwissen anhand fachexterner Texte und Medienartikeln, aufzuzeigen, wird auf das methodische Spektrum der linguistischen Diskursanalyse zurückgegriffen und induktiv ermittelt, welche Verfahren sich am besten im untersuchten Diskurs bewähren. Im Folgenden wird die Vorgehensweise der vorliegenden Arbeit beschrieben und ihr Aufbau dargestellt.

In einem erkenntnistheoretischen Teil der Arbeit wird der theoretische Hintergrund der Arbeit beleuchtet und Kapitel 2 dient der Vorstellung der theoretischen Prämissen, auf denen die Methodik der Analyse aufbaut. Dabei wird erläutert, wie das Verständnis des Zusammenhangs von Sprache und Denken gestaltet ist und wie Bedeutung hergestellt wird. Des Weiteren wird die Relevanz von Diskursakteuren aufgezeigt und es wird dargelegt, welcher Wissensbegriff verwendet wird. Insbesondere wird veranschaulicht, welchen Einfluss die Akteure durch ihren Sprachgebrauch in einem gesellschaftlich relevanten Diskurs auf die Herstellung von Wissen nehmen, das den einzelnen Bürgern auf mediale Weise zugänglich wird.

Im darauf folgenden methodisch ausgerichteten Kapitel 3 wird dargestellt, dass der Untersuchung ein fachexternes Korpus und ein Medienkorpus zugrunde liegen, und es werden Kriterien definiert, die bei der Zusammenstellung linguistischer Korpora zu beachten sind. In den Zusatzmaterialien auf der Produktseite dieses Buches unter www.springer.com werden alle Texte des fachexternen Diskurses (Kapitel 1.1) und des Mediendiskurses (Kapitel 1.3) aufgelistet.

Die empirische Untersuchung des fachexternen Diskurses verfolgt eine deskriptiv orientierte linguistische Diskursanalyse (LDA). Diese wird in ein hermeneutisches Verständnis der Diskurslinguistik eingeordnet und erläutert, welche Wissenseinheiten zum Nachvollzug der Herstellung von Wissen eruiert werden und warum die hermeneutische Vorgehensweise bei der Untersuchung des fachexternen und des Mediendiskurses um korpuslinguistische Verfahren ergänzt

Methodik und Aufbau

wird. Um dies zu verdeutlichen, wird erklärt, wodurch sich korpuslinguistische Verfahren auszeichnen und aus welchem Grund sie sich dafür eignen, im Rahmen der vorliegenden linguistischen Diskursanalyse angewandt zu werden. Zudem wird erklärt, was unter den Begriffen Korpus und Korpuslinguistik verstanden wird.

In der empirischen Untersuchung des fachexternen Diskurses der Arbeit (Kapitel 4) werden zunächst die Erscheinungsformen des fachexternen Diskurses aufgezeigt. Dabei wird auf die fachexterne Kommunikation, den Fachlichkeitsgrad der Texte, die Textklasse und Textfunktion sowie gesondert auf den Bereich Blogosphäre und die Online-Enzyklopädie Wikipedia eingegangen.

Anschließend werden die Diskursakteure des fachexternen Diskurses vorgestellt, deren Funktion im Diskurs erläutert und deren Position in Bezug auf die Grüne Gentechnik so weit wie möglich offengelegt.

Nachfolgend werden die drei Sprachhandlungstypen „Sachverhaltsfestsetzung und Sachverhaltsabgrenzung", „Sachverhaltsverknüpfung" und „Sachverhaltsbewertung" vorgestellt und diese auf den Diskurs angewandt.

Im Kapitel „Handlungsstrategien der Diskursakteure im Kampf um Wissen" werden „Semantische Kämpfe", „Diskursverhärtungen", „Argumentation und Dialogizität" und „Themensetzung" bzw. „Themenausblendung" theoretisch begründet und empirisch eruiert. Im Unterkapitel „Semantische Kämpfe" wird erläutert, wie sich der Anspruch der Diskursakteure auf Geltung in einem Kampf um Wissen äußert und was unter semantischen Kämpfen und den untergeordneten Bezeichnungskonkurrenzen und Bedeutungsfixierungen zu verstehen ist.

Im Unterkapitel „Diskursverhärtungen" wird dargestellt, was als eine Diskursverhärtung aufgefasst wird und warum diese in einen Kampf um rechtliche Sachverhalte und Kampf um antizipierte Sachverhalte aufgesplittert werden kann. Im Unterkapitel „Argumentation" werden in Bezug auf verschiedene Themen des Diskurses, nicht nur inhaltliche Argumentationsverläufe, sondern auch Diskursdialogizität bei der Argumentation aufgezeigt. Zudem wird die Kategorie „Themensetzung und Themenausblendung" näher beleuchtet.

In dem reflektierenden Kapitel 4.5 („Sprachliche Strategien beim Kampf um Wissen") werden sprachliche Strategien wie die „Verstärkung der Glaubwürdigkeit", „Diskreditierung des Gegners", „Adressatenorientierung" und der „Versuch der Faktizitätsherstellung bzw. des Ansprucherhebens auf Gültigkeit", die die Akteure des fachexternen Diskurses verwenden, theoretisch fundiert und an Textauszügen exemplarisch aufgezeigt.

In der empirischen Analyse des fachexternen Diskurses und des Mediendiskurses über die Grüne-Gentechnik-Debatte im Vergleich (Kapitel 5) wird die bisherige hermeneutische Auswertung des Diskurses um einzelne exemplarische korpuslinguistische Verfahren ergänzt.

Die empirische Untersuchung des fachexternen Diskurses und des Mediendiskurses anhand exemplarischer korpuslinguistischer Verfahren beginnt mit der Darstellung der verwendeten Software und erläutert, was unter einer Konkordanz-Auswertung zu verstehen ist, die wiederholt verwendet wird, um die einzelnen computergestützten Vorgehensweisen zu ergänzen. Des Weiteren werden die Zusammenhänge von Medienkommunikation, Massenmedialität und die Erscheinungsform der Pressetexte erläutert.

Die exemplarischen korpuslinguistischen Verfahren umfassen sowohl *corpus-driven* als auch *corpus-based* Verfahren. Die *corpus-driven* Verfahren beinhalten eine Keyword-Analyse, anhand derer ein Vergleich zwischen dem fachexternen Korpus und dem Medienkorpus sowie zwischen dem Sprachgebrauch der Gegner und Befürworter des fachexternen Diskurses vorgenommen wird. Im weiteren Verlauf erfolgt eine N-Gramm-Analyse, bei der signifikante N-Gramme des Mediendiskurses ermittelt werden. Ein exemplarisches *corpus-based* Verfahren stellt die Überprüfung hermeneutisch ermittelter Diskursverhärtungen dar.

Zum Abschluss der Arbeit wird in Kapitel 6 eine Schlussbetrachtung vorgenommen, welche das anfangs aufgestellte Forschungsziel reflektiert und die aufgeworfenen erkenntnisleitenden Fragen zu beantworten sucht.

In der empirischen Untersuchung des fachexternen Diskurses werden meist exemplarische Textbelege aufgeführt. Weitere ergänzende Textbelege finden sich in Kapitel 1.2 und die ergänzenden Textbelege der exemplarischen korpuslinguistischen Verfahren finden sich in Kapitel 1.4 in den Zusatzmaterialien auf der Produktseite dieses Buches unter www.springer.com. Im weiteren Text wird auf dezidierte Hinweise zu den entsprechenden Textstellen in den Zusatzmaterialien bis auf wenige Ausnahmen verzichtet.

Die im Folgenden vorgestellte Notation gilt für die gesamte Arbeit und dient dazu, linguistische Interpretationshilfen von dargestellten Sachverhalten zu differenzieren und die sprachliche Gestaltung der Arbeit möglichst transparent zu machen.

Zur Notation	Beispiel
Objektsprachliches wird kursiv gesetzt.	Der Ausdruck *Freisetzung*
Referenzobjekte werden in Kapitälchen gesetzt.	Die HAFTUNGSREGELN sind sehr umstritten.
Konzepte werden in Klammern gesetzt: ›X‹.	Das Konzept ›NACHHALTIGKEIT‹ ist abhängig vom Wertesystem des Akteurs.
Themen werden durch einen senkrechten Doppelstrich notiert: |X|.	Das Thema |GENFOOD| beschäftigt die gesamte Republik.
In einfache Anführungszeichen ‚X' werden die **Teilelemente** gesetzt (z. B. Konzeptattribut, Haltung zu einem Sachverhalt und Argument), die den Wissenseinheiten (Konzept, Sachverhalt und Thema) zuzuordnen sind.	Dem Konzept haftet das Attribut ‚Grüne Gentechnik fördert Nachhaltigkeit'. Oder: Die DFG begründet ihre Ansicht anhand des Arguments, dass ‚die Methode der Grünen Gentechnik erprobt genug sei'.

Tabelle 1. Notation. Quelle: Eigene Darstellung.

2 Erkenntnistheoretischer Hintergrund

Im Folgenden werden die Prämissen, auf denen diese Arbeit aufbaut, dargelegt und darüber hinaus präzisiert, warum davon ausgegangen wird, dass über die Analyse von Sprachgebrauch zu einem bestimmten Diskurs Rückschlüsse auf die Einstellungen der Diskursakteure gezogen werden können. Dazu soll vorab geklärt werden, wie der Mensch mittels Sprache auf die Welt zugreift.

2.1 Herstellung von Gegenstandsbezügen

Eine ganz grundsätzliche Frage stellt im Zusammenhang einer Untersuchung, deren Gegenstand der Sprachgebrauch zu einem bestimmten Dikursthema (hier die Debatte um die Grüne Gentechnik) ist, die Überlegung dar, auf welche Weise Sprache und Denken mit der Wirklichkeit korrelieren. Dieser Arbeit liegt die Überzeugung zugrunde, dass die Fähigkeit zur Spracherlernung eine grundlegende Voraussetzung zur Wirklichkeitserfassung darstellt. Sie schließt sich damit der philosophischen Überzeugung des Sprachapriori an.

> „Das Denken der Menschen ist, so darf man sagen, zwar nicht sprachdeterminiert im Sinne eines ausweglosen Ausgeliefertseins an die Sprache, aber es wird doch von den semantischen und syntaktischen Strukturen ihrer Muttersprache bzw. von deren sprachlichem Weltbild mit gesteuert und gelenkt." (Gipper 1987: 288)

Mit Bezug auf die Arbeit von Helmut Gipper wird hier Sprachvermögen als Voraussetzung menschlichen Denkens und Erkennens verstanden. Das bedeutet, dass Sprache für den Vorgang der Wirklichkeitserfahrung ein wesentlicher Bestandteil ist, da Wirklichkeit erst dann intellektuell verfügbar ist, wenn sie sprachlich festgesetzt wird (Gardt 2013: 35).

Was Erkenntnis betrifft, grenzt Gipper sich in seiner Arbeit von einer der Kantschen Lesarten ab. Denn ein „ ‚reines', und das heißt: von jeglicher Erfahrung unabhängiges Apriori, das als transzendental gelten darf" (Gipper 1987: 284) kann es beim lebenden Menschen in Bezug auf den Leib und die Sprache seiner Ansicht nach nicht geben. Aber er übernimmt Kants Vorstellung des Apriori-Konzepts als eine „echte Bedingung[en] der Möglichkeit von allem, was folgt" (ebd.). Damit ist gemeint, dass die körperlichen und geistigen Bedingungen dem Menschen zwar als Anlage mitgegeben sind, diese Voraussetzungen aber in den ersten Lebensjahren entwickelt und ausgebildet werden müssen. Dazu ist Erfahrung vonnöten (ebd.: 280). Für diese Studie, in der die Herstellung von Wissen über den Gegenstand der Grünen Gentechnik untersucht wird, ist wichtig festzuhalten, dass das Wissen, das über die Grüne Gentechnik besteht und vermittelt wird, nur „in und durch Sprache als Wissen konstituiert" wird (Busse 2008: 84). Sprache erzeugt also kein Wissen, dieses wäre aber ohne sie nicht „verhandelbar, könnte keine Wirkungen entfalten" (ebd.).

In diesem Kapitel soll deutlich werden, wie die Erfassung der Welt mittels Sprache in dieser Arbeit verstanden wird. Das Thema der Referenz beschäftigt die verschiedensten wissenschaftlichen Disziplinen seit Urzeiten. Sprache erfüllt die Funktion der Wirklichkeitserfassung und funktioniert als ein Zeichensystem. Zeichen werden vermittelt und dekodiert (Hermanns 2003: 2).

„Aber trotz der Vielfalt und der Vielzahl der Funktionen und Funktionsweisen von Sprache lässt sich darüber, wie Sprache funktioniert, doch auch einiges Generelles sagen. So z.B., dass bei jedem sprachlichen Kommunizieren einerseits Zeichen gegeben werden, andererseits auf Zeichen reagiert wird; darum ist die Linguistik im System der Wissenschaften ein Teilfach der Semiotik." (Hermanns 2003: 2)

Was die referentielle Funktion von Sprache betrifft, so wird in dieser Arbeit davon ausgegangen, dass sich für die Darstellung kognitiver Perspektivierungsfunktionen von sprachlichen Zeichen bei der „Erfassung konkreter außersprachlicher Gegenstände und Sachverhalte" das semiotische Dreieck besonders eignet (Köller 2004: 239). Um den Zusammenhang des Gegenstandsbezuges modellhaft darzustellen, wird auf das von Odgen/Richards (1923) entwickelte Semiotische Dreieck zurückgegriffen.

Bedeutungsherstellung 31

Mentales Korrelat
(z. B. |Thema| und ›Konzept‹)(kotextabstrahiert)

Sprachliches Zeichen   REFERENZOBJEKT
(Form/ Inhalt (kotextspezifisch))   (z. B. (rechtliche und antizipierte) Sachverhalte)

Grafik 1. Semiotisches Dreieck. Quelle: Eigene Darstellung basierend auf Odgen/ Richards (1923).

Somit wird zwischen dem kotextspezifischen sprachlichen Zeichen, dem Konzept – also dem kotextabstrahierten mentalen Korrelat (Felder 2009a: 20) – und konstituierten Referenzobjekten (diese können sowohl dinghafte Objekte als auch Sachverhalte sein) unterschieden. Zwischen dem sprachlichen Zeichen und dem Referenzobjekt besteht „keine unmittelbare Relation" (Felder 2009a: 25), demzufolge lassen sich sprachliche Zeichen nur über Konzepte auf die Wirklichkeit beziehen.

2.2 Bedeutungsherstellung

Im weiteren Verlauf soll dargestellt werden, wie Bedeutung von Sprache entsteht. Wie in Kapitel 2.1 bereits ausgeführt, wird in dieser Arbeit davon ausgegangen, dass unser Denken mit der Sprache insofern verknüpft ist, als die Fähigkeit zur Spracherlernung eine grundlegende Voraussetzung zur Wirklichkeitserfassung darstellt, diese dann aber erst sprachlich gefasst kognitiv verfügbar ist (Gardt. 2013: 35). Für die lexikalische Bedeutung folgt daraus, dass sowohl kognitive Prozesse als auch der durch die Gesellschaft konventionalisierte Sprachgebrauch für ihre Entstehung relevant sind. Welche Zeichen einen bestimmten Gegenstand repräsentieren und damit dessen Bedeutung festlegen, ist mit Anknüpfung an Saussure beliebig (Saussure ³2001: 79). Saussure stellt in seinem Grundlagenwerk *Grundfragen der allgemeinen Sprachwissenschaft* darüber hinaus heraus, dass die Zeichenwahl arbiträr ist und auf Konvention beruht.

"Wenn die Wissenschaft der Semeologie ausgebildet sein wird, wird sie sich fragen müssen, ob die Ausdrucksformen, die auf völlig natürlichen Zeichen beruhen – wie die Pantomime –, ihr mit Recht zukommen. Und wenn sie dieselben mitberücksichtigt, so werden ihr Hauptgegenstand gleichwohl die auf die Beliebigkeit des Zeichens begründeten Systeme sein. Tatsächlich beruht jedes in einer Gesellschaft rezipierte Ausdrucksmittel im Grunde auf einer Kollektivgewohnheit, oder, was auf dasselbe hinauskommt auf der Konvention." (Saussure [3]2001:80)

Diese wiederum unterliegt einem natürlichen Wandel, denn in Anlehnung an Wittgenstein, wird die Bedeutung eines Zeichens durch seinen Gebrauch bestimmt.

"Jedes Zeichen scheint *allein* tot. *Was* gibt ihm Leben? – Im Gebrauch *lebt* es. Hat es da den lebenden Atem in sich? –Oder ist der *Gebrauch* sein Atem?" (Wittgenstein 1953: § 432)

Hier grenzt sich die Studie also sowohl von einer rein konstruktivistischen Position ab, die die Bedeutung allein ins kognitive System des Menschen verortet bzw. in den Prozess der individuellen ‚Autopoiese',

„ ‚Bedeutungen' von Zeichen sind also streng auf ein individuelles System in seinem jeweiligen Zustand zu beziehen und daher in diesem aufzusuchen." (Köck 1987: 366)

als auch von einer rein sprachdeterministischen Position, welche annimmt, dass Sprechen und Denken untrennbar miteinander verbunden sind. Bedeutungsherstellung wird hier als Prozess verstanden; sie entsteht durch ein Zusammenspiel von kognitiven, durch das individuelle Sprachvermögen geprägten und äußeren Faktoren, wie der Spracherfahrung, die durch den Anschluss an den durch Regeln bestimmten[5] konventionalisierten Sprachgebrauch der Sprachgemeinschaft gewonnen wird (Busse 1995: 260).

2.3 Diskursakteure

Den wichtigsten Part bei der Wissensherstellung zu einem Sachverhalt stellen die Diskursakteure dar. Denn diese werden selbst durch den Diskurs geprägt und

---

5 Das hier vertretene Verständnis eines regelhaften Sprachgebrauchs begründet sich auf die Ausführungen Wittgensteins: „Einer Regel folgen, das ist analog dem: einen Befehl befolgen." und „Die gemeinsame menschliche Handlungsweise ist das Bezugssystem, mittels dessen wir uns eine fremde Sprache deuten." (Wittgenstein 1953: § 206a und c)

prägen wiederum den Diskurs ihrerseits über ihre Sprachverwendung. Warnke/ Spitzmüller beziehen in ihrer Methodenzusammenstellung DIMEAN die Ebene der Akteure[6] mit ein (Spitzmüller/Warnke 2011: 172f.) und ziehen Foucault heran, um die Relevanz der Akteursdimension zu autorisieren. Für Foucault spiele es eine große Rolle, wer eine Äußerung vornimmt (Foucault 1973: 75 nach Warnke/ Spitzmüller 2008: 16).

> „Der Akteur als *Actor,* als Handelnder, ist zunächst einmal nicht notwendigerweise eine personale Größe. Akteure können Individuen, Gruppen von Individuen, aber auch nicht-personale Handlungsinstanzen wie Institutionen, Parteien, Medien etc. sein." (Spitzmüller/ Warnke 2011: 172)

Warnke/Spitzmüller weisen darauf hin, dass Akteure bei der Kontextualisierung von Wissensbeständen Sprache gebrauchen und damit Anteil an der Wissensherstellung einnehmen (Warnke/ Spitzmüller 2008: 16). Heinemann stimmt damit überein, dass die einzelnen Diskursakteure an der Wissenskonstitution elementaren Bestandteil haben. Diskurswissen als das Wissen zu einem bestimmten Sachverhalt gründet seiner Ansicht nach auf den Erfahrungen der einzelnen Diskursteilnehmer. Diese sozio-kommunikativen Erfahrungen äußern sich in Handlungsmustern wie beispielsweise die über Konventionen erlernte Situation eines Bewerbungsgesprächs, bei welcher klar geregelt ist, wer das Gespräch eröffnet und wer unaufgefordert Fragen stellen darf oder eben nicht (Heinemann 2011: 61). Sozio-kommunikative Konventionen werden stark interiorisiert und gelten damit als Richtlinie für sozio-kommunikatives Handeln (ebd.). Für die ‚Macht der Diskurse' sind demnach sozio-kommunikative Konventionen, die an die Bewusstseinsinhalte von Subjekten gebunden sind, verantwortlich (ebd.) und werden um die Gestaltung von Wissen durch individuelle Sprachverwendung ergänzt.

2.4 Macht und Diskurs

Eine sich auf Foucault begründende Diskursanalyse hat gesellschaftliche Machtstrukturen im Fokus. In dieser Arbeit soll veranschaulicht werden, wie institutionalisierte Diskursakteure (zum Beispiel Bundestagsfraktionen und Unternehmen) sowie weniger stark institutionalisierte Akteure (beispielsweise NGOs oder ein-

---

6　Spitzmüller/ Warnke schreiben den Akteuren die Funktion der „ ‚Filterung' von Aussagen" (2011: 173) zu. Die Filterung erfolgt durch „ ‚Diskursregeln', die also die Teilhabe von Aussagen am Diskurs beschränken" und „ ‚Diskursprägung' ", worunter die Autoren die generelle Eigenschaft eines Texts der intertextuellen Einbindung in ein Diskursgefüge verstehen (ebd.).

zelne Blogautoren) versuchen, Machtanspruch zu erheben, und wie dieser Anspruch auf Macht und Geltung sich sprachlich äußert. Denn alle Diskursakteure verfolgen ihre genuin eigenen Interessen. Vergleichbar mit dem politischen Sprachgebrauch geht es in kontroversen Diskursen ebenfalls darum, Akzeptanz der mit ihnen verbundenen Konzepte zu erzielen und beispielsweise den Diskursgegner zu diskreditieren, um auf diese Weise die eigene Position im Diskurs zu festigen und gegebenenfalls den eigenen Sprachgebrauch und die damit verbundenen Denkinhalte durchzusetzen.

„Öffentliche politische Kommunikation ist vor allem durch den Versuch gekennzeichnet, das eigene Image zu stabilisieren oder sogar zu erhöhen. Eine der Eigenschaften, durch die Politiker bzw. politische Gruppierungen oder Institutionen ihr Image verbessern können, ist Glaubwürdigkeit." (Burkhardt 2003: 105)

In dieser Untersuchung werden in Kapitel 4.5 die sprachlichen Strategien der Diskursakteure beim Kampf um Wissen zu fassen versucht. Um Macht zu erlangen, muss ein Akteur Geltung erreichen, und diese erhält er u. a. durch seine Autorität.

„Entscheidend ist dabei, dass ‚Autorität' – ebenso wie Foucault das für ‚Macht' im Gegensatz zu ‚Herrschaft' festhält – nicht etwas sozial Vorgegebenes ist, sondern ein Effekt diskursiver Positionierungen." (Spitzmüller/ Warnke 2011: 180)

Um Autorität und Geltung zu erlangen, sind neben den im angesprochenen Kapitel aufgeführten Strategien Aspekte wie „persönlicher Stil" und die damit verbundene „Gradwanderung [sic!] zwischen Authentizität, Ehrlichkeit und emphatischer Individualität" (König 2011) für den Erfolg, also dem Erlangen von Geltung, unabdingbar. Authentizität ist vor allem aus dem Grund für die Akteure relevant, da Glaubwürdigkeit u. a. über Sprache vermittelt wird (Hundt et al. 2010: 20). Geltung zu erlangen geht nicht unbedingt damit einher, die Wahrheit zu sagen oder der Wahrheit näher zu sein als andere. ‚Geltung haben' zieht keineswegs automatisch einen Wahrheitsanspruch nach sich (Gordon 2007: 52).

„Demnach bedeutet Geltung nicht das Identisch-Sein mit Wahrheit, sondern etwas anderes. ‚Geltung besitzen' bezieht sich immer auf einen bestimmten Wissensstand, mag dieser nun wahr oder falsch sein, und bedeutet soviel wie, daß es ‚etwas' gibt, das in Bezug zu einem bestimmten Wissensstand im allgemeinen akzeptiert wird." (Gordon 2007: 52)

Als Beispiel führt Gordon das ptolemäische Weltbild an, das lange Zeit Geltung hatte, obwohl es unserem heutigen Kenntnisstand nach nicht der Realität entspricht.

> „Der springende Punkt dabei ist der Umstand, daß das ptolemäische Weltbild viele Jahrhunderte lang galt und trotzdem falsch war. Das kopernikanische Weltbild hingegen gilt und ist zudem wahr. Somit können Geltung und Wahrheit nicht Synonyme sein, da der Umstand, daß das ptolemäische Weltbild falsch ist, obwohl es für viele Jahrhunderte lang galt, dies nicht zuläßt." (Gordon 2007: 51)

Etwas kann dann Geltung erlangen, wenn sich die Aussage auf „Macht, Konventionen oder Sitte und Moral etc. beruft" (Gordon 2007: 51). Relevant für eine Diskursanalyse ist die Untersuchung des Geltungsanspruchs natürlich aus dem Grund, dass dieser immer auch mit einem Machtanspruch einhergeht[7].

2.5 Sprache und Wissen – Konstituierung von Sachverhalten

Neben der Funktion der Sprache bei der Bezugnahme auf rechtliche Sachverhalte ist die Funktion der Sprache als Mittel der Sachverhaltskonstitution, also ihr sinnstiftender und mitgestaltender Beitrag zur Herstellung von Wissen (u. a. Warnke 2008: 116; Busse 2005: 35), für die vorliegende Studie von großer Relevanz. Die vorliegende LDA fokussiert sich daher auf den Sprachgebrauch als Form des sozialen Handelns.
Sprache kann sowohl „bewusst eingesetztes strategisches Mittel zur diskursiven Durchsetzung von Positionen" (Zimmer 2009: 280) sein, die Entscheidung für oder gegen eine bestimmte Perspektive durch Wahl der Formulierung kann jedoch auch unbewusst getroffen werden (Felder/ Müller 2009: 12; Felder 2009b: 28).

> „Öffentliche Kontroversen lassen sich demnach in semantischer Hinsicht nicht nur als ein Ringen um einen angemessenen Ausdruck verstehen, sondern als ein komplexer und ständiger Kampf um die Etablierung bestimmter Perspektiven auf Naturwissenschaft und Technik und deren Stellenwert in der Gesellschaft." (Zimmer 2009: 279)

---

7 Jürgen Habermas erörtert in „Faktizität und Geltung. Beiträge zur Diskurstheorie des Rechts und des demokratischen Rechtsstaates" (^{5}1997) die Differenz zwischen rechtlicher Geltung und Geltungskraft (Macht).

In der vorliegenden Arbeit wird davon ausgegangen, dass Akteure den Sachverhalt durch die Wahl der sprachlichen Mittel prägen. Auf diese Weise werden Sachverhalte konstituiert und nicht lediglich dargestellt bzw. neutral über sie berichtet. Wir befinden uns somit in einer Situation, die zugespitzt als ‚semiotische Gefangenschaft' (Felder 2008: 271) bezeichnet werden könnte, da wir immer an Zeichen gebunden sind. Es gibt keine Möglichkeit, Sachverhalte darzustellen, ohne auf Zeichen zurückzugreifen, und dabei spielt die Wahl der Zeichen, die wir für die Darstellung wählen, eine entscheidende Rolle. Welche Rolle die Wahl eines bestimmten sprachlichen Zeichens haben kann, soll am Beispiel der Unterschiede gezeigt werden, die in der fachexternen Kommunikation zwischen den verschiedenen Experten bezüglich „vermeintlich identische[r] Sachverhalte" aufgrund der verschiedenartigen sprachlichen Referenz zutage treten (Felder 2009b: 65).

Ein sehr umstrittener Punkt in der Fachsprachenforschung stellt das Merkmal der „Eindeutigkeit" dar (Roelcke: 1991: 206; Gardt 1998: 56; Felder 2009b: 43). Vor der pragmatischen Wende bezieht sich das der Fachsprache zugesprochene Merkmal der Eindeutigkeit vor allem auf die Referenz zwischen Gegenstand und Bezeichnung (Roelcke: 1991: 206). Die Hinwendung zum Einbezug des Texts (Gardt 1998: 57) bzw. der Kommunikationssituation (Roelcke 1991: 206) führt vom ursprünglich als „Eindeutigkeit" postulierten fachsprachlichen Merkmal weg hin zu einem Verständnis von kommunikativer Eindeutigkeit (ebd.). Gardt stellt fest, dass dieses in der Theorie differenzierte Ideal der kommunikativen Eindeutigkeit, in der Praxis meist keine Entsprechung findet. Becker definiert Eindeutigkeit als „die Tendenz in den Fachsemantiken […], kommunikative Eindeutigkeit herzustellen." (Becker 2001: 94f.). In Fachsemantiken wird ihrer Ansicht nach in der Praxis das Verfahren der terminologischen Normierung eingesetzt (ebd.: 95). Felder weist hinsichtlich sprachlicher Vermittlungs- bzw. Übersetzungsversuche von Fachtexten, die zeigen, dass gerade diese ein hohes Potenzial für Sprachnormierungskonflikte bieten, das Eindeutigkeitspostulat ebenfalls zurück (Felder 2003a: 492) und kritisiert darüber hinaus, dass

„[G]erade diese Aspekte [Eindeutigkeit, Explizitheit und Ökonomie, B.F.] […][hinterlassen] den trügerischen Eindruck, dass die speziell definierten Fachbegriffe bereits im isolierten Terminus und nicht erst im Satz *einen* möglichen Sinn erhalten würden […]." (Felder 2009b: 43; zur Rechtssprache: Felder 2003: 111)

Die Analyse des Sprachgebrauchs zur Debatte um die Grüne Gentechnik soll zeigen, dass in der fachexternen Kommunikation verschieden ausgelegte Fachsemantik vorherrscht. Konflikte im fachexternen Diskurs zur Grünen Gentechnik gehen vor allem auf Bedeutungszuschreibungen, den Versuch, beim Streit um rechtliche und antizipierte Sachverhalte[8] Geltung zu erlangen, sowie um die Handlungsstrategien wie Argumentation und Themensetzung oder Themenausblendung zurückgehen. An dieser Stelle wird deshalb dafür plädiert, diese Normierungsdivergenzen der Öffentlichkeit nicht vorzuenthalten (Felder 2003a: 493), sondern über diese aufzuklären und ein Bewusstsein für die sprachliche Gestaltungsmacht zu schaffen.

2.6 Kampf um Wissen

In diesem Kapitel soll dargelegt werden, was hier unter Wissen verstanden wird und weshalb das dieser Arbeit zugrunde liegende Verständnis auf der Vorstellung basiert, dass Wissen als eine Art transformierte Information einem Konstituierungsprozess unterliegt und sich durch Kontroversität auszeichnet.

2.6.1 Wissensbegriff

Wissen ist ein Typ kognitiver Information, welcher auf Sachverhalte in der Welt verweist (Strohner 2000: 262). In dieser Ausarbeitung wird versucht, Wissen unter anderem anhand des Konzept-Begriffs zu fassen. Vor dem Hintergrund des in Kapitel 2.1 vorgestellten triadischen Zeichenmodells wird deutlich, dass Wissen nicht als „Erkenntnissicherung ontologischer Fakten, sondern als dynamisch verhandeltes Gut der Vergesellschaftung" einzustufen ist (Warnke 2008: 114). Wissen stellt ein sehr komplexes Phänomen dar; es versteht sich von selbst, dass Wissen nicht in seiner gesamten Komplexität modellhaft erfasst werden kann. Allerdings besteht die Möglichkeit, sich dem Phänomen zu nähern, indem hier auf die prägnanten Erläuterungen von Klaus-Peter Konerding und Thilo Weber zurückgegriffen wird, welche Teilaspekte von Wissen modellhaft darstellen. Zuerst sollen verschiedene Dimensionen von Wissen aufgezeigt und einander gegenübergestellt werden. Drei von sechs Dimensionen entsprechen sich in der Darstellung der verschiedenen Wissensdimensionen von Klaus-Peter Konerding und Thilo Weber.

---

8   In anderen Diskursen scheint es sich bei fachsprachlichen Normdurchsetzungsversuchen vor allem um „terminologische[r] Normdurchsetzungs- bzw. Normvariationsversuche[n]" (Felder 2003a: 492-493) zu handeln, dies kann für den Diskurs um die Grüne Gentechnik zurückgewiesen werden.

Weber 2009: 16	Konerding 2010: 83
Propositional vs. Prozedural	*Deklarativ vs. Prozedural*
Explizit vs. Implizit	Explizit vs. Implizit
Individuell vs. kollektiv	Autobiographisch vs. kollektiv
Isoliert oder kontextualisiert	
	Episodisch vs. generisch
	Semantisch vs. enzyklopädisch

Tabelle 2. Dimensionen von Wissen. Quelle: Eigene Darstellung.

Die Dichotomie zwischen Erfahrungswissen (von Weber und Konerding als „prozedural" und von anderen als „knowledge by aquaintance" bezeichnet etc.) und Erklärungswissen (von Weber als „propositional", von Konerding als „deklarativ" und von anderen als „knowledge by description" bezeichnet) wird im Folgenden näher erläutert. Hierbei wird vor allem auf die Ausführungen von Konerding (2010: 83) Bezug genommen. Im Anschluss daran wird die Dichotomie zwischen „individuellem" gegenüber „kollektivem" Wissen mit Bezug auf Weber eingehender betrachtet. Es werden lediglich die beiden Aspekte herausgegriffen, die für die vorliegende Untersuchung als relevant erachtet werden.

2.6.2 Kulturelle Praxen, Erfahrungswissen, Erklärungswissen und agonaler Sprachgebrauch

An dieser Stelle soll der Unterschied zwischen deklarativem und prozeduralem Wissen deutlich gemacht und herausgestellt werden, welche Form von Wissen für eine Diskursanalyse dieser Art von Bedeutung ist.

Erfahrungswissen (Prozedurales Wissen) bezeichnet in dieser Gegenüberstellung das Wissen, das durch Handeln erworben wird und später als praktisches Wissen „implizit" verfügbar ist. Erklärungswissen (Deklaratives Wissen) demgegenüber begründet sich auf Wissen, welchem durch Rechtfertigung bzw. Erklärung ein Wahrheitsanspruch zugesprochen wird und welches explizit verfügbar ist (Konerding 2009b: 87).

„Betroffen ist die mehr oder weniger bewusste Gegenüberstellung und Verwobenheit von Theorie und Praxis, vulgo die Verwobenheit von *Deklarativität* und *Prozeduralität* im Bereich dessen, was man heute den Bereich menschlicher Kognition nennt. Betroffen ist dabei jede Art von Wissen, vom Alltagswissen der Straßenbahnbenutzung bis zu den Grundlagen der theoretischen Physik." (Konerding: 2009b: 80)

Diese Arbeit schließt an die Ansicht Konerdings an, dass, hier sehr vereinfachend dargestellt, alles Wissen auf prozedurales Wissen, also Erfahrungswissen, zurückzuführen ist. Konerding präzisiert die Verwobenheit von Erfahrungs- und Beschreibungswissen folgendermaßen: Beide Formen von Wissen sind auf kulturelle Praxen, die zunächst als Handlungsmuster bestehen, zurückzuführen. Erfahrungswissen wird durch Erklärungswissen strukturiert und mitbestimmt, Erklärungswissen jedoch ist in obigem Sinn auf Erfahrungswissen zurückzuführen.

„Zusammenfassend ist festzuhalten, dass kollektive Praxen zum einen stillschweigendes Wissen präsupponieren, andererseits darauf gründend artikuliertes Wissen generieren. Stillschweigendes Wissen als prozedurales Wissen besteht in den präreflexiv verfügbaren Verhaltensdispositionen und -prozeduren der jeweiligen Praxen. Artikuliertes Wissen entsteht im Wesentlichen in drei Schritten kognitiver Aktivitäten: durch selektive Wahrnehmung, progressive Modellierung qua analoger (bildschematischer) Kategorisierung/ Konzeptbildung sowie darauf aufbauend: durch repräsentationale Superformatierung in Form einer sprachbezogenen propositionsgeleiteten „Neubestimmung" der primären Modellierungen" von prozeduralem Tun." (Konerding 2009b: 90)

Den Erwerb von Erklärungswissen basierend auf Erfahrungswissen erläutert Konerding mit Bezug auf Tomasello (2006): Wahrnehmbare erfolgsbestimmende Aspekte des Handlungswissens werden isoliert und anhand „bildschematischer" (Johnson 1987; Konerding 2009b: 87) Modelle repräsentiert. Eine mentale Struktur entsteht, die sich in Wissensrahmen ausdrückt und durch thematische Konzepte bestimmt ist. Da Konzepte Erklärungswissen umfassen (Barsalou 1992: 31; Felder 1995: 3 und 2006b: 18), kann Wissen über die Eruierung von Konzepten zugänglicher gemacht werden. Konzepte stellen dabei Attribute von Wissensrahmen dar, welche wiederum aus einer „konzeptuellen Netzstruktur" (Konerding 2009b: 94) bestehen. Konzepte können weiterhin in Konzeptattribute differenziert werden.

Der für die vorliegende Diskursanalyse relevante Unterschied zwischen Erfahrungswissen und Erklärungswissen besteht darin, dass Erfahrungswissen unabhängig von symbolischer Repräsentation ist, Sprache jedoch maßgeblich an der Konstitution von Erklärungswissen beteiligt ist.

„Wissen ist in jedem Fall in kulturellen Praktiken fundiert, die nur bis zu einem speziellen Grad reflexiv bzw. „rational" transparent gemacht werden können, insofern jede Form von Transparenz auf Aspektextraktion, -repräsentation und kompositorische Konzept-Modellierung verwiesen ist. Attentionale Extraktion und Modellierung sind Grundlage jeder bewusstseinsfähigen Form von Konzeptbildung, sie dienen im Rahmen einer kognitiven Praxis zweiter Ordnung vor allem der Selbst-

> Steuerung von Individuen beim Erwerb und der Ausübung von Fähigkeiten in der zugrunde liegenden Praxis erster Ordnung; sie wirken aber auch auf diese zurück und werden schließlich assoziierter oder integrierter Bestandteil entsprechender Fähigkeiten: Prozedurales Wissen. [...] Sprache generiert deklaratives Wissen. [...] Wissen ist damit, wie zuvor ausgeführt, prinzipiell in kognititv-prozeduralen Rahmen (*Frames*) existent." (Konerding 2009: 103f.)

Für die vorliegende empirische linguistische Diskursanalyse wird fortan vor allem auf deklaratives Wissen Bezug genommen, da in einer Diskursanalyse, die schriftlichen Sprachgebrauch untersucht, vor allem dieses den Untersuchungsgegenstand bestimmt.

> „Sofern Wissen diskursiv konstruiert, argumentativ ausgehandelt und distribuiert ist, handelt es sich um *knowledge by description*. Die Herstellung von Faktizität durch Wahrheitsansprüche, die Rechtfertigung von Wirklichkeit durch Argumentation und die Durchsetzung von Geltungsansprüchen durch Regulierung sind Kennzeichen diskursiven Wissens." (Warnke 2009: 123)

Alexander Ziem weist zurück, dass Sprache Wissen schafft. In seinen Ausführungen macht er jedoch deutlich, dass Sprache an der Schaffung von Wissen in dem Sinne beteiligt ist, dass über den Zwischenschritt der „Stimulusfunktion" der sprachlichen Ausdrücke (Vorkommnisse) Sprachbenutzer kognitive Modelle aufbauen, welche wiederum durch Sprachgebrauch veränderlich sind und dementsprechend auch auf diesen zurückwirken (Ziem 2009: 198). Die These „Sprache konstituiert Wissen" kann demnach als unpräzise deklariert werden, macht in diesem Sinne aber – trotz Einschränkung – den Sachverhalt deutlich, der hier vermittelt werden soll, nämlich dass, von agonalem Sprachgebrauch ausgelöst, Wissen, über das ein Sprachbenutzer zu einem bestimmten Sachverhalt als Erklärungswissen verfügt, dynamisch und durch Sprachverwendung beeinflusst ist.

2.6.3 Wissen und Gesellschaft

Wie bereits ausgeführt wird in der vorliegenden Diskursanalyse der Sprachgebrauch der Grünen-Gentechnik-Debatte untersucht, und damit auch die Konstitution von Wissen. Auch wenn damit ein gesellschaftlicher Wissensbestand fokussiert wird, soll an dieser Stelle anhand der Gegenüberstellung „individuelles" versus „kollektives" Wissen (Weber 2009: 16) klargemacht werden, dass hier nicht davon ausgegangen wird, dass es kollektives Wissen gibt. Wissen ist stets individuell, kann allerdings kollektiv geteilt werden.

Tilo Weber befasst sich mit Bezug auf Assmann (1999) vor allem mit der Frage des Zusammenhangs von Individuum und Kollektiv bei der Herstellung von Wissen. Er geht davon aus, dass „Individuen, nicht Kollektive, [...] Gedächtnis" haben (Weber 2009: 19). Weiter führt er aus, dass Individuen Wissen „in Abhängigkeit von durch Kollektive organisierte Rahmen" herstellen (ebd.).

> „Indem Individuen Zeichen verstehen, transformieren sie Informationen in Wissen. Somit können allenfalls Informationen kollektiv sein, insofern sie als Aspekte von Zeichen angesehen werden, die außerhalb von Individuen existieren." (Weber 2009: 19)

Den Wissenserwerb einzelner Individuen führt er auf deren kommunikative Interaktionen zurück, „in deren Verlauf sie Äußerungen interpretieren und in ihr bereits vorhandenes Wissen integrieren" (Weber 2009: 20). Damit wird ebenfalls deutlich, dass individuelles Wissen auch durch kollektive „kommunikative Rahmen" (ebd.) mitgestaltet wird. Seine grundlegende These lautet: „Das Kollektive ist damit eine *Voraussetzung für* Wissen, nicht ein *Typ von* Wissen" (ebd.). In Übereinstimmung mit Weber kann demzufolge davon ausgegangen werden, dass Kollektive kein Wissen besitzen, „das sich von der Schnittmenge der Wissensbestände ihrer Mitglieder qualitativ unterscheidet." (ebd.)

2.6.4 Dissens bei der Wissenskonstitution

Bei der Wissenskonstitution kollidieren häufig konträre Perspektiven auf einen Sachverhalt. Dieser Dissens bei der Wissenskonstitution kann sowohl rein sachlich als auch sprachlich begründet sein. Sprachlicher Dissens äußert sich u. a. in Semantischen Kämpfen, dabei handelt es sich um einen Kampf um die Gültigkeit bzw. die Strittigkeit von Aussagen (Felder 2012a).

Die vorliegende Debatte über die Grüne Gentechnik lässt ebenfalls vermuten, dass hier ein Kampf um Wissen stattfindet, bei dem sprachlicher und sachlicher Dissens eng verwoben sind. Diesen Dissens bei der Herstellung von Wissen eingehend zu beleuchten und dabei anschaulich aufzuzeigen, wie Sprache als mächtiges Werkzeug bei der Wissensherstellung eine Rolle spielt, macht sich diese Arbeit zur Aufgabe. Man spricht von „Semantischen Kämpfen", wenn es sich um einen Streit um Ausdrücke handelt, oder wenn Akteure versuchen, eine bestimmte Auslegung von Begriffen dominant zu setzen. Dieses von Felder (2006) aufgegriffene und für die Sprachwissenschaft fruchtbar gemachte Konzept wird in dieser Arbeit ausgeweitet[9]. Es soll gezeigt werden, dass es sich bei der Debatte um die Grüne Gentechnik um einen Kampf um Wissen handelt, der

---

9   Zur früheren Verwendung des Terminus „Semantischer Kampf" in anderen Fachdomänen in Felder 2006b: 17.

sich sowohl in semantischen als auch in Kämpfen um rechtliche oder um antizipierte Sachverhalte äußert. Der enge Zusammenhang von Sprache und Wissen wurde in Kapitel 2.5 bereits dargelegt. Sprache wird benötigt, um Wissen herzustellen und dieses zu vermitteln, in Sprache fließt zugleich Wissen, genauer Erfahrungswissen, ein. Die Wissensherstellung hängt von Sprache ab und diese kann niemals neutrales Vermittlungswerkzeug sein. Der Sprache ist immer eine Perspektive immanent und aus diesem Grund ist eine sprachliche Analyse eines umstrittenen Sachverhalts ein geeigneter Zugang, um feststellen zu können, welche Aspekte einer Debatte umstritten sind. Sind es Sachverhalte, wie im Kapitel „Diskursverhärtungen" (Kampf um rechtliche Sachverhalte und Kampf um antizipierte Sachverhalte)? Handelt es sich um Ausdrücke, die umstritten sind (vgl. Kapitel „Bezeichnungskonkurrenz")? Oder wird vonseiten der Akteure versucht, Wissen über einen Sachverhalt so herzustellen, dass die eigene Ansicht anhand von Konzeptattributen an einem Konzept dominant gesetzt wird (Bedeutungsfixierung)? Meiner empirischen Untersuchung liegt demnach die Eruierung von der Wissensherstellung anhand der Sprachhandlungskategorien (Kapitel 4.3), zu denen die „Sachverhaltsfestsetzung und Sachverhaltsabgrenzung", „Sachverhaltsverknüpfung" und „Sachverhaltsbewertung" zählen, und der Handlungsstrategien der Diskursakteure im Kampf um Wissen (Kapitel 4.4), zu denen „Semantische Kämpfe", „Diskursverhärtungen", „Argumentation und Dialogizität" sowie „Themenbesetzung und Themenausblendung" gehören, zugrunde.

2.7 Medialität der Wissensvermittlung

Im vorliegenden Kapitel soll ein Bewusstsein für die Medialität der Wissensvermittlung geschaffen werden. Der berühmte Satz von Niklas Luhmann „Was wir über unsere Gesellschaft, ja über die Welt, in der wir leben, wissen, wissen wir durch die Massenmedien." (Luhmann 1996: 9) mag zwar auf den ersten Eindruck übertrieben erscheinen, er manifestiert jedoch einen Aspekt, der in dieser Ausarbeitung eine große Rolle spielt. Der Sprachgebrauch, der hier untersucht wird, ist an Texte gebunden und damit medial (hier zudem ausschließlich über Schriftsprache) vermittelt. Für die Informationsvermittlung in beiden Diskursausschnitten, sowohl im fachexternen Diskurs als auch im Mediendiskurs, gilt Folgendes:

> „Dass jene medial überbrückte Lücke zwischen körperlich-authentisch erlebter individueller Erfahrung und gesellschaftlich relevantem Wirkungskreis ständig wächst, kann das Nahe leicht entwerten. [...] Mit dem Unterschied zwischen großer Ferne und kleiner Nähe schwinden auch die Gegensätze zwischen spektakulär und ge-

wöhnlich sowie zwischen ernst und unterhaltsam, tendenziell dann auch zwischen Illusion und Wirklichkeit. So können neue Differenzen medial konstruiert werden ad libitum." (Schmitz 2004: 18)

Wissen wird über Sprache konstituiert. Aus diesem Grund sind für die Wissenskonstitution die genauen Versprachlichungsformen in Bezug auf Gegenstände und Sachverhalte von außerordentlicher Relevanz. Allerdings wird in Kohärenz zu der hier vertretenen Position drauf hingewiesen, dass nicht erst durch das Vermittlungselement der Medien Semioseprozesse stattfinden, sondern dass der in Kapitel 2.1.1 beschriebene Gegenstandsbezug bereits Teil eines vielstufigen Vermittlungsprozesses ist (Nöth 1998: 57).

„Nach Peirce strebt der Prozeß der Zeicheninterpretation - die unendliche Semiose - *in the long run* auf eine vorläufig-endgültige Ausbestimmung eines Zeichens durch seine Schlüsse hin." (Schalk 2003: 363)

Auf die einzelnen Varietäten der hier vorliegenden Texte wird in den Kapiteln „Erscheinungsformen des fachexternen Diskurses" (Kapitel 4.1) und „Erscheinungsformen des Mediendiskurses" (Kapitel 5.2) näher eingegangen.

Zusammenfassend bleibt festzustellen, dass in dieser Arbeit die Position vertreten wird, dass Wirklichkeit erst über Sprache erfahrbar wird. Dabei greift der Sprachbenutzer bei der Bezugnahme auf einen Sachverhalt auf ein sprachliches Zeichen zurück, das mit einem individuellen mentalen Korrelat verknüpft ist. Dieses mentale Korrelat zeichnet sich durch seinen individuellen Charakter aus. Das, was unter der Bedeutung eines Zeichens verstanden wird, sticht durch ein Zusammenspiel aus subjektiven, durch das individuelle Sprachvermögen geprägten, und äußeren Faktoren, wie der Spracherfahrung, die durch den Anschluss an den konventionalisierten Sprachgebrauch der Sprachgemeinschaft entsteht, hervor. Die Diskursakteure prägen die Herstellung von Wissen über ihre Sprachverwendung und über ihre sozio-kommunikativen Erfahrungen. Alle Diskursakteure verfolgen Interessen und versuchen, in einem Diskurs Geltung zu erlangen, um einen Anspruch auf Macht geltend zu machen. Aus diesem Grund spielt die Art und Weise bzw. welche Strategien sie beim Versuch, Geltung zu erlangen, verfolgen, eine so herausragende Rolle. Sprache stellt demnach eine Projektionsfläche dar, auf der die verschiedenen Handlungen ausgemacht werden können, die die Akteure anwenden, um Konflikte im fachexternen Diskurs zur Grünen Gentechnik auszutragen; sie basieren in dieser Debatte vor allem auf Bedeutungszuschreibungen, Diskursverhärtungen sowie auf Handlungsstrategien wie Argumentation und Themensetzung oder Themenausblendung. Sprache ist maßgeblich an der Konstitution von Erklärungswissen beteiligt. Bei der Untersuchung der Wissensherstellung in Hinblick auf die Grüne Gentechnik ist es besonders wichtig, die Akteure einzeln aufzuführen und erst durch die Analyse in Gruppen von Befürwortern oder Gegnern zu kategorisieren, da Wissen nicht kollektiv besteht, sondern stets individuell ist, von Akteuren aber kollektiv geteilt werden kann. Über Sprache kann auch der Zugang zu den Aspekten ermöglicht werden, die an einer Debatte am umstrittensten sind. Die Untersuchung der Sprachverwendung führt zum sprachlichen aber auch zum sachlichen Dissens der Debatte. Da Wirklichkeit erst über Sprache erfahrbar ist, wir die Wirklichkeit also vermittelt wahrnehmen, stellt Sprache den geeigneten Zugang zur Analyse der Wissensherstellung dar.

3 Linguistische Diskursanalyse (LDA): Methodik

3.1 Grundlage der Untersuchung: die Korpora zur Grünen Gentechnik

Ein schwieriges wenn auch nicht unlösbares Problem stellt die Repräsentativität eines Korpus[10] für einen bestimmten Diskurs dar. Wenngleich Repräsentativität und Ausgewogenheit das oberste Ziel bei der Zusammenstellung eines Korpus für die jeweilig dargestellte Varietät ausmachen, so steht doch fest, dass dieses kaum erreicht werden kann.

> „Je nachdem, für wie repräsentativ die untersuchten sprachlichen Realisierungsformen hinsichtlich des virtuellen Gesamtdiskurses gehalten werden, sind die Untersuchungsergebnisse des analysierten Diskursausschnittes auch gültig für den Gesamtdiskurs." (Felder 2012a: 120)

Anzustreben ist deshalb eine größtmögliche Annäherung an ein Korpus, das repräsentativ für einen bestimmten Diskurs ist, sowie das Bewusstsein darüber, dass Repräsentativität bei der Zusammenstellung eines Korpus im strengen Wortsinn nicht zu verwirklichen ist. Eine Möglichkeit, dieses Ziel zu erreichen, stellen die zyklische Korpuserstellung oder die Korpuserstellung aufgrund einer progressiven Spezifikation und Reduktion dar (Mautner 2008: 35ff.; Stegmeier 2011: 518). Bei der Zusammenstellung des fachexternen Korpus wurde insofern auf die zyklische Korpuserstellung zurückgegriffen, als – wie im folgenden Kapitel 3.1.1 erläutert wird – die Auswahl der Domänen, aus denen die Texte des fachexternen Diskurses zusammengestellt wurden, auf einer vorherigen Untersuchung desselben Diskursgegenstands basierte. Zudem wurde versucht, die Korpora möglichst repräsentativ für den jeweils gewählten Diskursausschnitt zu gestalten, indem einheitliche Kriterien bei der Zusammenstellung angewandt wurden. Diese werden in den zwei folgenden Unterkapiteln zur Erstellung des fachexternen Korpus und des Medienkorpus genauer aufgeführt.

Bei den vorliegenden Korpora handelt es sich um thematische Korpora. Sie wurden mit dem Ziel zusammengestellt, Aussagen über den gesellschaftlich relevanten Diskurs der Debatte um die Grüne Gentechnik treffen zu können.

---

10   Die in dieser Arbeit vertretene Definition von „Korpus" wird in Kapitel 3.3 angeführt.

Deshalb sollte ein Korpus den Diskurs so gut wie möglich repräsentieren. Der Diskurs findet in zwei gesellschaftlichen Bereichen statt. Diese beiden Bereiche unterscheiden sich durch die Kommunikationssituation, in der sie entstehen. Zum einen wenden sich Akteursgruppen, die als Experten im Bereich Grüne Gentechnik gelten, an die breite Öffentlichkeit bzw. an Laien, um ihre eigene Position zu vertreten und durchzusetzen. Im Folgenden werden deren Texte dem fachexternen Diskurs zugerechnet und werden zum Bestand des fachexternen Korpus.

Andererseits haben Journalisten aus den verschiedenen Medien als institutionelle Vermittlungsinstanz die Aufgabe, „öffentliches" bzw. „gesellschaftliches" Wissen über die Grüne Gentechnik weiterzugeben, und sind damit vor allem ihrem Verleger und der Leserschaft verpflichtet. Die vom einzelnen Journalisten vertretene Position kann abhängig von der Textfunktion (oder der Textsorte) und der politischen Stimmung variieren oder einem Wandel der Debatte unterliegen. Ihre Relevanz erhalten die Medienartikel durch ihre hohe Reichweite und durch die den Medien oftmals zugeschriebene Funktion einer „vierten Gewalt". Dieser Begriff ist auf Jean-Jacques Rousseau zurückzuführen, der die Presse als vierte Säule des Staates bezeichnet hat (Forster 2011: 16). „Medien sind [...] kein Verfassungsorgan" (Mai 2008: 127), denn erhalten durch Art. 5 GG die Werte Freiheit, Unabhängigkeit und Staatsferne einen vorrangigen Stellenwert in der Verfassung (ebd.). Dadurch wird den Medien eine Art Kontrollfunktion zuteil (Forster 2011: 16). Diese Medienartikel bilden somit das Medienkorpus.

Anhand der vorliegenden Korpora können lediglich Aussagen über den deutschsprachigen Diskursausschnitt zur Debatte über Grüne Gentechnik getroffen werden, da es sich um monolingual zusammengestellte Korpora handelt. Die Medialität beider Korpora ist schriftlich, da diese hauptsächlich Texte der geschriebenen Sprache enthalten. Eine Ausnahme stellt dabei die Blogosphäre des fachexternen Diskurses dar, da in dieser häufig konzeptionelle Mündlichkeit schriftlich realisiert wird.

Die Größe eines Korpus bemisst sich in Wortformen. Die Größe des fachexternen Korpus umfasst 340 Texte und 545 184 Wortformen, das Medienkorpus beläuft sich auf 4147 Texte und 2 526 704 fortlaufende Wortformen (ohne Annotation). Die Korpora enthalten ausschließlich Texte, die aus der Zeitspanne von 2000 bis 2010 stammen, und sind damit statisch. Bei den vorliegenden Korpora handelt es sich um Spezialkorpora zum Thema Grüne Gentechnik; sie zeichnen sich durch einen Bezug zum Untersuchungsgegenstand aus; als Kontrollkorpus wird das Teilkorpus „Berliner Mauer" aus HeideKo herangezogen[11].

---

11 HeideKo wurde von Ekkehard Felder, Marcus Müller und Friedemann Vogel als „eine gemeinsame Infrastruktur für Spezialkorpora" entworfen. Die Teilkorpora sind thematisch ausgerich-

Grundlage der Untersuchung: die Korpora zur Grünen Gentechnik

Da bei der Zusammenstellung beider Korpora zum Diskurs Grüne Gentechnik vor allem auf frei zur Verfügung stehende Daten zurückgegriffen wurde, handelt es sich um opportunistische Korpora.

3.1.1 Erstellung des fachexternen Korpus

Im Rahmen einer exemplarischen linguistischen Medienanalyse (Müller et al. 2010: 543f.) wurden nach zwei diskursrelevanten Ereignissen, dem Verbot des kommerziellen Anbaus von MON 810 und der Erlaubnis des Anbaus von Amflora zu Versuchszwecken, u. a. die gesellschaftlichen Bereiche eruiert, aus denen die Akteure der Debatte um die Grüne Gentechnik stammen. Es handelt sich hierbei um die Domänen Recht, Industrie, Non-Governmental Organizations, Politik und Wissenschaft. Neu hinzugenommen wurden die Bereiche Kirche, Blogosphäre und die Online-Enzyklopädie Wikipedia.

Die Domäne Kirche wurde aufgrund der thematischen Brisanz in Bezug auf Überschreitung von Artgrenzen als relevant erachtet. Texte aus dem Bereich Blogosphäre sind aufgrund ihrer Aktualität aufgenommen worden und, weil darin auch zu Experten gewordene Bürger, die sich mit dem Thema Grüne Gentechnik besonders auseinandersetzen, zu Wort kommen. Der Wikipedia-Eintrag wurde wegen seiner Aktualität, hohen Reichweite und der leichten Zugänglichkeit für die Öffentlichkeit gewählt.[12]

Das fachexterne Korpus wurde erstellt, indem durch Internet-Recherche eruiert wurde, welche Texte der Öffentlichkeit aus diesen Bereichen zur Verfügung stehen. Zudem sollten die Akteure bundesweit agieren. Aus diesem Grund wurden beispielsweise Bundestagsfraktionen anstelle einzelner Parteien gewählt; die kirchlichen Akteure mussten eine bundesweite Vertretung darstellen etc..

Die Zusammenstellung des fachexternen Diskurses erfolgte im Juli des Jahres 2009, indem ein synchroner Querschnitt thematisch relevanter Texte der wichtigsten Akteure auf bundesweiter Ebene für die Grüne-Gentechnik-Debatte vollzogen wurde. Die eruierten Texte geben die zum Erhebungszeitpunkt verfügbare Dokumentenvielfalt wieder, stammen aber aus verschiedenen Zeiten. Der Entstehungszeitpunkt kann bis auf den 1. Januar 2000 zurückgehen.

Die Auswahl der Texte bei Akteuren wie beispielsweise den Ministerien erfolgte auf der Homepage des entsprechenden Akteurs. Über die Suchfunktion wurde der Terminus „Grüne Gentechnik" oder „Gentechnik" eingegeben und

---

tet. Derzeit beinhaltet HeideKo 22 396 Texte (12,46 Mio. Token) und umfasst 47 Transkripte (283 828 Token) (Felder/ Müller/ Vogel 2012).
12 Foren wurden aufgrund der Komplexität, die dem ständigen Sprecherwechsel zu zulasten ist, nicht berücksichtigt.

anschließend wurden relevante Dokumente ausgewählt, andere wurden ignoriert, wie z. B. Organigramme einzelner Organisationen oder ganze Gesetzesauflistungen usw..

Bei diesen fachexternen Vermittlungstexten, die durch die Online-Auftritte der einzelnen Akteure gewonnen wurden, handelt es sich nicht um Hypertexte, sondern vor allem um E-Texte (vgl. Kapitel 4.1.3), also um eigenständige elektronisch vorliegende Texte oder Printerzeugnisse z. B. Informationsbroschüren, die im Online-Format vorliegen.

3.1.2 Erstellung des Medienkorpus

Zur Erstellung des Medienkorpus, das den Bereich der überregionalen seriösen Presse repräsentiert, wurden an verschiedene Datenbanken, die Print- und Onlinemedien zur Verfügung stellen, drei verschiedene Suchanfragen gestellt. Die Suchanfrage wurde zunächst anhand des Ausdrucks „Grüne Gentechnik", danach anhand „gentechnisch verändert"[13] und zuletzt mittels „Pflanzenbiotechnologie" vorgenommen[14]. Auf diese Weise wurde ein breit gefächertes Spektrum an Medienartikeln gewonnen. Über die Datenbank LexisNexis wurden Artikel folgender Medienformate ausgewählt: Die Welt, Welt kompakt, Welt am Sonntag, Der Spiegel, Focus, die tageszeitung, Die Zeit (inkl. Zeit-Magazin) und die Frankfurter Rundschau. Mithilfe der Online-Archive wurden Texte folgender Medien berücksichtigt: Zeit online, Welt online, SZ online, Spiegel online. Durch das SZ-Biblionet wurden die Artikel der Süddeutschen Zeitung zusammengestellt und durch das FAZ-Biblionet die Texte der FAZ und der FAS.

Die zeitliche Eingrenzung des Medienkorpus beschränkt sich auf zehn Jahre. Es wurden Texte berücksichtigt, die im Zeitraum 01.01.2000 – 31.12.2010 entstanden waren. In diesem Zeitraum gab es mehrere politisch prägnante Ereignisse, die den Sachverhalt betreffen. Dabei handelt es sich zum einen um den Diskurs Grüne Gentechnik, der von Renate Künast 2001 ins Leben gerufen wurde, zum anderen fand im Jahr 2009 ein Runder Tisch zum Thema Grüne Gentechnik statt, der von Ilse Aigner einberufen wurde. Zudem wurde im Jahr 2004 von der Bundesregierung das Gentechnik-Gesetz (GenTG) novelliert, um die europäische Richtlinie 2001/18/EG umzusetzen. Die letzte Änderung daran er-

---

13 „Gentechnisch verändert" ist das gebräuchlichste Adjektiv für ein GVO, siehe dazu Müller et al. 2010: 542.
14 Wo immer dies möglich war, wurden die jeweils anderen beiden Suchterme ausgeschlossen, dies war jedoch nicht in jedem Fall möglich und führte somit zu einer Doppelung von 94 Artikeln. Diese sind in der Auflistung aller Artikel in Kapitel 1.3 in den Zusatzmaterialien unter www.springer.com auf der Produktseite dieses Buches mit einem * gekennzeichnet.

folgte im April 2008 durch das in Kraft getretene Gesetz zur Neuordnung des Gentechnikrechts (4. GenTRNeuordG).

3.2 Hermeneutische Diskursanalyse

3.2.1 Linguistische Diskursanalyse (LDA) als hermeneutisches Vorgehen

In der vorliegenden Studie werden fachexterner und medialer Sprachgebrauch anhand einer Linguistischen Diskursanalyse (LDA) untersucht. Zunächst soll geklärt werden, inwieweit es sich bei einer Linguistischen Diskursanalyse (LDA) um ein hermeneutisches Vorgehen handelt. Hier wird die Ansicht vertreten, dass Sprache ausschließlich „durch Zu-verstehen-Geben und Verstehen" funktionieren kann (Hermanns 2003: 2). Dass sprachliches Handeln verschiedene Funktionen erfüllen kann, ist unumstritten; dass sprachliches Handeln immer einen Zweck des Mitteilens und des Verstanden-Werdens impliziert, ist seit Watzlawick geläufig und bestimmt ein ganzes Paradigma. Verstehen definiert Fritz Hermanns vor allem als Erkennen von Zusammenhängen bzw. Relationen (ebd.: 11). Zum Begriff des Verstehens zählt Hermanns sowohl das erfolgreiche Verstehen als auch das Missverstehen. Er verknüpft mit dem Begriff Verstehen jedoch auch Erkennen und führt dabei das Problem des Wahrheitsanspruchs an. Sowohl bei Verstehen im prototypischen Gebrauch als auch bei Wissen und Erkennen wird alltagssprachlich ein Wahrheitsanspruch postuliert, im Gegensatz dazu im wissenschaftlichen Gebrauch jedoch nicht zwingend; hier kann Wissen ebenfalls *Meinen, Glauben* oder *Überzeugtsein* bedeuten (ebd.).

Verstehen wird also auch auf Erkennen und damit auf verschiedene weitere Faktoren zurückgeführt[15]. Verstehen im Zusammenhang mit einer Diskursanalyse spielt eine große Rolle, da gesellschaftlich kontroverse Diskurse danach verlangen, dass der Sprachgebrauch über einen solch kontroversen Sachverhalt hin-

---

15 Hermanns zählt zu diesen folgende Faktoren: „ ‚Sinnkonstanz' (Hörmann 1976: 195f.); es ist immer kreativ-konstruktivistisch (nie nur rezeptiv-reproduzierend); es ist an ihm stets beteiligt ein Schema-Erkennen (d. h. ein Schema-Wieder-Erkennen); es ist grundsätzlich holistisch (Einzelheiten werden stets als Teile von Ganzheiten wahrgenommen); daher ist es wohl unmöglich ohne gleichzeitige Horizontwahrnehmung (Hintergrund-, Kontext-Wahrnehmung); es ist – jedenfalls typischerweise – erfahrungsgeleitet und beruht z.T. auf vorgängigem Wissen; es verläuft oft quasi-automatisch (in Routinen); es ist immer perspektivisch; es ist immer motiviert, d. h. interessengeleitet; es ist, da es menschliches Erkennen ist, typischerweise teilgeprägt durch (eine jeweilige) Sprache; es ist (u. a. deshalb) auch kulturabhängig (es beruht z.T. auf kulturellem Lernen); es erfolgt nicht selten anhand unzulänglicher Indizien, dann im Wege einer ‚Divination', einer ‚Abduktion' bzw. eines ‚Ratens', weshalb es oft nicht ‚gewiss' ist" (Hermanns 2003: 11).

sichtlich des dort verhandelten Wissens (Busse bezeichnet dieses als „verstehensrelevantes") analysiert wird (Busse 2008: 62). Warnke schließt sich dem an, indem er Diskursen zuschreibt, dass in ihnen „*das* Wissen thematisiert [wird], das für das Verständnis einer Aussage notwendig" sei (Warnke 2009: 126). Wie kommt also das Verstehen zustande? Die Analyse von sozialer Bedeutung bzw. Bedeutung im Gebrauch ist nötig, um Verstehen nachvollziehbar zu machen (Zimmer 2009: 288), denn, so Heinemann, für das jeweilige Verstehen ist das Nachvollziehen des Verstehens in einer sozialen und kommunikativen Situation vonnöten. Denn erst das Zusammenwirken des Gebrauchs von Welt-, Handlungs- und Sprachwissen der Partner, bestimmter Einstellungen und Konventionen macht dies möglich (Heinemann 2011: 54).

Es handelt sich hier also um ein hermeneutisches[16] Vorgehen, das Verstehen und Auslegen von Diskursen oder Diskursausschnitten, mit dem Ziel, an diesen Diskursausschnitten die in der Sprache sichtbar werdende Perspektive des Sprachbenutzers auf „Wirklichkeit" aufzuzeigen (Wengeler 2003: 83). Nachdem nun eine Position bezogen wurde, welche linguistische Diskursanalyse als eine hermeneutische versteht, soll im Folgenden aufgezeigt werden, dass diese vorliegende sprachwissenschaftliche Diskursanalyse an der Tradition einer Diskursanalyse anschließt, die sich aus der Textlinguistik weiterentwickelt hat und sich auf den französischen Philosophen und Theoretiker Michel Foucault beruft. Die Übereinstimmung mit der Position Foucaults besteht vor allem in der Ergründung der Entstehung von Wissen, der Erlangung von Geltung und der Untersuchung bestehender Machtverhältnisse. Vielen linguistischen Ansätzen gemein ist das Interesse an den

> „Konstitutionsbedingungen von und Auseinandersetzungen in gesellschaftlichen Diskursen auf den Ebenen der Sprache, der Akteure (Individuen, Gruppen usw.), der Wissensrahmen (individuelle Konzepte bzw. Frames, Gruppenkonzepte bzw. Ideologien) sowie der Macht bzw. Hegemonie" (Vogel 2012b: 24).

Diskurse sind „Text- und Gesprächsnetze zu einem Thema" (Felder 2012a: 122) und werden in dieser Tradition als „soziohistorische und kulturelle Praktik" (Wengeler 2003: 82; Busse 1987: 254) verstanden. Sie sind an Aussagen bzw. Aussagennetze gebunden (Busse/ Teubert 1994: 15; Warnke 2007: 11). Ein Diskurs wird demnach als eine „einzelne Texte bzw. Äußerungen übergreifende semantische Einheit gesellschaftlicher Interaktion" (Vogel 2012b: 24) verstanden. Diskursive Regeln spielen eine große Rolle für die Konstitution von Diskursen. Deshalb soll in dieser Arbeit auf die soziale Position der Akteure ein Schwerpunkt gelegt werden, um der großen Relevanz des Gegenstands angemes-

---

16 Hermanns (2007: 189) und Bluhm, Deissler, Scharloth, Stukenbrock (2000: 15).

sen Raum zu verleihen und sich von einem subjektunabhängigen Diskursverständnis abzugrenzen, denn der Grad an Autorität eines Akteurs gilt als ein Zeichen für dessen Macht und folgt damit einer diskursiven Regel.

„Wir gehen demgegenüber davon aus, dass Diskurse nicht nur soziale Verhältnisse abbilden, sondern dass die sozialen Strukturen dynamische Gebilde sind, die im Diskurs durch Kontextualisierungsprozesse generiert (und je nach Diskursgemeinschaft durchaus unterschiedlich generiert) werden." (Warnke/ Spitzmüller 2008: 21f)

Da sich mit der Integration des Gegenstands „Diskurs" in die Sprachwissenschaft verschiedene Richtungen herauskristallisiert haben, denselben zu behandeln, wird hier auf den zusammenfassenden Überblick in Vogel (2012b: 24-26), in Spitzmüller/Warnke (2011: 78-120) und in Konerding (2009a: 162-172) verwiesen[17].

Im Erkenntnisinteresse der vorliegenden LDA stehen Interpretationshypothesen zur Sachverhaltskonstitution in fachexternen Texten sowie in Medienartikeln. Sie schließt an die Forschungsarbeiten von Ekkehard Felder an und teilt die Überzeugung, dass jede einzelne kommunikative Handlung (Felder 2006b: 13) Bedeutung und damit Wirklichkeit konstituiert (Wengeler 2003: 162). Felder untersucht in „Semantischen Kämpfen" (2006, 2006b) auf Ebene der Lexik, Syntax, Texte und Bilder anhand „handlungsleitende[r] Konzepte" (Felder 1995: 3; 2006b: 18; 2009a: 21) die Herstellung von Wissensformen. Für ihn steht dabei im Vordergrund, auf welche Weise Akteure versuchen, anhand von Bezeichnungskonkurrenzen, Bedeutungsfixierungen und Sachverhaltsfixierungen „bestimmte sprachliche Formen als Ausdruck spezifischer, interessengeleiteter Handlungs- und Denkmuster" dominant zu setzen (2006b: 17).

3.2.2 Eruierung von Wissenseinheiten

Das hermeneutische Vorgehen gilt es noch zu spezifizieren. Wie werden Sprachhandlungskategorien, Handlungsstrategien im Kampf um Wissen und sprachliche Strategien in einem Diskurs ausgemacht? Zum einen gibt es natürlich bestimmte Themen, bei denen der sprachliche Dissens bereits bei der ersten Lektüre der Texte augenscheinlich ist. Das Vorgehen jedoch, das zu den spannenden und nicht immer offensichtlichen Sprachhandlungskategorien, Handlungsstrategien im Kampf um Wissen und sprachliche Strategien führen wird, besteht aus der Lektüre aller dem fachexternen Diskurs zugrunde liegenden Texte; im Zuge

---

[17] Einen Überblick über die disziplinübergreifende Diskursforschung mit Fokus auf die wissenssoziologische Diskursanalyse bietet Keller [4]2011.

dessen werden Themen eruiert. Themen sind umfassend und werden durch eine inhaltliche Relation in Bezug auf einen Sachverhalt zusammengehalten. Von diesen Themen ausgehend werden Wissenseinheiten, also Konzepte, ermittelt. Im Gegensatz zu Themen handelt es sich bei Konzepten um kleinere Wissenseinheiten.

Unter Konzept wird in Anlehnung an Ekkehard Felder (2006b: 18, Felder 2009c) und Klaus-Peter Konerding (1993, 2005, 2007, 2008[18]), deren Definition auf der von Barsalou (1992: 31) basiert[19], zum einen eine Wissenseinheit verstanden, deren Relation zu einem Sachverhalt darin besteht, dass das Konzept Wissen über Sachverhalte repräsentiert und gleichzeitig Wissen konstituiert (Felder 2009b: 59),

„Unter Konzept wird hier [...] eine kognitive Einheit oder Inhaltskomponente verstanden, an der Eigenschaften oder Teilbedeutungen identifiziert werden können." (Felder 2003: 43; Felder 2006b: 18).

Zum anderen stellen Konzepte ein forschungspraktisches Konstrukt dar, welches als Werkzeug bei der Analyse von Wissenskonstitution dient. Konzepte veranschaulichen also mentale Korrelate eines Akteurs, wenn diese auf bestimmte Referenzobjekte Bezug nehmen (Felder 2009a: 20). Um die Bedeutungsdifferenzen aufzuzeigen, die beispielsweise bei der Bedeutungsfixierung im Semantischen Kampf zutage treten, können Konzeptattribute an den Konzepten ausgemacht und schematisch dargestellt werden.

Wie bereits erwähnt, erfüllen Konzepte darüber hinaus die Funktion eines forschungspraktischen Instruments bei der Analyse von Wissensherstellung. Konzepte können eine zusätzliche Spezifizierung hinsichtlich ihrer Funktion im Diskurs erhalten. So werden manche Konzepte als Hochwert-Konzepte eingestuft. Unter Hochwert-Konzept wird in Anlehnung an Fritz Hermanns (1994) ein Konzept verstanden, das sich aus Hochwert-Begriffen speist, d. h. das Hochwert-Wörter wie beispielsweise „Freiheit" oder „Gerechtigkeit" etc. beinhaltet, welche als konsensual positiv besetzt gelten[20].

---

18 „Konzepte sind dabei als ganzheitlich organisierte Bewusstseinsgehalte bzw. Wissenseinheiten definiert (im Sinne einer „ganzheitlichen" attentionalen Fokussierbarkeit), die ihrerseits durch weitere Konzepte rekursiv konstituiert sein können; dies begründet die konzeptuelle Netzstruktur (einschlägiges dazu etwa bei Barsalou 1992)." (Konerding 2008: 127)
19 Barsalou (1992) definiert: „By concept I mean the descriptive information that people represent cognitively for a category, including definitional information, prototypical information, functionally important information, and probably other types of information as well" (Barsalou 1992: 31).
20 Nach Hermanns empfiehlt es sich, „von ‚Hochwertwörtern' da zu sprechen, wo ein Wort einen zentralen Wert einer Gesellschaft – einen ‚Grundwert' – nennt, bezüglich dessen ein gesamtgesellschaftliches Einvernehmen festzustellen ist darüber, daß es sich bei diesem Wert um einen

In Abgrenzung zu den Arbeiten von Ekkehard Felder wird in dieser Studie nicht von handlungsleitenden Konzepten gesprochen, sondern nur von dominanten bzw. handlungsleitenden Konzept*attributen*, da Konzepte per se nach der hier verwandten Definition Wissenseinheiten darstellen, in denen sich konfligierende Geltungsansprüche widerspiegeln. Felder hingegen spricht von handlungsleitenden Konzepten, wenn diese den Diskurs bestimmen oder in diesem als dominant wahrgenommen werden.

„Werden spezifische Konzeptualisierungen in einem Diskurs in dominanter Weise versprachlicht, spreche ich von ‚handlungsleitenden Konzepten' des Diskurses." (Felder 1995: 3; Felder 2006b: 18; Felder 2012a: 130)

Meines Erachtens ist nur schwer zu beurteilen, welches Konzept bezüglich eines Diskursausschnitts als dominant zu bezeichnen ist, denn dieser Zusammenhang hängt doch eher, wie Zimmer deutlich macht, von dessen Resonanz und Auswirkung ab:

„Die Hegemonie einer bestimmten Sichtweise ist dabei nicht Produkt eines linear fortschreitenden Prozesses, in dem die debattierenden Akteure von der ‚Richtigkeit' eben dieser Sichtwiese überzeugt wurden. Vielmehr hängt die Vorherrschaft einer Sichtweise davon ab, ob sie genügend sozio-politische Resonanz bekommt und politische Effekte zeitigt [sic!]." (Zimmer 2009: 280)

Dieser Aspekt klingt bei Felder in einer früheren Definition noch an:

„Unter *handlungsleitenden Konzepten* verstehe ich auf der sprachlichen Inhaltsseite Konzepte bzw. Begriffe, welche die Textproduzenten bei der Vermittlung von gesellschaftlich relevanten Sachverhalten unbewusst verwenden oder bewusst **versuchen durchzusetzen** (Felder 2006b: 18; 2009a: 21).

„Die Versprachlichungsformen, **die sich durchsetzen oder durchzusetzen scheinen**, setzen damit gleichsam ein bestimmtes Konzept dominant, das als „handlungsleitendes Konzept" in die Forschungsdiskussion eingeführt worden ist" (Felder 2006b: 15; 2009c: 16)

Höchstwert handelt, was mit demoskopischen Methoden zu ermitteln wäre (und ermittelt wird)." (Hermanns 1994: 18) Umkämpft sind vor allem die Bedeutungen von tendenziell parteiübergreifend verwendeten Hochwertwörtern wie Demokratie, Freiheit, Gerechtigkeit, Solidarität usw. Solche Wörter werden im allgemeinen Sprachgebrauch so stabil und durchgängig mit positiver deontischer Bedeutung verwendet, daß politische Gruppierungen daran nicht rütteln. Sie versuchen, die für die Masse der Sprachteilhaber inhaltlich eher vage Bedeutung in ihrem Sinne zu spezifizieren." (Klein 1989: 21)

Wenn mit *handlungsleitend* jedoch populär im Sinne von Konzepten, die aufgrund ihres semantischen Wertes von allen Akteuren besetzt werden, gemeint ist, so würde sich diese Bedeutung mit den von mir als Hochwert-Konzepten bezeichneten überlappen. Dennoch würde diese Interpretation hier zurückgewiesen, da die als Hochwert-Konzepte gefassten Werte nur vermeintlich auf Gemeinsamkeiten beruhen, bei näherer Betrachtung jedoch widersprüchliche Konzeptattribute zum Vorschein bringen können.

Die Charakterisierung eines Konzepts als ‚handlungsleitend' würde dem hier zugrunde liegenden Verständnis entsprechen, wenn damit gemeint wäre, dass diese ‚handlungsleitenden' Konzepte den Diskurs zu einer bestimmten Zeit durch Bezugnahme der Akteure auf diese Konzepte vorherrschend prägen, also quantitativ dominieren, und sich beispielsweise in Keywordlisten oder dominanten Clustern niederschlagen.

Eine dem Konzept übergeordnete Wissenseinheit stellt der Wissensrahmen dar. René Zimmer beschreibt Wissensrahmen mit Bezug auf Felder ganz allgemein als „verstehensrelevante Wissensagglomerationen" (Zimmer 2009: 287). Daran anknüpfend wird unter einem Wissensrahmen in dieser Arbeit, in Anlehnung an Klaus-Peter Konerding und Ekkehard Felder, etwas spezifischer eine Vernetzung von Konzepten verstanden. Konerding präzisiert die Definition von Wissensrahmen als eine Subsumption von Attribut-Wert-Strukturen unter ein thematisches Konzept (Konerding 2008: 127); Felder bezeichnet diese als „Beziehungsgeflecht" (Felder 2006b: 19). Weiterhin charakterisiert Konerding Wissensrahmen folgendermaßen:

> „Ein deklarativ artikulierter Wissensrahmen (zu einem jeweils thematischen Konzept) besteht aus einer weitgehend kohärenten, propositional superformatierten/reskribierten konzeptuellen Struktur. In diese Struktur sind bestimmte Konzepte als rahmenkonstitutive „Attribute" integriert. An diese Attributkonzepte sind in der Regel spezifizierende „Skripte" angebunden, die Funktions- und Aktivitätsverlaufe (Prozeduren) konzeptuell repräsentieren – man vgl. zu allem nochmals die Notation zu dem Rahmen für car (Abb. 1). Kognitive deklarative Rahmen sind mehr oder weniger kohärente Konzeptstrukturen propositionaler Prägung, die entweder aus vorgängigen prozeduralen Strukturen emergieren oder über primär deklarative Praktiken „implementiert" werden und dann nur indirekt auf prozedurales Wissen verweisen (vermittelt durch Schule und Ausbildung, Wissen durch Hören-Sagen, diskursivliterale Traditionen, kollektive Mythen und Erklärungsparadigmen). Wesentlich jedoch ist, dass dominant prozedural wie dominant deklarativ geprägte Rahmen sich (meta-) sprachlich modellieren und zum Gegenstand und Instrument von wissenschaftlichen Untersuchungen machen lassen." (Konerding 2009: 104f.)

Die Funktion von Wissensrahmen besteht nach Felder mit Verweis auf Konerding (1993, 2005, 2007, 2009b) unter anderem darin, dass sie es „erlauben Inferenzen zu ziehen, nicht erwähnte oder implizierte Sachverhalte zu erschließen, und [...] teilweise anpassungsfähig" (Felder 2009b: 59) sind. Dietrich Busse erweitert den Wissensrahmen-Begriff um die forschungspraktische Komponenten, wenn er davon spricht, dass

> „die Beschreibung von Wissensstrukturen, z.B. von Wissensrahmen und ihren Gefügen, stets ein Konstrukt ergibt, das Ergebnis wissenschaftlicher Anordnungen, Definitionen, Deutungen ist. Das Konzept „Wissensrahmen" bezieht sich also auf ein rekonstruktives Format für die Beschreibung von verstehensrelevantem Wissen und Wissensstrukturen, dessen Korrelat in der kognitiven Wirklichkeit nicht nachgewiesen (nach Wittgenstein auch nicht nachweisbar) ist. Zur Beschreibung von Wissensrahmen und ihrer Elemente dient das Format der ‚Prädikationen'." (Busse 2008: 70)

Bei Wissensrahmen handelt es sich also um abstrakte Größen. Für die konkrete Analyse an Texten eignet sich das Format der Konzepte, die wesentlich kleinteiliger sind, besser. Aus diesem Grund wird die Analyse anhand der Eruierung dichotomischer Konzepte vollzogen. Die LDA umfasst in der hier vorliegenden Ausprägung als deskriptives Verfahren sowohl hermeneutisches Vorgehen als auch eine computergestützte Analyse. Zum hermeneutischen Vorgehen bleibt noch zu sagen, dass bei der Analyse der Texte des fachexternen Diskurses keine Quellenanalyse betrieben wurde, d. h. die von den Diskursakteuren angegebenen Literaturverweise wurden nicht berücksichtigt. Es hätte nur dann Sinn ergeben diese aufzunehmen, wenn auch die Quellen überprüft worden wären. Da der Nachvollzug der Quellenangaben den Rahmen dieser Arbeit sprengen würde und die vorliegende Arbeit sich auf genuin sprachliches Handeln konzentriert, wurden Literaturverweise in Form von Links oder Fußnoten aus den Originaltexten nicht beachtet.[21] Allerdings wäre eine solche Quellenanalyse sicher ein weiterer ergiebiger Untersuchungsgegenstand.

3.3 Korpuslinguistische Diskursanalyse

In der vorliegenden linguistischen Diskursanalyse der Grünen-Gentechnik-Debatte soll an dieser Stelle verdeutlicht werden, was im sprachwissenschaftlichen Umfeld unter Korpuslinguistik verstanden wird und an welchen Punkten sie sich aus diesem Grund korpuslinguistischer Methoden bedient. Zuallererst wird

---

21 Links und Fußnoten wurden aus den Textbelegen entfernt, da diese ohne die Möglichkeit, diese nachzuvollziehen ihren Zweck nicht mehr erfüllten, gleichzeitig aber den Lesefluss beeinträchtigten.

in Anschluss an Anatol Stefanowitsch[22] erläutert, was hier unter einem Korpus verstanden wird. Bei einem Korpus handelt es sich um

„eine Zusammenstellung von Texten auf der Grundlage eines oder mehrerer Kriterien, nicht nur in der Sprachwissenschaft, sondern auch z.b. in der Geschichtswissenschaft, der Religionswissenschaft und den klassischen Philologien." (Stefanowitsch 2005: 142)

Für die Sprachwissenschaft präzisiert er die Begriffsdefinition als

„Sammlung von Texten, die als Grundlage für sprachwissenschaftliche Untersuchungen dienen sollen, und die deshalb möglichst repräsentativ für die zu untersuchende Sprache (oder sprachliche Varietät) sein müssen." (Stefanowitsch 2005: 142)

Als Korpuslinguistik wird die Teildisziplin der Sprachwissenschaft bezeichnet, die sich mit der sprachwissenschaftlichen Analyse von Korpora befasst.

Als grundlegendes Merkmal gilt für die Korpuslinguistik, dass sprachliche Äußerungen auf der Grundlage einer vorliegenden Textsammlung analysiert werden (Stefanowitsch 2005: 141; Lemnitzer/ Zinsmeister 2006: 9). Im Gegensatz zu Lemnitzer/ Zinsmeister setzt Stefanowitsch dabei den Aspekt der Repräsentativität der Textauswahl bereits voraus.

„Korpuslinguistik ist die Untersuchung sprachlicher Phänomene auf der Grundlage eines sprachwissenschaftlichen Korpus (d. h. einer **repräsentativen** Auswahl von in natürlichen Kontexten entstandenen Texten der zu untersuchenden Sprache oder sprachlichen Varietät)." (Stefanowitsch 2005: 141)

Ein weiteres Merkmal der Korpuslinguistik besteht darin, dass der Zusammenhang zwischen dem Auftreten eines sprachlichen Phänomens und seiner Gebrauchssituation als typisch definiert wird. Dieses Merkmal wird besonders von Noah Bubenhofer und Marcus Müller hervorgehoben (Bubenhofer 2009: 5; Müller 2012: 36 u. 60). Noah Bubenhofer erklärt als Ziel seiner korpuslinguistisch ausgerichteten Arbeit die für einen Diskurs „[...] typische[n] Sprechweisen anhand einer Analyse des musterhaften Sprachgebrauchs zu erfassen" (Bubenhofer 2009: 5).

Das dritte Merkmal der Korpuslinguistik besteht darin, dass die Typizität durch einen Verweis auf die Voraussetzungen von bedingten (Stefanowitsch 2005: 146) oder signifikanten (Müller 2012: 60) Häufigkeiten genauer präzisiert

---

22 Stefanowitsch verweist in diesem Zusammenhang auf Francis (1982: 7) oder Kennedy (1998: 1).

wird und durch statistische Berechnung operationalisierbar gemacht wird (Stefanowitsch 2005: 146; Bubenhofer 2009: 38).

Die Korpuslinguistik ist für die vorliegende Diskursanalyse von Bedeutung, da sie Zugriff auf kulturelle oder soziale Zusammenhänge (Scharloth/ Bubenhofer 2011: 196) und auf soziales Handeln (Bubenhofer 2009: 53) ermöglichen kann.

Scharloth und Bubenhofer schreiben der Korpuslinguistik eine Verpflichtung neuerer Einsichten der Pragmatik nach Feilke (2000: 78) zu, indem sie darauf verweisen, dass die Korpuslinguistik „nach pragmatischen Spuren an der (inzwischen rehabilitierten) sprachlichen Oberfläche, nach Mustern, in die sich ein Gebrauchswert eingeschrieben hat" (Scharloth/ Bubenhofer 2011: 196f.) sucht. Von Interesse sind demnach das Auftreten sprachlicher Äußerungen und deren Verteilung (Scharloth/ Bubenhofer 2011: 197). Senkbeil proklamiert als ein Mehrwert der Korpuslinguistik „die Fähigkeit, Unvorhergesehenes zum Vorschein zu bringen und Bekanntes empirisch zu testen" (Senkbeil 2012: 400).[23]

In ihrer Methodologie wird in der Korpuslinguistik zwischen zwei grundlegenden Verfahren unterschieden: *corpus-driven* und *corpus-based*.

Das *corpus-driven* Verfahren zeichnet sich dadurch aus, dass es vor allem „induktiv und damit hypothesenbildend" operiert (Bubenhofer 2009: 321; Felder 2012a: 124). Ein Korpus wird dabei als ein Datenbestand aufgefasst und die Bestrebungen richten sich darauf, Strukturen sichtbar zu machen, die im Anschluss daran kategorisiert werden sollen (Bubenhofer 2009: 100). Der Reiz an diesem Vorgehen liegt darin, auf Phänomene zu stoßen, die durch das bloße Lesen nicht ins Auge springen und damit ermöglichen, eine neue Sicht auf den zu untersuchenden Diskurs zu erhalten.

„Wie bringt man das Korpus dazu, selbst Hypothesen zu entwickeln? Wie schon erwähnt nutzt dieses Projekt den Keyword-Algorithmus, also jene Software, die – einfach dargestellt – in der Lage ist herauszufinden, welche Wörter innerhalb eines Korpus besonders häufig vorkommen im Vergleich zur sonstigen Sprache außerhalb dieses Korpus." (Senkbeil 2012: 400)

Dieses hypothesenbildende Verfahren wird in der vorliegenden linguistischen Diskursanalyse in Form von ausgewählten Keyword-Analysen und N-Gramm-Analysen angewandt.

Im Gegensatz dazu werden die *corpus-based* approaches und Corpus-Assisted Discourse Studies (CADS) gerade zur Hypothesenüberprüfung verwen-

---

23 Zur Abgrenzung der Korpuslinguistik von hermeneutischer Methodik siehe Marcus Müller (2012: 59): „Emische Kontextualisierungsverfahren erster Ordnung sind individuelle und dynamische psychologische Prozesse. Sie können korpuslinguistisch direkt nicht untersucht werden."

det. Es werden vorab Hypothesen oder Theorien aufgestellt, die dann am Korpus analysiert und getestet werden. Somit handelt es sich um ein eher deduktives Vorgehen (Bubenhofer 2009: 100; Felder 2012a: 124; Senkbeil 2011: 5).

> „Letztlich wird corpus-based die Frage verfolgt, ob das gesuchte Phänomen im Korpus auftritt, wenn ja, wo, wie oft, und wie: [...]."(Bubenhofer 2009: 100)

Die Corpus-Assisted Discourse Studies stellen eine interdisziplinäre Verknüpfung zwischen dem *corpus-based* Verfahren und sozio-politischen Fragestellungen dar (Senkbeil 2011: 32)[24].

Dem *corpus-based* Verfahren schließt sich die vorliegende Untersuchung an, indem Diskursverhärtungen, die hermeneutisch eruiert wurden, computergestützt auf Häufigkeit überprüft werden.

Die Untersuchung des fachexternen Diskurses wird um die Analyse des Mediendiskurses ergänzt. Da sich das Medienkorpus aus wesentlich größeren Textmengen zusammensetzt und durch ein großes Spektrum an Akteuren gekennzeichnet ist, bieten sich für die Untersuchung des Mediendiskurses zur Grünen-Gentechnik-Debatte korpuslinguistische Verfahren an. Durch die hinzukommende computergestützte und quantitative Vorgehensweise soll der Blick auf den Diskurs erweitert und um den Fokus auf Typizität und die von dieser abweichende sprachliche Phänomene ergänzt werden. Sprachmuster können in Form von relativ häufigen Ausdrücken, Mehrworteinheiten und Syntagmen, also in den verschiedensten grammatischen Mustern auftreten (siehe dazu ausführlicher Vogel 2012a: 318).

Typische statistisch berechenbare Phänomene eines Sprachgebrauchs können als Indikatoren für Diskurse und Denkweisen gelten (Steger 1983, 1988, Felder 1995, Bubenhofer 2009) und stellen damit eine lohnenswerte Erweiterung zur klassisch hermeneutischen Auswertung des fachexternen Diskurses und des Mediendiskurses zur Debatte um die Grüne Gentechnik dar.

Die korpuslinguistische Herangehensweise soll also zum einen den Vergleich zwischen fachexternem Diskurs und Mediendebatte erlauben, zum anderen soll der Mediendiskurs eigenständig untersucht werden. Dazu wird die hermeneutische Vorgehensweise, die im Vordergrund der Analyse steht, um korpuslinguistische Perspektiven auf die Grüne-Gentechnik-Debatte erweitert.

Diese Arbeit macht es sich zur Aufgabe die unterschiedlichen sprachwissenschaftlichen methodischen Zugänge zusammenzuführen und den Erfolg einer

---

24 Senkbeil verweist in diesem Zusammenhang auf vorausgehende Publikationen. "Baker (2006), Partington (2004), Ädel & Reppen (2008), and Biber, Connor & Upton (2007). These works try to chart the terrain of what I will call Corpus-Assisted Discourse Studies (CADS), adopting Partington's terminology." (Senkbeil 2011: 32)

diskurslinguistischen Herangehensweise bei der Untersuchung eines gesellschaftlich relevanten Diskurses zu demonstrieren, indem „Indikatoren für zeitgeschichtliche Denkmuster" (Felder 2012a: 132) in Bezug auf die untersuchte Debatte ermittelt werden.

Die Auswertung eines so großen Korpus macht es im Gegensatz zur Analyse eines kleineren Korpus möglich, auf ein breites Spektrum von Ausdrucksformen auf der Textoberfläche zu treffen und dadurch eine größere Bandbreite an Perspektiven akquirieren zu können. Die Kombination der beiden Verfahren anhand verschiedener Korpora ermöglicht zudem einen Vergleich zwischen fachexternem und Mediendiskurs. Gerade im Zusammenspiel von qualitativer und quantitativer Vorgehensweise besteht für die Diskursanalyse ein großes Potenzial. Natürlich ist es möglich für den Diskurs relevante Auffälligkeiten (ebd.: 144) auch über die klassische Lektüre zu eruieren; dies soll in der Analyse des fachexternen Diskurses eindrücklich gezeigt werden. Ein unbestreitbarer Vorteil, welcher die Frequenzanalyse von Lexemen, Keywords oder N-Gramme auszeichnet, ergibt sich gegebenenfalls bei der Analyse von großen Textmengen aus der Einsparung von Zeit und Mühe (ebd.). Einschränkend soll an dieser Stelle kritisiert werden, dass beim derzeitigen Stand der Forschung eine optimale Verzahnung der hermeneutischen und der korpuslinguistischen Methoden noch nicht gegeben ist. In dieser Arbeit wird versucht, einen kleinen Beitrag dazu zu leisten, dass beide Herangehensweisen so eindrücklich miteinander verknüpft werden, dass dadurch aussagekräftigere Ergebnisse erzielt werden, als dies eine nicht-integrative diskurslinguisitische Untersuchung vermag.

Stubbs bemerkt, dass die Sprechhandlungstheorie die richtigen Fragen stellen würde, ihr aber nicht die richtigen Daten bzw. Methoden zur Verfügung stünden; die Korpuslinguistik über die Daten und die Methoden verfüge, aber noch nicht dazu gelangt wäre, Untersuchungen so zu gestalten, dass sie auch kognitive und soziale Fragen beantworten könnten. Der Schritt von der Beschreibung zur Erklärung steht für ihn noch aus (Stubbs 2010: 40).

In diesem Kapitel wurde darauf aufmerksam gemacht, welch große Rolle Repräsentativität bei der Zusammenstellung von Korpora einnimmt. Des Weiteren wurde erläutert, dass in dieser Untersuchung versucht wird, Repräsentativität zu erreichen, indem die Kriterien für die Zusammenstellung der Korpora transparent gemacht werden und die Charakteristika der beiden Korpora zur Debatte um die Grüne Gentechnik aufgezeigt werden. Anschließend wurde erläutert, dass sich die vorliegende linguistische Diskursanalyse als eine hermeneutische Analyse versteht. Zunächst wurde dargelegt, dass die Eruierung von Wissenseinheiten ein grundlegendes Vorgehen bei der hermeneutischen Analyse ist. Diese Wissenseinheiten wie Themen und Konzepte wurden in diesem Kapitel definiert und von für diese Untersuchung ungeeigneteren Werkzeugen (wie z. B. *hand-*

lungsleitenden Konzepten und Wissensrahmen) abgegrenzt. Zudem wurde genauer spezifiziert, aus welchen Gründen sich einige korpuslinguistische Methoden für die vorliegende linguistische Diskursanalyse besonders eignen, um aufzuzeigen, wie die Wissensherstellung durch signifikante Sprachmuster beeinflusst wird

4 Empirische Untersuchung des fachexternen Diskurses: hermeneutische Vorgehensweise

Dieses Kapitel der Arbeit widmet sich der hermeneutischen Auswertung der Texte des fachexternen Diskursausschnittes. Hier sollen zunächst die Erscheinungsformen des fachexternen Diskurses (Kapitel 4.1) und die einzelnen Diskursakteure der fachexternen Kommunikation und deren Position im Diskurs (Kapitel 4.2) erläutert werden. Daraufhin werden die Sprachhandlungskategorien (Kapitel 4.3) untersucht und die Handlungsstrategien der Diskursakteure im Kampf um Wissen (Kapitel 4.4) festgestellt. Im Anschluss daran werden die sprachlichen Strategien beim Kampf um Wissen (Kapitel 4.5) gesondert aufgeführt.

4.1 Erscheinungsformen des fachexternen Diskurses

Im vorliegenden Kapitel wird die Varietät des fachexternen Diskursausschnittes behandelt, welcher der hermeneutischen Auswertung zugrunde liegt. Unter fachexternen Vermittlungstexten wird hier eine an Laien gerichtete Art der fachlichen Varietät verstanden. Die vorherrschende Funktion fachexterner Texte liegt in der Informationsvermittlung, also dem Wissenstransfer bzw. der Wissenstransformation von Experten zu Laien. Beim Wissenstransfer spielt auf der einen Seite der Aspekt der Verstehbarkeit eine Rolle. Es kann vermutet werden, dass bei der Vermittlung fachlicher Inhalte die fachsprachlichen Merkmale „Ökonomie" und „Anonymität" (Roelcke 32010: 28) in dem Maße zurückgehen, wie der Grad an Verständlichkeit[25] zunimmt. Denn

> „[d]as Merkmal der Verständlichkeit ist mitunter mehr ein nur teilweise erfüllbarer Wunsch der Rezipienten als Sprachwirklichkeit. Manche fachlichen Gegenstande

---

25 Verständlichkeit ist eine relationale Größe und vor allem vom Adressaten und der Kommunikationssituation abhängig. Zudem ist Textverständlichkeit und Textschwierigkeit von der individuell geprägten Kompetenz und der Lernfähigkeit des Rezipienten abhängig (Iluk 2009: 47f.).

sind auch schlicht zu komplex und kompliziert, als dass sie für ein relativ breites Publikum verständlich dargestellt werden könnten" (Felder 2009b: 50).

Auf der anderen Seite macht gerade die Untersuchung von Fachtexten aber auch die Analyse fachexterner Texte in Bezug auf die Herstellung von Wissen deutlich, dass eben diese vermeintlich neutralen und informationsbetonten Texte positionsbezogenes Potenzial aufweisen. Im Folgenden wird zuerst auf die Varietät der fachexternen Kommunikation eingegangen, danach werden die für die Untersuchung relevanten Begriffe Textklasse und Textsorte geklärt und es wird aufgeführt, welche Textfunktionen die dem Korpus zugrunde liegenden Texte einnehmen. Es kann in diesem Rahmen jedoch keine explizite Zuordnung zu Textsorten erfolgen, da die Textsortenzugehörigkeit für die Untersuchung nur eine untergeordnete Rolle spielt und die Zuordnung von Textsorten anhand linguistischer Kriterien ein komplexer Prozess ist, welcher häufig Überschneidungen evoziert und damit das Ziel übersteigt, einen Eindruck von der vorliegenden Varietät zu erhalten.

4.1.1 Fachexterne Kommunikation

Bei der Untersuchung von Sprachgebrauch geht es natürlich immer auch darum in welcher Erscheinungsform die zu untersuchenden Äußerungen vorliegen. Für die deutsche Sprache ist das von Hugo Steger (1988) aufgestellte Modell mit einer varietätenlinguistischen Unterscheidung der sprachlichen Erscheinungsformen von großer Bedeutung. Für die Einordnung sprachlicher Äußerungen entwickelt Steger drei spezifische Dimensionen, anhand derer eine Zuordnung erfolgen kann. Er unterscheidet zwischen dem historischen Zeitpunkt, der sozialen Reichweite der Sprache und der funktional-zweckhaften Leistung der Sprache (Steger 1988: 311). Bei der sozialen Reichweite unterscheidet er zwischen Standardlekt (hochreichweitig), Regiolekt (mittelreichweitig) und Dialekt (kurzreichweitig) (Felder 2009b: 40). Die inhaltliche Zuordnung anhand der funktionalen Leistung erfolgt anhand der drei Begriffssysteme Fachsemantik (fachlich), Vermittlungssemantik (vermittelnd) und der Alltagssemantik (alltagsweltlich/ lebenspraktisch) (ebd.: 42).

An dieser Stelle soll nun eine Einordnung der der qualitativen Untersuchung zugrunde liegenden Texte erfolgen, die folgend als „fachexterne Vermittlungstexte" bezeichnet werden. Sie sind der Vermittlungssprache zuzurechnen. Vermittlungstexte definiert Hundt (2000: 654) im Kontext des Kommunikationsbereichs als „diejenigen Kommunikationsformen, die die Vermittlung zwischen den Bezugswelten betreffen. Damit ist v. a. die Vermittlung aus der 'Wissenschaft' und aus den 'Institutionen' in den 'Alltag' gemeint". Varietätenlinguis-

Erscheinungsformen des fachexternen Diskurses 63

tisch spezifiziert charakterisiert Felder Vermittlungssprache als Kopplung zweier Dimensionen. Er beschreibt die Inhaltsseite als „ein[em] System mittlerer Verstehbarkeit für Fachexterne" und präzisiert diese als

„Prototyp relativer Fachlichkeit, d. h. weder extrem merkmalsreich noch extrem merkmalsarm respektive des semantischen Systems und der fachsprachlichen Bezugswelt" (Felder 2009b: 53).

Auf der Ausdrucksseite wird weiter abhängig vom Kommunikationsbereich in ein hochreichweitiges, mittleres oder kleinreichweitigeres Ausdruckssystem differenziert (Felder 2009b: 53). Ein hochreichweitiges Ausdruckssystem eignet sich beispielsweise für die Vermittlung wissenschaftlicher Inhalte, ein mittleres oder kleinreichweitigeres Ausdruckssystem hingegen für die mündliche Arzt-Patienten-Kommunikation, in der sich Standardsprache mitunter als distanzfördernd erweisen kann, regionale oder mundartliche Färbungen jedoch soziale Nähe und Vertrautheit evozieren können (ebd.).

Spannend für die vorliegende Untersuchung ist vor allem der Aspekt der „Umschreibung der Kommunikationssituation bezüglich der Beziehung zwischen Textproduzenten und Adressaten unter Berücksichtigung der Wissensrahmen" der fachexternen Kommunikation (ebd.: 58).

Es handelt sich bei dieser Arbeit um keine linguistische Fachsprachenforschung im klassischen Sinne, sondern um eine pragmatische Herangehensweise an Fachkommunikation, deren Ursprünge auf Fluck (^{5}1996: 31), Hahn (1983), Hoffmann (^{3}1987; 1988), Niederhauser/ Adamzik (1999) und Niederhauser (1999) zurückgehen (Felder 2009b: 51).

Wie eingangs bereits für Sprache allgemein dargelegt wurde, wird hier die Überzeugung vertreten, dass gerade bei fachsprachlichen Texten, seien sie nun zur internen Verständigung oder zur Vermittlung gedacht, die Sprache einen großen Einfluss auf die Wirklichkeitskonstitution hat, da in der fachlichen Kommunikation der Anspruch, die Deutungshoheit zu erlangen, besonders groß ist.

4.1.2 Fachlichkeitsgrad

An dieser Stelle soll kurz auf den Fachlichkeitsgrad der fachexternen Vermittlungstexte eingegangen werden. Der Fachlichkeitsgrad wird von Hundt et al. (2010) an den Kriterien „Verwendung von fachspezifischen Termini, Nominalstil, Passivhäufigkeit, Informationsverdichtung" (Hundt et al. 2010: 19) festgemacht. Dem ließen sich für den fachsprachlichen Sprachgebrauch eines Akteurs des untersuchten Diskurses noch einige Merkmale hinzufügen bzw. das Merkmal der Informationsverdichtung soll differenziert werden. Informationsverdichtung lässt sich im vorliegenden Diskurs an einer Äußerung von Walter P. Hammes aufzeigen und an einigen Merkmalen festmachen. Der nachstehende Textbeleg zeigt eine gehäufte Verwendung von Nominalkomposita (wie beispielsweise „Verzehrsfähigkeit", das durch Komposition mit Fugenelement {s} gebildet wurde, oder „Grundvoraussetzung", das eine Determinativkomposition darstellt) und die Verwendung von Adjektivkomposita (z. B. „risikobehafteten") auf. Zudem vollzieht der Wissenschaftler starke Attributierung (wie „von bereits mit der Bewertung neuartiger Lebensmittel befassten nationalen Kommissionen") und kombiniert mehrere Präpositionalgefüge, die ebenfalls um Attribute erweitert wurden, („aus dem beabsichtigten Gebrauch unter den vorhersehbaren Verzehrsbedingungen").

„Die Herausforderung für die Sicherheitsbewertung eines mit Hilfe der Gentechnik erzeugten, neuartigen Lebensmittels besteht darin, dass sie in einer deutlich risikobehafteten Grundgegebenheit ein Risiko ausschließen bzw. gegebenenfalls definieren muss. Diese Grundgegebenheit ist vielfach nicht oder nur unvollständig bekannt, weil sie beim traditionellen Verzehr nicht auffällig wurde." (Walter P. Hammes (2001)(KAS) - Perspektiven der „Grünen Gentechnik" (Zukunftsforum Politik))

Nachfolgend wird zudem ein Beispiel für den differierenden Fachlichkeitsgrad im Sprachgebrauch eines einzelnen Akteurs gegeben, der – wie gezeigt werden soll – auf die Textfunktion zurückzuführen ist und auf typische Weise die fachexterne Varietät des vorliegenden Diskurses repräsentiert.

Wie sehr der Fachlichkeitsgrad innerhalb der Texte eines einzelnen Akteurs schwanken kann, zeigen folgende Textbelege aus den Texten der NGO Gentechnikfreie Regionen in Deutschland (BUND/AbL) im Vergleich. Der Fachlichkeitsgrad ist hierbei vor allem auf die Textfunktion zurückzuführen. Bei den ersten beiden Belegen handelt es sich um Ausschnitte aus einem informationsbetonten Text, in welchem der Akteur den spezifischen Fall der Amylopektin-Kartoffel darlegt, der dritte Textbeleg hat eine appellative Funktion und verfolgt das Ziel, den Rezipienten generell von der im Diskurs eingenommenen Position des Akteurs zu überzeugen.

Die Texte unterscheiden sich in der auffälligen Dichte an Fachtermini, die ein typisches Merkmal von Fachsprache ist. Die ersten beiden Textauszüge nehmen auf wissenschaftliche Studien Bezug. Bei den darin verwendeten Fachtermini handelt es sich vorwiegend um Bezeichnungen der verschiedenen Antibiotika, die auf die Deckung eines erhöhten Benennungsbedarfs zurückzuführen sind (Roelcke [3]2010: 90f).

Erscheinungsformen des fachexternen Diskurses 65

„Antibiotikaresistenz/ Die Kartoffel **EH92-527-1** besitzt zu Selektionszwecken das Antibiotikaresistenzgen **Neomycin-Phosphotransferase II (nptII)**, das zur Resistenz gegen die Antibiotika **Kanamycin, Neomycin** und **Paromomycin** sowie **Ribostamycin, Butirosin, Gentamicin B** und **Geneticin** führt. Kanamycin dient in der Humanmedizin als Reserveantibiotikum bei resistenter Tuberkulose und **Neomycin** wird zur Darmdekontamination vor Operationen und zur Behandlung bestimmter Gehirnentzündungen herangezogen, beide Antibiotika werden örtlich bei Haut-, Augen- und Ohreninfektionen verwendet (Wögerbauer 2006). In der Veterinärmedizin spielt **Neomycin** bei Darmentzündungen von Kälbern, Schweinen und Hühnern eine Rolle, auch bei Haustieren wird es eingesetzt." (Gentechnikfreie Regionen in Deutschland (BUND/AbL) - Anmerkungen zur beantragten EU-Zulassung der Amylopektinkartoffel Event EH92-527-1 der Firma BASF)[26]

Im folgenden Textbeleg der Gentechnikfreien Regionen (BUND/AbL) ist der Nachvollzug der Textbedeutung ohne die Kenntnis der Fachtermini jedoch kaum möglich, da es sich nicht nur um reine Bezeichnungen handelt, sondern der mit den Fachtermini verbundene Wissenshintergrund für das Textverständnis benötigt wird.

„Mit übertragene bakterielle Sequenzen können darüber hinaus die Wahrscheinlichkeit für einen horizontalen Gentransfer auf Mikroorganismen aufgrund von Sequenzhomologien erhöhen. Zu solchen Sequenzen zählen neben den Antibiotikaresistenzgenen auch die **Bordersequenzen** des T-Plasmids, wie etwa die in der Amylopektin-Kartoffel duplizierte rechte **Bordersequenz**, und bakterielle Regulationselemente (z. B. **nos-Sequenzen**). Horizontaler Gentransfer muss nicht notwendigerweise ganze Gene umfassen, auch Genfragmente (etwa aus verrottendem Pflanzenmaterial) können von Bakterien aufgenommen werden und zur Komplettierung anderer Sequenzen führen. Nach Nielson & Townsend (2004) und Heinemann & Traavik (2004) spielten vermutlich wiederholter Gentransfer partieller Sequenzen und daraus resultierende **Mosaikgene** bei der Entwicklung von Antibiotikaresistenzen eine große Rolle." (Gentechnikfreie Regionen in Deutschland (BUND/AbL) - Anmerkungen zur beantragten EU-Zulassung der Amylopektinkartoffel Event EH92-527-1 der Firma BASF)

Durch eine eher meinungsbetonte Textfunktion wird die sprachliche Ausdrucksweise im folgenden Textbeleg geprägt. Im Gegensatz zur informationsbetonten Textfunktion stehen im folgenden Auszug keine wissenschaftlichen Fakten im Vordergrund. Vielmehr handelt es sich um einen affirmativen Text, bei dem der Schwerpunkt auf der Sprechhandlung der Überzeugung liegt. Dies wird an der persönlichen Sprechweise durch Nennung des Personalpronomens „ich" und rhetorische Fragen sowie den Partikeln „doch bitte" deutlich.

---

26 Der Textbeleg stammt aus Kapitel 4.4.3 „Argumentation und Dialogizität".

„Sollte es weiter zu einem kommerziellen Anbau von Genpflanzen kommen, droht eine langsame flächendeckende gentechnische Kontamination von konventioneller und ökologischer Landwirtschaft. Mittelfristig ist das Aus für die in der EU zur Zeit noch weitgehend gentechnikfreie Landwirtschaft und Lebensmittelproduktion zu befürchten. Denn: Wie sage ich den Bienen, dass sie den Pollen doch bitte innerhalb der Felder mit gentechnisch veränderten Pflanzen lassen möchten, wie verhindere ich, dass der Wind den Pollen der Genpflanzen über weite Strecken verbreitet?" (Gentechnikfreie Regionen in Deutschland (BUND/AbL) - Bei kommerziellem Anbau von GVO in Deutschland droht gentechnikfreier Landwirtschaft mittelfristig das Aus)

Eine konträre Tendenz zeigen die folgenden Äußerungen derselben NGO (Gentechnikfreie Regionen in Deutschland (BUND/AbL)) sowie des BUND, von Greenpeace und der Fraktion Bündnis '90/ Die Grünen. Die Ausdrucksweise zeichnet sich im Vergleich zu den vorgestellten Texten der NGO Gentechnikfreie Regionen in Deutschland (BUND/AbL) durch einen geringen Fachlichkeitsgrad aus, wenn nicht sogar durch eine betonte Allgemeinsprachlichkeit. Sie ähneln damit eher einem journalistischen Sprachgebrauch. Da der journalistische Sprachgebrauch bzw. die Presse- bzw. genauer die Zeitungssprache keinen homogenen Sprachgebrauch darstellt, werden hier zwei Charakteristika herausgegriffen, die anhand linguistischer Untersuchungen für einzelne Medien nachgewiesen werden konnten und die mit den hier beobachteten Phänomenen übereinstimmen. Dies stellt zum einen die Allgemeinverständlichkeit dar, die sich wie im Sprachgebrauch von der NGO Gentechnikfreie Regionen in Deutschland (BUND/AbL) an einzelnen Wörtern bemerkbar macht,

„Oder handelt es sich um **Panikmache** und eine gezielte Strategie, um gentechnische Verunreinigungen hoffähig zu machen?" (Gentechnikfreie Regionen in Deutschland (BUND/AbL) - Wie die Agrarindustrie versucht, die Nulltoleranz zu kippen)

„Wenn die Hersteller genmanipulierter Lebensmittel behaupten, Genlebensmittel seien die am besten getesteten Lebensmittel überhaupt, **so ist das Unsinn**. Die am besten getesteten Lebensmittel sind die, die Menschen seit Generationen verspeisen. Nicht die Lebensmittel, die Labortiere vorgesetzt bekommen oder die in Zellkulturen getestet werden." (Gentechnikfreie Regionen in Deutschland (BUND/AbL) - Gesundheitliche Risiken)

zum anderen die Poetik und Bildhaftigkeit der Sprache. Nach Lüger kennzeichnen solche Rhetorisierungen jedoch die Pressesprache generell und sind sowohl Bestandteil der Abonnement- als auch der Boulevardzeitung (Lüger [2]1995: 35). Bildhaftigkeit und die Verwendung von Wortspielen sowie Alliterationen und

Erscheinungsformen des fachexternen Diskurses 67

Parallelismen konnten für das Nachrichtenmagazin Der Spiegel nachgewiesen werden (Lück 1963; Carstensen 1971; Lüger ²1995: 35). Der BUND verwendet metaphorischen Sprachgebrauch und setzt eine Alliteration ein.

„**Doch all diese vollmundigen Versprechen** haben sich bisher nicht erfüllt. Eher scheinen sie sich ins Gegenteil zu verkehren: [...]" (BUND - Gentechnik in der Landwirtschaft: viele Risiken – kein Nutzen)

Bildhaftigkeit mit alltagssprachlichem Sprachgebrauch wird in der Sprachverwendung der NGO Greenpeace deutlich.

„Zudem widerstehen künstlich resistent gemachte Pflanzen den hauseigenen Unkrautvernichtungsmitteln und werden **gleich im Doppelpack** mit der passenden Chemie verkauft." (Greenpeace - Konzerne)

Für die Pressesprache wird festgestellt, dass diese sprachlichen Mittel u. a. eine Informationsvermittlung ermöglichen, die konkret und anschaulich gestaltet ist (Grimminger 1972: 46; Lüger ²1995: 35). Auch die Fraktion Bündnis '90/ Die Grünen setzt sehr anschaulich gestaltete Sprachverwendung ein.

„Trotzdem will die schwarz-gelbe Regierung weiterhin die Agro-Gentechnik mit viel Geld subventionieren. So kündigte das Forschungsministerium 2010 an, in den nächsten Jahren **rund 50 Millionen Euro in die Biotechnologie zu pumpen.**" (Bündnis '90 - Die Grünen-Bundestagsfraktion - Gentechnik auf dem Acker. Nein Danke)

Eine konkrete und anschauliche Ausdrucksweise umfasst beispielsweise auch das rhetorische Mittel der Prosopopoiie (*prosopopoeia*) (vgl. Kapitel 4.4.1.2; Konzept ›Patentschutz‹).

„**Gefährliche Eroberer: Gentechnik-Pflanzen** wiederum können ihre Eigenschaften auf verwandte Wildarten übertragen – mit unübersehbaren ökologischen Folgen für die Landwirtschaft und Naturschutzgebiete." (Bündnis '90 - Die Grünen-Bundestagsfraktion - Vielfalt statt Agro-Gentechnik)

„Monopolisten überziehen die Erde: **Die grüne Gentechnik will** das Saatgut der Menschheit besitzen – aber nicht mir [sic!] ihr teilen. Der milliardenschwere Markt befindet sich zu fast 100% in den Händen von 6 Agro-Riesen, allen voran das US-Unternehmen Monsanto mit einem Marktanteil von fast 90%. Stiftungen wie die Bill-Gates-Foundation arbeiten eng mit Agrokonzernen zusammen. Zum Club gehören auch die deutschen Unternehmen Bayer Crop-Science und BASF Plant Science. BASF forscht vor allem an pflanzlichem Erbgut – kein Unternehmen der Welt hält hier mehr Patente." (Bündnis '90 - Die Grünen-Bundestagsfraktion - Vielfalt statt Agro-Gentechnik)

Der Grund für die in diesen Texten verwendete alltagssprachliche bzw. pressesprachliche Ausdrucksweise besteht möglicherweise in einer gezielten Adressatenorientierung an der breiten Öffentlichkeit, welche mit dem Selbstverständnis der Akteure, das sich durch „Volks- und Bürgernähe" auszeichnet, korreliert.

Die bisherige These, nach der sich fachexterne Vermittlung per definitionem durch einen mittleren Fachlichkeitsgrad auszeichnet, muss also angesichts der angeführten Belege, die eine große Schwankung zwischen hohem und geringem Fachlichkeitsgrad dokumentieren, überdacht werden. Momentan wird durch die Einordnung „Vermittlungssprache" eine sehr große Bandbreite an fachexternen Vermittlungstexten abgedeckt.

„Legt man das Spektrum bzw. die Spannbreite von Fachlichkeit und Nichtfachlichkeit zugrunde, so können Vermittlungstexte **als anspruchsvolle, im positiven Sinne populärwissenschaftliche** Abhandlung charakterisiert werden." (Felder 2009b: 45; Hervorhebung B.F.)

„Vermittlungssprache kann in den hier fokussierten Wissensdomänen als Synkretismus aus hochreichweitigem Ausdruckssystem und **vermittlungssemantischem Inhaltssystem** (also weder rein fachsemantisch noch rein alltagssemantisch) aufgefasst werden." (Felder 2009b: 53; Hervorhebung B.F.)

Im untersuchten Diskurs wird deutlich, dass die Varietät „fachexterne Vermittlung" nicht zwangsläufig mit „Vermittlungssemantik (mittlerer Fachlichkeitsgrad mit „mittlerer" Verstehbarkeit für Fachexterne)" (Becker 2001: 66; Felder 2009b: 42 und 53) abgedeckt ist.

Daher wird – vor allem hinsichtlich des hier untersuchten Diskurses zur Grünen Gentechnik, da bei diesem Diskursthema fachliche Inhalte und Alltagswelt ineinandergreifen – eine Explizierung von fachexterner Kommunikation vorgeschlagen und die Gleichsetzung von fachexterner Kommunikation mit Vermittlungssemantik (Becker 2001: 66; Felder 2009b: 42) zurückgewiesen. Fachexterne Kommunikation ist abhängig von diversen Textsortenaspekten wie „Darstellungsgegenstand, Textproduzent, Textadressat, Textrezipient, sprachliche Mittel (Lexik, Syntax usw.), Textmusterwissen, fachliches bzw. fachsprachliches (Vor-)Wissen" (Felder 2009b: 46). Aus diesem Grund wird hier die Ansicht vertreten, dass fachexterne Kommunikation bzw. fachexterne Vermittlung – zumindest im Fall des Diskurses zur Grünen Gentechnik – eine sehr heterogene Varietät darstellt. Mit Anknüpfung an Stegers Modell (1988: 311) und in Ergänzung zu Felder (2009b) werden die im vorliegenden Diskurs als fachexterne

Varietät eingestuften Texte als heterogene Varietät mit folgenden Parametern eingeordnet:

In Bezug auf die Reichweite der Ausdrucksweise gilt für die schriftliche fachexterne Kommunikation, dass sie übergreifend der Standard- bzw. der Hochsprache mit hoher Reichweite zugeordnet werden kann. Bezüglich der funktionalen Leistung des Inhalts wird die fachexterne Varietät, die vormals nur durch Vermittlungssemantik (vermittelnd/ mittlere Verstehbarkeit für Fachexterne/mittlerer Fachlichkeitsgrad) beschrieben war, um die Fachsemantik (also hohem Fachlichkeitsgrad) und die Alltagssemantik (geringer Fachlichkeitsgrad) erweitert.

4.1.3 Fachexterner Diskurs – Textklasse

Um die fachexterne Varietät des vorliegenden Diskurses genauer beschreiben zu können, wird auf die Kategorie der Textklasse zurückgegriffen. Bei einer Textklasse handelt es sich um

„das Vorkommen einer Menge von Texten in einem abgegrenzten, durch situativ-funktionale und soziale Merkmale definierten kommunikativen Bereich, in dem sich Textsorten ausdifferenzieren." (Gansel/ Jürgens [2]2007: 70)

Das Internet ist bereits jetzt und wird vermutlich auch in Zukunft eine der wesentlichen Quellen für den Informationserwerb darstellen, da durch die Verbreitung im Netz Nachrichten und andere Informationen sowohl schneller als auch auf multimedialem Weg vermittelt werden können (Senkbeil 2012: 394). Im vorliegenden Fall repräsentiert das Internet den Kommunikationsbereich der Texte, die dem Korpus zugrunde liegen. Die Textklasse des vorliegenden Korpus stellen E-Texte dar, denn das Korpus des fachexternen Diskurses setzt sich aus elektronischen Texten zusammen. Zum Teil handelte es sich um online zur Verfügung gestellte originäre Print-Informationsschriften, zum Teil lagen aber auch ausschließlich elektronisch zur Verfügung stehende Texte aus dem Netz vor. Im Folgenden sollen die Charakteristika der Textklasse E-Texte herausgearbeitet werden.

Zuerst stellt sich die Frage, ob das gesamte Internet als Text zu betrachten und alle darin vorkommenden Texte als Hypertexte anzusehen sind. Für das WWW wird der Status eines singulären Texts trotz der kohäsiven Verknüpfungen auf der virtuellen Textoberfläche aufgrund der mangelnden Textkohärenz (wie bspw. „gemeinsame kommunikative Funktion sowie einheitliches Thema"[27]) zurückgewiesen (Huber 2003: 52). Darüber hinaus muss geklärt werden, was Hypertexte sind und ob sie den Status eines Texts einnehmen. Hypertexte sind elektronisch realisiert und durch eine „tendenziell ‚nicht-lineare' Anordnung der Information in Teiltexte, sogenannte Knoten, die miteinander über Verweise, sogenannte Links, verbunden sind"[28], gekennzeichnet (ebd.: 2). In Anschluss an Huber (ebd.: 22) werden in dieser Arbeit Hypertexte „als Texte aufgefaßt [...], die sich aus Teiltexten – den Knoten – zusammensetzen".

In der Pressesprache werden Texte aus dem Internet häufig mit Hypertexten gleichgesetzt (ebd.: 18), allerdings zählen nicht alle im WWW auftretenden Texte als Hypertexte. Angelika Storrer bezeichnet das WWW als Hypertext-Netz, welches sowohl Hypertexte als auch sogenannte E-Texte[29] beinhaltet (1999: 38). Sie unterscheidet einen Hypertext von einem E-Text wie folgt:

> „Von E-Texten unterscheiden sich Hypertexte durch die nicht-lineare Organisation, von nicht-linear organisierten Print-Texten durch die elektronische Publikationsform. Ein Hypertext kann für sich allein stehen und z.B. auf CD-ROM publiziert sein; typischerweise wird er jedoch als Teilnetz in ein größeres Hypertextnetz eingebunden. Hypertexte sind typischerweise keine abgeschlossenen Texte; sie haben ‚offene Enden' [...] Als E-Texte bezeichne ich Texte, die als linear organisierte Texte in ein Hypertextnetz eingebunden sind. [...] E-Texte müssen auf nachvollziehbare Art und Weise in das übergreifende Hypertextnetz eingebunden werden, ansonsten ergeben sich im Hinblick auf die Kohärenzbildung jedoch keine wesentlichen Unterschiede gegenüber dem linear organisierten Printtext." (Storrer 1999: 38 f.)

Oliver Huber hebt hervor, dass das Erstellen von Texten für das WWW also nicht zwangsläufig die Herstellung von Hypertexten impliziert, sondern häufig E-Texte – verstanden als elektronisch realisierte und damit lineare – Texte hervorgebracht werden (Huber 2003: 22f). Dem fachexternen Korpus liegen demnach sowohl E-Texte als auch Hypertexte zugrunde. Meiner Ansicht nach kann nicht immer eindeutig zwischen beiden Kategorien differenziert werden, denn ursprünglich linear angelegte Texte können ihrerseits in ein Hypertextsystem eingebunden werden und widersprechen damit nur in dem Punkt der Hypertextdefinition, als dass sie über keine offenen Enden verfügen.

Da hier keine textlinguistische Fragestellung, die Textsorten anbelangt, verfolgt wird, kann auf eine noch genauere Unterscheidung zwischen Hypertexten und E-Texten verzichtet werden. Diese hier nicht vorgenommene Ausdifferen-

---

27 „Kommunikative Funktion" und „Thema" sind in Huber (2003) in Kapitälchen formatiert.
28 „Knoten" und „Links" sind in Huber (2003) in Kapitälchen formatiert.
29 „Der Begriff E-TEXT wurde laut Storrer zuerst von Zimmer in dessen Digitaler Bibliothek geprägt (Online im WWW unter http://www.zeit.de/digbib/index1.html [online nicht mehr abrufbar; 08.11.2011, B.F.])." (Huber 2003: 22)

zierung soll eine solche Unterscheidung an anderer Stelle aber nicht als überflüssig erscheinen lassen. Die dem fachexternen Korpus zugrunde liegenden Texte werden aufgrund der größeren Übereinstimmung mit den Merkmalen der E-Texte als solche eingestuft und weiterhin so behandelt.

4.1.4 Fachexterner Diskurs – Textfunktion

Wie bereits angemerkt, soll im Weiteren keine Klassifizierung in Textsorten erfolgen. Nichtsdestotrotz soll an dieser Stelle festgehalten werden, dass Textsorten nach sprachwissenschaftlichen Verständnis – in Abgrenzung zum alltagsweltlichen Verständnis –

„konventionell geltende Muster für komplexe sprachliche Handlungen [sind] und [...] sich als jeweils typische Verbindungen von kontextuellen (situativen), kommunikativ-funktionalen und strukturellen (grammatischen und thematischen) Merkmalen beschreiben [lassen]" (Brinker [6]2005: 144).

Im Gegensatz zum sprachwissenschaftlichen Textsorten-Verständnis wird der Textsortenbegriff im Alltag von allem durch die Textfunktion und das behandelte Thema dominiert (Adamzik 2004: 128). Auf Adamzik basierend werden im Folgenden die Texte unter der jeweils dominierenden Textfunktion eingeordnet.

Texte wie Informationsschriften, wissenschaftliche Standardwerke, wissenschaftliche Aufsätze und der Eintrag aus der Online-Enzyklopädie Wikipedia (vgl. Kapitel 4.1.5.2) werden hauptsächlich von der Textfunktion Information (Brinker [6]2005: 145) dominiert. Stellungnahmen und Positionspapiere zählen zur Textfunktion des Appells (ebd.). Das Bundesgesetzblatt und Auszüge aus Gesetzen zeichnen sich durch die Textfunktion der Obligation (ebd.) aus. Blogeinträge und deren Kommentarfunktion (vgl. Kapitel 4.1.5.1) werden in dieser Arbeit unter der Textfunktion der Information und des Kontakts (ebd.) eingeordnet.

4.1.5 Blogosphäre und Online-Enzyklopädie Wikipedia

Die Texte aus der Blogosphäre[30] und der Wikipedia-Eintrag sind Bestandteil des dieser Arbeit zugehörigen fachexternen Korpus. Ihre Textfunktion beruht auf der

---

30 Zur Definition von Blog wird Greg Myers herangezogen. Laut Myers bestehen die grundlegenden Merkmale demnach im häufigen Updaten der Webseite und der typischen Platzierung von neuen Einträgen zu Beginn der Seite (Myers 2010: 2). Zudem unterscheiden sie sich von Tagebucheinträgen dadurch, dass sie sich durch die Verlinkungen zu anderen Seiten auszeichnen und von Wikis differenzieren sie sich durch die Monologizität; Blogs werden meist von

Informationsvermittlung und – dies gilt nur für die Blogosphäre – auf dem Informationsaustausch im Bereich der Öffentlichkeit.
Im Folgenden wird kurz der Charakter dieser Kommunikationsbereiche dargestellt.

4.1.5.1 Blogosphäre

Bei der Blogosphäre handelt es sich um einen speziellen Ausschnitt des Kommunikationsbereichs Internet.

> „Blogs sind eine vieldiskutierte neue Kraft in der öffentlichen Meinungsbildung und des Journalismus, von manchen bereits angekündigt als „Journalismus 2.0" (Briggs 2007). Es ist in der Tat vorstellbar, dass Blogs bzw. allgemein der „User Generated Content" im Internet dazu beitragen, dass sich der unidirektionale Informationsfluss des klassischen Journalismus zu einer eher „dialogischen" Praxis zwischen Schreibern und Nutzern entwickelt." (Senkbeil 2012: 396)

Wissenschaftler bloggen über wissenschaftliche bzw. gesellschaftliche Themen und die Öffentlichkeit kann diese Blogs lesen und sich ggfs. anhand der Kommentarfunktion ebenfalls Gehör verschaffen. Bei den hier vorliegenden „ScienceBlogs" handelt es sich inhaltlich um Fachblogs, in denen die Autoren „auf ein spezielles Thema ausgerichtete Informationen, Thesen oder Beiträge beruflicher oder wissenschaftlicher Art (Heteronym zu Fachliteratur oder Fachaufsatz)" verfassen (Wikipedia[31]; Ainetter 2006: 25).

Formal bezeichnet man die vorliegenden Blogs des ScienceBlogs-Portals als geschlossene Weblogs (single-writer-blogs), bei denen ausschließlich der Verfasser Beiträge verfasst und postet. Trotzdem besteht meist für alle Rezipienten bzw. User die Möglichkeit sich über die Kommentarfunktion zu äußern, auch wenn der Betreiber stets die Möglichkeit hat, diese im Falle von politisch nicht korrekten Äußerungen oder persönlichen Beleidigungen zu löschen (Ainetter 2006: 24).

---

nur einem Autor verfasst (Myers 2010: 2). Woher stammt nun der Begriff „Blog"? Die Bezeichnung Weblog setzt sich aus web (engl. Internet) und Logbuch zusammen und wird durch „Blog" abgekürzt. Die Herkunft des Begriffs wird auf den Sprachgebrauch von Jorn Barger zurückgeführt, der den Begriff 1997 auf seiner Homepage verwendete um damit seine Netz-Aktivitäten zu dokumentieren (Ainetter 2006: 16). Der Webdesigner Peter Merholz prägte 1999 die Abkürzung „Blog". In den 2000er Jahren nahmen sowohl die Darstellung als auch die Nutzung von Blogs rasch zu. Im weiteren Verlauf erhielten einige Blogs den Status als angesehenes Medium (http://de.wikipedia.org/wiki/Blog; Zugriff am 02.09.2011).

31   http://de.wikipedia.org/wiki/Blog; Zugriff am 02.09.2011.

Blogs unterscheiden sich vor allem in der Hinsicht von den anderen Texten des fachexternen Korpus, dass im Blog zwei Kommunikationssituationen differenziert werden müssen. Man unterscheidet den Bezug des Produzenten auf den Rezipienten (monologisch/ Adressatenbezogenheit) von der dialogischen Kommunikation, die sich anhand der Kommentierung des Texts durch den Leser vollzieht (ebd.: 43). Die Kommentarfunktion des Blogs zeigt sprachlich Parallelen zur Kommunikation in Chatrooms auf. Zu diesem Sprachgebrauch zählen gemäß Sylvia Ainetter Emoticons, Inflektive und Soundwörter, aber auch der Wegfall der Groß- und Kleinschreibung, der hohe Grad an Alltagssprachlichkeit und die Verwendung von Dialektwörtern (ebd.).

Zudem ist für die Funktion des Sprachgebrauchs von Blogs (eventuell sogar in den vorliegenden wissenschaftlichen Blogs) anzuführen, dass diese nicht allein auf „Verständigung" und „Informationsvermittlung" basiert. Zu diesem Sprachgebrauch – wie Dietrich Busse in Bezug auf Jugendsprache bemerkt – zählt möglicherweise ebenfalls die Funktion der „gegenseitige[n] Selbst-Vergewisserung in der In-Group, Ironisierung und Schaffung kritischer Distanz zum täglichen Medienmüll usw." (Busse: 2005: 40f). Es handle sich dabei um soziale Funktionen der Sprache, die „die Sprache in ihrem Kern ausdrücken" (ebd.). Ein Beispiel hierfür findet sich ebenfalls im vorliegenden Diskurs. Der Autor des Blogs „Mahlzeit", Stefan Jacobasch, der sich selbst als Skeptiker der Grünen Gentechnik bezeichnet, äußert sich in seinem Blog mokierend über eine Aktion des Widerstands gegen Grüne Gentechnik, was im Rahmen der Scienceblog-Community, die als Wissenschaftler der Technologie eher offen gegenüberstehen, sicher den Nerv des Portals trifft.

„Der so genannten "Grünen Gentechnik" stehe ich nicht grundsätzlich ablehnend, aber doch sehr skeptisch gegenüber. Ich begrüße Initiativen, die zur Diskussion über das Thema anregen. Jedenfalls meistens. Denn über eine Aktion, für die aktuell in Berlin geworben wird, kann man sich nur noch verwundert die Augen reiben./ Der Gründer dieser Initiative kommt aus der Naturkost-Szene und will auf einer Wandertour von Berlin nach Brüssel gegen Gentechnik protestieren. Der peinliche Name des Ganzen, dem ich hier unmöglich einen echten Link spendieren kann, lautet **"Genfrei gehen"**. (www.genfrei-gehen.de)/ Sollte es tatsächlich keine Person im Kreis der Initiatoren gegeben haben, der aufgefallen wäre, dass man "gentechnikfrei" - auch schon ein blödes Wort - nicht auf "genfrei" verkürzen darf?/ Nein?/ Na bitte, dann geht. Möglichst ganz weit weg..." (Mahlzeit (06.06.2009) – Hirnfrei)

4.1.5.2 Online-Enzyklopädie Wikipedia

Da für das fachexterne Korpus der Artikel „Grüne Gentechnik" aus dem Online-Lexikon Wikipedia herangezogen wurde, soll an dieser Stelle kurz ein Blick auf

Wiki-Anwendungen[32] geworfen werden. Bei Wikipedia handelt es sich um die bekannteste Wiki-Anwendung. ‚Wiki' wird in Wikipedia selbst als „Hypertext-System für Webseiten, deren Inhalte von den Benutzern nicht nur gelesen, sondern auch online direkt im Browser geändert werden können", verstanden (Wikipedia)[33]. Die prominenteste Wiki-Anwendung ist die Online-Enzyklopädie Wikipedia. Diese verwendet die Wiki-Software Media Wiki (ebd.)[34].

Abschließend zeigt sich, dass Wikipedia und Blogs sich vor allem dahin gehend unterscheiden, dass Wikis als neutrales Medium gelten sollen, Blogs hingegen oft einen persönlichen Stil und einen persönlichen Standpunkt verfolgen. Während Wikipedia versucht, auf einer einzelnen Seite einen Konsens zu erzielen, der im Moment als abgeschlossene Einheit präsentiert wird, ist es bei Bloggern üblich, Vielfalt und Konflikte selbst in einem einzelnen Post darzustellen (Myers 2010: 2f).

Es war ein frühes Anliegen der Wikipedia-Begründer, die bestehenden Machtverhältnisse aufzuweichen, indem sie das Wissen in die Hände von einzelnen Usern anstatt von zentralisierten Experten legen. Aber in diesem Punkt gleicht Wikipedia der Blogosphäre; denn sobald die Anwendung mit der Realität konfrontiert war, haben sich sehr schnell eigene Arten der Autorität gebildet. Die augenscheinlichste Autorität ist die der Administratoren und der paar Tausend erfahrener Editoren, die im Gegensatz zu den anderen Millionen von Menschen, die Wikipedia bearbeiten und redigieren, und der Milliarden, die Wikipedia nutzen, über spezielle Werkzeuge verfügen, um Streitigkeiten beizulegen (ebd.: 23).

4.2 Diskursakteure der fachexternen Kommunikation

Im folgenden Kapitel werden die an der Debatte um die Grüne Gentechnik beteiligten Akteure benannt und das gesellschaftliche und soziale Umfeld, aus denen die Akteure stammen, erläutert. Des Weiteren wird deren Standpunkt in Bezug auf die Anwendung bzw. den Einsatz der Grünen Gentechnik differenziert dargestellt.[35]

---

32 Wiki wurde im Jahr 1995 von Ward Cunningham als ein Werkzeug für gemeinschaftliches Editieren von Internetseiten (genannt WikiWikiWeb) entwickelt. Im Jahr 2001 wurde von Jimmy Wales und Larry Sanger Wikipedia gegründet, nachdem sie davor daran gescheitert waren eine freie Online-Enzyklopädie zu schaffen (Myers 2010: 17). Wikipedia blühte etwa zur selben Zeit auf wie Blogs und erreichte diesen gleich eine hohe Medienaufmerksamkeit.
33 http://de.wikipedia.org/wiki/Wiki; Zugriff am 08.11.2011.
34 http://de.wikipedia.org/wiki/Wiki; Zugriff am 08.11.2011.
35 Das Portal Transgen wurde in dieser Untersuchung nicht ausgewertet, da es im Vergleich zu den anderen Akteuren wesentlich mehr Texte zur Verfügung stellt und aus diesem Grund keine gute Vergleichsgrundlage bietet.

Diskursakteure der fachexternen Kommunikation 75

4.2.1 Politik

Im Bereich Politik zählen zu den beteiligten Akteuren Bundestagsfraktionen und Bundesministerien. Die Texte für das fachexterne Korpus sind im Jahr 2009 zusammengestellt worden. In diesem Jahr endete die Große Koalition und es begann die Schwarz-Gelbe Koalition. Aus diesem Grund stammen die meisten Texte der Bundestagsfraktionen und der Bundesministerien vermutlich aus den zwei Kabinettszeiten der Bundeskanzlerin Merkel (seit 2005 bis heute). Sofern aus den Texten hervorgeht, dass sie dessen ungeachtet jedoch in die Regierungszeit des Bundeskanzlers Gerhard Schröder (*Rot-Grüne Koalition 1998-2002; 2002-2005*)) fallen, so wird dies in der Auflistung der Texte vermerkt werden.

4.2.1.1 Bundestagsfraktionen[36]

Bei einer Bundestagsfraktion handelt es sich um eine Vertretung einer Partei oder eines Parteizusammenschlusses im Parlament. Sie setzt sich aus Mitgliedern eines Parlaments zusammen; genauer vereinigen Fraktionen mindestens 5 Mitglieder des Bundestages mit dem Ziel, die Arbeit im Parlament zu strukturieren und zu leiten. Die Fraktionsmitglieder müssen derselben Partei angehören oder Mitglied einer Partei sein, die aufgrund eines konformen politischen Leitbildes nicht miteinander konkurrieren (Rittershofer 2007: 250).

CDU/CSU-Bundestagsfraktion

Die CDU/CSU-Fraktion setzt sich aus der 1954 gegründeten konservativ-liberalen Volkspartei Christliche Demokratische Union (CDU) und ihrer bayerischen Schwesterpartei der Christlich-sozialen Union (CSU), einer christlich-konservativen Volkspartei, zusammen. Die Position der CDU ist in Bezug auf gesellschaftspolitische Themen vorrangig von christlichen Werten geprägt (Rittershofer 2007: 139f.). Programmatisch unterscheiden sich beide Parteien nur wenig, im Vergleich zur CDU positioniert sich die CSU im Bereich Innen-, Gesellschafts- und Sicherheitspolitik generell konservativer (ebd.: 140).

Die CDU/CSU-Fraktion im Deutschen Bundestag befürwortet die Grüne Gentechnik.

---

36 Die Reihenfolge der ausgewählten Bundestagsfraktionen richtet sich nach der Reihenfolge die durch den Bundeswahlleiter (auf den Stimmzetteln innerhalb der Länder bei der Europawahl 2009 gemäß § 15 Abs. 3 Europawahlgesetz (EuWG)) für Baden-Württemberg bestimmt war: http://www.bundeswahlleiter.de/de/europawahlen/EU_BUND_09/zugelassene_parteien/reihenf olge_pr ssemitt.pdf; Zugriff am 07.02.2012.

„Die Produktion biologisch abbaubarer Werkstoffe aus Stärke oder anderen nachwachsenden Rohstoffe für Verpackungen oder Folien wächst mit hohem Potenzial aus ihren Kinderschuhen. Industriepflanzen können bei der Papier-, Farben- oder Waschmittel-, aber auch Medikamentenherstellung eine wichtige Rolle spielen, wenn es gelingt, durch Forschung und Entwicklung praxisreife Verfahren zu entwickeln. **Auch die Grüne Gentechnik bietet dafür neue und gute Chancen, die im Interesse des Innovations- und Forschungsstandortes Deutschland nicht ideologisch ausgeblendet werden darf.** Klimaangepasste oder krankheitsresistente Sorten können die Produktivität weiter erhöhen. Durch nährwertgesteigerte Nahrungsmittel wie zum Beispiel „goldenen Reis" lässt sich auch die Qualität landwirtschaftlicher Erzeugnisse verbessern." (CDU-CSU-Bundestagsfraktion (2007) - Agrarwirtschaft mit Zukunft)

In einer Broschüre, die von der Konrad-Adenauer-Stiftung (KAS) herausgegeben und von Helmut Heiderich, Horst Glatzel und Walter P. Hammes verfasst wurde, äußert sich der Sprecher der CDU/CSU-Fraktion des Deutschen Bundestages für ‚Grüne Gentechnik', Helmut Heiderich, MdB, in seinem Aufsatz „Die Bedeutung der Gentechnik für die Agrar- und Verbraucherpolitik" befürwortend. Seine Haltung wird daran erkennbar, dass er sich fast ausschließlich auf Argumente stützt, die für die Anwendung der Grünen Gentechnik sprechen und Argumente, die sich gegen die Anwendung der Grünen Gentechnik richten, zwar anführt, aber entkräftet, und dass er der Grünen Gentechnik großes Potenzial zuspricht, das gefördert werden müsse.

„Deutschland verliert als Standort seine bisherige Zugkraft und droht bei dieser Zukunftstechnologie abgehängt zu werden./ Fortschritt in Verantwortung ist der Maßstab für die Zukunft der Gentechnik. Unter Beachtung der moralischen und ethischen Grenzen sollte der roten und der **grünen Gentechnik die Möglichkeit gegeben werden auch in Deutschland ihr großes Potential unter Beweis zu stellen.** Die Politik muss versuchen einen Konsens über den Umgang mit den einzelnen Anwendungsfeldern zu finden. **Denn es ist unsere Verpflichtung, der nächsten Generation die Chancen der Gentechnik nicht vorzuenthalten.**" (Helmut Heiderich (2001)(KAS) - Perspektiven der „Grünen Gentechnik" (Zukunftsforum Politik))

„Positive Auswirkungen entstehen für die Umwelt, da weniger chemische Pflanzenschutzmittel gegen Schädlinge und Krankheiten eingesetzt werden müssen." (Helmut Heiderich (2001)(KAS) - Perspektiven der „Grünen Gentechnik" (Zukunftsforum Politik))

Dr. Horst Glatzel, Ministerialdirektor außer Dienst, einer der beiden anderen Autoren, äußert sich in seinem Aufsatz „Ökologische Risiken bei der Freisetzung Gentechnisch veränderter Pflanzen" vorsichtig in Bezug auf die Anwendung der Grünen Gentechnik; durch seine Beurteilung „dass die Risiken beherrschbar sind" und seine Bewertung „Das Nicht-Wissen bedeutet nicht, dass wir schon deshalb auf die Technik verzichten müssen." wird jedoch deutlich, dass er tendenziell eher ein Befürworter als ein Gegner der Grünen Gentechnik ist.

„Wie jede neue Technologie, so ist auch die Gentechnik nicht frei von Risiken./ Diese Risiken resultieren aus dem Nicht-Wissen über den Umgang mit den neuen Techniken und den Folgen aus dieser neuen Technik. **Das Nicht-Wissen bedeutet nicht, dass wir schon deshalb auf die Technik verzichten müssen.**/ Aufgabe verantwortlicher Wissenschaft und Praxis ist es vielmehr, das Nicht-Wissen schrittweise in Wissen umzuwandeln. Dabei zeigen die 20jährigen praktischen Erfahrungen mit der Gentechnik im Umgang mit Pflanzen, dass die Risiken beherrschbar sind." (Horst Glatzel (2001)(KAS) - Perspektiven der „Grünen Gentechnik" (Zukunftsforum Politik))

„Die bisherigen Erfahrungen bei der Entwicklung und Freisetzung gentechnisch veränderter Pflanzen geben **keinen Anlass, auf den Nutzen der Gentechnik in diesem Bereich zu verzichten.** Im Gegenteil: **Es bestehen in der grünen Gentechnik große Potentiale für eine umweltverträgliche Agrarproduktion.**" (Horst Glatzel (2001)(KAS) - Perspektiven der „Grünen Gentechnik" (Zukunftsforum Politik))

Professor Dr. Walter P. Hammes, dritter Autor eines Texts der KAS-Broschüre, vom Institut für Lebensmitteltechnologie, Universität Hohenheim, äußert sich in seinem Text „Gesundheitliche Risiken durch gentechnisch Veränderte Organismen in Lebensmitteln" vor allem zu Novelfood. Durch die Attributierung von *Neuentwicklung* durch *notwendig* kann vermutet werden, dass es sich auch bei ihm um einen Fürsprecher der Grünen Gentechnik handelt.

„Der erforderliche Nachweis der gesundheitlichen Zuträglichkeit von neuartigen Lebensmitteln und seine in der „Novel-Food"-Verordnung festgelegte Kontrolle kann das Vertrauen in diese Lebensmittel erhöhen. **Notwendige Neuentwicklungen** können damit leichter ausgeführt und in Produkte umgesetzt werden. **Dieses Potential auszufüllen** ist eine Herausforderung für die Wissenschaft." (Walter P. Hammes (2001)(KAS) - Perspektiven der „Grünen Gentechnik" (Zukunftsforum Politik))

SPD-Bundestagsfraktion

Die SPD-Bundestagsfraktion äußert sich im Diskurs um die Grüne Gentechnik explizit zu ihrer Haltung. Die SPD-Bundestagsfraktion spricht sich für eine „gentechnikfreie Landwirtschaft und Lebensmittelproduktion" aus und positioniert sich damit als Kontrahent des Einsatzes der Grünen Gentechnik innerhalb Deutschlands.

„Deshalb haben wir uns bei der Novelle des Gentechnikgesetzes **für den Schutz der gentechnikfreien Landwirtschaft und Lebensmittelproduktion** eingesetzt. Wir haben auch erreicht, dass eine bessere Kennzeichnung Transparenz schafft, damit Sie die Wahl haben." (SPD-Bundestagsfraktion (März 2008) – Wahlfreiheit und Transparenz)

Bündnis '90/ Die Grünen-Bundestagsfraktion
Die Bundestagsfraktion Bündnis '90/ Die Grünen positioniert sich in Bezug auf die Grüne Gentechnik sehr klar. Sie spricht sich mehrfach und deutlich gegen die Anwendung der Grünen Gentechnik aus.

„Grünes Ziel ist es, den Durchmarsch der Agro-Gentechnik sowohl bei Lebens- und bei Futtermitteln dauerhaft zu stoppen. Wir wollen
* ein Verbot von Gentech-Pflanzen, die Menschen, Umwelt und die gentechnikfreie Produktion gefährden;
* mehr Rechtssicherheit für gentechnikfreie Regionen, so dass sich Landwirte und Imker in den Regionen besser vor einem unerwünschten Gen-Pflanzenanbau schützen können;
* dem Filz zwischen den Experten in den nationalen und europäischer Prüf- und Zulassungsbehörden mit der Agro-Gentechnik-Lobby beenden;
* die Lücke bei der Gen-Kennzeichnung für tierische Produkte schließen. Verbraucherinnen und Verbraucher können derzeit nicht erkennen, ob das Fleisch, die Milch oder der Käse von Tieren stammen, die mit Gensoja oder Genmais gefüttert wurden;
* ein Verbot von Biopatenten auf Pflanzen, Tiere und biologische Züchtungsverfahren. Biopatente führen zu Monopolansprüchen weniger Konzerne auf Pflanzen und Tiere, zu Abhängigkeiten von Landwirtinnen und Landwirten und blockieren innovative Züchtungsfortschritte." (Bündnis '90 - Die Grünen-Bundestagsfraktion (11.03.09) – Gentechnik)

Die Bundestagsfraktion Bündnis '90/ Die Grünen spricht sich gleichzeitig für die ökologische Landwirtschaft aus und weist ein Einhergehen von Gentechnik und Zukunftsfähigkeit bzw. Umweltgerechtigkeit zurück.

„**Für uns Grüne widerspricht der Einsatz von Gentechnik dem Ziel einer zukunftsfähigen, umweltgerechten Landwirtschaft**. Wir brauchen keine Landwirtschaft, bei der alte Probleme mit Pestiziden gegen neue Probleme mit der Gentechnik ausgetauscht werden. Es gibt bereits eine Landwirtschaft, die mit modernen Methoden ohne Pestizide auskommt – die ökologische Landwirtschaft." (Bündnis '90 - Die Grünen-Bundestagsfraktion - Gentechnik auf dem Acker. Nein Danke)

Diskursakteure der fachexternen Kommunikation 79

Die Bundestagsfraktion Bündnis '90/ Die Grünen ist ein Befürworter der „gentechnikfreie[n] Produktion" und des Schutzes von „gentechnikfreie[n] Regionen".

„Gentechnikfreie Produktion und gentechnikfreie Regionen sowie das Recht auf freien Zugang zu natürlichen Ressourcen müssen wie Umwelt und Natur geschützt werden! Zu Recht wehren sich Menschen in aller Welt gegen den gefährlichen Ausverkauf unserer Ernährungsgrundlagen, zum Teil höchst erfolgreich." (Bündnis '90 - Die Grünen-Bundestagsfraktion - Vielfalt statt Agro-Gentechnik)

FDP-Bundestagsfraktion

Die FDP-Bundestagsfraktion spricht sich im Diskurs um die Grüne Gentechnik für die Anwendung der Grünen Gentechnik aus.

„Um die Herausforderungen der weltweiten Sicherung der Ernährungsgrundlagen und des Klimaschutzes zu bewältigen, ist die Hinwendung zu Innovationen sowohl bei der Züchtung wie bei der Fortentwicklung der Agrartechnik erforderlich. Die FDP-Bundestagsfraktion tritt für die verantwortbare Nutzung der Grünen Gentechnik in der Landwirtschaft ein." (FDP-Bundestagsfraktion - Land- und Forstwirtschaft - Landwirtschaftspolitik)

Die FDP-Bundestagsfraktion weist einen Gefahren-Topos[37] zurück und untermauert ihre Position anhand der Bezugnahme auf einen ethischen Aspekt und mit dem Gebot der Ökonomie und Ökologie.

„Die FDP setzt sich nachdrücklich für die Nutzung der verantwortbaren Potenziale der Biotechnologie in der Landwirtschaft ein. Dies ist im christlich-liberalen Koalitionsvertrag gemeinsam unter den Koalitionspartnern vereinbart worden. Moderne Technologien sind keine Bedrohung sondern eine Chance für Deutschland, deren Nutzung ist ethisch vertretbar und ökonomisch und ökologisch geboten." (FDP-Bundestagsfraktion (29.06.2010) – Positionspapier Biotechnologie)

Die FDP-Bundestagsfraktion weist auf den Widerspruch hin, der sich aus den gegensätzlichen Standpunkten der verschiedenen Bundesministerien ergibt, und spricht sich für eine Anwendung der Grünen Gentechnik in der landwirtschaftlichen Praxis aus.

---

37 Zum Gefahrentopos siehe Spieß 2011b: 473-479. Der Gefahrentopos impliziert eine Aufforderung zu einer Handlungsunterlassung nach folgendem Schema: Da eine Handlung eine Gefahr mit sich bringen kann, soll sie unterlassen werden. (Spieß 2011b: 474)

„1. Die FDP bekennt sich ausdrücklich zum Industriestandort Deutschland und zur Akzeptanz zukunftsweisender Technologien. Moderne Technologien wie die Biotechnologie sind keine Bedrohung, sondern Chancen für Deutschland. Deshalb müssen die staatlich geförderten Forschungsergebnisse z.b. im Bereich der Grünen Gentechnik auch Anwendung in der landwirtschaftlichen Praxis finden und nicht durch innovationsfeindliche gesetzliche Bestimmungen verhindert werden. Forschung bei gleichzeitigem Verbot der Anwendung der Forschungsergebnisse im eigenen Land widerspricht der Vernunft." (FDP-Bundestagsfraktion (29.06.2010) – Positionspapier Biotechnologie)

Die Linke-Bundestagsfraktion
Die Fraktion Die Linke im Bundestag spricht sich explizit gegen die Anwendung der Grünen Gentechnik aus und befürwortet gentechnikfreie Regionen.

„Die Fraktion DIE LINKE lehnt die Freisetzung gentechnisch veränderter Pflanzen ab, denn die ökologischen und gesundheitlichen Risiken sind nicht überschaubar.
* Die Fraktion DIE LINKE unterstützt die Schaffung gentechnikfreier Regionen in Deutschland und Europa.
* Die Zulassungskriterien für gentechnisch veränderte Sorten müssen unter Einbeziehung ökologischer und sozialer Kriterien verschärft werden.
* Beibehaltung der »Nulltoleranz« bei Importfuttermitteln, d. h. Importe aus Nicht–EU Ländern dürfen keine Bestandteile gentechnisch veränderter Pflanzen enthalten, die nicht in Europa zur Nutzung bereits zugelassen sind.
* Haftung: Sollten Schäden entstehen, dann müssen dafür die Nutzer der Agro-Gentechnik haften, insbesondere die Saatgutmulties.
* Kosten: Die Landwirte sollen nicht auf den Kosten für den Mehraufwand zum Schutz der ökologisch oder konventionell wirtschaftenden Betriebe sitzen bleiben.
* Die Zulassungsverfahren für gentechnisch veränderte Futter- und Lebensmittel müssen objektiver und transparenter sein." (Die Linke-Bundestagsfraktion - Gentechnik in der Landwirtschaft)

Die Fraktion Die Linke im Deutschen Bundestag bezeichnet die Grüne Gentechnik als eine „Risikotechnologie" (vgl. Kapitel 4.4.1.1) und weist deren Kosten-Nutzen-Verhältnis zurück.

„Was sagt DIE LINKE. im Bundestag zur Agro-Gentechnik?/ Die Fraktion DIE LINKE. im Deutschen Bundestag hält die Agro-Gentechnik für eine Risikotechnologie, die nicht gebraucht wird. Der mögliche Nutzen der Agro-Gentechnik steht in keinem vernünftigen Verhältnis zu den gesundheitlichen und ökologischen Risiken. Wir halten Koexistenz für nicht funktionierend – und auch nicht finanzierbar./ „Agro-Gentechnik muss sicher sein, oder sich vom Acker machen!"/ Agro-Gentechnik birgt nicht nur Risiken bei der Lagerung, dem Transport oder der Weiterverarbeitung von Lebensmitteln, sondern auch bei der Nutzung als industrieller Rohstoff, Pharma- oder Energiepflanze. Die Auskreuzungs- und Kontaminationsgefahr bleibt

Diskursakteure der fachexternen Kommunikation 81

auch bei diesen Nutzungsformen im offenen System (auf dem Acker) in allen Anwendungsfällen erhalten." (Die Linke-Bundestagsfraktion - Die Agro-Gentechnik - 30 Fragen & 30 Antworten zur Zukunft der gentechnikfreien Landwirtschaft)

4.2.1.2 Bundesministerien

Bei einem Bundesministerium handelt es sich um die – normalerweise von einem Bundesminister geführte – oberste Bundesbehörde mit einem bestimmten Geschäftsbereich (Ressort) (Rittershofer 2007: 108). Innerhalb der Bundesregierung, die sich aus dem Bundeskanzler und den Bundesministern zusammensetzt, gibt der Bundeskanzler die Richtlinien vor; jeder Bundesminister führt sein Ressort innerhalb dieser jedoch eigenverantwortlich. Zu den klassischen Ministerien gehört beispielsweise das Bundesministerium der Justiz. Diese klassischen Ministerien verfügen über mehr finanzielle Mittel und Einfluss als die anderen Ministerien (ebd.). In der vorliegenden Arbeit werden nur jene Ministerien vorgestellt und zur Analyse herangezogen, die für den Diskurs um die Grüne Gentechnik als relevant erachtet werden. Hierzu zählen das BMJ, das BMBF, das BMELV und das BMU.

Bundesministerium der Justiz (BMJ)

Das Ministerium der Justiz ist die oberste Bundesbehörde für das Rechtswesen des Bundes in Deutschland. Zum Geschäftsbereich zählen z. B. der Bundesgerichtshof (BGH), das Bundesverwaltungsgericht (BVerwG) und das Deutsche Patent- und Markenamt (DPMA). Die Hauptaufgabe des BMJ besteht in der Sicherung und Fortentwicklung des Rechtsstaats. Das Justizministerium ist unter anderem für die Herausgabe des Bundesgesetzblatts zuständig. Das Bundesgesetzblatt (BGBl) stellt das

„amtliche Verkündungsorgan u. a. für Bundesgesetze, Rechtsverordnungen (vgl. Art. 82 (1) GG), Urteile des Bundesverfassungsgerichtes mit Rechtskraft sowie für völkerrechtliche Vereinbarungen und EU-Verordnungen" dar (Rittershofer 2007: 102).

Ein Auszug des BGBls ist Bestandteil des fachexternen Korpus. Relevant für die Grüne Gentechnik ist zudem die Zuständigkeit des Ministeriums für Rechtsfragen betreffend neuer Technologien (z. B. Genforschung oder Biomedizin) (Rittershofer 2007: 109f.). Das BMJ wird aufgrund seiner gesetzgebenden und beratenden Funktion als neutraler Akteur eingestuft.

Das Bundesministerium für Bildung und Forschung (BMBF)

Das Bundesministerium für Bildung und Forschung (BMBF) verkörpert die oberste Bundesbehörde in Deutschland für das Ausbildungs- und Forschungswesen. Relevant für den Grüne-Gentechnik-Diskurs ist das BMBF, weil es die Aufgabe hat, gemeinsam mit den Ländern die Wissenschaft und Forschung sowie die Lehre an Hochschulen zu fördern. Zum Aufgabenbereich des Ministeriums gehören die Grundlagenforschung und die Förderung der Entwicklung der Schlüsseltechnologien (Gesundheitsforschung, Biotechnologie, Raumfahrtforschung etc.) sowie der staatlichen Vorsorgeforschung z. B. im Umweltschutz (Rittershofer 2007: 111f.). Erklärtes Ziel des BMBF ist der Erhalt der Wettbewerbsfähigkeit des Standorts Deutschland.[38]

Zwei vom BMBF herausgegebene Texte sind Bestandteil des fachexternen Korpus. Der eine wurde von Dr. Andreas Jungbluth, der andere von Dr. Rüdiger Marquardt verfasst. Das BMBF zählt sowohl unter Edelgard Bulmahn aus der SPD vom 26. Oktober 1998 bis zum 22. November 2005 als auch anschließend unter der Leitung von Annette Schavan (CDU), die bis heute unter der Regierung Merkel im Amt ist, zu den Befürwortern der Entwicklung der Biotechnologie und der Anwendung der Grünen Gentechnik.

„Die Biotechnologie hat in der 2. Hälfte des 20. Jahrhunderts einen großen Sprung nach vorn gemacht. Die Fülle des Wissens, die sie uns beschert hat, ist enorm. Wir können sie nutzen, um bestehende Produktionsprozesse ökonomisch und ökologisch zu verbessern. Immer mehr neue Anwendungen werden in Medizin, Landwirtschaft und vielen anderen Bereichen vorstellbar. Diese können dazu beitragen, unsere Lebensqualität weiter zu steigern. Eine neue Branche hat sich geformt und bietet Arbeitsplätze mit Anforderungsprofilen, auf die sich unser Ausbildungssystem flexibel einstellen muss. **Das BMBF hat die Entwicklung der Biotechnologie in Deutschland mitgestaltet und gefördert. Es wird diese Entwicklung auch in Zukunft intensiv begleiten und dabei mitwirken, dass die vielen Möglichkeiten, die sich uns bieten, verantwortlich genutzt werden.**" (Rüdiger Marquardt (BMBF) - Biotechnologie Basis für Innovationen (Auszug))

„Aufgrund der enormen Bandbreite zukünftiger Einsatzmöglichkeiten in Forschung und Produktion stellen **Biotechnologie und Gentechnik** für den Standort Deutschland einen bedeutenden Wirtschaftsfaktor dar. **Sie eröffnen zahlreiche Chancen für die Generierung qualifizierter Arbeitsplätze mit hohem Zukunftspotenzial und die Entwicklung neuer Industriezweige und schaffen somit die Basis für eine deutliche Stärkung der Bundesrepublik Deutschland als Wissenschafts- und Wirtschaftsnation im internationalen Wettbewerb.** Diese Chancen können jedoch nicht ohne sachliche und ausgewogene Information der Bürgerinnen und

---

38 http://www.bmbf.de/de/90.php; Zugriff am 20.08.2009.

Bürger über Grundlagen, Verfahren und Anwendungsbereiche der modernen Biotechnologie und Gentechnik ergriffen werden." (Andreas Jungbluth (BMBF) – Science live – Perspektiven moderner Biotechnologie und Gentechnik)

Deutlich spricht sich das Ministerium auch für Freisetzungen aus.

„Der Einsatz gentechnisch veränderter Pflanzen in der Landwirtschaft ist notwendigerweise mit einer Freisetzung verknüpft. Solche Freisetzungen müssen weiterhin sorgfältig begleitet und kontrolliert werden. Aus den weltweit gewonnenen Erkenntnissen sollten sich aber zuverlässige Regeln für einen verantwortlichen Umgang mit diesen Pflanzen ableiten lassen." (Rüdiger Marquardt (BMBF) - Biotechnologie Basis für Innovationen (Auszug))

Das Bundesministerium für Ernährung, Landwirtschaft und Verbraucherschutz (BMELV)

Das Bundesministerium für Ernährung, Landwirtschaft und Verbraucherschutz (BMELV) ist die oberste Bundesbehörde für die Themen Ernährung, Verbraucherschutz und Agrarpolitik. Zu den für die Grüne Gentechnik relevanten Aufgaben des BMELV gehören der vorsorgende Verbraucherschutz und Stärkung der Verbraucherrechte, nachhaltige Forstwirtschaft und die "internationale[n] Angelegenheiten wie z. B. die Zusammenarbeit bei der Bekämpfung von Hunger und Armut" (Rittershofer 2007: 112). Der Geschäftsbereich umfasst u. a. das Bundesamt für Verbraucherschutz und Lebensmittelsicherheit (BVL), das Bundessortenamt (BSA) und die Biologische Bundesanstalt für Land- und Forstwirtschaft (BBA) (ebd.).

Zwischen 1949 und 2001 hieß das heutige Bundesministerium für Ernährung, Landwirtschaft und Verbraucherschutz (BMELV) noch Bundesministerium für Ernährung, Landwirtschaft und Forsten (BML) und wurde von 1998 bis 2001 von Karl-Heinz Funke (SPD) geleitet (BMELV)[39]. Nachdem im Jahr 1999 eine umfassende Reform der EU-Agrarpolitik beschlossen wurde, wird in Berlin ein Dienstsitz eröffnet. Zur Stärkung der Rechte der Verbraucher (gesundheitlicher und wirtschaftlicher Verbraucherschutz) wird das BML im Jahr 2001 umgebildet und erhält den Namen Bundesministerium für Verbraucherschutz, Ernährung und Landwirtschaft (BMVEL) (ebd.)[40]. Diese Umstrukturierung, bei der der Verbraucherschutz und die Lebensmittelsicherheit in das Ministerium inte-

---

39 http://www.bmelv.de/SharedDocs/Standardartikel/Ministerium/Geschichteseit1949.html; Zugriff am 01.02.2012.
40 http://www.bmelv.de/SharedDocs/Standardartikel/Ministerium/Geschichteseit1949.html; Zugriff am 01.02.2012.

griert wurden, war der BSE-Krise geschuldet.[41] Renate Künast (Bündnis '90/ Die Grünen) übernahm das Amt und leitete es von 2001 bis 2005 (ebd.)[42].

Das Bundesministerium für Verbraucherschutz, Ernährung und Landwirtschaft (BMVEL) wurde nach dem Regierungswechsel 2005 erneut umstrukturiert. Auf Anordnung von Bundeskanzlerin Merkel wurde es zum Bundesministerium für Ernährung und Landwirtschaft und Verbraucherschutz (BMELV) erklärt und Horst Seehofer (CSU) am 22. November 2005 zum Bundesminister für Ernährung, Landwirtschaft und Verbraucherschutz ernannt (ebd.)[43]. Am 31. Oktober 2008 übernahm Bundesministerin Ilse Aigner (CSU) das Amt von Horst Seehofer (ebenfalls CSU). Ilse Aigner leitet bis heute das Bundesministerium für Ernährung, Landwirtschaft und Verbraucherschutz. Sie bestimmt als Mitglied der Bundesregierung die Ausrichtung der deutschen Ernährungs-, Landwirtschafts- und Verbraucherpolitik. Zu den erklärten Zielen des BMELV gehört es, „ausgewogene, gesunde Ernährung mit sicheren Lebensmitteln, klare Verbraucherrechte und -informationen für die unterschiedlichsten Lebensbereiche, eine starke und nachhaltige Landwirtschaft und Perspektiven für unsere ländlichen Räume" zu ermöglichen (ebd.)[44].

Das Bundesministerium für Ernährung, Landwirtschaft und Verbraucherschutz (BMELV) bezieht weder als Befürworter noch als Gegner der Grünen Gentechnik Stellung. Ilse Aigner als zuständige Ministerin hat sich klar gegen eine eindeutige Positionierung ausgesprochen, indem sie zwar den Einsatz des gentechnisch veränderten Maises MON 810 verboten hatte, dabei aber betonte, dass es sich dabei lediglich um eine Einzelfallentscheidung handele.

„ ‚Ich möchte unterstreichen, dass dies **keine Grundsatzentscheidung zum künftigen Umgang mit Grüner Gentechnik** ist', erläuterte Bundesministerin Aigner. ‚Es handelt sich hierbei um eine Einzelfallentscheidung, bei der Pro und Contra sorgfältig abgewogen und eine Entscheidung auf wissenschaftlicher Grundlage getroffen wurde.' " (BMELV - Aigner verbietet den Anbau von MON 810)

Der Geschäftsbereich des Ministeriums umfasst u. a. das Bundesamt für Verbraucherschutz und Lebensmittelsicherheit (BVL), das Bundesinstitut für Risikobewertung (BfR), das Bundessortenamt (BSA) und die Biologische Bundesan-

---

41 http://www.bmelv.de/SharedDocs/Pressemitteilungen/2009/211-60JahreBMELV.html; Zugriff am 01.02.2012.
42 http://www.bmelv.de/SharedDocs/Standardartikel/Ministerium/Geschichteseit1949.html; Zugriff am 01.02.2012.
43 http://www.bmelv.de/SharedDocs/Standardartikel/Ministerium/Geschichteseit1949.html; Zugriff am 01.02.2012.
44 http://www.bmelv.de/SharedDocs/Standardartikel/Ministerium/Geschichteseit1949.html; Zugriff 01.02.2012.

stalt für Land- und Forstwirtschaft (BBA) (Rittershofer 2007: 112). Für den untersuchten Diskurs sind vor allem das Bundesamt für Verbraucherschutz und Lebensmittelsicherheit (BVL) und das Bundesinstitut für Risikobewertung (BfR) relevant und werden aus diesem Grund näher vorgestellt (ebd. 2007: 112).

Das Bundesamt für Verbraucherschutz und Lebensmittelsicherheit (BVL)
Ein Bundesamt gilt als eine eigenständige „Behörde des Bundes mit bundesweiten Aufgaben, die zum Geschäftsbereich eines Bundesministeriums gehört und von einem Präsidenten geleitet wird" (Schmidt ^{2}2004: 93). Im Jahr 2002 wurde das Bundesamt für Verbraucherschutz und Lebensmittelsicherheit (BVL) als Zulassungs- und Managementbehörde für Lebensmittelsicherheit und Verbraucherschutz gegründet. Zu den Aufgaben des BVL, dessen Dienstsitz sich in Braunschweig befindet, zählt der Bereich Lebensmittelsicherheit und des Schutzes wirtschaftlicher Interessen der Bürger (BVL)[45]. Der für die Grüne Gentechnik relevante Aufgabenbereich stellt die Genehmigung von Freisetzungen gentechnisch veränderter Organismen (GVO) dar (ebd.)[46]. Bei Genehmigungsverfahren für die Zulassung von GVO zum kommerziellen Anbau bezieht das BVL der EU gegenüber Stellung (ebd.)[47]. Zudem ist das BVL „Geschäftsstelle der Zentralen Kommission für die Biologische Sicherheit, die Bundesregierung und Bundesländer berät" (ebd.)[48]. Nach Angaben der Online-Enzyklopädie Wikipedia wurde, ausgelöst durch einige Lebensmittelkrisen Ende der neunziger Jahre, der gesundheitliche Verbraucherschutz dahin gehend verbessert, dass „Bewertung und Management von Risiken, die früher unter dem Dach einer Institution waren" (Wikipedia)[49] voneinander getrennt wurden, mit dem Ziel das staatliche Handeln transparenter zu gestalten (ebd.)[50]. Infolgedessen wurde mit der Aufgabe des Risikomanagements die Bundesanstalt (später Bundesamt) für Verbraucherschutz und Lebensmittelsicherheit betraut. Für die wissenschaftliche Beur-

---

45 http://www.bvl.bund.de/DE/07_DasBundesamt/dasBundesamt_node.html; Zugriff am 01.02.2012.
46 http://www.bvl.bund.de/DE/07_DasBundesamt/02_Aufgaben/01_Aufgabenspektrum/ dasBundesamt_aufgabenspektrum_node.html; Zugriff am 01.02.2012
47 http://www.bvl.bund.de/DE/07_DasBundesamt/02_Aufgaben/01_Aufgabenspektrum/ dasBundesamt_aufgabenspektrum_node.html; Zugriff am 01.02.2012
48 http://www.bvl.bund.de/DE/07_DasBundesamt/02_Aufgaben/01_Aufgabenspektrum/ dasBundesamt_aufgabenspektrum_node.html; Zugriff am 01.02.2012
49 http://de.wikipedia.org/wiki/Bundesamt_f%C3%BCr_Verbraucherschutz_und_ Lebensmittelsicherheit; Zugriff am 01.02.2012
50 http://de.wikipedia.org/wiki/Bundesamt_f%C3%BCr_Verbraucherschutz_und_ Lebensmittelsicherheit; Zugriff am 01.02.2012

teilung von Risiken ist seitdem das Bundesinstitut für Risikobewertung (BfR) zuständig (ebd.)[51].

„Das Bundesamt für Verbraucherschutz und Lebensmittelsicherheit (BVL) ist zuständig für den Vollzug wichtiger Teile des Gentechnikgesetzes. **Es berät die Bundesregierung sowie die Länder und ihre Gremien in Fragen der biologischen Sicherheit in der Gentechnik.** Gentechnisch veränderte Organismen müssen zunächst ein Genehmigungsverfahren beim BVL durchlaufen, ehe sie freigesetzt werden dürfen. **Das BVL ist die national zuständige Behörde für gemeinschaftliche Genehmigungsverfahren der EU zum Inverkehrbringen gentechnisch veränderter Organismen.** Ferner führt das BVL die Geschäftsstelle der Zentralen Kommission für die Biologische Sicherheit. Als nationale Kontaktstelle des Internationalen Übereinkommens über die biologische Sicherheit organisiert das BVL für Deutschland den Informationsaustausch über lebende gentechnisch veränderte Organismen im so genannten Biosafety Clearing House." (BVL (^{3}2010) - Die Grüne Gentechnik. Ein Überblick)

Da das BVL für die Zulassung gentechnisch veränderter Organismen zuständig ist und die Freisetzung gentechnisch veränderter Organismen (GVO) in Deutschland für wissenschaftliche Zwecke genehmigen lässt, bezieht das BVL keine eindeutige Haltung in Bezug auf die Grüne Gentechnik.

Das Bundesinstitut für Risikobewertung (BfR)

Wie bereits angesprochen gehört das BfR zum Geschäftsbereich des Bundesministeriums für Ernährung, Landwirtschaft und Verbraucherschutz (BMELV) (BfR)[52]. Das BfR hat seinen Sitz in Berlin, wo es mit drei Standorten vertreten ist. Das BfR wurde am 1. November 2002 gegründet (ebd.)[53]. Seine Hauptaufgabe liegt in der Stärkung des gesundheitlichen Verbraucherschutzes und der Lebensmittelsicherheit, indem es Stellung zu möglichen gesundheitlichen Risiken bezieht und die dafür zuständigen Ministerien wissenschaftlich berät. Das BfR ist in seiner wissenschaftlichen Bewertung und Forschung vom BMELV unabhängig, da der Gesetzgeber dies dem BfR als Voraussetzung ins Gründungsgesetz geschrieben hatte, nachdem der gesundheitliche Verbraucherschutz im Zuge der BSE-Krise an Glaubwürdigkeit eingebüßt hatte (ebd.)[54]. Aus diesem Grund

---

51 http://de.wikipedia.org/wiki/Bundesamt_f%C3%BCr_Verbraucherschutz_und_Lebensmittelsicherheit; Zugriff am 01.02.2012
52 http://www.bfr.bund.de/de/das_bundesinstitut_fuer_risikobewertung__bfr_-280.html; Zugriff am 01.02.2012
53 http://www.bfr.bund.de/cm/343/das_bundesinstitut_fuer_risikobewertung_auf_einen_blick_daten_fakten_hintergruende.pdf; Zugriff am 01.02.2012
54 http://www.bfr.bund.de/cm/343/das_bundesinstitut_fuer_risikobewertung_auf_einen_blick_daten_fakten_hintergruende.pdf; Zugriff am 01.02.2012

werden die Forschungsprojekte des BfR ausnahmslos mit öffentlichen Geldern und Mitteln der Europäischen Kommission gefördert. Darüber hinaus ist es nicht gestattet, private Drittmittel einzutreiben. Grund dafür ist das Ziel, wirtschaftlich, politisch und gesellschaftlich möglichst unabhängig zu bleiben (ebd.)[55].

Als wissenschaftliche Einrichtung erstellt das BfR Gutachten und Stellungnahmen zu Fragen der Lebens- und Futtermittelsicherheit sowie zur Sicherheit von Chemikalien und Produkten (ebd.)[56]. Im Bereich Grüne Gentechnik findet eine Beratung des BMELV im Bereich Lebensmittel- und Produktsicherheit und des BMU im Bereich Chemikaliensicherheit und Kontaminanten in Lebensmitteln statt (ebd.)[57]. Seine Aufgaben im Bereich Grüner Gentechnik sind die „Risikobewertung von gentechnisch veränderten Organismen in Lebensmitteln, Futtermitteln, Pflanzen, Tieren" und die Risikokommunikation zum selben Thema (ebd.)[58].

Das BfR arbeitet mit verschiedenen staatlichen und nicht staatlichen Institutionen zusammen und ist der Ansprechpartner in Deutschland für die Europäische Behörde für Lebensmittelsicherheit (EFSA).

Das BfR nimmt im Diskurs um die Grüne Gentechnik eine beratende Funktion in Bezug auf die wissenschaftliche Sicherheitsabschätzung ein und ist aus diesem Grund ein einflussreicher Akteur. Demnach liegt auf der Hand, dass das BfR in der Debatte um die Grüne Gentechnik keine eindeutig befürwortende noch eindeutig ablehnende Haltung einnehmen kann.

Publikationsreihe: BfR-Wissenschaft

Das BfR gibt ebenfalls die Publikationsreihe „BfR-Wissenschaft" heraus. Die Publikationen repräsentieren Ausschnitte der wissenschaftlichen Arbeit des Instituts und befassen sich mit aktuellen Fragen aus dem gesundheitlichen Verbraucherschutz oder berichten u. a. von Ergebnissen aus Forschungsprojekten (Bfr)[59]. Im vorliegenden Korpus liegt ein Text aus dieser Reihe vor, „BfR Wissenschaft (2006) - BfR - Nachweis von gv Futtermitteln". Da dieser sich von den anderen Texten des fachexternen Diskurses aufgrund seiner hohen Fachlichkeit und den damit verbundenen repetitiven technischen Formulierungen stark absetzt, wird

---

55 http://www.bfr.bund.de/cm/343/das_bundesinstitut_fuer_risikobewertung_auf_einen_ blick_daten_fakten_hintergruende.pdf; Zugriff am 01.02.2012
56 http://www.bfr.bund.de/de/das_bundesinstitut_fuer_risikobewertung__bfr_-280.html; Zugriff am 01.02.2012
57 http://www.bfr.bund.de/cm/343/das_bundesinstitut_fuer_risikobewertung_auf_einen_ blick_daten_fakten_hintergruende.pdf; Zugriff am 01.02.2012
58 http://www.bfr.bund.de/cm/343/das_bundesinstitut_fuer_risikobewertung_auf_einen_ blick_daten_fakten_hintergruende.pdf; Zugriff am 01.02.2012
59 http://www.bfr.bund.de/de/publikation/bfr_wissenschaft-5799.html; Zugriff am 01.02.2012

dieser Text bei der korpusgestützten Analyse der beiden Diskurse vom Korpus ausgeschlossen (vgl. Kapitel 5.3).

Das Bundesministerium für Umwelt, Naturschutz und Reaktorsicherheit (BMU)
Das Bundesministerium für Umwelt, Naturschutz und Reaktorsicherheit (BMU) stellt die oberste Behörde für Strategieentwicklung der Umweltpolitik in Deutschland und die nationale und internationale Ausrichtung der Umweltpolitik (Rittershofer 2007: 113) dar. Die für die Grüne Gentechnik relevanten Kerngebiete sind Klimaschutz und erneuerbare Energien, Natur- und Artenschutz, Bodenschutz, Immissionsschutz und die Sicherheit von Chemikalien. „Schutz vor Umweltgiften und Strahlung, kluger und sparsamer Umgang mit Rohstoffen und Energie sowie Erhalt der Pflanzen- und Artenvielfalt sind nur einige Ziele des Bundesumweltministeriums" (BMU)[60]. Als Leitbild seiner Umweltpolitik bezeichnet das Umweltbundesministerium auf seiner Homepage 2012 die Idee der Nachhaltigkeit (ebd.)[61].

Zum Geschäftsbereich des BMU zählen u. a. das Umweltbundesamt (UBA) und das Bundesamt für Naturschutz (BfN)." (Rittershofer 2007: 113). Der Bundesumweltminister leitet das Ministerium und vertritt es im Bundeskabinett (BMU)[62]. Jürgen Trittin (Bündnis '90/ Die Grünen) leitete das BMU vom 27. Oktober 1998 bis zum 22. November 2005, Sigmar Gabriel (SPD) übernahm das Amt am 22. November 2005 und führte es bis zum 28. Oktober 2009. Aktueller Bundesminister ist Norbert Röttgen (CDU), der das Amt am 28. Oktober 2009 übernommen hat. Das Bundesministerium für Umwelt, Naturschutz und Reaktorsicherheit spricht sich weder eindeutig für noch eindeutig gegen die Grüne Gentechnik aus. Zwar wird Biotechnologie von ihm als innovative Zukunftsbranche bezeichnet, das Ministerium weist aber auch auf die möglichen Risiken hin.

> „Die Biotechnologie ist eine wichtige Zukunftsbranche für Forschung und Wirtschaft. Sie verspricht grundlegende Innovationen bei der Herstellung von Nahrungspflanzen und pflanzlichen Rohstoffen (grüne Biotechnologie) sowie bei Arzneimitteln (rote Biotechnologie). Durch ihre Anwendung sollen Industrieprozesse u. a. sauberer und nachhaltiger gestaltet und Umweltprobleme gelöst werden (weiße Biotechnologie)." (BMU (2010) - Kurzinformation Bio- und Gentechnik. Umweltangelegenheiten der Biotechnologie und Gentechnik)

---

60 http://www.bmu.de/ministerium/aufgaben/aufgaben/doc/44802.php; Zugriff am 02.02.2012
61 http://www.bmu.de/ministerium/aufgaben/aufgaben/doc/44802.php; Zugriff am 02.02.2012
62 http://www.bmu.de/ministerium/aufgaben/aufgaben/doc/44802.php; Zugriff am 02.02.2012

Zwei Formulierungen verstärken den Eindruck der ambivalenten Haltung des Ministeriums. Die erste Formulierung, die auf eine ablehnende Positionierung hinweisen könnte, stellt die Bezugnahme auf das Vorsorgeprinzip dar. Dieses wird meist von Gegnern der Grünen Gentechnik herangezogen (z. B. von der Arbeitsgemeinschaft der Umweltbeauftragten der Gliedkirchen in der EKD (AGU) in Kapitel 4.3; Thema |Technikfolgenabschätzung – Horizontaler Gentransfer – Antibiotika-Resistenzgene|).

„Gentechnisch veränderte Organismen (GVO) können sich ebenso wie alle anderen Organismen in der Umwelt verbreiten und sich - auch durch Kreuzung mit wilden Verwandten - fortpflanzen. Durch diese Fähigkeiten können die Auswirkungen nur schwer eingegrenzt werden oder sogar unumkehrbar sein. Sollten diese Organismen schädliche Auswirkungen auf die Umwelt und die Natur haben, könnten diese **Auswirkungen nicht ohne weiteres dadurch gestoppt werden, dass der betreffende Organismus nicht weiter verwendet wird**. Aus diesem Grund gilt das **Vorsorgeprinzip** für die Gentechnik in ganz besonderem Maße." (BMU (2010) - Verwendung gentechnisch veränderter Organismen in der Landwirtschaft)

Im Gegensatz dazu steht folgende Formulierung:

„Vor dem Einsatz von GVO in Land-, Forst- und Fischereiwirtschaft **sind daher die ökologischen Risiken zu klären und so weit wie möglich zu vermeiden**." (BMU (2010) - Verwendung gentechnisch veränderter Organismen in der Landwirtschaft)

Aufgrund ihres deontischen Potenzials, das sich auf die Berücksichtigung und Vermeidung möglicher Risiken bezieht, weist die Äußerung darauf hin, dass die Grüne Gentechnik trotz der Bergung von Risiken angewandt werden wird. Bei dieser Einordnung handelt es sich aber lediglich um eine vorsichtige Einschätzung, da aufgrund von zwei Formulierungen höchstens Rückschlüsse auf die Denkhaltung des Akteurs gezogen werden können; diese selbst bleibt aber für den Analytiker jederzeit unzugänglich.

Das Bundesamt für Naturschutz (BfN)

Das Bundesamt für Naturschutz (BfN) ist die zentrale wissenschaftliche Bundesoberbehörde im Geschäftsbereich des Bundesministeriums für Umwelt, Naturschutz und Reaktorsicherheit (BMU). Die für die vorliegende Debatte relevante Hauptaufgabe besteht in der Beratung des Umweltministeriums (Rittershofer 2007: 96-97). Im Bereich Grüne Gentechnik ist das BfN für verschiedene Aufgabenbereiche zuständig. Zu den grundlegenden Aufgaben des Bundesamtes für Naturschutz gehört es, wissenschaftliche Entscheidungsgrundlagen für Politik und Verwaltung zu liefern (BfN)[63]. Im Bereich Grüne Gentechnik bedeutet das, Hinweise auf mögliche Umweltauswirkungen geben, Abwägung der Risiken und die Erarbeitung der fachlichen Grundlagen und die Organisation eines Monitorings[64]. Das BfN ist aber auch an der „Genehmigung von Anträgen auf Freisetzen und Inverkehrbringen von gentechnisch veränderten Pflanzen, Tieren und Mikroorganismen" (ebd.)[65] beteiligt. Weitere Tätigkeiten stellen die Untersuchung von alternativen Anwendungen zur Grünen Gentechnik (vgl. VBIO[66]) und die Zuständigkeit für den Vollzug des Gentechnikgesetzes dar (BfN[67]).

Dadurch, dass sich das BfN für das Vorsorgeprinzip ausspricht, könnte vermutet werden, dass es der Grünen Gentechnik gegenüber eher ablehnend eingestellt ist.

„Entscheidend für die Risikobewertung von GVO sind die Wechselwirkungen mit anderen lebenden Organismen – und damit der gesamten belebten Natur. Bei einer Technologie, deren Auswirkungen noch nicht in Gänze erforscht sind, gilt auch für das BfN die Anwendung des **Vorsorgeprinzips**." (BfN)[68]

Da das BfN jedoch an der Genehmigung von Anträgen auf Freisetzen und Inverkehrbringen von gentechnisch veränderten Pflanzen, Tieren und Mikroorganismen beteiligt ist, positioniert es sich weder befürwortend noch ablehnend gegenüber der Grünen Gentechnik.

4.2.2 Wissenschaft

4.2.2.1 Stellungnahme der wissenschaftlichen Akademien

Die Deutsche Akademie der Naturforscher Leopoldina, die Nationale Akademie der Wissenschaften, die Deutsche Akademie der Technikwissenschaften acatech und die Berlin-Brandenburgische Akademie der Wissenschaften (für die Union der Deutschen Akademien der Wissenschaften) äußern sich 13 Oktober 2009 in der Stellungnahme „Für eine neue Politik in der Grünen Gentechnik" explizit befürwortend in Bezug auf die Freisetzung. Da es bei der Freisetzung darum geht,

---

63 http://www.bfn.de/0101_beratung.html, Zugriff am 01.02.2012.
64 Damit ist die Beobachtung von potenziellen Auswirkungen der gentechnisch veränderten Organismen (GVO) auf Natur und Umwelt gemeint.
65 http://www.bfn.de/0101_vollzug.html, Zugriff am 01.02.2012.
66 Siehe VBIO - Risiko-Forschung oder Sicherheits-Forschung (Text des fachexternen Korpus).
67 http://www.bfn.de/01_wir_ueber_uns.html; Zugriff am 01.02.2012.
68 http://www.bfn.de/0101_vollzug.html, Zugriff am 01.02.2012.

Diskursakteure der fachexternen Kommunikation 91

„nach ersten Versuchen im Gewächshaus den entsprechenden GVO im Freilandversuch auf seine agronomischen Eigenschaften zu testen" (BfN - Gesetzliche Bestimmungen - Experimentelle Freisetzung und Inverkehrbringung),

und da vor allem von Gentechnik-Gegnern diese Freisetzungen abgelehnt werden, kann dies als Hinweis dafür gelten, dass die wissenschaftlichen Akademien der Grünen Gentechnik grundsätzlich befürwortend gegenüberstehen.

„Aus all diesen Gründen plädieren die Deutsche Akademie der Naturforscher Leopoldina – Nationale Akademie der Wissenschaften, Deutsche Akademie der Technikwissenschaften acatech und die Berlin-Brandenburgische Akademie der Wissenschaften (für die Union der Deutschen Akademien der Wissenschaften) erneut dafür, die Freilandtestung zur Unterstützung der exzellenten pflanzlichen Grundlagen- und angewandten Forschung in Deutschland zu sichern und die Umsetzung der Ergebnisse in die Anwendung zu erleichtern und dadurch die Möglichkeit zu schaffen, **der eminenten Potenz der Grünen Gentechnik auch in unserem Land eine wirkliche Chance einzuräumen.**" (Stellungnahme der wissenschaftlichen Akademien (13.10.2009) - Für eine neue Politik in der Grünen Gentechnik)

4.2.2.2 Deutsche Forschungsgemeinschaft (DFG)

Deutsche Forschungsgemeinschaft (DFG)

Die Deutsche Forschungsgemeinschaft (DFG) spricht sich explizit für die Freisetzung gentechnisch veränderter Organismen aus.

„Wie es mit gentechnisch veränderten Pflanzen nach der Laborphase weitergeht – nämlich im Freilandversuch – schilderte Professor Inge Broer von der Universität Rostock. **Freilandversuche sind ein notwendiger Bestandteil der Biosicherheitsforschung, die gv-Pflanzen auf mögliche Risiken für Umwelt und Verbraucher untersucht.** Diese hält sie für unabdingbar wichtig, weil diese Pflanzen, wenn sie (art-)fremde Gene enthalten, Stoffe produzieren könnten, die in Pflanzen möglicherweise vorher nicht vorhanden waren. **Freilandversuche seien absolut notwendig,** weil die komplexen Umweltbedingungen im Gewächshaus nicht simuliert werden können und weil sich dort auch nicht genug Material für Fütterungsversuche an großen Tieren wie Schweinen und Kühen produzieren lässt. Fütterungsstudien werden an den unterschiedlichsten Tierarten (von der Maus bis zum Rind) teilweise sogar über zehn Generationen durchgeführt, um eine Gefährdung der Verbraucher beispielsweise durch ein allergenes Potential auszuschließen. Auch das Zusammenspiel zwischen Pflanzen und sogenannten Fraßfeinden **lässt sich nur im Freien überprüfen** und nicht zuletzt können sich auch die physiologischen Eigenschaften von Pflanzen im Gewächshaus erheblich von denen im Freiland unterscheiden." (DFG - Parlamentarischer Abend "Grüne Gentechnik")

Forschung. Das Magazin der Deutschen Forschungsgemeinschaft
Die befürwortende Position der Deutschen Forschungsgemeinschaft (DFG) tritt zudem an ihrer Stellungnahme im hauseigenen Magazin zutage. Im Magazin „Forschung" äußert sie sich zum Gentechnikgesetz und positioniert sich bereits anhand der Wahl der Überschrift „Behinderung von Forschungsarbeit" in Bezug auf die Forschung an Grüner Gentechnik.

„Behinderung von Forschungsarbeit/ DFG legt Stellungnahme zum Gentechnikgesetz vor – **Die Gesetzesnovelle zur „Grünen Gentechnik" hemmt Innovation und Forschung in Deutschland** – Drohende Benachteiligung für deutsche Wissenschaftler im internationalen Wettbewerb" (Forschung. Das Magazin der Deutschen Forschungsgemeinschaft (2004) - Behinderung von Forschungsarbeit)

Die DFG weist ein besonderes Gefahrenpotenzial in Bezug auf die Freisetzung gentechnisch veränderter Organismen zurück.

„Im Wesentlichen wendet sich die DFG gegen drei Bestandteile des geplanten Gesetzes. So geht der Entwurf der Bundesregierung prinzipiell von der Annahme aus, **dass mit dem Ausbringen von gentechnisch veränderten Organismen (GVOs) ein besonderes Gefahrenpotenzial verbunden sei. Diese Annahme ist nach DFG-Einschätzung durch experimentelle Daten nicht gedeckt.**" (Forschung. Das Magazin der Deutschen Forschungsgemeinschaft (2004) - Behinderung von Forschungsarbeit)

4.2.2.3 Fachverlag (Wiley InterScience): einzelne Wissenschaftler

Um wissenschaftliche Artikel zum Thema Grüne Gentechnik auszuwählen, wurde in der Datenbank des Weinheimer Fachverlags *Wiley InterScience* deutsche Artikel gesucht. Diese wurden anhand von Relevanz-Kriterien ausgewählt. Die Kriterien bestanden beispielsweise im Erscheinen der Artikel in deutscher Sprache, der thematischen Nähe zur Debatte um die Grüne Gentechnik in Deutschland und einer thematischen Ausrichtung, die sich möglichst allgemein auf die Grüne Gentechnik und nicht ausschließlich auf einzelne Aspekte der Anwendung fokusieren.

Bernd Müller-Röber
Der Wissenschaftler Professor Dr. Bernd Müller-Röber (Universität Potsdam und Max-Planck-Institut für Molekulare Pflanzenphysiologie Potsdam/ Golm) wurde mit seinem Aufsatz „Grüne Gentechnik für nachwachsende Rohstoffe" als eigenständiger Wissenschaftler in das Korpus aufgenommen. Er ist darüber hin-

Diskursakteure der fachexternen Kommunikation 93

aus Mitautor eines gerade erschienenen Ergänzungsbands zum Gentechnologiebericht der Berlin-Brandenburgischen Akademie der Wissenschaften, der sich mit aktuellen Entwicklungen in Wissenschaft und Wirtschaft beschäftigt. Dadurch wird seine Stellung als anerkannter Experte für den Bereich Grüne Gentechnik deutlich. In Bezug auf die Möglichkeit einer gentechnischen Veränderung zur Erhöhung der Biodiversität äußert er sich befürwortend. Diese Äußerung lässt vermuten, dass er der Anwendung Grüner Gentechnik positiv gegenübersteht.

„Dank molekularer Techniken nimmt auch die Kenntnis über die natürlicherweise vorhandene genetische Variabilität (Biodiversität) in einer bisher nicht gekannten Weise zu. Varianten einzelner Gene können dadurch gezielter eingekreuzt oder mittels Gentransfer in Kulturpflanzen eingebracht werden. Präzisionsgezüchtete Pflanzen als nachwachsende Rohstoffe werden zunehmend an Bedeutung gewinnen. Die Pflanzengenomforschung und ihre biotechnologischen Anwendungen bieten dafür ein weites technologisches Spektrum." (Bernd Müller-Röber (2006) - Grüne Gentechnik für nachwachsende Rohstoffe)

Jörg Hinrich Hacker

Professor Dr. Jörg Hinrich Hacker ist als Biologe hier mit seinem Kommentar „Ein ‚Jahr der Innovation' auch für die Gentechnik" vertreten und war von 2008 bis 2010 Präsident des Robert Koch-Instituts. Seit 2010 ist er Präsident der Deutschen Akademie der Naturforscher Leopoldina. Er fordert Forschungsfreiheit für Grüne Gentechnik. Dies kann als Hinweis darauf gelten, dass er der Grünen Gentechnik befürwortend gegenübersteht.

„Ist Deutschland überhaupt ein forschungsfreundliches Land? / Nehmen wir das Beispiel Gentechnik. [...]/Es stellt sich also die Frage: Ist Deutschland ein Land, das Innovationen auch auf dem Gebiet der Gentechnik will, oder werden einseitig die Risiken in den Mittelpunkt der Diskussion gerückt? **Wird die grüne Gentechnik unter Generalverdacht gestellt oder können Wissenschaftler mit einem Vertrauensvorschuss rechnen? Gilt die grundgesetzlich geschützte Forschungsfreiheit auch für die grüne Gentechnik?**" (Jörg Hinrich Hacker (2004) - Ein „Jahr der Innovation" auch für die Gentechnik)

Klaus-Dieter Jany und Claudia Kiener

Professor Dr. Klaus-Dieter Jany und Claudia Kiener sind die Verfasser des Aufsatzes „Der lange Weg vom Labor auf den Tisch. Gentechnik und Lebensmittel". Heutzutage wird die Bewertung von gv-Lebensmitteln vom Institut für Mikrobiologie und Biotechnologie in Kiel, das dem Max Rubner-Institut, Bundesforschungsinstitut für Ernährung und Lebensmittel (MRI), angegliedert ist, durchgeführt. Früher war dafür die Bundesforschungsanstalt für Ernährung (BFE; ab 2004 BfEL) zuständig (MRI)[69]. Jany war dort von 1989 bis 2008 beschäftigt. Sein Aufgabenbereich bestand seit 1996 in der Bewertung von Lebensmitteln aus gv-Pflanzen und von Enzymen aus GVO für die Lebensmittelherstellung sowie der Entwicklung von Nachweismethoden (DGE)[70].

Anhand des eindeutig die Grüne Gentechnik befürwortenden nachfolgenden Zitats können beide den Befürwortern der Grünen Gentechnik zugerechnet werden.

> „Unmittelbarer Nutzen wird sich für alle aus den Möglichkeiten zur Verbesserung der ernährungsphysiologischen Wertigkeit von Nahrungsmitteln und der Entwicklung neuer verbesserter diätetischer Lebensmittel sowie der Reduzierung gesundheitlicher oder mikrobieller Risiken ergeben. Daneben eröffnet die Verwendung von transgenen Organismen Chancen zur Umweltentlastung in Landwirtschaft und Lebensmittelproduktion, zur ökonomischeren Nutzung unserer natürlichen Ressourcen sowie zum verbesserten Erhalt von wertgebenden Inhaltsstoffen bei der Verarbeitung von Rohstoffen." (Klaus-Dieter Jany und Claudia Kiener (2001) - Der lange Weg vom Labor auf den Tisch: Gentechnik und Lebensmittel)

Ulrich Busch, Annette Block, Esther Meissner-Chiuz

In dem vorliegenden Artikel „Nutzpflanzen nach Maß. Gentechnisch veränderte Lebensmittel" der Autoren Dr. Ulrich Busch, Annette Block und Esther Meissner-Chiuz wird keine eindeutige Haltung in Bezug auf die Grüne Gentechnik eingenommen. Es handelt sich um einen wissenschaftlichen Artikel, der den Fokus auf die Methodik der Grünen Gentechnik legt und nicht deren Einordnung in gesellschaftliche Kontexte. Die Akteure werden aus diesem Grund weder als Befürworter, noch als Skeptiker oder Gegner eingestuft.

4.2.2.4 Wissenschaftliche Lehrbücher/ Scientific Community

Frank Kempken und Renate Kempken

Professor Dr. Frank Kempken und Dr. Renate Kempken, die beiden Autoren des Lehrbuchs „Gentechnik bei Pflanzen. Chancen und Risiken" (^{3}2006), positionieren sich selbst als differenzierend beurteilende Akteure der Grünen Gentechnik; sie sind der Ansicht, dass jede gentechnische Veränderung eine andere Bewertung benötigt. Sie weisen jedoch nicht nur aufgrund ihrer sozialen Rolle als zur Grünen Gentechnik forschende Wissenschaftler, sondern auch aufgrund ihrer

---

69 http://www.mri.bund.de/de/max-rubner-institut.html; Zugriff am 29.01.2012.
70 http://www.dge.de/modules.php?name=News&file=article&sid=699; Zugriff am 29.01.2012.

Ansicht, dass sie herbizid- und insektenresistente Pflanzen als ökologisch vorteilhaft einstufen und dass sie davon ausgehen, dass die Öffentlichkeit die Grüne Gentechnik im Fall von Produkten, von denen diese direkt profitierten, begrüßen würden, eine Tendenz zugunsten der Grünen Gentechnik auf.

„Bei gentechnisch erzeugten Pflanzenprodukten wird vom Endverbraucher bislang offensichtlich kein Nutzen gesehen. *Tatsächlich* nutzen Herbizid- oder Insektenresistenz primär Landwirten und Industrie. **Dass dadurch auch ökologische Vorteile gegenüber konventioneller Landwirtschaft entstehen, ist der Öffentlichkeit bislang nicht vermittelt worden.** Hier überwiegt offenbar die Angst vor Gefahren der Gentechnologie. Hierbei gilt es einen wichtigen Punkt zu beachten: DIE Gentechnik gibt es nicht! **Tatsächlich ist es unmöglich und auch unseriös, pauschal jedwede gentechnische Veränderung abzulehnen oder zu befürworten.** Es wird immer eine Einzelfallprüfung notwendig sein. Diese Überlegung hat zwei wichtige Konsequenzen für eine sachliche Diskussion: [...]" (Frank Kempken und Renate Kempken (^{3}2006) - Gentechnik bei Pflanzen. Chancen und Risiken (Springer-Lehrbuch)(Auszug))

„Herbizid- und insektenresistente Pflanzen nutzen vor allem der Industrie und den Landwirten. Der ökologische Vorteil wird von der Öffentlichkeit nicht wahrgenommen oder wurde ihr nicht hinreichend vermittelt. Hingegen werden Pflanzen mit besserem Nährstoffgehalt oder einer geringeren Menge an unerwünschten Beiprodukten zweifellos attraktiv für den Konsumenten sein. Auch der Kariesschutz oder die Impfung mittels Banane oder Tomate hätte zweifellos eine Chance und müsste insbesondere auch von Tierschützern begrüßt werden." (Frank Kempken und Renate Kempken (^{3}2006) - Gentechnik bei Pflanzen. Chancen und Risiken (Springer-Lehrbuch)(Auszug))

Mechthild Regenass-Klotz

Bei Dr. Mechthild Regenass-Klotz handelt es sich um eine Fürsprecherin der Grünen Gentechnik. Allerdings argumentiert die Autorin befürwortend vor allem im Kontext der Pflanzenzüchtung. Im vorliegenden Auszug der Monografie „Grundzüge der Gentechnik. Theorie und Praxis, Kapitel V: Gentechnik bei Kulturpflanzen" äußert sie sich jedoch nicht zu einer Bewertung der Grünen Gentechnik in gesellschaftlichen Zusammenhängen im Gegensatz zu beispielsweise Jany und Kiener.

„Ein weiterer **großer Vorteil der gentechnischen Pflanzenzüchtung** ist die gezielte und präzise Übertragung eines ganz bestimmten Gens anstelle der Vermischung aller Gene von zwei Pflanzen, wie es in der herkömmlichen Züchtung der Fall ist. Hier werden ja nicht nur wünschenswerte Eigenschaften, sondern auch weniger gute Eigenschaften neu kombiniert und vererbt. Diese müssen dann in aufwendigen Rückkreuzungen wieder herausgekreuzt werden. Die gentechnische Pflanzenzüchtung hat also den Vorteil, den Züchtungsvorgang zu erweitern, zu präzisieren und zu vereinfachen." (Mechthild Regenass-Klotz (^{3}2005) – Grundzüge der Gentechnik. Theorie und Praxis (Birkhäuser Verlag)(Auszug))

4.2.2.5   Transfer-Akteure (Spiegel für den Unterricht – Unterrichtsmagazin Gentechnik II (spiegel@klett) (Auszüge))

Die beiden vorliegenden Auszüge sind beide so gestaltet, dass eine ausgewogene Vermittlung des Themas Grüne Gentechnik gewährleistet ist. Beide Autorenteams nehmen keine Bewertung der Technologie vor.

Carsten Lissmann und Kathrin Zinkant

Die Autoren Lissmann und Zinkant thematisieren in ihrem Artikel „Regeln für den Gentech-Acker" die Gesetzeslage in Deutschland in Bezug auf Grüne Gentechnik. Sie lassen befürwortenden und ablehnenden Argumenten Raum und verzichten auf eine Bewertung der Anwendung der Grünen Gentechnik.

Juliette Irmer und Ulrike Siedel

Die Autoren Irmer und Seidel vermitteln in ihrem Beitrag „Ziele und Methoden der Grünen Gentechnik" sehr kompakt Grundlagenwissen über Grüne Gentechnik und bewerten dabei die Anwendung der Grünen Gentechnik nicht. Sie vertreten keine eindeutige Position oder vermeiden bewusst eine Einstufung der Anwendung im Kontext der Wissensvermittlung.

4.2.3   Wissenschaft/ Industrie

Verband Biologie, Biowissenschaften und Biomedizin in Deutschland e.V. (VBIO)

Der Verband Biologie, Biowissenschaften und Biomedizin in Deutschland e.V. (VBIO) besteht aus 5 300 individuellen Mitgliedern, 35 institutionellen Mitgliedern (Fachgesellschaften) mit über 30 000 Mitgliedern und 75 kooperierenden Mitgliedern (Firmen und Institutionen). Aufgrund seiner Mitglieder aus Wissenschaft und Industrie kann man vermuten, dass der VBIO tendenziell zu den Befürwortern der Grünen Gentechnik zu rechnen ist; an den Texten, die der Untersuchung vorliegen, lässt sich dies jedoch nicht gänzlich festmachen. Zwar verwendet der VBIO Ausdrücke wie „Hoffnungsträger" für die Grüne Gentechnik, distanziert sich jedoch durch den Modus einer Frage, schränkt die Faktizität

Diskursakteure der fachexternen Kommunikation 97

durch das Verb „erscheinen" ein und zählt im letzten Textbeleg sowohl mögliche Vorteile als auch mögliche Nachteile auf.

„Die Frage, die sich nun stellt ist die: Bietet die "Grüne Gentechnik" echte Chancen oder ist sie doch eher ein überbewerteter **Hoffnungsträger?**" (VBIO - Was will man erreichen? Was kann man erreichen)

„Die Notwendigkeit eines nachhaltigen Wirtschaftens mit den Ressourcen unserer Welt ist unumstritten und lässt die grüne Biotechnologie oft als **Hoffnungsträger** erscheinen." (VBIO - Echte Chance oder überbewertet - der Ressourcen-Konflikt)

„Im Bereich der Grünen Biotechnologie liegen die **Hoffnungen** auf dem Einsatz von Totalherbiziden, gegen die die Kulturpflanzen gentechnisch resistent gemacht wurden. Dadurch kann die eingesetzte Gesamtmenge an Herbiziden deutlich verringert werden kann. Für die Regionen, in denen intensive Landwirtschaft betrieben wird, ist dies eine Option zum Trinkwasserschutz. Langfristig muss jedoch beachtet werden, dass Resistenzbildung bei unerwünschten Pflanzen die Effektivität auch von Totalherbiziden verringern kann." (VBIO - Echte Chance oder überbewertet - der Ressourcen-Konflikt)

Nachrichten des Verbandes Biologie, Biowissenschaften und Biomedizin in Deutschland

In den Nachrichten des Verbands Biologie, Biowissenschaften wird dagegen durch nachfolgendes Zitat des VBIO-Präsidenten allerdings deutlich, dass der VBIO sich zu den Befürwortern zählt. Im Zusammenhang mit dem Anbauverbot des MON 810 kommen ausschließlich Wissenschaftler zu Wort. Andere Standpunkte erhalten in dieser Nachricht keinen Raum.

„Auch der VBIO hat gegen das von Bundesministerin Ilse Aigner verfügte Anbau-Verbot von MON 810 protestiert. „Es handelt sich um eine rein politische Entscheidung, die nichts mit wissenschaftlichen Erkenntnissen zu tun hat", sagte der Präsident des VBIO, Prof. Rudi Balling: „**Damit zerstört die Politik Zukunftsoptionen**, die wir in Zeiten eines dramatischen Klimawandels dringend benötigen." (Nachrichten des Verbandes Biologie, Biowissenschaften und Biomedizin in Deutschland (2009) - Grüne Gentechnik: Weiterhin turbulent)

4.2.4 Industrie

4.2.4.1 Interessenverbände

Ein Interessenverband, der über feste Organisationsstrukturen verfügt, bezeichnet eine „Gruppe[n] von Einzelpersonen oder Körperschaften aller Art, die sich zur Verfolgung gemeinsamer Ziele zusammengeschlossen haben" (Rittershofer 2007: 695). Wenn Interessenverbände politischen Druck ausüben, werden sie bisweilen auch als „Pressure-Groups" bezeichnet (ebd.: 341).

Deutschen Industrievereinigung Biotechnologie (DIB)

Die Deutsche Industrievereinigung Biotechnologie (DIB) äußert sich befürwortend in Bezug auf die Anwendung der Grünen Gentechnik.

„Biotechnologie **verbessert** in vielerlei Hinsicht **unsere Lebensqualität und trägt zu unserem Wohlstand bei**: beim Klimaschutz, bei der **Rohstoffversorgung**, der **Ernährung** und in der Medizin." (DIB (2009) – Auf einen Blick. Biotechnologie 2009)

„**Neue Chancen für die Pflanzenzüchtung**/ Immer mehr Landwirte rund um den Globus nutzen die Vorteile **gentechnisch optimierter Nutzpflanzen**. 2008 hat sich die Anbaufläche für gentechnisch veränderte Pflanzen (GV-Pflanzen) weltweit um gut 9 Prozent auf 125 Millionen Hektar ausgeweitet. Das entspricht annähernd der Fläche, die der gesamten Landwirtschaft in Westeuropa zur Verfügung steht. Über 13 Millionen Landwirte in 25 Ländern setzten **gentechnisch optimiertes Saatgut** ein. [...] Pflanzen liefern außer Nahrungsmitteln auch nachwachsende Rohstoffe, die eine wichtige Quelle für Chemieprodukte sind. Durch Biotechnologie und Gentechnik können pflanzliche Inhaltsstoffe für die Weiterverarbeitung optimal angepasst und besser genutzt werden." (DIB (2009) – Auf einen Blick. Biotechnologie 2009)

Bund für Lebensmittelrecht und Lebensmittelkunde e.V. (BLL)

Der Bund für Lebensmittelrecht und Lebensmittelkunde e. V. (BLL) lässt sich als Befürworter der Grünen Gentechnik einstufen.

„Ohne in der Grünen Gentechnik ein "Allheilmittel" zu sehen, muss es nach Auffassung des BLL ermöglicht werden, die vorhandenen Innovationspotentiale dieser Schlüsseltechnologie auch in Deutschland und der Europäischen Union verantwortlich zu nutzen. Hierzu zählen die Steigerung der Produktivität der landwirtschaftlichen Erzeugung, wo dies notwendig und gewünscht ist, die Verbesserung des Schutzes der Umwelt in Landwirtschaft und Lebensmittelverarbeitung (einschließlich der Möglichkeit zur Leistung eines Beitrages zum nachhaltigen Wirtschaften), die Erhöhung von Lebensmittelsicherheit und Lebensmittelqualität und die Entwicklung bedarfsangepasster Nahrungspflanzen bzw. Lebensmittel. Aus Sicht des BLL wäre es fahrlässig, sich von einer zukunftsorientierten Technologie wie dieser auf Dauer abzuschneiden." (BLL - Grundsatzposition der deutschen Lebensmittelwirtschaft zur Grünen Gentechnik)

Futtermittel- und Lebensmittelwirtschaft

Zu den Unterzeichnern der Stellungnahme des Verbands der Futtermittel- und Lebensmittelwirtschaft gehören:

Verein der Getreidehändler der Hamburger Börse e.V. (VdG),
Deutscher Bauernverband (DBV),
Deutscher Raiffeisenverband e.V. (DRV),
Verband Deutscher Oelmühlen e.V. (VDOe),
Deutscher Verband Tiernahrung e.V. (DVT),
Bundesverband des Deutschen Groß- und Außenhandels e.V. (BGA),
Bund für Lebensmittelrecht und Lebensmittelkunde e.V. (BLL) und
Bundesvereinigung der Deutschen Ernährungsindustrie e.V. (BVE).

Der Untersuchung liegt eine Stellungnahme zur Einstellung der Futtermittel- und Lebensmittelwirtschaft vor, in dieser sprechen sie sich für einen Toleranzschwellenwert aus, welcher sich bezüglich des rechtlichen Sachverhalts KENNZEICHNUNGSREGELUNG: GRENZWERT mit dem Konzeptattribut ‚Grenzwert soll Schwellenwert sein (liegt derzeit bei 0,9%)' der übrigen Gentechnik-Befürworter deckt (vgl. Kapitel 4.4.2.2). Allein aufgrund dieser Stellungnahme kann jedoch keine eindeutige Einordnung zu den Befürwortern oder Gegnern der Grünen Gentechnik erfolgen.

„Schwellenwert: Benötigt wird ein Toleranzschwellenwert für geringe Anteile in der EU noch nicht zugelassener GVO, für den sich unter anderem auch EU-Agrarkommissarin Mariann Fischer Boel und das Bundesinstitut für Risikobewertung (BfR) bereits ausgesprochen haben. Der Schwellenwert soll nicht für ungeprüfte GVO gelten, sondern nur für solche GVO, deren Sicherheit bereits behördlich bestätigt wurde, für die beispielsweise eine positive Sicherheitsbewertung der Europäischen Behörde für Lebensmittelsicherheit (EFSA) vorliegt oder die bereits in anderen Ländern für sicher befunden und genehmigt wurden." (Futtermittel- und Lebensmittelwirtschaft (2008) - Rohstoffversorgung sichern. Wettbewerbsfähigkeit der deutschen Futtermittel- und Lebensmittelwirtschaft erhalten)

Verbände der Lebensmittel- und Agrarindustrie

Zu den Unterzeichnern dieser Stellungnahme gehören folgende Verbände:
BDP, Bundesverband Deutscher Pflanzenzüchter e. V.,
BGA, Bundesverband des Deutschen Groß- und Außenhandels e. V.,
BLL, Bund für Lebensmittelrecht und Lebensmittelkunde e. V.,
BVE, Bundesverband der Deutschen Ernährungsindustrie e. V.,
DBV, Deutscher Bauernverband e. V.,
DIB, Deutsche Industrievereinigung Biotechnologie,
DRV, Deutscher Raiffeisenverband e. V., IG
BCE, Industriegewerkschaft Bergbau, Chemie, Energie
IVA, Industrieverband Agrar e. V. und
VDOe, Verband Dt. Oelmühlen e. V.

Sechs von zehn dieser Unterzeichner sind gleichzeitig Akteure der Stellungnahme zur Befürwortung des Schwellenwerts. Die Verbände der Lebensmittel- und Agrarindustrie sträuben sich – wie in nachfolgendem Zitat aufgeführt – gegen eine Positionierung als Fürsprecher oder Gegner.

„Eine wichtige Bemerkung vorweg: Die unterzeichnenden Organisationen sind gegen ein pauschales Ja oder Nein zum Einsatz der Gentechnik. Sie plädieren vielmehr dafür, jeden Einsatz Grüner Gentechnik im Einzelfall zu betrachten und lösungsorientiert zu bewerten. Dabei sollte der Tatsache Rechnung getragen werden, dass die Grüne Gentechnik weltweite Realität ist. Die Frage für Deutschland ist, wie wir als Gesellschaft mit dieser Tatsache umgehen, und den Einsatz der Grünen Gentechnik auch hierzulande gestalten. Die Darstellung unserer gemeinsamen Position zum Thema Koexistenz erscheint uns besonders hervorhebenswert, weil sie ein Nebeneinander aller verfügbaren Produktionsprozesse beschreibt und damit Wahlfreiheit ermöglicht." (Verbände der Lebensmittel- und Agrarindustrie (2002) - Vielfalt fördern. Innovationspotenzial wahren)

Angesichts dieser Bewertung von Grüner Gentechnik im folgenden Textbeleg

„Wissenschaftliche Fakten und die internationalen Erfahrungen aus dem großflächigen Anbau gentechnisch veränderter Pflanzen lassen die Grüne Gentechnik insgesamt als eine nutzbringende, wertvolle Methode erscheinen, von der keine zusätzlichen und unkontrollierbaren Risiken ausgehen. Die unten genannten Organisationen plädieren deshalb für Anbauversuche im Freiland sowie für ein anbaubegleitendes Monitoring. Nur standortspezifische Feldprüfungen können Auskunft über die tatsächlichen Chancen und Grenzen eines Projektes hierzulande geben." (Verbände der Lebensmittel- und Agrarindustrie (2002) - Vielfalt fördern. Innovationspotenzial wahren)

Diskursakteure der fachexternen Kommunikation 101

„Niemand behauptet ernsthaft, die Grüne Gentechnik sei ein „Allheilmittel". Fest steht aber: Die Nutzung der Grünen Gentechnik im Rahmen der Pflanzenzüchtung bietet für die Landwirtschaft eine Reihe von Vorteilen. Die Hauptchancen liegen derzeit noch in der Entwicklung von krankheits- und schädlingsresistenten Pflanzen. Grüne Gentechnik trägt schon heute zur Versorgungssicherheit, aber auch zum Umweltschutz bei: Denn je widerstandsfähiger eine Pflanze ist, desto weniger bedarf es des Einsatzes von Pflanzenschutzmitteln und anderen Ressourcen." (Verbände der Lebensmittel- und Agrarindustrie (2002) - Vielfalt fördern. Innovationspotenzial wahren)

und der Befürwortung von Freisetzungen in Deutschland werden diese hier entgegen ihrer eigenen Positionierung als Befürworter eingestuft.

„Für die Überprüfung neuer Konzepte und eine weiterführende Sicherheitsforschung **sind Freilandversuche in Deutschland unabdingbar**: Die Erfahrungen und Beurteilungen anderer Länder sind für uns wichtig, aber nicht verbindlich und nicht unbedingt übertragbar. Die Prüfung neuer Pflanzensorten muss, völlig unabhängig von einer eventuellen gentechnischen Veränderung, immer standortbezogen stattfinden. Nur eine Prüfung in der Umwelt, in der die Sorte später auch angebaut werden soll, ist aussagekräftig für die Sortenentwicklung." (Verbände der Lebensmittel- und Agrarindustrie (2002) - Vielfalt fördern. Innovationspotenzial wahren)

Land- und Ernährungswirtschaft

Folgende Akteure haben die vorliegende Stellungnahme unterzeichnet und manche der Unterzeichner überschneiden sich mit den vorhergehenden Verbunden:

Bundesverband Deutscher Pflanzenzüchter e.V. (BDP)
Bundesverband für Tiergesundheit e.V. (BfT)
Bundesverband Großhandel, Außenhandel, Dienstleistungen e.V. (BGA)
Bund für Lebensmittelrecht und Lebensmittelkunde e.V. (BLL)
Bundesvereinigung der Deutschen Ernährungsindustrie e.V. (BVE)
Deutsche Industrievereinigung Biotechnologie (DIB)
Deutsche Landwirtschafts-Gesellschaft e.V. (DLG)
Deutscher Raiffeisenverband e.V. (DRV)
Deutscher Verband Tiernahrung e.V. (DVT)
Fördergemeinschaft Nachhaltige Landwirtschaft e.V. (FNL)
Gemeinschaft zur Förderung der privaten deutschen Pflanzenzüchtung e.V. (GFP)
Gesellschaft für Pflanzenzüchtung e.V. (GPZ)
ICC Deutschland e.V. Internationale Handelskammer (ICC)
Industrieverband Agrar e.V. (IVA)
InnoPlanta AGIL - Arbeitsgemeinschaft Innovative Landwirte e.V.

Union zur Förderung von Öl- und Proteinpflanzen e.V. (UFOP)
Verband der Chemischen Industrie e.V. (VCI)
Verband der Ölsaatenverarbeitenden Industrie in Deutschland e.V. (OVID)
Verband Deutscher Maschinen- und Anlagenbau e.V. (VDMA)
Verbindungsstelle Landwirtschaft – Industrie e.V. (VLI)
Verein der Getreidehändler der Hamburger Börse e.V. (VdG)

Land- und Ernährungswirtschaft fordern eine Weiterentwicklung der Technologie; und dadurch, dass auch sie sich für Freisetzungen aussprechen, kann man vermuten, dass es sich bei diesem Interessenverband um Befürworter der Grünen Gentechnik handelt.

„Land- und Ernährungswirtschaft fordert verlässliche Gentechnikpolitik zur Sicherung des Innovationsstandortes Deutschland/[...]/ Die Unterzeichner fordern Entscheidungen auf Basis wissenschaftlicher Bewertungen, die eine verantwortungsbewusste Weiterentwicklung der Technologie auf der Basis anerkannter hoher Sicherheitsstandards ermöglichen./ [...]/ Forschungsfreiheit sicherstellen!/ Deutschland ist Standort für Spitzenforschung in Wissenschaft und Praxis. Pflanzenforschung, auch die Grüne Gentechnik, muss für Labor, Gewächshaus und Freiland ermöglicht und gefördert werden. Die Ergebnisse der langjährigen Sicherheitsforschung müssen bei der politischen Entscheidungsfindung berücksichtigt werden. Die mutwillige und rechtswidrige Behinderung der Forschung durch kriminelle Feldzerstörungen darf nicht länger hingenommen werden." (Land- und Ernährungswirtschaft fordert verlässliche Gentechnikpolitik zur Sicherung des Innovationsstandortes Deutschland - Branchenstellungnahme zur Gentechnikpolitik der Bundesregierung)

4.2.4.2 Unternehmen

Selbstverständlich kann es sich bei den in der Biotechnologie-Branche tätigen Unternehmen ausschließlich um Befürworter der Grünen Gentechnik handeln.

BASF

Die BASF zählt zu den führenden Chemieunternehmen der Welt. Sie beschäftigt rund 109 000 Mitarbeiter, operiert an sechs Verbundstandorten und rund 385 Produktionsstandorten auf der ganzen Erde. Im Bereich Pflanzenbiotechnologie operiert die BASF als BASF Plant Science mit ihren Tochterunternehmen wie CropDesign und metanomics. Bei BASF Plant Science arbeiten etwa 700 Mitarbeiter. Zentrale Forschungsfelder der BASF umfassen „die Optimierung von Pflanzen für eine effizientere Landwirtschaft, eine gesündere Ernährung sowie

Diskursakteure der fachexternen Kommunikation 103

die Nutzung als nachwachsende Rohstoffe" (BASF)71. Dazu arbeitet BASF Plant Science mit Forschungsinstituten, Universitäten und Biotechnologie-Unternehmen weltweit zusammen. Die BASF positioniert sich der Öffentlichkeit gegenüber als Befürworter der Grünen Gentechnik72.

„Die Biotechnologie ist eine Schlüsseltechnologie des 21. Jahrhunderts. Die BASF sucht nach wettbewerbsfähigen neuen Technologien und engagiert sich intensiv in diesem dynamischen Bereich. Das große wirtschaftliche Potenzial der Biotechnologie wollen wir ausschöpfen./ **Die Biotechnologie eröffnet uns Chancen in Arbeitsgebieten wie Ernährung, Landwirtschaft, Spezialchemikalien und biobasierte Kunststoffe. Darüber hinaus hilft sie uns, in der Produktion Rohstoffe und Energie zu sparen.** Sowohl in der Pflanzenbiotechnologie als auch in der Weißen Biotechnologie ist es das Ziel der BASF, in wenigen Jahren zu den weltweit führenden Unternehmen zu gehören. Deshalb haben wir unsere unternehmerische und wissenschaftliche Kompetenz in der Biotechnologie stark ausgebaut. Täglich erweitert sich unser Wissen über die Welt der Gene und Proteine." (BASF - Bio- und Gentechnologie: Schlüsseltechnologien des 21. Jahrhunderts)

Die BASF spezifiziert den Bereich Landwirtschaft, Ernährung und Chemie- und Kunststoffproduktion, für den die Grüne Gentechnik ihrer Ansicht nach nutzbringend ist.

„FAQs/ [...]/ Warum engagiert sich die BASF in der Biotechnologie?/Die Biotechnologie ist eine Schlüsseltechnologie des 21. Jahrhunderts. Sie besitzt das Potenzial, Erträge in der Landwirtschaft zu steigern, hochwertige Nahrungsmittel zu produzieren und Fein- bzw. Spezialchemikalien ressourcenschonend herzustellen. [...] In der Pflanzenbiotechnologie legen wir das Augenmerk auf die genetische Verbesserung von Nutzpflanzen. Wir haben uns auf die Entwicklung von Pflanzenmerkmalen spezialisiert, die den Ertrag und die Qualität von Kulturpflanzen wie Mais, Soja und Reis erhöhen. Zu den aktuellen Projekten gehören ertragreichere Feldkulturen, Futtermais mit verbesserten Nährstoffen und Ölpflanzen mit einem erhöhten Gehalt an Omega-3-Fettsäuren zur Vorbeugung von Herzkreislaufkrankheiten." (BASF – FAQs - Das Engagement der BASF in der Biotechnologie)

---

71 http://www.basf.com/group/corporate/de/products-and-industries/biotechnology/plant-biotechnology/index; Zugriff am 30.01.2012.
72 Vgl. Kapitel 3.1.3 Sprachhandlungskategorien – Unterpunkt 3.1.3.1 Sachverhaltskonstitution: Verwendung der Bezeichnung „Pflanzenbiotechnologie" versus „Grüne Gentechnik".

Syngenta

Syngenta ist mit mehr als 26 000 Mitarbeitern einer der führenden Agrarkonzerne der Welt (Syngenta)73. Syngenta, mit Firmensitz in Basel, ist in über 90 Ländern vertreten (ebd.)74. Das Unternehmen kann auf eine ganze Reihe von Fusionen zurückblicken, besteht in seiner jetzigen Form aber erst seit dem 13. November 2000. Syngenta entstand aus einer Fusion von Novartis Agribusiness mit dem Agrogeschäft von AstraZeneca. Syngenta ist weltweit der erste reine Agrarkonzern mit zwei Produktlinien, zum einen Pflanzenschutz und zum anderen Saatgut (ebd.)75. Im Bereich Pflanzenschutz ist Syngenta weltweit marktführend, in der Sparte "high-value commercial seeds market" an dritter Stelle (ebd.)76. Syngenta bezieht ebenfalls der Öffentlichkeit gegenüber als Befürworter der Grünen Gentechnik Stellung.

„Syngentas Position/ Die Biotechnologie bietet auch **signifikante Vorteile zur Bewältigung der Herausforderungen in der Landwirtschaft,** indem sie den integrierten Pflanzenbau durch effiziente und umweltfreundliche Lösungen unterstützt./ [...] Die bereits heute erzielten und zukünftigen Vorteile der Pflanzenbiotechnologie gehen über Lebensmittelprodukte und Zutaten weit hinaus. Forschung und Entwicklung werden neue, **kosteneffektive Produktionsmethoden und verbesserte Produkte hervorbringen, die den Konsumenten, den Unternehmen und der Umwelt zugute kommen werden.**" (Syngenta - Was denkt Syngenta über... Biotechnologie allgemein)

Monsanto

Der Hauptsitz des Unternehmens Monsanto befindet sich in St. Louis, Missouri, in den Vereinigten Staaten. Monsanto vertreibt Saatgut, Gemüsesamen, Pflanzenschutzmittel und ist im Bereich Biotechnologie tätig. Monsanto beschäftigt nach eigenen Angaben weltweit 21 035 Arbeitnehmer, besitzt 404 Fabriken in 66 Ländern. Monsanto tritt in Deutschland unter dem Namen Monsanto Agrar Deutschland GmbH auf und ist mit der Zentrale in Düsseldorf, einer Niederlassung für Gemüsesaatgut in Neustadt am Rübenberge, sowie zwei Zuchtstationen vertreten (Monsanto[77]). Monsanto ist sicherlich das Unternehmen, das mit Grü-

---

73 http://www3.syngenta.com/country/de/de/unternehmen/Seiten/home.aspx; Zugriff am 07.02.2012.
74 http://www3.syngenta.com/country/de/de/unternehmen/Seiten/home.aspx; Zugriff am 07.02.2012.
75 http://www.syngenta.com/global/corporate/en/news-center/company-profile/Pages/company-history.aspx; Zugriff am 07.02.2012.
76 http://www.syngenta.com/global/corporate/en/news-center/company-profile/Pages/businesses-and-markets.aspx; Zugriff am 07.02.2012.
77 http://www.monsanto.de/monsanto.htm; Zugriff am 23.04.2012.

Diskursakteure der fachexternen Kommunikation 105

ner Gentechnik am stärksten in Verbindung gebracht wird, und zählt zu den Befürwortern der Grünen Gentechnik. Monsanto steht aufgrund seiner Firmenpolitik häufig in der Kritik.

„Auf der ganzen Welt entscheiden sich Landwirte auf Grund der beachtlichen agronomischen, ökonomischen, ökologischen und sozialen Vorteile für gentechnisch veränderte Nutzpflanzen. Entsprechende Sorten ermöglichen unter effizienter Nutzung verfügbarer Ressourcen den Einsatz nachhaltiger Anbauverfahren, wie den teilweisen oder vollständigen Verzicht auf wendende Bodenbearbeitungsmaßnahmen (Pflügen) oder eine reduzierte Anwendung konventioneller Pflanzenschutzmittel. Weiterhin ermöglichen die GV-Kulturpflanzen eine effizientere Nutzung der Ackerflächen einhergehend mit einer höheren Produktivität." (Monsanto - Biotechnologie)

Kleinwanzlebener Saatzucht (KWS) SAAT AG

Die Kleinwanzlebener Saatzucht (KWS) SAAT AG wurde 1856 in Kleinwanzleben bei Magdeburg gegründet. Mit der Getreide-, Futterrüben- und Kartoffelzüchtung begann die KWS im Jahr 1920. 1945 gab es in Einbeck einen Neubeginn. Sehr schnell entwickelte sich die KWS zu einem weltweit führenden Unternehmen im Saatgutgeschäft. Die KWS züchtet und produziert Saatgut von Kulturpflanzen der gemäßigten Klimazone. Dazu gehören Zuckerrüben, Mais, Raps, Sonnenblumen, Feldsaaten, Getreide, Körnerleguminosen und Kartoffeln. Die KWS ist weltweit in 70 Ländern vertreten (KWS)[78]. Die KWS zählt ebenfalls zu den Befürwortern der Grünen Gentechnik.

„Was ist ethisch erlaubt / geboten in der Gentechnik, was nicht?/ Jeder Einzelfall eines gentechnischen Eingriffs muß verantwortungsbewußt abgewogen und erörtert werden. Dieses gilt so lange, bis ausreichende Erfahrungen mit der neuen Technologie vorhanden sind, um mögliche unerwünschte Nebeneffekte von vornherein ausschließen zu können. Eine normative Handlungsanweisung, was erlaubt und was zu unterlassen ist, wird es nicht geben. Eine Fall-zu-Fall-Entscheidung ist wichtig, wobei eine größtmögliche Transparenz herbeigeführt werden sollte./ **Ein Nicht-Handeln durch puren Verzicht auf die neue Technologie ist ethisch nicht weniger problematisch (bzw. sogar pflichtwidrig) als ein verantwortungsloses Handeln. Wenn die Situation des Menschen und der Umwelt durch ein molekularbiologisches Verfahren oder Produkt verbessert werden kann, ist eine Anwendung auch geboten.**" (KWS - Häufig gestellte Fragen zu Biotechnologie und Gentechnik)

---

78 http://www.kws.de/; Zugriff am 23.04.2012.

Bayer CropScience

Die deutsche Vertriebsgesellschaft Bayer CropScience Deutschland GmbH hat ihren Sitz in Langenfeld und gehört zur Bayer CropScience AG in Monheim am Rhein. Das Unternehmen in Deutschland gehört zu den führenden Anbietern auf dem Gebiet des Pflanzenschutzes. Bayer CropScience Deutschland GmbH entwickelt Herbizide, Fungizide, Insektizide und Produkte zur Saatgutbehandlung. Im Geschäftsbereich BioScience wird Forschung auf dem Gebiet der Pflanzen-Biotechnologie betrieben (Bayer Cropscience)[79].

„Das Geschäftsfeld BioScience von Bayer CropScience entwickelt auf der Basis moderner Züchtungsmethoden (einschließlich der Pflanzenbiotechnologie) Saatgut und Pflanzenmerkmale (Traits) für landwirtschaftliche Kulturen und Gemüse mit verbesserten Qualitätseigenschaften. In Zusammenarbeit mit Crop Protection bietet BioScience integrierte Lösungen für hochwertiges Saatgut, verbesserte Pflanzeneigenschaften und einen hoch wirksamen Pflanzenschutz mit abgestimmten Dienstleistungs- und Beratungsangeboten." (Bayer Cropscience)[80]

Die Bayer CropScience Deutschland GmbH zählt zu den Befürwortern der Grünen Gentechnik.

„Unser Bekenntnis zur Produktsicherheit gilt selbstverständlich auch für neue Technologien wie die Pflanzenbiotechnologie. Wir haben Verständnis für gesellschaftliche Bedenken gegenüber genetisch veränderten Organismen (GVO), **schließen uns aber dem wissenschaftlichen Konsens an, dass GVOs kein Sicherheitsrisiko darstellen.**" (Bayer CropScience - Verantwortungsvolle Innovation)

4.2.5 Nichtregierungsorganisationen

Nichtregierungsorganisationen sind private, nicht staatliche Organisationen, deren Arbeitsschwerpunkte sich vor allem auf die Themen Entwicklungspolitik, Umweltschutz und Menschenrechte fokussieren. Die – häufig professionell organisiert und international vernetzten – Nichtregierungsorganisationen üben durch Gespräche mit Regierungen und ihre Teilnahme an internationalen Konferenzen Einfluss auf Politik und Medien aus (Rittershofer 2007: 484-485).

---

79 http://www.bayercropscience.com/de; Zugriff 30.01.2012.
80 http://www.bayercropscience.com/bcsweb/cropprotection.nsf/id/DE_Bio-Science; Zugriff 30.01.2012.

Der Naturschutzbund Deutschland e.V. (NABU)

Der Naturschutzbund Deutschland e.v. (NABU) bestehen aus mehr als 460 000 Mitgliedern (NABU)[81]. Das Haushaltsvolumen des NABU-Bundesverbands von etwa 21 Millionen € (2009) besteht zu etwas mehr als fünfzig Prozent aus Mitgliedsbeiträgen (ebd.)[82]. Zwei wissenschaftliche Einrichtungen, das Michael-Otto-Institut in Bergenhusen und das Institut für Ökologie und Naturschutz in Eberswalde, unterstehen dem NABU-Bundesverband (ebd.)[83]. Der Naturschutzbund Deutschland e.v. (NABU) positioniert sich entschieden als Gegner der Grünen Gentechnik.

„Der NABU räumt auf mit den **Mythen der Gentechnik**" (NABU (11.05.2005) - Die 10 Mythen der Gentechnik. Der NABU räumt auf mit den Mythen der Gentechnik)

„Zur Genehmigung der Gen-Kartoffel Amflora durch EU-Gesundheitskommissar John Dalli erklärt NABU-Bundesgeschäftsführer Leif Miller: ‚Dies ist der erste erfolgreiche Antrag auf Anbau einer Gentechnikpflanze seit 12 Jahren. **Der NABU lehnt wie die Mehrheit der Verbraucher den Anbau von gentechnisch veränderten Pflanzen ab.** Selbst wenn die Amflora nur als nachwachsender Rohstoff Stärke für die Industrie produzieren soll, steht sie genauso auf dem Feld wie andere Pflanzen. Wir sehen hier die Gefahr, dass mit genmanipulierten nachwachsenden Rohstoffen die Gentechnik durch die Hintertür salonfähig gemacht werden soll.' " (NABU (02.03.2010) - Gentechnik kommt durch die Hintertür. EU erlaubt Anbau der Gen-Kartoffel Amflora)

„**Ein Teil der Antwort auf diese Missstände ist Agrogentechnik**. Durch sie sollen Pflanzenschutzmittel eingespart werden, Erträge gesteigert und neue Pflanzen hervorgebracht werden. Große Summen werden in die gentechnologische Forschung gesteckt, doch ist der Erfolg neuer Züchtungen umstritten. **Der Anbau gentechnisch veränderter Pflanzen trägt außerdem nicht zur nachhaltigen Stabilisierung des ökologischen Gefüges bei**, von dem im erheblichen Maße gerade die Landwirtschaft abhängt." (NABU – Gentechnik)

Informationsdienst Gentechnik - Keine Gentechnik (IDG-Keine-Gentechnik)

Der Informationsdienst Gentechnik wurde von Umwelt-, Wirtschafts-, Verbraucher- und Bauernverbänden mit dem Ziel gegründet, diejenigen zu unterstützen,

---

81 http://www.nabu.de/nabu/portrait/naturbewahren-zukunftsichern/; Zugriff 30.01.2012.
82 http://www.nabu.de/nabu/portrait/naturbewahren-zukunftsichern/00357.html; Zugriff 30.01.2012.
83 http://www.nabu.de/nabu/portrait/naturbewahren-zukunftsichern/00357.html; Zugriff 30.01.2012.

die sich für eine Sicherung der gentechnikfreien Landwirtschaft und Ernährung einsetzen.

> „Auf der Internetseite stellt der Informationsdienst täglich aktuelle Nachrichten zur Agro-Gentechnik bereit und speziell die Meldungen aus den Regionen. Sie finden dort zahlreiche Argumente und Aktionsmöglichkeiten **für eine gentechnikfreie Landwirtschaft und Ernährung**, aber auch konkrete Informationen zur praktischen Umsetzung **einer gentechnikfreien Landwirtschaft**, Beiträge, die sich **kritisch mit den Pro-Gentechnik-Argumenten auseinandersetzen** oder wissenschaftliche Studien zu fachspezifischen Themen."[84] (Informationsdienst Gentechnik - Keine Gentechnik.de – Ohne Titel III)

Bereits durch seine Zielsetzung wird deutlich, dass es sich beim IDG-Keine-Gentechnik um einen Gegner der Grünen Gentechnik handelt. Dies wird darüber hinaus an folgenden Zitaten ersichtlich.

> „Gute Gründe **gegen Gentechnik** in der Landwirtschaft" (Informationsdienst Gentechnik - Keine Gentechnik.de – Gute Gründe gegen Gentechnik in der Landwirtschaft)

> „Die Unabhängigkeit des Informationsdienstes garantieren seine Herausgeber und Leser!/ "Die Grüne Gentechnik ist teuer und gefährlich. Sie greift tief in die Regulationsmechanismen des Lebens ein und stört natürliche Zusammenhänge. Warum also eine Technik unterstützen, die Probleme nicht löst, sondern eher neue aufwirft?"" (Informationsdienst Gentechnik - Keine Gentechnik.de – Ohne Titel II)

Greenpeace

Bei Greenpeace handelt es sich um eine internationale Umweltorganisation, die es sich zum Ziel gemacht hat, „Umweltzerstörung zu verhindern, Verhaltensweisen zu ändern und Lösungen durchzusetzen" (Greenpeace)[85]. Gegründet wurde Greenpeace im Jahr 1971 in Vancouver, Kanada; der deutsche Sitz von Greenpeace befindet sich in Hamburg. Greenpeace sorgt durch spektakuläre Aktionen dafür, dass „nationale und internationale Defizite im Umweltschutz" (Rittershofer 2007: 298), beispielsweise Atomwaffentests und Walfang nicht in Vergessenheit geraten und die Öffentlichkeit erreichen (ebd.). Greenpeace bezeichnet sich als eine „überparteiliche und von Politik, Parteien und Industrie unabhängige" (Greenpeace)[86] Organisation. Greenpeace erhält nach eigenen Angaben Spenden

---

84 http://www.keine-gentechnik.de/infodienst-gentechnik.html; Zugriff 30.01.2012.
85 http://www.greenpeace.de/ueber_uns/; Zugriff 30.01.2012.
86 http://www.greenpeace.de/ueber_uns/; Zugriff 30.01.2012.

von mehr als einer halben Million Menschen in Deutschland. Greenpeace zählt zu den ausgesprochenen Gegnern der Grünen Gentechnik.

„**Wir benötigen jedoch keine riskanten Gen-Pflanzen**, sondern eine Landwirtschaft, die auf eine verbesserte und ausgewogene Ernährung insgesamt zielt und lokale Gegebenheiten berücksichtigt." (Greenpeace - Welternährung)

„Greenpeace fordert/ **Keine Freisetzung gentechnisch veränderter Organismen/ Keine Gen-Pflanzen in Lebensmitteln und Tierfutter**" (Greenpeace (2005) - Gute Gründe gegen Gentechnik...)

„**Greenpeace setzt sich für den weltweiten Stopp des Anbaus gentechnisch veränderter Pflanzen ein**. Als international arbeitende Organisation haben wir einen guten Überblick über die Situation in den Soja-Anbauländern. Zudem führen wir viele Gespräche mit Handelsunternehmen, Lebensmittelverarbeitern und Landwirten, die an einer Umstellung auf Futtermittel ohne Gen-Pflanzen arbeiten oder bereits umgestellt haben. Unsere Informationen aus diesen Gesprächen und den Sojaanbauländern sind eindeutig: Ausreichend Futtermittel ohne Gen-Pflanzen sind bei nur geringen Mehrkosten verfügbar. Gleichzeitig ist eine Umstellung technisch umsetzbar und von den Verbrauchern erwünscht." (Greenpeace (2009) - Tierische Produkte – ohne Einsatz gentechnisch veränderter Futterpflanzen)

„Greenpeace fordert, **Soja nur gentechnikfrei und nicht aus Urwaldzerstörung zu importieren**. Die bessere Alternative ist, Soja durch heimische Futterpflanzen zu ersetzen. Essen Sie weniger Fleisch und kaufen Sie Fleisch aus ökologischer Landwirtschaft!" (Greenpeace (2010) - Essen ohne Gentechnik. Einkaufsratgeber für gentechnikfreien Genuss)

Bund für Umwelt und Naturschutz Deutschland e.V. (BUND)

Nach eigenen Angaben wurde einer der großen Umweltverbände in Deutschland, der Bund für Umwelt und Naturschutz Deutschland e.V. (BUND), am 20. Juli 1975 gegründet und hat über 480 000 Mitglieder, Förderinnen und Förderer. Die Organisation finanziert sich vor allem aus Mitgliedsbeiträgen und Spenden, welche circa achtzig Prozent der BUND-Einnahmen darstellten und gleichzeitig die Basis für die politische Unabhängigkeit des Verbands sind (BUND)[87]. Zu den Zielen des Bundes für Umwelt und Naturschutz Deutschland (BUND) zählen der Schutz der Natur und Umwelt. Der BUND setzt sich beispielsweise „für eine ökologische Landwirtschaft und gesunde Lebensmittel, für den Klimaschutz und den Ausbau regenerativer Energien, für den Schutz bedrohter Arten, des Waldes

---

87 http://www.bund.net/bundnet/ueber_uns/; Zugriff 30.01.2012.

und des Wassers" (ebd.)[88] ein. Der BUND zählt zu den Gegnern der Grünen Gentechnik. Er engagiert sich u. a. für gentechnikfreie Regionen.

„Was tun? Gentechnikfreie Regionen gründen!/ Der großflächige Anbau von Gentech-Pflanzen bedroht die gentechnikfreie Produktion konventionell und ökologisch wirtschaftender Bauern und damit die Wahlfreiheit von LandwirtInnen und KonsumentInnen. Eine Möglichkeit, sie dauerhaft zu schützen, besteht in der Schaffung freiwilliger gentechnikfreier Regionen. Fast eine Million Hektar Fläche haben deutsche Bauern schon für gentechnikfrei erklärt. Das entspricht etwa neun Prozent der landwirtschaftlichen Nutzfläche in Deutschland./ Der BUND unterstützt LandwirtInnen, Kommunalpolitiker und alle anderen Aktiven bei der Gründung Gentechnikfreier Regionen und Gemeinden. Alle Informationen darüber finden sich auf www.gentechnikfreie-regionen.de." (BUND - Gentechnikfreie Regionen)

Gentechnikfreie Regionen in Deutschland (BUND/ AbL)

In der Bundesrepublik Deutschland gibt es nach Angaben des Aktionsbündnisses **211 Gentechnikfreie Regionen bzw. Initiativen (Gentechnikfreie Regionen in Deutschland)**[89]. **An dem Aktionsbündnis sind** 30 386 Landwirte beteiligt und die **landwirtschaftliche Fläche beträgt** 1 104 715 ha (Gentechnikfreie Regionen in Deutschland)[90]; bei 17,04 Millionen Hektar landwirtschaftlicher Fläche in Deutschland (Meyers Großes Taschenlexikon 2003, Bd. 5: 1450) nehmen die **Gentechnikfreien Regionen** 6,45 % der gesamten landwirtschaftlichen Fläche in Deutschland ein.

An dem Aktionsbündnis sind sowohl der Bund für Umwelt und Naturschutz Deutschland (BUND) e.V. als auch die Aktionsgemeinschaft bäuerliche Landwirtschaft (AbL) in Lüneburg beteiligt. Der BUND setzt sich „für die Gründung und Vernetzung Gentechnikfreier Regionen" ein, die Koordinationsstelle ist die AbL, die dabei behilflich ist, Gentechnikfreie Regionen zu sichern und zu gründen (Gentechnikfreie Regionen in Deutschland)[91]. Die Arbeitsgemeinschaft bäuerliche Landwirtschaft hat im Jahr 2003 das Netzwerk „gentechnikfreie Landwirtschaft" in Zusammenarbeit mit FaNaL e.V. (Verein zur Förderung einer nachhaltigen Landwirtschaft) gegründet. Ziel dieses Netzwerks ist es, Bäuerinnen und Bauern beizustehen, die weiterhin gentechnikfrei anbauen wollen (Kritischer Agrarbericht)[92]. Wie sich bereits aus dem Namen ableiten lässt, handelt es

---

88 http://www.bund.net/bundnet/ueber_uns/; Zugriff 30.01.2012.
89 http://www.gentechnikfreie-regionen.de/; Zugriff 30.01.2012.
90 http://www.gentechnikfreie-regionen.de/regionen-gemeinden.html; **Stand:** 30.01.12.
91 http://www.gentechnikfreie-regionen.de/kontakt.html; Zugriff am 08.11.2012.
92 http://www.kritischer-agrarbericht.de/fileadmin/Daten-KAB/KAB-2005/Infoseiten.pdf; Zugriff am 08.11.2012.

sich bei den Gentechnikfreie Regionen in Deutschland um ein Aktionsbündnis von Gegnern der Grünen Gentechnik, was auch folgendes Zitat belegt.

„**Der Einsatz der Agro-Gentechnik kollidiert mit dem Naturschutz**, insbesondere mit dem Schutz ökologisch sensibler Gebiete. Befürchtet werden zum einen Auskreuzungen in wildverwandte Arten (vertikaler Gentransfer), toxische Wirkungen auf so genannte Nichtzielorganismen und eine Überdauerung von Transgenen in der Umwelt (horizontaler Gentransfer)./ **Darüber hinaus werden langfristige großräumige Wirkungen erwartet, die nicht umkehrbare Veränderungen im Naturhaushalt und der biologischen Vielfalt mit sich bringen (Kaskadeneffekte in der Nahrungskette, Änderung der Artenzusammensetzung)**." (Gentechnikfreie Regionen in Deutschland (BUND/AbL) - Gentechnikfreie Landnutzung und Naturschutz)

Gen-ethisches Netzwerk e.V. (GeN)

Nach eigenen Angaben wurde das Gen-ethische Netzwerk e.V. (GeN) 1986 von kritischen Wissenschaftlerinnen und Wissenschaftlern, Journalisten, Tierärzten, Medizinern, Politikern und anderen an der Gentechnik interessierten Menschen gegründet. Das Netzwerk beschreibt sich als „gemeinnützig, politisch unabhängig und finanziert sich fast ausschließlich über Mitgliedsbeiträge, GIDAbonnements und Spenden." (GeN)[93] Wie an nachfolgendem Beispiel deutlich wird, ordnet sich das Gen-ethische Netzwerk e.V. (GeN) eher einer gentechnikkritischen Stimme zu als umgekehrt und wird damit den Gegnern und nicht den Befürwortern zugerechnet.

„Das *GeN* / gibt der kritischen Auseinandersetzung mit Gen-, Bio- und Reproduktionstechnologien eine Stimme [...] sorgt dafür, dass JournalistInnen auch gentechnikkritische Stimmen zu hören bekommen [...] gibt seit mehr als zwanzig Jahren den *Gen-ethischen Informationsdienst* (GID) heraus" (gen-ethisches-netzwerk.de – Selbstpositionierung)

Gendreck-weg

Gendreck-weg ist eine Organisation, die von Imkern und Bauern gegründet wurde, um gegen die Grüne Gentechnik vorzugehen. Zu den Beteiligten gehören

„Biologinnen, Gärtner, Mütter und Väter, Ärztinnen und Ärzte, Köche und viele weitere Menschen" (Gendreck-weg)94. Die Mitglieder der Organisation gehen nach öffentlichen Ankündigungen auf Maisfelder, auf denen gentechnisch veränderte Or-

---

93 Gen-ethisches Netzwerk e.V. (GeN)(2009) - Vorsicht: giftig! Herbizide und Gentechnik.
94 http://www.gendreck-weg.de/?id=22&lg=de; Zugriff 30.01.2012.

ganismen angebaut werden, und reißen die Pflanzen aus. Sie selbst bezeichnen diese Aktion

„als Notwehr und als not-wendigen Akt von Zivilcourage, um der Ausbreitung der Gentechnik auf unseren Feldern Einhalt zu gebieten. Damit sehen wir uns in der Tradition gewaltfreien Widerstandes." (Gendreck-weg)[95]

Wie bereits aus dem Namen der Organisation hervorgeht, lässt sich Gendreckweg den Gegnern der Grünen Gentechnik zurechnen.

„Gendreck-weg wurde von Imkern und Bäuerinnen und Bauern aus Süddeutschland ins Leben gerufen. Sie spüren als Erste die Konsequenzen der Gentechnologie. Wer will noch Honig kaufen, wenn er mit Gentech-Pollen verunreinigt ist? Wer traut den Erzeugnissen eines Bauern noch, wenn der Nachbar Gentech-Mais anbaut?/ **Die gesundheitlichen Konsequenzen des Genfood sind nicht ausreichend erforscht, besorgniserregende Hinweise werden ignoriert.** Was die **Risikotechnologie** mit Natur und Landschaft machen wird, ist noch völlig ungewiss./ **Bereits jetzt sind zahlreiche Existenzen durch die Agro-Gentechnik bedroht - in Deutschland.**/ International ist diese Entwicklung noch dramatischer. Hoffnungslos verschuldete Gen-Soja-Anbauer in Indien wissen keinen Ausweg mehr - Tausende haben sich schon das Leben genommen. In vielen Ländern protestieren Kleinbauern gegen die ungeheure Macht der Agrarkonzerne./ **Mit der Gentechnik nehmen die Abhängigkeiten noch zu und bedrohen die Zukunft von Millionen von Familien und die Biologische Vielfalt.**" (Gendreck-weg.de - Widerstand hat viele Hintergründe)

4.2.6 Blogosphäre

Wie bereits im vorhergehenden Kapitel 4.1.5.1 erläutert wurde, wird die Bezeichnung Blogosphäre gemeinhin für die „Gesamtheit der Weblogs (kurz: Blogs) und ihrer Verbindungen" (Wikipedia)[96] verwendet. Sie ist darauf zurückzuführen, dass man davon ausgeht, dass Weblogs miteinander vernetzt sind und ein soziales Netzwerk repräsentieren (ebd.)[97]. Zu den Werten der Blogosphäre gehören bis heute „eine starke Abneigung gegen jegliche Zensur und Eingriffe in die Meinungsfreiheit." (ebd.)[98].

---

95 http://www.gendreck-weg.de/?id=22&lg=de; Zugriff 30.01.2012.
96 http://de.wikipedia.org/wiki/Blogosph%C3%A4re; Zugriff: 30.01.2012.
97 http://de.wikipedia.org/wiki/Blogosph%C3%A4re; Zugriff: 30.01.2012.
98 http://de.wikipedia.org/wiki/Blogosph%C3%A4re; Zugriff 30.01.2012.

Diskursakteure der fachexternen Kommunikation 113

4.2.6.1 ScienceBlogs-Portal – Redaktion

Zunächst werden an dieser Stelle diejenigen Wissenschaftsblogs vorgestellt, die die Meinung einer ganzen Redaktion widerspiegeln. Verantwortlich für die vorgestellten Blogs ist im Besonderen jedoch Marc Scheloske, der als Redakteur das ScienceBlogs-Portal betreut[99]. Seine Haltung gegenüber der Grünen Gentechnik wird unter seinem persönlichen Blog „Wissens-Werkstatt" (vgl. Seite 83) ermittelt.

ScienceBlogs (Topthema): Seed Media Group, Forscher und Journalisten

„ScienceBlogs" ist ein weltweites Portal zum Dialog über die Rolle der Wissenschaft in verschiedenen gesellschaftlichen Bereichen. Auf der im Jahr 2006 von der Seed Media Group gegründeten Plattform bloggen über 70 Forscher und Wissenschaftsjournalisten über aktuelle Themen. Zwischen 2008 und heute gingen 30 deutschsprachige Blogs auf scienceblogs.de online und sind noch aktiv (scienceblogs)[100].

Neurons: ScienceBlogs-Redaktion aus München// Marc Scheloske

„Neurons" ist der Name des Blogs, unter dem die ScienceBlogs-Redaktion aus München bloggt. Verantwortlich für „Neurons" ist Marc Scheloske, der als Redakteur das ScienceBlogs-Portal betreut.

3vor10: ScienceBlogs-Redaktion.// Marc Scheloske

Der Blog „3vor10" wird ebenfalls von der ScienceBlogs-Redaktion verfasst, dort finden sich täglich ausgewählte Linktipps zu „aktuelle[n] Studien, neue[n] Forschungsergebnisse[n], lesenswerte[n] Storys" (scienceblogs[101]). Verantwortlicher Redakteur für scienceblogs.de ist ebenfalls Marc Scheloske.

4.2.6.2 Einzelne Blogs des Scienceblogs-Portals

Die folgenden Blogs werden von einzelnen Autoren betrieben. In Abgrenzung zu den redaktionellen Blogs sind hierbei die Autoren jeweils selbst für den Inhalt verantwortlich.

---

99 Dies gilt für den Zeitpunkt der Zusammenstellung der Blogbeiträge. Scheloske war von 2008 bis 2010 Leitender Redakteur für das wissenschaftliche Blogportal ScienceBlogs.de.
100 http://www.scienceblogs.de/ueber-scienceblogs.php; Zugriff am 30.01.2012
101 http://www.scienceblogs.de/3vor10/about.php; Zugriff am 24.03.2012.

WeiterGen: Tobias Maier

Dr. Tobias Maier ist Autor des Wissenschaftsblogs „WeiterGen", das sowohl über Wissenschaft und Forschung berichtet als auch „aus der Sicht eines Wissenschaftlers geschrieben ist" (WeiterGen)[102]. Der Autor ist Biologe und betreibt Grundlagenforschung an einem öffentlich finanzierten Institut im europäischen Ausland. Der Autor des Wissenschaftsblogs „WeiterGen" ist ein Befürworter der Grünen Gentechnik.

> „Die grüne Gentechnik ermöglicht die transgene Expression bestimmter Proteine in den veränderten Pflanzen. [...] Der Nutzen der grünen Gentechnik erstreckt sich auf viele Bereiche: / **Die Züchtungen von spezifisch herbizidresistenten Sorten** erlaubt den dosierten und spezifischen Einsatz von nicht selektiven Komplementärherbiziden. [...]. Durch die **Züchtung stressresistenter Sorten** würde diesen Staaten die Chance gegeben, ihre Bevölkerung autark zu ernähren, nachhaltig und vor Ort ohne Lieferabhängigkeiten. [...] **Gentechnisch veränderte Pflanzen bieten industrielle und pharmazeutische Anwendungsmöglichkeiten.** [...] **Weiter können durch grüne Gentechnik gezielt Nahrungsmittel verändert werden und so beispielsweise Mangelernährungen vorbeugen.** [...]/ Im Allgemeinen ist es so, dass die Anwendungen erst mit der breiten Verfügbarkeit und Akzeptanz einer Technologie entstehen. **So repräsentieren obige Beispiele wahrscheinlich auch nur einen Bruchteil des potentiellen Nutzens der grünen Gentechnik.** Um neue Anwendungen zu entwickeln, muss geforscht werden." (WeiterGen (20.04.2009) - 10 Gründe für grüne Gentechnik - Nutzen, Chancen, Risiken)

Mahlzeit: Stefan Jacobasch

Stefan Jacobasch arbeitet als freier Wissenschaftsjournalist in Berlin und betreibt u. a. Scienceticker.info. Nach seinen Angaben hat das Blog „Mahlzeit" Essen zum Thema und zwar „von der Produktion unsere[r] Nahrung über unsere Essgewohnheiten bis zur Frage, was uns gut tut und was nicht." (Mahlzeit)[103] Stefan Jacobasch äußert sich in Bezug auf Grüne Gentechnik explizit skeptisch, also weder ablehnend noch befürwortend.

> „Der so genannten "Grünen Gentechnik" stehe ich **nicht grundsätzlich ablehnend**, aber doch **sehr skeptisch** gegenüber." (Mahlzeit (06.06.2009) - Hirnfrei)

Alles was lebt: Alexander Knoll/ Emanuel Heitlinger

Alexander Knoll ist Biologe. Im Rahmen seiner Promotion am Karlsruher Institut für Technologie untersucht er die DNA-Reparatur und -Rekombination in

---

102 http://www.scienceblogs.de/weitergen/about.php; Zugriff am 30.03.2012.
103 http://www.scienceblogs.de/mahlzeit/about.php; Zugriff am 26.03.2012.

Pflanzen. Emanuel Heitlinger promoviert an den Universitäten Karlsruhe und Edinburgh. Er untersucht mithilfe von Hochdurchsatz-DNA-Sequenzierung die Evolution eines Wirt-Parasit-Systems. Ziel der beiden Autoren ist es, „die Geschichte der Biologie und evolutionsbiologische Konzepte mit modernen Methoden und Erkenntnissen der Molekularbiologie zu verbinden." (Alles was lebt)[104] Die beiden Biologen äußern sich tendenziell so, dass man sie eher Befürwortern zurechnen kann. Vor dem Hintergrund, dass die Konzeptattribute ‚Natur nicht nur positiv' und ‚Grüne Gentechnik nicht unbedingt künstlich' des Konzepts ›Natürlichkeit‹ bei der Sachverhaltsfestsetzung und Sachverhaltsabgrenzung (vgl. Kapitel 4.3.1) als Schibboleth für befürwortende Haltung gelten, weist dieses Blog eine leicht befürwortende Tendenz auf.

„Ich will aber ein wenig zum Nachdenken anregen, und besonders klar machen, **dass ein Schwarz-Weiß-Denken in der Form "hier die Natur, da die böse Gentechnik" keinen Sinn macht.**" (Alles was lebt (13.05.2009) - Ist Propfung grüne Gentechnik)

„Alexander· 21.06.09 · 16:55 Uhr / Huch, wo kommt der Kommentar denn her? Naja, @Michael:/ zu 1) Das stimmt alles was du sagst, aber das ändert nichts daran, dass grüne Gentechnik im Prinzip erstmal auch nichts anderes ist: DNA wird von einer in eine andere Art übertragen. Was daran eben besonders interessant ist, **ist eben die Möglichkeit des DNA-Austausches zwischen fern verwandten Arten, was ja eben bei der grünen Gentechnik immer als "unnatürlich" kritisiert wird. Die Natur machts aber auch.**" (Kommentare zu Alles was lebt (13.05.2009) - Ist Propfung grüne Gentechnik)

„Alexander Knoll· 16.04.09 · 11:28 Uhr / Das ist eine sehr einseitige Sichtweise, wenn man den Erfolg von transgenen Linien nur über den Ertrag bewertet. Erst vor wenigen Monaten wurde berichtet, dass in China durch die Verwendung von herbizidresistenten Sorten sehr große Mengen an Herbiziden eingespart werden konnten. Wahrscheinlich liegt dort der Ertrag auch gleich, wenn man viel Herbizid/konventionelle Sorte und wenig Herbizid/resistente Sorte miteinander vergleicht. **Die Vorteile für Ökonomie und auch die Umwelt durch die Herbiziderparnis geht dabei aber unter.**" (Kommentare zu 3vor10 (16.04.2009) - Keine Ertragssteigerung durch Grüne Gentechnik)

Kritisch gedacht: Ulrich Berger

Professor Dr. Dr. Ulrich Berger, Mathematiker und Wirtschaftswissenschaftler, forscht und unterrichtet als außerordentlicher Professor an der Wirtschaftsuniversität Wien. Er ist Vorsitzender der GkD (Gesellschaft für kritisches Denken)

---

104 http://www.scienceblogs.de/alles-was-lebt/about.php; Zugriff am 26.03.2012.

sowie Mitglied im Wissenschaftsrat und im Vorstand der GWUP (*Gesellschaft zur wissenschaftlichen Untersuchung von Parawissenschaften e.V.*) und bloggt in „Kritisch gedacht" über Pseudowissenschaft und verwandte Themen (Kritisch gedacht)[105]. Von Ulrich Berger steht nur ein Text zum Thema Grüne Gentechnik zur Verfügung. Da dieser sich einer Beurteilung der Technologie enthält, kann keine Einordnung in eine Positionierung erfolgen.

Wissens-Werkstatt: Marc Scheloske

Marc Scheloske ist nach eigenen Angaben Sozialwissenschaftler, Journalist und Berater für digitale Wissenschaftskommunikation. Von 2005 bis 2006 war er Wissenschaftlicher Mitarbeiter des Sine-Instituts (Südd. Institut für empirische Sozialforschung, München) im Rahmen des EU-Projekts STARC „Stakeholders in Risk Communication". Von 2007 bis 2008 war er als Journalist und Wissenschaftler tätig und gründete im Jahr 2011 die „Wissenswerkstatt – Büro für (digitale) Wissenschaftskommunikation". Im Jahr 2007 gründete er auch seinen Blog „Wissens-Werkstatt" (Scheloske)[106]. Marc Scheloske äußert sich in seinem Blog zum Zusammenhang Grüne Gentechnik und Ernährungssituation. Dabei ordnet er die Grüne Gentechnik als „Teil des Problems" ein, warnt aber gleichzeitig vor einer schnellen Verurteilung der Grünen Gentechnik. Er wird hier als Skeptiker der Grünen Gentechnik eingestuft.

„Mir geht es gar nicht um eine detaillierte Analyse der Empfehlungen des IAASTD, sondern um die ziemlich unmißverständliche Feststellung, daß regionale, kleinteilige Anbaumethoden der Schlüssel zu einer Sicherstellung der Ernährungsgrundlagen in Entwicklungsländern sind **und (ein entscheidender Punkt!), daß die "grüne" Gentechnologie im Zweifel eher Teil des Problems und nicht seine Lösung darstellt.**" (Wissens-Werkstatt (24.04.2008) - Emnid, Vanity Fair und die Biotechnologie)

„Die Schuldfrage ist nicht eindimensional zu beantworten. Weder der Biosprit, noch Monsanto und Syngenta sind alleinverantwortlich... **Fest steht: Biotechnologie ist nicht Teil der Lösung, sondern Teil des Problems!** Festzuhalten bleibt jedoch: **die grüne Biotechnik ist keinesfalls das Instrument, mit dem der Welthunger bekämpft werden könnte und sollte.**/ Man braucht die Biotechnologie nicht zu verteufeln, ihr gesundheitliches Risikopotential ist sehr gut untersucht, das Monitoring bei Freisetzungsversuchen hat keine relevanten ökologischen Gefährdungen ergeben, aber: **gentechnisch verändertes Saatgut ist kein Allheilmittel**, schon gar nicht im Kampf gegen den Hunger." (Wissens-Werkstatt (24.04.2008) - Emnid, Vanity Fair und die Biotechnologie)

---

105 http://www.scienceblogs.de/kritisch-gedacht/about.php; Zugriff am 26.03.2012.
106 http://www.scheloske.net/#zurperson; Zugriff am 24.04.2012.

Frischer Wind: Christian Reinboth

Christian Reinboth ist Wirtschaftsinformatiker, Dozent und hat die HarzOptics GmbH, ein auf die Photonik spezialisiertes An-Institut der Hochschule Harz, mitbegründet. Arbeitsbegleitend studiert er im Master-Studiengang Umweltwissenschaften an der FU Hagen (Frischer Wind).[107] Aufgrund der wenigen zum Thema vorliegenden Texten kann keine Aussage über seine Einstellung in Bezug auf Grüne Gentechnik getroffen werden. In dem von ihm vorliegenden Blogeintrag lässt sich keine Tendenz zur Befürwortung oder Ablehnung der Grünen Gentechnik festmachen.

„Bedauerlicherweise scheint man sich jedoch beim BUND vom demokratischen Diskurs schon so weit entfernt zu haben, dass man sich in einer Art Notwehrsituation wähnt, in der aus Gründen der Selbstverteidigung einfach zugeschlagen werden kann. Angesichts der momentan noch **recht dünnen Belege für eine mögliche Gefährlichkeit der grünen Gentechnik**, erscheint mir das sehr weit hergeholt." (Frischer Wind (27.04.2009) - BUND-Landeschef lobt illegale Genweizen-Zerstörung in Gatersleben)

4.2.6.3 Blogleser

Die Blogleser spielen insofern für die vorliegende Untersuchung eine relevante Rolle, als sie durch die Kommentarfunktion der einzelnen Blogs die Möglichkeit erhalten, sich in der Debatte um die Grüne Gentechnik ihrer Stimme Gehör zu verschaffen. Sie geben sich selten unter ihrem richtigen Namen zu erkennen und greifen auf die in Blogs und Foren übliche Form der Nicknames zurück. Nicknames haben die ambivalente Funktion, die Teilnehmer eines Chats oder eines Posts für eine bestimmte Dauer identifizierbar zu machen, gleichermaßen wird ihre Identität jedoch auch anonymisiert (Fandrych/ Thurmair 2011: 151). Da man sich registrieren muss, um die Kommentarfunktion nutzen zu können, ist also die reale Person, die sich hinter dem Nickname versteckt, in Fällen von einer Rechtsverletzung vom Betreiber über den im Netzwerk registrierten PC aufspürbar (ebd.).

---

107 http://www.scienceblogs.de/frischer-wind/about.php; Zugriff am 26.03.2012.

4.2.7 Online-Enzyklopädie Wikipedia

„Wikipedia ist ein Projekt zum Aufbau einer Enzyklopädie aus freien Inhalten in allen Sprachen der Welt. Jeder kann mit seinem Wissen beitragen. Seit Mai 2001 sind so 1 199 730 Artikel in deutscher Sprache entstanden." (Wikipedia)[108]

Der Artikel zur Grünen Gentechnik wurde von folgenden Autoren bearbeitet:

200 Kartoffeln, Acetobacter, Achim Raschka (Nawaro), Ahellwig, Aka, Amada44, Avoided, BesondereUmstaende, Blaufisch, Capra, Chesk, Chstdu, Cybercraft, Cymothoa exigua, Denis Barthel, Drika, Euku, Eynre, Fafner, FelixReimann, Firefox13, Flynx, Fmrauch, Froggy, Gleiberg, He3nry, Huhaa, IDE, Jkbw, Judit Franke, KOchstudiO, Katach, Martina Steiner, Memorino, Nikolaus, Nina, Olaf Studt, Peterlustig, Richarddd, Rr2000, Seewolf, Sepponnen, Silberštejn, Soll, Stern, Tohma, Trac3R, Uhelken, Uwe Gille, YourEyesOnly, Arhus, 29 anonyme Bearbeitungen

Von einem Eintrag der Online-Enzyklopädie Wikipedia wird erwartet, dass er eine neutrale Haltung vertritt bzw. verschiedenen Perspektiven Raum verleiht. Nach Auswertung der Handlungsstrategien der Akteure im Kampf um Wissen wird deutlich werden, ob Wikipedia dank der verschiedenen bearbeitenden Autoren dieser Erwartungshaltung gerecht wird.

4.2.8 Kirche

4.2.8.1 Gemeinsame Positionspapiere der Evangelischen und Katholischen Kirche in Deutschland

Positionspapier „Ungelöste Fragen - Uneingelöste Versprechen. 10 Argumente gegen die Nutzung von gentechnisch veränderten Pflanzen in Landwirtschaft und Ernährung."

Ein gemeinsames Positionspapier der Katholischen Landvolkbewegung (KLB), dem Ausschuss für den Dienst auf dem Lande in der Evangelischen Kirche in Deutschland (ADL), der Arbeitsgemeinschaft der Umweltbeauftragten der deutschen Diözesen und der Arbeitsgemeinschaft der Umweltbeauftragten der evangelischen Kirchen in Deutschland (AGU), das in Güstrow im Jahr 2003 erarbei-

---

108 http://de.wikipedia.org/wiki/Wikipedia; Zugriff am 24.04.2012.

Diskursakteure der fachexternen Kommunikation 119

tet wurde, macht deutlich, dass Konsens darüber besteht, dass die Grüne Gentechnik abgelehnt wird.

„Die Arbeitsgemeinschaften der Umweltbeauftragten der evangelischen Landeskirchen und der katholischen Diözesen in Deutschland wissen sich mit den anderen Unterzeichnenden dem biblischen Schöpfungsauftrag des Bebauens und Bewahrens der Erde verpflichtet. Sie beobachten daher seit Jahren intensiv die Entwicklung der *sogenannten* Grünen Gentechnik. Die bevorstehende Zulassung gentechnisch veränderter Pflanzen in der europäischen Landwirtschaft nehmen die kirchlichen Umweltbeauftragten zum Anlass, auf die **Gefahren und Fehleinschätzungen dieser Technik** hinzuweisen. Die Ehrfurcht vor dem von Gott geschaffenen Leben hat Vorrang vor dem technisch Machbaren! Auf der Grundlage der folgenden zehn Argumente **lehnen die Unterzeichner den Anbau und die Verarbeitung gentechnisch veränderter Pflanzen ab**. Sie verbinden dies mit Empfehlungen an politische Entscheidungsträger und an Kirchengemeinden." (Positionspapier der Evang. und Kath. Kirche in Deutschland (07.10.2003) - Ungelöste Fragen - Uneingelöste Versprechen)

Positionspapier „Neuorientierung für eine nachhaltige Landwirtschaft"

Der Rat der Evangelischen Kirche in Deutschland und die Deutsche Bischofskonferenz (Zusammenschluss der katholischen Bischöfe aller Diözesen in Deutschland) haben im Jahr 2003 eine Arbeitsgruppe ins Leben gerufen, die dann das Positionspapier „*Neuorientierung für eine nachhaltige Landwirtschaft*" erstellte, um damit an der kirchlichen und öffentlichen Meinungsbildung mitzuwirken. Die Mitglieder der Arbeitsgruppe sind im Folgenden aufgelistet:

Dr. Rudolf Buntzel-Cano, Berlin
PD Dr. Hans Diefenbacher, Heidelberg
Dr. Clemens Dirscherl, Waldenburg-Hohebuch
Ulrich Oskamp, Münster
Dr. Willi Real, Osnabrück
Prof. Dr. Theodor Strohm, Heidelberg
Prof. Dr. Markus Vogt, Benediktbeuern
Prof. Dr. Joachim Wiemeyer, Bochum
OKRin Dr. Renate Knüppel, Hannover (Geschäftsführerin)
Dr. Matthias Meyer, Bonn (Geschäftsführer)

Bei der Deutschen Bischofskonferenz (DBK) handelt es sich um einen Zusammenschluss der katholischen Bischöfe aller Diözesen in Deutschland. Weitere

Mitglieder der Bischofskonferenz sind die Koadjutoren, die Diözesanadministratoren und die Weihbischöfe (Deutsche Bischofskonferenz)[109].
Der Rat der Evangelischen Kirche in Deutschland besteht aus fünfzehn Mitgliedern, die sich aus Laien und Theologen zusammensetzen. Der Rat ist für die Leitung der EKD – abgesehen von den Angelegenheiten, für die ein anderes Organ bestimmt ist – zuständig. Seine Funktion besteht darin, die Zusammenarbeit der kirchlichen Werke und Verbände zu gewährleisten, die evangelische Christenheit in der Öffentlichkeit zu vertreten und zu Fragen des religiösen und gesellschaftlichen Lebens Stellung zu nehmen. (EKD)[110]. Die Deutsche Bischofskonferenz und der Rat der Evangelischen Kirche in Deutschland nehmen in Bezug auf die Grüne Gentechnik – im Gegensatz zu dem ersten aufgeführten Positionspapier – keine eindeutige Haltung ein. Im folgenden Zitat aus dem Positionspapier *„Neuorientierung für eine nachhaltige Landwirtschaft"* wird vor allem die Ambivalenz des Gegenstands betont.

„Weltweit bahnt sich mit der Gentechnik in der Landwirtschaft und der Ausweitung geistiger Eigentumsrechte auf alle Elemente des Lebens und der Natur durch entsprechende Patentierungen eine neue grüne Revolution an, die zu tiefgreifenden Veränderungen in Produktion, Handel und Ernährung führt. Im Blick auf die Schädlingsresistenz und die gezielte Veränderung einzelner Eigenschaften (z. B. Vitaminanreicherung bei Reis) hat die grüne Gentechnik Erfolge vorzuweisen. Es fehlt jedoch an einer umfassenden und langfristigen Abschätzung der vielschichtigen Chancen und Risiken. **Eine breite Umsetzung der großen Versprechungen ist bisher ausgeblieben.** So wird die Grüne Gentechnik von den einen als große Hoffnung der weltweiten Armutsbekämpfung angesehen, von den anderen als der Einstieg in die Abhängigkeit landwirtschaftlicher Betriebe von großen transnationalen Konzernen, die sich die Kontrolle über Pflanzen, Saatgut und Nutztiere mit Hilfe von Patenten aneignen. **Die Ambivalenz der Entwicklung liegt auf der Hand und nötigt zu einer grundsätzlichen Reflexion über die Leitwerte einer zukunftsfähigen Landwirtschaft und Agrarpolitik.**" (Positionspapier der Evang. und Kath. Kirche in Deutschland (2003) - Neuorientierung für eine nachhaltige Landwirtschaft)

4.2.8.2 Evangelische Kirche

Die EKD stellt einen föderal organisierten Kirchenbund in Deutschland mit rund 26 Millionen Mitgliedern dar. Sie setzt sich aus 23 Landeskirchen (Gliedkirchen) zusammen. Zur wichtigsten Aufgabe gehört die „Förderung der Gemeinschaft

---

109 http://www.dbk.de/ueber-uns/; Zugriff am 26.03.2012.
110 http://www.ekd.de/ekd_kirchen/rat/rat_informationen.html); Zugriff am 31.01.2012.

Diskursakteure der fachexternen Kommunikation 121

unter den Gliedkirchen sowie die Vertretung gesamtkirchlicher Belange gegenüber Staat und Öffentlichkeit." (Rittershofer 2007: 231-232).

EKD

Die Evangelische Kirche in Deutschland (EKD) nimmt gegenüber der Grünen Gentechnik keine eindeutige Haltung ein. Vor allem in Bezug auf die Freisetzung gentechnisch veränderter Organismen zeigt die EKD interne Differenzen auf.

> „Besonders **umstritten** ist die absichtliche, geplante Freisetzung von gentechnisch veränderten Organismen. Auf jeden Fall ist hier eine Differenzierung geboten: Freisetzung ist nicht gleich Freisetzung; es gibt Freisetzungen mit unterschiedlichem Risikopotential. **Bei dessen detaillierter Einschätzung hat jedoch eine Polarisierung der Meinungen stattgefunden, die sich auch in unterschiedlichen Positionen innerhalb der Arbeitsgruppe widerspiegelt. Während die einen dafür plädieren, daß Freisetzungen nach sorgfältiger Risikoanalyse möglich sein sollen, sprechen sich die anderen gegen solche Experimente aus, da weder die Größenordnung der Gefahren bekannt noch die Rückholbarkeit einmal freigesetzter Organismen oder der gentechnisch veränderten Erbinformation gesichert sei und auch die mit solchen Freisetzungen verbundenen Nutzenerwartungen einer genauen Überprüfung nicht standhielten.** Diese Kontroverse macht deutlich, daß bei Freisetzungen gentechnisch veränderter Organismen - soweit sie überhaupt für vertretbar gehalten werden - besondere Begründungspflichten bestehen und strenge Kriterien anzuwenden sind." (EKD (1997) - Einverständnis mit der Schöpfung)

Die Arbeitsgemeinschaft der Umweltbeauftragten der Gliedkirchen in der EKD (AGU)

Die Arbeitsgemeinschaft der Umweltbeauftragten der Gliedkirchen in der EKD (AGU) besteht aus den von ihren Landeskirchen ernannten Beauftragten für Umweltfragen und ihren wissenschaftlichen Mitarbeiterinnen und Mitarbeitern. Die Arbeitsgemeinschaft der Umweltbeauftragten der Gliedkirchen in der EKD (AGU) spricht sich dezidiert gegen Grüne Gentechnik und im Besonderen gegen den Anbau gentechnisch veränderter Organismen aus.

> „Die kirchlichen Umweltbeauftragten setzten sich anlässlich ihrer Frühjahrssitzung […] mit dem Anbau gentechnisch veränderter Pflanzen auseinander. **Aufgrund der vielfältigen Probleme im Blick auf Haftung und Koexistenz raten die Umweltbeauftragten vom Anbau ab.**" (AGU – Kirchl. Umweltbeauftragte zur Grünen Gentechnik. Schutz des gentechnikfreien Anbaus sichert sozialen Frieden auf dem Land)

„Die kirchlichen Umweltbeauftragten setzten sich anlässlich ihrer Frühjahrstagung vom 26. - 28. März 2007 in München mit Fragen der Gentechnik in Landwirtschaft und Ernährung auseinander. **Fast alle evangelische [sic!] Landeskirchen sehen den Anbau von gentechnisch veränderten Pflanzen auf dem kircheneigenen Pachtland kritisch: Es wurden Verbote, Empfehlungen des Verzichts und Moratorien ausgesprochen.**" (AGU - Gentechnikgesetz muss größtmöglichen Schutz für Mensch und Umwelt sichern)

4.2.8.3 Römisch-katholische Kirche

Die katholische Kirche stellt mit etwa einer Milliarde Mitgliedern die umfangreichste Religionsgemeinschaft des Christentums dar (Rittershofer 2007: 366).

„Sie versteht sich als heilige (von Jesus Christus gestiftete), apostolische (in der Nachfolge der Apostel stehende) und katholische (weltumspannende) Kirche" (ebd.). Die NGO Gentechnikfreie Regionen in Deutschland (BUND/AbL), selbst Gegner der Grünen Gentechnik, äußert sich zur Haltung der Kirchen. Sie ordnet die Haltung der römischen Amtskirche den Anwendungen der Agro-Gentechnik gegenüber im Vergleich zur roten Gentechnik als offener, wenngleich jedoch nicht als vorbehaltlos ein (Gentechnikfreie Regionen in Deutschland (BUND/AbL))[111].

Das Zentralkomitee der deutschen Katholiken (ZdK)

Die Vollversammlung des Zentralkomitees der deutschen Katholiken (ZdK) besteht aus rund 230 Mitgliedern. 97 Mitglieder werden von der Arbeitsgemeinschaft der katholischen Organisationen Deutschlands (AGKOD) gewählt, 84 Mitglieder kommen aus den Diözesanräten, 45 Mitglieder werden als Einzelpersönlichkeiten hinzugewählt (ZdK)[112]. Das Zentralkomitee der deutschen Katholiken (ZdK) spricht sich gegen den Anbau gentechnisch veränderter Organismen aus.

„Die katholische Kirche ist in Deutschland im Besitz umfangreicher landwirtschaftlicher Nutzflächen. Damit hat sie die Möglichkeit, diese Nutzflächen nur solchen landwirtschaftlichen Betrieben zur Verfügung zu stellen, die gemäß dem Leitbild einer nachhaltigen Entwicklung wirtschaften. Aufgrund vieler ungeklärter Fragen bei der Anwendung der Grünen Gentechnik in der Landwirtschaft empfehlen wir den Eigentümern kirchlicher landwirtschaftlicher Nutzflächen, den Anbau von gentech-

---

111 „In Baden-Württemberg unterstützt derzeit die Arbeitsgemeinschaft Katholischer Organisationen und Verbände der Diözese Rottenburg-Stuttgart die Verbraucherkampagne "Mein Nein" für Gentechnikfreie Haushalte." (Gentechnikfreie Regionen in Deutschland (BUND) - Katholische Kirche und Agro-Gentechnik)
112 http://www.zdk.de/mitglieder/; Zugriff am 01.02.2012.

nisch manipuliertem Saatgut zu untersagen." (ZdK (2003) - Agrarpolitik muss wieder Teil der Gesellschaftspolitik werden)

„Bei einer möglichen Anwendung der Gentechnik in Landwirtschaft und Lebensmittelproduktion fordern wir die Einhaltung wichtiger Grundsätze:
[...] - Vorsorge: Dazu gehören u. a. Vorsorgemaßnahmen gegen die Ausweitung der Antibiotika-Resistenz und die Kontrolle importierter Lebensmittel durch ein risikoorientiertes Überwachungskonzept. In jedem Einzelfall ist zu prüfen, welche Sicherheitsvorkehrungen nötig sind. Ob alternative Techniken besser greifen und weniger Probleme verursachen, muss vor jedem Einsatz der Grünen Gentechnik nach Ziel-, Folgen- und Alternativbewertung geklärt werden.
- Haftung: Landwirte müssen selbst entscheiden können, ob sie mit oder ohne Gentechnik wirtschaften wollen. Eine strikte Trennung von gentechnisch veränderten und gentechnikfreien Anbauweisen, Verarbeitungs- und Vermarktungsprozessen ist daher unabdingbar. Die Kosten dafür dürfen nicht den konventionell oder ökologisch produzierenden Landwirten auferlegt werden, die GVO-frei wirtschaften wollen. Im Haftungsrecht ist strikt das Verursacherprinzip bei den Nutzern von GVO anzuwenden. Die Beweislast liegt bei den Nutzern von **gentechnisch veränderten Organismen.** [...]" (ZdK (2003) - Agrarpolitik muss wieder Teil der Gesellschaftspolitik werden)

„Kirchliche Laienorganisationen und Agro-Gentechnik/ Das Zentralkomitee der deutschen Katholiken (ZdK) hat Ende November 2003 in seinem "Plädoyer für eine nachhaltige Landwirtschaft" den Eigentümern kirchlicher landwirtschaftlicher Nutzflächen empfohlen, **den Anbau von gentechnisch manipulierten Pflanzen zu untersagen."** (Gentechnikfreie Regionen in Deutschland (BUND/AbL) - Katholische Kirche und Agro-Gentechnik)

Die Katholische Landjugendbewegung Deutschlands (KLJB)

Die Katholische Landjugendbewegung Deutschlands (KLJB) stellt einen der größten Jugendverbände Deutschlands dar (KLJB)[113]. Die KLJB setzt sich für die „Interessen junger Menschen in ländlichen Räumen" und „für eine aktive und lebendige Kirche" ein (ebd.)[114]. Zu ihren Zielen zählen die Mitgestaltung der Zukunft der Gesellschaft und der Einsatz für eine gerechte und zukunftsfähige Welt (ebd.)[115]. Der KLJB steht ein gewählter Bundesvorstand vor, der die „Interessen der KLJB gegenüber Politik, Kirche und anderen Organisationen und Verbänden" auf Bundesebene vertritt (ebd.)[116]. In der Grünen-Gentechnik-

---

113 http://kljb.org/portract/; Zugriff am 01.02.2012.
114 http://kljb.org/portract/; Zugriff am 01.02.2012.
115 http://kljb.org/portract/; Zugriff am 01.02.2012.
116 http://kljb.org/portract/; Zugriff am 01.02.2012.

Debatte positioniert sich die KLJB gegen den Anbau von gentechnisch veränderten Organismen.

„Die Katholische Landjugendbewegung Deutschlands (KLJB) spricht sich **gegen den Anbau von gentechnisch veränderten Pflanzen** im Bereich nachwachsender Rohstoffe aus. Sie fordert die EntscheidungsträgerInnen auf allen politischen Ebenen auf, **die Verbreitung von gentechnisch veränderten Organismen zu verhindern.**" (KLJB (2006) – Beschluss: Keine Agro-Gentechnik bei nachwachsenden Rohstoffen)

„Die gravierenden Probleme und begründeten Bedenken gegen die Agro-Gentechnik zeigen, dass der Anbau gentechnisch veränderter Organismen – egal ob im Nahrungsmittelbereich oder für nachwachsende Rohstoffe – unverantwortlich ist." (KLJB (2006) – Beschluss: Keine Agro-Gentechnik bei nachwachsenden Rohstoffen)

In diesem Kapitel wurden die Diskursakteure des fachexternen Diskurses vorgestellt und soweit dies möglich war, deren Einstellung in Bezug auf die Grüne Gentechnik eruiert und anhand von Textausschnitten belegt.

4.3 Sprachhandlungskategorien

Nachdem im vorhergehenden Kapitel die Diskursakteure des fachexternen Korpus genauer vorgestellt wurden und deren Standpunkt im Diskurs um die Grüne Gentechnik erläutert wurde, werden in diesem Kapitel drei sprachliche Handlungstypen vorgestellt, die veranschaulichen, wie die Akteure den Gegenstand Grüne Gentechnik festsetzen, mit anderen Sachverhalten verknüpfen und bewerten.

Dies geschieht einerseits dadurch, dass anhand des Sprachhandlungstyps „Sachverhaltsfestsetzung und Sachverhaltsabgrenzung", welcher der Felderschen Sprachhandlungskategorie „Sachverhaltskonstituierung bzw. Sachverhaltsklassifizierung als Sachverhaltsfestsetzung mit allgemeinem Faktizitätsanspruch" (Felder 2003: 206; Felder 2007: 361 und 2012a: 129) entspricht, untersucht wird, wie die Grüne Gentechnik seitens der einzelnen Diskursakteure definiert wird und wie sie von diesen in andere Forschungsbereiche (Biotechnologie und Pflanzenzucht) eingeordnet bzw. von diesen abgegrenzt wird. Spannend ist dabei zudem, ob die Festsetzung des Sachverhalts mit der von den Akteuren im Diskurs eingenommenen Position korreliert.

Zudem werden im Rahmen des Sprachhandlungstyps „Sachverhaltsfestsetzung und Sachverhaltsabgrenzung" Merkmale, die kein Dissenspotenzial bergen,

Sprachhandlungskategorien 125

und konfligierende Merkmale, die über Attribuierung Dissenspotenzial erhalten, vorgestellt. Ebenso werden Konzepte eruiert und in Konzeptattribute differenziert, die die Akteure aufrufen, um ihre Haltung zu verdeutlichen und argumentativ zu vertreten. Dabei soll aufgezeigt werden, worüber zwischen den einzelnen Akteuren Konsens und Dissens bestehen. Damit kristallisiert sich die Sprachhandlungskategorie „Sachverhaltsfestsetzung und Sachverhaltsabgrenzung" als Schwerpunkt der drei Sprachhandlungstypen heraus.

Des Weiteren wird vorgestellt, was unter „Sachverhaltsverknüpfung in Wissensrahmen bzw. Wissensdispositionen" (Felder 2007, 2012a) verstanden wird und wie diese im Diskurs verwirklicht wird. Da „Sachverhaltsverknüpfung in Wissensrahmen bzw. Wissensdispositionen" ein Zeichen für Intertextualität und thematische Bezugnahme über Textgrenzen hinweg darstellt, leuchtet ein, dass die einzelnen Belege nicht aus dem Diskursgeflecht heraus isoliert dargestellt werden können. Deshalb wird auf sie an der thematisch entsprechenden Stelle in der hermeneutischen Auswertung hingewiesen (vgl. vor allem die Kapitel 4.4.1.2 und 4.4.3). In diesem Kapitel wird lediglich aufgezeigt, was genau unter einer Sachverhaltsverknüpfung zu verstehen ist, und es wird eine solche anhand von Aussagen aus dem Diskurs exemplarisch dargestellt.

Anschließend wird der Sprachhandlungstyp „Sachverhaltsbewertung (implizit und explizit)" (Felder 2007, 2012a) erläutert. Implizite Sachverhaltsbewertung wird vor allem durch Sachverhaltsverknüpfungen evoziert und wird ebenfalls an der entsprechenden thematischen Stelle der hermeneutischen Analyse aufgeführt. Hier wird der Schwerpunkt auf explizite Sachverhaltsbewertung gelegt und vor allem auf Charakteristika der Grünen Gentechnik, die dieser von den Diskursakteuren zugeschrieben werden. Es werden strittige Merkmale, die Dissens auslösen, schematisch dargestellt und die verschiedenen Positionen von Gegnern und Befürwortern der Grünen Gentechnik exemplarisch an jeweils einem Beispiel aufgezeigt.

Die Sprachhandlungstypen „Sachverhaltsfestsetzung und Sachverhaltsabgrenzung", „Sachverhaltsverknüpfung in Wissensrahmen bzw. Wissensdispositionen" und „Sachverhaltsbewertung (implizit und explizit)" (Felder 2003, 2007, 2012a) werden aus einem sprachhandlungstheoretischen Verständnis heraus entwickelt. Die vorliegende Arbeit basiert auf einer an Searle anschließenden handlungstheoretischen Auffassung von Sprache.

„(...) eine Sprache zu sprechen bedeutet, in Übereinstimmung mit Regeln Akte zu vollziehen." (Searle [11]1983: 59).

Bei der Analyse werden die genannten Sprachhandlungstypen dabei helfen, komplexe kommunikative Handlungen anhand dieser Interpretationshilfen zugänglich zu machen[117].

4.3.1 Sachverhaltsfestsetzung und Sachverhaltsabgrenzung – Grüne Gentechnik

Bei der „Sachverhaltsfestsetzung und der Sachverhaltsabgrenzung" wird in den Blick genommen, wie der Sachverhalt GRÜNE GENTECHNIK[118] von den Diskursakteuren verschieden definiert, von anderen Sachverhalten abgegrenzt und damit bestimmt wird.

Anwendungsbereich GRÜNE GENTECHNIK

Die GRÜNE GENTECHNIK wird in der Öffentlichkeit sehr kontrovers diskutiert. Befürworter und Gegner stehen sich auf verhärteten Positionen gegenüber. Ein und dasselbe Bezugsobjekt – die GRÜNE GENTECHNIK – wird aufgrund des herrschenden Dissenses unterschiedlich dargestellt. Deshalb soll nun die Sachverhaltskonstituierung des Sachverhalts GRÜNE GENTECHNIK genauer betrachtet werden.

In diesem Kapitel wird untersucht, wie die an der Debatte beteiligten Akteure GRÜNE GENTECHNIK darstellen. Die Streitpunkte liegen – im Gegensatz zur Nanotechnologie (Zimmer 2009: 282) – nicht im Bereich der Definitionsfragen; allerdings bieten sich Definitionsfragen als Einstieg in den umstrittenen Sachverhalt an, da gerade bei der vermeintlich neutralen Darstellung eines scheinbar unumstrittenen Gegenstands die von den Akteuren vorgenommene Perspektivierung deutlich wird.

Um den Bezugsrahmen von GRÜNER GENTECHNIK zu verdeutlichen, sollen im Folgenden die Bereiche PFLANZENZUCHT, BIOTECHNOLOGIE und GRÜNE GENTECHNIK aus Sicht der Akteure eingeordnet werden. Dabei wird erläutert, worüber unter den Akteuren Konsens herrscht und welche dem Sachverhalt zugeordneten Eigenschaften Dissens hervorrufen.

---

117 Die verschiedenen Interpretationshilfen werden in dieser Arbeit anhand von Textauszügen der Diskursakteure belegt. Im Beleg wird durch Fettdruck die untersuchte Interpretationseinheit (Konzeptattribut, Argument, Haltung) hervorgehoben; durch Kursivformatierung werden sprachliche Strategien markiert, die in Kapitel 4.5 ausführlich behandelt werden.
118 Wie eingangs in der Tabelle „Notation" aufgeführt wurde, werden in den Analyse-Kapiteln zur besseren Unterscheidung von Sachverhaltsebene, Sprachverwendung der Akteure und Ebene der Interpretation verschiedenen Notationen eingesetzt um diese Ebenen voneinander zu differenzieren.

Sprachhandlungskategorien 127

Verhältnis: MODERNE PFLANZENZUCHT/ BIOTECHNOLOGIE/ GRÜNE GENTECHNIK
Zuerst soll gezeigt werden, dass die Auffassung der Akteure, was unter den Anwendungsbereichen MODERNE PFLANZENZUCHT und BIOTECHNOLOGIE zu verstehen ist, nicht unbedingt übereinstimmt.
  MODERNE PFLANZENZUCHT wird beispielsweise vom Verband Biologie, Biowissenschaften und Biomedizin in Deutschland e.V. (VBIO) so dargestellt, als würde sie keine GRÜNE GENTECHNIK enthalten, indem dieser das Konzept ›Überschreitung der Artgrenzen‹ für die MODERNE PFLANZENZUCHT zurückweist, welches konsensual der GENTECHNIK zugeschrieben wird. Der VBIO setzt damit MODERNE PFLANZENZUCHT mit der DIAGNOSTISCHEN BIOTECHNOLOGIE gleich und schließt GRÜNE GENTECHNIK von dieser aus.

„Die **moderne Pflanzenzucht** bewegt sich ausschließlich *innerhalb der Artgrenze.*
Sie bedient sich jedoch auch biotechnologischer einschließlich gentechnologischer Methoden (wie z.B. das Erstellen eines genetischen Fingerabdruckes), um Züchtungserfolge und Fehlschläge frühzeitig zu erkennen - und so Zeit und vor allem Geld zu sparen." (VBIO - Zielgerichtete genetische Optimierung von Kulturpflanzen)

„Keine Grüne Gentechnik - aber auch nicht Gentechnik-frei!/ [...]/ Wir wollen Ihnen hier einige der Methoden der **modernen Pflanzenzüchtung** genauer vorstellen:
 * In Vitro-Kultur
 * Protoplastenfusion
 * Genpool-Analysen und genetischer Fingerabdruck
 * Genkartierung, Markerentwicklung und markergestützte Selektion" (VBIO Thema Biotechnologie Hintergründe und Basisinfos Moderne Pflanzenzucht Methoden)

Für die DIAGNOSTISCHE BIOTECHNOLOGIE werden vom Bundesamt für Verbraucherschutz und Lebensmittelsicherheit (BVL) die Merkmale *Neukombination von Erbmaterial* bzw. *Erzeugung von GVO* zurückgewiesen.

„Diagnostische Verfahren zur Entschlüsselung, Markierung und Isolierung von Teilen des Erbgutes werden dagegen zu den „biotechnologischen Methoden" gerechnet. Hierzu gehört der „genetische Fingerabdruck", der in der Gerichtsmedizin sowie der **klassischen Pflanzen- und Tierzüchtung** große Bedeutung erlangt hat. Die **diagnostische Biotechnologie** erzeugt *weder direkte Neukombinationen noch werden gentechnisch veränderte („gv") Organismen erschaffen.*" (BVL (^{3}2010) - Die Grüne Gentechnik. Ein Überblick)

Sowohl das BVL als auch Andreas Jungbluth in seinem vom Bundesministerium für Bildung und Forschung (BMBF) herausgegebenen Text weisen die Gleichsetzung von BIOTECHNOLOGIE und GENTECHNIK zurück.

„**Gentechnik wird oft fälschlicherweise mit Biotechnologie** gleichgesetzt. Als Gesamtheit aller Methoden und Verfahren [...] stellt sie lediglich ein **Teilgebiet der modernen Biotechnologie** dar." (Andreas Jungbluth (BMBF) – Science live – Perspektiven moderner Biotechnologie und Gentechnik)

„**Biotechnologische Verfahren** werden zum Teil schon seit Jahrhunderten eingesetzt, beispielsweise bei der Herstellung alkoholischer Getränke durch Hefe oder von Käse durch Milchsäurebakterien. Als „**Gentechnik**" werden Verfahren bezeichnet, mit denen *Erbgut durch besondere Techniken in Organismen eingebracht und dadurch neu kombiniert wird*. Die gentechnische Übertragung der Erbinformation erfolgt entweder direkt (Mikroinjektion, Mikroprojektil-Beschuss) oder über Vektoren (Viren, bakterielle Plasmide)." (BVL (^{3}2010) - Die Grüne Gentechnik. Ein Überblick)

Im Gegensatz zu Andreas Jungbluth nehmen die Deutsche Industrievereinigung Biotechnologie (DIB) und das Unternehmen Syngenta in folgenden Textbelegen keine Differenzierung von GENTECHNIK und BIOTECHNOLOGIE vor.

„*Durch Biotechnologie und Gentechnik* können pflanzliche Inhaltsstoffe für die Weiterverarbeitung optimal angepasst und besser genutzt werden." (DIB (2009) – Auf einen Blick. Biotechnologie 2009)

„Mit den noch präziseren Methoden der *modernen Biotechnologie oder Gentechnik* lässt sich ein einzelnes Gen, das für ein Merkmal verantwortlich ist, aus einer Pflanze oder einem anderen Organismus isolieren und auf eine andere Pflanze übertragen." (Syngenta - Forschung & Entwicklung)

Das Unternehmen Kleinwanzlebener Saatzucht (KWS) inkludiert in das Verfahren der PFLANZENZÜCHTUNG das Merkmal *Neukombination von Genen* und ihr Verständnis von PFLANZENZÜCHTUNG widerspricht somit dem des VBIO.

„Unter **Pflanzenzüchtung** versteht man jede genetische Veränderung von Pflanzen, die auf bewusster Selektion durch den Menschen beruht. Unter Ausnutzung der genetischen Variabilität und durch Auslese in Richtung auf das Zuchtziel werden neue Kulturpflanzensorten geschaffen, die an die unterschiedlichen Bedürfnisse unserer Kunden angepasst sind. [...]/ Basis für diese Erweiterung von Eigenschaften einer Pflanze sind ihre genetischen Grundlagen. Durch *Neukombination von Genen bzw. Erweiterung der genetischen Grundlagen einer Kulturpflanze* wird es möglich, die

Sprachhandlungskategorien 129

an sie gestellten Ansprüche zu erfüllen. Dies zu gewährleisten, ist Aufgabe der Pflanzenzüchtung." (KWS - Was ist Pflanzenzüchtung)

Die Beziehung zwischen GRÜNER GENTECHNIK und BIOTECHNOLOGIE wird akteursübergreifend als Teil-Ganzes-Beziehung konstituiert.

„Die Grüne Gentechnik ist **somit Bestandteil der** Grünen Biotechnologie." (Wikipedia (2010) - Grüne Gentechnik)

„**Im Rahmen der Biotechnologie wird auch die Gentechnik** eingesetzt,[...]." (BMU (2010) - Kurzinformation Bio- und Gentechnik. Umweltangelegenheiten der Biotechnologie und Gentechnik)

„1.1 Was ist Gentechnik und Biotechnologie?/ Die ‚Gentechnologie' ist nur **ein kleiner Teil des breiten Anwendungsgebietes der ‚Biotechnologie',** bei der Lebewesen wie Mikroorganismen zur Verbesserung der Stoffproduktion eingesetzt werden." (BVL (^{3}2010) - Die Grüne Gentechnik. Ein Überblick)

„Als Gesamtheit aller Methoden und Verfahren [...] **stellt sie [Gentechnik; B.F.] lediglich ein Teilgebiet der modernen Biotechnologie** dar." (Andreas Jungbluth (BMBF) – Science live – Perspektiven moderner Biotechnologie und Gentechnik)

„Das Spektrum der Züchtungsmethoden wurde im Laufe der Zeit kontinuierlich erweitert und verfeinert. [...] Der »Methoden-Mix« der *modernen Pflanzenzüchtung* hat die Aufgabe, durch Effizienzsteigerungen in der Pflanzenproduktion die Produktivität der knappen Agrarflächen zu erhöhen. Daher ist auch die **Biotechnologie inklusive der Grünen Gentechnik** von hohem wirtschaftlichen und gesellschaftlichen Interesse." (KWS - Methoden der Pflanzenzüchtung)

Die BASF unterscheidet zwischen BIOTECHNOLOGIE und PFLANZENBIOTECHNOLOGIE. Die GRÜNE GENTECHNIK wird von ihr darüber hinaus mit PFLANZENBIOTECHNOLOGIE gleichgesetzt.

„Die grüne Gentechnik ist ein **Teilgebiet der Biotechnologie** und wird auch Pflanzenbiotechnologie genannt. Sie wird in der modernen Pflanzenzüchtung eingesetzt." (BASF - Amflora verleiht Papier und Garn mehr Glanz und Festigkeit)

Nachdem nun gezeigt wurde, wie die Akteure GRÜNE GENTECHNIK zu PFLANZENZUCHT und BIOTECHNOLOGIE abgrenzen, soll im vorliegenden Kapitel eine Annäherung an das stattfinden, was die Akteure unter GRÜNE GENTECHNIK verstehen und wodurch diese ihrer Ansicht nach gekennzeichnet ist.

Methode: MODERNE PFLANZENZUCHT/ BIOTECHNOLOGIE/ GRÜNE GENTECHNIK

Hier wird dargestellt, was die Akteure unter GRÜNE GENTECHNIK verstehen und wie sie diese von MODERNER PFLANZENZUCHT und BIOTECHNOLOGIE abgrenzen. Das Verständnis der Akteure von GRÜNER GENTECHNIK zeichnet sich durch Merkmale aus, die kein Dissenspotenzial bergen, durch konfligierende Merkmale, die über Attribuierung Dissenspotenzial erhalten, und durch Konzepte, deren Dissenspotenzial anhand von Konzeptattributen differenziert aufgezeigt wird.

Zuerst werden zwei Merkmale vorgestellt, die kein Dissenspotenzial in sich bergen:

Anwendung bzw. Verfahren

Das Merkmal, das übergreifend gewählt wird, um GRÜNE GENTECHNIK zu definieren, stellt die Beschreibung als eine *Anwendung bzw. als ein Verfahren* dar. Damit wird die semantische Komponente *–technik* in *Gentechnik* substituiert.

> „Die so genannte Grüne Gentechnik betrifft die **Anwendung gentechnischer Verfahren** bei Nutz- und Zierpflanzen." (Die Linke-Bundestagsfraktion - Die Agro-Gentechnik - 30 Fragen & 30 Antworten zur Zukunft der gentechnikfreien Landwirtschaft)

> „Gentechnik bezeichnet die **Anwendungsform** des Wissenschaftsgebietes der molekularen Genetik in analoger Weise wie Züchtung eine Anwendungsform des Wissenschaftsgebietes Genetik darstellt." (BVL - Was ist Gentechnik)

> „Die Grüne Gentechnik oder Agrogentechnik ist die **Anwendung gentechnischer Verfahren** im Bereich der Züchtung von Pflanzen, deren Ergebnisse auch Biotechpflanzen, Gen-Pflanzen und transgene Pflanzen genannt werden." (Wikipedia (2010) - Grüne Gentechnik)

Erzeugung von GVO

Zur Definition von GRÜNER GENTECHNIK wird ebenfalls auf das Ergebnis der Anwendung der Technik verwiesen. GRÜNE GENTECHNIK zeichnet sich nach Ansicht verschiedener Akteure, wie z. B. dem VBIO und der Online-Enzyklopädie Wikipedia dadurch aus, dass GVO erzeugt werden.

> „Als ‚Grüne Gentechnik' bezeichnet man den Einsatz von gentechnischen Methoden zu **Erzeugung eines pflanzlichen gentechnisch veränderten Organismuses (GVO)**: [...]" (VBIO - Grüne Gentechnik = Pflanzenzucht)

> „Die Grüne Gentechnik oder Agrogentechnik ist die Anwendung gentechnischer Verfahren im Bereich der Züchtung von Pflanzen, deren Ergebnisse auch Biotechpflanzen, Gen-Pflanzen und transgene Pflanzen genannt werden. Insbesondere bezeichnet der Begriff Verfahren zur **Herstellung von pflanzlichen gentechnisch**

Sprachhandlungskategorien 131

veränderten Organismen (GVO), in deren Erbgut gezielt einzelne Gene eingeschleust werden." (Wikipedia (2010) - Grüne Gentechnik)

Im weiteren Verlauf werden weitere, diesmal konfligierende Merkmale, die der GRÜNEN GENTECHNIK zugeschrieben werden, aufgeführt. Umstritten ist nicht, dass diese Eigenschaften typisch für die GRÜNE GENTECHNIK sind, umstritten sind diese aufgrund ihrer durch die Akteure vorgenommene Attribuierung in Bezug auf die genannten Merkmale der GRÜNEN GENTECHNIK.

Übertragung bzw. Transfer von Erbmaterial/ DNA/ Gensequenzen
Ein weiteres Merkmal, das zur Definition herangezogen wird, ist die Tatsache, dass bei der Anwendung der Grünen Gentechnik eine *Übertragung bzw. ein Transfer von Erbmaterial/ DNA/ Gensequenzen* etc. stattfindet.

„Im Rahmen der Biotechnologie wird auch die Gentechnik eingesetzt, d. h. Verfahren, mit deren Hilfe *Gene* isoliert, untersucht und - auch über Artgrenzen hinweg - *von einem auf einen anderen Organismus* **übertragen** werden, um neue Organismen mit neuen Eigenschaften zu erzeugen, so genannte ‚gentechnisch veränderte Organismen' (GVO)." (BMU (2010) - Kurzinformation Bio- und Gentechnik. Umweltangelegenheiten der Biotechnologie und Gentechnik)

„Gentechnik wird oft fälschlicherweise mit Biotechnologie gleichgesetzt. Als Gesamtheit aller Methoden und Verfahren zur Isolierung, Erforschung, Veränderung und **Übertragung** *von Erbmaterial* stellt sie lediglich ein Teilgebiet der modernen Biotechnologie dar." (Andreas Jungbluth (BMBF) – Science live – Perspektiven moderner Biotechnologie und Gentechnik)

Dieses Merkmal allein birgt noch keinen Dissens, dieser wird vor allem über die Zuschreibung der Befürworter anhand des Attributs ‚präzise' oder ‚gezielt' verursacht.

„Mit den noch **präziseren** Methoden der modernen Biotechnologie oder *Gentechnik lässt sich ein einzelnes Gen*, das für ein Merkmal verantwortlich ist, aus einer Pflanze oder einem anderen Organismus isolieren und *auf eine andere Pflanze übertragen*. An Stelle von Zehntausenden von Genkombinationen *verändert der Züchter nur eine Gensequenz*, was das Verfahren bedeutend **präziser** macht." (Syngenta - Forschung & Entwicklung)

„Unter Pflanzenbiotechnologie oder Grüner Gentechnik versteht man die **gezielte** *Übertragung von Genen auf Pflanze*n." (BASF - Grüne Aussichten für die Zukunft Pflanzenbiotechnologie bei BASF Plant Science)

„Die Fusion zellwandloser isolierter Zellen (Protoplasten) ermöglicht es zudem, die Gene nicht kreuzbarer Arten zu kombinieren. All diese Verfahren stellen Eingriffe in das Genom einer Pflanze dar. Die Gentechnik ist nur ein weiteres Verfahren zur Veränderung des Erbguts einer Pflanze, mit dessen Hilfe sich **gezielt** *genetische Variation* erzeugen lässt." (DFG (2010) – Grüne Gentechnik)

„Die Grüne Gentechnik unterscheidet sich von der herkömmlichen Züchtung, indem sie einzelne Gene **gezielt transferieren** und dabei **Artgrenzen** sowie andere Hindernisse (wie etwa Unfruchtbarkeit) **leichter überschreiten kann** und aufgrund der speziellen mikrobiologischen Technik nur in Labors möglich ist. Derzeit sind insbesondere Pflanzen auf dem Markt, die beim Anbau weniger Pflanzenschutzmittel benötigen." (Wikipedia (2010) - Grüne Gentechnik)

Die BASF, Wikipedia und der Blogleser Ronny versuchen durch die Attribuierung ‚gezielt' des Merkmals *Übertragung bzw. Transfer von Erbmaterial / DNA/ Gensequenzen* und durch das Zurückweisen des Attributs ‚gezielt' für die KONVENTIONELLE PFLANZENZUCHT, den Unterschied zwischen GRÜNER GENTECHNIK und PFLANZENZÜCHTUNG geringer erscheinen zu lassen.

„Züchtung/ In der *klassischen Züchtung* wird durch Auswahl geeigneter Kreuzungspartner versucht, Pflanzen mit gewünschten Eigenschaften zu versehen. Das Ergebnis ist jedoch **vom Zufall abhängig**. Die *moderne Biotechnologie* kann die Organismen **ganz gezielt** mit Merkmalen ausstatten." (BASF - Biotechnologie bei BASF. Warum Biotechnologie, Herr Marcinowski?)

„Unter Pflanzenbiotechnologie oder Grüner Gentechnik versteht man die **gezielte** *Übertragung von Genen auf Pflanzen*." (BASF - Grüne Aussichten für die Zukunft Pflanzenbiotechnologie bei BASF Plant Science)

„Die *Grüne Gentechnik* unterscheidet sich von der *herkömmlichen Züchtung*, indem sie einzelne Gene **gezielt** *transferieren* und dabei Artgrenzen sowie andere Hindernisse (wie etwa Unfruchtbarkeit) leichter überschreiten kann und aufgrund der speziellen mikrobiologischen Technik nur in Labors möglich ist. Derzeit sind insbesondere Pflanzen auf dem Markt, die beim Anbau weniger Pflanzenschutzmittel benötigen.[1]" (Wikipedia (2010) - Grüne Gentechnik)

„Ronny· 16.03.10 · 07:43 Uhr/ […] Ich vermute mal dass viele gegen Gentechnik sind, weil sie sich fragen: Wozu ? / Wir haben genug zum Essen und warum sollte ich Patente fragwürdiger Firmen unterstützen. Wenn man sich mit der Thematik aber ein bißchen außeinandersetzt sieht man, dass z.B: *Züchtung ja auch nichts anderes ist als Gentechnik. Da entsteht auch neue DNA.* **Nicht so zielgerichtet**, aber nicht unterscheidbar. Und patentierte Monokulturen begegnet man am besten mit patentierten Gegenkulturen. Bedenklich finde ich nur, wenn ein Pestizid dann Teil der Nahrung ist. NIcht nur in der Schale, sondern komplett. Nur, das gibts vermut-

Sprachhandlungskategorien 133

lich auch in der Natur :)" (Kommentare zu Kritisch gedacht (15.03.2010) - Gentechnik: "Dialog" mit den Grünen)

Dissens entsteht hier, da von den Gegnern der GRÜNEN GENTECHNIK die Attribuierung ‚Zielgerichtetheit' bzw. ‚Präzision' zurückgewiesen wird.

„Die Agro-Gentechnik ist ein künstlicher Eingriff in ein biologisches (genetisches) Informationssystem, [...]. Der künstliche Eingriff in dieses System kann nicht als eine ‚beschleunigte Evolution' bezeichnet werden. Genau das wird aber oftmals von Lobbygruppen angeführt. Die Wissenschaftlerinnen und Wissenschaftler *können nicht vorhersagen, wo ein neu hinzugefügtes (modifiziertes) Gen auf einem Chromosom landen wird.* Gesprochen wird allerdings immer wieder von ‚zielgerichteten *Eingriffen'.*" (Die Linke-Bundestagsfraktion - Die Agro-Gentechnik - 30 Fragen & 30 Antworten zur Zukunft der gentechnikfreien Landwirtschaft)

„Als Gentechnik wird die Gesamtheit der Labormethoden verstanden, mit denen einzelne oder mehrere Gene bzw. DNA1 in fremdes Erbgut übertragen werden können (Gentransfer). *Der Einbau des fremden Gens erfolgt* dabei **nicht zielgerichtet** an einer bestimmten Stelle im Erbgut, sondern **zufällig** *nach dem Prinzip Versuch und Irrtum.*" (Die Linke-Bundestagsfraktion - Die Agro-Gentechnik - 30 Fragen & 30 Antworten zur Zukunft der gentechnikfreien Landwirtschaft)

„Die Wissenschaftler können **weder** *den genauen Ort*, wo das Gen in die Pflanze eingebaut wird, **noch** *die Wechselwirkungen mit anderen Genen und Proteinen* **gezielt steuern**. Kein Wunder, dass es beim Anbau von Gen-Pflanzen immer wieder zu überraschenden Nebenwirkungen kommt: Die Stängel von Gen-Soja platzen bei Dürre und Hitze auf oder Gen-Pappeln blühten zum falschen Zeitpunkt." (Greenpeace - Gefahren & Risiken)

Eingriff in das Erbgut/ Neukombination von Erbmaterial/ genetische Variation
Dass es sich bei der Anwendung von GENTECHNIK um einen *Eingriff in das Erbgut* bzw. *um eine Neukombination von Erbmaterial* handelt, wird bei der Definition ebenfalls von den verschiedenen Akteuren herangezogen.

„Mit der Gentechnik können Gene identifiziert, ihre Funktion untersucht und *neu kombiniert werden.* So können Pflanzen mit bestimmten Eigenschaften gezüchtet werden." (BASF - Amflora verleiht Papier und Garn mehr Glanz und Festigkeit)

Die HERKÖMMLICHE PFLANZENZUCHT charakterisieren die Wissenschaftler Jany/ Kiener mit dem Merkmal *Neukombination von Erbgut.* Eben weil dieses Merkmal auch der GRÜNEN GENTECHNIK zugeordnet wird, ist zu vermuten, dass die Wissenschaftler damit versuchen, in ihrer Darstellung von PFLANZENZUCHT den

Unterschied zwischen MODERNER UND KLASSISCHER (auch: KONVENTIONELLER) PFLANZENZUCHT zu minimieren.

„Bei der **klassischen Züchtung**, der sexuellen Vermehrung, wird *das gesamte Erbgut der Eltern neu gemischt* und in den Nachkommen vereinigt. Erwünschte und unerwünschte Merkmale werden auf sie übertragen. Die unerwünschten, mitunter auch bedenklichen Eigenschaften, müssen in zeitaufwendigen Rückkreuzungen wieder entfernt werden. Bei der sexuellen Vermehrung sind grundsätzlich keine molekularen Kenntnisse über genetische Eigenschaften der Organismen vonnöten und in der Regel ist nichts über die molekularen Vorgänge auf der DNA-Ebene bei der Neukombination der Erbanlagen bekannt." (Klaus-Dieter Jany und Claudia Kiener (2001) - Der lange Weg vom Labor auf den Tisch: Gentechnik und Lebensmittel)

Auch die Deutsche Forschungsgemeinschaft setzt das Merkmal *genetische Variation* bzw. *Veränderung des Erbguts* dominant. Dabei wird der Sachverhalt PFLANZENZUCHT konstituiert, ohne dass zwischen KONVENTIONELLER bzw. KLASSISCHER und MODERNER PFLANZENZUCHT unterschieden worden wäre.

„Die Domestikation der Pflanzen, ihre Überführung von Wildformen in Kulturformen, ist mit *Veränderungen ihres Erbguts* verbunden. Das Erzeugen und Nutzen solcher *genetischen Variation* bezeichnen wir heute als Pflanzenzüchtung." (DFG (2010) – Grüne Gentechnik)

Das Attribut ‚gezielt' wird in den folgenden Textbelegen – wie bereits angemerkt – eingesetzt, um die GRÜNE GENTECHNIK als zielgerichteter als die KONVENTIONELLE PFLANZENZUCHT darzustellen. Hier fällt auf, dass Die Linke-Fraktion als ausgesprochener Gegner der GRÜNEN GENTECHNIK ebenfalls das besagte Merkmal einsetzt. Hier wäre aber anzunehmen, dass 'gezielt' an dieser Stelle eingesetzt wird, um die Intentionalität des Eingriffs herauszustellen.

„Mit dem Begriff Gentechnik wird der **gezielte Eingriff des Menschen in das Erbgut von lebenden Organismen** bezeichnet. Mit »grüner« Gentechnik – Agrogentechnik – werden Nutzpflanzen verändert, um beispielsweise widerstandsfähiger gegen Schädlinge zu werden." (Die Linke-Bundestagsfraktion - Gentechnik in der Landwirtschaft)

„Die Gentechnik (Molekularbiologie) hat die Voraussetzungen für die Isolierung und Charakterisierung von Genen und den **Transfer** von begrenztem und definiertem genetischen Material zwischen Organismen geschaffen, auch wenn diese durch biologische Schranken getrennt sind. Die Gentechnik bedeutet immer einen **gezielten Eingriff in die Erbinformation** und eine *in vitro* Rekombination von genetischem Material. Sie ist überhaupt nur möglich, weil der genetische Code universell ist. Dies versetzt uns in die Lage, Erbinformationen **über Artgrenzen hinweg** auszutauschen." (Klaus-Dieter Jany und Claudia Kiener (2001) - Der lange Weg vom Labor auf den Tisch: Gentechnik und Lebensmittel)

Auf den ersten Blick scheint verwunderlich, dass der VBIO als ein Befürworter der GRÜNEN GENTECHNIK den Ausdruck „Manipulation" verwendet. Auch wenn „manipuliert" bzw. „Manipulation" im Mediendiskurs vor allem von Gegnern der GRÜNEN GENTECHNIK gebraucht wird (Müller et al. 2010: 542), führt die Verwendung durch den VBIO dennoch keinen Bruch im Sprachgebrauch herbei. Hier stellt der Einsatz von „Manipulation" einen Hinweis auf ein fachsprachliches Register dar. Denn in Anlehnung an die internationale Terminologie entfällt in der Fachsprache die negative Konnotation, die dem Ausdruck allein in der deutschen Standardsprache anhaftet (Felder 1999: 47; Felder 2001: 493).

„Die Geschichte der biotechnologischen Nutzung von Pflanzen ist wohl schon so alt, wie die Menschheit selbst. [...] Der Mensch betreibt durch seine Selektion also schon seit über 10.000 Jahren eine zielgerichtete *Manipulation* am Erbgut von Nutzpflanzen. Die Erkenntnisse von Gregor Mendel aus dem 19. Jahrhundert trugen nur dazu bei, die Kreuzung noch zielgerichteter zu betreiben./ Bei diesem Streben nach einer **genauen, zielgerichteten** *Züchtung von Nutzpflanzen* ist es bis heute geblieben - wobei immer neue Methoden aus vielen Bereichen der Technik und Biotechnologie Anwendung finden." (VBIO - Biotechnologisch unterstützte (moderne) Pflanzenzucht muss keine Grüne Gentechnik sein)

Das Unternehmen BASF, Helmut Heiderich, Autor eines Aufsatzes der in einer Schrift der Konrad-Adenauer-Stiftung (KAS) erschien, Andreas Jungbluth, Autor eines vom BMBF herausgegebenen Texts, und Wikipedia versuchen die Differenz zwischen GRÜNER GENTECHNIK und PFLANZENZÜCHTUNG als gering erscheinen zu lassen, indem sie das Merkmal *Neukombination von Erbmaterial/ genetische Variation* aufrufen, mit dem Attribut ‚gezielt' versehen und darüber hinaus explizit oder implizit einen Vergleich mit KONVENTIONELLER PFLANZENZUCHT herstellen.

„Die *klassische Pflanzenzüchtung* beruht auf der Kreuzung von Pflanzen. Was am Ende dabei herauskommt, geschieht weitgehend unkontrolliert. Die moderne biotechnologische Züchtung hingegen arbeitet nach dem Prinzip, Gensequenzen, die für bestimmte Qualitätseigenschaften in Nutzpflanzen verantwortlich sind, **sehr gezielt und wesentlich effizienter** in ein Pflanzengenom zu übertragen." (BASF - FAQs - Gesellschaftliche Verantwortung und Dialog mit der Öffentlichkeit)

„Die Gentechnik, die Anfang der 70er Jahre entwickelt wurde, hat nicht nur den Vorteil, dass sie die langwierigen und *ungenauen konventionellen Züchtungsmethoden* durch **gezieltes Einbringen von Genen zur Erzeugung gewünschter Eigenschaften** verbessert und beschleunigt, auch die Ergebnisse sind vielversprechender."

(Helmut Heiderich (2001)(KAS) - Perspektiven der „Grünen Gentechnik" (Zukunftsforum Politik))

„Beispielsweise gehen rund 70 % der Hartweizengräser zur Herstellung von Teigwaren in Italien auf diese Mutationszüchtung zurück, ebenso die Nektarine. Im Gegensatz hierzu ist die gentechnische Variante äußerst **zielgerichtet** und wesentlich besser überprüfbar. Darüber hinaus erlaubt sie den Gentransfer auch über Artgrenzen hinweg." (Andreas Jungbluth (BMBF) – Science live – Perspektiven moderner Biotechnologie und Gentechnik)

„Die *konventionelle Züchtung* beruht dabei auf dem Prinzip von Kreuzung und anschließender Selektion. Bei Kreuzungen wird jeweils das gesamte Erbgut der Elternorganismen gemischt. Das Erbgut in den Tochterorganismen lässt sich dabei nicht exakt vorhersagen. Deshalb müssen in den weiteren Generationen die Organismen mit den gewünschten Eigenschaften selektiert werden. **Im Gegensatz dazu werden mit der Grünen Gentechnik gezielt aus anderen Arten oder Organismen Gene hinzugefügt, die für eine bestimmte Eigenschaft verantwortlich sind. Es wird darauf hingewiesen, dass**
• **diese Methode gezielter sei und**
• sich Eigenschaften züchten lassen, die sich auf konventionellem Weg nicht erreichen lassen (s. Präzisionszucht)" (Wikipedia (2010) - Grüne Gentechnik)

Konzept ›Überschreitung der Artgrenze‹

KONZEPT	Konzeptattribut – Befürworter	Konzeptattribut – Gegner
Konzept ›Überschreitung der Artgrenze‹	‚Positiv'	‚Negativ' Sachverhaltsverknüpfung mit dem Konzept ›Natürlichkeit‹: ‚Natürlich'

Dass das Konzept ›Überschreitung der Artgrenze‹ ein Merkmal der GRÜNEN GENTECHNIK darstellt, ist unter den Akteuren nicht umstritten,

„Die Methoden der Biotechnologie und Gentechnik ermöglichen die Übertragung einzelner Erbeigenschaften in *Pflanzen innerhalb von Artgrenzen oder über Artgrenzen hinweg.*" (Andreas Jungbluth (BMBF) – Science live – Perspektiven moderner Biotechnologie und Gentechnik)

„Grundlage der (Grünen) Gentechnik sind die Universalität des genetischen Codes und die Möglichkeit der Übertragung von DNA *auch über Art-Grenzen hinweg.* So entstehen pflanzliche GVOs. Das Problem besteht darin, die "fremde" DNA in die Zelle zu bekommen." (VBIO - Was heißt "Grüne Gentechnik" praktisch)

Sprachhandlungskategorien 137

„Im Rahmen der Biotechnologie wird auch die Gentechnik eingesetzt, d. h. Verfahren, mit deren Hilfe *Gene* isoliert, untersucht und - *auch über Artgrenzen hinweg - von einem auf einen anderen Organismus übertragen werden*, um neue Organismen mit neuen Eigenschaften zu erzeugen, so genannte "gentechnisch veränderte Organismen" (GVO)." (BMU (2010) - Kurzinformation Bio- und Gentechnik. Umweltangelegenheiten der Biotechnologie und Gentechnik)

„Ethische Aspekte/ In der von den Anthroposophen begründeten biologisch-dynamischen Landwirtschaft wird das Ziel verfolgt, die Pflanze "**wesensgemäß**" zu züchten. Dies schließt nicht nur Kreuzungen von Weizen und Dinkel aus, sondern auch jede Anwendung der Gentechnik." (Wikipedia (2010) - Grüne Gentechnik)

Dissens besteht jedoch in der Bewertung des Charakteristikums. Die Artübergreifung wird von Befürwortern der Grünen Gentechnik als positive Eigenschaft bewertet; hier beispielsweise von der KWS und dem Blogautor Alexander Knoll:

„Gentechnik ist eine wichtige Technologie zur *Ergänzung der traditionellen klassischen Pflanzenzüchtung*. Sie kann dort zum Einsatz kommen, wo deren herkömmliche Methoden an ihre Grenzen stoßen, z. B. **weil eine geforderte Eigenschaft innerhalb der kreuzbaren Verwandtschaft einer Art nicht verfügbar ist, somit können artübergreifende Eigenschaften nutzbar gemacht werden.**" (KWS - Forschungsprojekte)

„Alexander· 21.06.09 · 16:55 Uhr / Huch, wo kommt der Kommentar denn her? Naja, @Michael:/ zu 1) Das stimmt alles was du sagst, aber das ändert nichts daran, dass grüne Gentechnik im Prinzip erstmal auch nichts anderes ist: **DNA wird von einer in eine andere Art übertragen. Was daran eben besonders interessant ist, ist eben die Möglichkeit des DNA-Austausches zwischen fern verwandten Arten**, was ja eben bei der grünen Gentechnik immer als "unnatürlich" kritisiert wird. Die Natur machts aber auch." (Alles was lebt (13.05.2009) - Ist Propfung grüne Gentechnik)

Die Linke-Fraktion bewertet die ›Überschreitung der Artgrenzen‹ negativ. Die Evangelische Kirche in Deutschland (EKD) ist in ihrer Beurteilung der GRÜNEN GENTECHNIK ambivalent. Der folgende Nachweis belegt dies erneut. Die EKD spricht sich weder für noch gegen die ›Überschreitung der Artgrenzen‹ aus, sondern fordert, dass eine Rechtfertigung für die ›Überschreitung der Artgrenze‹ erfolgen muss.

„Gerade im **Überschreiten von Gattungs- oder Artgrenzen liegt ein ökologisches Risiko.**" (Die Linke-Bundestagsfraktion - Die Agro-Gentechnik - 30 Fragen & 30 Antworten zur Zukunft der gentechnikfreien Landwirtschaft)

„Die Artgrenze stellt eine offenkundig sinnhafte Gegebenheit dar, die nicht ohne Not übergangen werden sollte. Jedenfalls ist sorgfältig zu prüfen, ob Gründe namhaft gemacht werden können, die die Nichtbeachtung der Artgrenze rechtfertigen." (EKD (1997) - Einverständnis mit der Schöpfung)

Die Gegner hingegen, hier die beiden NGOs IDG-Keine-Gentechnik und Greenpeace, betonen das Konzept ›Überschreitung der Artgrenze‹ als differenzierendes Merkmal der GRÜNEN GENTECHNIK zur KONVENTIONELLEN PFLANZENZUCHT.

„*Im Gegensatz zur klassischen Züchtung* **werden dabei Artgrenzen überschritten.** In der Regel werden Genkonstrukte übertragen, die aus mehreren Genen bestehen – insbesondere von Bakterien und Viren, aber auch von Pflanzen und Tieren. Bei der klassischen Züchtung wird das gesamte Erbmaterial der Eltern neu kombiniert. Bei der Gentechnik werden einzelne kleine Teile ausgetauscht." (Informationsdienst Gentechnik - Keine Gentechnik.de – Was ist (Agro-)Gentechnik)

„*Anders als bei Züchtungen* **werden im Gentechnik-Labor Artgrenzen ignoriert.** Gene aus Bakterien und Viren werden in Pflanzen hineinmanipuliert, um diese unempfindlich gegen Insektenfraß oder Spritzmittel zu machen./ Das Erbgut ist jedoch komplex und weitgehend unerforscht. Einzelne Gene beeinflussen häufig mehrere Eigenschaften einer Pflanze. Bei gentechnischen Experimenten können weder der Ort, wo das Gen eingebaut wird, noch die Anzahl der eingebauten Kopien noch die Wechselwirkungen mit anderen Genen gezielt gesteuert werden. *Unerwartete Nebenwirkungen kann daher niemand ausschließen.*" (Greenpeace (2005) - Gute Gründe gegen Gentechnik...)

Vor allem durch eine Verknüpfung mit dem Konzept ›Natürlichkeit‹ erfolgt eine Bewertung der ›Überschreitung der Artgrenze‹. Die NGO IDG-Keine-Gentechnik und die Fraktion Die Linke vollziehen diese Sachverhaltsverknüpfung, indem sie die ›Überschreitung der Artgrenze‹ als ‚unnatürlich' deklarieren.

„Ist Gentechnik nur eine andere Form der Züchtung?/ Die herkömmliche Züchtung arbeitet nur mit Organismen der gleichen Art oder mit nahen Verwandten. Bei der Gentechnik wird Erbmaterial von Bakterien, Viren, Pflanzen, Tieren und Menschen isoliert und in andere Lebewesen übertragen. **Dabei werden die *natürlichen* Artgrenzen überschritten.** In einem gentechnisch veränderten Organismus (GVO) ist das genetische Material also so verändert worden, wie es **unter *natürlichen* Bedingungen nicht** vorkommen würde." (Informationsdienst Gentechnik - Keine Gentechnik.de – Gute Gründe gegen Gentechnik in der Landwirtschaft)

„Befürworterinnen und Befürworter der Agro-Gentechnik stellen gentechnische Veränderungen oftmals als einen „natürlichen" Prozess dar oder argumentieren mit Vergleichen zur traditionellen Züchtung. Der gattungs- oder artübergreifende Gentransfer ist allerdings ein Vorgang, welcher **in der *Natur* nicht vorkommen würde.**

Sprachhandlungskategorien 139

Er ist *unnatürlich*." (Die Linke-Bundestagsfraktion - Die Agro-Gentechnik - 30 Fragen & 30 Antworten zur Zukunft der gentechnikfreien Landwirtschaft)

Konzept ›Natürlichkeit‹

Konzept ›Natürlichkeit ‹	Konzeptattribut – Befürworter	Konzeptattribut – Gegner
Konzeptattribute	‚Altbewährt' - Textmuster ‚seit Tausenden von Jahren' ‚Konventionelle Pflanzenzucht ≠ natürlich' ‚Natur ≠ positiv' ‚Grüne Gentechnik ≠ künstlich' ‚Natur als Vorbild'	‚Ethisch begründete Grenze für das menschliche Handeln' ‚Überschreitung der natürlichen Artgrenzen ist nicht natürlich' ‚Grüne Gentechnik = künstlich'

Mit dem Konzeptattribut ‚altbewährt' (Felder 1999: 44) des an der Textoberfläche sichtbar werdenden Textmusters ‚seit Tausenden von Jahren' wird vonseiten der Gentechnik-Befürworter versucht, GRÜNE GENTECHNIK als eine bewährte Methode darzustellen und den Unterschied zur KONVENTIONELLEN LANDWIRTSCHAFT als geringer erscheinen zu lassen.

„**Seit Tausenden von Jahren** werden durch den Menschen genetische Veränderungen bei Pflanzen zur Ertrags- und Qualitätssteigerung, sowie zur größeren Resistenz gegenüber Krankheiten und Schädlingen gezüchtet." (Helmut Heiderich (2001)(KAS) - Perspektiven der „Grünen Gentechnik" (Zukunftsforum Politik))

„**seit Jahrtausenden**" (Kommentare zu WeiterGen (28.02.2008) - Grüne Gentechnik: Amflora/ Nachrichten des Verbandes Biologie, Biowissenschaften und Biomedizin in Deutschland (2009) - Grüne Gentechnik: Weiterhin turbulent) und (DFG - Parlamentarischer Abend "Grüne Gentechnik")

„**schon so alt, wie die Menschheit selbst. Vor 10.000 Jahren [...]**" (VBIO - Biotechnologisch unterstützte (moderne) Pflanzenzucht muss keine Grüne Gentechnik sein)

„**seit über 10.000 Jahren**" (VBIO - Biotechnologisch unterstützte (moderne) Pflanzenzucht muss keine Grüne Gentechnik sein)

„**in Tausenden von Jahren**" (BASF - Chancen und Nutzen)

„**Züchtungsbemühungen der vergangenen Jahrhunderte**" (Klaus-Dieter Jany und Claudia Kiener (2001) - Der lange Weg vom Labor auf den Tisch: Gentechnik und Lebensmittel)

„Der Mensch erkannte schon sehr früh in seiner Entwicklungsgeschichte, dass bestimmte pflanzliche Merkmale von einer Generation auf die andere weitergegeben werden. Diese Beobachtung machte er sich seit Beginn seiner Sesshaftigkeit **vor mehr als 10.000 Jahren** zu Nutze, um Pflanzenmerkmale seinen Ansprüchen gemäß zu verändern." (Andreas Jungbluth (BMBF) – Science live – Perspektiven moderner Biotechnologie und Gentechnik)

Wie eng das Diskursgeflecht tatsächlich ist, zeigt sich in den folgenden Kapiteln der qualitativen Auswertung anhand der dort aufgeführten zahlreichen Sachverhaltsverknüpfungen. Am folgenden Beispiel wird bereits deutlich, wie selten Akteure voneinander getrennte Behauptungen treffen. Sie verknüpfen verschiedene Sachverhalte und versuchen auf diese Weise, ihre Position zu stärken. Bei der DFG wird das Konzeptattribut ‚alt/ bewährt', das Felder (1999) expliziert, mit dem Konzept ›Welthunger‹ und dem dazugehörigen Konzept der ›Ernährungssicherung‹ verknüpft.

„Der Mensch schafft Pflanzen nach seinen Bedürfnissen. **Er tut dies seit rund 13 000 Jahren** – und hat **damit die Grundlage dafür gelegt, dass auf der Erde heute mehr als sechseinhalb Milliarden Menschen leben können.**" (DFG (2010) – Grüne Gentechnik)

Helmut Heiderich, Autor eines von der Konrad-Adenauer-Stiftung (KAS) herausgegebenen Aufsatzes, als Befürworter der GRÜNEN GENTECHNIK und der Wissenschaftler Stefan Rauschen weisen das Konzeptattribut ‚natürlich' für die KONVENTIONELLE PFLANZENZUCHT zurück. Man kann vermuten, dass dadurch versucht wird, die Differenz zwischen GRÜNER GENTECHNIK und KONVENTIONELLER PFLANZENZUCHT zu verringern.

„Neue Pflanzensorten werden dabei durch Bestrahlung im Atomreaktor, durch den Einsatz von Röntgenstrahlen oder durch Gammastrahlen von Kobalt-Kanonen erzeugt. Nach Angaben der IAEA (Internationale Atomenergie- Agentur) wurden bis Ende 2000 weltweit 2252 Pflanzensorten registriert, davon z. B. 44 neue Getreidesorten aus Deutschland, die mit Hilfe dieser **Mutationstechniken** geschaffen wurden." (Helmut Heiderich (2001)(KAS) - Perspektiven der „Grünen Gentechnik" (Zukunftsforum Politik))

„Während gezielte Eingriffe in das Erbgut von Pflanzen durch gentechnische Maßnahmen strengen Kontrollen und Kennzeichnungspflichten unterworfen werden, ist die **Mutationszüchtung** durch Bestrahlung nicht kennzeichnungspflichtig und den

Verbrauchern meistens nicht bekannt." (Helmut Heiderich (2001)(KAS) - Perspektiven der „Grünen Gentechnik" (Zukunftsforum Politik))

„Stefan Rauschen· 13.01.10 · 17:04 Uhr / [...]/ auch neue, konventionell gezüchtete sorten können einen erheblichen einfluss auf die umwelt haben (dazu habe ich selbst gearbeitet und bin da noch dran), ohne dass diese einer sicherheitsbewertung welcher form auch immer unterworfen wären./ TILLING pflanzen werden als große alternative zu gentechnisch veränderten pflanzen gehypt. dabei werden im pflanzengenom **unvorhergesehen und ununtersucht mutationen** ausgelöst, hunderte, wenn nicht gar tausende. welche bedeutung die haben könnten, interessiert kein, *weil ist ja mutagenese, damit "konventionell" und eben nicht "gentechnisch verändert".*/ daher kommt es auch, dass die amflora immer noch nicht zugelassen ist, die TILLING alternative aber bald auf den äckern stehen darf. wobei beide (abgesehen vom antibiotika-resistenzmarker der amflora) dieselbe phänotypische eigenschaft haben, eine bestimmte form der stärke zu produzieren. was bei der TILLING alternative sonst noch anders sein mag, braucht nicht untersucht werden./ wissenschaftlich? wohl kaum." (Stefan Rauschen in WeiterGen (10.01.2010) - Rationales zur Grünen Gentechnik)

Und auch das als neutral geltende BVL versucht die Differenz zwischen GRÜNER GENTECHNIK und KONVENTIONELLER PFLANZENZUCHT geringer erscheinen zu lassen, indem die Folgen der „Effekte der Einführung von Fremdgenen" mit den Folgen ‚natürlicher' Vorgänge wie Mutationen verglichen und als Werkzeug der KONVENTIONELLEN PFLANZENZÜCHTUNG deklariert werden.

„Wie sind Efekte [sic!] am Erbgut der Pflanze zu beurteilen, die beim Einbringen von Fremdgenen entstehen?/ [...] Um solche Effekte der Einführung von Fremdgenen einordnen zu können, muss man wissen, dass Inaktivierungen von Genen oder Änderungen der Regulation von Genen und die damit verbundenen Veränderungen der äußeren Gestalt von Pflanzen auch in nicht gentechnisch veränderten Pflanzen als Folge **natürlicher Vorgänge wie Mutationen**, Umlagerungen (Veränderungen der Reihenfolge) oder Deletionen (Entfernen) von Erbgut vorkommen können und sogar in der Pflanzenzüchtung genutzt werden." (BVL - Häufig gestellte Fragen zu Freisetzungen)

Stefan Rauschen, die DFG und Helmut Heiderich und Horst Glatzel von der KAS weisen die Gegenüberstellung von ‚Natur' und ‚natürlich' gegenüber der Anwendung der KONVENTIONELLEN LANDWIRTSCHAFT zurück. Die DFG ruft dabei das Merkmal *Erzeugung neuartiger Organismen* auf. Es besteht dabei eine Parallele zum Merkmal *Erzeugung von GVO*, das der GRÜNEN GENTECHNIK als Eigenschaft zugeordnet wird. Es bleibt zu vermuten, dass auf diese Weise wiederum ein Versuch der Minimierung der Gegensätze zwischen der GRÜNEN GENTECHNIK und der KONVENTIONELLEN PFLANZENZUCHT unternommen wird.

„Was sind für dich mögliche Gründe, weshalb besonders in Europa transgene Organismen in der Landwirtschaft abgelehnt werden?/ Da gibt es meiner Meinung nach viele mögliche Gründe für. Die Leute haben eine sehr **romantische** Vorstellung davon, wie Landwirtschaft betrieben wird, oder wenigstens betrieben werden sollte. Sie wissen relativ wenig über die **wirklichen** Zustände und Zusammenhänge in Landwirtschaft und Lebensmittelproduktion./ **Sie wissen wenig über Gefahren und Risiken, die konventionellen Methoden in sich bergen.**" ([Interview mit Dr. Stefan Rauschen] Alles was lebt (14.04.2009) - Persönliche Erfahrungen in der deutschen Biosicherheitsforschung: Interview mit Dr. Stefan Rauschen)

„Daher gehe es nicht um die Frage **Gentechnik versus Natur**, denn auch mit konventionellen Methoden der Pflanzenzüchtung würden **Pflanzenarten hergestellt, die es vorher nicht gegeben habe**, sagt Jung." (DFG - Parlamentarischer Abend "Grüne Gentechnik")

„Den meisten Verbrauchern ist nicht bekannt, **dass auch bei konventionellen Züchtungsmethoden besondere Eingriffe in das Genom der Pflanze vorgenommen werden.**" (Helmut Heiderich (2001)(KAS) - Perspektiven der „Grünen Gentechnik" (Zukunftsforum Politik))

„Eventuelle Risiken im Umgang mit einem transgenen Organismus liegen immer in der Natur des Organismus selbst bzw. in der eingeführten Veränderung, nicht aber in der Technik, mit der ein Organismus verändert wurde. Daher ist ein denkbares Risiko nicht auf die gentechnisch veränderten Organismen beschränkt, **sondern trifft auch auf die neu in ein Ökosystem eingeführten Organismen zu**. Deshalb ist es nicht richtig, einen generellen Gegensatz **„natürliche Kulturpflanzen" versus „künstliche transgene Kulturpflanzen"** zu konstruieren." (Horst Glatzel (2001)(KAS) - Perspektiven der „Grünen Gentechnik" (Zukunftsforum Politik))

Stefan Rauschen weist für das Konzept ›Natürlichkeit‹ eine ausschließlich positive Attribuierung und damit Bewertung zurück.

„Es mangelt auch an einem wissenschaftlichen Verständnis für Umwelt und Natur. Auch hier gibt es sehr romantische Vorstellungen davon, wie Umwelt aussieht oder was "Natur" ist. Häufig findet man, dass mit "Natur" stets nur gute und positive Eigenschaften verknüpft werden. Hier gibt es nur selten ein differenziertes Bild./ **Dass Natur gefährlich ist, weder gut noch schlecht kennt, und daher nach menschlichen Maßstäben "grausam" und "willkürlich" erscheint, das wollen viele nicht sehen.**/ Natur ist für den zivilisierten Menschen aus den [sic!] westlichen Gesellschaft ein Rückzugsort gewonnen [sic!], wo man hingeht, um sich zu besinnen und der grausamen und willkürlichen Gesellschaft, der man ausgeliefert ist, zu entfliehen, und ein wenig selbstbestimmt und auf sich bezogen sein zu können. Daher gibt es in der Natur keinen Platz für negative Aspekte." ([Interview mit Dr. Stefan Rau-

Sprachhandlungskategorien 143

schen] Alles was lebt (14.04.2009) - Persönliche Erfahrungen in der deutschen Biosicherheitsforschung: Interview mit Dr. Stefan Rauschen)

Wikipedia und die Horst Glatzel weisen das Konzeptattribut ‚künstlich' für die GRÜNE GENTECHNIK zurück.

„Wissenschaftler erklären zudem, die Gentechnik sei **nicht so künstlich oder unpräzise** wie oft angenommen. Es würden Verfahren genutzt, die auch in der Natur vorkommen und diese würden ständig verbessert. Auch die Eigenschaften der Zielgene seien sehr genau bekannt und die resultierenden Pflanzen würden strenger überwacht als die konventionell erzeugten, und Sorten, die nicht die gewünschten oder gar negative Eigenschaften besitzen, würden nicht weiterentwickelt." (Wikipedia (2010) - Grüne Gentechnik)

„Deshalb ist es nicht richtig, einen generellen Gegensatz ‚natürliche Kulturpflanzen' versus ‚**künstliche** transgene Kulturpflanzen' zu konstruieren." ((Horst Glatzel (2001)(KAS) - Perspektiven der „Grünen Gentechnik" (Zukunftsforum Politik))

Die DFG und BASF stellen die GRÜNE GENTECHNIK als eine Methode dar, die der Natur nachgeahmt wurde, und versuchen das Konzeptattribut ‚Natur als Vorbild' des Konzepts ›Natürlichkeit‹ dominant zu setzen, um die GRÜNE GENTECHNIK in einem positiven Licht erscheinen zu lassen.

„Interessanterweise benutzt man zur Herstellung transgener Pflanzen bestimmte Bakterien, die natürlicherweise in der Lage sind, bakterielle Gene in das Pflanzengenom zu übertragen – **die Schlüsselmethode der Grünen Gentechnik ist also gleichsam ‚der Natur abgeschaut'.**" (DFG (2010) – Grüne Gentechnik)

„**Für die Entwicklung solcher trockentoleranter Nutzpflanzen dient die Natur als Vorbild**: Es gibt Pflanzen wie Kakteen und Moose, die von Natur aus in der Lage sind, in sehr heißen und trockenen Gebieten zu überleben. Wir erforschen, wie diese Pflanzen unter diesen Bedingungen zurechtkommen, um mit den gewonnen Erkenntnissen Nutzpflanzen wie Mais, Soja oder Weizen zu optimieren." (BASF - Pflanzen mit erhöhter Stresstoleranz)

„Unsere Forscher haben jetzt eine gentechnisch verbesserte Kartoffel entwickelt, die gegen den Schadpilz resistent ist. Die dafür notwendigen **Resistenzgene** haben Forscher **in einer lateinamerikanischen Wildkartoffel entdeckt**. Diese Gene sorgen dafür, dass die Pflanze den Schadpilz erkennt und ihren Abwehrmechanismus startet. Unsere heutigen Kulturkartoffeln haben diese Fähigkeit im Laufe der Zeit verloren." (BASF - Schutz vor Schadpilzen)

Die EKD stellt sich mit dem Konzeptattribut ‚Ethisch begründete Grenze für das menschliche Handeln' gegen die Anwendung der GRÜNEN GENTECHNIK. Dies könnte entgegen der eigenen Einschätzung einen Hinweis darauf geben, dass es sich bei ihr um einen Gegner der GRÜNEN GENTECHNIK handelt.

„Insofern haben sie auch den Charakter von Grenzmarkierungen: Das menschliche Handeln, gerade auch in der Gentechnik, bedarf einer klaren Begrenzung. Zunächst sind dies schon die Grenzen der wissenschaftlichen Erkenntnis und des technischen Könnens. Aber sie decken sich nicht mit den Grenzen dessen, was ethisch begründbar ist. Nicht selten können Menschen in dem Bereich, in dem sie handeln, nicht genug. Vor allem jedoch können sie technisch oft mehr, als sie verantworten können. Aber die Menschen dürfen nicht alles tun, was sie tun können. **So setzt das Einverständnis mit der Natur dem menschlichen Handeln auch in der Gentechnik Grenzen.**" (EKD (1997) - Einverständnis mit der Schöpfung)

Darüber hinaus stellen die Gegner der GRÜNEN GENTECHNIK die ›Überschreitung der natürlichen Artgrenzen‹ als unnatürlich dar (vgl. Konzept ›Überschreitung der Artgrenze‹).

Die GRÜNE GENTECHNIK wird zudem von der Fraktion Die Linke, einem Gegner der GRÜNEN GENTECHNIK, insgesamt mit dem Konzeptattribut ‚künstlich' versehen.

„Die Agro-Gentechnik ist ein **künstlicher** Eingriff in ein biologisches (genetisches) Informationssystem, [...]. Der **künstliche** Eingriff in dieses System kann nicht als eine „beschleunigte Evolution" bezeichnet werden. Genau das wird aber oftmals von Lobbygruppen angeführt. Die Wissenschaftlerinnen und Wissenschaftler *können nicht vorhersagen, wo ein neu hinzugefügtes (modifiziertes) Gen auf einem Chromosom landen wird.* Gesprochen wird allerdings immer wieder von „**zielgerichteten** *Eingriffen*". (Die Linke-Bundestagsfraktion - Die Agro-Gentechnik - 30 Fragen & 30 Antworten zur Zukunft der gentechnikfreien Landwirtschaft)

Abschließend soll an dieser Stelle überprüft werden, ob in dieser Diskursanalyse an das von Felder (1999) in seinem Aufsatz „Differenzen in der Konzeptualisierung naturwissenschaftlicher Grundlagen bei Befürwortern, Skeptikern und Gegnern der Gen-/Biotechnologie" genannten Paradigma der Anpassung angeschlossen werden kann. Er stellte dort fest, dass Gegner der Grünen Gentechnik dabei meist das Konzept der ›Akkommodation‹ als „Anpassung durch Angleichung an die Anforderungen der Umwelt (teleologischer Naturbegriff)" (Felder 1999: 47) vertreten, während Befürworter eher das Konzept der ›Assimilation‹ vertreten, also der „Anpassung durch Angleichung der Umweltgegebenheiten an die humanen Anforderungen" (ebd.).

Die hier herausgearbeiteten Konzeptattribute machen deutlich, dass die erarbeiteten Erkenntnisse sich tatsächlich an das Paradigma der Anpassung anschließen lassen. Die Gegner der GRÜNEN GENTECHNIK vertreten die Konzeptattribute ‚Ethisch begründete Grenze für das menschliche Handeln', ‚Grüne Gentechnik ist künstlich' und ‚Überschreitung der natürlichen Artgrenzen ist nicht natürlich' und stimmen deshalb mit einer Haltung überein, die sich dadurch auszeichnet, dass sich der Mensch durch Angleichung an die Umweltgegebenheiten anpasst. Sie profitieren davon, genau dieses Konzept der Akkommodation in ihrer Argumentation nutzen zu können.

Das von Felder eruierte Konzeptattribut ‚altbewährt' der Gentechnik-Befürworter wurde in diesem Korpus durch das Textmuster ‚seit Tausenden von Jahren' repräsentiert, die weiteren Konzeptattribute wie 'konventionelle Pflanzenzucht ist nicht natürlich', 'Natur als Vorbild' und ‚Grüne Gentechnik ist nicht künstlich' zielen darauf ab, das Konzept der Assimilation, der Anpassung durch Angleichung der Umweltgegebenheiten an die humanen Anforderungen, durch sprachliche Handlungen nicht wie erwartet zu besetzen, sondern dieses möglichst weit von sich zu weisen.

Konzept ›Zeitaspekt‹

KONZEPT	Konzeptattribut – Befürworter	Konzeptattribut - Gegner
Konzept ›Zeitaspekt‹	‚Effizienz' ‚Geschwindigkeit' ‚Zeiteinsparung'	‚Langsamkeit als Prinzip der Evolution'

Syngenta als Befürworter und der VBIO versuchen anhand der Konzeptattribute ‚Effizienz', ‚Geschwindigkeit' und ‚Zeiteinsparung', welche man im Vergleich mit der KONVENTIONELLEN ZÜCHTUNG gewönne, zugunsten der GRÜNEN GENTECHNIK zu argumentieren. Anhand folgender Ausdrücke wird auf dieses Konzept des ›Zeitaspekts‹ aus Befürworter-Seite verwiesen:

„[...] können aber sehr **zeitraubend** und manchmal unberechenbar sein" / „Das Züchten neuer Sorten wird dadurch **schneller** und präziser" „den zeitraubenden Prozess der Kreuzung der Pflanzen, ihrer Aufzucht und der Auswahl der besten Exemplare auf dem Feld oder im Gewächshaus" / „die **Geschwindigkeit** und Genauigkeit unserer Forschungen mit Hilfe der Genomik **erhöhen**" (Syngenta - Forschung & Entwicklung)

„Rudi Balling: „Damit zerstört die Politik Zukunftsoptionen, die wir in Zeiten eines dramatischen Klimawandels dringend benötigen." „Gentechnische Verfahren sind eine Weiterentwicklung der klassischen Pflanzenzüchtung", erläuterte Balling den Hintergrund seiner Position. Seit Jahrtausenden habe der Mensch Pflanzen und Tiere so gezüchtet, dass sie an ihrem Standort die optimale Leistung erbringen konnten. Dieser Prozess sei jedoch vergleichsweise langwierig: **„So viel Zeit** für die Züchtung **werden wir** in den kommenden Jahren **nicht mehr haben**, wenn die Temperaturen auf der Erde durch den Klimawandel schnell steigen", so Balling. Dann gelte es, **in kürzester Zeit** neue Pflanzensorten zu entwickeln, die an die veränderte Klimasituation angepasst sind und damit zur Ernährung der Menschheit erheblich beitragen können." (Nachrichten des Verbandes Biologie, Biowissenschaften und Biomedizin in Deutschland (2009) - Grüne Gentechnik: Weiterhin turbulent)

Das Zentralkomitee der deutschen Katholiken (ZdK) bewertet den ›Zeitaspekt‹ als einen relevanten Unterschied zwischen der KONVENTIONELLEN ZÜCHTUNG und der GRÜNEN GENTECHNIK. Das Komitee bezeichnet die ‚Langsamkeit als ein Grundprinzip der Evolution' und stellt dieses in Opposition zu den Konzeptattributen ‚Effizienz' bzw. ‚Zeiteinsparung' der Befürworter.

„Zwar hat es der Mensch schon immer verstanden, durch Pflanzenzüchtung seine Vorteile aus der Nutzung der Pflanzen zu erweitern und - infolge der Beobachtungen von Gregor Mendel (1822-1884) - nicht nur Höchsterträge, sondern auch die Steigerung der Qualität und vor allem die Sicherung der Erträge durch Resistenzzüchtung erreicht. Aber durch eine Anwendung der Gentechnologie erreichen diese Eingriffe in die Pflanzenwelt zugleich eine neue ‚Tiefe': Über Kombinations- und Transgressionszüchtung hinaus wird durch genetische Eingriffe die Mutation beeinflusst und daher die sich an die genetische Manipulation anschließende Entwicklung des Organismus „nachhaltig" verändert. Da die traditionellen Techniken der Pflanzenzüchtung sehr **langwierig** sind, geht es der Grünen Gentechnik besonders um die **rasche** und gezielte Entwicklung neuer Pflanzesorten. Die Grundprinzipien der Evolution - **unendliche Langsamkeit und Vielfalt** - werden auf den Kopf gestellt. Dieser **zeitliche Druck**, der oftmals von Unternehmen ausgeübt wird, die sich von der Forschung in diesem Bereich ausschließlich große Gewinne versprechen, ohne die Risiken zu bedenken, ist mit einem verantwortbaren Umgang mit der Gentechnik nicht vereinbar." (ZdK (2003) - Agrarpolitik muss wieder Teil der Gesellschaftspolitik werden)

Ergebnisse

Konzept	Konzeptattribut - Befürworter	Konzeptattribut - Gegner
Sachverhaltsfestsetzung und Sachverhaltsabgrenzung: Dissens	Angliederung der GRÜNEN GENTECHNIK an die KONVENTIONELLE oder KLASSISCHE PFLANZENZUCHT	Abgrenzung der GRÜNEN GENTECHNIK zur PFLANZENZUCHT

An den eruierten Konzepten wurde deutlich, dass von Befürworter-Seite auf implizite Weise anhand bestimmter Konzeptattribute versucht wurde, GRÜNE

GENTECHNIK als Weiterentwicklung der KONVENTIONELLEN PFLANZENZUCHT darzustellen.

„Gentechnische Verfahren sind eine **Weiterentwicklung** der klassischen Pflanzenzüchtung", erläuterte Balling den Hintergrund seiner Position." (Nachrichten des Verbandes Biologie, Biowissenschaften und Biomedizin in Deutschland (2009) - Grüne Gentechnik: Weiterhin turbulent)

Es wird auf die lange Tradition der Biotechnologie verwiesen und versucht GRÜNE GENTECHNIK an diese anzuschließen. Zudem wird die ‚altbewährte' Tradition mit der ‚Natur als Vorbild' dargestellt und versucht diese mit Modernität (repräsentiert durch ‚präzise' und ‚gezielte' Technik und der ›Überschreitung der Artgrenze‹ als positive Herausforderung) zu verbinden und damit ein positives Bild von dieser zu erzeugen.

Die Gegner der GRÜNEN GENTECHNIK hingegen heben die Diskrepanz zwischen GRÜNER GENTECHNIK und KONVENTIONELLER PFLANZENZUCHT hervor und weisen die Merkmale der Befürworter, die Modernität vermitteln, zurück, indem sie diese als ‚nicht gezielt', ‚Überschreitung der Artgrenze als unnatürlich' deklarieren und ‚Langsamkeit als Prinzip der Evolution' positiver bewerten als ‚Effizienz'. Ihrerseits gestalten die Gegner ein Bild der GRÜNEN GENTECHNIK, das diese als eine Technik darstellt, die sich vermeiden lässt, indem man sich selbst durch ‚ethisch begründete Grenzen für das menschliche Handeln' beschränkt.

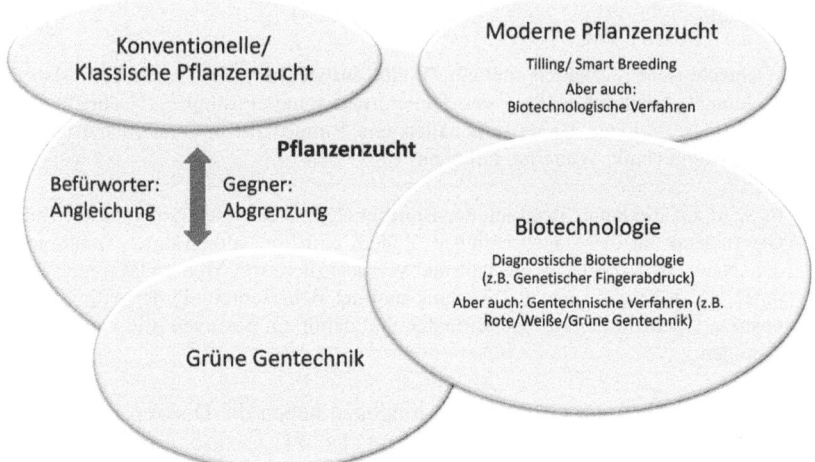

Grafik 2. Moderne Pflanzenzucht/ Biotechnologie/ Grüne Gentechnik. Quelle: Eigene Darstellung.

4.3.2 Sachverhaltsverknüpfung

In der Kategorie Sachverhaltsverknüpfung wird – getreu der Benennung der Kategorie – untersucht, wie und mit welchen Sachverhalten bestimmte Konzepte innerhalb eines Wissensrahmens bzw. einer Wissensdisposition verknüpft werden. Diskursakteure verknüpfen Sachverhalte mit anderen Sachverhalten, da es ihnen beispielsweise durch eine kausale Verknüpfung der Konzepte miteinander möglich wird, implizit den Sachverhalt zu bewerten.

> „Einzelne Sachverhalte verarbeiten wir Menschen also nicht hermetisch isoliert, sondern stets verknüpft mit anderen Sachverhalten – quasi im Kontext von Wissens- und Sachverhaltsverknüpfungen (Wissensrahmen, Wissensnetzen)." (Felder 2013: 167f.)

Diese Sprachhandlungskategorie geht auf das rhetorische Mittel einer „Gedankenverknüpfung (subnexio)" (Ueding/ Steinbrink 42005: 318), also „durch Sinnpräzisierung oder Sinnaussparung gebildete Gedankenfiguren" (ebd.), zurück. Damit wird der Vorgang der Entstehung von Gedankenketten benannt, die dadurch entstehen, dass „an einen Gedanken, eine Idee […] ein weiterer Gedanke (oder auch mehrere Gedanken) geknüpft [werden]" (ebd.). In der vorliegenden Untersuchung wird aber die Sinnaussparung, bei der enthymemische Bedeutung entstehen kann, überwiegend in Kapitel 4.4.3 „Kampf um Wissen – Argumentation und Dialogizität" und damit außerhalb des Kontexts der Sachverhaltsverknüpfung untersucht und aufgeführt. Hier wird der Fokus stärker auf Sinnpräzisierung gelegt, bei der Gedanken bzw. Sachverhalte miteinander verknüpft werden.

An folgendem Beispiel wird deutlich, dass ein Bedürfnis danach besteht, Sachverhaltsverknüpfungen aufzudecken und diese somit als ein Mittel zur Einflussnahme auf Meinungsbildungsprozesse erkannt werden. Ein Diskursakteur kritisiert selbst in einer metadiskursiven Äußerung die von dem im Bereich Markt- und Sozialforschung agierenden Unternehmen TNS Emnid Medien- und Sozialforschung GmbH erstellte Verknüpfung zwischen Grüner Gentechnik und dem Kampf gegen den Welthunger. Daran wird deutlich, dass Sachverhaltsverknüpfung eine Kategorie der Linguistischen Diskursanalyse sein sollte, da sie sich dafür eignet, von Diskursakteuren explizit getroffene sowie implizierte Zusammenhänge in deren sprachlichen Äußerungen offenzulegen.

„Umso mehr erstaunt mich die Meldung zu einer EMNID-Umfrage, die gestern durch die Agenturen tickerte. Ihr Titel: "**Akzeptanz von Gentechnik wächst wegen Nahrungsmittelkrise.**" So eine Feststellung läßt natürlich aufhorchen. Und im Text[6] heißt es weiter:[7] "In einer am Mittwoch veröffentlichten Emnid-Umfrage sagten 56 Prozent der Befragten, sie würden genmanipulierte Nahrung essen, wenn so die Hungerkatastrophe abgeschwächt würde." [...] "Von den 14- bis 49-Jährigen sagten 67 Prozent, sie würden genveränderte Lebensmittel essen, sollte dies im Kampf gegen die Nahrungsmittelkrise helfen." [...] Die Umfrage suggeriert, die Biotechnologie diene dem Kampf gegen den Welthunger. Die Tatsache, daß die UNESCO-Agrarexperten vor wenigen Tagen genau das Gegenteil betont haben, stört Emnid offenbar gar nicht. [...] Es ist – falls ihr das nicht bemerkt habt – nämlich so, daß allein durch die Art und Weise Eurer Fragestellung ein Zusammenhang zwischen "grüner" Gentechnologie und dem Kampf gegen den Welthunger hergestellt wird. Es wird – vollkommen ungeachtet der Faktenlage! – suggeriert, hier bestehe ein positiver Zusammenhang. Und die Frage und eben auch die Veröffentlichung der Umfrage-Ergebnisse erweckt den Eindruck, als sei die Gentechnologie ein probates Mittel, um – wie ihr schreibt – "die Hungerkatastrophe abzuschwächen"." (Wissens-Werkstatt (24.04.2008) - Emnid, Vanity Fair und die Biotechnologie)

Sachverhaltsverknüpfungen werden in ganz verschiedenen thematischen Bereichen gezogen. Sie zeigen auf, wie Themen, Sachverhalte oder Konzepte verknüpft werden und welche Wirkung dies möglicherweise auf den Rezipienten haben kann.

4.3.3 Sachverhaltsbewertung

In der Kategorie „Sachverhaltsbewertung (implizit und explizit)" wird untersucht, wie Sachverhalte von den Diskursakteuren bewertet werden. Dies geschieht natürlich zum einen über explizite Bewertung oder aber über implizite Bewertung. Explizite Bewertung äußert sich meist im Kotext durch Attribuierung auf syntagmatischer Ebene (Felder 2009a: 36) anhand von „eindeutig bewertenden Ausdrücken – Lexemen, Phraseologismen usw." (Burger ³2005: 84). Um implizite Sachverhaltsbewertung handelt es sich dann, „wenn der bewertende Charakter der Äußerung über Implikationen, eventuell auch außersprachliches Wissen usw. erschlossen werden muss" (ebd.), wie dies beispielsweise vor allem bei Sachverhaltsverknüpfungen der Fall ist. In dieser Kategorie soll jedoch das Augenmerk auf expliziter Sachverhaltsbewertung liegen.

Explizite Sachverhaltsbewertung kann über die ausdrückliche Verwendung eines wertenden Adjektivs wie z. B, *richtig, falsch* oder *verbessert, verschlechtert* etc. erzielt werden.

> „Eventuelle Risiken im Umgang mit einem transgenen Organismus liegen immer in der Natur des Organismus selbst bzw. in der eingeführten Veränderung, nicht aber in der Technik, mit der ein Organismus verändert wurde. Daher ist ein denkbares Risiko nicht auf die gentechnisch veränderten Organismen beschränkt, sondern trifft auch auf die neu in ein Ökosystem eingeführten Organismen zu. Deshalb ist es nicht richtig, einen generellen Gegensatz „natürliche Kulturpflanzen" versus „künstliche transgene Kulturpflanzen" zu konstruieren." (Horst Glatzel (2001)(KAS) - Perspektiven der „Grünen Gentechnik" (Zukunftsforum Politik)

> „Monsanto stellt sich weltweit als Anbieter fortschrittlichster Technologien mit einem der umfangreichsten Saatgutsortimente, angepasst an ein breites geographisches Spektrum, und mit einem in der Industrie einmaligen Produktportfolio in den Dienst der Landwirtschaft. Mit der Entwicklung von biotechnologisch verbesserten Pflanzensorten und den damit erzielbaren Ertragsvorteilen bei gleichzeitiger Senkung von Betriebsmittelkosten unterstützt Monsanto die Landwirte bei der Bewältigung finanzieller Herausforderungen des Marktes. Außerdem ermöglichen die GV-Kulturpflanzen eine nachhaltigere Schonung landwirtschaftlicher Nutzflächen und der Umwelt." (Monsanto - Biotechnologie)

Zudem kann explizite Bewertung des Sachverhalts über die Atttribuierung anhand eines wertenden Adjektivs erreicht werden.

> „**Die dringend benötigten** Freilandversuche am Standort Deutschland gehen jedoch seit einigen Jahren dramatisch zurück: Wurden im Jahr 1999 noch 23 Freilandversuche beantragt, so waren es in den Jahren 2000 bzw. 2001 nur noch sieben bzw. acht.

Sprachhandlungskategorien 151

> Die Erklärung: Die Zahl der Freilandversuche geht aufgrund der restriktiven bzw. fehlenden Rahmenbedingungen zurück. Es ist nur noch eine Frage der Zeit, bis dies auch zur Abwanderung der Forschung und der Unternehmen ins Ausland führt. Damit würden wichtige Erkenntnisgewinne, mit denen auch das Vertrauen der Verbraucher gesteigert werden könnte, außerhalb unseres Landes stattfinden. Dieser Trend widerspricht einem modernen, zukunftsfähigen Innovationsstandort und muss rasch und nachhaltig umgekehrt werden." (Verbände der Lebensmittel- und Agrarindustrie (2002) - Vielfalt fördern. Innovationspotenzial wahren)

Nicht zuletzt besteht aber auch die Möglichkeit, dass explizite Bewertung eines Sachverhalts über Substantive ausgedrückt wird, die anhand expliziter Derivation durch Präfigierungen gebildet werden und deren Vorsilbe (hier: „ver-") eine wertende modale Funktion einnimmt und damit semantisch modifiziert, sodass die „Art und Weise der Verbalhandlung [...] als ‚falsch' bzw. ‚fehlerhaft' betrachtet wird". Lohde führt als Beispiel dafür „verformen, verkennen (etw. falsch beurteilen)" (Lohde 2006: 237) an. Im vorliegenden Diskurs wird eine solche modale Funktion durch die Vorsilbe „ver-" deutlich:

> „Die Forderung nach ‚gentechnikfreien Zonen' ist – von den wirtschaftlichen Realitäten einmal ganz abgesehen – deshalb eine groteske **Verkennung** der tatsächlichen Verhältnisse in der Wissenschaft." (DFG (2010) – Grüne Gentechnik)

Darüber hinaus kann explizite Sachverhaltsbewertung jedoch auch über Komposita ausgedrückt werden, die beispielsweise mit dem Präfix „Fehl-" „am ehesten an den Verbstamm fehl-en, nicht treffen, verfehlen; etwas Unrechtes tun' [...][anschließen], nicht an das Adverb fehl (als unikale phraseologische Komponente in fehl am Platz" (Fleischer et al. [3]1992: 113) und damit die semantische Bedeutung von „falsch" implizieren.

> „Ökonomische **Fehleinschätzung**" (Gemeinsames Positionspapier der Evang. u. Kath. Kirche in Deutschland (07.10.2003) - Ungelöste Fragen - Uneingelöste Versprechen)

Es besteht jedoch ebenfalls die Möglichkeit der expliziten Sachverhaltsbewertung über ein wertendes Präfix-Kompositum wie beispielsweise in dem Kompositum *Risiko*technologie und *Zukunfts*technologie. Diese Bezeichnungskonkurrenz wird im entsprechenden Kapitel genauer ausgeführt (vgl. Kapitel 4.4.1.1; Seite 125f.).

Im Folgenden wird die Sachverhaltsbewertung der Grünen Gentechnik aus Sicht der Diskursakteure thematisch geordnet aufgeführt und es wird aufgezeigt, welche bestehenden und angestrebten Vorteile und Nachteile diese in der Grünen Gentechnik sehen.

Explizite Sachverhaltsbewertung – Beschreibung der Einschätzungen der Diskursteilnehmer

Im vorliegenden Kapitel werden die expliziten Bewertungen der GRÜNEN GENTECHNIK aus Sicht der Befürworter und Gegner genauer betrachtet. Zu den von den Akteuren genannten angestrebten und bestehenden Vorteilen und den Nachteilen der GRÜNEN GENTECHNIK ist zu bemerken, dass bezüglich einiger Merkmale der GRÜNEN GENTECHNIK Dissens besteht. So sind sich Befürworter und Gegner nicht darüber einig, ob GRÜNE GENTECHNIK Ertragssteigerung, die Einsparung von Pflanzenschutzmitteln und positive ökonomische und ökologische Vorteile erzielt. Gesundheitliche Vorteile sehen die Befürworter in der Technologie, Nachteile in der Methode und in Bezug auf politische Aspekte werden von den Gegnern thematisiert.

‚Ertragssteigerung' wird von vielen Befürwortern als angestrebter Vorteil aufgeführt[119].

„Bayer CropScience hat sich für eine nachhaltige Landwirtschaft konkrete Ziele gesetzt:
Ökonomie
• Verbesserung der Effizienz und Produktivität der Landwirtschaft
• Verringerung von Verlusten vor und nach der Ernte
Ökologie
• Gezieltes Schädlingsmanagement zur Verringerung der Umweltbelastung
• Schonung von Wildbiotopen durch **Ertragssteigerung** auf bestehenden Anbauflächen.
Gesellschaft
• **Sicherung der Lebensmittel**qualität und -menge
• **Deckung des steigenden Bedarfs** an alternativen Energieressourcen" (Bayer CropScience - Landwirtschaft der Zukunft)

Andere Befürworter werten ‚Ertragssteigerung' als einen bestehenden Vorteil der Grünen Gentechnik.

„Weltweit wächst der Bedarf an Lebensmitteln und an nachwachsenden Rohstoffquelle [sic!] um beispielsweise Bioenergie zu gewinnen. Viele der traditionellen Hilfsmittel zur Ertragssteigerung – Düngemittel, mechanische Bearbeitung, Pflanzenschutz und die herkömmliche Pflanzenzucht – sind nach wie vor unverzichtbar und werden es bleiben, um den heutigen Produktivitätsgrad beizubehalten. Aber mit diesen Mitteln allein wird es nicht gelingen, die Produktivität soweit zu steigern, wie es für die weltweit zunehmenden Anforderungen notwendig ist. **Mit realistischen**

---

119 Weitere Textbelege sind in Kapitel 1.4 der Zusatzmaterialien unter www.springer.com auf der Produktseite dieses Buches verfügbar.

Sprachhandlungskategorien 153

Ertragssteigerungsraten von 20% und mehr kann die Pflanzenbiotechnologie dazu beitragen, einige der Herausforderungen von heute zu meistern." (BASF - Zusammenarbeit von BASF und Monsanto in der Pflanzenbiotechnologie)

Dissens in Bezug auf ‚Ertragsteigerung' besteht zwischen den Befürwortern und den Gegnern der Grünen Gentechnik. Die Gegner der Grünen Gentechnik, hier die Partei Bündnis '90/ Die Grünen, bestreiten die Aussage, dass die Anwendung der Grünen Gentechnik zu ‚Ertragssteigerung' führe.

„Die Wahrheit: Bis heute gibt es keinen Beweis, dass Gentech-Pflanzen Vorteile für Verbraucher oder eine nachhaltige Landwirtschaft haben. **Weder steigen langfristig die Erträge**, noch werden wirklich weniger Pestizide eingesetzt. Im Gegenteil: Bei den so genannten insektenresistenten Gentech-Pflanzen wie dem umstrittenen Genmais MON 810 ist die ganze Pflanze zu einem Pestizid „umfunktioniert". Gentech-Pflanzen dienen auch nicht der „Welternährung". **Stattdessen landen sind sie [als; B.F.] Exportware** – als Baumwolle für billige T-Shirts oder als Futtermittel für den Fleischkonsum in den Industrieländern. Fleischhunger macht Welthunger – dagegen hilft keine Technik, besonders auch keine Agro-Gentechnik." (Bündnis '90 - Die Grünen-Bundestagsfraktion (11.03.09) – Gentechnik)

Die ‚Herbizidtoleranz, Insektenresistenzen und Stresstoleranz' wird von einigen Befürwortern als angestrebter Vorteil,

„Zukünftige gv-Nutzpflanzen werden agrarwirtschaftlich interessante Merkmale wie **Insektenresistenz, Herbizidresistenz und Trockentoleranz**, kombiniert mit ernährungsphysiologischen Eigenschaften, wie einem hohen Omega-3 Fettsäuregehalt oder erhöhten Provitamin-A-Gehalt, besitzen. Besonderes Interesse besteht für Pflanzen, die industriell, z.B. bei der Biokraftstoffherstellung, besser verarbeitet werden können." (Ulrich Busch, Annette Block und Esther Meissner-Chiuz (2010) - Nutzpflanzen nach Maß. Gentechnisch veränderte Lebensmittel)

von anderen Befürwortern als bestehender Vorteil präsentiert.

„Die Gentechnik hilft uns, Pflanzen mit besonderen Eigenschaften auszustatten, die wir mit herkömmlicher Züchtung kaum erzielen könnten. Solche Eigenschaften sind zum Beispiel verbesserte Inhaltsstoffe wie ungesättigte Fettsäuren sowie Trocken-, Salz- oder Kälteresistenz. **Auch die Widerstandskraft gegenüber Krankheiten kann mit Hilfe der Gentechnik wirkungsvoll gesteigert werden.** Schließlich können mit gentechnisch veränderten Pflanzen hochwertige Substanzen ganz einfach auf dem Feld hergestellt werden. Das schont Ressourcen und spart Kosten." (BASF - Biotechnologie bei BASF. Warum Biotechnologie, Herr Marcinowski?)

Vermuten lässt sich hier zudem eine Bezeichnungskonkurrenz; Befürworter sprechen meist von Pflanzenschutzmitteln, während Gegner diese vorwiegend als Pestizide bezeichnen. Um diese Vermutung verifizieren zu können, wäre eine quantitative Auswertung dieser Bezeichnungskonkurrenz hilfreich. Dies kann hier jedoch nicht weiter verfolgt werden.

> „Niemand behauptet ernsthaft, die Grüne Gentechnik sei ein „Allheilmittel". Fest steht aber: Die Nutzung der Grünen Gentechnik im Rahmen der Pflanzenzüchtung bietet für die Landwirtschaft eine Reihe von Vorteilen. Die Hauptchancen liegen derzeit noch in der Entwicklung von **krankheits- und schädlingsresistenten** Pflanzen. **Grüne Gentechnik trägt schon heute** zur Versorgungssicherheit, aber auch **zum Umweltschutz bei: Denn je widerstandsfähiger eine Pflanze ist, desto weniger bedarf es des Einsatzes von Pflanzenschutzmitteln und anderen Ressourcen.**" (Verbände der Lebensmittel- und Agrarindustrie (2002) - Vielfalt fördern. Innovationspotenzial wahren)

> „Die möglichen Vorteile der Grünen Gentechnik und ihrer Produkte für die Umwelt sind rasch benannt [...] Ein bedeutsamer Gewinn für die Umwelt bei der – ordnungsgemäßen – landwirtschaftlichen Produktion zeigt sich gerade bei den beiden bislang wichtigsten Formen gentechnisch induzierter Eigenschaften von landwirtschaftlichen Nutzpflanzen: / der Insektenresistenz durch Gene aus Bacillus thuringiensis (Bt) (vgl. S. 41 ff.) und der **Herbizidtoleranz (HT)** (vgl. S. 44 f.). **Beide können den Einsatz von ‚Chemie auf dem Acker' im Vergleich zur herkömmlichen Produktionsweise deutlich verringern. Denn die Insektenresistenz transgener Pflanzen ermöglicht eine erhebliche Reduktion des Gebrauchs von Insektiziden, die Herbizidtoleranz den Einsatz vergleichsweise umweltschonender, relativ schnell abbaubarer Herbizide.**" (DFG (2010) – Grüne Gentechnik)

Die Befürworter, die ‚Herbizidtoleranz, Insektenresistenzen und Stresstoleranz' als angestrebten und bestehenden Vorteil darstellen, begründen dies mit dem Vorteil der ‚Einsparung von Pflanzenschutzmitteln'.

> „Niemand behauptet ernsthaft, die Grüne Gentechnik sei ein „Allheilmittel". Fest steht aber: Die Nutzung der Grünen Gentechnik im Rahmen der Pflanzenzüchtung bietet für die Landwirtschaft eine Reihe von Vorteilen. Die Hauptchancen liegen derzeit noch in der Entwicklung von krankheits- und schädlingsresistenten Pflanzen. Grüne Gentechnik trägt schon heute zur Versorgungssicherheit, aber auch zum Umweltschutz bei: Denn je widerstandsfähiger eine Pflanze ist, **desto weniger bedarf es des Einsatzes von Pflanzenschutzmitteln und anderen Ressourcen.**" (Verbände der Lebensmittel- und Agrarindustrie (2002) - Vielfalt fördern. Innovationspotenzial wahren)

Sprachhandlungskategorien 155

Dissens besteht in diesem Punkt zwischen Befürwortern und Gegnern, da Letztere der Ansicht sind, dass die Grüne Gentechnik ‚Keine Einsparung von Pestiziden' erzielt.

„**Fehleinschätzung Pestizid- und Herbizideinsparung/ Die versprochene Einsparung beim Einsatz chemischer Mittel gegen Insekten und Unkraut kann oft nur kurzfristig erzielt werden.** Neben der Gefahr der Resistenzbildung bei Schadorganismen und Unkräutern wird beobachtet, dass in den Feldern andere Schädlinge und Unkräuter vermehrt auftreten. Der Einsatz anderer kostspieliger und umweltbelastender Chemikalien macht die erzielten Einsparungen vielfach wieder zunichte." (Gemeinsames Positionspapier der Evang. u. Kath. Kirche in Deutschland (07.10.2003) - Ungelöste Fragen - Uneingelöste Versprechen)

Dissens besteht zwischen den Befürwortern der Grünen Gentechnik, hier vertreten durch die Wissenschaftler Jany und Kiener, die positive ‚ökonomische Aspekte' als bestehenden Vorteil der Grünen Gentechnik aufzählen,

„Die ökonomischen Aspekte sind zu sehen in:
der **Kostenreduzierung** für Insektizide und Herbizide,
den **geringeren Aufwendungen** für Betriebsmittel,
der **Zeitersparnis** und Flexibilität für das Ausbringen
von Pflanzenschutzmitteln
der Steigerung von Ernteerträgen." (Klaus-Dieter Jany und Claudia Kiener (2001) - Der lange Weg vom Labor auf den Tisch: Gentechnik und Lebensmittel)

und den Gegnern der Grünen Gentechnik, die hier von der NGO Gentechnikfreie Regionen (BUND/AbL) repräsentiert werden, und die Auswirkungen der ‚ökonomischen Aspekte' der Grünen Gentechnik als negativ bewerten.

„Doch selbst aus betriebswirtschaftlicher Sicht ist das nur begrenzt sinnvoll. **Denn den Aufpreis fürs genverändertes Saatgut zahlt der Landwirt jedes Jahr, gleich ob der Maiszünsler nun kommt oder nicht.** Für 2006 soll der Aufpreis für den insektengiftigen Mais rund 35 Euro betragen. Die landwirtschaftliche Fachzeitung DLZAgrarmagazin rechnet in ihrer Ausgabe vom Februar 2006 mit Mehrkosten von 50 bis 350 Euro je Hektar Gentech-Mais. „GVO-Saaten fordern auch neue Kosten. Vorläufig ein Viertel höhere Saatgutpreise etwa oder zusätzliche Reinigungsgänge, vor allem ein enormer Aufwand für getrenntes Lagern und Vermarkten. Alleine ein GVO-Test für Saatgut verschlinge rund 200 Euro, dabei seien Fragen wie die geforderten Erklärungen zur gentechnikfreien Produktion in der Lebensmittelkette noch gar nicht berücksichtigt." (Gentechnikfreie Regionen in Deutschland (BUND/AbL) - Kein Genmais auf unsere Äcker!)

Die exemplarische Auswertung der von den Diskursakteuren explizit bewerteten Sachverhalte betrifft auch Sachverhalte, die jeweils nur von einer Akteursgruppe thematisiert werden. Durch das Besetzen von Sachverhaltsbewertungen wird der Fokus auf den Gegenstand gelegt und durch das Ausblenden der Fokus von diesem genommen. Ausführlich beschäftigt sich diese Arbeit in Kapitel 4.4.4 mit diesem Aspekt hinsichtlich der Besetzung und Ausblendung von Themen.

Seitens Wikipedia werden ‚Gesundheitliche Aspekte' als bestehender Vorteil der Grünen Gentechnik aufgeführt. Dies wird von den Gegnern nicht bestritten, darüber besteht also – zumindest im vorliegenden Textkorpus – kein Dissens.

„Mithilfe der Grünen Gentechnik kann der **Gehalt von Allergenen in Nahrungsmitteln vermindert werden**, was bereits für Tomaten und Erdnüsse ohne Ertragseinbußen möglich ist." (Wikipedia (2010) - Grüne Gentechnik)

Die Gegner der Grünen Gentechnik hingegen führen als Nachteile negative ‚politische Aspekte' der Grünen Gentechnik an.

„**Alle gentechnisch veränderten Pflanzen, die sich bisher auf dem Markt befinden, sind auf die industrialisierte Landwirtschaft in den reichen Ländern des Nordens zugeschnitten, nicht auf regionale Bedürfnisse und kleinbäuerliche Strukturen der armen Länder des Südens.**" (BUND - Gentechnik in der Landwirtschaft: viele Risiken – kein Nutzen)

Während die Bewertung von positiven ‚ökologischen Aspekten' als bestehende Vorteile eher selten ist, und Äußerungen von Befürwortern, wie die Wissenschaftler Jany und Kiener und dem BMBF äußerst selten sind,

„# verringertem Einsatz von Insektiziden und Herbiziden,
der Anwendung von biologisch leicht abbaubaren Herbiziden,
weniger Bodenerosion,
geringerer Grundwasserbelastung und verbesserter Bodenqualität,
Schonung von Nutzinsekten und Vögeln." (Klaus-Dieter Jany und Claudia Kiener (2001) - Der lange Weg vom Labor auf den Tisch: Gentechnik und Lebensmittel)

„Neben den Pflanzen, die Grundlage der menschlichen Ernährung sind, werden viele Arten auch hinsichtlich einer technischen Verwertung angebaut. Die Baumwolle als Beispiel wurde bereits genannt. Auch in diesem Sektor werden viele Experimente durchgeführt, die eine Verbesserung der Pflanzen mit Blick auf ihre Verwertbarkeit zum Ziel haben. So kann, um gleich bei der Baumwolle zu bleiben, die Blaufärbung der Baumwollfaser direkt an der Pflanze erreicht werden – durch Einklonieren entsprechender Gene. **Man könnte dann idealerweise den chemischen Prozess des Einfärbens vermeiden. Das könnte auch unter Umweltaspekten Vorteile haben.**

Sprachhandlungskategorien 157

Oder man kann, mit Blick auf die Qualität von Pflanzenölen, die Zusammensetzung des Fettsäuremusters gezielt verändern. Das kann sowohl für technische Anwendungen als auch für die Lebensmittelindustrie interessant sein." (Rüdiger Marquardt (BMBF) - Biotechnologie Basis für Innovationen (Auszug))

oder durch die Faktizität betreffende Attribute eingeschränkt werden (hier: ‚möglich'),

„*Mögliche* ökologische **Vorzüge** beim Anbau transgener Pflanzen:
- Einsparung chemisch-synthetischer Pflanzenschutzmittel
- Schonung des Bodenlebens und Erosionsschutz durch weniger intensive Bodenbearbeitung oder Mulchwirtschaft
- Bedarfsgerechte und an Schadensschwellen orientierte Steuerung des Herbizideinsatzes im Nachauflaufverfahren
- Geringere Eingriffsintensität in das Agrarökosystem gemessen anhand ökotoxikologischer Indizes"
(DFG (2010) – Grüne Gentechnik)

gehen die Meinungen zwischen Befürwortern und Gegnern zu den ‚ökologischen Aspekten' natürlich auseinander.
Die Gegner der GRÜNEN GENTECHNIK, hier durch Greenpeace repräsentiert, schreiben der Grünen Gentechnik vor allem ‚negative ökologische Auswirkungen' zu.

„**Gen-Pflanzen** machen aber nicht nur langfristig die gentechnikfreie Landwirtschaft unmöglich, sie **stellen auch eine Gefahr für das ökologische Gleichgewicht dar**: In Pflanzen eingebautes Insektengift tötet nützliche Insekten, während Schädlinge unempfindliche [sic!] gegen das Gift werden. Gentechnisch veränderte Pflanzen, die widerstandsfähig gegen Spritzmittel sind, vergrößern den Gifteinsatz in der Landwirtschaft. Wenn Gen-Pflanzen sich in die Natur ausbreiten, verdrängen sie damit natürliche Pflanzen und schädigen so die biologische Vielfalt." (Greenpeace (2005) - Gute Gründe gegen Gentechnik...)

Auch die Methode der Grünen Gentechnik an sich bringt Dissens zwischen Befürwortern und Gegnern hervor. Auch wenn sich einzelne Äußerungen der positiven Bewertung der Methode der Grünen Gentechnik finden, so wie die von Helmut Heiderich, Vertreter der KAS beispielsweise, so wird deutlich, dass sich diese meist auf Generelles bezieht.

„**Die Gentechnik**, die Anfang der 70er Jahre entwickelt wurde, **hat nicht nur den Vorteil, dass sie die langwierigen und ungenauen konventionellen Züchtungsmethoden durch gezieltes Einbringen von Genen zur Erzeugung gewünschter Eigenschaften verbessert und beschleunigt, auch die Ergebnisse sind vielver-**

sprechender." (Helmut Heiderich (2001)(KAS) - Perspektiven der „Grünen Gentechnik" (Zukunftsforum Politik)

Im Gegensatz dazu beurteilt die DFG als grundsätzlicher Befürworter der Grünen Gentechnik bewertet die ‚Methode der Grünen Gentechnik' jedoch zumindest teilweise als problematisch und damit negativ und bezieht sich auf spezifische Probleme der Methode der Grünen Gentechnik.

„Für diesen Gentransfer stehen eine Reihe unterschiedlicher Verfahren zur Verfügung. Biolistik oder Partikelbombardement [auch Genkanone, B.F.] nennt sich eines der beiden Verfahren, die sich zur Übertragung von fremdem Erbgut in Pflanzenzellen mit ihren starren Zellwänden durchgesetzt haben. [...] **Zu den Nachteilen dieses Verfahrens gehört indes, dass häufig mehrere ganze oder auch fragmentierte Genabschnitte in eine komplette einzelne Zelle gelangen und zu unerwünschten Mutationen und instabiler Expression des fremden Gens führen können.**" (DFG (2010) – Grüne Gentechnik)

Wenn man also noch einmal auf die in Kapitel 4.3.1 präsentierte Tabelle zur Darstellung von Konsens und Dissens blickt (vgl. Seite 194), so wird deutlich, dass auch bei der Sachverhaltsbewertung Dissens zwischen den Gegnern und Befürwortern aufgezeigt werden kann. Die Auswertung der angestrebten und bestehenden Vorteile und der Nachteile macht deutlich, dass der Dissens über die Bewertung der Grünen Gentechnik zum Teil durch fehlende „Dialogizität" gekennzeichnet ist. Bestimmte Vorteile oder Nachteile der Technologie werden angeführt, finden aber keine Entsprechung in den Äußerungen der jeweils anderen Diskursgruppe. Zwischen diesen vereinzelten Bewertungen besteht kein thematischer Zusammenhang und es mangelt dadurch an Diskursdialogiziät. Das Diskursphänomen der „Dialogizität" wird in Kapitel 4.4.3 genauer vorgestellt und erläutert.

4.4 Handlungsstrategien der Diskursakteure im Kampf um Wissen

Wie bereits angemerkt, geht es bei kontroversen Debatten immer um Aushandlungskämpfe der Diskursakteure über das Wissen zu einem bestimmten Sachverhalt. In diesem Kapitel werden die verschiedenen Handlungsstrategien der Akteure im Kampf um das Wissen über Grüne Gentechnik vorgestellt. Die verschiedenen Strategien wurden aus einem Zusammenspiel von deduktiven und induktiven Verfahren entwickelt. Der Kampf um Wissen setzt sich aus Handlungsstrategien der „Semantischen Kämpfe" (Bezeichnungskonkurrenz und Bedeutungsfixierung), den „Diskursverhärtungen", „Argumentation und Dialogizität" sowie der „Themensetzung und Themenausblendung" zusammen. Im Weiteren wird genauer aufgeführt, welches theoretische Konzept hinter den einzelnen Strategien steht, bzw. aus welcher Beobachtung in Bezug auf das Handeln der Akteure die Strategie induktiv ermittelt wurde.

4.4.1 Kampf um Wissen – Semantische Kämpfe

Das Konzept „Semantische Kämpfe" wird sowohl in der Geschichts- und Politikwissenschaft als auch in der Sprachwissenschaft seit den 1970er Jahren verwendet[120]. Mit „semantischen Kämpfen"[121] werden Versuche bezeichnet, „in einer Wissensdomäne bestimmte sprachliche Formen als Ausdruck spezifischer, interessengeleiteter Handlungs- und Denkmuster durchzusetzen" (Felder 2006b: 14; Klein 1989b: 17); es kann sich bei diesen sowohl um einen impliziten als auch um einen expliziten „Konflikt um die Angemessenheit von Versprachlichungsformen" handeln (Felder 2006b: 17). Hierzu zählen Durchsetzungsversuche von Benennungsfestlegungen als Handlungsmuster oder Bedeutungsfixierung, indem bestimmte Konzeptattribute dominant gesetzt werden, und Sachverhaltsfixierungsakte, die durch die spezifische Konstituierung von Sachverhalten gekennzeichnet sind. Semantische Kämpfe werden durch Dissens, welcher vor allem in der Fachkommunikation häufig implizit ausgetragen wird, bestimmt (ebd.: 13).

Ekkehard Felder prägt „Semantische Kämpfe" in der Sprachwissenschaft mit einer Trias aus Benennungskonkurrenz, Bedeutungsfixierung und Sachverhaltsfixierungsakt (ebd.: 36). Semantische Kämpfe beschränken sich im vorliegenden Diskurs vor allem auf die Strategien der „Bezeichnungskonkurrenz" und der „Bedeutungsfixierung". Der Ursprung des Konzepts „Semantische Kämpfe" aus dem Bereich „Sprache und Politik" zeigt, dass der Kampf um Wörter immer dem Kampf um eine bestimmte Denkhaltung geschuldet ist (Klein 1989b: 17).

> „Ziel ist es, mit den eigenen Wortprägungen und Bedeutungsspezifizierungen die darin steckenden Deutungen und Prioritäten bei den Adressaten durchzusetzen oder zu bestärken. Kämpfe um Wörter und Bedeutungen werden durchweg als Konkurrenz-Kämpfe ausgetragen." (Klein 1989b: 17)

---

120 Literaturhinweise dazu in Felder (2006b: 17): aus der Sprachwissenschaft Keller 1977; aus der Geschichtswissenschaft Koselleck 1972.
121 Bei der Definition von Semantischen Kämpfen orientiert sich diese Arbeit an der von Josef Klein (1989a) und Ekkehard Felder (2006) geprägten Definition.

Es stellt sich also folgende Frage: „Mit welchen Bezeichnungen werden Konzepte der Grünen Gentechnik geprägt und welche Bedeutungsakzentuierungen verbergen sich dahinter?" (Zimmer 2009: 287).

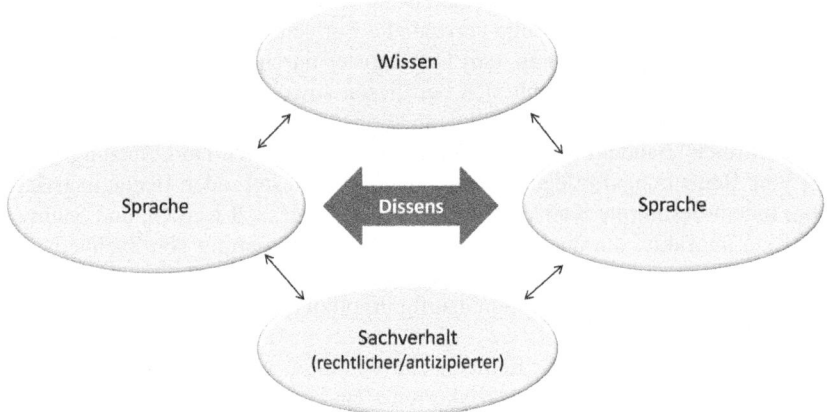

Grafik 3. *Semantischer Kampf - Dissens, die Sprache betreffend. Quelle: Eigene Darstellung.*

4.4.1.1 Bezeichnungskonkurrenz

Eine Form des Semantischen Kampfs lässt sich in der Bezeichnungskonkurrenz erkennen. Bei dieser handelt es sich um konkurrierende Benennungen für einen Sachverhalt. Mit der Wahl des einen oder anderen Ausdrucks für den Sachverhalt werden unterschiedliche Aspekte des Sachverhalts betont und sie stellen damit „interessenspezifische Versprachlichungstechniken" (Felder 2006b: 36) dar. Häufig kann es sich bei Bezeichnungskonkurrenzen um Begriffspaare „von polarer Struktur mit polarisierendem Inhalt" (Klein 1989b: 20) handeln, allerdings sind die konkurrierenden Ausdrücke jeweils referenzidentisch[122], d. h., ein Sachverhalt wird unterschiedlich prädiziert. Klein spitzt zu:

> „Bezeichnungskonkurrenz liegt vor, wenn umstritten ist, welche von mindestens zwei Bezeichnungen für einen Sachverhalt die ‚richtige' ist." (Klein 1989b: 17)

Das konkurrierende Wortpaar „*Feldbefreiung vs. Feldzerstörung*" stammt aus dem hier vorliegenden fachexternen Korpus. Es handelt sich bei diesem Wortpaar um eine kontextuelle Opposition, Domänen-Identität (Grüne Gentechnik) ist gegeben, lexikalische Teilidentität und ein gleicher deontischer Status sind vorhanden. Es wird versucht, einem Sachverhalt die jeweils ‚richtige' Perspektive zuzuschreiben. Damit wird je nach Verwendung deutlich, welche Geisteshaltung dem Sprachverwender in Bezug auf den Sachverhalt zugrunde zu liegen scheint. Felder zieht zur Demonstration einer Bezeichnungskonkurrenz ein populäres Beispiel des Grüne-Gentechnik-Diskurses heran.

> „Offensichtlich wird dieser Umstand auch für jeden Laien bei vermeintlich sach- und sinnverwandten Ausdrucksweisen wie z.B. *genveränderte Produkte* im Vergleich zu *genmanipulierten Produkten*, die je nach Kontext verschiedene Bedeutungsnuancen dominant setzen können. Auf Grund der vielfältigen politischen und fachlichen Diskussionen kann es in solchen Fällen keine intersubjektiv neutrale Bezeichnungsweise geben, da je nach Voreinstellung sämtlichen Bezeichnungstechniken eine bestimmte – diese Richtung befürwortende oder abwertende – Tendenz zugeschrieben werden kann. Für den naturwissenschaftlichen Experten ist beispielsweise *Manipulation* mitnichten ein pejorativ konnotiertes Lexem, für den Laien kann dies allerdings durchaus der Fall sein." (Felder 2009c: 11)

Den Kampf um eine Bezeichnung gewinnt derjenige, dessen Bezeichnung den Diskurs bestimmen kann. Damit ist genauer gemeint, dass die dominante Be-

---

122 Das Merkmal der Referenzidentität ist jedenfalls ein essenzielles. Dies soll an folgenden Beispielen zweier unterschiedlicher Wortkonkurrenzen, welche sich zwar auf den ersten Blick ähneln, sich auf den zweiten Blick jedoch in diesem entscheidenden Merkmal voneinander differenzieren, demonstriert werden. Josef Klein postuliert in „Politische Semantik", dass im Fall einer Bezeichnungskonkurrenz kein unterschiedlicher Sachverhalt geschaffen wird (Klein 1989b: 20). Er verdeutlicht dies am Beispiel der Wort-Konkurrenz des Typs *Chancengleichheit* vs. *Chancengerechtigkeit*. Er beschreibt die beiden Ausdrücke als „aufeinander bezogenes Begriffspaar" (Klein 1989b: 20), weil es sich um eine kontextuelle Opposition handelt, Domänen-Identität (Bildungspolitik) gegeben ist, lexikalische Teilidentität und ein gleicher deontischer Status (Fahnenwörter) vorhanden sind (Klein 1989b: 20). Da es in diesem Fall darum geht, einen Sachverhalt nicht nur unterschiedlich zu prädizieren, sondern „unter den unterschiedlichen verbalen Flaggen durchaus unterschiedliche Sachverhalte geschaffen werden [sollen]" (Klein 1989b: 20), stehen die beiden Ausdrücke demnach für unterschiedliche Sachverhalte, sind also nicht referenzidentisch. Seine Schlussfolgerung lautet demnach, dass es sich darum um keine Bezeichnungskonkurrenz handeln kann.

zeichnung nicht unbedingt quantitativ überlegen ist, sondern dass der Akteur erreicht, dass sich die mit der Bezeichnung einhergehenden Bedeutungsaspekte durchsetzen (Felder 2006b: 36).

Bezeichnungskonkurrenz um *Grüne Gentechnik*

Ausdruck	Ausdruck - Befürworter	Ausdruck - Gegner/ Kritiker
Grüne Gentechnik	Attribut ‚grün' befürwortend	Attribut ‚grün' ablehnend

Um den Sachverhalt GRÜNE GENTECHNIK näher einzugrenzen, sollen im folgenden Kapitel die verschiedenen Definitionen der Akteure, und worin sich diese eventuell gleichen oder unterscheiden, erläutert werden.

Ein strittiger Punkt ist die Bezeichnung *Grüne Gentechnik* selbst. Dissens besteht über die Verwendung des Adjektivs *grün* innerhalb dieser Bezeichnung.

„Zur Abgrenzung verschiedener Teilgebiete der Gentechnik wurde eine Unterteilung nach Farben eingeführt. Diese wird allerdings hauptsächlich von Politik, Medien und Öffentlichkeit, weniger von Wissenschaftlerinnen und Wissenschaftlern, verwendet. Die Farbzuweisung ist nicht endgültig definiert und kann daher je nach Quelle abweichen./ Die so genannte Grüne Gentechnik betrifft die Anwendung gentechnischer Verfahren bei Nutz- und Zierpflanzen." (Die Linke-Bundestagsfraktion - Die Agro-Gentechnik - 30 Fragen & 30 Antworten zur Zukunft der gentechnikfreien Landwirtschaft)

Diese Auseinandersetzung äußert sich daran, dass Gegner der Grünen Gentechnik dem Adjektiv *grün* eine positive Konnotation zuschreiben, die sie dem Gegenstand jedoch gerne absprechen würden und aus diesem Grund die Bezeichnung *Grüne Gentechnik* zurückweisen.

„Da die Farbe „Grün" als naturnah / natürlich positiv besetzt ist, wird im weiteren Verlauf dieser Broschüre nicht der Begriff „Grüne Gentechnik" verwendet, sondern von Agro-Gentechnik gesprochen. Die Vorsilbe „Agro" steht für die Agrarwirtschaft und bezieht sich auf die überwiegend landwirtschaftliche Nutzung der gentechnisch veränderten Pflanzen." (Die Linke-Bundestagsfraktion - Die Agro-Gentechnik - 30 Fragen & 30 Antworten zur Zukunft der gentechnikfreien Landwirtschaft)

Von Befürwortern wird die Wahl des Adjektivs *grün* auf den Bezug zu Pflanzen begründet und die positive Konnotation zurückgewiesen.

„Alexander· 21.06.09 · 16:55 Uhr / [...]/ Übrigens: Die grüne Gentechnik heißt deshalb grün, um sie von der weißen, grauen und roten Gentechnik abzugrenzen. Pflanzen sind nunmal grün. Das ist kein gewiefter Plan von Saatgutkonzernen, die Bio-Landwirtschaft zu unterwandern. Grün in Anführungszeichen zu setzen ist deshalb nicht nötig ;-)/ [...]" (Kommentare zu Alles was lebt (13.05.2009) - Ist Propfung grüne Gentechnik)

Bezeichnungskonkurrenz *Grüne Gentechnik/ Agrogentechnik/ Biotechnologie*

Akteursbereich	GRÜNE GEN-TECHNIK	BIOTECHNO-LOGIE	AGRO-GENTECHNIK
Politik	Vor allem *Grüne Gentechnik*	Alle verwenden auch *Biotechnologie*	*Agrogentechnik* (Gegner und BMU)
Industrie	Häufig *Grüne Gentechnik*	Vor allem aber *Biotechnologie*	Keine Verwendung von *Agrogentechnik*
Nichtregierungs-bereich	Fast alle verwenden alle Bezeichnungen	Fast alle verwenden alle Bezeichnungen	*Agrogentechnik* wird häufiger als von allen anderen Akteuren gebraucht
Blogosphäre	Gebrauch von *Grüne Gentechnik*	Gebrauch von *Biotechnologie*	Keine Verwendung von *Agrogentechnik*
Wissenschaft	Vor allem *Grüne Gentechnik*	Auch Verwendung von *Biotechnologie*	Keine Verwendung von *Agrogentechnik*

Eine computergestützte Überprüfung anhand des Konkordanz-Programms Antconc hat ergeben, dass im vorliegenden fachexternen Korpus von den Akteuren verschiedene Bezeichnungen präferiert werden. Dies bedeutet nicht, dass die anderen Bezeichnungen nicht verwendet werden, sondern lediglich, dass ein Vorzug für einen bestimmten Ausdruck besteht. Für den Bereich Politik gilt, dass vor allem der Ausdruck *Grüne Gentechnik* verwendet wird. Sowohl Befürworter als auch Gegner der Grünen Gentechnik aus dem Bereich Politik nutzen ebenfalls den Ausdruck *Biotechnologie*. Nur Gegner im Bereich Politik – mit Ausnahme des BMU, welches nicht eindeutig Stellung bezieht – gebrauchen hingegen den Ausdruck *Agrogentechnik*. Im Bereich Industrie ist der vorherrschende Sprachgebrauch die Bezeichnung *Biotechnologie*, aber häufig wird auch der Ausdruck *Grüne Gentechnik* verwendet. Die Auswertung des Nichtregierungsbereichs ergibt, dass akteursübergreifend alle drei Bezeichnungen verwendet werden. Im Unterschied zu den anderen Akteuren gebrauchen die Akteure aus dem Bereich Nichtregierungsorganisationen den Ausdruck *Agrogentechnik* ebenso häufig wie *Grüne Gentechnik* und *Biotechnologie*. In der Blogosphäre werden die Ausdrücke *Biotechnologie* und *Grüne Gentechnik* gleich häufig verwendet. In der Wissenschaft hingegen herrscht die Bezeichnung *Grüne Gentechnik* vor.

Es wäre sicherlich lohnenswert, einen Vergleich der Selbstbezeichnungen der einzelnen Akteure anzustellen, in dieser Arbeit kann dies indes nicht geleistet werden. Für den Bereich der Unternehmen verfasst Simone Burel eine Dissertation zum Thema „Sprachliche Konstituierung von Identität in Unternehmenstexten"[123]. Wie an der Attribuierung durch „forschungsbasiert" im nachstehenden Textbeleg deutlich wird und eine Konstituierung der *Corporate Identity* vorgenommen wird, wirft eine spannende Frage auf, kann jedoch an dieser Stelle nicht weiterverfolgt werden.

„Für uns als **forschungsbasiertes** Pflanzenschutz- und Biotechnologieunternehmen […]" (Bayer CropScience - Warum brauchen wir Innovation)

Bezeichnungskonkurrenz für |Haftungsregeln|:*Gefährdungshaftung* versus *Verursacherprinzip/ gesamtschuldnerische Haftung*

Thema	Ausdruck - Befürworter	Ausdruck - Gegner/ Kritiker
|Haftungsregeln|	*Gefährdungshaftung* ‚Verdeckt'	*Verursacherprinzip Gesamtschuldnerische Haftung*

Diese Untersuchung geht dem Sprachgebrauch über Grüne Gentechnik auf den Grund, d. h. nicht die Regelung an sich steht im Mittelpunkt, sondern die Frage, wie die Akteure mit dieser sprachlich umgehen. Beim Thema |Haftungsregeln| konkurrieren die Diskursakteure um Bezeichnungen, die die aktuellen Kennzeichnungsregeln benennen. Inhaltlich herrscht über die bestehenden Haftungsregeln keine Uneinigkeit. Die zuletzt im Jahr 2004 geänderte gesetzliche Haftungsregelung besagt, dass der Betreiber der Freisetzung für diese haftet.

Im Folgenden soll aufgezeigt werden, wie sich am Beispiel der Bezeichnung um die Haftungsregelung eine Bezeichnungskonkurrenz manifestiert, die einen semantischen Kampf anzeigt. Die Bezeichnungskonkurrenz besteht zwischen den Ausdrücken *Verursacherprinzip* und *gesamtschuldnerische Haftung* auf der einen und *Gefährdungshaftung* auf der anderen Seite. Die Vermutung liegt nahe, dass diejenigen, die sich für das Verursacherprinzip aussprechen bzw.

---

123 Simone Burel (in Vorb.): „Sprachliche Konstituierung von Identität in Unternehmenstexten".

die gesamtschuldnerische Haftung anwenden, eher zu den Kritikern bzw. Gegnern als zu den Befürwortern der Grünen Gentechnik zählen.

„Nun trägt das Gentechnikgesetz deutlich die Handschrift der SPD-Bundestagsfraktion, denn in wichtigen Punkten haben wir uns gegen die CDU/CSU durchgesetzt./ Es bleibt bei der **Haftungsregelung nach dem Verursacherprinzip** und zwar im vollen Umfang. Das heißt, wenn gentechnikfrei wirtschaftenden Landwirten durch gentechnische Verunreinigungen wirtschaftliche Schäden entstehen, so hat der GVO-Anbauer für den Ausgleich zu sorgen." (SPD-Bundestagsfraktion (März 2008) – Wahlfreiheit und Transparenz)

„Die kirchlichen Umweltbeauftragten mahnen weiterhin eine zeitnahe Regelung der guten fachlichen Praxis im Umgang mit gentechnisch veränderten Pflanzen an. Auch sollte die im Ersten Gesetz festgeschriebene **gesamtschuldnerische Haftung** zur Absicherung betroffener Landwirte bestehen bleiben." (AGU – Kirchl. Umweltbeauftragte zur Grünen Gentechnik. Schutz des gentechnikfreien Anbaus sichert sozialen Frieden auf dem Land)

„Die Maßnahmen zur Sicherung der gentechnikfreien Produktion muss derjenige treffen, der mit dem Einsatz der Gentechnik Geld erwirtschaften will. Gemäß dem **Verursacherprinzip** hat er dafür Sorge zu tragen, dass es zu keiner Vermischung mit gentechnikfreien Produkten kommt." (Gentechnikfreie Regionen in Deutschland (BUND/AbL) - Nachwachsende Rohstoffe. Einfallstor für die Gentechnik in der Landwirtschaft)

Alleinig die wissenschaftlichen Akademien äußern sich in Bezug auf die Haftungsregeln kritisch. Die Einstufung zugelassener GV Pflanzen als Gefahrgut wird von den Akademien zurückgewiesen und die bestehende Regelung mit einer Gefährdungshaftung gleichgesetzt. Der Ausdruck *Gefährdungshaftung* wird damit dem Prinzip der gesamtschuldnerischen Haftung bzw. dem Verursacherprinzip entgegengesetzt. Die Attribuierung anhand des Attributs ‚verdeckt' indiziert darüber hinaus, dass nicht transparent gemacht wird, wie gentechnisch veränderte Sorten juristisch eingestuft werden.

„Novellierung der Haftungsregelungen/ Die zurzeit geltenden Haftungsregelungen kommen einer **verdeckten Gefährdungshaftung** gleich. Dies bedeutet, dass eine Hochschule oder ein Landwirt für Schäden haften muss, die sie/er weder verursacht noch verschuldet hat. Es ist nicht nachvollziehbar, dass gentechnisch veränderte Sorten, die über ein rigides Zulassungsverfahren zum Anbau genehmigt sind, als Gefahrgut eingestuft werden. Gentechnisch veränderte Sorten, die zur Aussaat genehmigt sind, dürfen in haftungsrechtlicher Hinsicht nicht anders behandelt werden als sonstiges Saat- und Pflanzgut." (Stellungnahme der wissenschaftlichen Akademien (13.10.2009) - Für eine neue Politik in der Grünen Gentechnik)

Während in diesem Teil des Kapitels Bezeichnungskonkurrenzen aufgezeigt wurden, soll im kommenden Unterkapitel das Besetzen eines Ausdrucks bzw. eine Ausdrucksprägung veranschaulicht werden.

Ausdrucksprägung bzw. Besetzen eines Ausdrucks für eine |Kennzeichnung|
FDP prägt die *Positivkennzeichnung*

Thema	Ausdruck - FDP	Ausdruck - andere
|Kennzeichnung|	*Positivkennzeichnung*	*Prozesskennzeichnung* → ‚Rückverfolgbarkeit'
	Positivkennzeichnung → ‚Transparenz' ‚Ohne-Gentechnik-Kennzeichnung'→ Sachverhaltsverknüpfung mit dem Thema |Verbrauchertäuschung|	*Prozesskennzeichnung* → ‚Rückverfolgbarkeit'

Beim Thema |Kennzeichnung| ergeben sich viele Unterthemen. In dem Zusammenhang geht es vor allem um die Ausdrucksprägung der im Jahr 2008 neu eingeführten Kennzeichnung mit dem „ohne-Gentechnik"-Label. Diskutiert werden die verschiedenen Typen von Kennzeichnungsmöglichkeiten. Verschiedene Akteure sprechen sich gegen die „ohne-Gentechnik"-Kennzeichnung aus und proklamieren stattdessen andere Kennzeichnungsmöglichkeiten. Hierzu zählt beispielsweise eine Kennzeichnung, die von der FDP als *Positivkennzeichnung*, von anderen Akteuren als *Prozesskennzeichnung* betitelt wird. Die FDP prägt den Ausdruck *Positivkennzeichnung* und vollzieht in diesem Zusammenhang Sachverhaltsverknüpfung mit dem Thema |Verbrauchertäuschung| (vgl. Kapitel 4.4.2; Rechtlicher Sachverhalt „OHNE-GENTECHNIK"-KENNZEICHNUNG; ‚Verbrauchertäuschung'). Die FDP versucht dabei den Ausdruck *Positivkennzeichnung* mit dem Konzeptattribut ‚Transparenz' zu versehen (vgl. Kapitel 4.4.2; Rechtlicher Sachverhalt FLURSTÜCKGENAUES STANDORTREGISTER; ‚Transparenz') und die „Ohne-Gentechnik"-Kennzeichnung hingegen mit dem Konzeptattribut ‚Verbrauchertäuschung'.

„Die ‚ohne Gentechnik-Kennzeichnung' ist Verbrauchertäuschung. Wir wollen auf EU-Ebene durch eine **Positivkennzeichnung** für mehr Transparenz sorgen." (FDP-Bundestagsfraktion - Land- und Forstwirtschaft - Landwirtschaftspolitik)

„Die FDP unterstützt ausdrücklich die Bemühungen der Bundesregierung für eine umfassende Verbrauchertransparenz durch die Schaffung einer **Positivkennzeichnung (Prozesskennzeichnung)** auf europäischer Ebene. Zur Stärkung des Innovationsstandortes Deutschlands und einer stärkeren Wissenschaftsorientierung im Bereich der Biotechnologie ist die Durchsetzung der **Positivkennzeichnung** auf europäischer Ebene von zentraler Bedeutung." (FDP-Bundestagsfraktion (29.06.2010) – Positionspapier Biotechnologie)

„Gleichzeitig wird mit der Einführung einer **Positivkennzeichnung** die bisher in Deutschland bestehende ‚Ohne Gentechnik-Kennzeichnung' abgelöst. Auch das ist sinnvoll und notwendig, da die ‚Ohne Gentechnik-Kennzeichnung' eine klare Verbrauchertäuschung darstellt. Denn trotz einer entsprechenden Kennzeichnung können nen derartig gekennzeichnete Lebensmittel GVO Bestandteile enthalten." (FDP-Bundestagsfraktion (29.06.2010) – Positionspapier Biotechnologie)

Prozesskennzeichnung meint dasselbe wie *Positivkennzeichnung*, nämlich, dass eine ‚Rückverfolgung' von früheren GVO-Anwendungen während des Produktionsprozesses eines Futter- bzw. Lebensmittels möglich sein muss. Dies thematisieren außer der FDP die Wissenschaftler Busch et al., Gentechnikfreie Regionen in Deutschland (BUND/AbL) und Greenpeace aus.

„**Seit April 2004 müssen alle gentechnisch veränderten Lebens- und Futtermittel gekennzeichnet werden, auch dann, wenn die fremde Erbsubstanz durch die Verarbeitung nicht mehr nachweisbar ist (Prozessorientierte Kennzeichnung).** Nicht gekennzeichnet werden muss, wenn ein Produkt eine technisch unvermeidbare oder zufällige Verunreinigung bis zu 0,9 Prozent der jeweiligen Zutat enthält. Dies ist ein Schwellenwert, auf den sich die EU-Mitgliedsländer geeinigt haben. Seit Mai 2008 besteht in Deutschland eine praktikable Kennzeichnung von tierischen Produkten wie z.B. Milch, Fleisch und Eiern, die ohne Gen-Pflanzen im Tierfutter erzeugt wurden. Entsprechende Produkte können freiwillig mit der Kennzeichnung ‚ohne Gentechnik' beworben werden, wenn das eingesetzte Futtermittel nach der oben beschriebenen, europäischen Kennzeichnungsvorschrift nicht kennzeichnungspflichtig ist." (Greenpeace (2009) - Tierische Produkte – ohne Einsatz gentechnisch veränderter Futterpflanzen)

Bezeichnungskonkurrenz und Bedeutungsfixierung für eine |Form des Widerstands|

Thema	Ausdruck - Befürworter	Ausdruck - Gegner/ Kritiker
|Form des Widerstands| Entfernung gentechnisch veränderter Pflanzen vom Acker	*Feldzerstörung* Distanzsignal in Bezug auf Feldbefreiung: *sogenannte* Feldbefreiung oder *„Feldbefreiung"*	*Feldbefreiung*
Konzept ›Form des Widerstands‹	Konzeptattribut - Befürworter	Konzeptattribut - Gegner
Bedeutungsfixierung	‚Straftat/ kriminell' ‚Abkehr von rechtsstaatlichen und demokratischen Grundsätzen' ‚Ablehnung von Technologien' ‚Einschränkung der Forschungsfreiheit'	‚Gefahrenabwehr' ‚Ziviler Ungehorsam' ‚Gewaltfrei'

Um eine Form des Widerstands vonseiten der Gentechnik-Gegner rankt sich ebenfalls eine Bezeichnungskonkurrenz.

Gegner der Gentechnik bezeichnen ihre Form des Widerstands als *Feldbefreiung*.

„Ziviler Ungehorsam/ Ziviler Ungehorsam - das persönliche, demonstrative und öffentliche Übertreten und Missachten von Gesetzen, die die Gentechnik durchsetzen sollen - stellt für uns die adäquate Antwort auf die massive Bedrohung dar, der wir alle ausgesetzt werden. Wir wollen die Regierenden mit dem entschlossenen Widerstand der Bevölkerung konfrontieren. Die **Feldbefreiung** macht sichtbar, dass die Gentechnik keine Akzeptanz hat und geächtet wird, ähnlich der Ächtung der Atombombe. Unser politisches Ziel ist es, der Bundesregierung, die gegen die Interessen der Bevölkerung vorgeht, die Legitimation ihrer Pro-Gentechnikpolitik zu entziehen./ **Ziviler Ungehorsam** bedeutet, eigenmächtig zu handeln - gegen den Willen der Macht. Dass wir dabei juristisch verfolgt werden, ist nichts das wir per se anstreben; die bewusste Gesetzesüberschreitung beinhaltet aber die Bereitschaft, die Konsequenzen in Kauf zu nehmen und die juristische Auseinandersetzung zu führen. Dabei wollen wir solidarisch füreinander einstehen." (Gendreck-weg.de – Ziviler Ungehorsam)

Von dem Ausdruck *Feldbefreiung* distanzieren sich Christian Reinboth, der Blogautor von „Frischer Wind", der sich hier als Blogleser des Blogs „Weiter-Gen" äußert, und die Autoren des Wikipedia-Artikels (sowie weitere Akteure) durch ein Distanzsignal:

„Christian Reinboth· 16.07.09 · 13:07 Uhr / Hab das Interview mit Frau Anschütz ebenfalls gelesen und mich vor allem über diese Passage gewundert:/ Werden Sie auch von Verbänden unterstützt? / Anschütz: Ja, zum Beispiel vom BUND./ Dass der regionale BUND-Chef die **"Feldbefreiungen"** zumindest nicht für einen Fehler hält, hat er ja schon im April per Leserbrief klargestellt. Dass der BUND die Verteidigung der "Befreier" vor Gericht aber auch noch mit Geld unterstützt (so verstehe ich zumindest die Aussage von Frau Anschütz) halte ich für einen echten Skandal... Interessieren würde mich außerdem was das "zum Beispiel" bedeutet - welche anderen Verbände außer dem BUND beteiligen sich denn sonst noch am Solidaritätsfonds [sic!]? Und mit welchen Summen? Schade, dass Herr Menzel hier nicht sofort nachgehakt hat..." (Kommentare zu WeiterGen (14.07.2009) - Gift im Garten - Alternativen für die Feldbefreier)

„Ablehnung der Grünen Gentechnik/ Im Gegensatz zur Roten Biotechnologie trifft die Grüne Gentechnik insbesondere in der Öffentlichkeit von Industriestaaten auf Ablehnung. Umweltschutzorganisationen wie Greenpeace oder Friends of the Earth haben sich zu grundsätzlichen Gegnern der Technik erklärt. Auch Verbände der ökologischen Landwirtschaft treten für eine gentechnikfreie Landwirtschaft ein. Diese Ansichten werden in der Politik aufgegriffen. So lehnen Bündnis 90/Die Grünen und die Linke den Anbau von transgenen Nahrungsmittelpflanzen ab. Der Protest gegen gentechnisch veränderte Pflanzen kommt unter anderem in **sogenannten Feldbefreiungen** zum Ausdruck, wobei entsprechende Anbaugebiete rechtswidrig von Umweltaktivisten besetzt oder beschädigt werden." (Wikipedia (2010) - Grüne Gentechnik)

Den Ausdruck *Feldzerstörung* wählt der Interessenverband Land- und Ernährungswirtschaft als Befürworter der Grünen Gentechnik und versucht das Konzeptattribut ‚kriminell' dominant zu setzen.

„Forschungsfreiheit sicherstellen!/ Deutschland ist Standort für Spitzenforschung in Wissenschaft und Praxis. Pflanzenforschung, auch die Grüne Gentechnik, muss für Labor, Gewächshaus und Freiland ermöglicht und gefördert werden. Die Ergebnisse der langjährigen Sicherheitsforschung müssen bei der politischen Entscheidungsfindung berücksichtigt werden. Die mutwillige und rechtswidrige Behinderung der Forschung durch **kriminelle Feldzerstörungen** darf nicht länger hingenommen werden." (Land- und Ernährungswirtschaft fordert verlässliche Gentechnikpolitik zur Sicherung des Innovationsstandortes Deutschland - Branchenstellungnahme zur Gentechnikpolitik der Bundesregierung)

Konzept-Eruierung ›Form des Widerstands‹

Christian Reinboth, Autor des Blogs „Frischer Wind", dessen Haltung gegenüber der Grünen Gentechnik nicht klar eingestuft werden konnte, schreibt dem Konzept ›Form des Widerstands‹ das Konzeptattribut ‚Straftat/ kriminell' und ‚Abkehr von rechtsstaatlichen und demokratischen Grundsätzen' zu.

> „Mir geht es vielmehr um die Methoden, zu deren Anwendung sich militante Gegner grüner Biotechnologie offensichtlich berechtigt sehen: **Vandalismus und Zerstörung fremden Eigentums** zum Stopp "unerwünschter Forschung". Dass der BUND solche Methoden nun offiziell gutheißt, ist eine so deutliche **Abkehr von rechtsstaatlichen und demokratischen Grundsätzen**, dass mich die Lektüre des Briefs einigermaßen erschüttert hat. Wie das Verbot der Genmais-Sorte MON 810 durch die CSU-Ministerin Aigner vor nicht einmal 14 Tagen deutlich gezeigt hat, haben die Gegner grüner Biotechnologie durchaus die Möglichkeit, ihre Vorstellungen auf demokratische Art und Weise durchzusetzen. Das nächtliche Bearbeiten von Forschungsfeldern mit der Hacke ist dabei ebenso unnötig wie die Stilisierung von Straftätern zu heldenhaften Kämpfern." (Frischer Wind (27.04.2009) - BUND-Landeschef lobt illegale Genweizen-Zerstörung in Gatersleben)

Eine Blogleserin äußert sich im Bereich der Leserkommentare über Feldzerstörer, indem sie diesen generell eine ‚Ablehnung von Technologien' zuschreibt.

> „Marie· 14.07.09 · 13:10 Uhr / Es geht den Stürmern mit den Sensen nicht einfach ums Jäten. Es kann ihnen auch nicht darum gehen, eingeschleppte Pflanzen etwa aus Gründen einer wie auch immer verstandenen Reinheit zu beseitigen. Insofern läuft das Jäteangebot ins Leere. / **Nein, es geht ihnen einzig darum, alles was mit "Gen-", "Klon-" und "Atom-" zu tun hat, in einem Aufwasch zu verbieten, nicht notfalls, sondern a priori mit Gewalt.** Schließlich ist deren Weltsicht die einzig richtige. Die Wahlergebnisse sowie ein Großteil der meinungsbildenden Medien bestätigen dies täglich." (Kommentare zu WeiterGen (14.07.2009) - Gift im Garten - Alternativen für die Feldbefreier)

Als „eine Spielart moderner Hexenverbrennung" bezeichnet eine Leserin des Blogs „WeiterGen" die ›Form des Widerstands‹ und ruft das Konzeptattribut ‚Einschränkung der Forschungsfreiheit' auf.

> „Marie· 29.02.08 · 14:28 Uhr / @ Klima-Fraktal/ Die Wissenschaftsfeindlichkeit entstand nicht durch Verschulden der Wissenschaft. Die Wissenschaftsfeindlichkeit ist weitgehend ein Produkt von grünen Schwarmgeistern. Ja, Wissenschaft hat "verspätet" darauf reagiert, weil sich kein rational denkender Mensch auch nur im Ansatz vorstellen konnte, dass im 20. Jh. engstirnige Irrationalität überhaupt einen solchen Zuspruch erfahren und in der Bevölkerung so verfangen könnte./ Welcher Geistes-/ Natur-Wissenschaftler nähme denn **eine heutige Forderung nach leibhaf-**

tiger **Hexenverbrennung** ernst und setzte sich mit ihr argumentativ auseinandersetzen [sic!]? / Maisfelder niederzutrampeln ist aber **eine Spielart moderner Hexenverbrennung.**" (Kommentare zu WeiterGen (28.02.2008) - Grüne Gentechnik: Amflora)

Die NGO Gendreck-weg ruft für das Konzept ›Form des Widerstands‹ das Konzeptattribut ‚Ziviler Ungehorsam' auf.

„Ziviler Ungehorsam/ Ziviler Ungehorsam - das persönliche, demonstrative und öffentliche Übertreten und Missachten von Gesetzen, die die Gentechnik durchsetzen sollen - stellt für uns die adäquate Antwort auf die massive Bedrohung dar, der wir alle ausgesetzt werden. Wir wollen die Regierenden mit dem entschlossenen Widerstand der Bevölkerung konfrontieren. Die **Feldbefreiung** macht sichtbar, dass die Gentechnik keine Akzeptanz hat und geächtet wird, ähnlich der Ächtung der Atombombe. Unser politisches Ziel ist es, der Bundesregierung, die gegen die Interessen der Bevölkerung vorgeht, die Legitimation ihrer Pro-Gentechnikpolitik zu entziehen./ **Ziviler Ungehorsam** bedeutet, eigenmächtig zu handeln - gegen den Willen der Macht. Dass wir dabei juristisch verfolgt werden, ist nichts das wir per se anstreben; die bewusste Gesetzesüberschreitung beinhaltet aber die Bereitschaft, die Konsequenzen in Kauf zu nehmen und die juristische Auseinandersetzung zu führen. Dabei wollen wir solidarisch füreinander einstehen." (Gendreck-weg.de – Ziviler Ungehorsam)

Darüber hinaus versucht die NGO das Konzeptattribut ‚Gefahrenabwehr',

„Wir gehen nach öffentlichen Ankündigungen auf Gentech-Maisfelder und reißen die gefährlichen Pflanzen aus. Es geht uns nicht darum, die Bauern zu schädigen, sondern die **Gefahr abzuwenden**. Wir betrachten unsere Aktion als Notwehr und als not-wendigen Akt von Zivilcourage, um der Ausbreitung der Gentechnik auf unseren Feldern Einhalt zu gebieten. Damit sehen wir uns in der Tradition gewaltfreien Widerstandes. Immer mehr Menschen kündigen bereits jetzt ihre Bereitschaft zur **Feldbefreiung** an. Jede öffentliche Absichts- oder Solidaritätserklärung ermöglicht gesellschaftliche Diskussionen und wirkt auf den politischen Prozess. Die großen Aktionen finden statt, wenn mindestens 250 Menschen ihre Absicht erklärt haben." (Gendreck-weg.de - Freiwillige Feldbefreiung)

und das Konzeptattribut ‚gewaltfrei' dominant zu setzen.

„Gewaltfreiheit/ **Gewaltfreiheit** ist ein Prinzip, das ermutigt und befähigt, dem Unrecht und der Gewalt, die von den Agro-Konzernen ausgeht, gezielt entgegen zu treten. Wie viele Menschen in der Tradition gewaltfreier Aktion sehen wir uns moralisch im Recht und politisch in der Pflicht, Produkte der Zerstörungstechnologie Gentechnik symbolisch unschädlich zu machen./ Wir tun dies auf gewaltfreie Weise und stehen für unser Handeln ein. Bei unseren Aktionen wenden wir weder Gewalt gegen Menschen an, noch tragen wir Geräte mit. Wir wollen niemanden gefährden und zeigen, dass von uns keine Bedrohung ausgeht. Unsere Mittel sind einzig unsere Körper und der Geist der Ent- und Geschlossenheit./ Wir setzen uns ein für eine Gesellschaft, in der das Leben, die Gesundheit und die Würde aller Lebewesen mehr zählen als Macht und Profit. Für unsere eigenen Strukturen bedeutet das, das wir gleichberechtigt und offen miteinander umgehen wollen. Um viele Gedanken zu nutzen und alle Beteiligten einzubeziehen, treffen wir unsere Entscheidungen im Konsens und bilden Bezugsgruppen." (Gendreck-weg.de – Ziviler Ungehorsam)

Bezeichnungskonkurrenz um die |Bewertung der Technologie|

Risikotechnologie versus *Zukunftstechnologie*

Thema	Ausdruck - Befürworter	Ausdruck - Gegner/ Kritiker
|Bewertung der Technologie|	*Risikotechnologie*	*Zukunftstechnologie*

Eine quantitative Auswertung der Ausdrücke *Risikotechnologie* versus *Zukunftstechnologie* hat ergeben, dass die jeweiligen Ausdrücke immer nur von der entsprechenden Akteursgruppe verwendet werden, es sei denn, sie werden explizit zurückgewiesen oder sind Bestandteil einer fremden Redewiedergabe.

Dies wird im Anschluss dargestellt; hier soll zunächst jedoch ein exemplarischer Beleg der Fraktion Die Linke für die Verwendung des Ausdrucks *Risikotechnologie* aufgeführt werden. Er wird sonst vor allem von NGOs verwendet (BUND, Greenpeace, Gendreck-weg, Gen-ethisches-Netzwerk und Gentechnikfreie Regionen in Deutschland (BUND/AbL)).

„Gibt es Alternativen zur Agro-Gentechnik?/ Die angesprochenen Probleme sollten angeblich mit Hilfe der Agro-Gentechnik gelöst werden(siehe Frage 4). Dies gelingt *tatsächlich* aber nur mit einer **nachhaltigen** Landwirtschaft, die unsere natürlichen Ressourcen erhält, statt sie zu zerstören. Mit ausgeklügelten Methoden steigert ein alternativer Landbau umweltschonend Erträge, sichert die Qualität unserer Lebensmittel und braucht daher keine **Risikotechnologie**. Mit traditionellen und innovativen Methoden werden Pflanzen gezüchtet, die den unterschiedlichsten Boden- und Klimabedingungen angepasst sind und Schädlingen widerstehen können." (Die Linke-Bundestagsfraktion - Die Agro-Gentechnik - 30 Fragen & 30 Antworten zur Zukunft der gentechnikfreien Landwirtschaft)

Explizit zurückgewiesen wird der Ausdruck *Risikotechnologie* von einem Autor der Broschüre, die von der Konrad-Adenauer-Stiftung herausgegeben wurde.

„Die Gentechnik ist **per se keine Risikotechnologie**. Eventuelle Risiken im Umgang mit einem transgenen Organismus liegen immer in der Natur des Organismus

Handlungsstrategien der Diskursakteure im Kampf um Wissen 173

selbst bzw. in der eingeführten Veränderung, nicht aber in der Technik, mit der ein Organismus verändert wurde." (Horst Glatzel (2001)(KAS) - Perspektiven der „Grünen Gentechnik" (Zukunftsforum Politik)

Die Akteure aus der Industrie (BASF, DIB, Land- und Ernährungswirtschaft, Verbände der Lebensmittel- und Agrarindustrie), aus dem Bereich Wissenschaft/ Industrie (der Verband Biologie, Biowissenschaften und Biomedizin in Deutschland e. V.), aus der Politik (die Autoren der KAS-Broschüre) sowie der Blogautor Stefan Jacobasch des Blogs „Mahlzeit" verwenden den Ausdruck *Zukunftstechnologie*. Ein exemplarisches Beispiel für die Verwendung des Ausdrucks *Zukunftstechnologie* von dem Interessenverband aus der Land- und Ernährungswirtschaft bietet das folgende Zitat:

„Verlässliche Rahmenbedingungen sind - gerade für kleine und mittelständische Unternehmen - unerlässlich, **um Planungssicherheit für Investitionen in die Zukunftstechnologie** und den Standort Deutschland zu schaffen." (Land- und Ernährungswirtschaft fordert verlässliche Gentechnikpolitik zur Sicherung des Innovationsstandortes Deutschland - Branchenstellungnahme zur Gentechnikpolitik der Bundesregierung)

Als Bestandteil fremder Redewiedergabe von Befürwortern der Grünen Gentechnik findet sich eine Verwendung des Ausdrucks *Zukunftstechnologie* auch bei Gegnern der Grünen Gentechnik, wie z. B. beim BUND, der einen FDP-Politiker zitiert:

„So wird in dem Positionspapier „Chancen der Grünen Gentechnik konsequent nutzen" von Wolfgang Gerhardt ausgeführt: ‚...**Wegen der großen ökonomischen und forschungsrelevanten Möglichkeiten dieser Zukunftstechnologie** müssen die Rahmenbedingungen so gestaltet sein, dass vor allem die vielen kleinen und mittleren Unternehmen ihr Potential zur Schaffung hoch qualifizierter Arbeitsplätze ausschöpfen können...' " (BUND (2006) - „Grüne Gentechnik" als Arbeitsplatzmotor? Genaues Hinsehen lohnt sich)

Den Ausdruck *Zukunftstechnologie* weist der Blogleser walim in einem Kommentar zum Blogeintrag des Blogs „WeiterGen" vom 10.04.2009 „Genmais MON 810 - Das politische Spiel mit Zukunftstechnologien" zurück und erhält mit diesem Kommentar den Status des *Kommentars der Woche* im Blogportal „ScienceBlogs".

„13.04.09 · 05:50 Uhr/ *Kommentar der Woche 15/09/* **Zukunftstechnologie grüne Gentechnik?** Na, ich weiss nicht. Mir scheint die grüne Gentechnik doch sehr betrieben von der Idee, lauter nichttechnische Probleme technisch zu lösen und die industrielle Monokultur mit Patenten zu komplettieren." (ScienceBlogs (Kommentar der Woche September 2009) (13.04.2009) – Ohne Titel)

Zusammenfassend lässt sich feststellen, dass im fachexternen Diskursausschnitt um die Grüne Gentechnik einige Bezeichnungskonkurrenzen vorhanden sind und Akteure darum kämpfen, „ihren" Ausdruck stark zu machen und durchzusetzen. Darüber hinaus war zu bemerken, dass Bezeichnungskonkurrenzen (wie im Fall von *Feldbefreiung* versus *Feldzerstörung*) manchmal mit einer Bedeutungsfixierung verknüpft sind. Es besteht auch die Möglichkeit, dass ein Akteur allein versucht, einen Ausdruck zu prägen, wie dies im Fall der FDP in Bezug auf den Ausdruck *Positivkennzeichnung* geschehen ist. Alles in allem stellt die Kategorie der Bezeichnungskonkurrenz ein geeignetes Mittel dar, um Differenzen zwischen den Akteuren auf der Sprachoberfläche aufzuzeigen.

4.4.1.2 Bedeutungsfixierung

Unter Bedeutungsfixierung wird nach Wimmer (1979) und Felder (2009a: 20) „[d]as Prägen eines Begriffes bzw. Konzeptes (mittels des spezifischen und steten Gebrauchs eines bestimmten sprachlichen Ausdrucks)" verstanden. Dazu wird von beiden Parteien ein unumstrittener identischer Ausdruck bzw. Ausdruckskomplex verwendet, um diesen Sachverhalt zu bezeichnen. Allerdings werden bei der Prädizierung des Sachverhalts anhand verschiedener (Konzept-)Attribute Bedeutungsakzentuierungen vorgenommen (Felder 2006b: 36-37; Felder 2009a: 20). So wird beispielsweise das Hochwert-Konzept ›Forschungsfreiheit‹ – ein Gut, das von Befürwortern und Gegnern gleichermaßen hochgehalten wird – mit divergierenden Konzeptattributen akzentuiert. Die Befürworter der Grünen Gentechnik belegen Forschungsfreiheit mit den Attributen ‚Einschränkung der Forschungsfreiheit im Bereich Grüner Gentechnik'; ‚Eingeschränkte Forschungsfreiheit durch Feldzerstörung' und ‚Einschränkung der Forschungsfreiheit durch Fortschrittsfeindlichkeit', die Gegner hingegen mit ‚Forschungsfreiheit impliziert Selbstbeschränkung'.

Gerade bei der Untersuchung des fachexternen Diskurses spielt die Bedeutungsfixierung eine große Rolle, denn

„[f]ür den Außenstehenden ist nicht jeder fachliche Dissens leicht zu durchschauen, weil er sich in Form verschiedener Begriffsvorstellungen bei gleichen Ausdrücken widerspiegeln oder hinter vermeintlichen Synonymen verbergen kann. Damit sind wir beim Problem unterschiedlicher Bedeutungen (**Bedeutungsakzentuierungen**)[Hervorhebung von B.F], die offensichtlich den weit verbreiteten Ansichten widersprechen, dass Fachsprachen eineindeutig seien. Die Schwierigkeit besteht aber darin - und das verschärft die angesprochene Problematik -, **dass diese »versteck-**

ten« Bedeutungsunterschiede ein Indiz für bestimmte Wissenschaftsrichtungen darstellen können [Hervorhebung von B.F.], ohne dass dieser Zusammenhang für das gesamtgesellschaftlich interessierte zoon politikon zu durchschauen wäre." (Felder 2006b: 13f.)

Aus folgendem Grund zeigt sich hier nun ein Widerspruch zu dem in Kapitel 2.5 dieser Arbeit bereits zurückgewiesenen „Eindeutigkeitspostulat" der Fachsprache: Fachlicher Dissens äußert sich häufig genau anhand der eben vorgestellten Bedeutungsfixierungen. Verschiedene Begriffsvorstellungen gehen auf gleiche Ausdruckskomplexe zurück, die Bedeutungsunterschiede sind auf den ersten Blick nicht zu erkennen. Erst bei der genaueren Auseinandersetzung mit der Position eines Akteurs wird beispielsweise deutlich, dass Akteur 1 unter Forschungsfreiheit etwas anderes versteht als beispielsweise Akteur 2, der – möglicherweise im selben Zusammenhang – von Forschungsfreiheit spricht.

Josef Klein unterscheidet genauer zwischen einem Semantischen Kampf um die deskriptive Bedeutung oder um die deontische Bedeutung. Beiden gemein ist, dass die Bedeutung ein und desselben Ausdrucks umstritten ist (Klein 1989b: 17). Unter dem Semantischen Kampf um die deskriptive Bedeutung versteht er – was häufig auch mit ‚Begriffe besetzen'[124] umschrieben wird – „Das Verändern oder Spezifizieren der deskriptiven Bedeutung eines Wortes im eigenen politischen Sinn" (ebd.: 21). Die sprachliche Strategie umschreibt er als „Tilgung und/oder Hinzufügung eines oder mehrerer semantischer Merkmale oder Stereotype" (ebd.: 22)[125]. Wenn im Folgenden von Bedeutungsfixierung gesprochen wird, ist vor allem der Kampf um die deskriptive Bedeutung gemeint.

Im vorliegenden Kapitel spielt neben der Bedeutungsfixierung die Sprachhandlungskategorie der Sachverhaltsverknüpfung eine große Rolle. Denn erst die Eruierung der vorgenommenen Sachverhaltsverknüpfungen ermöglicht es, ein-

---

124 „Kurt Biedenkopf sprach in seiner berühmt gewordenen Rede zur Funktion der Sprache in der Politik auf dem Hamburger CDU-Parteitag im November 1973 vom ‚Besetzen der Begriffe': ‚[...] Statt der Gebäude der Regierung werden die Begriffe besetzt, mit denen sie regiert, die Begriffe, mit denen wir unsere staatliche Ordnung, unsere Rechte und Pflichten und unsere Institutionen beschreiben. Die moderne Revolution besetzt sie mit Inhalten, die es uns möglich machen, eine freie Gesellschaft zu umschreiben, und es damit auch unmöglich machen, in ihr zu leben. [...] Wir erleben heute eine Revolution, die nicht dem Besetzen der Produktionsmittel, sondern der Besetzung der Begriffe dient.' " (Husmann-Driessen 2006: 92; siehe Biedenkopf 1973)

125 Speziell für die Politik: „Bei dem semantischen Kampf in der Politik um die deskriptive Bedeutung eines Begriffes geht es vor allem darum, allgemein gültige Bedeutungen von politischen Hochwertwörtern zu verändern, zu erweitern, zu spezifizieren oder einzuschränken. Besonders die bereits erwähnten so genannten Grundwerte-Lexeme bzw. Symbole *Freiheit, Gerechtigkeit, Gleichheit, Demokratie, Solidarität* usw. sind parteiübergreifend umkämpft." (Husmann-Driessen 2006: 92)

zelne Konzepte zu verstehen, da für das Verstehen des Einzelnen die Einbettung in den soziokulturellen Kontext unumgänglich ist (Felder 2009a: 36).

Das ›Risiko‹-Konzept

Das ›Risiko‹-Konzept in der wissenschaftlichen Technikfolgenabschätzung Um eine Sachverhaltsfixierung im Sinne Felders (2006b: 37) handelt es sich beispielsweise bei der Diskussion, wann es sich bei der Anwendung Grüner Gentechnik um ein Risiko handelt. Hierzu wird das Risiko-Verständnis, das im Diskurs vertreten wird, mit dem der wissenschaftlichen Technikfolgenabschätzung verglichen, damit die Spannungen aufgezeigt werden können, die die Debatte über Grüne Gentechnik nicht nur in Bezug auf die Anwendung und die Technik selbst, sondern darüber hinaus in Bezug auf Konzepte wie ›Risiko‹ und ›Sicherheit‹ beherrschen.

Konzept ›Risiko‹ nach Wiedemann[126]	Expertenverständnis	Laienverständnis
	‚Bewertung von Wahrscheinlichkeit und Schadensausmaß'	‚Bewertung von der Risikoquelle (bekannt, unbekannt)' ‚Bewertung der Exposition (freiwillig, unfreiwillig)' ‚Bewertung der Schadensart/Betroffenheit (Schrecklichkeit, betrifft besonders vulnerable Personen, zukünftige Generationen betroffen)' ‚Bewertung des Risikomanagements (Kontrollierbarkeit)'
	‚Risiko ≠ Gefahr'	‚Risiko = Gefahr'
Unwissenheits-Topos	‚Wissensbasiert'	‚Meinungsbasiert'
		‚Konsequenzenbezogene vs. akteursbezogene Risikobewertung'

---

126 Wiedemann 2010: 77.

Laut Peter Wiedemann und Claudia Eitzinger (2006: 8), die sich auf psychometrische Untersuchungen berufen, unterscheidet sich die Risikowahrnehmung von Laien und Experten erheblich.

„**Im Gegensatz zu Experten**, die allein Wahrscheinlichkeit und Schadensausmaß bewerten, **orientieren sich Laien bei der Risikobeurteilung** an Merkmalen wie der Risikoquelle (bekannt, unbekannt), der Exposition (freiwillig, unfreiwillig), der Schadensart/Betroffenheit (Schrecklichkeit, betrifft besonders vulnerable Personen, zukünftige Generationen betroffen) und des Risikomanagements (Kontrollierbarkeit)." (Wiedemann/ Eitzinger 2006: 8)

Wiedemann hebt hervor, dass im wissenschaftlichen Kontext ein Unterschied zwischen Risiko und Gefahr getroffen wird, und ruft damit das Konzeptattribut ‚Risiko bedeutet nicht automatisch Gefahr' auf.

„Anders als im alltäglichen Sprachgebrauch, wo **Gefahr und Risiko** häufig synonym verwendet werden, **wird im wissenschaftlichen Kontext zwischen diesen beiden Konzepten unterschieden**. Gefahr meint hier das Potenzial einer Risikoquelle adverse Effekte zu verursachen." (Wiedemann 2010: 5)

Zudem ruft er für das Expertenverständnis von Risiko das Konzeptattribut ‚meinungsbasiert' und für das Laienverständnis das Konzeptattribut ‚wissensbasiert' auf.

„Deshalb ist es auch nicht verwunderlich, dass Laien und Experten sich bei der Risikobewertung zum Teil beträchtlich unterscheiden. Allerdings ist die Ursache für diesen Unterschied **nicht allein auf das Wissensdefizit der Laien zurückzuführen**. Vielmehr liegen der wissenschaftlichen Risikoanalyse und der intuitiven Risikobeurteilung unterschiedliche Risikokonzepte, kognitive Verarbeitungsweisen zugrunde. Schließlich greifen Laien und Experten im Regelfall auch auf verschiedene Informationsquellen zurück. Die Risikobewertungsansätze von Laien sind im Ansatz breiter als die der Experten. Sie sind mehr meinungs- als wissensbasiert." (Wiedemann 2010: 75)

Für das Experten-Verständnis von Risiko rufen Wiedemann/ Eitzinger das Konzeptattribut ‚Bewertung von Wahrscheinlichkeit und Schadensausmaß' auf, für das der Laien die Konzeptattribute ‚Bewertung der Risikoquelle (bekannt, unbekannt)', ‚Bewertung der Exposition (freiwillig, unfreiwillig)', ‚Bewertung der Schadensart/Betroffenheit (Schrecklichkeit, betrifft besonders vulnerable Personen, zukünftige Generationen betroffen)' und ‚Bewertung des Risikomanagements (Kontrollierbarkeit)' auf.

„Im Gegensatz zu Experten, die *allein* Wahrscheinlichkeit und Schadensausmaß bewerten, orientieren sich Laien bei der Risikobeurteilung darüber hinaus an Merkmalen der **Risikoquelle** (bekannt, unbekannt), der **Exposition** (freiwillig, unfreiwillig), am **Wissen über das Risiko**, der **emotionalen Betroffenheit** (Schrecklichkeit) und an **Aspekten des Risikomanagements** (Kontrollierbarkeit)." (Wiedemann/Eitzinger 2006: 8)

„Viele dieser Faktoren sind eng miteinander korreliert. Wird ein Risiko z.B. als unfreiwillig empfunden, so wird es auch sehr oft als nicht persönlich kontrollierbar eingeschätzt. Mittels faktorenanalytischer Verfahren haben deshalb Slovic und Mitarbeiter versucht, die komplexe Risikobewertung von Laien auf Grunddimensionen zu reduzieren (Slovic, Fischhoff und Lichtenstein 1980). Zwei [...] Dimensionen spielen dabei eine Rolle. Dabei erfolgt die Bewertung von Risiken danach, wie stark sie einerseits als schreckenerregendes bzw. als nicht schreckenerregendes Risiko empfunden werden (z.B. **Kontrollierbarkeit, Katastrophenpotenzial, Freiwilligkeit und Betroffenheit**) und wie stark sie andererseits als bekanntes bzw. unbekanntes Risiko eingeschätzt werden (z.B. **neues Risiko, nicht direkt wahrnehmbare Gefahr, verzögerte nachteilige Folgen und der Wissenschaft nicht bekanntes Risiko**)." (Wiedemann/ Eitzinger 2006: 8)

Zudem ruft er für das Laienkonzept von Risiko die Konzeptattribute ‚Konsequenzenbezogene (intuitive Variante der wissenschaftlichen) Risikobewertung' und ‚akteursbezogene (Orientierung am Risikohintergrund) Risikobewertung' auf.

„Beide Risikokonzepte – das **konsequenzen- und das akteursbezogene** – werden von Laien für die Bewertung von Risiken genutzt. Laien können bei der Risikobewertung also einmal über die **Generierung möglicher Folgen und deren Bewertung** zu einem Risikourteil gelangen. Obwohl diese Form – grosso modo – der wissenschaftlichen Risikoanalyse ähnelt, finden sich jedoch im Einzelnen gravierende Unterschiede (siehe dazu die folgenden Abschnitte). Laien können aber auch anders vorgehen und **das soziale System der Risikogenerierung** bewerten." (Wiedemann 2010: 64)

Handlungsstrategien der Diskursakteure im Kampf um Wissen

Das ›Risiko‹-Konzept im Diskurs

Konzept ›Risiko‹	Konzeptattribut - Befürworter	Konzeptattribut - Gegner
Expertenverständnis	‚Risiko niemals 100 % ausschließbar' ‚Grüne Gentechnik = riskant und ‚Risiko ≠ Gefahr'	‚Experten → Risiken gering und beherrschbar' ‚Irrtum der Einschätzung des Risikopotenzials = Problem für sich und Umwelt'

Der Wissenschaftler Stefan Rauschen, als Befürworter der Grünen Gentechnik, ruft für das Expertenverständnis von Risiko das Konzeptattribut ‚Risiko kann niemals hundertprozentig ausgeschlossen werden' auf.

„Stefan Rauschen· 13.01.10 · 17:04 Uhr / das große problem ist doch, dass man sicherheit nicht beweisen kann. im prinzip kann man nichts beweisen, sondern nur eine hypothese über irgendetwas durch ein experiment widerlegen. damit ist aber noch nicht die alternativhypothese "bewiesen". **daher ist auch niemals ein risiko zu 100% auszuschließen.** kein risiko, welcher art auch immer." (Stefan Rauschen in WeiterGen (10.01.2010) - Rationales zur Grünen Gentechnik)

Der Blogleser Torben zieht einen Zusammenhang zwischen Grüner Gentechnik und Risiken, weist aber eine Gleichsetzung von Risiko mit Gefahr zurück.

„Torben· 23.04.09 · 20:57 Uhr / @Tobias Meyer/ jetzt hast du uns dein Weltbild erklärt. Durch die Verknüpfung von Gentechnik-Kritik, Verzichtspredigten, ökologische Ideologie und Äusserungen zum Riskomanagemant und zum grossen Ganzen, habe ich lange gebraucht alles zu lesen./ Versuch einer Antwort (zum grossen Ganzen):/ Zitat:"Aber ob Gentechnik nun wirklich ohne Risiko ist, sei dahingestellt" - Nein das ist der Dreh - und Angelpunkt der ganzen Diskussion./ **Gentechnik besitzt ein Risiko** (!) - aber alle konkreten Beispiele von Gentechnik-Kritikern, wo diese Risiken zu suchen oder bereits eingetreten sind entpuppen sich (nach meiner Ansicht) als pure Erfindung (Selbstmord der indischen Bauern), wiederlegt (Toxität von Milch und Fleich bei Bt-Mais), sachfremd (Patentrecht, Saatgutmonopol, Sortenschütz etc) oder nicht spezifisch für Gentechnik (Herbizidresistenz bei Unkräutern) usw. usw./ Dies bedeutet ich weiss noch nicht wie die Lage sich Entwickelt. **(ob die Risiken tatsächlich eine echte Gefahr darstellen ist noch mal eine andere Sache)**" (WeiterGen (10.04.2009) - Genmais MON 810 - Das politische Spiel mit Zukunftstechnologien)

Die EKD, in der vorliegenden Arbeit als der Grünen Gentechnik ablehnend gegenüberstehend eingestufter Akteur, schreibt dem Expertenverständnis von Risiko zu, dass diese ‚Risiken als gering und beherrschbar' einstufen. Dabei hebt sie hervor, dass ein ‚Irrtum der Einschätzung des Risikopotenzials Probleme für sich und Umwelt hervorrufen' würden.

„Wissenschaftler können aufgrund ihres Erkenntnisinteresses und einer relativen Toleranz gegenüber überraschenden Ergebnissen dazu tendieren, Unsicherheiten und die damit verbundenen Risiken eher als gering und als beherrschbar einzuschätzen. [...]. **Ein Irrtum in der Einschätzung des Risikopotentials kann sich unter diesen Umständen schwer für sie selbst und möglicherweise für die Umwelt auswirken.**" (EKD (1997) - Einverständnis mit der Schöpfung)

Im Folgenden wird im Vergleich zum vorhergehenden Expertenverständnis aufgezeigt, welches ›Risiko‹-Konzept nach Ansicht der Diskursakteure Laien vertreten haben.

Konzept ›Risiko‹	Konzeptattribut - Befürworter	Konzeptattribut - Gegner
Laienverständnis	‚Überschätzung der Risiken' ‚Risiko durch Einschränkung' ‚Risiko durch Missbrauch der Technik nicht durch Technik an sich'	‚Laien → stärkere Wahrnehmung von Risiken' ‚Irrtum der Einschätzung des Risikopotenzials = Weniger schlimme Konsequenzen' ‚Risiken haben eine objektive und subjektive Dimension' ‚Vertrauen in die Informationsvermittlung'

Befürworter

Das vom Autor des Blogs „WeiterGen" angewandte Konzeptattribut stellt die ‚Überschätzung der Risiken' dar.

„Zweifel und Irritationen, schön und gut. Die dogmatische Ablehnung, die der Gentechnik entgegen schlägt, die quasireligiösen Verweise auf die Menschenwürde (rote Gentechnik) und auf Mutter Natur (grüne Gentechnik) haben für mich andere Gründe: [...]/ 3. **Die völlige Überschätzung der Risiken** bei gleichzeitiger Negierung des Nutzens gentechnischer Anwendungen [...]/ " (WeiterGen (22.02.2008) - Von Haien und Schweinen)

Horst Glatzel ruft in einem von der Konrad-Adenauer-Stiftung veröffentlichten Text das Konzeptattribut ‚Risiko durch Einschränkung' auf und verknüpft damit die Nicht-Anwendung der Grünen Gentechnik mit dem ›Risiko‹-Konzept, anstatt wie im übrigen Sprachgebrauch der Diskursakteure die Anwendung dieser Technik.

> „Es gibt keinen Fortschritt ohne Risiko und **auch der Verzicht auf neue Technologien ist risikobehaftet.**" (Horst Glatzel (2001)(KAS) - Perspektiven der „Grünen Gentechnik" (Zukunftsforum Politik)

Der Blogleser MangobauM weist das ›Risiko‹-Konzept durch das Aufrufen des Konzeptattributes ‚Risiko durch Missbrauch der Technik nicht durch Technik selbst' zurück.

> „MangobauM· 13.01.10 · 08:55 Uhr / @ostinNL/ bin mir eigentlich sicher, dass "terminator technology" angewendet wird muss nochmal Quellen prüfen... (eigentlich sicher ist ja nicht wissen :))/ Ich hab nichts gegen Gentechnik! IM Gegenteil vorallem in der Forschung ist sie ja ein unersetzbares Tool. Arbeite ja selbst damit ;)/ Aber wo Geld fliesst gibt es halt auch schwarze Schafe und **ich seh da schon ein Risiko primär nicht durch die Gentechnik ansich sondern durch die Hersteller.** Die sollten damit verantwortungsvoll umgehen können." (WeiterGen (10.01.2010) - Rationales zur Grünen Gentechnik)

Gegner

Die EKD ruft das Konzeptattribut ‚Laien haben eine stärkere Wahrnehmung von Risiken' auf und verwendet das Konzeptattribut ‚Irrtum der Einschätzung des Risikopotenzials aus Laiensicht zieht weniger schlimme Konsequenzen nach sich', um das Laienverständnis von ›Risiko‹ von dem Expertenverständnis von ›Risiko‹ abzugrenzen.

> „**Laien neigen in stärkerem Maße dazu, in den Unsicherheiten des Forschungsprozesses Risiken wahrzunehmen.** Irren sie sich, so bedeutet dies lediglich, daß die befürchteten Risiken nicht vorhanden sind. **Ihr Irrtum hat weniger schlimme Konsequenzen**, als wenn davon ausgegangen würde, es gäbe keine oder vernachlässigbare Risiken." (EKD (1997) - Einverständnis mit der Schöpfung)

Darüber hinaus ruft die EKD, die sich besonders mit dem ›Risiko‹-Konzept auseinandersetzt, das Konzeptattribut ‚Risiken haben eine objektive und subjektive Dimension' auf. Dieses Attribut rufen ebenfalls die Wissenschaftler Frank und Renate Kempken auf. Über dieses Konzeptattribut besteht zwischen dem die Grüne Gentechnik ablehnenden Akteur und den befürwortenden Akteuren Konsens.

„Eine grundsätzliche Maxime könnte lauten: Es darf nichts ohne Not riskiert werden. Dies schließt nicht ein, daß mit Not alles riskiert werden dürfte. Im übrigen wird die "Notwendigkeit" von sehr unterschiedlichen Zwängen - bis hin zum Konkurrenzdruck - bestimmt. Es ist unerläßlich, die Begründungen und Legitimationen von "Notwendigkeit" genau zu befragen. **Risiken haben eine objektive und eine subjektive Dimension. Denn die Einschätzung eines Risikos richtet sich nicht nur nach den wissenschaftlich belegbaren Fakten, sondern wird auch davon beeinflußt, wie wir es persönlich wahrnehmen.**" (EKD (1997) - Einverständnis mit der Schöpfung)

„Wie schon an anderer Stelle ausgeführt, besteht hier offenbar ein Kommunikations- und Vertrauensproblem. Der Begriff „Risiko", der von „risicare = etwas wagen" stammt, wurde von der WHO 2000 wie folgt definiert: „Wahrscheinlichkeit für das Auftreten einer adversen Wirkung unter spezifizierten Umständen". Eine andere Beschreibung ist die „Wahrscheinlichkeit einer Gefährdung". In der öffentlichen Debatte geht es in der Regel um die Problematik, dass die Beurteilung des Risikos transgener Organismen von Fachwissenschaftlern und Laien fast immer sehr unterschiedlich ausfällt. *Tatsächlich* hat der Begriff „Risiko" für viele Menschen auch ganz unterschiedlichen Bedeutungen, die z.B. von der jeweiligen Lebenssituation und Problematik abhängen, **weil die Bewertung von Risiken nie ganz objektiv sein kann, sondern auch von subjektiven Maßstäben abhängt**. Oft werden Minimalrisiken fälschlich als besonders hoch eingeschätzt und hohe Risiken negiert. Studien zeigen z.B., dass die Risikobereitschaft bei selbstgewählter Freizeitbeschäftigung sehr viel höher ist als bei äußeren Faktoren, die als aufgezwungen angesehen werden (Arbeit, Umwelt usw.)." (Frank Kempken und Renate Kempken (^{3}2006) - Gentechnik bei Pflanzen. Chancen und Risiken (Springer-Lehrbuch)(Auszug))

Die EKD macht bei der Erklärung der Wahrnehmung von ›Risiko‹ das Laienverständnis vom Konzeptattribut ‚Vertrauen in die Informationsvermittlung' abhängig.

„Dabei spielt es beispielsweise eine Rolle, **wie gut wir uns informiert fühlen und ob wir den Experten, die uns die Information vermitteln, vertrauen**. Die gesellschaftliche Akzeptanz eines Risikos hängt wesentlich von diesen Faktoren ab. Die subjektive Risikodimension ist aber auch von erheblichem Gewicht im Blick auf das Verhalten der Wissenschaftler: Die Risikowahrnehmung hat Auswirkungen darauf, welche Experimente und Anwendungen vorgenommen bzw. unterlassen und welche Anforderungen dabei gestellt werden." (EKD (1997) - Einverständnis mit der Schöpfung)

Handlungsstrategien der Diskursakteure im Kampf um Wissen   183

Konzept ›Risiko‹	Konzeptattribut - Befürworter	Konzeptattribut - Gegner
Sachverhalt GRÜNE GENTECHNIK	‚Risiko ist kalkulierbar' ‚Zurückweisung von Risiko für die Anwendung der Grünen Gentechnik' ‚Relativierung von riskant und sicher'	‚Betonung der Risiken' Sachverhaltsverknüpfung mit dem Konzept ›Überschreitung der Artgrenzen‹

Befürworter betrachten in Bezug auf die Anwendung der Grünen Gentechnik das ‚Risiko als kalkulierbar'. Zu diesen Befürwortern zählen Helmut Heiderich und Horst Glatzel von der Konrad-Adenauer-Stiftung, die DFG, Andreas Jungbluth, Autor eines vom BMBF veröffentlichten Texts, und die Verbände der Lebensmittel- und Agrarindustrie.

„Dies zeigt, dass die Risiken der neuen Technologie durch verantwortungsvollen Umgang und sorgsame Anwendung von der Wissenschaft **beherrschbar** sind." (Helmut Heiderich (2001)(KAS) - Perspektiven der „Grünen Gentechnik" (Zukunftsforum Politik)

„Wie jede neue Technologie, so ist auch die Gentechnik nicht frei von Risiken. Diese Risiken resultieren aus dem Nicht-Wissen über den Umgang mit den neuen Techniken und den Folgen aus dieser neuen Technik. Das Nicht-Wissen bedeutet nicht, dass wir schon deshalb auf die Technik verzichten müssen. Aufgabe verantwortlicher Wissenschaft und Praxis ist es vielmehr, das Nicht-Wissen schrittweise in Wissen umzuwandeln. Dabei zeigen die 20jährigen praktischen Erfahrungen mit der Gentechnik im Umgang mit Pflanzen, **dass die Risiken beherrschbar sind.** [...] Wichtig ist in jedem Fall, dass mit denkbaren Risiken verantwortungsbewusst und sachbezogen umgegangen wird." (Horst Glatzel (2001)(KAS) - Perspektiven der „Grünen Gentechnik" (Zukunftsforum Politik)

„Diese spezifischen Risiken sind mit entsprechenden Maßnahmen und Sicherheitsstandards durchaus **beherrschbar**. Die Furcht vor unabsehbaren Folgen gentechnischer Veränderungen an Pflanzen hat sich als überzogen erwiesen." (DFG (2010) – Grüne Gentechnik)

„Wie jede moderne Hochtechnologie bergen auch Biotechnologie und Gentechnik Risiken. Es ist daher Aufgabe des Staates, durch Gesetzgebung und Förderung der biologischen Sicherheitsforschung die Grundlagen für eine weit reichende Gefahrenabwehr und Risikovorsorge im Sinne des Schutzes von Mensch und Umwelt zu gewährleisten./ Die umfassende Kontrolle gentechnischer Forschungsarbeiten und Anwendungen in Deutschland durch den Gesetzgeber und die entsprechende Risikobegleitforschung ermöglichen einen verantwortlichen Umgang mit dieser Technologie und **eine weitgehende Vermeidung von Risiken**. Die verantwortungsbewusste Weiterentwicklung der Gentechnik wird gewährleistet, indem die Ergebnisse der Risikobegleitforschung in eine Fortschreibung der Handhabungsvorschriften für gentechnische Produkte und Verfahren Eingang finden." (Andreas Jungbluth (BMBF) – Science live – Perspektiven moderner Biotechnologie und Gentechnik)

„Wissenschaftliche Fakten und die internationalen Erfahrungen aus dem großflächigen Anbau gentechnisch veränderter Pflanzen lassen die Grüne Gentechnik insgesamt als eine nutzbringende, wertvolle Methode erscheinen, von der **keine zusätzlichen und unkontrollierbaren Risiken** ausgehen." (Verbände der Lebensmittel- und Agrarindustrie (2002) - Vielfalt fördern. Innovationspotenzial wahren)

Horst Glatzel weist ‚Risiko für die Anwendung der Grünen Gentechnik' zurück, indem er dieses mit Attributen wie *hypothetisch* und *eventuell* versieht. Die Bezeichnung *Risikotechnologie* wird von ihm abgelehnt.

„Bezogen auf die für die landwirtschaftliche Produktion der Zukunft wichtigen transgenen Pflanzen werden verschiedenartige ökologische Risiken – und zwar **hypothetische** – in die Überlegungen einbezogen: [...]" (Horst Glatzel (2001)(KAS) - Perspektiven der „Grünen Gentechnik" (Zukunftsforum Politik)

„Dies bedeutet aber auch: Die Gentechnik ist per se **keine Risikotechnologie. Eventuelle** Risiken im Umgang mit einem transgenen Organismus liegen immer in der Natur des Organismus selbst bzw. in der eingeführten Veränderung, nicht aber in der Technik, mit der ein Organismus verändert wurde. Daher ist ein denkbares Risiko nicht auf die gentechnisch veränderten Organismen beschränkt, sondern trifft auch auf die neu in ein Ökosystem eingeführten Organismen zu." (Horst Glatzel (2001)(KAS) - Perspektiven der „Grünen Gentechnik" (Zukunftsforum Politik)

Der Wissenschaftler Stefan Rauschen äußert sich im Blog „WeiterGen", indem er das gegensätzliche Verständnis von ‚riskant und sicher' zu relativieren versucht.

„Stefan Rauschen· 13.01.10 · 17:04 Uhr / [...]/ bei MON 810, dem mais der verboten und über den viel geforscht und geschrieben wurde, sieht es nach derzeitigem stand der wissenschaft aus, dass **von ihm nur eine äusserst geringe wahrscheinlichkeit einer negativen beeinträchtigung** für die umwelt ausgeht (**man könnte platt sagen, dass er "sicher" ist, aber es ist nunmal nichts im leben sicher, ausser tod und steuern**)./ mit der insektizidspritze herumzulaufen, hat dahingegen deutlich negative auswirkungen auf die umwelt, und tötet auch menschen (auch wenn deren anzahlen zumindest in den entwickelten ländern gering ist. die todeszahlen durch pestizidvergiftungen in entwicklungsländern sind deutlich höher)." (Stefan Rauschen in WeiterGen (10.01.2010) - Rationales zur Grünen Gentechnik)

Handlungsstrategien der Diskursakteure im Kampf um Wissen 185

Die Linke-Fraktion und die Fraktion Bündnis '90/ Die Grünen betonen die ‚Risiken'.

„Fleischhunger macht Welthunger – dagegen hilft keine Technik, besonders auch keine Agro-Gentechnik. **Was bleibt? Die Risiken**. Agro-Gentechnik schafft Monokulturen auf dem Acker, Abhängigkeiten von großen Chemiekonzernen und Risiken für Mensch und Umwelt." (Bündnis '90 - Die Grünen-Bundestagsfraktion (11.03.09) – Gentechnik)

„Der Anbau gentechnisch veränderter Pflanzen im Freiland birgt **hohe Risiken** für Umwelt, Natur und Gesundheit von Tier und Mensch." (Die Linke-Bundestagsfraktion - Gentechnik in der Landwirtschaft)

Die Linke-Fraktion vollzieht darüber hinaus eine Sachverhaltsverknüpfung mit dem Konzept ›Überschreitung der Artgrenzen‹.

„Gerade im Überschreiten von Gattungs- oder Artgrenzen liegt ein **ökologisches Risiko**." (Die Linke-Bundestagsfraktion - Die Agro-Gentechnik - 30 Fragen & 30 Antworten zur Zukunft der gentechnikfreien Landwirtschaft)

Konzept ›Wahlfreiheit‹

KONZEPT	Konzeptattribut - Befürworter	Konzeptattribut - Gegner
Konzept ›Wahlfreiheit‹	Sachverhaltsverknüpfung zum Thema |Gen-Food| in Kapitel 4.4.3 Sachverhaltsverknüpfung zum Konzept ›Kennzeichnung‹ in Kapitel 4.4.2 (Kampf um rechtliche Sachverhalte)	

Bei der Analyse des Konzepts ›Wahlfreiheit‹ wird deutlich, dass dieses Konzept in erster Linie mit zwei weiteren umstrittenen Themen des Diskurses eng verknüpft ist. Es handelt sich hierbei um das Konzept ›Kennzeichnung‹ und das Thema |Gen-Food|. Das Konzept ›Wahlfreiheit‹ besetzen vor allem politische Fraktionen. Der Bezug zu Lebensmitteln und deren Produktion wird vor allem von Gegnern der Grünen Gentechnik aus dem Bereich Politik aufgerufen, aber auch von Greenpeace und den Verbänden der Lebensmittel- und Agrarindustrie.

Häufig wird ein Bezug zum Thema |Gen-Food| genommen. Bündnis '90/ Die Grünen (und die Verbände der Lebensmittel- und Agrarindustrie) setzt hier auf eine Sachverhaltsverknüpfung zum Thema |Gen-Food|.

„Gentechnisch veränderte Lebensmittel werden vor allem abgelehnt, weil Gentech-Pflanzen in den Kreislauf der Natur ausgebracht werden. Dagegen wehren sich die Menschen – und sie wollen ihre **Wahlfreiheit** behalten. Sie wollen diejenigen unterstützen, die alles tun, **um die Verwendung von Gentech-Pflanzen bei der Lebensmittelproduktion zu vermeiden.**" (Bündnis '90 - Die Grünen-Bundestagsfraktion - Gentechnik im Essen. Nein Danke)

Des Weiteren spielt das Konzept der ›Kennzeichnung‹ eine große Rolle, da viele Akteure die Wahlfreiheit als Möglichkeit sehen, sich gegen GVO zu wenden, indem man die gekennzeichneten Produkte nicht kauft. Diese Bezugnahme wird von den Verbänden der Lebensmittel- und Agrarindustrie (sowie dem BLL, BMELV, Rüdiger Marquardt (BMBF), IDG-Keine-Gentechnik, Greenpeace, der SPD-Fraktion, den Fraktionen Bündnis '90/ Die Grünen und Die Linke) aufgerufen.

„Stichwort **Wahlfreiheit**: Sie betrifft sowohl die Verbraucher als auch die Wirtschaft. Entscheidend für die Wahlfreiheit des Verbrauchers ist, dass gentechnisch veränderte Produkte **gekennzeichnet** ins Warenregal gelangen, dann kann der Verbraucher frei entscheiden. Allerdings sind der Wahlfreiheit letztendlich auch Grenzen gesetzt. Zum einen kann eine Kennzeichnung nur soweit Wahlfreiheit sichern, als sie praktikabel und kontrollierbar ist. Zum anderen können sich auch bei gentechnisch nicht veränderten Produkten immer **unbeabsichtigte und unvermeidbare** Spuren von Gentechnik finden. **Wahlfreiheit** ist aber auch für die Wirtschaft z. Z. nicht vollständig gegeben, denn einerseits ist ein international gehandeltes Produkt wie die Sojabohne ohne Gentechnik kaum mehr zu erhalten, andererseits ist es der europäischen Wirtschaft quasi verwehrt, gentechnisch veränderte Produkte zu produzieren." (Verbände der Lebensmittel- und Agrarindustrie (2002) - Vielfalt fördern. Innovationspotenzial wahren)

Handlungsstrategien der Diskursakteure im Kampf um Wissen 187

Konzept ›Ethikverständnis‹

Konzept ›Ethikverständnis‹	Konzeptattribut - Befürworter	Konzeptattribut - Gegner
Konsens	‚Verantwortungsethik' ‚Abhängig von den Folgen der Handlung'	‚Verantwortungsethik' ‚Abhängig von den Folgen der Handlung'
Dissens	‚Handlungseinschränkung im Fall negativer Auswirkungen' Sachverhaltsverknüpfung mit dem Hochwertbegriff *Transparenz* ‚Begründung einer Handlungsaufforderung: Verbesserung eines bestehenden Zustands' ‚Nicht-Handeln als Pflichtwidrigkeit'	‚Begründungspflichten' ‚Handlungseinschränkung im Fall negativer Auswirkungen' ‚Einverständnis mit der Natur' ‚Wissen des Nichtwissens' ‚Interdisziplinarität'

Was die ethischen Aspekte anbetrifft, so wird deutlich, dass sich vor allem die Evangelische Kirche Deutschland (EKD) sowie das Unternehmen KWS SAAT AG mit diesem Aspekt befassen. Andere Akteure setzen sich zwar ebenfalls mit ›Verantwortung‹ oder ›Nachhaltigkeit‹ auseinander, aber nicht unter dem Konzept ›Ethik‹. Hier ist spannend, wie ein Befürworter versucht, den Bereich Ethik, der eher von den Gegnern belegt ist, einzunehmen. Im Diskurs wird ausgehandelt, was ›Ethik‹ bedeutet und welche Aufgabe sie letztendlich erfüllen soll. Die EKD vertritt ein ETHIKVERSTÄNDNIS, das auf der ‚Verantwortungsethik' aufbaut und sich von der ‚Gesinnungsethik' abgrenzt. Sie versteht darunter, dass weniger die Absichten als die Folgen von Handlungen für deren Beurteilung eine Rolle spielen.

„Unter Ethikern herrscht weitgehend Einverständnis darüber, daß die geforderte Ethik für die technologische Zivilisation (s. oben S.00) nicht allein eine Gesinnungsethik, sondern gerade auch eine **Verantwortungsethik** sein muß. Das heißt, daß für die Beurteilung von Handlungen nicht so sehr die (mehr oder weniger) gutgemeinten Absichten des oder der Handelnden als vielmehr die (mehr oder weniger) **guten Folgen der Handlungen** ausschlaggebend sind." (EKD (1997) - Einverständnis mit der Schöpfung)

Die KWS bindet ihr Ethikverständnis ebenfalls an eine ‚Verantwortungsethik'. Ebenso wie die EKD begründet die KWS das Handeln in ‚Abhängigkeit von den Folgen der Handlungen' und nicht von der Intention in Bezug auf dieses.

„ * Darf man alles tun, was man gentechnisch machen kann? Wo liegen die ethischen Grenzen?/ Jeder Eingriff des Menschen in biologische Vorgänge hat Folgen. Ein Eingriff unterliegt - unabhängig vom Einsatz der Gentechnik - einer **persönlichen Verantwortung**: Es ist somit geboten, sich im Vorfeld mit den **Folgen dieses Eingriffs** auseinanderzusetzen, ihn nach den Erkenntnissen der Wissenschaft zu ergründen, zu bewerten und bei der Entscheidungsfindung zu berücksichtigen." (KWS - Häufig gestellte Fragen zu Biotechnologie und Gentechnik)

Die EKD versucht, das ›Ethikverständnis‹ in Abhängigkeit von ‚Begründungspflichten' für das Handeln zu prägen.

„Die Einrichtung von Ethikkommissionen hat sich - trotz mancher Einschränkungen - als ein wichtiger Faktor in dem Bemühen erwiesen, in der Welt von Wissenschaft und Technik die **Reflexion der Begründungspflichten des Handelns zu institutionalisieren**. Die Kirchen können diesen Prozeß stärken, indem sie die Einrichtung von Ethikkommissionen auch in weiteren Forschungseinrichtungen und Unternehmen verlangen, ihre Arbeit kritisch begleiten und sich selbst mit kompetenten Vertretern beteiligen." (EKD (1997) - Einverständnis mit der Schöpfung)

Ungleich der EKD betont die KWS, dass der Einsatz von Technologien (in diesem Fall der Grünen Gentechnik) dann geboten sei, wenn er der ‚Verbesserung eines bestehenden Zustandes' diene. Gleichzeitig besteht die KWS auf der ‚Abhängigkeit von den Folgen der Handlungen' und befürwortet eine ‚Handlungseinschränkung' für den Fall negativer Folgen durch die Anwendung Grüner Gentechnik. Die Quintessenz ihrer Aussage ist also, dass negative Auswirkungen, die bekannt sind, nicht in Kauf genommen werden dürfen.

„Beim Einsatz neuer Technologien gilt das in besonderem Maße. Geboten ist der Einsatz von Gentechnik dann, wenn er der Verbesserung eines bestehenden Zustandes dient, die Belange der Menschen und der Umwelt respektiert und diese fördert. Der Einsatz von Gentechnik ist dann nicht zulässig, **wenn bewusst die Möglichkeit negativer Effekte in Kauf genommen wird**. Grenzen sind beispielsweise dort, wo mit solchen möglichen Effekten in die menschliche Keimbahn eingegriffen wird oder das Klonen von Menschen stattfindet." (KWS - Häufig gestellte Fragen zu Biotechnologie und Gentechnik)

In Bezug auf die Grüne Gentechnik ist die Position der EKD – wie in Kapitel 4.2 „Diskursakteure der fachexternen Kommunikation" deutlich wurde – ambivalent. Hier jedoch betont sie die Grenzen des Handelns und vollzieht durch das Aufrufen des Konzeptattributs ‚Einverständnis mit der Natur' eine Einschränkung in Bezug auf Grüne Gentechnik.

> „Insofern haben sie [die im folgenden aufgezeigten Perspektiven, B.F.] auch den Charakter von Grenzmarkierungen: **Das menschliche Handeln, gerade auch in der Gentechnik, bedarf einer klaren Begrenzung.** Zunächst sind dies schon die Grenzen der wissenschaftlichen Erkenntnis und des technischen Könnens. Aber sie decken sich nicht mit den Grenzen dessen, was ethisch begründbar ist. Nicht selten können Menschen in dem Bereich, in dem sie handeln, nicht genug. Vor allem jedoch können sie technisch oft mehr, als sie verantworten können. Aber die Menschen dürfen nicht alles tun, was sie tun können. **So setzt das Einverständnis mit der Natur dem menschlichen Handeln auch in der Gentechnik Grenzen.**" (EKD (1997) - Einverständnis mit der Schöpfung)

Das Zentralkomitee der Katholischen Kirche betont vor allem das Konzeptattribut der ‚Handlungseinschränkung in Bezug auf Grüne Gentechnik'. Auch hier wird mit dem Ausdruck *Freiheit der Wahl* auf das Konzept ›Wahlfreiheit‹ Bezug genommen.

> „Die Weiterentwicklung der Gentechnik muss **sozial und ökologisch verantwortbar** sein. Deshalb müssen **klare, gesellschaftlich vereinbarte Grenzen gesetzt werden.** Menschenwürde, Ethik, Freiheit der Wahl und Entscheidung sowie der Schutz des Naturerbes für kommende Generationen sind dabei prioritär. Denn im Sinne der Wahrung menschlicher Gesundheit, ökologischer Stabilität und einer Autonomie natürlicher Zusammenhänge muss der Weg der technischen Umgestaltung natürlicher Systeme kontrollierbar bleiben, damit er die Schwelle zur ökologischen Zerstörung nicht überschreitet." (ZdK (2003) - Agrarpolitik muss wieder Teil der Gesellschaftspolitik werden)

Die KWS spricht sich für Einzelfallentscheidungen aus und vollzieht eine Sachverhaltsverknüpfung mit dem Hochwertbegriff *Transparenz*[127].

> „Was ist ethisch erlaubt / geboten in der Gentechnik, was nicht?/ Jeder Einzelfall eines gentechnischen Eingriffs muß **verantwortungsbewußt** abgewogen und erörtert werden. Dieses gilt so lange, bis ausreichende Erfahrungen mit der neuen Technologie vorhanden sind, um mögliche unerwünschte Nebeneffekte von vornherein auszuschließen zu können. Eine normative Handlungsanweisung, was erlaubt und was zu unterlassen ist, wird es nicht geben. **Eine Fall-zu-Fall-Entscheidung** ist wichtig, wobei eine größtmögliche **Transparenz** herbeigeführt werden sollte." (KWS - Häufig gestellte Fragen zu Biotechnologie und Gentechnik)

---

[127] *Transparenz* wird im übrigen Diskursausschnitt auch beim Konzept ›Flurstückgenaues Standortregister‹ in Kapitel 4.4.2 und beim Konzept ›Kennzeichnung‹ thematisiert.

Darüber hinaus prägt die EKD das Konzept des ›Ethikverständnisses‹ im Bereich Technikbewertung mit den Konzeptattributen ‚Wissen des Nichtwissens' und ‚Interdisziplinarität'.

„In der Welt von Wissenschaft und Technik führt die Ethik als institutionalisierte Reflexion der Begründungspflichten des Handelns weithin noch ein Schattendasein. Die ethische Aufgabe der Technikbewertung muß aber ein integraler Bestandteil der Aus- und Fortbildung von Naturwissenschaftlern und Technikern sein. Grundlegend ist es dabei, auch das **Wissen des Nichtwissens** zu lernen und in der eigenen Arbeit **benachbarte Gebiete wahrzunehmen und mitzubedenken**." (EKD (1997) - Einverständnis mit der Schöpfung)

Das Unternehmen KWS und der Autor Helmut Heiderich der Konrad-Adenauer-Stiftung belegen das Konzept des ›Ethikverständnisses‹ mit dem Konzeptattribut des ‚Nicht-Handelns als Pflichtwidrigkeit'.

„Ein **Nicht-Handeln** durch puren Verzicht auf die neue Technologie ist ethisch nicht weniger problematisch (**bzw. sogar pflichtwidrig**) als ein verantwortungsloses Handeln. Wenn die Situation des Menschen und der Umwelt durch ein molekularbiologisches Verfahren oder Produkt verbessert werden kann, ist eine Anwendung auch geboten." (KWS - Häufig gestellte Fragen zu Biotechnologie und Gentechnik)

„Denn es ist unsere **Verpflichtung**, der nächsten Generation die Chancen der Gentechnik nicht vorzuenthalten." (Helmut Heiderich (2001)(KAS) - Perspektiven der „Grünen Gentechnik" (Zukunftsforum Politik)

Sowohl die EKD (*Grenzen, die ethisch begründbar sind*), als auch die KWS (*ethische Grenzen*), sowie das ZdK (*Grenzen setzen*) verwenden den Ausdruck der *Grenze*. Konsens besteht also in der Definition des ›Ethikverständnisses‹, dass es zu deren Aufgabe gehört, Handeln zu begründen und gegebenenfalls diesem Einhalt zu gebieten, Dissens besteht zwischen den Diskursakteuren dagegen in der Beurteilung, welche Konsequenzen dies für die Anwendung der Grünen Gentechnik hat.

Handlungsstrategien der Diskursakteure im Kampf um Wissen 191

Konzept ›Verantwortung‹

Konzept ›Verantwortung‹	Konzeptattribute - Befürworter	Konzeptattribute - Gegner
	‚Erkenntnisse der Wissenschaft als Instanz für die Entscheidungsfindung' ‚Verantwortung bedeutet Nachhaltigkeit' ‚Nachhaltigkeit bedeutet Einsatz moderner Technologien'	‚Gentechnikfreie Herstellung von Futtermitteln und Lebensmitteln' ‚Anbau von Grüner Gentechnik ist unverantwortlich'

Befürworter

Die Befürworter der Grünen Gentechnik versuchen, über verschiedene Konzeptattribute das Konzept ›Verantwortung‹ zu prägen. Die KWS betont beispielsweise für das Konzept ›Verantwortung‹ das Attribut ‚Erkenntnisse der Wissenschaft gelten als Instanz für die Entscheidungsfindung'.

„Darf man alles tun, was man gentechnisch machen kann? Wo liegen die ethischen Grenzen?/ Jeder Eingriff des Menschen in biologische Vorgänge hat Folgen. Ein Eingriff unterliegt - unabhängig vom Einsatz der Gentechnik - einer persönlichen **Verantwortung**: Es ist somit geboten, sich im Vorfeld mit den Folgen dieses Eingriffs auseinanderzusetzen, ihn nach den Erkenntnissen der Wissenschaft zu ergründen, zu bewerten und bei der Entscheidungsfindung zu berücksichtigen. / Beim Einsatz neuer Technologien gilt das in besonderem Maße. Geboten ist der Einsatz von Gentechnik dann, wenn er der Verbesserung eines bestehenden Zustandes dient, die Belange der Menschen und der Umwelt respektiert und diese fördert. Der Einsatz von Gentechnik ist dann nicht zulässig, wenn bewusst die Möglichkeit negativer Effekte in Kauf genommen wird. Grenzen sind beispielsweise dort, wo mit solchen möglichen Effekten in die menschliche Keimbahn eingegriffen wird oder das Klonen von Menschen stattfindet." (KWS - Häufig gestellte Fragen zu Biotechnologie und Gentechnik)

Syngenta setzt das Konzept ›Verantwortung‹ mit dem ‚Einsatz moderner Technologien' gleich. An diesem Textbeleg ist zu sehen, wie Syngenta über die Verwendung des „inklusiven Wir" versucht, ein Gemeinschaftsgefühl bzw. Gruppenzugehörigkeit zu erzielen (vgl. Kapitel 4.5.3.2 Inklusives „wir").

„Gemeinsame **Verantwortung** für unseren Planeten/ [...]/ Die Agrarpolitik und entsprechende Regulierungen müssen die Entwicklung und Verbreitung von Technologien unterstützen, die die Welt benötigt, um sich nachhaltig zu ernähren. Damit die Landwirte diese Technologien auch einsetzen können, ist eine möglichst breit aufgestellte Zusammenarbeit erforderlich, die Regierungen, internationale Organisationen,

Stiftungen, Unternehmen und ländliche Gemeinschaften umfasst. /Wir alle sind in der heutigen globalen Welt miteinander vernetzt. Wir alle tragen die **Verantwortung** für den Erhalt unseres Planeten." (Syngenta - Optionen für Landwirte)

Gegner

Greenpeace ruft für das Konzept ›Verantwortung‹ das Konzeptattribut ‚Gentechnikfreie Herstellung von Futtermitteln und Lebensmitteln' auf.

„Solange diese Kennzeichnung jedoch nicht vorgeschrieben ist, kommt Handelshäusern, Lebensmittelverarbeitern und Landwirten eine besondere **Verantwortung** zu: Gentechnisch veränderte Futtermittel sollten **durch Futtermittel ohne Gen-Pflanzen** ersetzt werden. Wie verschiedene Beispiele aus Deutschland und Europa zeigen, ist eine Umstellung auf Futtermittel ohne Gen-Pflanzen möglich: […]." (Greenpeace (2009) - Tierische Produkte – ohne Einsatz gentechnisch veränderter Futterpflanzen)

Die KLJB prägt das Konzept ›Verantwortung‹, indem sie für dieses den ‚Anbau von Grüner Gentechnik als unverantwortlich' zurückweist.

„Die gravierenden Probleme und begründeten Bedenken gegen die Agro-Gentechnik zeigen, **dass der Anbau gentechnisch veränderter Organismen** — egal ob im Nahrungsmittelbereich oder für nachwachsende Rohstoffe — **unverantwortlich** ist. Der Anbau nachwachsender Rohstoffe bietet den ländlichen Räumen im Allgemeinen und den LandwirtInnen im Besonderen eine Zukunftsperspektive, die nicht unnötig durch die Risiken der Agro- Gentechnik in Frage gestellt werden darf. Die Chancen der nachwachsenden Rohstoffe als Element zur Stärkung ländlicher Räume müssen genutzt werden." (KLJB (2006) – Beschluss: Keine Agro-Gentechnik bei nachwachsenden Rohstoffen)

Konzept ›Nachhaltigkeit‹

Im Jahr 1992 wurden in der Agenda 21 auf der Konferenz von Rio de Janeiro Absprachen für eine „nachhaltige umweltgerechte Entwicklung" und „eine[r] konsequente[n] Umweltvorsorgepolitik" getroffen (Rittershofer 2007: 465). Der Begriff der Nachhaltigkeit ist damit zu einem „zentralen Grundsatz im Umweltschutz und in der Entwicklungspolitik geworden" (ebd.). Der aus der Forstwirtschaft stammende Begriff steht für das Prinzip, dass nicht mehr Holz abgeholzt werden soll als nachwachsen kann. Nachhaltigkeit im politischen Kontext besagt, dass die Ressourcennutzung so eingeschränkt werden soll, dass die „Existenzgrundlage künftiger Generationen" gewährleistet ist (ebd.).

Handlungsstrategien der Diskursakteure im Kampf um Wissen 193

Konzept ›Nachhaltigkeit‹	Konzeptattribut - Befürworter	Konzeptattribut – Gegner
	‚Grüne Gentechnik fördert Nachhaltigkeit' ‚Stresstoleranz fördert Nachhaltigkeit' ‚Ressourcenschonung fördert Nachhaltigkeit' ‚Ertragssteigerung fördert Nachhaltigkeit'	‚Grüne Gentechnik schränkt Nachhaltigkeit ein' ‚Alternativer Landbau fördert Nachhaltigkeit' ‚Monokulturanbau' und ‚Intensivierung der Bewirtschaftung' ≠ Nachhaltigkeit

Nachhaltige Landwirtschaft wird als feste Wortverbindung umkämpft. Jeder Akteur möchte, dass *nachhaltige Landwirtschaft* mit der eigenen Einstellung in Bezug auf die Grüne Gentechnik gleichgesetzt wird. Während Befürworter durchzusetzen versuchen, dass *nachhaltige Landwirtschaft* die Anwendung Grüner Gentechnik miteinschließt,

„**Sie [KWS, B.F.] steht als familiengeprägtes Unternehmen weiterhin für sorgsamen Umgang mit dieser neuen Technologie und will so eine** *nachhaltige Landwirtschaft* **fördern** - in einer unternehmerischen Balance zwischen Ökonomie, Ökologie und gesellschaftlicher Verantwortung." (KWS - KWS Freilandversuche 2010 mit gentechnisch veränderten Zuckerrüben)

„Eine *nachhaltige Landwirtschaft* der Zukunft benötigt Innovation: **Bayer CropScience nutzt deshalb die Biotechnologie** als ein wichtiges Verfahren, um Pflanzen gegen Klima- und Umweltstress sowie gegen Schädlinge unempfindlicher zu machen." (Bayer CropScience - Landwirtschaft der Zukunft)

nehmen Gegner der Grünen Gentechnik die Haltung ein, dass *nachhaltige Landwirtschaft* und Grüne Gentechnik in Opposition zueinanderstehen.

„Gibt es Alternativen zur Agro-Gentechnik?/ Die angesprochenen Probleme sollten angeblich mit Hilfe der Agro-Gentechnik gelöst werden (siehe Frage 4). Dies gelingt tatsächlich aber nur mit einer *nachhaltigen Landwirtschaft*, **die unsere natürlichen Ressourcen erhält**, statt sie zu zerstören." (Die Linke-Bundestagsfraktion - Die Agro-Gentechnik - 30 Fragen & 30 Antworten zur Zukunft der gentechnikfreien Landwirtschaft)

„Wachsender Bedarf an Lebensmitteln und Tierfutter, Anfälligkeit von Pflanzen gegenüber Krankheiten und Umwelteinflüssen sowie zunehmende Umweltprobleme in der Landwirtschaft - kann die Gentechnik weiterhelfen? Mitnichten! Die Lösung für diese Probleme liegt in einer *nachhaltigen Landwirtschaft*, **die unsere natürlichen Ressourcen erhält**, anstatt sie zu zerstören." (Greenpeace – Alternativen)

Nun zu den Konzeptattributen, die die Befürworter und Gegner versuchen, dominant zu setzen. Das Konzeptattribut ‚Grüne Gentechnik fördert Nachhaltigkeit' vertreten die Unternehmen Syngenta, Horst Glatzel und KWS (sowie BASF, Bayer CropScience, Monsanto und der VBIO).

„Gemeinsame Verantwortung für unseren Planeten/ Es ist an der Zeit, neue Visionen für die Zukunft zu entwickeln: **Technologie kann uns dabei unterstützen**, Nahrungsmittel **nachhaltiger** zu produzieren. Zudem können **moderne landwirtschaftliche Lösungen** den Landwirten dabei helfen, Ackerland, die Verfügbarkeit von Wasser und die Artenvielfalt für kommende Generationen zu erhalten./ [...] Die Agrarpolitik und entsprechende Regulierungen müssen die **Entwicklung und Verbreitung von Technologien unterstützen, die die Welt benötigt, um** sich **nachhaltig zu ernähren.**" (Syngenta - Optionen für Landwirte)

„Auf der Konferenz der Vereinten Nationen im Jahre 1992 in Rio de Janeiro haben sich über 170 Staaten zum Leitbild der „Nachhaltigen Entwicklung" – des Sustainable Development – bekannt. Diese Verpflichtung bedeutet, jeglicher Verschwendung natürlicher Ressourcen Einhalt zu gebieten und die Inanspruchnahme dieser Ressourcen der Leistungsfähigkeit des Naturhaushalts anzupassen. Umwelt- und Naturschutz sind damit nicht mehr Begrenzungsfaktor, sondern Ziel der künftigen Entwicklung. **Das Ziel ist ohne technologische Entwicklungen nicht zu erreichen.** Umweltgerechte Entwicklung bedeutet daher keinesfalls eine Absage an die Nutzung der sich mit den modernen Technologien eröffnenden Möglichkeiten. **Im Gegenteil, moderne Technologien, wie die Gentechnik, können einen wichtigen Beitrag zu einer nachhaltigen, umweltgerechten Entwicklung leisten.**" (Horst Glatzel (2001)(KAS) - Perspektiven der „Grünen Gentechnik" (Zukunftsforum Politik))

„Sie [KWS, B.F.] steht als familiengeprägtes Unternehmen weiterhin **für sorgsamen Umgang mit dieser neuen Technologie** und will **so** eine **nachhaltige** Landwirtschaft fördern - in einer unternehmerischen Balance zwischen Ökonomie, Ökologie und gesellschaftlicher Verantwortung." (KWS - KWS Freilandversuche 2010 mit gentechnisch veränderten Zuckerrüben)

Um ihre Ansicht zu begründen, rufen sie verschiedene Konzeptattribute auf. Einige davon stellen Merkmale dar, die in Kapitel 4.3.3 als Sachverhaltsbewertungen aufgeführt wurden.

Das Konzeptattribut ‚Stresstoleranz fördert Nachhaltigkeit' prägt vor allem Bayer CropScience. Kausalität wird hergestellt, indem die Äußerung einmal mit dem kausalen Konnektor *damit* und das andere Mal mit *deshalb* verknüpft wird.

Die kausalen Konnektoren erzielen Kohäsion – ob allerdings auch Kohärenz besteht, wird in dieser Arbeit nicht beantwortet, da hier keine Sachverhaltsbewertung vorgenommen wird, sondern lediglich auf den Einfluss der Sprachverwendung bei der Herstellung von Wissen aufmerksam gemacht werden soll.

„Dazu nutzen wir die Pflanzenbiotechnologie und moderne Züchtungsmethoden. [...] Im Mittelpunkt steht die Verbesserung der Eigenschaften, beispielsweise die **Widerstandsfähigkeit gegen verschiedenste Umwelteinflüsse**. *Damit* schaffen wir **nachhaltige**, pflanzenbasierte Lösungen für Landwirtschaft, Ernährung und nachwachsende Rohstoffe." (Bayer CropScience - BioScience)

„Eine **nachhaltige** Landwirtschaft der Zukunft benötigt Innovation: Bayer CropScience nutzt *deshalb* die Biotechnologie als ein wichtiges Verfahren, um **Pflanzen gegen Klima- und Umweltstress sowie gegen Schädlinge unempfindlicher zu machen**." (Bayer CropScience - Landwirtschaft der Zukunft)

Bayer CropScience, Monsanto und die BASF setzen das Konzeptattribut ‚Ressourcenschonung' – im Fall von Bayer CropScience neben dem Konzeptattribut ‚Stresstoleranz fördert Nachhaltigkeit' – für ›Nachhaltigkeit‹ dominant. Die BASF verwendet hier ein Enthymem, das durch den kausalen Konnektor *so* erzielt wird.

„**Nachhaltige Landwirtschaft** braucht Innovation/ Im Rahmen eines **nachhaltigen Pflanzenbaus** will Bayer CropScience den gezielten Einsatz von Pflanzenschutzmitteln mit allen technologischen Möglichkeiten verbessern und somit die **Voraussetzung für ein erfolgreiches Ressourcenmanagement** schaffen - zum Wohl der Umwelt und der Gesellschaft." (Bayer CropScience - Landwirtschaft der Zukunft)

„Monsanto stellt sich weltweit als Anbieter fortschrittlichster Technologien mit einem der umfangreichsten Saatgutsortimente, angepasst an ein breites geographisches Spektrum, und mit einem in der Industrie einmaligen Produktportfolio in den Dienst der Landwirtschaft. Mit der Entwicklung von biotechnologisch verbesserten Pflanzensorten und den damit **erzielbaren Ertragsvorteilen** bei gleichzeitiger Senkung von Betriebsmittelkosten unterstützt Monsanto die Landwirte bei der Bewältigung finanzieller Herausforderungen des Marktes. **Außerdem ermöglichen die GV-Kulturpflanzen eine nachhaltigere Schonung landwirtschaftlicher Nutzflächen und der Umwelt**." (Monsanto - Biotechnologie)

„Die Biotechnologie ermöglicht die **ressourcenschonende** Produktion von Nahrungsmitteln und wertvollen Inhaltsstoffen. *So* trägt sie zu **nachhaltigem** Wirtschaften bei." (BASF - Grundsatzaussagen)

Der Interessenverband Verbände der Lebensmittel- und Agrarindustrie ruft ebenfalls das Konzeptattribut ‚Ressourcenschonung' auf, darüber hinaus macht der Verband aber auch das Konzeptattribut ‚Ertragssteigerung' für das Entstehen von ›Nachhaltigkeit‹ verantwortlich. Die kausale Präposition *durch* erzielt das kausale enthymemische Schlussverfahren.

„Grüne Gentechnik leistet einen wichtigen Beitrag zur **Nachhaltigkeit** („sustainability"): Sie kann in vielen Regionen der Welt, auch in Entwicklungs- und Schwellenländern, eine sichere, effiziente landwirtschaftliche Produktion und Versorgung mit Lebensmitteln fördern. ***Durch die höhere Produktivität auf den vorhandenen Nutzflächen kann z. B. die Abholzung der Wildnisgebiete eingeschränkt werden.***" (Verbände der Lebensmittel- und Agrarindustrie (2002) - Vielfalt fördern. Innovationspotenzial wahren)

Die Ansicht, dass Grüne Gentechnik ›Nachhaltigkeit‹ einschränken würde, vertreten die Fraktion Die Linke und Greenpeace.

Der Zusammenschluss mehrerer NGOs mit der AGU und Greenpeace weisen den von den Befürwortern konstituierten kausalen Zusammenhang von ‚Grüner Gentechnik fördert Nachhaltigkeit' zurück. Beide schränken den Geltungsanspruch ihrer Propositionen nicht ein.

„National, europäisch und weltweit werden große Summen in die gentechnologische Forschung gesteckt. Zur **nachhaltigen** Stabilisierung des ökologischen Gefüges, von dem die Landwirtschaft abhängt, **trägt diese aber nichts bei**." (DNR, BÖLW, BUND, AGU, Greenpeace, NABU und VDW- Bioethik, Biotechnologie und Gentechnik - Risiken der Agrogentechnik)

„Wachsender Bedarf an Lebensmitteln und Tierfutter, Anfälligkeit von Pflanzen gegenüber Krankheiten und Umwelteinflüssen sowie zunehmende Umweltprobleme in der Landwirtschaft - kann die Gentechnik weiterhelfen? Mitnichten! Die Lösung für diese Probleme liegt in einer **nachhaltige Landwirtschaft, die unsere natürlichen Ressourcen erhält**, anstatt sie zu zerstören." (Greenpeace – Alternativen)

Den von den Befürwortern aufgerufenen Konzeptattributen wie ‚Stresstoleranz fördert Nachhaltigkeit' und ‚Ertragssteigerung fördert Nachhaltigkeit' setzt Die Linke-Fraktion das Konzeptattribut ‚Alternativer Landbau fördert Nachhaltigkeit' entgegen.

Wie bereits erwähnt, wird *nachhaltige Landwirtschaft* hier als feste Wortverbindung als Antonym zu Grüner Gentechnik gesetzt und stattdessen das Konzeptattribut ‚Alternativer Landbau fördert Nachhaltigkeit' aufgerufen. Der Absolutheitsanspruch wird nicht eingeschränkt, stattdessen wird das Modalwort *tatsächlich* verwandt, um die Proposition noch zu verstärken.

"Gibt es Alternativen zur Agro-Gentechnik?/ Die angesprochenen Probleme sollten angeblich mit Hilfe der Agro-Gentechnik gelöst werden(siehe Frage 4). Dies gelingt *tatsächlich* aber nur mit einer **nachhaltigen Landwirtschaft**, die unsere natürlichen Ressourcen erhält, statt sie zu zerstören. **Mit ausgeklügelten Methoden steigert ein alternativer Landbau umweltschonend Erträge, sichert die Qualität unserer Lebensmittel und braucht daher keine Risikotechnologie.** Mit traditionellen und innovativen Methoden werden Pflanzen gezüchtet, die den unterschiedlichsten Boden- und Klimabedingungen angepasst sind und Schädlingen widerstehen können." (Die Linke-Bundestagsfraktion - Die Agro-Gentechnik - 30 Fragen & 30 Antworten zur Zukunft der gentechnikfreien Landwirtschaft)

Die KLJB ruft die Konzeptattribute ‚Monokulturanbau bedeutet keine Nachhaltigkeit' und ‚Intensivierung der Bewirtschaftung bedeutet keine Nachhaltigkeit' auf. Ohne dass dies explizit gesagt wird, geht aus der Aussage der KLJB hervor, dass ‚Grüne Gentechnik Monokulturanbau und Intensivierung der Bewirtschaftung bedeutet'. Es handelt sich hierbei um ein Beispiel für präsuppositioniertes Wissen.

„Dabei sind die Rahmenbedingungen so zu setzen, dass die Entwicklung im Sinne der **Nachhaltigkeit** erfolgt und die Wertschöpfung im ländlichen Raum verbleibt. **Fehlentwicklungen wie Monokulturanbau, Intensivierung der Bewirtschaftung sowie die Konkurrenz zur Lebensmittelproduktion oder dem Naturschutz müssen vermieden werden.** Dies gilt es sowohl in Deutschland als auch im weltweiten Anbau und Handel zu beachten und umzusetzen. Die Verwendung nachwachsender Rohstoffe hat viele positive Aspekte — von der Unabhängigkeit von Öl(-importen) bis hin zum Klimaschutz durch Reduktion der CO2-Emissionen —, die es durch verantwortliches Handeln zu sichern gilt." (KLJB (2006) – Beschluss: Keine Agro-Gentechnik bei nachwachsenden Rohstoffen)

Sprachlich unterscheiden sich an vorliegendem Beispiel Befürworter und Gegner der Grünen Gentechnik vor allem dadurch, dass Befürworter vor allem durch enthymemische Schlüsse anhand kausaler Konnektoren versuchen, die Herstellung des Wissens über Grüne Gentechnik bzw. des Konzepts der ›Nachhaltigkeit‹ zu beeinflussen. Aufseiten der Gegner wird durch das Dominantsetzen von Konzeptattributen versucht, den gegnerischen Akteur zu entkräften und Wissen zu konstituieren. Der Absolutheitsanspruch der Gegner der Grünen Gentechnik fällt sehr stark aus.

Konzept ›Forschungsfreiheit‹

Unter Forschungs- oder auch Wissenschaftsfreiheit versteht man den „in Art. 5(3) GG gewährleistete[n] Schutz der Freiheit von Wissenschaft, Forschung und Lehre" (Rittershofer 2007: 766). Die Forschungsfreiheit beinhaltet zum einen

„das Recht auf wissenschaftliche Betätigung und Erkenntnisgewinnung, auf Verbreitung und Darstellung der Forschungsergebnisse sowie auf freie Gestaltung wissenschaftlicher Lehrveranstaltungen an Hochschulen (Lehrfreiheit)",

zum anderen aber auch die „Verpflichtung des Staates, den ungehinderten Wissenschaftsbetrieb durch geeignete personelle, finanzielle oder organisatorische Maßnahmen zu ermöglichen" (ebd.: 766f.). Der Staat wäre davon nur im Fall einer Kollision mit dem Verfassungsrecht entbunden (ebd.).

KONZEPT	Konzeptattribut - Befürworter	Konzeptattribut - Gegner
Konzept ›Forschungsfreiheit‹	‚Einschränkung der Forschungsfreiheit im Bereich Grüner Gentechnik' ‚Eingeschränkte Forschungsfreiheit durch Feldzerstörung': Sachverhaltsverknüpfung mit dem Thema |Form des Widerstands| ‚Einschränkung der Forschungsfreiheit durch Fortschrittsfeindlichkeit'	‚Forschungsfreiheit impliziert Selbstbeschränkung'
Sprachliche Strategie	*Kritik am Kommunikationsverhalten der Gegner*	

Das Konzept ›Forschungsfreiheit‹ wird vor allem von Befürwortern der Grünen Gentechnik aufgerufen. Allerdings nicht so häufig, wie dies vielleicht zu erwarten wäre.

Im Bereich Blogosphäre spielt dieses Thema eine große Rolle, da die Blogs vor allem von Wissenschaftlern verfasst und vermutlich zumindest von an der Wissenschaft interessierten Lesern rezipiert werden.

So äußert sich zu diesem Thema der Autor des Blogs „WeiterGen", der implizit die ‚Einschränkung der Forschungsfreiheit für den Bereich der Grünen Gentechnik' beklagt. In Anschluss an seine Aussage liefert er zudem die Gründe, die seiner Ansicht nach für die Einschränkung der Forschungsfreiheit verantwortlich sind.

„Erfolgreiche Forschung braucht eine klare und liberale Gesetzgebung, politische und gesellschaftliche Akzeptanz, Investitionen, die Planungssicherheit bieten, und Wissenschaftler, die das Gefühl haben, dass sie sich nicht in eine Sackgasse manövrieren, wenn sie mit gentechnisch veränderten Pflanzen arbeiten.

All das ist in Deutschland derzeit nicht gegeben. Aus politischem Kalkül, aus Gründen der Meinungsmache und diffuser Ängste vor neuen Technologien, unzureichender Aufklärung und einer übermächtigen Öko-Lobby die Millionen in Kampagnen steckt, anstatt Chancen und Risiken rational abzuwägen. Wenn sich Deutschland als Wissenschaftsstandort begreift und der Rohstoff des Landes in den Köpfen seiner Bürger steckt, sollen wenigstens die Rahmenbedingungen geschaffen werden, diesen zu fördern. Aber das wird lediglich in Sonntagsreden beschworen. Solange Leserbriefe in Regionalblättern gar das „Verbot von jeglicher Gentechnik" fordern, haben Gentechnikgegner und Maisfeldzerstörer einen ungerechtfertigten Sympathiebonus in der Bevölkerung." (WeiterGen (20.04.2009) - 10 Gründe für grüne Gentechnik - Nutzen, Chancen, Risiken)

Auch in den Kommentaren zu einem anderen von ihm verfassten Beitrag äußert sich der Blogleser Klima-Fraktal, der den Umgang der Öffentlichkeit mit Wissenschaftlern, die eine vom Mainstream abweichende Meinung vertreten, mit „moderne[r] Hexenverbrennung" gleichsetzt. Er weist die semantische Komponente *-freiheit* von *Forschungsfreiheit* in Bezug auf die Grüne Gentechnik zurück und ruft damit das Konzept ‚Einschränkung der Forschungsfreiheit im Bereich Grüner Gentechnik' auf.

„Marie· 29.02.08 · 14:28 Uhr / @ Klima-Fraktal/ Die Wissenschaftsfeindlichkeit entstand nicht durch Verschulden der Wissenschaft. Die Wissenschaftsfeindlichkeit ist weitgehend ein Produkt von grünen Schwarmgeistern. [...] Maisfelder niederzutrampeln ist aber eine Spielart moderner Hexenverbrennung.

Klima-Fraktal· 29.02.08 · 17:32 Uhr / @Marie/ Die moderne Hexenverbrennung ist schon ein wenig suptiler. **Ist einmal ein politischer oder pseudowissenschaftlicher Mainstream aufgebaut, haben Wissenschaftler mit abweichenden Meinungen schon mal mit Diskreditierung, Ausschluss von öffentlichen Förderungen bis hin zum Rauswurf aus geförderten Institutionen zu rechnen.** Von einer unabhängigen Wissenschaft ist dann ja wohl auch keine Rede mehr. Die Geschichte wiederholt sich eben immer wieder." (Kommentare zu WeiterGen (28.02.2008) - Grüne Gentechnik: Amflora)

Der Wissenschaftler Jörg Hinrich Hacker proklamiert anhand einer rhetorischen Frage ganz explizit, dass ‚Forschungsfreiheit nicht für Grüne Gentechnik' gelte.

„Es stellt sich also die Frage: Ist Deutschland ein Land, das Innovationen auch auf dem Gebiet der Gentechnik will, oder werden einseitig die Risiken in den Mittelpunkt der Diskussion gerückt? Wird die grüne Gentechnik unter Generalverdacht gestellt oder können Wissenschaftler mit einem Vertrauensvorschuss rechnen? **Gilt die grundgesetzlich geschützte Forschungsfreiheit auch für die grüne Gentechnik?** Auch von der Beantwortung dieser Fragen wird abhängen, ob 2004 als „Jahr der Innovation" im Gedächtnis bleiben wird." (Jörg Hinrich Hacker (2004) - Ein „Jahr der Innovation" auch für die Gentechnik)

Der Interessenverband Land- und Ernährungswirtschaft ruft das Konzeptattribut ‚Eingeschränkte Forschungsfreiheit durch Feldzerstörung' auf, indem Forschungsfreiheit und Feldzerstörung in Opposition gestellt werden. Dabei wird Sachverhaltsverknüpfung mit dem Thema der |Form des Widerstands| gezogen (vgl. Kapitel 4.4.1; Bezeichnungskonkurrenz und Bedeutungsfixierung für die |Form des Widerstands|).

„**Forschungsfreiheit** sicherstellen!/ Deutschland ist Standort für Spitzenforschung in Wissenschaft und Praxis. Pflanzenforschung, auch die Grüne Gentechnik, muss für Labor, Gewächshaus und Freiland ermöglicht und gefördert werden. Die Ergebnisse der langjährigen Sicherheitsforschung müssen bei der politischen Entscheidungsfindung berücksichtigt werden. Die mutwillige und rechtswidrige Behinderung der Forschung durch **kriminelle Feldzerstörungen** darf nicht länger hingenommen werden." (Land- und Ernährungswirtschaft fordert verlässliche Gentechnikpolitik zur Sicherung des Innovationsstandortes Deutschland - Branchenstellungnahme zur Gentechnikpolitik der Bundesregierung)

Die KWS legt den Schwerpunkt auf das Konzeptattribut ‚Einschränkung der Forschungsfreiheit durch Fortschrittsfeindlichkeit'.

„Die vorliegende Ausgabe stellt die Themen Grüne Gentechnik und Forschungsfreiheit am Standort Deutschland in den Mittelpunkt. Diese **Forschungsfreiheit** *sehen wir empfindlich gestört durch ein öffentliches Meinungsklima, das Innovation ablehnt und Risiken des Fortschrittes überbetont statt Chancen zu suchen.* Dabei ist **Fortschrittsfeindlichkeit** selbst das größte **Risiko** für eine nachhaltige Entwicklung. Die Bedrohung der Forschungsfreiheit in Deutschland hat die KWS in diesem Frühjahr am eigenen Leib erfahren. Davon haben wir uns aber nicht entmutigen, sondern zur Kreativität anspornen lassen. Davon handelt u. a. diese erste Ausgabe von KWS Im DIALOG." (KWS - im Dialog (Juni 2008) - Forschungsfreiheit am Standort)

„Zum Dissens: Lösungen für komplexe Probleme zu finden braucht Handlungsspielsprich Handlungsfreiraum, in dem Entwicklung von Lösungsansätzen durch (Er-)Forschung ungehindert stattfinden kann. **Forschungsfreiheit** ist hierbei genauso **Grundrecht** wie an anderer Stelle die Meinungsfreiheit. **Handlungsspielraum und Forschungsfreiheit sind in Deutschland aber stark beschnitten.** Seit der unsäglichen »Aigner-Entscheidung« zum Anbau von MON 810 umso mehr – mit der Folge, dass ein – demokratisch statthafter und sicherlich in Teilen auch nachvollziehbarer – Dissens längst zum fundamentalen Glaubenskrieg geworden ist. Und somit jede Form von intelligenter Auseinandersetzung schachmatt gesetzt hat." (KWS (Juni

Handlungsstrategien der Diskursakteure im Kampf um Wissen 201

2009) – KWS im Dialog – Moderne Pflanzenzüchtung – Aktuelles für Entscheidungsträger)

Der EKD nimmt eine Bedeutungsfixierung des Konzeptattributs ‚Selbstbeschränkung' vor, indem sie deutlich macht, dass Forschungsfreiheit ihrer Ansicht nach ein ‚eingeschränktes Handeln', also eine ‚Selbstbeschränkung' impliziert. Dies geht einher mit dem ethischen Verständnis der EKD.

> „Die staatlichen Handlungsmöglichkeiten betreffen neben der Forschungs- und Industriepolitik vor allem die rechtliche Regelung. Der Anspruch der Legislative und Exekutive, in die gentechnische Forschung durch Gesetze und Vorschriften regelnd einzugreifen, steht zur Freiheit der Wissenschaft nicht in einem Widerspruch: **Die Freiheit der Wissenschaftler selbst bewährt sich gerade auch in der Selbstbeschränkung, und das verfassungsmäßig garantierte Recht der Freiheit der Wissenschaft muß innerhalb der Verfassung mit anderen Rechten in Einklang gebracht werden.**" (EKD (1997) - Einverständnis mit der Schöpfung)

Konzept ›Welternährung und Welthunger‹

KONZEPT	Konzeptattribut - Befürworter	Konzeptattribut - Gegner
›Welternährung und Welthunger‹	‚Grüne Gentechnik trägt zur Ernährungssicherung bei' ‚Ökologische Landwirtschaft kein Mittel für die Ernährungssicherung'	‚Grüne Gentechnik ist keine Lösung für die Nahrungsmittelkrise'
	‚Nahrungsmittelverknappung' ‚Grüne Gentechnik sichert Ernährung über Ertragssteigerung' ‚Aufhalten der Bevölkerungsexplosion'	‚Ungleiche Verteilung von Nahrungsmitteln' Sachverhaltsverknüpfung zu dem Konzept ›Patentschutz‹ ‚GVO dienen hauptsächlich als Futtermittel oder Exportware zur Baumwolle-Produktion' ‚Patente- und Lizenzgebühren als Machtproblem' ‚Fehlende Kaufkraft' ‚Novelfood'

Befürworter der Grünen Gentechnik aus Wissenschaft, Industrie und Politik
Die DFG konstatiert, dass eine Verknappung des Nahrungsmittelangebots zu befürchten sei. Damit setzt sie das ‚Nahrungsmittelverknappung'-Konzeptattribut dominant. Dieses vertreten zumeist Befürworter der Grünen Gentechnik. Kritiker und Gegner der Grünen Gentechnik beziehen sich meist das Konzeptattribut ‚Ungleiche Verteilung von Nahrungsmitteln'.

„Angesichts der Tatsache, dass die weltweit wichtigsten Nahrungsmittelexporteure USA, Kanada und Brasilien ebenfalls anstreben, ihr Erntegut – größtenteils Mais und Zuckerrohr – verstärkt zur Energiegewinnung einzusetzen, ist eine **weltweite Verknappung des Nahrungsmittelangebots zu befürchten**. Erste Vorboten dieser Entwicklung waren im Jahr 2007 die drastisch gestiegenen Lebensmittelpreise." (DFG (2010) – Grüne Gentechnik)

Die DFG verknüpft die Lösung des Hungers in der Welt mit einer „nachhaltigen Pflanzenproduktion".

„Die Menschheit wächst – und mit ihr wächst die Bedeutung des Ackerbaus. Denn den Hunger in der Welt zu besiegen, ist ohne Zweifel eine der großen und unumstrittenen Herausforderungen für die nahe Zukunft. Stärker noch als in vergangenen Epochen wird deshalb der **nachhaltigen Pflanzenproduktion** künftig weltweit eine zentrale Rolle zukommen." (DFG (2010) – Grüne Gentechnik)

Der VBIO weist das Konzeptattribut ‚Nahrungsmittelverknappung' zurück, führt aber die Grüne Gentechnik als Hoffnungsträger für einen zukünftigen Beitrag zur Ernährungssicherung über das Merkmal der *Stresstoleranz* an und bezieht sich dabei mit Einschränkung der Faktizität auf das Konzeptattribut ‚Grüne Gentechnik trägt zur Ernährungssicherung bei'.

„Welthunger: Ist eine neue grüne Revolution die Lösung?/ Die Ursachen für Hunger sind vielschichtig. Das Einzige, was definitiv nicht zutrifft, ist die Behauptung, es gäbe zu wenig Nahrung auf der Welt. Deshalb stellt Jean Ziegler, der UN-Sonderberichterstatter für das Recht auf Nahrung, fest: ‚Die Weltlandwirtschaft könnte problemlos 12 Milliarden Menschen ernähren. Das heißt, ein Kind, das heute an Hunger stirbt, wird ermordet.' (Quelle: ‚We Feed the World') Im Einsatz von gentechnisch veränderten Pflanzen sieht er keine Option zur Bekämpfung der Ursachen für Hunger. Tatsächlich folgen ihm darin heute die meisten wichtigen Akteure, wenn auch wenige die Hoffnung äußern, dass sich dies eines noch fernen Tages einmal ändern könnte: **Gerade in klimatisch benachteiligten Gebieten könnten in der Zukunft neue Züchtungen auf Hitze-, Kälte-, Salz-, Dürreresistenz (mit und ohne Gentechnik) dazu beitragen, dass die dortige Bevölkerung nicht auf Al-**

mosen aus den Überschuss-Volkswirtschaften angewiesen ist." (VBIO - Echte Chance oder überbewertet - der Ressourcen-Konflikt)

Ebenso wie die DFG sieht der VBIO in der Verwendung von Anbauflächen zur Energiegewinnung einen Grund dafür, dass es zu Problemen in der Nahrungsversorgung kommen könnte. Eine Lösung sieht der VBIO im ‚Aufhalten der Bevölkerungsexplosion'.

„Mitunter wird auch gefordert, wegen der zu erwartenden Bevölkerungsentwicklung die Lebensmittelproduktion drastisch zu steigern, um so eine sich öffnende Schere zwischen Bevölkerungszahl und Nahrungsmenge zu verhindern. Dem entgegen läuft die Entwicklung, dass immer größere Flächen für den Anbau von Energiepflanzen reserviert werden. Somit spielen auch globale Marktmechanismen eine Rolle bei entsprechenden Problemen in der Nahrungsversorgung./ **Die einzige "nachhaltige" Methode dürfte ein Aufhalten der Bevölkerungsexplosion sein.** Während in Europa bereits ein Bevölkerungsrückgang zu verzeichnen ist, muss dem Zustand der weiter steigenden Überbevölkerung vor allem in urbanisierten Bereichen der Entwicklungsländer Rechnung getragen werden. Hilfe bei der Nahrungsmittelversorgung muss daher mit Hilfe bei der Entwicklung sozialer Systeme verknüpft sein, um die verschiedenen Ursachen für Hunger bekämpfen zu können. Um nur zwei bewährte Beispiele zu erwähnen, sei auf Muhammad Yunus und den fairen Handel verwiesen." (VBIO - Echte Chance oder überbewertet - der Ressourcen-Konflikt)

In den Nachrichten des VBIO wird indes dem Genetiker Rudi Balling das Wort erteilt, welcher im Gegensatz zum VBIO ohne Einschränkung der Faktizität das Konzeptattribut ‚Grüne Gentechnik trägt zur Ernährungssicherung bei' aufruft und anführt, dass man auf die Grüne Gentechnik im Zusammenhang mit der Nahrungssicherung angewiesen sein werde.

„Rudi Balling: „Damit zerstört die Politik Zukunftsoptionen, die wir in Zeiten eines dramatischen Klimawandels dringend benötigen." „Gentechnische Verfahren sind eine Weiterentwicklung der klassischen Pflanzenzüchtung", erläuterte Balling den Hintergrund seiner Position. Seit Jahrtausenden habe der Mensch Pflanzen und Tiere so gezüchtet, dass sie an ihrem Standort die optimale Leistung erbringen konnten. Dieser Prozess sei jedoch vergleichsweise langwierig: „So viel Zeit für die Züchtung werden wir in den kommenden Jahren nicht mehr haben, wenn die Temperaturen auf der Erde durch den Klimawandel schnell steigen", so Balling. **Dann gelte es, in kürzester Zeit neue Pflanzensorten zu entwickeln, die an die veränderte Klimasituation angepasst sind und damit zur Ernährung der Menschheit erheblich beitragen können.** Balling: „Dafür sind wir auf die grüne Gentechnologie angewiesen. Alle wissenschaftlichen Versuche haben in der Vergangenheit gezeigt, dass sie uns leistungsfähige und sichere Pflanzensorten an die Hand gibt." (Nachrichten des

Verbandes Biologie, Biowissenschaften und Biomedizin in Deutschland (2009) - Grüne Gentechnik: Weiterhin turbulent)

Die beiden Wissenschaftler Jany und Kiener rufen in ihrer Äußerung das Konzeptattribut ‚Grüne Gentechnik trägt zur Ernährungssicherung bei' auf, allerdings äußern sie es nicht selbst, sondern schreiben es Entwicklungsländern zu.

„Nach BSE und MKS wird gegenwärtig kaum ein Thema so kontrovers und emotional diskutiert wie Anwendungen gentechnischer Verfahren im Agrar- und Lebensmittelbereich, wobei die Bedeutung der Gentechnik in den **übersättigten Industrieländern** und in Entwicklungsländern sehr unterschiedlich gewertet wird. **Viele Drittweltländer erhoffen sich oder sind überzeugt, mit dieser Technik eine Steigerung der Nahrungsmittelproduktion zu erzielen und dringende Ernährungsprobleme im Kontext mit sozialen Änderungen lösen zu können.** Sie fürchten aber, dass ihnen westliche Industrieländer aufgrund von befürchteten möglichen Risiken für Mensch und Umwelt die neue Technik vorenthalten könnten. In den Industrieländern stellen sich Fragen wie: „Brauchen wir die Gentechnik?", „Welche Landwirtschaft wollen wir und welchen Beitrag zur Nachhaltigkeit kann sie leisten?", „Wie wollen (sollen) wir uns ernähren?", „Wer zieht einen Nutzen aus der Gentechnik und welche Risiken gehen wir möglicherweise ein?", „Kommen wir aus der BSE-Krise in eine Gen-Krise?" (Klaus-Dieter Jany und Claudia Kiener (2001) - Der lange Weg vom Labor auf den Tisch: Gentechnik und Lebensmittel)

Die Autoren setzen das Konzeptattribut ‚Grüne Gentechnik sichert Ernährung über Ertragsteigerung' dominant.

„Produktionssteigerung ist grundsätzlich nicht nur negativ zu sehen. Wir müssen uns mit dem Gedanken vertraut machen, dass in 50 Jahren die doppelte Anzahl von Menschen (circa zehn Milliarden) ernährt werden muss. Die Anbaufläche kann nicht beliebig gesteigert werden. Deshalb müssen bereits heute Verfahren zur **Produktionssteigerung und -sicherung** unter umweltschonenden Bedingungen entwickelt werden. **Hierzu kann die Gentechnik zumindest teilweise beitragen, indem sie gemeinsam mit der konventionellen Züchtung beispielsweise transgene Pflanzen liefert, die primär höhere Erträge erbringen oder resistent gegen Schadinsekten, Virus- und Pilzerkrankungen sind und somit auf gleicher Anbaufläche höhere Erträge gewährleisten.** Allerdings müssen, wie es auch bereits geschieht, hier besonders traditionelle Nahrungsmittelpflanzen, wie Reis, Mais, Hirse oder Hülsenfrüchte der Drittweltländer in die Entwicklungen einbezogen werden. Gelingt es, mit Lebensmitteln aus transgenen Pflanzen beispielsweise Vitaminmangelerkrankungen in bestimmten Regionen zu reduzieren, so bietet hier die Gentechnik einen direkten Nutzen für die betroffene Bevölkerung." (Klaus-Dieter Jany und Claudia Kiener (2001) - Der lange Weg vom Labor auf den Tisch: Gentechnik und Lebensmittel)

Das BMELV (damals unter der Leitung des Bundesministers für Ernährung, Landwirtschaft und Verbraucherschutz Horst Seehofer von 2005 bis 2008) befürwortet den Einsatz von Grüner Gentechnik ebenfalls und begründet dies mit der Möglichkeit der ‚Sicherung von Ernährung über Ertragssteigerung'.

„Liebe Bürgerinnen und Bürger, die Gentechnik ist heute Ausgangspunkt zahlreicher Anwendungen in Industrie, Medizin und Landwirtschaft. So sind von den jährlich neu in der Medizin eingefügten Wirkstoffen 30 % gentechnischen Ursprungs. **Gentechnische Verfahren eröffnen auch neue Möglichkeiten für die Erzeugung genau auf unsere Bedürfnisse zugeschnittener Lebens- und Futtermittel, nachwachsender Rohstoffe und Energiepflanzen zur Deckung des ständig steigenden Bedarfs der Weltbevölkerung.**" (BMELV (2008) - Das neue Gentechnikrecht 2008)

Das Unternehmen KWS ruft das Konzeptattribut ‚Grüne Gentechnik ist keine Lösung für die Nahrungsmittelkrise' auf, das vor allem von Gegnern der Grünen Gentechnik aufgerufen wird. Es ist für den Sprachgebrauch als Befürworter der Grünen Gentechnik untypisch, dass die KWS lediglich auf ‚Novelfood' als Beitrag für Entwicklungsländer verweist.

„Löst Gentechnik das Hungerproblem in der Dritten Welt?/ Hunger wird von vielen Faktoren verursacht, u. a. durch ungleiche Verteilung (politisches Element) oder durch extreme klimatische Bedingungen (geografisches Element). An diesen Faktoren kann die Gentechnik nur wenig ändern. Es gibt jedoch eine Reihe wichtiger und für die Situation in der Dritten Welt positiver Projekte. Ein Beispiel: **Integration von Vitamin A in Reis. Hier kommt es zur Reduktion von Erblindung bei Kindern aufgrund einer Mangelernährung mit Vitamin A.**" (KWS - Häufig gestellte Fragen zu Biotechnologie und Gentechnik)

Ein Textauszug aus einem anderen Text des Unternehmens wirft indessen die Vermutung auf, dass das Unternehmen das Konzeptattribut ‚Grüne Gentechnik sichert Ernährung über Ertragssteigerung' lediglich auf subtilerem Weg aufruft. Denn über die fett markierten Propositionen wird implizit doch deutlich, dass die KWS – wenn auch möglicherweise noch nicht – die Grüne Gentechnik[128] als Technologie einzustufen, die eine „Sicherung der Nahrungsversorgung" bzw. die „Weiterentwicklung von Kulturpflanzen, die die Grundlage unserer Nahrungsmittel darstellen" ermöglicht.

---

128 Die KWS spricht hier zwar von moderner Pflanzenzüchtung, diese inkludiert bei der KWS aber Grüne Gentechnik (vgl. Kapitel 4.3.1 „Sachverhaltsfestsetzung und Sachverhaltsabgrenzung – GRÜNE GENTECHNIK").

„**Große Herausforderungen weltweit wie die Sicherung der Nahrungsversorgung**, die verstärkte Nachfrage nach erneuerbaren Energien und der fortschreitende Klimawandel machen die moderne Pflanzenzüchtung zu einer Schlüsseltechnologie des 21. Jahrhunderts./ **Pflanzenzüchtung umfasst** zum einen den Erhalt etablierter Sorten, **aber auch die ständige Weiterentwicklung von Kulturpflanzen, die die Grundlage unserer Nahrungsmittel darstellen.** Steigende Ansprüche an Anbaueigenschaften, Weiterverarbeitung und – als langfristiges Projekt – Erweiterung von Inhaltsstoffen geben Impulse für die Zukunft." (KWS - Was ist Pflanzenzüchtung)

Das Unternehmen Bayer CropScience führt die Investition im Bereich Grüne Gentechnik als Beitrag auf, den das Unternehmen dazu leistet, um die weltweite Ernährungssituation zu verbessern. Damit kann die Schlussfolgerung gezogen werden, dass Bayer CropScience das Konzeptattribut ‚Grüne Gentechnik trägt zur Ernährungssicherung bei' aufruft.

„Als einer der Weltmarktführer in der Agrarchemie **leistet Bayer CropScience seinen Beitrag, um die Ernährungssituation weltweit zu verbessern**. Im Zeitraum 2008 bis 2012 sind Investitionen von insgesamt 3,4 Milliarden Euro in Forschung und Entwicklung geplant. Hiervon entfallen knapp 2,7 Milliarden Euro auf die Erforschung innovativer Pflanzenschutzwirkstoffe und 750 Millionen Euro auf die Entwicklung neuer Lösungen im Bereich Saatgut und Pflanzenbiotechnologie. Denn Forschung und Innovation bringen nur dann einen Nutzen, wenn die Produkte auch zur Anwendung kommen." (Bayer CropScience - Forschung für innovative Lösungen)

Im folgenden Textauszug benennt Bayer CropScience diesen Zusammenhang explizit. Das Argument ‚Grüne Gentechnik sichert Ernährung über Ertragssteigerung' wird hier ausdrücklich benannt. Mit dem kausalen Konnektor *deshalb* erzielt Bayer CropScience Kausalitätsherstellung.

„Während die Weltbevölkerung Jahr für Jahr weiter steigt, bleibt die weltweit zur Verfügung stehende Ackerfläche praktisch gleich./ **Die Weltbevölkerung wächst weiter dynamisch.** Bereits 2012 klettert sie voraussichtlich über die Sieben-Milliarden-Marke. Im Jahr 2025 soll sie gar schon acht Milliarden Menschen erreichen. **Gleichzeitig sagen Experten einen Rückgang der pro Kopf verfügbaren landwirtschaftlichen Fläche voraus**: Prognosen der Vereinten Nationen zeigen, dass im Jahr 2050 pro Kopf nur noch 30 Prozent der Anbaufläche zur Verfügung steht, die 1950 zur Ernährungssicherung vorhanden war. Immer mehr Menschen müssen also durch eine Anbaufläche versorgt werden, die bestenfalls konstant bleibt. **Wichtiges Ziel der Pflanzenschutzforscher von Bayer CropScience ist es** *deshalb*, **den Ertrag beim Anbau beispielsweise von Baumwolle, Reis, Mais, Raps und Soja zu steigern.** Als unverzichtbares Mittel dafür setzt Bayer

CropScience auch **auf die Biotechnologie.**" (Bayer CropScience - Ernährungssicherung)

„Ultra High Throughput Screening (UHTS), Mikro-Screening, kombinatorische Chemie, Genomik und Wissensmanagementsysteme - dies sind nur einige der modernen Verfahren und Methoden, die die Arbeit unserer Forscher und Wissenschaftler grundlegend verändern. Mit ihrer Hilfe lassen sich die Bausteine des Lebens und die Mechanismen, die sie antreiben, noch schneller und genauer erkunden. Damit können die Forscher neue, effizientere Lösungen entwickeln, die den Landwirten helfen, den Anforderungen der Gegenwart und der Zukunft gerecht zu werden und **den steigenden Bedarf einer wachsenden und anspruchsvolleren Weltbevölkerung zu erfüllen.**" (Bayer CropScience - Beste Voraussetzungen für erfolgreiche Innovation)

Auch Syngenta ruft das Konzeptattribut ‚Grüne Gentechnik trägt zur Ernährungssicherung bei' auf und verbindet dieses mit einer Forderung nach „Agrarpolitik [ab], die wissenschaftlich fundiert und offen für innovative landwirtschaftliche Lösungen ist". Hiermit wird offen für die Grüne Gentechnik plädiert. Über den kausalen Konnektor *deshalb* strebt Syngenta Kausalität an.

„**Wir müssen die wachsende Weltbevölkerung ernähren** und gleichzeitig unsere natürlichen Ressourcen erhalten. Dies ist die grosse Herausforderung des 21. Jahrhunderts. Die Aufgabe ist allerdings enorm, denn auf der ganzen Welt ist derzeit eine Milliarde Menschen unterernährt./ *Deshalb* **müssen die Landwirte ihre Erträge in den kommenden vier Jahrzehnten weltweit etwa verdoppeln./** Syngenta ist zuversichtlich, dass es mit der Unterstützung von Regierungen, internationalen Organisationen und Unternehmen möglich ist, die Bevölkerung dieser Welt zu ernähren. **Dazu muss jedoch die Landwirtschaft Zugang zu den besten Technologien erhalten, um die begrenzten natürlichen Ressourcen optimal nutzen und die Produktivität steigern zu können./ Der Erfolg dieser Massnahmen hängt auch von einer Agrarpolitik ab, die wissenschaftlich fundiert und offen für innovative landwirtschaftliche Lösungen ist.** Doch das ist nicht genug: Die Technologie muss in den Landwirtschaftsbetrieben auch umgesetzt werden. Nötig sind auch Bildungseinrichtungen, Zugang zu Märkten, Versicherungen und finanziellen Mitteln." (Syngenta - Optionen für Landwirte)

Auch im folgenden Textbeleg verwendet Syngenta das Argument ‚Grüne Gentechnik sichert Ernährung über Ertragsteigerung'. Unklar ist, ob Syngenta hier Grüne Gentechnik auch als Lösung für Kleinbauern betrachtet.

„Kleinbauern/ Parcel of land/ Viele Kleinbauern weltweit leben in Armut und Hunger. Hierzu zählen rund 450 Millionen landwirtschaftliche Betriebe von 2 Hektar oder weniger, von denen mehr als 2 Milliarden Menschen leben./ Diese Bauern können von landwirtschaftlichen Technologien, ausgebauten Services und Märkten enorm profitieren. **Landwirtschaftliche Investitionsstrategien für Kleinbauern sind der Schlüssel zur Verringerung von Armut und zur Verbesserung der Nahrungssicherheit. Der Prozess umfasst strukturelle Veränderungen, bei denen die Landwirtschaft (durch höhere Produktivität) Nahrung, Arbeit und Einsparungen bringt, die die Nahrungssicherheit fördern.**" (Syngenta - Optionen für Landwirte)

Syngenta ruft hier implizit das Konzeptattribut ‚Ökologische Landwirtschaft kein Mittel für die Ernährungssicherung' auf.

„Gemeinsame Verantwortung für unseren Planeten/ Es ist an der Zeit, neue Visionen für die Zukunft zu entwickeln: Technologie kann uns dabei unterstützen, Nahrungsmittel nachhaltiger zu produzieren. Zudem können moderne landwirtschaftliche Lösungen den Landwirten dabei helfen, Ackerland, die Verfügbarkeit von Wasser und die Artenvielfalt für kommende Generationen zu erhalten./ In der westlichen Welt trifft die Modernisierung der Landwirtschaft jedoch nicht nur auf Zustimmung. Widerstand wird laut gegen die Verwendung von verbessertem Saatgut und von Pflanzenschutzmitteln. **Es wird uns nicht gelingen, ohne den Einsatz technologischer Mittel die Bevölkerung dieser Welt zu ernähren und das Wohl unseres Planeten zu sichern.**" (Syngenta - Optionen für Landwirte)

Die Grüne Gentechnik ablehnende Akteure aus dem NGO-Bereich, der Politik und der Kirche

Der IDG-Keine-Gentechnik widmet sich dem Zusammenhang von Welthunger und Grüner Gentechnik in einem eigenen Text „Hunger & Gentechnik"; der von ihnen zurückgewiesene Zusammenhang wird jedoch auch an anderer Stelle thematisiert, so zum Beispiel im folgenden Textbeleg, in dem die NGO Friends of the Earth und den IASSTD zitiert, um anhand deren Einschätzung zu folgern: ‚Grüne Gentechnik ist keine Lösung für die Nahrungsmittelkrise'.

„Spätestens seit dem Bericht des Weltlandwirtschaftsrates (IAASTD) vom April 2008 ist die weltweite Nahrungsmittelkrise ein Thema in allen Medien. Die Preise für Grundnahrungsmittel wie Reis und Getreide haben sich in den letzten Jahren fast verdoppelt. Die Gentechnik-Industrie will das Problem mit trockenresisten Pflanzen und Hochertragssorten lösen. **Doch laut einem aktuellen Bericht von Friends of the Earth ist die Gentechnik mit ihrer industriellen Landwirtschaft nicht Lösung, sondern eine der Ursachen des Problems.** So fordert auch der IAASTD eine radikale Wende in der Agrarpolitik. Nur eine kleinbäuerliche Landwirtschaft, die Land und Ressourcen gerecht verteilt, ohne die ökologischen Grundlagen zu zerstören, wird künftig neun Milliarden Menschen ernähren können. Der Einsatz der Gentechnik wird nach Einschätzung der WissenschaftlerInnen dabei kaum hilfreich sein." (Informationsdienst Gentechnik - Keine Gentechnik.de – Gentechnik-Pflanzen breiten sich unkontrolliert aus)

Greenpeace und Gentechnikfreie Regionen in Deutschland (BUND/AbL) weisen ‚Grüne Gentechnik als Lösung für die Nahrungsmittelkrise' ebenfalls zurück und konstatieren überdies, dass sie Teil des Problems sei.

„Mit dem Versprechen, das Hungerproblem zu lösen, versuchen Gentechnik-Konzerne, die Öffentlichkeit von der Notwendigkeit ihrer Risikotechnologie zu überzeugen. Doch die Gentechnik bekämpft nicht den Hunger der Welt, sondern ist Teil des Problems." (Greenpeace - Welternährung)

„Grundsätzlich gilt: Hunger ist ein gesellschaftliches und politisches Problem und kann deshalb nicht durch den Einsatz von Technik gelöst werden. Zur Sicherung der Nahrungsmittelversorgung der armen Staaten des Südens sind vor allem folgende Maßnahmen erforderlich: Bekämpfung der Armut, Beendigung von kriegerischen Auseinandersetzungen, Zugang zu Boden, zu Saatgut lokal angepasster Pflanzensorten und zu Wasser sowie der Erhalt der Bodenfruchtbarkeit." (Gentechnikfreie Regionen in Deutschland (BUND/AbL) - Versprechen der Agro-Gentechnik sind nicht haltbar)

Auch die beiden Fraktionen die Linke sowie Bündnis '90/ Die Grünen weisen ‚Grüne Gentechnik als Lösung für die Ernährungssicherung' zurück. Bündnis '90/ Die Grünen und Die Linke-Fraktion rufen zudem beide das Konzeptattribut ‚Ungleiche Verteilung von Nahrungsmitteln' auf. Bündnis '90/ Die Grünen prägen das Konzeptattribut ‚GVO dienen hauptsächlich als Futtermittel oder Exportware zur Baumwolle-Produktion'. Die Linke fügt im Gegensatz zu Bündnis '90/ Die Grünen und in Opposition zu ihrer ablehnenden Haltung hinsichtlich Grüner Gentechnik hinzu, dass die Grüne Gentechnik für die Landwirtschaft in Entwicklungsländern einen Beitrag leisten könne.

„Gen-Food macht nicht satt/ Gentechnisch veränderte Lebensmittel können die Probleme von Armut und Hunger nicht lösen, sondern verschärfen sie noch. Gen-Pflanzen landen bisher so gut wie nie in den Mägen hungernder Menschen, sondern werden zur Exportware – als Baumwolle für billige T-Shirts oder als Futtermittel für den Fleischkonsum in den Industrieländern. Die Berichte der UN-Weltagrarrats von 2008 und der Bericht des Büros für Technikfolgenabschätzung 2009 sagen es deutlich: Die Welternährung kann nur gesichert werden, wenn die Landwirtschaft den regionalen Bedingungen in den Entwicklungsländern angepasst wird. Gentechnisch verändertes Saatgut wird ausschließlich von großen multinationalen Saatgut- und Biotechnologie-Monopolisten vertrieben. Ihr Ziel ist es, über die Patentgebühren und den vermehrten Absatz von hauseigenen Pestiziden hohe Gewinne zu erwirtschaften. Die industrielle Landwirtschaft – und mit ihr die Agro-

Gentechnik – treibt in Entwicklungsländern die lokale Wirtschaft in neue Abhängigkeiten. Sie zerstört die gewachsenen kleinbäuerlichen Strukturen und macht die örtlichen Märkte kaputt. Um das Recht auf Nahrung umzusetzen, braucht es keine Heilsversprechen teurer Hochtechnologien. **Nötig sind gerechtere Verteilungsprozesse im Welthandel, die die reichen Nationen unterstützen müssen.**" (Bündnis '90 - Die Grünen-Bundestagsfraktion - Gentechnik im Essen. Nein Danke)

„Ist Agro-Gentechnik die Lösung gegen den Welthunger?/ [...] Die Nahrung reicht also aus, um die Weltbevölkerung von etwa 6,5 Milliarden Menschen gut und angemessen zu ernähren. **Das Problem ist die ungleiche Verteilung:** Überschussproduktion bei uns – mangelnde landwirtschaftliche Erträge in einigen so genannten Entwicklungsländern, Tendenz sinkend. [...] Aufgrund der Terminator-Technologie, bei der Pflanzen unfruchtbar gemacht werden, werden die Bäuerinnen und Bauern nicht nur auf rechtlichem (Patentschutz), sondern auf biologischem Weg jedes Jahr genötigt, neues Saatgut zu kaufen. Der mit der Anwendung von GVO einhergehende Verlust der biologischen Vielfalt bedroht die Ernährungssicherung in den Entwicklungsländern. [...] **GVO könnten - rein wissenschaftlich betrachtet - einen Beitrag für die Landwirtschaft in so genannten Entwicklungsländern leisten, sind jedoch gewiss keine Lösung für das Welthungerproblem.**" (Die Linke-Bundestagsfraktion - Die Agro-Gentechnik - 30 Fragen & 30 Antworten zur Zukunft der gentechnikfreien Landwirtschaft)

Die Kirchen stimmen in der Ansicht überein, dass ‚Grüne Gentechnik keine Lösung für die Nahrungsmittelkrise' sei. Das ZdK zitiert Missio und Misereor sowie die Erkenntnisse des Welternährungsgipfels von 2002, um seine Aussage zu bekräftigen und vollzieht damit die sprachliche Strategie des Bezugs auf Autoritäten.

„Vielfach werden große Hoffnungen auf eine grundlegende Verbesserung der Ertragssituation in den vom Hunger am meisten betroffenen Regionen durch die Grüne Gentechnik gesetzt. Die bisherigen Erfahrungen dämpfen jedoch diese Erwartungen. *So verweisen nicht nur die Werke Missio und Misereor, sondern auch der Welternährungsgipfel von Rom 2002* auf das Risiko, dass die lokale Wirtschaft mit ihren gewachsenen kleinbäuerlichen Strukturen in den Entwicklungsländern in neue Abhängigkeiten gerate, lokale Märkte zerstört und angepasste Kultursorten verdrängt würden. Umfragen zufolge lehnen über 70 Prozent aller Verbraucher gentechnisch veränderte Lebensmittel ab." (ZdK (2003) - Agrarpolitik muss wieder Teil der Gesellschaftspolitik werden)

In dem gemeinsamen Positionspapier von evangelischer und katholischer Kirche wird das Konzeptattribut ‚Grüne Gentechnik ist keine Lösung für die Nahrungsmittelkrise' aufgerufen und mit der ‚Ungleichen Verteilung von Nahrungsmitteln' begründet. Zudem wird darin angeführt, dass ‚Patente- und Lizenzgebühren als Machtproblem' zur Nahrungsmittelkrise beitragen würden. Damit wird eine Sachverhaltsverknüpfung zu dem Konzept ›Patentschutz‹ gezogen (vgl. Kapitel 4.4.1.2).

„Mythos Beseitigung des Hungers in der Welt/ **Das Versprechen, mit Hilfe der Gentechnik den Hunger in der Welt zu besiegen, ist unglaubwürdig.** Die Gentechnikforschung und -entwicklung liegt in privatwirtschaftlicher Hand einiger weniger Großkonzerne des Nordens, die ihre pflanzengenetischen Produkte durch Patente schützen. Die Entwicklung richtet sich an den Bedürfnissen einer durchrationalisierten Landwirtschaft der gemäßigten Breiten der Erde aus. Diese Produkte tragen bisher nichts zur Problemlösung der Landwirtschaft der Tropen bei. **Ein Technologietransfer von Nord nach Süd wird durch Patente und Lizenzgebühren behindert. Unter- und Mangelernährung sind kein Mengen-, sondern ein Macht- und Verteilungsproblem.** In der Welt werden nicht zu wenig Lebensmittel produziert, sondern es gibt gravierende Defizite bei den Zugängen zur und der Verteilung von Nahrung." (Gemeinsames Positionspapier der Evang. u. Kath. Kirche in Deutschland (07.10.2003) - Ungelöste Fragen - Uneingelöste Versprechen)

Blogosphäre

Auch in der Blogosphäre stellt die Frage, ob der Hunger in der Welt durch Grüne Gentechnik zu lösen sei, ein vieldiskutierter Aspekt des Diskurses um Grüne Gentechnik dar.

Wie im Kapitel „Diskursakteure der fachexternen Kommunikation" (Kapitel 4.2) festgestellt, handelt es sich bei Marc Scheloske um einen Skeptiker der Grünen Gentechnik. Dieser ruft das Konzeptattribut ‚Grüne Gentechnik ist keine Lösung für die Nahrungsmittelkrise' auf und weist diese damit als ein Mittel zur Lösung der Nahrungsmittelkrise zurück.

„Festzuhalten bleibt jedoch: **die grüne Biotechnik ist keinesfalls das Instrument, mit dem der Welthunger bekämpft werden könnte und sollte.** Man braucht die Biotechnologie nicht zu verteufeln, ihr gesundheitliches Risikopotential ist sehr gut untersucht, das Monitoring bei Freisetzungsversuchen hat keine relevanten ökologischen Gefährdungen ergeben, aber: **gentechnisch verändertes Saatgut ist kein Allheilmittel, schon gar nicht im Kampf gegen den Hunger.** Und wie die IAASTD-Expertise klarstellt, sind eben "multifunktionale", nicht biotechnologisch-industrielle Landwirtschaftsformen notwendig." (Wissens-Werkstatt (24.04.2008) - Emnid, Vanity Fair und die Biotechnologie)

„Intensivierung der (wissenschaftlichen) Anstrengungen, um ertragreicheres Saatgut zu entwickeln. Zugleich muß das (lukrative) Saatgutgeschäft verzerrt werden - es hilft nichts, wenn man Forschung und Vermarktung des Saatguts ausschließlich in den Händen von Monsanto und Co. belässt. **Daß die Biotechnologie - jedenfalls in ihrer heutigen (ökonomischen) Spielart - weniger ein Teil der Lösung, sondern**

Teil des Problems ist, habe ich bereits hier ausgeführt." (Neurons (04.06.2008) - Welternährungsgipfel: Patentrezept gegen den Hunger gesucht)

Auch er betitelt die Grüne Gentechnik als „Teil des Problems". Aufgrund des sich wiederholenden Textmusters ist zu vermuten, dass die Formulierung „Teil des Problems" aus dem Originalbericht der FAO stammt.

„Mir geht es gar nicht um eine detaillierte Analyse der Empfehlungen des IAASTD, sondern um die ziemlich unmißverständliche Feststellung, daß regionale, kleinteilige Anbaumethoden der Schlüssel zu einer Sicherstellung der Ernährungsgrundlagen in Entwicklungsländern sind und (ein entscheidender Punkt!), **daß die "grüne" Gentechnologie im Zweifel eher Teil des Problems und nicht seine Lösung darstellt.**" (Wissens-Werkstatt (24.04.2008) - Emnid, Vanity Fair und die Biotechnologie)

In den Kommentaren zu dem Blog des die Gentechnik befürwortenden Biologen Tobias Maier wird von dem Blogleser Paco mit Bezug auf die Grüne Revolution das Konzeptattribut ‚Grüne Gentechnik trägt zur Ernährungssicherung bei' aufgerufen, und anhand des Arguments ‚Grüne Gentechnik sichert Ernährung über Ertragsteigerung' begründet.

„Paco· 29.02.08 · 13:20 Uhr/ [...] Fakt ist- die Menschheit will ernaehrt werden, und ohne die gruene Revolution in den sechziger Jahren wo grosse Erfolge in der Schaedlingsresistenz und Stresstoleranz erzielt wurden wuerde die Welt hungern. Um den erhoehten Bedarf an Lebensmitteln in den naechsten Jahrzenten zu decken MUESSEN Lebensmittel weiter modifiziert werden. Keine Frage dies muss mit grosser Vorsicht getan werden." (Kommentare zu WeiterGen (28.02.2008) - Grüne Gentechnik: Amflora)

Tobias Maier stützt sich auf das Konzeptattribut ‚Ungleiche Verteilung von Nahrungsmitteln', das vor allem von Gegnern der Grünen Gentechnik geprägt wird, und setzt jedoch gleichzeitig das Konzeptattribut ‚Grüne Gentechnik sichert Ernährung über Ertragsteigerung' dominant, indem er fordert, dass die Möglichkeit eines Beitrags Grüner Gentechnik zur Nahrungsmittelsicherheit erst gewährleistet werden müsse.

„Tobias·[Maier, B.F.] 02.05.08 · 16:51 Uhr/ **Sicherlich ist es wichtig, die vorhandenen Lebensmittel besser zu verteilen.** Ich erwähne das auch in meinem Eintrag." (Kommentare zu WeiterGen (02.05.2008) - Video - Polylux - Gentechnik gegen Hunger r)

„Tobias·[Maier, B.F.] 02.05.08 · 16:51 Uhr/ Wie Michael Miersch im Video erklärt, geht es auch erst einmal darum, **die Möglichkeit gentechnisch veränderte Le-**

bensmittel beim Kampf gegen den Welthunger einzusetzen nicht auszuschließen. Das wird aber von der Anti-GM-Lobby rigoros gefordert und ist anscheinend im Falle Sambia (siehe Video) schon geschehen." (WeiterGen (02.05.2008) - Video - Polylux - Gentechnik gegen Hunger)

Im Blogbeitrag des Blogs „Mahlzeit" von Stefan Jacobasch hebt dieser das Konzeptattribut ‚Grüne Gentechnik ist keine Lösung für die Nahrungsmittelkrise' hervor, fügt aber hinzu, dass damit der Grünen Gentechnik von der IAASTD keine generelle Absage erteilt werde.

„Im südafrikanischen Johannesburg wurde in den letzten sieben Tagen der Abschlussbericht des "International Assessment of Agricultural Science and Technology for Development" (IAASTD) beraten. Auf Initiative der Vereinten Nationen und der Weltbank hatte dieses Gremium seit vier Jahren daran gearbeitet, eine globale Strategie für die Landwirtschaft und gegen den Hunger in der Welt zu entwickeln. […] Das IAASTD empfiehlt, lokale Bedingungen für die Landwirtschaft stärker zu berücksichtigen, Kleinbauern und regionale Vertriebswege zu stärken, großflächige Monokulturen zu vermeiden und natürliche Ressourcen zu schützen. **Der Biotechnologie und der Gentechnik wird zwar keine eindeutige Absage erteilt, aber das IAASTD sieht in der Technik keine Lösung für das Hungerproblem.**" (Mahlzeit (14.04.2008) - Warum hungert die Welt wirklich)

Im gleichen Blogeintrag zitiert der Blogautor des Blogs „Mahlzeit" das Magazin „New Scientist", in dem eine Syngenta-Mitarbeiterin, die den IAASTD verlassen hat, zu Wort kommt. Diese ruft das Konzeptattribut ‚Ökologische Landwirtschaft ist kein Mittel für die Ernährungssicherung' auf.

„Vertreter von Konzernen wie Syngenta und Monsanto können einer solchen Linie natürlich nicht folgen. Im Magazin "New Scientist" (…) begründet die für Syngenta arbeitende Forscherin Deborah Keith ihren Ausstieg aus dem IAASTD: **Die ökologische Landwirtschaft sei kein Mittel gegen den globalen Hunger, weil sie dreimal so viel Fläche wie die konventionelle Landwirtschaft benötige, um die gleiche Menge an Lebensmitteln zu produzieren.** "Sadly, social science seems to have taken the place of scientific analysis." Der IAASTD-Bericht stelle Ängste und Vorurteile gegenüber Technik und Wirtschaft als Fakten dar, so Keith im "New Scientist"." (Mahlzeit (14.04.2008) - Warum hungert die Welt wirklich)

Der Blogleser des Blogs „Mahlzeit", Bolivar bringt das Konzeptattribut ‚Ökologische Landwirtschaft als Mittel für die Ernährungssicherung' zum Einsatz und argumentiert anhand der Argumente ‚Patente- und Lizenzgebühren als Machtproblem' und ‚Fehlende Kaufkraft' für das Konzeptattribut ‚Grüne Gentechnik ist keine Lösung für die Nahrungsmittelkrise'.

„Bolivar· 14.04.08 13:29 Uhr / die Kubanische Landwirtschaft erreicht große Erfolge mit **ökologischer Landwirtschaft!** Diese war aus der Not heraus geboren, weil nicht genug Düngemittel, Pestizide u. a. vorhanden waren. Gerade das Anlegen von Kleingärten in Stadtgebieten hat die Versorgungslage dort verbessert. Eigentlich wollte sogar ein UN-Programm dieses Konzept übernehmen und in andere Länder importieren. **Besonders in den städtischen Slums könnte es die Ernährungssituation verbessern. Ein Bauer muss an Gentechkonzerne auch Lizenzgebühren, Nachbaugebühren u. a. entrichten. Wie soll ein Kleinbauer sich das leisten?** Die Menschen werden immer weiter in die Verschuldung getrieben, verlassen dann ihr land und landen in den Slums, weil sie auf dem land keine Zukunft sehen. Das sind dann die ersten die Hungern, weil sie kein land mehr zum bebauen haben und kein Geld für die Nahrung. **Es könnte ja genug Nahrung vorhanden sein, was fehlt ist wohl eher die Kaufkraft bei steigenden Preisen oder das eigene Land zur Selbstversorgung.**" (Kommentare zu Mahlzeit (14.04.2008) - Warum hungert die Welt wirklich)

Wikipedia

Im Wikipedia-Eintrag wird die sprachliche Strategie „Bezugnahme auf Autoritäten (*auctoritas*)" (vgl. Kapitel 4.5.1.1) eingesetzt, indem die FAO zitiert wird, welche das Konzeptattribut ‚Grüne Gentechnik trägt zur Ernährungssicherung bei' aufruft und dies mit dem Argument ‚Grüne Gentechnik sichert Ernährung über Ertragsteigerung' begründet.

„Hungerbekämpfung/ *Nach Aussage der Ernährungs- und Landwirtschaftsorganisation der Vereinten Nationen (FAO)* haben bereits heute mehr als 1 Mrd. Menschen nicht genug zu essen. Es wird erwartet, dass im Jahr 2030 ungefähr 50 % mehr Lebensmittel benötigt werden als heute. Aufgrund der steigenden globalen Bevölkerung von ca. 6,7 Mrd. Menschen in 2008 auf ca. 8,3 Mrd. Menschen bis 2030 auf der einen Seite, und der global begrenzten landwirtschaftlichen Nutzfläche andererseits, wird es in unmittelbarer Zukunft zu steigender Nachfrage nach Lebensmitteln kommen. Eine steigende Nachfrage nach Lebensmitteln bei immer langsamer steigender Produktivität der konventionellen Züchtung führte in 2008 zu steigenden Lebensmittelpreisen. Dies wiederum führte in den armen Regionen der Welt wie Afrika und Asien zu einem Anstieg in der Zahl hungernder Menschen. **Angesichts von Ressourcenknappheit und wachsender Weltbevölkerung seien Produktivitätszuwächse somit unabdinglich für eine ausreichende Verfügbarkeit von Nahrungsmitteln und anderen Rohstoffen. Ertragszuwächse bei Pflanzen der ersten Generation wurden beobachtet für transgene Baumwolle und transgenen Raps.**" (Wikipedia (2010) - Grüne Gentechnik)

Im Folgenden stellt der Wikipedia-Eintrag hingegen zwei Aussagen von Wissenschaftlern einander gegenüber. Zum einem die des Soziologen Jean Zieglers, der das Konzeptattribut ‚Grüne Gentechnik ist keine Lösung für die Nahrungsmittelkrise' mit dem Argument ‚Ungleiche Verteilung von Nahrungsmitteln' begründet, und die der unspezifizierten Wissenschaft, der das Konzeptattribut ‚Grüne Gentechnik trägt zur Ernährungssicherung bei' mit dem zugehörigen Argument ‚Grüne Gentechnik sichert Ernährung über Ertragssteigerung' zugeschrieben wird.

„Dem Argument, Gentechnik zur Bekämpfung des Hungers einzusetzen, wird entgegnet, dass der Hunger nicht nur ein Produktions- sondern vor allem ein Verteilungsproblem sei. Der Soziologe Jean Ziegler sagt unter Berufung auf Daten der FAO, dass mit derzeitigen und konventionellen Mitteln bis zu 12 Milliarden Menschen ausreichend ernährt werden könnten, und bezeichnet jeden Hungertod als Mord. Die Auffassung, dass eine Steigerung der landwirtschaftlichen Produktivität keinen wichtigen Beitrag zur Hungerbekämpfung leiste, wird in der Wissenschaft nicht geteilt. So zeigt die Erfahrung der Grünen Revolution, dass hierdurch geschätzte 187 Millionen Menschen vor Hunger bewahrt wurden." (Wikipedia (2010) - Grüne Gentechnik)

Konzept ›Bedeutung der Grünen Gentechnik für die Wirtschaft‹

Konzept ›Bedeutung der Grünen Gentechnik für die Wirtschaft‹	Konzeptattribut - Befürworter	Konzeptattribut - Gegner
	‚Produktionsverlagerung deutscher Firmen ins Ausland' ‚Arbeitsplätze werden durch Grüne Gentechnik geschaffen' ‚Grüne Gentechnik rentiert sich'	‚Biobranche schafft neue Arbeitsplätze' ‚Arbeitsplätze gehen durch Grüne Gentechnik verloren' ‚Grüne Gentechnik rentiert sich nicht' ‚Unabhängige Bewertung des Kosten-Nutzen-Verhältnisses'
Sprachliche Strategie		‚Mangelnde Studien'

Das Konzeptattribut ‚Produktionsverlagerung deutscher Firmen ins Ausland' wird vor allem von Befürwortern der Grünen Gentechnik angeführt und verwandt, um ihre Position durchzusetzen.

„Unternehmen sowie Forschungseinrichtungen **verlagern ihre Forschungen** im Bereich der Biotechnologie **zunehmend ins Ausland**. Dies führt zur Abwanderung gut ausgebildeter junger Menschen, die bei uns keine Zukunft sehen, Unternehmen investieren im Ausland, Arbeitsplätze bei uns gehen verloren." (FDP-Bundestagsfraktion (29.06.2010) – Positionspapier Biotechnologie)

Die Fraktion Die Linke zitiert eine Studie der Universität Oldenburg, die das Konzeptattribut ‚Biobranche schafft neue Arbeitsplätze' aufruft. Die Fraktion Die Linke verwendet die sprachliche Strategie „Bezugnahme auf Studien" (vgl. Kapitel 4.5.1.2).

„Welche sozialen Folgen hat die Agro-Gentechnik?/ Befürworterinnen und Befürworter der Agro-Gentechnik führen oft an, es könnten tausende Arbeitsplätze entstehen. *Eine Studie der Universität Oldenburg zeigt jedoch, dass bislang in der privatwirtschaftlich finanzierten Agro-Gentechnik deutlich unter 500 Arbeitsplätze registriert sind. Ein Potenzial für einen nennenswerten Ausbau ist aufgrund von Konzentrationsprozessen in der Agrarindustrie nicht zu erwarten.* **Konträr steht dazu der Arbeitskräftebedarf im Ökolandbau. Alleine im Jahr 2004 konnten 75.000 neue Stellen geschaffen werden.**" (Die Linke-Bundestagsfraktion - Die Agro-Gentechnik - 30 Fragen & 30 Antworten zur Zukunft der gentechnikfreien Landwirtschaft)

Vor allem die Verbände der Lebensmittel- und Agrarindustrie und die Land- und Ernährungswirtschaft, sowie im Weiteren die DFG, das Blog „WeiterGen", der DIB und das BMBF hingegen rufen das Konzeptattribut ‚Arbeitsplätze werden durch Grüne Gentechnik geschaffen' auf.

„Ertragssteigernde Technologien können auch zu mehr Beschäftigung in der landwirtschaftlichen Produktion führen, insbesondere in Entwicklungs- und Schwellenländern, wo Pflege- und Erntearbeiten überwiegend manuell durchgeführt werden. In Indien lässt sich beispielsweise beobachten, dass mit der Einführung und Verbreitung von insektenresistenter Baumwolle die Nachfrage nach landwirtschaftlichen Arbeitskräften deutlich anstieg. Zwar werden weniger Arbeiter im Pflanzenschutz eingesetzt, doch dieser Rückgang wird durch den größeren Bedarf an Arbeitskräften während der Ernte der höheren Erträge mehr als wettgemacht. Im Vergleich zum Anbau konventioneller Baumwolle steigert der Anbau von insektenresistenter Bt-Baumwolle in Indien die Beschäftigung um durchschnittlich 42 Prozent." (DFG (2010) – Grüne Gentechnik)

Ein wesentlicher Bestandteil der Diskussion über wirtschaftliche Aspekte bezüglich der Grünen Gentechnik stellt der Streitpunkt dar, ob Arbeitsplätze durch Grüne Gentechnik geschaffen werden oder verloren gehen. Der Wirtschaftsstandort wird von Befürwortern häufig als gefährdet betrachtet. Vor allem der BUND, der diesem Thema einen ganzen Text gewidmet hat, äußert sich vehement und ruft das Konzeptattribut ‚Arbeitsplätze gehen durch grüne Gentechnik verloren' auf.

„Fazit: **Agro-Gentechnik steht für** Rationalisierung auf dem Acker, für den Anbau einiger weniger Pflanzenarten auf immer größeren Flächen **und für den Verlust von Arbeitsplätzen** in der Landwirtschaft." (BUND - "Grüne Gentechnik": Rationalisierungstechnologie auf dem Acker)

Konträr dazu stehen die Ansicht des Blogautors Tobias Maier („WeiterGen") und der Wikipedia-Eintrag, welche beide ökonomische Effekte proklamieren, und damit das Konzeptattribut ‚Grüne Gentechnik rentiert sich' vertreten.

„Mangelernährung/ Ernährungsphysiologisch verbesserte Pflanzen können die Gesundheit von Konsumenten erhöhen. So wird geschätzt, dass der goldene Reis die Kosten der Vitamin A-Versorgung in Indien um 60 % senken würde. Übersetzt man eine gesteigerte Gesundheit in Arbeitsproduktivität, wird ein globaler Wohlfahrtszuwachs von 15 Milliarden US$ pro Jahr geschätzt, das meiste davon in Asien. **In China würde der goldene Reis einen Wachstumseffekt von schätzungsweise 2 % bedeuten.** Auch für transgene Pflanzen mit erhöhten Gehalt an Nährstoffen wie Eisen oder Zink, sowie erhöhtem Gehalt an essentiellen Aminosäuren, werden **positive ökonomische** und gesundheitliche Effekte erwartet." (Wikipedia (2010) - Grüne Gentechnik)

„Landwirtschaft ist eine Industrie mit allem was dazu gehört. Bauernhöfe sind landwirtschaftliche Unternehmen, die Geld verdienen müssen. Im konventionellen Anbau genauso wie in der ökologischen Landwirtschaft. Wer das nicht begreift und verinnerlicht hat, hängt einem heillos romantischen Bild nach, das so wohl seit der Erfindung des Mineraldüngers nicht mehr existiert. Landwirte kaufen ihr Saatgut. Sie wollen möglichst viel Geld für das, was sie mit möglichst wenig Aufwand und möglichst wenig Ernteausfall anbauen. Subventionen mit eingerechnet. **Wenn der Anbau von gentechnisch veränderten Pflanzen sich finanziell nicht lohnen würde, würden sie nicht angebaut.**" (WeiterGen (20.04.2009) - 10 Gründe für grüne Gentechnik - Nutzen, Chancen, Risiken)

Von Gentechnik-Gegnern wird vor allem kritisiert, dass es entgegen den Behauptungen um die wirtschaftliche Rentabilität nicht gut bestellt sei. Ihrer Ansicht nach lohnt sich Grüne Gentechnik nicht. Diese Meinung vertreten anhand des Konzeptattributs ‚Grüne Gentechnik rentiert sich nicht' unter den NGOs IDG-Keine-Gentechnik, von den politischen Fraktionen Bündnis '90/ Die Grünen und der Zusammenschluss mehrerer NGOs mit der AGU. Vor allem von der NGO IDG-Keine-Gentechnik wird zweifellos Wert auf diesen Aspekt gelegt. Sie äußert sich in verschiedenen Kooperationen und nutzt als sprachliche Strategie die Bezugnahme auf Autoritäten bzw. Studien.

„*Von der Industrie unabhängige Wissenschaftler* **bezweifeln die These von der Wirtschaftlichkeit transgener Pflanzen zunehmend.** Nun sind auch *Forscher des Büros für Technikfolgen-Abschätzung beim Deutschen Bundestag (TAB)* **zu dem Schluss gekommen, dass ein Nutzen nicht erwiesen sei.** Zuverlässige Daten fehlten, obwohl die Saaten schon seit 12 Jahren kommerziell genutzt werden." (Informationsdienst Gentechnik - Keine Gentechnik.de (16.11.2009) – Welternährungsgipfel: Neue Broschüre erklärt entscheidende Erkenntnisse)

Die Fraktion Bündnis '90/ Die Grünen ruft dabei das Konzeptattribut ‚Mangelnde Studien' auf.

„Die deutsche Landwirtschaft habe ohne Agro-Gentechnik keine Zukunft, so die Biotech-Industrie. Dabei gibt es bis heute keine glaubwürdigen Angaben, wie viele Arbeitsplätze in der AgroGentechnik überhaupt geschaffen wurden. Studien, wie viele Jobs verloren gehen und wie teuer uns die Agro-Gentechnik kommt, gibt es erst recht nicht. Heute wachsen weltweit nur auf rund zwei bis drei Prozent der Anbauflächen gentechnisch veränderte Pflanzen. In Europa sinkt der (schon immer sehr geringe) Gentech-Anbau seit Jahren." (Bündnis '90 - Die Grünen-Bundestagsfraktion - Gentechnik auf dem Acker. Nein Danke)

Der Verbund mehrerer NGOs und der AGU fordert eine ‚unabhängige Bewertung des Kosten-Nutzen-Verhältnisses'.

„Die Nutzung der Gentechnik muss von einer sozioökonomischen Abwägung abhängig gemacht werden, die bislang nicht stattgefunden hat. Die Forderung, sozioökonomische Aspekte bzw. Kosten-Nutzen-Überlegungen bereits in die Zulassungsverfahren einzubeziehen, ist Beschlusslage des Rates der EU-Umweltminister (04.12.2008). Neben den einzelbetrieblichen Kosten, die für Saatguterzeuger, Landwirte, Imker, Lebensmittelerzeuger und -verarbeiter anfallen, müssen die volkswirtschaftlichen Kosten erfasst werden: für die Regulierung, den Schutz der Koexistenz, der Biodiversität etc. Darüber hinaus ist ein Vergleich mit Alternativen zu erstellen und zu bewerten - und zwar von Experten, die diese Alternativen kennen und nicht von den Protagonisten der Gentechnik." (DNR, BÖLW, BUND, AGU, Greenpeace, NABU und VDW- Bioethik, Biotechnologie und Gentechnik - Risiken der Agrogentechnik)

Konzept ›Sicherheit‹

Konzept	Konzeptattribut - Befürworter	Konzeptattribut - Gegner
Konzept ›Sicherheit‹	‚Sicher‘: Prinzip Substanzielle Äquivalenz a. Als Voraussetzung für die Zulassung (explizit benannt) b. Als Folge der Zulassung (implizit bezeichnet) c. Als Frage bezüglich der Kennzeichnung.	‚Nicht sicher‘ ‚Prinzip Substanzielle Äquivalenz‘

Was die Technikfolgenabschätzung angeht, so ist die Bewertung der Grünen Gentechnik durch die Diskursakteure als ‚sicher‘ oder ‚nicht sicher‘ ein wesentlicher Bestandteil. Im Folgenden wird das Konzept ›Sicherheit‹ betrachtet.

Auffällig ist, dass mit den Ausdrücken *sicher* bzw. *nicht sicher* sehr sparsam umgegangen wird, wenn diese nicht sogar vermieden werden. Als Konzeptattribute des Konzepts ›Sicherheit‹ können die Konzeptattribute ‚sicher‘, ‚nicht sicher‘ und anhand des Ausdrucks *genauso sicher wie* das Konzeptattribut ‚Substanzielle Äquivalenz‘ ausgemacht werden.

Mit dem Konzeptattribut ‚sicher‘ beurteilt hier die DFG die Anwendung der Grünen Gentechnik bei Kartoffeln in Europa.

„Ein zusätzlicher Vorteil der Produktion solcher Wertstoffe in Industriekartoffeln ist die Trennung vom Lebensmittelmarkt und die **hohe biologische Sicherheit** dieser Art, die ausschließlich klonal vermehrt wird." (DFG (2010) – Grüne Gentechnik)

Ein Unterschied besteht zwischen den aufgeführten Aussagen der beiden Akteure im Absolutheitsanspruch. Die Akteure beziehen sich auf die Herstellung der GV Kartoffel Amflora. Während sich die DFG mit hohem Absolutheitsanspruch zur Sicherheit der Amflora äußert „hohe biologische Sicherheit", indem sie sowohl eine Steigerung durch Attribuierung verwendet, schränkt die BASF den Geltungsanspruch zur Sicherheit der GV Kartoffel Amflora durch das Distanzsignal „als sicher geltend" ein.

„Die Amflora Kartoffel unterliegt im Rahmen des Genehmigungsprozesses einer umfangreichen Sicherheitsbewertung. Nur **als sicher geltende** Pflanzen werden von den nationalen und europäischen Behörden genehmigt." (BASF - a starch is born. Amflora – eine hochwertige Industriekartoffel mit optimierter Stärkezusammensetzung dank moderner Biotechnologie)

Das Konzeptattribut ‚nicht sicher' in Bezug auf Grüne Gentechnik und ihre Auswirkungen wird an der von Greenpeace gestellten rhetorischen Frage deutlich.

„Ob in Freisetzungsversuchen, im kommerziellen Anbau, in Lebensmitteln oder im Labor - Gentechnik gilt als Risikotechnologie und muss daher gesetzlich geregelt werden. Doch kann die Politik die Sicherheit von gentechnisch veränderten Organismen garantieren?" (Greenpeace - Politik & Recht)

Unter diesem Thema wird das Konzeptattribut „Substanzielle Äquivalenz" ausgemacht. Unter Substanzieller Äquivalenz oder der stofflichen Entsprechung versteht man ein Prinzip der Risikobewertung neuartiger, darunter gentechnisch veränderter, Lebensmittel. Die OECD brachte das Prinzip der Substanziellen Äquivalenz 1993 in die Diskussion der Sicherheitsbewertung von Lebensmitteln und Lebensmittelzutaten ein (Wikipedia: Substanzielle Äquivalenz[129]).

„Das Prinzip der substanziellen Äquivalenz geht davon aus, dass ein neu entwickeltes Lebensmittel ebenso sicher ist wie ein bereits existierendes, wenn es die gleiche Zusammensetzung aufweist, und somit keiner weiteren Sicherheitsprüfungen bedarf. Dem liegt die empirisch begründete Annahme zugrunde, dass es durch den Vorgang der gentechnischen Veränderung zu keiner weiteren Veränderung des Erbgutes kommt und die gesamte Veränderung nur in den neu eingebrachten Genen besteht. Dieser Ansatz wird von Umweltschützern kritisiert, da nach deren Auffassung wesentliche Aspekte der Veränderung des pflanzlichen Erbgutes nicht untersucht werden." (Wikipedia: Substanzielle Äquivalenz[130])

Bei der Substanziellen Äquivalenz wird zudem zwischen ‚vollständiger substanzieller Äquivalenz' und ‚partieller substanzieller Äquivalenz' unterschieden.

„Eine vollständige substanzielle Äquivalenz liegt vor, wenn ein neuartiges Lebensmittel in seiner stofflichen Zusammensetzung den herkömmlichen Lebensmitteln im Rahmen der natürlichen Schwankungen gleicht. Eine besondere Sicherheitsuntersuchung kann entfallen. Ein Beispiel wäre z.B. Zucker aus transgenen Zuckerrüben./ Eine partielle substanzielle Äquivalenz liegt vor, wenn das neue Lebensmittel in allen wesentlichen Eigenschaften den herkömmlichen bis auf das hinzugefügte Merkmal gleicht. Beispiele wären z.B. insekten- oder herbizidresistente Pflanzen, die nur eine neue Eigenschaft aufweisen. [...] Ist ein neues Lebensmittel in wesentlichen Eigenschaften oder Inhaltsstoffen verändert oder gibt es kein vergleichbares Lebensmittel, dann liegt auch keine substanzielle Äquivalenz vor." (Frank Kempken

---

129 http://de.wikipedia.org/wiki/Substanzielle_%C3%84quivalenz; Zugriff am 21.02.2012.
130 http://de.wikipedia.org/wiki/Substanzielle_%C3%84quivalenz; Zugriff am 21.02.2012.

Handlungsstrategien der Diskursakteure im Kampf um Wissen 221

und Renate Kempken (^{3}2006) - Gentechnik bei Pflanzen. Chancen und Risiken (Springer-Lehrbuch)(Auszug))

Das Konzeptattribut ‚Substanzielle Äquivalenz' wird von den Wissenschaftlern Busch et al. als Faktor für die Risikobewertung und damit als Voraussetzung für die Zulassung explizit benannt.

„Gentechnisch veränderte Lebensmittel werden dann als gesundheitlich unbedenklich angesehen, wenn sie **genau so sicher sind wie vergleichbare konventionelle Produkte.**" (Ulrich Busch, Annette Block und Esther Meissner-Chiuz (2010) - Nutzpflanzen nach Maß. Gentechnisch veränderte Lebensmittel)

Als Folge der Zulassung wird das Konzeptattribut ‚Substanzielle Äquivalenz' von der BASF und dem Interessenverband der Lebensmittel- und Agrarindustrie implizit aufgerufen. Die BASF distanziert sich vom vermittelten Inhalt durch fremde Redewiedergabe.

„Gentechnisch optimierte Amflora ist *gemäß der Stellungnahme der Europäischen Behörde für Lebensmittelsicherheit* **genau so sicher für Mensch, Tier oder Umwelt wie jede andere Kartoffel.**" (BASF - a starch is born. Amflora – eine hochwertige Industriekartoffel mit optimierter Stärkezusammensetzung dank moderner Biotechnologie)

„Die Grüne Gentechnik ist auch bei uns längst Realität: Nach Angaben des Bundesministeriums für Verbraucherschutz, Ernährung und Landwirtschaft (BMVEL) kommen schätzungsweise 60 bis 70 Prozent der Lebensmittel in Deutschland auf unterschiedlichste Art und Weise mit der Gentechnik in Berührung. […] Diese Soja-Importe der EU, die auch in Lebensmitteln z. B. als Sojaöl verarbeitet werden, enthalten fast ausnahmslos Anteile gentechnisch veränderter Pflanzen. Ein Verzicht auf diese Einfuhren würde zu einer dramatischen Versorgungslücke führen und ist daher unrealistisch. Tatsache ist auch, dass einige Zusatzstoffe und Enzyme aus gentechnischer Produktion stammen. **Sie sind übrigens in ihrer Zusammensetzung identisch mit denen aus herkömmlicher Produktion.**" (Verbände der Lebensmittel- und Agrarindustrie (2002) - Vielfalt fördern. Innovationspotenzial wahren)

Vom BMBF wird das Konzeptattribut ‚Substanzielle Äquivalenz' in Bezug auf die Thematik der Kennzeichnung aufgerufen. Das BMBF wirft die Frage auf, ob das Produkt, das ein gentechnisch verändertes Enzym enthält, als gentechnisch verändert gekennzeichnet werden sollte oder nicht.

„Es fragt sich nun, ob man den Hartkäse, der das gentechnisch hergestellte Enzym enthält, nun selbst als gentechnisch verändert bezeichnen sollte. *Ein erhöhtes Risiko für den Verbraucher zumindest ist nicht erkennbar.* Bei der Herstellung von Zucker aus Stärke wird ein Enzym verwendet, das heute weltweit nur noch unter Verwendung rekombinanter Mikroorganismen hergestellt wird. Dieses Herstellungsverfahren bietet gegenüber dem klassischen sowohl ökonomische als auch ökologische Vorteile. **Das Enzym mit dem Namen a-Amylase ist mit dem klassisch gewonnenen völlig identisch und im Endprodukt Zucker nicht enthalten.** Auch hier scheint mehr als fraglich, ob man den Zucker oder womöglich auch die mit ihm gesüßten Waren nun als gentechnisch verändert bezeichnen sollte." (Rüdiger Marquardt (BMBF) - Biotechnologie Basis für Innovationen (Auszug))

Der BUND weist als Gegner der Grünen Gentechnik das Konzeptattribut ‚sicher' mit Bezug auf das Prinzip der Substanziellen Äquivalenz zurück.

„**Fazit: Die Behauptung, genveränderte Lebensmittel seien genauso sicher wie herkömmliche, ist Unsinn.** Ihre möglichen subtoxischen, chronischen oder allergenen Wirkungen auf den Menschen sind bisher nicht erfasst worden." (BUND - Was Sie wissen sollten. Was Sie tun können)

Konzept ›Zulassung von GVO als Lebensmittel/ Futtermittel‹

KONZEPT	Konzeptattribut - Befürworter	Konzeptattribut - Gegner
Zulassung von GVO als Lebensmittel oder Futtermittel	‚Nach Zulassung sicher'	‚Nach Zulassung nicht sicher'
	‚Unabhängigkeit und ‚Genauigkeit bzw. Gründlichkeit der Zulassung' ‚Zeitintensität' ‚Kostenintensität' ‚Forschungsziel: Risikoarmut'	‚Abhängigkeit der Zulassung' ‚Kritik an Zulassungspraxis der EFSA' ‚Kritik an Zulassungsverfahren' ‚Mangelnde Untersuchungen zum Giftgehalt'

Von den Gegnern der Grünen Gentechnik werden Mängel im Zulassungsverfahren proklamiert, von den Befürwortern wird betont, dass GVO nach der Zulassung ‚sicher' sind[131].

---

131 Deskriptive Textbelege zu dem Konzept ›Zulassung von GVO als Lebensmittel/ Futtermittel‹ finden sich in Kapitel 1.2 der Zusatzmaterialien unter www.springer.com auf der Produktseite dieses Buches.

Handlungsstrategien der Diskursakteure im Kampf um Wissen 223

‚Nach Zulassung sicher'

Immer wenn betont wird, dass die GVO nach der Zulassung ‚sicher' sind, bzw. wenn hervorgehoben wird, dass einer Zulassung eine positiv verlaufene Risikobewertung vorausging, lässt dies auf eine befürwortende Haltung zur Grünen Gentechnik schließen. In diesem Zusammenhang äußern sich die Akteure Syngenta und der Autor des Blogs „WeiterGen".

Der Blogautor von „WeiterGen" ruft das Konzeptattribut ‚nach Zulassung sicher' auf und bezieht sich mit positiver Konnotation auf die EFSA als Autorität. Der Absolutheitsanspruch ist, wie an der Formulierung „Tatsache ist" deutlich wird, sehr hoch.

„Der Zulassung von gentechnisch veränderten Nutzpflanzen in Europa für den kommerziellen Anbau, und ich wiederhole hier meine Aussage aus dem letzen Blogpost, geht eine lange Prüfung voraus. Die European Food Safety Authority genehmigt den Anbau nur, wenn die gentechnisch veränderte Pflanze genauso sicher ist, wie die konventionelle Pflanze. *Tatsache ist*: Seit Jahren wird der Bt-Mais MON 810 weltweit auf vielen Millionen Hektar angebaut. Bisher sind keine schädlichen Auswirkungen bekannt geworden, weder auf die die [sic!] Gesundheit von Menschen oder andere sogenannte "Nicht-Ziel-Organismen"." (WeiterGen (20.04.2009) - 10 Gründe für grüne Gentechnik - Nutzen, Chancen, Risiken)

Tobias Maier kritisiert, dass sich die EU-Minister auch nach einer Sicherheitsbewertung der zuständigen Behörde gegen die Zulassung von GVO aussprechen, damit verstärkt er erneut das Konzeptattribut ‚nach der Zulassung sicher'. Dies stellt ein Beispiel für die Kollision der verschiedenen gesellschaftlichen Bereiche dar. Für einen Wissenschaftler nimmt der Bereich Technikfolgenabschätzung einen hohen Stellenwert ein, während die EU-Minister sich eventuell aus anderen Gründen gegen eine Zulassung entscheiden.

„Transgen schreibt, dass -nachdem die zur Abstimmung vorgelegten Zulassungsempfehlungen keine erforderlichen qualifizierten Mehrheiten der Mitgliedstaaten ergaben, **die EU-Kommission nun eine Entscheidung fällen wird, die wohl der wissenschaftlichen Sicherheitsbewertung folgt**, und die Produkte somit dennoch zulassen [sic!] werden. Das war auch schon in der Vergangenheit der Lauf der Dinge bei Zulassungen gentechnisch veränderter Nutzpflanzen. **Wieso die EU-Agrarminister trotz Zulassungsempfehlung und erwiesener Unbedenklichkeit konsequent gegen die Zulassung gentechnisch veränderter Nutzpflanzen stimmen**, erschließt sich mir nicht, denn -auch und gerade- Agrarminister sollten doch mit den wissenschaftlichen Fakten vertraut sein." (WeiterGen (03.03.2008) - Gentechnisch veränderter Mais)

Das Unternehmen Syngenta ruft die Konzeptattribute ‚Unabhängigkeit' und ‚Genauigkeit bzw. Gründlichkeit der Zulassung' auf.

„Die umfangreichen Datenmengen aus unserer ganzen Forschungs- und Entwicklungstätigkeit werden **unabhängigen Zulassungsbehörden** zur Verfügung gestellt. Sie entscheiden dann darüber, ob ein Pflanzenschutzprodukt oder eine genetisch verbesserte Pflanze für ihren Markt zugelassen werden kann./ Die zahlreichen Daten, die unsere Forschungszentren in allen Entdeckungs- und Entwicklungsphasen erfassen, werden von unabhängigen Spezialisten eingehend geprüft und ausgewertet. **Die Zulassungsverfahren sind äusserst genau und gründlich.** Der Einsatz eines Produktes wird von den Behörden nur bewilligt, wenn dessen Sicherheit für Mensch und Umwelt gewährleistet ist." (Syngenta - Forschung & Entwicklung)

Darüber hinaus plädiert Syngenta anhand der Konzeptattribute ‚Zeitintensität', ‚Kostenintensität' und ‚Forschungsziel: Risikoarmut' für das Konzeptattribut ‚nach Zulassung sicher'.

„Man muss sich dessen bewusst sein, dass der Weg eines Produktes bis zur Marktzulassung bis zu zehn Jahre dauern kann. Darauf folgen dann oft weitere zehn Jahre, bis die Entwicklungskosten amortisiert sind. Unproduktive Forschungsprojekte sind somit eine ausgesprochen kostspielige Angelegenheit. Deshalb dienen Informationen über das Verhalten beispielsweise von Pflanzenschutzchemikalien in der Umwelt dazu, nicht nur die Sicherheit unserer Produkte zu gewährleisten, sondern auch unsere Forschungsprojekte ganz früh schon auf risikoarme, neue Wirkstoffe auszurichten." (Syngenta - Forschung & Entwicklung)

‚Nach Zulassung nicht sicher'

Kritisch zu den Zulassungsverfahren von GVO äußert sich vor allem der Zusammenschluss Gentechnikfreie Regionen in Deutschland (BUND/AbL). Die NGO ruft das Konzeptattribut ‚Abhängigkeit der Zulassung' auf und beklagt damit, dass die Hersteller von GVO selbst für die Sicherheitsbewertung ihrer Produkte verantwortlich sind. Zudem vollziehen sie die sprachliche Strategie „Direkte Kritik an Forschung" (vgl. Kapitel 4.5.2.2).

„Gentechnisch veränderte Lebensmittel durchlaufen ein Zulassungsverfahren, bevor sie auf den Markt und in den Magen kommen. **Jedoch testen in der Regel die Hersteller die Sicherheit ihrer Genlebensmittel selbst.** Über Fütterungsversuche wird ermittelt, welche Auswirkungen der Verzehr von Genpflanzen auf Versuchstiere hat./ Das Problem dabei ist: Die Ergebnisse von Tierversuchen sind nicht auf Menschen übertragbar. **Zudem entsprechen die in den Zulassungsanträgen zitierten Versuche in Design, Umfang und Dauer zumeist nicht den Erfordernissen, die an aussagekräftige Versuche zu stellen sind.** Der Großversuch mit Menschen, ob gentechnisch veränderte Lebensmittel sicher sind oder nicht, läuft deshalb außerhalb des Labors – und ohne jede Einwilligung der menschlichen Testpersonen." (Gentechnikfreie Regionen in Deutschland (BUND/AbL) - Gesundheitliche Risiken// BUND Gesundheit)

Über die sprachliche Strategie der fremden Redewiedergabe im Passiv, bei der der Äußernde dieser Proposition nicht benannt wird, bezieht sich die NGO implizit auf das Konzeptattribut ‚Kritik an Zulassungspraxis der EFSA'. Der Absolutheitsanspruch der Aussage wird dadurch verstärkt, dass das Modalwort *tatsächlich* verwandt wird.

„Für Zulassungen von GVO kommt neben der EU-Kommission der Europäischen Behörde für Lebensmittelsicherheit (EFSA) eine Schlüsselstellung zu. Sie nimmt die Sicherheitsbewertung von GVO vor, d. h. sie gibt Stellungnahmen zu den Anträgen ab. Auf dieser Grundlage trifft die EU-Kommission ihre Entscheidungen. **Seitdem die EFSA ihre Arbeit aufgenommen hat, steht sie in der Kritik. Zum einen wird ihr mangelnde fachliche Kompetenz in Bezug auf Umweltfragen vorgeworfen, zum anderen eine zu große Industrienähe.** *Tatsächlich* hat die EFSA bisher alle Anträge im Sinne der Gentechnik-Firmen beschieden." (Gentechnikfreie Regionen in Deutschland (BUND/AbL) - In der Regel ohne Mehrheit: Zulassung gentechnisch veränderter Organismen (GVO))

IDG-Keine-Gentechnik und Gentechnikfreie Regionen in Deutschland (BUND/AbL) und die Fraktion Bündnis '90/ Die Grünen rufen das Konzeptattribut ‚Kritik an Zulassungsverfahren' auf. Die NGOs kritisieren darüber hinaus an den Zulassungsverfahren die ‚Ermangelung an Untersuchungen zum Giftgehalt'.

„Untersuchungen zum Giftgehalt im Gen-Mais/ Wieviel Gift ist in Gen-Mais, wie wirkt es und wie wird es gemessen? **In Laboruntersuchungen** zeigt sich, dass noch nicht einmal klar ist, wie genau der **Giftgehalt** in den Pflanzen gemessen werden soll. Je nach Mess-Protokoll variieren die Werte erheblich, bis zu über 100 Prozent." (Informationsdienst Gentechnik - Keine Gentechnik.de – Gentechnik-Mais MON 810 - das Verfahren ruht)

„Experimentelle Untersuchungen zur **Giftigkeit** einzelner Inhaltsstoffe der transgenen Pflanze werden nur sporadisch durchgeführt, Daten zur **Giftigkeit** der gesamten Gentech-Pflanze oder ihrer Produkte in der Regel nicht erhoben." (Gentechnikfreie Regionen in Deutschland (BUND/AbL) - In der Regel ohne Mehrheit: Zulassung gentechnisch veränderter Organismen (GVO))

„Die 2004 von der EFSA herausgegebenen Leitlinien empfehlen lediglich einen Fütterungstest an Nagetieren, die 28 Tage lang das von der Gentech-Pflanze gebildete Protein erhalten. Über dieses Verfahren können jedoch nur massive **giftige** Wirkungen erkannt werden, Aussagen über eventuelle von der Gentech-Pflanze verursachte **subtoxische** oder chronische Effekte sind nicht möglich. Auch potenziell allergene Eigenschaften transgener Pflanzen werden nur unzureichend untersucht." (Gentechnikfreie Regionen in Deutschland (BUND/AbL) - In der Regel ohne Mehrheit: Zulassung gentechnisch veränderter Organismen (GVO))

„Eine Begleitforschung, wie sich der Verzehr genveränderter Pflanzen auf die menschliche Gesundheit auswirkt, existiert nirgends auf der Welt. Auch in der EU gibt es trotz verpflichtenden GVO-Monitorings kein Programm, mit dem **toxische, subtoxische**, chronische oder allergene Wirkungen von GVO auf den Menschen erfasst werden." (Gentechnikfreie Regionen in Deutschland (BUND/AbL) - In der Regel ohne Mehrheit: Zulassung gentechnisch veränderter Organismen (GVO))

„Umso gravierender sind besonders von Österreich kritisierte **Mängel im alten Zulassungsverfahren**. Bei den vorgeschriebenen Fütterungsversuchen wurde gar nicht der Bt-Mais eingesetzt, sondern konventioneller Mais und ein von Bakterien produziertes Bt-Gift. Wird richtig getestet, zeigt sich, dass bei Schweinen selbst im Kot noch das Gift von Mais nachgewiesen werden kann." (Gentechnikfreie Regionen in Deutschland (BUND/AbL) - Kein Genmais auf unsere Äcker!)

„Unvorhersehbare Effekte: Gentechnisch veränderte Lebensmittel durchlaufen ein Zulassungsverfahren, bevor sie auf den Markt kommen. **Doch die Labortests sind knapp bemessen und voller Unsicherheiten**. Je nachdem, an welchem Ort im Erbgut ein neues Genkonstrukt eingebaut wird, können unterschiedliche Effekte auftreten. Es ist z.B. denkbar, dass gentechnisch veränderte Pflanzen Giftstoffe produzieren. Einige werden bewusst so konstruiert, dass sie in allen Pflanzenteilen Gifte produzieren wie der Monsanto Mais MON 810." (Bündnis '90 - Die Grünen-Bundestagsfraktion - Vielfalt statt Agro-Gentechnik)

Wikipedia wählt eine ausgewogene Darstellung in Bezug auf den Sachverhalt der Zulassung zugunsten beider Akteursgruppen, den Befürwortern und den Gegnern.

„Zulassung/ Vor der Zulassung neuer transgener Sorten müssen oft jahrelange Versuchsreihen durchgeführt werden. Es wird geschätzt, dass die Kosten für die Zulassung einer transgenen Maissorte in einem Land zwischen 6 und 15 Millionen US$ betragen. Diese Summen werden vom Antragsteller bezahlt. Die hohen Kosten reduzieren die Innovationsraten und behindern insbesondere die Verbreitung von weniger wichtigen transgenen Pflanzen in kleineren Ländern. **Die hohen Kosten tragen auch zu einer Konzentration der Saatgutindustrie bei, da kleinere Firmen und öffentliche Forschungseinrichtungen die hohen Summen oft nicht leisten können**. Zusätzlich entstehen Kosten, die sich durch den entgangenen Nutzen einer möglicherweise sicheren, aber noch nicht zugelassenen Sorte ergeben (Fehler 2. Art). Es wird geschätzt, dass ein zweijähriger Verzug der Zulassung einer Bt-

Baumwollsorte in Indien Verluste für die Landwirte von mehr als 100 Millionen US$ bedeutet./ **Verbraucher- und Umweltschutzorganisationen fordern strengere Zulassungskriterien, da ungeklärte Gesundheits- und Umweltrisiken bestünden.**" (Wikipedia (2010) - Grüne Gentechnik)

Konzept ›Alternative/ ökologische Landwirtschaft‹

KONZEPT	Konzeptattribut - Befürworter	Konzeptattribut - Gegner
›Alternative/ ökologische Landwirtschaft‹	‚Verbindung von Gentechnik mit ökologischem Landbau': Sachverhaltsverknüpfung zu dem Konzept ›Welternährung und Welthunger‹ ‚Keine Alternative zur Grünen Gentechnik für die Ernährungssicherung'	‚Bioproduktion in Europa = großer Industriezweig' ‚Verseuchung des Bodens aufgrund der Verwendung kupferhaltiger Pestizide in der gentechnikfreien industriellen Landwirtschaft' ‚Alternativer und gentechnikfreier Anbau' ‚Weiterentwicklung und Anwendung moderner Produktionsmethoden'

Die Wissenschaftler Frank und Renate Kempken sprechen sich für ‚Verbindung von Gentechnik mit ökologischem Landbau' aus. Gleichzeitig bewerten sie letzteren allerdings ‚nicht als Alternative für die langfristige Ernährung einer Bevölkerung' von deutlich mehr als sechs Milliarden Menschen. Mit dieser Argumentation vollziehen sie eine Sachverhaltsverknüpfung zu dem Konzept ›Welternährung und Welthunger‹.

„Der ökologische Landbau, der gemeinhin als naturverträgliche Alternative zur konventionellen Agrartechnik angesehen wird, erscheint in der gegenwärtigen Form kaum als echte Alternative für die langfristige Ernährung einer Bevölkerung von deutlich mehr als sechs Milliarden Menschen. Man denke hier auch an die Hungersnöte vergangener Jahrhunderte. Außerdem ist die Produktivität pro Hektar geringer als bei der konventionellen Agrartechnik. Somit wären wesentlich größere Anbauflächen und damit eine weitere Einschränkung natürlicher Lebensräume die Folge. Sollte es aber gelingen, die Gentechnik mit dem ökologischen Landbau zu verbinden, was gegenwärtig allerdings auf erhebliche Widerstände stößt, wäre eine umweltfreundliche Agrartechnik durchaus vorstellbar (siehe Kap. 7)." (Frank Kempken und Renate Kempken (^{3}2006) - Gentechnik bei Pflanzen. Chancen und Risiken (Springer-Lehrbuch)(Auszug))

Die beiden Wissenschaftler bringen gleichzeitig eine andere Überlegung zur Sprache, nämlich die, dass Gentechnik meist mit industrieller Produktion gleichgesetzt wird und Bioproduktion ein Nischengeschäft sei, im Sinne eines David gegen Goliath, dass es sich jedoch bei der ‚Bioproduktion in Europa bereits ebenfalls um einen großen Industriezweig handelt'.

„**Auch die Herstellung und der Vertrieb von Ökolebensmitteln ist ein Milliardenmarkt in Europa.** Werden gentechnische Produkte von der „Ökolobby" als Bedrohung für ein einträgliches Geschäft mit der Gesundheit angesehen und daher pauschal abgelehnt?/ Solchen Fragen ist bislang noch niemand nachgegangen, obwohl die Antworten sicherlich sehr aufschlussreich wären./ Trotz der Rückschläge bezüglich der öffentlichen Meinung in den letzten Jahren wird es aber eine Zukunft für gentechnisch veränderte Pflanzen geben, denn es ist anzunehmen, dass die öffentliche Meinung sich in dem Maße ändern wird, wie Produkte auf den Markt kommen, die für den Endkonsumenten vorteilhaft sind." (Frank Kempken und Renate Kempken (^{3}2006) - Gentechnik bei Pflanzen. Chancen und Risiken (Springer-Lehrbuch)(Auszug))

In eine ähnliche Richtung äußert sich Tobias Maier, Autor des Blogs „WeiterGen", als Befürworter der Grünen Gentechnik. Er stützt seine Aussage auf das Konzeptattribut ‚Verseuchung des Bodens aufgrund der Verwendung kupferhaltiger Pestizide in der gentechnikfreien industriellen Landwirtschaft'.

„Wenn Pflanzen salzoleranter [sic!] sind, Dürre besser überstehen können, und resistenter gegen Schädlinge sind, führt das auf jeden Fall zu einer Ertragssteigerung. **In der industriellen Landwirtschaft wird selbstverständlich mit Pestiziden gespritzt, egal ob gentechnisch verändert oder nicht.** Einige GM Pflanzen erlauben es weniger gefährliche Pestizide zu benutzen oder gezielter und weniger zu spritzen. **Biolebensmittel werden übrigens auch gespritzt. Mit kupferhaltigen Pestiziden, was die Böden verseucht.**" (Kommentare zu WeiterGen (02.05.2008) - Video - Polylux - Gentechnik gegen Hunger)

Als Alternative zur Grünen Gentechnik rufen Greenpeace und die Bundestagsfraktion Die Linke das Konzeptattribut ‚alternativer und gentechnikfreier Anbau' auf.

„Mit ausgeklügelten Methoden steigert ein **alternativer Landbau** umweltschonend Erträge, sichert die Qualität unserer Lebensmittel und braucht daher auch keine riskante Reparatur-Technologie. Die Gentechnik-Industrie möchte so manchem Glauben machen, unsere Ernährung sei ohne Gen-Pflanzen nicht mehr möglich. So verspricht sie Wunderpflanzen aus dem Labor, die höhere Erträge erzielen könnten oder auf salzigen und trockenen Böden gedeihen sollen. Doch mit ihren Versprechungen baut sie Luftschlösser, die mit der Realität wenig gemein haben." (Greenpeace – Alternativen)

„**Es gibt Alternativen.** Dies zeigen Bauern und Wissenschaftler in zahlreichen Projekten rings um den Globus. So werden mit traditionellen und innovativen Methoden längst Pflanzen gezüchtet, die den unterschiedlichsten Boden- und Klimabedingungen angepasst sind und Schädlingen widerstehen können. Auch der Bedarf an wertvollem Eiweiß im Tierfutter kann problemlos aus **gentechnikfreiem Anbau** gedeckt werden." (Greenpeace – Alternativen)

„Gibt es Alternativen zur Agro-Gentechnik?/ Die angesprochenen Probleme sollten angeblich mit Hilfe der Agro-Gentechnik gelöst werden(siehe Frage 4). Dies gelingt tatsächlich aber nur mit einer nachhaltigen Landwirtschaft, die unsere natürlichen Ressourcen erhält, statt sie zu zerstören. Mit ausgeklügelten Methoden steigert ein **alternativer Landbau** umweltschonend Erträge, sichert die Qualität unserer Lebensmittel und braucht daher keine Risikotechnologie. Mit traditionellen und innovativen Methoden werden Pflanzen gezüchtet, die den unterschiedlichsten Boden- und Klimabedingungen angepasst sind und Schädlingen widerstehen können." (Die Linke-Bundestagsfraktion - Die Agro-Gentechnik - 30 Fragen & 30 Antworten zur Zukunft der gentechnikfreien Landwirtschaft)

Die Linke thematisiert als Alternative zur Grünen Gentechnik die ‚Weiterentwicklung und Anwendung moderner Produktionsmethoden' und bewertet diese als wirkungsvoller als die Gentechnik.

„Solche **Alternativen** bestehen nicht nur in der Forschung. Auch durch **die Weiterentwicklung und Anwendung moderner Produktionsmethode**n kann mehr geerntet, zielgenauer gedüngt, gepflegt und gespritzt werden. **Pfluglose Bestellung, Bearbeitung mit bodenschonenden Geräten, Satellitenortung, gezielte biologische Schädlingsbekämpfung, pflanzen-genaue Applikationen (Tröpfchenbehandlung)** etc. lassen Pflanzenschutzmittel und Dünger sparsamer und wirkungsvoller einsetzen als dies die Agro-Gentechnik mit einer Herbizid- oder Insektenresistenz ermöglichen könnte./ Die Alternativen sind ökologisch verträglicher und letztlich preiswerter. Allein in der Senkung von Ernte-, Transport-, Lagerungs- und Verarbeitungsverlusten, z.B. von Getreide mit wenigen technischen Hilfsmitteln, liegt ein Potenzial von bis zu 30 % höherer Ertragsausnutzung. Das liegt weit über den prognostizierten Ertragssteigerungen durch die Agro-Gentechnik." (Die Linke-Bundestagsfraktion - Die Agro-Gentechnik - 30 Fragen & 30 Antworten zur Zukunft der gentechnikfreien Landwirtschaft)

Konzept ›Patentschutz‹

KONZEPT	Konzeptattribut - Befürworter	Konzeptattribut - Gegner
›Patentschutz‹	Dissens: ‚Befürwortend' und ‚Kritisch'	‚Kritisch' und ‚Ablehnend'
	‚Schutz der erfinderischen Leistung und der Forschungsfreiheit': Sachverhaltsverknüpfung zum Konzept ›Forschungsfreiheit‹ ‚Einschränkung der Monopolisierung durch Laufzeitenverkürzung der Patente' ‚Wirtschaftlicher Erfolg vom Patentschutz abhängig (entsprechend sanft geregelt auch für Landwirte)'	‚Großer Einfluss von Saatgut-Konzernen auf Patentämter und Gerichte' ‚Konventionelle Züchter gegenüber Gentech-Unternehmen benachteiligt' ‚Monopol der Saatgutfirmen' ‚Monopolisierung verursacht Einseitigkeit der Forschungsziele' ‚Verstärkung der Abhängigkeit und die Ausübung von Kontrolle' ‚Biopiraterie' ‚Patente auf Leben' ‚Praxis der Industrie Landwirte aufgrund von Patentschutzverletzungen zu verklagen'

Befürworter

Positiv in Bezug auf ›Patentschutz‹ äußern sich der DIB und die KWS. Sie rufen das Konzeptattribut ‚Schutz der erfinderischen Leistung und der Forschungsfreiheit' auf und vollziehen damit eine Sachverhaltsverknüpfung zum Konzept ›Forschungsfreiheit‹ (vgl. Kapitel 4.4.1.2).

„Innovationen schützen/ Zur **Freiheit der Forschung** und zum **Schutz biotechnologischer Erfindungen** brauchen wir ein europäisches Gemeinschaftspatent, das ein hohes Maß an Rechtssicherheit bietet." (DIB (2009) – Auf einen Blick. Biotechnologie 2009)

„Ergebnisse der biotechnologischen Forschung sind häufig **technische Erfindungen**, für die der Patentschutz eine geeignete Absicherung bietet./ Patente selbst stellen dabei kein „Eigentum" an der belebten Natur dar, sondern sie **schützen die eigene wirtschaftliche Nutzung der Erfindung gegen Nachahmungen** Dritter. Ohne die Aussicht auf gewerbliche Schutzrechte würde der wirtschaftliche Anreiz für derartige Entwicklungen fehlen." (KWS - Häufig gestellte Fragen zu Biotechnologie und Gentechnik)

Da die Gegner der Grünen Gentechnik in Bezug auf den ›Patentschutz‹ das Konzeptattribut ‚Monopol der Saatgutfirmen' aufrufen, diskutieren auch grundsätzliche Befürworter (hier: Blogleser Kaukomieli und der Autor des Blogs „WeiterGen"), die oftmals eine Trennung der verschiedenen Argumente proklamieren, auf welche Art und Weise das Monopol eingeschränkt werden könnte. Der Blogleser Kaukomieli unterbreitet den Vorschlag einer ‚Einschränkung der Monopolisierung durch Laufzeitenverkürzung der Patente'.

„Kaukomieli· 15.07.09 · 15:18 Uhr / @Tobias: /[…] Der **Vormachtsstellung** von Monsanto (oder sonst einem Unternehmen) könnte man durch eine Veränderung (sprich **Verkürzung der Laufzeiten**) **des Patentrechts** vielleicht sinnvoller begegnen." (WeiterGen (14.07.2009) - Gift im Garten - Alternativen für die Feldbefreier)

Die DFG ruft das Konzeptattribut ‚Wirtschaftlicher Erfolg von Patentschutz abhängig (entsprechend sanft geregelt auch für Landwirte)' auf. Nach Ansicht der DFG kann Grüne Gentechnik also nicht nur Saatgutfirmen dienen; bei entsprechend entschärftem Patentschutz könnten auch Landwirte von ihr profitieren.

„**In welchem Maße die gentechnisch veränderte Pflanzen anbauen, hängt auch von den geltenden Patentregeln ab.** Denn in den Ländern mit entsprechenden scharfen Regeln zum Patentschutz profitieren vor allem die Saatgutfirmen – die Gewinnspanne der Bauern sinkt und die Technologie setzt sich nicht durch. Das gilt beispielsweise für Argentinien – während in China, Indien oder Südafrika ein Großteil der Bauern auf gentechnisch veränderte Pflanzen setzt." (DFG - Parlamentarischer Abend "Grüne Gentechnik")

Gegner

Im Zusammenhang mit dem ›Patentschutz‹ äußert sich die Mehrheit der Akteure kritisch bzw. ablehnend. Es wird davon ausgegangen, dass die industriellen Akteure über ›Patentschutz‹ Macht ausüben und alleinig von diesem profitieren.

Greenpeace, Bündnis '90/ Die Grünen und Gentechnikfreie Regionen in Deutschland (BUND/ AbL) rufen das Konzeptattribut ‚Monopol der Saatgutfirmen' auf.

Die Monopolisierung der Gentechnik-Industrie wird von der Fraktion Bündnis '90/ Die Grünen formal demonstriert, indem die Grüne Gentechnik als nicht personenhafte Erscheinung als Figur mit Intentionen dargestellt wird und damit zu einem einzigen Akteur verschmilzt. Die sprachliche Form dieser Strategie nennt man in der Rhetorik Prosopopoiie (*prosopopoeia*)¹³² (Ueding/ Steinbrink⁴2005: 321).

„Monopolisten überziehen die Erde: **Die grüne Gentechnik will das Saatgut der Menschheit besitzen – aber nicht mir [sic!] ihr teilen**. Der milliardenschwere Markt befindet sich zu fast 100% in den Händen von 6 Agro-Riesen, allen voran das US-Unternehmen Monsanto mit einem Marktanteil von fast 90%. Stiftungen wie die Bill-Gates-Foundation arbeiten eng mit Agrokonzernen zusammen. Zum Club gehören auch die deutschen Unternehmen Bayer Crop-Science und BASF Plant Science. BASF forscht vor allem an pflanzlichem Erbgut – kein Unternehmen der Welt hält hier mehr Patente." (Bündnis '90 - Die Grünen-Bundestagsfraktion - Vielfalt statt Agro-Gentechnik)

„**Durch Patente auf Saatgut versuchen die Konzerne, sich das Monopol über die landwirtschaftliche Produktion und Ernährung zu verschaffen**. So halten die Agrar-Multis Monsanto, Bayer, DuPont und Syngenta bereits zahlreiche Patentansprüche auf unsere Hauptnahrungspflanzen und können so diktieren, wer was zu welchen Bedingungen und Preisen anbauen und verkaufen darf. Statt der Kinder dieser Welt werden so nur die Gentechnik-Konzerne dick und reich. Vordergründig versucht die Gentechnik-Industrie, ihre Gen-Saaten als Lösung für soziale und politische Probleme zu vermarkten und ihre Kritiker ins moralische Abseits zu stellen." (Greenpeace - Welternährung)

„BASF Plant Science hat seinen Schwerpunkt auf die Genomfunktionsanalyse von Pflanzen gelegt. Inzwischen hält kein anderes Unternehmen der Welt so viele Patente auf Pflanzengenome bzw. Teile von Pflanzengenomen wie die BASF. **Das Geschäftskonzept scheint vom "Monopoly-Spiel" inspiriert. Jeder, der bereits besetztes Terrain betritt, d. h. mit einem von der BASF patentierten Gen arbeiten will, muss dafür Gebühren zahlen.** BASF ist bisher mit keiner genveränderten Pflanze am Markt vertreten, rechnet aber mit der baldigen EU-Zulassung seiner Stärkekartoffel. Diese soll Stärke für die Industrie liefern und ist die erste und bisher einzige allein für technische Zwecke entwickelte Gentech-Pflanze." (Gentechnikfreie Regionen in Deutschland (BUND/AbL) - Agro-Gentechnik nutzt nur einer Handvoll multinationaler Firmen)

Im Wikipedia-Eintrag wird dieser Aspekt ebenfalls wiedergegeben, allerdings wird dort darüber hinaus das Konzeptattribut ‚Monopolisierung verursacht Einseitigkeit der Forschungsziele' aufgerufen.

„Dominanz multinationaler Konzerne/ Heute befinden sich mehr als 75% aller Patente der Grünen Biotechnologie in privater Hand, größtenteils von wenigen multinationalen Konzernen. Diese Möglichkeit stellt einen starken Anreiz für die For-

---

132 Unter den Tropen entspricht ihr die Personifikation (Ueding/ Steinbrink⁴2005: 321).

schung dar. Gleichzeitig hat dies dazu geführt, dass die Entwicklung neuer transgener Sorten durch Nichtinhaber relevanter Patente häufig mit hohen Transaktionskosten und Lizenzgebühren verbunden ist. Dies könnte den Konzentrationsprozess weiter verstärken. **Durch eine sinkende relative Bedeutung von öffentlicher Forschung und Entwicklung könnte insbesondere die gentechnische Verbesserung von weniger verbreiteten Pflanzenarten sowie in kleinen Entwicklungsländern vernachlässigt werden.** Der Biologe und Umweltschützer Tewolde Berhan Gebre Egziabher wirft Saatgutherstellern vor, sie würden Landwirte in eine Abhängigkeit nach ihren Produkten zwingen und bezeichnet dies als effektiven Kolonialismus." (Wikipedia (2010) - Grüne Gentechnik)

Im Zusammenhang mit dem Patentrecht wird von Bündnis '90/Die Grünen der große ‚Einfluss von Saatgut-Konzernen auf Patentämter und Gerichte' kritisiert.

„Dammbruch bei Bio-Patenten: **Patentämter und Gerichte beugten sich dem Druck von Konzernen und Regierungen.** Bis heute wurden vom Europäischen Patentamt schon Hunderte von Patenten erteilt, die menschliche, pflanzliche oder tierische Gensequenzen oder sogar Keimzellen (Sperma, Eizellen) umfassen./ Europäische Biopatente: Die EU-Biopatentrichtlinie, die 1998 in Kraft trat, ermöglicht dem EU-Patentamt unter anderem die Patentierung von Genen von Menschen, Tieren und Pflanzen. Das entspricht dem Wunsch der großen Biotechnologie-Unternehmen. Umwelt-, Landwirtschafts- und Menschenrechtsorganisationen treten dafür ein, Biopatente einzuschränken. Dafür muss die EU-Biopatent-Richtlinie verändert werden." (Bündnis '90 - Die Grünen-Bundestagsfraktion - Vielfalt statt Agro-Gentechnik)

Die Fraktion Die Linke und die NGO Gentechnikfreie Regionen in Deutschland und der BUND[133] kritisieren das Patentrecht. Sie stützen sich auf das Konzeptattribut ‚konventionelle Züchter gegenüber Gentech-Unternehmen benachteiligt'. Die Linke-Fraktion und Gentechnikfreie Regionen in Deutschland verwenden z. T. denselben Wortlaut (im nachfolgenden Textbeleg kursiv).

„Eine bedeutende Rolle spielt auch das Patentrecht. Erst nach der Entwicklung der Gentechnik wurde die Schaffung der notwendigen rechtlichen Grundlagen für Patente auf Lebewesen massiv vorangetrieben. Das neue Patentrecht begünstigt nun die Hersteller von Gentech-Saatgut und benachteiligt konventionelle Pflanzenzüchter. *Gentech-Unternehmen können über das Patentrecht gleich mehrere Pflanzen auf einmal für sich schützen, nämlich all jene, in die ein bestimmtes Gen eingebracht ist. So umfasst ein einziges Patent von Monsanto verschiedene Nutzpflanzen.*" (Die Linke-Bundestagsfraktion - Die Agro-Gentechnik - 30 Fragen & 30 Antworten zur Zukunft der gentechnikfreien Landwirtschaft)

---

[133] Die Textbelege der NGOs finden sich in Kapitel 1.2.2 der Zusatzmaterialien unter www.springer.com auf der Produktseite dieses Buches.

Ein unter Gegnern[134] sehr verbreiteter Kritikpunkt stellt das Konzeptattribut ‚Verstärkung der Abhängigkeit und die Ausübung von Kontrolle' anhand des Patentrechts dar (vgl. Konzept ›MACHT durch Grüne Gentechnik‹ in Kapitel 4.4.4).

„**Patente schaffen Abhängigkeiten**/ Durch die Patentierung von Gentechnik-Pflanzen versuchen Konzerne seit Jahren, die **Kontrolle über unsere Lebensmittel** zu erlangen. Landwirte machen sich strafbar, wenn sie ihr Saatgut selbst vermehren. Vom größten Saatgut-Hersteller Monsanto stammen 90% aller Gentechnik-Pflanzen." (Informationsdienst Gentechnik - Keine Gentechnik.de – Gute Gründe gegen Gentechnik in der Landwirtschaft)

„Patente auf Saatgut und Ernte machen LandwirtInnen von der Industrie **abhängig** und entziehen Kleinbäuerinnen und -bauern in südlichen Ländern die **Kontrolle und Verfügungsgewalt** über ihr Saatgut und ihre Erzeugnisse und die biologische Vielfalt auf den Äckern schrumpft." (Bündnis '90 - Die Grünen-Bundestagsfraktion - Vielfalt statt Agro-Gentechnik)

Von den Gentechnik-Kritikern bzw. Skeptikern wird ebenfalls kritisiert, dass oftmals Patente auf Pflanzen statt auf eine erfinderische Leistung erteilt werden. Hier wird auf die Praktik der ‚Biopiraterie' angespielt (‚Biopiraterie' stellt ebenfalls ein Konzeptattribut zu dem Konzept ›MACHT durch Grüne Gentechnik‹ dar; vgl. Kapitel 4.4.4).

„Mehrfach legte die Zivilgesellschaft Einsprüche gegen zuvor erteilte **Patente auf Pflanzen ein, die keinerlei "erfinderische Leistung", sprich genetische Veränderung enthielten**, sondern lediglich in der Natur, häufig unter Mithilfe der einheimischen Bevölkerung "entdeckt" worden waren. Leben ist keine Ware!" (AGU - Leben ist keine Ware! Patente auf Leben?)

„Während bei Patenten auf menschliches Material der ethische Aspekt der Menschenwürde im Mittelpunkt steht, spielt bei der Grünen Gentechnik die Problematik der **Biopiraterie** eine größere Rolle. **Die wichtigsten Patentierungsvoraussetzungen stellen "Neuheit" und "erfinderische Tätigkeit" dar, die gerade bei altbekannten Pflanzeneigenschaften nicht immer gewährleistet sind.** Darüber hinaus wird der Sortenschutz immer mehr verdrängt durch Patentschutzrechte auf bestimmte Eigenschaften, die parallele Sortenentwicklungen verhindern. Mitbewerber werden somit nicht am Markt sondern vermehrt in Gerichtssälen in die Knie gezwungen. Viel Arbeit für Patentrechtler." (VBIO - Das deutsche Gentechnikgesetz)

---

134 Weitere Textbelege vom Zusammenschluss der evangelischen und katholischen Kirche, Gentechnikfreie Regionen in Deutschland (BUND/AbL) und Informationsdienst Gentechnik-Keine-Gentechnik.de finden sich in Kapitel 1.2 der Zusatzmaterialien unter www.springer.com auf der Produktseite dieses Buches.

Im Besonderen wird hier der Fall um die Patentierung eines konventionellen Verfahrens, Brokkoli zu züchten, aufgeführt. In diesem Kontext kommt die Bezeichnung „Patente auf Leben" auf, welche von dem IDG-Keine-Gentechnik und im gemeinsamen Positionspapier der Kirchen „Ungelöste Fragen - Uneingelöste Versprechen" verwendet wird.

> „Und Konzerne wie Monsanto, Syngenta oder Plant Bioscience machen nicht vor der konventionellen Pflanzenzucht halt. Längst gibt es Patentanträge auf herkömmliche Pflanzen und Tiere. [...] Im Jahr 2002 erteilte das Europäische Patentamt (EPA) der britischen Firma Plant Bioscience das Patent (EP 1069819) auf ein Verfahren, um Brokkoli mit einem erhöhten Anteil an einem bestimmten Inhaltsstoff (Glucosinolate) zu züchten. Die sogenannte Schrumpeltomate wurde 2003 patentiert. Doch das letzte Wort ist hier noch nicht gesprochen. Es gibt erhebliche Widerstände gegen diese **„Patente auf Leben".**" (Informationsdienst Gentechnik - Keine Gentechnik.de – Gentechnik-Pflanzen breiten sich unkontrolliert aus)

> **„Patente auf Leben** widersprechen dem Konzept des gewerblichen Rechtsschutzes und gewähren Rechte, die weit über die tatsächliche Leistung des "Erfinders" hinausgehen." (Gemeinsames Positionspapier der Evang. u. Kath. Kirche in Deutschland (07.10.2003) - Ungelöste Fragen - Uneingelöste Versprechen)

Darüber hinaus wird von Akteuren, die den strengen ›Patentschutz‹ kritisieren, das Konzeptattribut ‚Praxis der Industrie Landwirte aufgrund von Patentschutzverletzungen zu verklagen' verwendet[135].

> „Immer wieder wurden konventionell wirtschaftende Soja-Bauern, auf deren Feldern ungewollt auch gentechnisch veränderte Pflanzen wuchsen, vom Hersteller des Gensojas, dem US-amerikanischen Konzern Monsanto, **wegen Verletzung des Patentschutzes verklagt und von den Gerichten zur nachträglichen Zahlung von Lizenzgebühren verurteilt.**" (Gentechnikfreie Regionen in Deutschland (BUND/AbL) - Bei kommerziellem Anbau von GVO in Deutschland droht gentechnikfreier Landwirtschaft mittelfristig das Aus)

> „Percy Schmeiser, ein kanadischer Bauer, wurde von Monsanto verklagt, weil auf seinen Feldern patentierter Gentech-Raps gefunden wurde. Von Nachbarfeldern waren Pollen und Fruchtkörner auf seinem Acker gelandet, seine jahrzehntelange Zuchtarbeit war mit einem Schlag zunichte. **Obwohl er nie Gentechnik wollte, wurde er verurteilt.**" (Gendreck-weg.de - Gefährliche Saat ... Gentechnik in der Landwirtschaft)

---

135 Zum Fall Percy Schmeiser vgl. Kapitel 4.4.4 Thema IAkteure des Widerstands gegen Grüne Gentechnikl.

„**Landwirte wurden von Saatgutkonzernen der illegalen Nutzung von patentiertem gentechnisch verändertem Saatgut bezichtigt und in kostspielige juristische Verfahren verwickelt.**" (AGU - Leben ist keine Ware! Patente auf Leben?)

Die Auswertung der Bedeutungsfixierungen macht deutlich, dass zwischen zwei Arten von Bedeutungsfixierungen unterschieden werden kann. Einerseits bestand zwischen den Akteuren Dissens in Bezug auf Konzepte, die die Haltung der Diskursakteure in Bezug auf die Grüne Gentechnik verdeutlichen und auf das jeweilige Wertesystem der Diskursakteure zurückzuführen sind und somit zu emotional ausgetragenen gesellschaftlichen Kontroversen führen können. Denn gerade das Verständnis von Konzepten wie ›Risiko‹, ›Wahlfreiheit‹, ›Ethikverständnis‹, ›Verantwortung‹, ›Nachhaltigkeit‹ und ›Forschungsfreiheit‹ sind meines Erachtens vom eigenen Wertesystem abhängig und können gerade deshalb zu emotional ausgetragenen gesellschaftlichen Kontroversen führen.

Andererseits konnte Dissens hinsichtlich der Konzepte ›Welternährung und Welthunger‹, ›Bedeutung der Grünen Gentechnik für die Wirtschaft‹, ›Sicherheit‹, ›Zulassung von GVO als Lebensmittel/ Futtermittel‹, ›Alternative/ ökologische Landwirtschaft‹ und ›Patentschutz‹ festgestellt werden, die hingegen eher den Umgang mit Grüner Gentechnik betreffen. Die Haltung der Diskursakteure bezüglich dieser Konzepte, auf die anhand der vertretenen Konzeptattribute geschlossen werden kann, verdeutlichen sehr stark die Standpunkte der Diskursakteure in Bezug auf die Grüne Gentechnik.

4.4.2 Kampf um Wissen – Diskursverhärtungen

Wie bereits mehrfach angesprochen, handelt es sich bei der Debatte um die Grüne Gentechnik um eine sehr kontroverse und sehr emotional geführte Diskussion. Man gewinnt bei der Beschäftigung mit diesem Diskurs den Eindruck, dass sich die Befürworter und Gegner auf zwei Fronten gegenüberstehen und diese sich zunehmend verhärten. Bei einer Verhärtung handelt es sich im metaphorischen Sinn um den Prozess des Hart- bzw. Unempfindlichwerdens oder den Zustand des Hart- bzw. Unempfindlichseins (Adelung 1811[136]; Grimm 1956[137]). Diese

---

[136] „Verhärten:[...] Im moralischen Verstande, gegen alle sanftern und pflichtmäßigen Empfindungen unempfindlich machen, ingleichen sich verhärten, als ein Reciprocum. [...] In der Deutschen Bibel verhärtet Gott den Menschen, wenn er zuläßt, daß er gegen alle Bewegungsgründe der Heilsordnung unempfindlich wird, welches auch verstocken genannt wird. Man steigt von Laster zu Laster, bis man endlich in dem Verbrechen verhärtet ist. So auch die Verhärtung, so wohl von der Handlung des Verhörens, als auch im moralischen Verstande von der Fertigkeit, gegen alle pflichtmäßige Bewegungsgründe unempfindlich zu seyn." (Adelung 1811: 1249f.)

Verhärtung bzw. Unempfindlichkeit beinhaltet ein mangelndes Aufeinandereingehen. Im Folgenden wird aufgezeigt, wie dieser Eindruck entstanden ist und woran sich dieser Eindruck sprachlich festmachen lässt.

Felders Trias des semantischen Kampfs eignet sich für die vorliegende Untersuchung der Grüne-Gentechnik-Debatte nur teilweise. Während mit Bezeichnungskonkurrenz und Bedeutungsfixierung zwei Kategorien gefunden waren, die auf den Diskurs anwendbar sind und durch zahlreiche Texte oder Textstellen belegt werden konnten, so fand der Sachverhaltsfixierungsakt keine Entsprechung im untersuchten Diskurs. Unter einem Sachverhaltsfixierungsakt als Bestandteil des Semantischen Kampfs (Felder 2006b: 17), der sich aus der Trias Benennungskonkurrenz, Bedeutungsfixierung und Sachverhaltsfixierungsakt zusammensetzt, versteht Felder, dass

„vermeintlich identische oder tatsächlich identische Referenzobjekte [...] unterschiedlich konstituiert [werden] – entweder bei gleichen Ausdrücken oder (vermeintlich) sinn- und sachverwandten Ausdrücken" (Felder 2006b: 17).

Stattdessen wurde festgestellt, dass sich der Diskurs der Grünen Gentechnik durch Diskursverhärtungen auszeichnet, denn die Diskursakteure vertreten agonale Ansichten. Inhaltlich strittige Sachverhalte werden Diskursverhärtungen genannt, wenn die Akteure bezüglich der Sachverhalte im Vergleich zu Themen, die im Kapitel „Kampf um Wissen – Argumentation und Dialogizität" behandelt werden, sehr wenig argumentieren, stattdessen vielmehr assertive Sprechakte[138] vollziehen. Wie in der Einleitung festgehalten wurde, handelt es sich um eine außerordentlich kontroverse Debatte. Deshalb werden die Diskursverhärtungen aufgezeigt, indem die besonders strittigen Sachverhalte, bei denen es sich um rechtliche oder antizipierte Sachverhalte handelt, dargelegt werden.

---

137 „Verhärtung [...] das hart sein, hart werden. gleichwie neben verhärten verharten nachweisbar [...] übertragen, moralische verhärtung, im anschlusz an bedeutung nr. 2 des zeitworts: verhertung in der boszheit" (Grimm 1956: 535-538)

138 Zu den Assertiva zählen sprachlichen Handlungen, die darauf abzielen, dass die zum Ausdruck gebrachte Proposition wahr ist, z. B. behaupten, feststellen, schließen (Fotion 2003, S. 45). Zur Sprechaktklassifizierung vgl. z. B. Searle [11]1983.

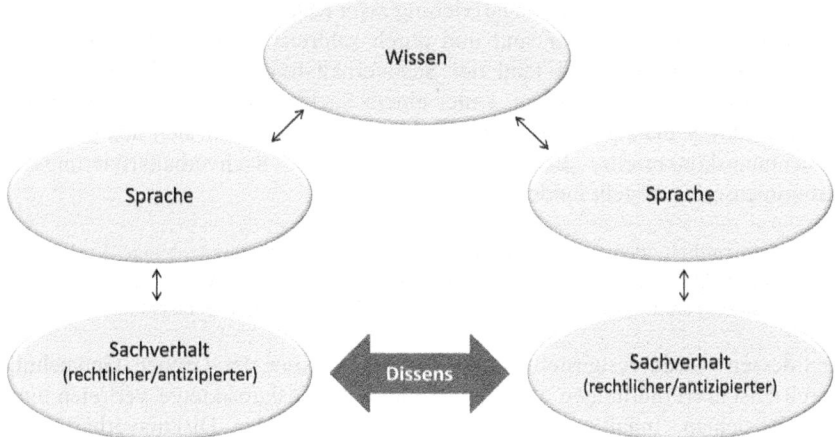

Grafik 4. Diskursverhärtung – rechtliche oder antizipierte Sachverhalte betreffender Dissens. Quelle: Eigene Darstellung.

4.4.2.1 Kampf um rechtliche Sachverhalte

Als Kampf um rechtliche Sachverhalte werden im Folgenden Diskursverhärtungen genannt, die umstrittene rechtliche Sachverhalte betreffen. Darunter fällt beispielsweise die aktuelle Gesetzeslage, die von den einzelnen Akteuren verschieden beurteilt wird.

Rechtlicher Sachverhalt KENNZEICHNUNGSREGELUNG: GRENZWERT
‚*Grenzwert als Schwellenwert'* versus ‚*Grenzwert an der Nachweisgrenze'*

Rechtlicher Sachverhalt	Haltung - Befürworter	Haltung - Gegner
KENNZEICHNUNGSREGELUNG: GRENZWERT	‚Grenzwert soll Schwellenwert sein (liegt derzeit bei 0,9 %)'	‚Grenzwert soll sich an der Nachweisgrenze orientieren' ‚Sprachliche Distanzierung vom Gesetzestext, der den Grenzwert als Schwellenwert bestimmt'

Das Gesetz zur Regelung der Gentechnik (Vierter Teil „Gemeinsame Vorschriften" in § 17b Kennzeichnung139) regelt die rechtliche Handhabung der Kennzeichnung. Der Grenzwert, ein Schwellenwert, zur Kennzeichnung liegt seit einer Änderung der Verordnung über genetisch veränderte Lebens- und Futtermittel (VO 1829/2003/EG) im Jahr 2003 bei 0,9 Prozent140. Umstritten ist bei der Kennzeichnungsregelung ebendiese Änderung. Von manchen Akteuren wird dieser neue Wert als zufällige, unbeabsichtigte Beimischung toleriert, andere nehmen genau daran Anstoß und verlangen einen Grenzwert, der nahe an der Nachweisgrenze liegt.

Rein deskriptiv zur rechtlichen Situation äußern sich der BUND und die Fraktion Die Linke. Sie distanzieren sich vom originalen Wortlaut des Gesetzestexts durch Anführungszeichen.

‚*Befürwortung des Grenzwerts als Schwellenwert (0,9 %)'*

Die Befürworter des 0,9-%-Schwellenwerts (hier: Busch et al.) und Akteure, die eine „neutrale" Position im Diskurs einnehmen, wie das BMELV und das BfR, distanzieren sich hingegen nicht vom Gesetzestext.

> „Der bislang geltende Schwellenwert von 1 %, unterhalb dessen eine Kennzeichnung nicht erforderlich ist, vorausgesetzt, es handelt sich um **nachweislich zufällige oder technisch unvermeidbare** Spuren von GVO, die beim Anbau, Transport oder während der Verarbeitung in das Produkt gelangt sind, wurde auf 0,9 % gesenkt."

---

139 Siehe: http://bundesrecht.juris.de/gentg/__17b.html; abgerufen am 18.06.2011.
140 „Ende Februar 2012 entschied das Bundesverwaltungsgericht in Leipzig, dass jede GVO-Beimischung im Saatgut grundsätzlich als nicht erlaubte Freisetzung anzusehen ist. Betroffene Felder müssen untergepflügt werden. Das gilt auch, wenn der gemessene GVO-Anteil unterhalb der Nachweisgrenze von 0, 1 Prozent liegt."
(Transgen: http://www.transgen.de/recht/gesetze/291.doku.html; Zugriff am 05.03.2012)

(BfR - Kennzeichnung und Rückverfolgbarkeit genetisch veränderter Lebens- und Futtermittel)

„Dennoch muss auch für Bestandteile unter dem Grenzwert von 0,9 % geprüft werden, ob es sich hierbei um einen **zufälligen oder technisch unvermeidbaren** Anteil handelt. Möglichkeiten der Kontamination reichen vom Anbau (Saatgut) über die Ernte, den Transport und die Lagerung bis hin zur Verarbeitung." (Ulrich Busch, Annette Block und Esther Meissner-Chiuz (2010) - Nutzpflanzen nach Maß. Gentechnisch veränderte Lebensmittel)

„"Ohne Gentechnik"/ […] Dies bedeutet, dass ein ungekennzeichnetes Produkt – für den Verbraucher nicht erkennbar – durchaus bis zu 0,9 % GVO Bestandteile enthalten kann, falls diese Bestandteile **zufällig oder unvermeidbar** in das Lebensmittel geraten sind." (BMELV (2008) - Das neue Gentechnikrecht 2008)

Vollkommen grundsätzlich plädieren vor allem die Verbände der Lebensmittel- und Agrarindustrie und der BLL – etwas differenzierter aber auch die Futtermittel- und Lebensmittelwirtschaft – für Schwellenwerte:

„**Für ein Neben- und Miteinander verschiedener Anbaumethoden sind Schwellenwerte unabdingbar**, denn beispielsweise Pollenflug und Insektenbestäubung machen am Feldrand nicht halt. Dies ist **unvermeidbar** und gilt auch in Bezug auf gentechnisch veränderte Rohstoffe und deren Verarbeitungsprodukte. Hier müssen praktikable Schwellenwerte definiert werden." (Verbände der Lebensmittel- und Agrarindustrie (2002) - Vielfalt fördern. Innovationspotenzial wahren)

„**Schwellenwerte sind unabhängig zu sehen von der Sicherheit der Produkte.** Sämtliche gentechnisch veränderten Rohstoffe und die aus ihnen hergestellten Lebensmittel haben zuvor ein Bewertungs- und Zulassungsverfahren durchlaufen, das ihre gesundheitliche Unbedenklichkeit sicherstellt." (Verbände der Lebensmittel- und Agrarindustrie (2002) - Vielfalt fördern. Innovationspotenzial wahren)

„[…], da eine 100 %ige Vermeidung von Spureneinträgen in der Praxis nicht vermeidbar ist. Eine Lösung könnte insoweit in einer gegenseitigen Anerkennung von Zulassungen und/oder in einer **Schwellenwertregelung** für Spuren sicherheitsbewerteter GVOs liegen, […]." (BLL – Gentechnik. Novel Food)

„**Schwellenwert:** Benötigt wird ein **Toleranzschwellenwert** für geringe Anteile in der EU noch nicht zugelassener GVO, für den sich unter anderem auch EU-Agrarkommissarin Mariann Fischer Boel und das Bundesinstitut für Risikobewertung (BfR) bereits ausgesprochen haben. Der Schwellenwert soll nicht für ungeprüfte GVO gelten, sondern nur für solche GVO, deren Sicherheit bereits behördlich bestätigt wurde, für die beispielsweise eine positive Sicherheitsbewertung der Europäischen Behörde für Lebensmittelsicherheit (EFSA) vorliegt oder die bereits in anderen Ländern für sicher befunden und genehmigt wurden." (Futtermittel- und Lebensmittelwirtschaft (2008) - Rohstoffversorgung sichern. Wettbewerbsfähigkeit der deutschen Futtermittel- und Lebensmittelwirtschaft erhalten)

‚Befürwortung eines Grenzwerts an der Nachweisgrenze'

Die Fraktion Die Linke und die AGU (sowie die SPD und Greenpeace[141]) kritisieren, dass der Grenzwert nicht an der Nachweisgrenze verläuft.

„Die Herabsetzung des Deklarationsgrenzwertes von 0,9 % auf die technisch mögliche Nachweisgrenze von unter 0,1% wäre eine wichtige vertrauensbildende Maßnahme – auch im Sinne eines Frühwarnsystems. Dadurch könnte eine Vermarktung und Produktion von annähernd gentechnikfreien Lebensmitteln gewährleistet werden." (Die Linke-Bundestagsfraktion - Die Agro-Gentechnik - 30 Fragen & 30 Antworten zur Zukunft der gentechnikfreien Landwirtschaft)

„Haftung im Schadensfall: Die EU sieht bei zufälligen oder technisch nicht vermeidbaren Verunreinigungen von Lebens- und Futtermitteln einen Grenzwert von 0,9% vor. Eine Übertragung dieses Werts auf den Anbau würde insbesondere die Existenz von biologisch wirtschaftenden Bauern gefährden. Der Grenzwert muss sich daher an der Nachweisgrenze orientieren. Aufgrund der starken Ablehnung von gentechnisch veränderten Pflanzen in der Bevölkerung kann es nicht angehen, dass die Regierung Verunreinigungen unter 0,9% als "nicht wesentliche Beeinträchtigungen" einstuft." (AGU - Gentechnikgesetz muss größtmöglichen Schutz für Mensch und Umwelt sichern)

‚Sprachliche Distanzierung vom Gesetzestext, der den Grenzwert als Schwellenwert bestimmt'

An der sprachlichen Oberfläche gibt es bereits an einer scheinbar deskriptiven Äußerung zur aktuellen Lage der Kennzeichnungsregelung eine Auffälligkeit. Die Gegner der Grünen Gentechnik und die Gegner des 0,9-%-Schwellenwerts distanzieren sich im Gegensatz zu den Befürwortern und als neutral eingestuften Akteure durch doppelte Anführungszeichen vom originalen Wortlaut des Gentechnikgesetzes142.

„Produkte, die weniger als 0,9 Prozent gentechnisch veränderte Bestandteile enthalten, sind von der Kennzeichnungspflicht ausgenommen, sofern die Verunreinigung **"zufällig oder technisch nicht zu vermeiden"** war." (BUND - EU-Verordnungen zur Kennzeichnung genetisch veränderter Lebens- und Futtermittel)

---

141 Alle Textbelege finden sich in Kapitel 1.2 der Zusatzmaterialien unter www.springer.com auf der Produktseite dieses Buches.
142 Vollständige Textbelege finden sich in Kapitel 1.2 der Zusatzmaterialien unter www.springer.com auf der Produktseite dieses Buches.

„Gekennzeichnet werden nur Produkte, welche aus mehr als 0,9 % GVO bestehen. Alle anderen gelten als gentechnikfrei, auch wenn 0,8g von 100g zufällig und unvermeidbar GVO wären. Was **„zufällig und unvermeidbar"** ist, bleibt allerdings umstritten." (Die Linke-Bundestagsfraktion - Die Agro-Gentechnik - 30 Fragen & 30 Antworten zur Zukunft der gentechnikfreien Landwirtschaft)

Rechtlicher Sachverhalt ZULASSUNG
‚Nulltoleranz beibehalten' versus ‚Nulltoleranz aufheben'

Rechtlicher Sachverhalt	Haltung - Befürworter	Haltung - Gegner
NULLTOLERANZ Nulltoleranz gilt bereits für gentechnisch veränderte Lebensmittel, deren Sicherheitsbewertung noch nicht abgeschlossen ist oder für solche, die in der EU keine Zulassung besitzen.	‚Für Aufhebung der Nulltoleranz' ‚Nulltoleranz unvorteilhaft für Unternehmer und Verbraucher' ‚Einschränkung der internationalen Verkehrsfähigkeit'	‚Für Beibehaltung der Nulltoleranz' ‚Kritik am Kommunikationsverhalten der Befürworter der Nulltoleranz'

Auch am Beispiel der Diskussion um die Nulltoleranz wird deutlich, dass die Meinungen sehr weit auseinandergehen. Der BLL beschreibt die rechtliche Situation.

„Nach den geltenden europäischen Rechtsvorschriften (Verordnung (EG) Nr. 1829/2003) besteht für nicht in der Europäischen Union zugelassene gentechnisch veränderte Organismen (GVOs) ein absolutes Verkehrsverbot. Auf das Vorliegen einer Gesundheitsgefährdung kommt es für die fehlende Verkehrsfähigkeit dieser Ware nicht an; allein der Nachweis minimaler Spureneinträge derartiger GVOs reicht für die Nichtverkehrsfähigkeit der betroffenen Produktcharge aus. Dieses absolute Verkehrsverbot gilt auch für Lebensmittel und Futtermittel, die aus nicht zugelassenen GVOs hergestellt sind oder Zutaten enthalten, die wiederum aus nicht zugelassenen GVOs hergestellt wurden." (BLL - Position des BLL zum Thema "Spureneinträge von in der EU nicht zugelassenen gentechnisch veränderten Organismen (GVO)")

‚Gegen Beibehaltung der Nulltoleranz'

‚Gegen die Beibehaltung der Nulltoleranz' argumentieren die Befürworter der Grünen Gentechnik (hier die DFG, die FDP, der BLL und ohne eine bekannte Haltung die Futtermittel- und Lebensmittelwirtschaft) auf verschiedene Art und Weise. Die FDP begründet ihre Ansicht anhand ökonomischer Argumente und bewertet die ‚Nulltoleranz als negativ für Unternehmen und als nicht vorteilhaft für Verbraucher'.

„Die Zulassungsverfahren auf EU-Ebene müssen wissenschaftlichen Kriterien genügen. Die gegenwärtig in der EU praktizierte Nulltoleranz gegenüber sicherheitsbewerteten aber in der EU nicht zugelassenen gentechnisch veränderten **Sorten verursacht hohe Kosten, schadet heimischen Unternehmen und bringt keine Vorteile für die Verbraucherinnen und Verbraucher**. Wir wollen sie durch die Einführung eines Toleranzschwellenwertes nach Schweizer Vorbild ersetzen." (FDP-Bundestagsfraktion - Land- und Forstwirtschaft - Landwirtschaftspolitik)

BLL und der Interessenverband Futtermittel- und Lebensmittelwirtschaft begründen ihre Ablehnung der Nulltoleranz mit der ‚internationalen Verkehrsfähigkeit, die ihrer Ansicht nach durch diese eingeschränkt sei'.

„Angesichts des absoluten Nullwertes und der hochsensitiven Analysenmethoden schwebt über sämtlichen Einfuhren aus Staaten, in denen die importierten Pflanzen auch in gentechnisch veränderter Form angebaut werden, immer **das Damoklesschwert der Nichtverkehrsfähigkeit**." (BLL - Position des BLL zum Thema "Spureneinträge von in der EU nicht zugelassenen gentechnisch veränderten Organismen (GVO)")

„Auch wenn versucht wird, neue GV-Sorten in den Herkunftsländern gezielt so zu kanalisieren, dass sie nicht in die EU-Exportkanäle gelangen, können geringfügige Vermischungen nicht völlig ausgeschlossen werden. **Die Einhaltung einer Nulltoleranz kann im internationalen Handel mit Agrarrohstoffen nicht garantiert werden**." (Futtermittel- und Lebensmittelwirtschaft (2008) - Rohstoffversorgung sichern. Wettbewerbsfähigkeit der deutschen Futtermittel- und Lebensmittelwirtschaft erhalten)

Um seine Stellung zu stärken, bezieht sich der BLL auf ein Positionspapier des BfR, das als „neutraler" Akteur im Diskurs gilt, und setzt damit die sprachliche Strategie „Bezugnahme auf Autoritäten (auctoritas)" ein (vgl. Kapitel 4.5.1.1).

„Ein absoluter Nullwert ohne jeglichen Bewertungsspielraum erscheint auch nach Auffassung des Bundesinstituts für Risikobewertung (BfR) (Positionspapier "Nulltoleranz in Lebens- und Futtermitteln" vom 12. März 2007) **nicht mehr praktikabel**." (BLL - Position des BLL zum Thema "Spureneinträge von in der EU nicht zugelassenen gentechnisch veränderten Organismen (GVO)")

‚Für Beibehaltung der Nulltoleranz'

Die SPD, IDG-Keine-Gentechnik und Gentechnikfreie Regionen in Deutschland (BUND/AbL) plädieren für die ‚Beibehaltung der Nulltoleranz' gegenüber in der

EU nicht zugelassenen GVO. Die NGO Gentechnikfreie Regionen in Deutschland (BUND/AbL) unterstreicht ihre Überzeugung, indem sie sich vom vermittelten Inhalt über fremde Redewiedergabe in Form rhetorischer Fragen distanziert. Sie weist dadurch den vermittelten Sachverhalt implizit zurück.

„Die SPD-Bundestagsfraktion wird deshalb weitere Initiativen auf europäischer Ebene fordern, um Verbesserungen des EU-Rechts zu erreichen. Dazu gehören: [...]. **Die Beibehaltung der Nulltoleranz gegenüber in der EU nicht zugelassenen GVO.** Beim EU-Zulassungsverfahren für GVO spielt der Vorsorgegedanke bzgl. Schutz von Mensch und Umwelt eine wichtige Rolle." (SPD-Bundestagsfraktion (März 2008) – Wahlfreiheit und Transparenz)

„Wie die Agrarindustrie versucht, die Nulltoleranz zu kippen/ Umwelt- und Bauernverbände fordern: **Keine Schwellenwerte für in der EU nicht zugelassene gentechnisch veränderte Organismen (GVO).** *Droht der Futtermittelnotstand, wenn die EU weiter an ihrer Nulltoleranzpolitik für nicht zugelassene GVO festhält? Müssen unsere Tiere im Stall bald verhungern? Explodieren die Futtermittelpreise? Setzen wir die Wettbewerbsfähigkeit der europäischen Bauern aufs Spiel? Sind die Behauptungen der Agrarindustrie durch Fakten belegt und die Sorgen begründet? Oder handelt es sich um Panikmache und eine gezielte Strategie, um gentechnische Verunreinigungen hoffähig zu machen?*" (Gentechnikfreie Regionen in Deutschland (BUND/AbL) - Wie die Agrarindustrie versucht, die Nulltoleranz zu kippen)

Überraschend für einen so klar eingestellten Akteur wie den IDG-Keine-Gentechnik gestaltet sich die Darstellung des Sachverhalts multiperspektivisch. Die NGO lässt sowohl Befürworter der Nulltoleranz als auch Gegner der Nulltoleranz zu Wort kommen.

„Die *Futtermittelindustrie* warnt seit längerem davor, dass die Versorgung mit Futtermitteln in der EU knapp wird, weil hierzulande die Nulltoleranz für nicht zugelassene gentechnisch veränderte Organismen gilt. Verunreinigte Lieferungen werden daher zurückgewiesen. Daher wird ein Schwellenwert für Verunreinigungen sowie schnellere Zulassungen von Gentechnik-Soja, die in den USA bereits zugelassen sind, gefordert. *Umweltverbände* kritisieren, dass die europäische Gesetzgebung durch die Einführung von Schwellenwerten unterwandert wird und Export-Staaten, die Ihre Warenströme nicht ordentlich trennen, für ihre unsaubere Praxis belohnt würden." (Informationsdienst Gentechnik - Keine Gentechnik.de – Recherche-Ergebnis: Futtermittel sind gesichert)

‚Kritik am Verhalten der Gegner der Nulltoleranz'

Die Arbeitsgruppe der evangelischen Kirche kritisiert, dass die Gegner der Nulltoleranz Futtermittelnotstand für den Fall einer Nulltoleranz vorhergesagt haben

Handlungsstrategien der Diskursakteure im Kampf um Wissen 245

und dass der US-Sojaimport dadurch beeinflusst würde. Sie kritisiert die fehlende Beweislage für deren Thesen.

„Belege dafür, dass die Einfuhr von Soja aus den USA seit Juni 2009 zum Erliegen gekommen ist, gibt es nicht. [...] Das entkräftet die Behauptung, der hiesigen Landwirtschaft stünden von September 2009 bis März 2010 die benötigten sechs bis 7, 5 Millionen Tonnen Soja nicht zur Verfügung, weil die USA als Quelle komplett ausfallen. Bisher hat die Nulltoleranzpolitik der EU keinen Niederschlag in den US-Statistiken gefunden - die amerikanischen Sojaschrotexporte sollen gegenüber 2008/09 sogar leicht steigen. **Davon, dass die US Sojaimporte in die EU "praktisch zum Erliegen" gekommen sind, kann also keine Rede sein. Wenige Kontaminationsfälle, geringe Mengen verunreinigter Futtermittel, kein Importstopp der Sojalieferungen aus den USA, von Futtermittelnotstand keine Spur -** *die Gegner der Nulltoleranz haben ein nicht haltbares Szenario entworfen, um ihre Interessen durchzusetzen. Ihre Behauptungen halten einer Prüfung nicht stand."* (AGU - Wie die Agrarindustrie versucht, die Nulltoleranz zu kippen)

Rechtlicher Sachverhalt GESETZLICH GEREGELTER ABSTAND
‚Beurteilung als zu gering' versus ‚Beurteilung als ausreichend'

Rechtlicher Sachverhalt	Haltung - Befürworter	Haltung - Gegner
GESETZLICH GEREGELTER ABSTAND	‚Beurteilung des Abstands als ausreichend'	‚Beurteilung des Abstands als zu gering'

In Bezug auf den Abstand, der zwischen den Feldern, auf denen GVO angebaut werden und den Feldern, auf denen konventioneller Anbau stattfindet, herrschen soll, besteht Uneinigkeit. Die wissenschaftlichen Akademien und die CDU/CSU-Fraktion erachten den ‚Abstand als ausreichend'. Die Bundestagsfraktion schränkt durch die Formulierung „nicht zu erwarten" den Geltungsanspruch der getroffenen Proposition ein.

„Die geltenden Abstandsregelungen bei Mais (150 m zu Feldern mit konventionell gezüchtetem Mais bzw. 300 m zu Maisfeldern im ökologischen Anbau) **haben weder eine wissenschaftliche noch eine praxisrelevante Rechtfertigung und sind zukünftig unter Berücksichtigung wissenschaftlicher Erkenntnisse vorzunehmen und zu reduzieren.**" (Stellungnahme der wissenschaftlichen Akademien (13.10.2009) - Für eine neue Politik in der Grünen Gentechnik)

„Zum Thema Rechtssicherheit:/ Die bisherigen Versuche in Deutschland haben gezeigt, dass ein Abstand von 50 m ausreicht, um den Schwellenwert von 0,9 % einzuhalten. Durch die im Februar 2008 beschlossene Änderung des Gentechnikrechts ist in dem jetzt festgelegten Abstand zu konventionell angebautem Mais von 150 m ist der Sicherheitsabstand um den Faktor 3 erhöht worden und mit dem Abstand von 300 m zu Flächen mit Ökomais um den Sicherheitsfaktor 6. Insofern ist die Haftungsfrage weitgehend entschärft, **da bei diesen Abständen ein unerwünschter Eintrag von gentechnisch veränderten Organismen** *nicht zu erwarten* **ist**. Bleibt daran zu erinnern, dass nach der vorherigen Rechtslage - von der damaligen rot-grünen Regierung geschaffen - der Sicherheitsabstand 0 m betragen hat." (CDU-CSU-Bundestagsfraktion - Gentechnologie - Einsatz der Grünen Gentechnik)

Die AGU, als Gegner der Grünen Gentechnik, stuft den ‚geltenden Mindestabstand als zu gering' ein. Der Absolutheitsanspruch der hier getroffenen Aussage ist durch die Steigerung anhand „keinesfalls" und des Attributs „keinen" sehr hoch.

„Der im Eckpunktepapier vorgesehene Abstand von 150 Metern ist *keinesfalls* ausreichend. Es ist vielmehr davon auszugehen, **dass es** *keinen* **Abstand gibt, der einen sicheren Schutz vor Verunreinigungen bieten wird**." (AGU - Gentechnikgesetz muss größtmöglichen Schutz für Mensch und Umwelt sichern)

Rechtlicher Sachverhalt FLURSTÜCKGENAUES STANDORTREGISTER
‚Flurstückgenaues Standortregister wird abgelehnt' versus ‚flurstückgenaues Standortregister wird befürwortet'

Rechtlicher Sachverhalt	Befürworter	Gegner
FLURSTÜCKGENAUES STANDORTREGISTER	‚Flurstückgenaues Standortregister wird abgelehnt'	‚Flurstückgenaues Standortregister wird befürwortet'
	‚Datenmissbrauch' ‚Feldzerstörungen'	‚Transparenz' ‚Informationszugänglichkeit (u. a. für möglicherweise betroffene Imker)'

Auch anhand der Meinung eines Akteurs in Bezug auf das Standortregister lassen sich Rückschlüsse auf seine Haltung gegenüber der Grünen Gentechnik ziehen.

Handlungsstrategien der Diskursakteure im Kampf um Wissen 247

‚Flurstückgenaues Standortregister wird abgelehnt'
Alleinig die wissenschaftlichen Akademien ‚lehnen eine solche Standortbestimmung' mit der Begründung des ‚Datenmissbrauchs' und dem Verweis auf ‚Feldzerstörungen'[143] ab.

> „Standortregister und Abstandsregelung/ Die gültigen Regelungen zum Standortregister, insbesondere die jedermann zugänglichen **flurstücksgenauen** Angaben und die Aufnahme personenbezogener Daten, verletzen Grundrechte. Die Daten werden in hohem Maße **missbräuchlich** verwendet und haben zu einer Vielzahl von **Feldzerstörungen** beigetragen. Die Dreimonatsfrist für die Registeranmeldung ist nicht praxistauglich und sollte auf einen Monat begrenzt werden." (Stellungnahme der wissenschaftlichen Akademien (13.10.2009) - Für eine neue Politik in der Grünen Gentechnik)

‚Flurstückgenaues Standortregister wird befürwortet'
Die Kritiker bzw. Gegner der Grünen Gentechnik ‚befürworten eine flurstückgenaue Standortangabe' anhand des Standortregisters. Zur Definition von Standortregister Gentechnikfreie Regionen in Deutschland (BUND/AbL):

> „Seit Anfang 2005 gibt es in Deutschland ein öffentlich zugängliches Standortregister. Darin sind alle Flächen verzeichnet, auf denen gentechnisch veränderte Pflanzen angebaut und freigesetzt werden." (Gentechnikfreie Regionen in Deutschland (BUND/AbL) - Das deutsche Gentechnikrecht)

‚Für ein flurstückgenaues Standortregister' sprechen sich die AGU, die SPD-Fraktion und der Zusammenschluss Gentechnikfreie Regionen in Deutschland (BUND/AbL) aus. Die AGU fordert die flurstückgenaue Auszeichnung von Freisetzungen mit der Begründung der ‚Transparenz' und ‚Informationszugänglichkeit' u. a. für möglicherweise betroffene Imker[144].

> „**Transparenz** über Freisetzung und Anbau: Die Information darüber, wo gentechnisch veränderte Pflanzen freigesetzt oder angebaut werden, muss **flurstückgenau** erhalten bleiben. Es ist nicht akzeptabel, dass der vorgesehene Anbau gentechnisch veränderter Pflanzen lediglich unmittelbaren Nachbarn mitgeteilt werden soll. Eine Auskreuzung kann unter ungünstigen Bedingungen in einem weiten Umkreis erfolgen. **Auch Imker sind auf diese Information angewiesen. Das Anbauregister muss für alle Bürger zugänglich sein.**" (AGU - Gentechnikgesetz muss größtmöglichen Schutz für Mensch und Umwelt sichern)

---

143 Zur Bezeichnung „Feldzerstörung" vgl. Kapitel 4.4.1.1.
144 Zum Thema ǀHonigproduktion, Bienen und Imkereiǀ vgl. Kapitel 4.4.3.

Rechtlicher Sachverhalt KENNZEICHNUNGSREGELUNG

An dieser Stelle soll der umstrittene rechtliche Sachverhalt der Kennzeichnungsregelung thematisiert werden. Die Kennzeichnung von GVO wird europaweit einheitlich und verpflichtend in der Verordnung (EG) Nr. 1829/2003 geregelt (Hermann et al. 2008: 5). Die Kennzeichnung von Produkten „ohne Gentechnik" basiert hingegen auf Freiwilligkeit und unterliegt einer nationalen Regulierung (ebd.). Im Zug der Änderung des Gentechnik-Rechts im Mai 2008 wurden die gesetzlichen Anforderungen an Lebensmittel mit der Kennzeichnung „ohne Gentechnik" novelliert. Die Neuregelung in § 3a und § 3b des EG-Gentechnik-Durchführungsgesetzes (EGGenTDurchfG) umfasst die Regelung der Kennzeichnung „ohne Gentechnik" (Hermann et al. 2008: 6; Bundesgesetzblatt vom 4. April 2008: 499 ff.).

Rechtlicher Sachverhalt	Akteur:	Akteure:
	BUND	CDU/CSU-Fraktion Greenpeace BUND Gentechnikfreie Regionen in Deutschland (BUND/AbL) Die Linke-Fraktion Bündnis '90/ Die Grünen-Fraktion
EU-WEITE EINHEITLICHE UND VERPFLICHTENDE KENNZEICHNUNG VON GVO (VERORDNUNG (EG) NR. 1829/2003)	‚EU-weite Kennzeichnung von Mikroorganismen nicht geklärt'	‚Kennzeichnungs- bzw. Gesetzeslücke (in Bezug auf Produkte von Tieren, die mit GVO gefüttert wurden)' Sachverhaltsverknüpfung mit dem Konzept ›Wahlfreiheit‹

Vor allem die NGOs Greenpeace, BUND, Gentechnikfreie Regionen in Deutschland (BUND/AbL), die Fraktionen Die Linke und Bündnis '90/ Die Grünen sowie die CDU/CSU-Fraktion bemängeln, dass die seit April 2004 geltende EU-weite einheitliche und verpflichtende Kennzeichnung von GVO (Verordnung (EG) Nr. 1829/2003) eine ‚Kennzeichnungs- bzw. eine Gesetzeslücke' enthalte. Diese fehlende Kennzeichnung bezieht sich auf Produkte von Tieren, die gentechnisch verändertes Futtermittel erhielten. Greenpeace vollzieht anhand der Äußerung „können sich Verbraucher jedoch zur Zeit nicht frei entscheiden" eine Sachverhaltsverknüpfung mit dem Konzept ›Wahlfreiheit‹.

„Weil Gen-Pflanzen im Essen massiv abgelehnt werden, gibt es heute in Deutschland kaum einen Hersteller, der Lebensmittel mit Zutaten aus Gen-Pflanzen produziert. Diese müssten auf dem Etikett bei den Inhaltsstoffen gekennzeichnet sein. **Die Kennzeichnungsvorschrift hat jedoch Lücken.** 80 Prozent der weltweit angebauten gentechnisch veränderten Pflanzen werden zu Tierfutter verarbeitet. Produkte wie Milch, Fleisch und Eier von Tieren, die Gen-Pflanzen gefressen haben, müssen nicht gekennzeichnet werden." (Greenpeace (2010) - Essen ohne Gentechnik. Einkaufsratgeber für gentechnikfreien Genuss)

„Auf Grund der **fehlenden Kennzeichnung tierischer Produkte**, die mit Hilfe von Gen-Pflanzen produziert wurden, *können sich Verbraucher jedoch zur Zeit nicht frei entscheiden.* Greenpeace setzt sich europaweit für die Kennzeichnung tierischer Produkte ein, bei deren Herstellung gentechnisch veränderte Futtermittel eingesetzt wurden." (Greenpeace (2009) - Tierische Produkte – ohne Einsatz gentechnisch veränderter Futterpflanzen)

„**Achtung Gesetzeslücke/ Produkte von Tieren (Milch, Eier, Fleisch), die mit Gen-Pflanzen gefüttert wurden, müssen nicht gekennzeichnet werden.**" (Greenpeace (2010) - Essen ohne Gentechnik. Einkaufsratgeber für gentechnikfreien Genuss)

„Warum eine so komplizierte Regelung?/ Und warum steht auf der Packung, was nicht drin ist? Das hängt mit dem EU-Recht zusammen. Danach sind zwar gentechnisch veränderte Futtermittel kennzeichnungspflichtig, **nicht aber die aus Tieren gewonnenen Produkte.** Nur Landwirte wissen, was sie an ihre Tiere verfüttern, Verbraucher erfahren nichts davon. Beim Kauf von Milch, Fleisch und Eiern tappen sie im Dunklen. Das ist umso gravierender als 80 Prozent aller Gentech-Pflanzen ins Tierfutter wandern. Die EU wird ihre Kennzeichnungsregeln nicht ändern, deshalb bleibt den Mitgliedstaaten nur, eigene Gesetze zu erlassen." (BUND - Neue deutsche Kennzeichnungsverordnung seit Mai 2008: "Ohne Gentechnik")

„Erst mit der EU-Verordnung über genetisch veränderte Lebens- und Futtermittel (Nr. 1829/2003) trat am 18. April 2004 eine verbesserte Kennzeichnungspflicht in Kraft. [...] **Weiterhin von der Kennzeichnungspflicht ausgenommen sind Produkte von Tieren, die mit gentechnisch veränderten Futtermitteln gefüttert worden sind, also Milch, Fleisch und Eier.** Das ist umso ärgerlicher, **als 80 Prozent aller Gentech-Pflanzen ins Tierfutter** wandern." (Gentechnikfreie Regionen in Deutschland (BUND/AbL) - Gesundheitliche Risiken)

„Gekennzeichnet wird nur, wenn ein Produkt selbst ein GVO ist, oder aus GVO besteht, allerdings nicht, wenn es mit Hilfe von GVO hergestellt worden ist. **Dies trifft z.B. auf Milch von einer Kuh zu, die ihrerseits mit gv-Soja gefüttert worden ist. Auch alle anderen tierischen Produkte (Eier, Fleisch, Käse) müssen dementsprechend nicht als Gen-Food deklariert werden.**

- Der Nachweis von gv-DNA oder gv-Proteinen ist nicht notwendig." (Die Linke-Bundestagsfraktion - Die Agro-Gentechnik - 30 Fragen & 30 Antworten zur Zukunft der gentechnikfreien Landwirtschaft)

„**Gen-Kennzeichnung mit Lücken/** Die Sorge der Verbraucher, dass ihnen gentechnisch veränderte Produkte gegen ihren Willen aufgedrängt werden, ist berechtigt. Vieles, z. B. Gentech-Sojaöl, wurde ihnen ohne Kennzeichnung untergejubelt. Seit April 2004 müssen gentechnisch veränderte Bestandteile in Lebens- und Futtermitteln mit einem Gen-Label gekennzeichnet werden, wenn sie den Schwellenwert im Falle einer technisch nicht vermeidbaren Verunreinigung von 0,9 Prozent überschreiten. Aber es gibt eine große Lücke: **Produkte von Tieren, die mit gentechnisch verändertem Futtermittel gefüttert wurden, sind nicht kennzeichnungspflichtig.** So entwickelten sich Import-Futtermittel zum Haupteinfallstor für die Agro-Gentechnik." (Bündnis '90 - Die Grünen-Bundestagsfraktion - Gentechnik im Essen. Nein Danke)

„Die derzeitige Kennzeichnungsregelung **dient nicht der Aufklärung des Verbrauchers**, sondern **führt ihn in die Irre**. Nachdem alles, was durch den Tiermagen gegangen ist, nicht gekennzeichnet werden braucht, ebenso wenig wie gentechnisch veränderten Enzyme, meint ein Großteil der Bevölkerung, dass er mit Gentechnik noch nicht in Berührung gekommen ist. Experten der Lebensmittelbranche dagegen stellen fest, dass bei konsequenter Kennzeichnung 80 % unserer Lebensmittel als gentechnisch verändert auszuzeichnen wären." (CDU-CSU-Bundestagsfraktion - Gentechnologie - Einsatz der Grünen Gentechnik)[145]

Im folgenden Textbeleg wird sowohl die ablehnende Haltung der Fraktion Bündnis '90/ Die Grünen bezüglich der Kennzeichnung von GVO gemäß der Verordnung (EG) Nr. 1829/2003 deutlich, zum anderen aber auch ihre befürwortende Haltung in Bezug auf die „ohne-Gentechnik"-Kennzeichnung deutlich.

„Der Anbau dieser Gen-Futtermittel sorgt in anderen Ländern wie Argentinien bereits für große Umweltprobleme. Diese **Gen-Kennzeichnungslücke bei Fleisch, Milch und Käse** könnte auf EU-Ebene geschlossen werden – aber Schwarz-Gelb setzt sich nicht dafür ein, so dass Verbraucher immer noch keine Wahlfreiheit haben. Solange diese Kennzeichnungslücke auf EU-Ebene nicht geschlossen ist, ist das **in Deutschland eingeführte Kennzeichen „Ohne Gentechnik"** für die Verbraucher und für den Erhalt eines gentechnikfreien Futtermittelmarktes besonders wichtig. Solange sie nicht an einem Gen-Label sehen können, ob Gentech-Futtermittel verfüttert wurden, sollen sie wenigstens an dem Label „Ohne Gentechnik" erkennen,

---

145 Bei dieser Äußerung ist nicht ganz klar auf welche Kennzeichnung sie sich bezieht, es wird aber vermutet, dass die CDU/CSU-Fraktion auf die EU-weite einheitliche und verpflichtende Kennzeichnung von GVO (Verordnung (EG) Nr. 1829/2003) Bezug nimmt.

Handlungsstrategien der Diskursakteure im Kampf um Wissen 251

ob bei der Produktion auf Gentech-Futtermittel verzichtet wurde." (Bündnis '90 -
Die Grünen-Bundestagsfraktion - Gentechnik im Essen. Nein Danke)

Zudem kritisiert der BUND, dass die ‚EU-weite Kennzeichnung von Mikroorganismen noch nicht abschließend geklärt sei'. Zudem merkt der BUND an, dass es für diese Enzyme zum Teil keine Sicherheitsbewertung gäbe.

„Umstritten: Kennzeichnung von Vitaminen und Zusatzstoffen/ Die Kennzeichnungspflicht für Produkte, die mit gentechnisch veränderten Mikroorganismen hergestellt wurden, ist umstritten. **Ob auf diese Weise erzeugte Vitamine wie C, B2 und B12 und Zusatzstoffe wie Glutamat und Aspartam kennzeichnungspflichtig sind, ist weder in Deutschland noch auf EU-Ebene abschließend geklärt.** Dasselbe gilt für Enzyme, **für die es teilweise nicht einmal eine Sicherheitsbewertung oder ein Genehmigungsverfahren gibt**, wenn sie als Verarbeitungshilfsstoff eingestuft werden." (BUND - EU-Verordnungen zur Kennzeichnung genetisch veränderter Lebens- und Futtermittel)

Rechtlicher Sachverhalt „OHNE-GENTECHNIK"-KENNZEICHNUNG

Rechtlicher Sachverhalt	**BMELV (Verantwortlich)** **Greenpeace** **BUND** **SPD-Fraktion**	BLL ScienceBlogs-Portal
NEUREGELUNG DER „OHNE-GENTECHNIK"-KENNZEICHNUNG ZUM 1. MAI 2008 (EGGENTDURCHFG)	‚Wahlfreiheit' ‚Rückverfolgbarkeit' ‚Transparenz' ‚Schließen der Kennzeichnungslücke auf nationaler Ebene'	‚Erleichterungen bei tierischen Lebensmitteln hinsichtlich des verwendeten Tierfutters' ‚Aufweichung der Kennzeichnungsregelung' ‚Verbrauchertäuschung' ‚Einschränkung der Glaubwürdigkeit' ‚Kennzeichnungslücke bei Mikroorganismen'

‚Befürwortend' äußert sich in Bezug auf das „ohne-Gentechnik"-Label das BMELV, das das Logo unter der Leitung von Bundesagrarministerin Ilse Aigner eingeführt hat. Anhand des rein assertiven Modalpartikels tatsächlich erhöht das BMELV den Wahrheitsanspruch seiner Äußerung (vgl. Kapitel 4.5.4.1 Absolutheitsanspruch).

„"„Ohne Gentechnik"/ Ein Mehr an *tatsächlicher* Wahlfreiheit wird durch die verbesserte Möglichkeit geschaffen, ein Produkt unter bestimmten Voraussetzungen mit der Aufschrift „Ohne Gentechnik" zu kennzeichnen. Nach dem europäischen Recht müssen Produkte nur mit dem Hinweis auf das Vorhandensein von Gentechnik („enthält GVO") oberhalb eines Schwellenwerts von 0,9 % gekennzeichnet werden. Dies bedeutet, dass ein ungekennzeichnetes Produkt – für den Verbraucher nicht erkennbar – durchaus bis zu 0,9 % GVO Bestandteile enthalten kann, falls diese Bestandteile zufällig oder unvermeidbar in das Lebensmittel geraten sind./ Im Gegensatz dazu soll die „Ohne Gentechnik"-Kennzeichnung dem Verbraucher zeigen, dass das von ihm gekaufte Produkt keinerlei gentechnisch veränderte Bestandteile enthält. Dies muss der Hersteller, der die Kennzeichnung verwenden will, auch prüfen und nachweisen können. Der Nachweis des Verzichts auf GVO betrifft dabei nicht nur das Endprodukt, sondern erstreckt sich auf die gesamte Produktionskette. Lediglich bei tierischen Produkten sind bestimmte Ausnahmen vorgesehen. Dies bezieht sich beispielsweise auf den Einsatz von Impfstoffen zum Wohle des Tieres, oder bei Futtermitteln auf den Einsatz von Zusatzstoffen, wie Vitaminen, Aminosäuren oder Enzymen." (BMELV (2008) - Das neue Gentechnikrecht 2008)

Auch Greenpeace, der BUND und die SPD-Fraktion äußern sich in Bezug auf die Neuregelung der „ohne-Gentechnik"-Kennzeichnung positiv. Der BUND und die SPD-Fraktion sind der Ansicht, dass über diese freiwillige Kennzeichnungsregelung die ‚Kennzeichnungslücke der EU-weiten Kennzeichnungspflicht von GVO geschlossen wurde'. Greenpeace vertritt die Ansicht, dass diese Kennzeichnung für mehr ‚Transparenz' und ‚Wahlfreiheit' steht.

„Label „ohne Gentechnik"/ Seit 1. Mai 2008 können Hersteller tierische Produkte wie Milch, Eier und Fleisch in Deutschland mit der Aufschrift „ohne Gentechnik" kennzeichnen, wenn sie auf Gen-Pflanzen in der Tierfütterung verzichten. Seit August 2009 gibt es für solche Produkte sogar ein einheitliches Siegel. Greenpeace fordert den Handel und die Hersteller auf, diese neue Kennzeichnung zu nutzen und damit mehr Transparenz bei Produkten von Tieren zu schaffen. Der Verbraucher erhält damit mehr Wahlfreiheit. Die Verbraucherzentrale Hamburg veröffentlicht zusammen mit der Vereinigung Slow Food eine Liste der Produkte, die eine „Ohne Gentechnik"-Kennzeichnung tragen: www.vzhh.de/ohnegentechnik" (Greenpeace (2010) - Essen ohne Gentechnik. Einkaufsratgeber für gentechnikfreien Genuss)

„Kennzeichnung von Gentech-Produkten/ Ein gentechnisch verändertes Lebensmittel ist mit bloßem Auge nicht zu erkennen. Wir sind also ganz auf die Kennzeichnung angewiesen. Seit April 2004 regelt das EU-Recht verbindlich für alle Mitgliedsstaaten mit den Verordnungen 1829/2003/EG und 1830/2003/EG: Lebens- und Futtermittel mit Gentech-Anteilen über 0,9 Prozent müssen auf der Zutatenliste als "genetisch verändert" ausgewiesen werden. Unterhalb von 0,9 Prozent sind Produkte nur dann von der Kennzeichnungspflicht ausgenommen, wenn ihre Hersteller nachweisen können, dass die gentechnische Verunreinigung "zufällig" und "technisch unvermeidbar" war. Produkte von Tieren, die mit gentechnisch veränderten Futterpflanzen gemästet wurden, sind nicht kennzeichnungspflichtig. Diese Lücke schließt seit Mai 2008 die neue deutsche "Ohne Gentechnik"-Verordnung." (BUND - Kennzeichnung von Gentech-Produkten)

„Den für Verbraucherinnen und Verbraucher deutlichsten Erfolg aber hat die SPD-Bundestagsfraktion dadurch erreicht, dass eine Regelung zur Kennzeichnung von gentechnikfreien Lebensmitteln mit der Aussage „Ohne Gentrechnik" ins Gesetz aufgenommen wurde. Damit kann eine im EU-Recht bestehende Kennzeichnungslücke geschlossen werden, denn von der Kennzeichnungspflicht für gentechnisch veränderte Lebensmittel sind tierische Erzeugnisse bisher ausgenommen. Mit der neuen Kennzeichnung können Verbraucherinnen und Verbraucher in Deutschland künftig beim Einkauf tierischer Erzeugnisse wie Milch, Eier und Fleisch erkennen, ob diese Erzeugnisse von Tieren stammen, die ohne gentechnisch veränderte Pflanzen gefüttert wurden." (SPD-Bundestagsfraktion (März 2008) – Wahlfreiheit und Transparenz)

Der BLL äußert sich ambivalent in Bezug auf die Neuregelung der „ohne-Gentechnik"-Kennzeichnung.

„**Erleichterungen gibt es dagegen im Bereich der tierischen Lebensmittel hinsichtlich des verwendeten Tierfutters.** So ist der Werbehinweis "ohne Gentechnik" nunmehr bereits dann nutzbar, wenn bei tierischen Produkten innerhalb der im Anhang des EG-Gentechnik-Durchführungsgesetzes gesetzlich definierten Sperrfristen keine gentechnisch veränderten, kennzeichnungspflichtigen Futtermittel für die Tierfütterung verwendet werden. **Dies beinhaltet aber zugleich, dass vorher, d. h. außerhalb der Sperrfristen, durchaus gentechnisch veränderte Futtermittel verfüttert worden sein dürfen.** Und auch innerhalb der gesetzlichen Sperrfristen schließt bei den eingesetzten Futtermitteln – im Gegensatz zur früheren Rechtslage – die bewusste, d. h. absichtliche Verwendung von gentechnisch veränderten Verarbeitungshilfsstoffen, Enzymen, Aminosäuren oder Futtermittelzusatzstoffen die Kennzeichnung "ohne Gentechnik" nicht mehr aus. In beiden Fällen bleibt der in seinem Aussagegehalt völlig uneingeschränkte Werbehinweis "ohne Gentechnik" auf dem Produkt zulässig. **Der Verbraucher erhält somit trotz der eindeutigen Auslobung "ohne Gentechnik" auf dem Produkt unter Umständen ein Lebensmittel, das "mit etwas Gentechnik" hergestellt wurde.**" (BLL - Position zur "ohne Gentechnik"-Kennzeichnung)

Der BLL lässt mit einer fremden Redewiedergabe das BMELV zu Wort kommen, nicht ohne aber kritisch anzumerken, dass ‚die Voraussetzungen des bisherigen „ohne-Gentechnik"-Labels „aufgeweicht" wurden', äußert sich also wiederum wertend und ambivalent.

„Seit 1. Mai 2008 gelten in Deutschland die neuen Vorgaben zur "ohne Gentechnik"-Kennzeichnung. Mit der Neuregelung in § 3a und § 3b des EG-Gentechnik-Durchführungsgesetzes (Bundesgesetzblatt I vom 4. April 2008, S. 499 ff.) hat der Gesetzgeber die zehn Jahre geltenden, strengen Voraussetzungen der bisherigen "ohne Gentechnik" - Kennzeichnung **abgeändert, d. h. aufgeweicht**, um eine verstärkte Nutzung dieses Werbehinweises in der Öffentlichkeit zu ermöglichen. Dies wurde damit begründet, dass die Werbeaussage "ohne Gentechnik" aufgrund der früheren, sehr strengen Anforderungen, nach denen das derart ausgelobte Lebensmittel - auch auf der Herstellung vorgelagerten Stufen - keinerlei Berührung zur Gentechnik haben durfte, in der Praxis allenfalls marginale Bedeutung gewonnen habe. Es bedürfe daher einer "praktikableren Ausgestaltung", um mehr Marktanreize für die Verwendung nicht gentechnisch veränderter Futtermittel zu schaffen und die **Transparenz** sowie die **Wahlfreiheit** für den Verbraucher zu erhöhen." (BLL - Position zur "ohne Gentechnik"-Kennzeichnung)

Vom BLL und dem ScienceBlogs-Portal wird Kritik in Bezug auf das „ohne-Gentechnik"-Label und die Neuregelung in § 3a und § 3b des EG-Gentechnik-Durchführungsgesetzes geäußert. Die Akteure werfen den Gesetzgebern ‚Verbrauchertäuschung' vor. Der BLL bemängelt überdies eine ‚Einschränkung der Glaubwürdigkeit' in Folge der Verwendung des Labels.

„Der BLL kritisiert die Neuregelung [Neuregelung in § 3a und § 3b des EG-Gentechnik-Durchführungsgesetzes, B.F.] als **irreführend**, weil der umfassende Aussagegehalt des Werbehinweises - gerade beim gentechnikkritischen Verbraucher - eine Erwartungshaltung erweckt, die durch die reduzierten Anforderungen enttäuscht wird. **So bekommt er beim Erwerb eines "ohne Gentechnik"-gekennzeichneten Lebensmittels nicht zwangsläufig ein Produkt, das wirklich komplett ohne Gentechnik hergestellt wurde. Das darin liegende, gegenüber dem Verbraucher erklärungsbedürftige Glaubwürdigkeitsdefizit führt bislang zu einer zurückhaltenden Nutzung in der Praxis.**" (BLL - Position zur "ohne Gentechnik"-Kennzeichnung)

„Der Bund für Lebensmittelrecht und Lebensmittelkunde e. V. (BLL) kritisiert, dass Lebensmittel, die den klaren und uneingeschränkten Werbehinweis "ohne Gentechnik" tragen, künftig trotz entgegenstehender Verbrauchererwartung "mit ein bisschen Gentechnik" hergestellt sein dürfen. Dies führt nach Auffassung der Lebensmittelwirtschaft zwangsläufig zu einer **Irreführung der Verbraucher,** die die **Glaubwürdigkeit der mit diesem Hinweis werbenden Unternehmen erheblich beschädigt** und die Verwendbarkeit dieser Werbeaussage in der Praxis deutlich einschränken wird." (BLL – Gentechnik. Novel Food)

Handlungsstrategien der Diskursakteure im Kampf um Wissen

Im Topthema des Wissenschaftsblogportals „ScienceBlogs" wird am 12. August 2009 explizit auf die Ausnahmeregeln hingewiesen und ‚Verbrauchertäuschung'[146] kritisiert.

„Wenn es nach der Vorstellung von Bundesagrarministerin Ilse Aigner geht, dann sind künftig alle gentechnikfreien Lebensmittel an diesem grünen Siegel zu erkennen. Das einheitliche Logo soll den Verbrauchern die Orientierung erleichtern, so der fromme Wunsch. / Experten wissen freilich, dass die Sache so einfach nicht ist. **Denn "gentechnikfrei" heißt überhaupt nicht das, was sich die meisten Konsumenten darunter vorstellen. Denn wenn es etwa um Fleisch oder Milcherzeugnisse geht, dann dürfen im Futter bestimmte Zusatzstoffe oder Arzneien aus gentechnisch veränderten Mikroorganismen enthalten sein. Und überhaupt wimmelt es vor lauter Ausnahmeregelungen: für Schweine ist lediglich vier Monate vor der Schlachtung gentechnisch verändertes Futter tabu.** / Welchen Sinn hat das "Ohne Gentechnik"-Etikett also in diesen Fällen? Das Fleisch ist in jedem Fall (egal ob Gentechnik zum Einsatz kam oder nicht) gesundheitlich unbedenklich..." (ScienceBlogs (Topthema)(12.08.2009) - "Ohne Gentechnik": Neuer Etikettenschwindel)

Im Topthema des ScienceBlogs-Portals wird am 5. März 2008 auf eine Äußerung von Stefan Jacobasch am 16.01.2008, Autor des Blogs „Mahlzeit", Bezug genommen, der eine ‚Kennzeichnungslücke in Bezug auf Mikroorganismen' wie z. B. Vitamine anmahnt.[147]

„Die Schwierigkeiten der Politik zwischen den Konfliktparteien zu moderieren, war mehrmals Thema von **Stefan Jacobasch** im Mahlzeit-Blog. Die schwer nachvollziehbare Kennzeichnungsregelung für gentechnologisch veränderte Lebensmittel sorgte bei ihm für Kopfschütteln:/ "Fleisch, Eier und Milchprodukte sollen sich künftig "ohne Gentechnik" nennen dürfen, wenn im Tierfutter keine gentechnisch veränderten Pflanzen waren. Gut, soweit hab ich das verstanden. **Es dürfen allerdings Zusatzstoffe im Futter enthalten sein, die von gentechnisch veränderten Mikroorganismen stammen, beispielsweise Vitamine.** Und das verstehe ich nicht mehr so ohne weiteres."" (ScienceBlogs (Topthema)(05.03.2008) - Genfood-Debatte als Vexierspiel)

---

146 Hier wird hermeneutisch ein umstrittener Sachverhalt eruiert, die Interpretationshilfe ‚Verbrauchertäuschung' ließe sich nicht über ein quantitatives Verfahren, das lediglich die Sprachoberfläche untersuchen kann, ermitteln.
147 „Für Käse, der „ohne Gentechnik" hergestellt wurde, dürfen auch bei der Produktion keine GVO eingesetzt werden, bei der Erzeugung der Futtermittel können sie jedoch dann noch zum Einsatz kommen, wenn auf dem Weltmarkt keine anderen Stoffe zur Verfügung stehen und die eingesetzten Enzyme oder Aromen in der EU-Ökoverordnung erlaubt sind." (Dehmer, Dagmar (2008): „Ohne Gentechnik – fast". In: Tagesspiegel vom 16.01.2008. Verfügbar unter: http://www.tagesspiegel.de/politik/deutschland/lebensmittel-ohne-gentechnik-fast/1141892.html; Zugriff am 22.01.2012).

Rechtlicher Sachverhalt LABEL „OHNE GENTECHNIK"

SEIT AUGUST 2009 VERFÜGBARES LABEL „OHNE GENTECHNIK" ZUR FREIWILLIGEN KENNZEICHNUNG	**Stefan Jacobasch** – Skeptiker	**Die Linke-Fraktion** und **BLL**
	‚Siegel erweckt falschen Eindruck'	‚Label signalisiert keine eindeutige Gentechnikfreiheit'

Bei der Thematik der |Kennzeichnung| geht es auch um die Art des Labels. Die Linke-Fraktion und der BLL kritisieren, dass das Label ‚keine eindeutige Gentechnikfreiheit' demonstriere.

„Leider gibt es in Deutschland bisher noch **kein einheitliches Siegel, das Gentechnikfreiheit** für Verbraucherinnen und Verbraucher **eindeutig kennzeichnet**." (Die Linke-Bundestagsfraktion - Die Agro-Gentechnik - 30 Fragen & 30 Antworten zur Zukunft der gentechnikfreien Landwirtschaft)

„Auch das im Sommer 2009 vom BMELV initiierte "ohne Gentechnik"-Logo **löst die vorstehenden Defizite der "ohne Gentechnik"** – **Regelung nicht** und wird daher nicht per se zu einer höheren Akzeptanz führen." (BLL - Position zur "ohne Gentechnik"-Kennzeichnung)

Stefan Jacobasch, erklärter Skeptiker der Grünen Gentechnik, ist der Auffassung, dass ein Logo, welches „Gentechnikfreiheit" verspreche, obwohl es keine begründeten gesundheitlichen Bedenken gäbe, einen ‚falschen Eindruck' erwecken könnte.

„Bundesministerin Aigner hat ein Logo vorgestellt, das künftig Lebensmittel "ohne Gentechnik" kennzeichnen soll. Das könnte der Einstieg in einen neuen bunten Strauß von Logos sein. [...]/ **Begründete gesundheitliche Bedenken gegen gentechnisch veränderte Pflanzen, die gibt es aber nach heutigem Wissensstand kaum. Und trotzdem wird mit dieser weit verbreiteten Furcht gespielt. Seit gestern offenbar auch vom Bundesministerium für Ernährung, Landwirtschaft und Verbraucherschutz. Denn wenn nicht zur Entwarnung vor einer Art "Schadstoff" - wozu soll dann ein Logo gut sein, das eine Produktion "ohne Gentechnik" verspricht?"** (Mahlzeit (11.08.2009) - Scheinheilige Logos)

„"Ohne Gentechnik" - das erinnert stark an Formulierungen wie "ohne Farbstoffe" oder "ohne Konservierungsstoffe". **Geradezu absurd wird es aber erst dadurch, dass ein deutsches Ministerium offiziell Bedenken gegen gentechnisch verän-**

derte Lebensmittel schürt, während ein anderes deutsches Ministerium die grüne Gentechnik als Zukunftstechnologie mit staatlichen Mitteln fördert." (Mahlzeit (11.08.2009) - Scheinheilige Logos)

Der Kampf um rechtliche Sachverhalte kann in zwei Gruppen unterteilt werden. Die erste Gruppe setzt sich aus den im Kapitel zuerst behandelten rechtlichen Sachverhalten Kennzeichnungsregelung: Grenzwert (‚Grenzwert als Schwellenwert' versus ‚Grenzwert an der Nachweisgrenze'), Zulassung (‚Nulltoleranz beibehalten' versus ‚Nulltoleranz aufheben'), Gesetzlich geregelter Abstand (‚Beurteilung als zu gering' versus ‚Beurteilung als ausreichend') und Flurstückgenaues Standortregister (‚Flurstückgenaues Standortregister wird abgelehnt' versus ‚Flurstückgenaues Standortregister wird befürwortet') zusammen. Sie zeichnet sich dadurch aus, dass sich jeweils sowohl die Meinungen der Gegner decken, als auch die Ansichten der Befürworter. Dahingegen zerfließen die Grenzen in der zweiten Sachverhalts-Gruppe. Es handelt sich um die rechtlichen Sachverhalte Kennzeichnungsregelung, die „ohne-Gentechnik"-Kennzeichnung und das Label „ohne Gentechnik". Somit wird deutlich, dass alle drei mit dem Thema |Kennzeichnung| zusammenhängen. Abschließend lässt sich feststellen, dass die Positionen sehr verhärtet sind, dass im Streit um die rechtlichen Sachverhalte des Themas |Kennzeichnung| die Grenzen gleichwohl nicht eindeutig zwischen Gegnern und Befürwortern der Grünen Gentechnik verlaufen.

4.4.2.2 Kampf um antizipierte Sachverhalte

Als Kampf um antizipierte Sachverhalte werden Diskursverhärtungen bezeichnet, die Fragestellungen betreffen, die sich auf Zukünftiges beziehen. Sachverhalte müssen antizipiert werden, wie z. B. die Sachlage, ob die Anwendung der Grünen Gentechnik in der Landwirtschaft überhaupt noch aufzuhalten sei (vgl. Kapitel Konzept ›Aufhaltbarkeit‹) bzw. die Frage, ob die Anwendung der Grünen Gentechnik rückholbar sei, also in Bezug auf die Freisetzung und die Durchmischung der GV-Produkte.

Zum anderen fallen Sachverhalte unter diese Kategorie der Diskursverhärtungen, die wie die beiden Konzepte aus dem Bereich Technikfolgenabschätzung (›Superunkräuter‹ und ›Koexistenz‹) stammen. Bei diesen beiden ist vor allem die Existenz oder die antizipierte Existenz eines Sachverhalts umstritten. Bei dem Konzept ›Superunkräuter‹ besteht der Streitpunkt darin, ob resistente Unkräuter durch die Anwendung der Grünen Gentechnik mehrfachtolerant gegen Herbizide werden können oder eben nicht. Davon hängt ab, ob sie weiterhin erfolgreich bekämpft werden können.

Bei dem Konzept ›Koexistenz‹ beispielsweise ist umstritten, ob sich bereits negative Folgen durch das Nebeneinander von konventioneller Landwirtschaft und der Anwendung Grüner Gentechnik gezeigt haben und ob in der Zukunft Langzeitfolgen eine Wirkung zeigen werden. So gesehen handelt es sich hierbei zumindest teilweise ebenfalls um einen antizipierten Sachverhalt, der aus diesem Grund besonders umstritten ist.

Antizipierter Sachverhalt VERBREITUNG

Antizipierter Sachverhalt VERBREITUNG aus dem Themenbereich |Gen-Food|	Haltung - Befürworter	Haltung - Gegner
	‚Nicht aufhaltbar'	‚Aufhaltbar'

Rüdiger Marquardt, Autor eines vom BMBF herausgegebenen Texts, führt Labferment als Beispiel an, aus dem hervorgeht, dass ‚in anderen Ländern bereits gentechnisch veränderte Stoffe in herkömmlichen Lebensmitteln verwendet werden'. Damit wird Deutschland als Ausnahme im internationalen Vergleich dargestellt.

„In der öffentlichen Darstellung entsteht oft der Eindruck, von gentechnisch veränderten Lebensmitteln gehe per se ein erhöhtes Risiko aus. Dabei erstreckt sich diese Befürchtung sogar auf Lebensmittel, die selbst gar nicht verändert sind, sondern nur Stoffe enthalten oder mit ihnen in Berührung gekommen sind, die gentechnisch hergestellt wurden. So wird bei der Herstellung von Hartkäse Labferment eingesetzt. Dieses Enzym, international Chymosin genannt, **wird in vielen anderen Ländern längst gentechnisch produziert und eingesetzt**. Es unterscheidet sich von dem aus Kälbermägen isolierten Enzym nur dadurch, dass es gentechnisch in viel höherer Reinheit gewonnen werden kann." (Rüdiger Marquardt (BMBF) - Biotechnologie Basis für Innovationen (Auszug))

Marquardt gleich führt die CDU/CSU-Fraktion als Argument an, dass ‚bereits die meisten Lebensmittel aus gentechnisch veränderten Bestandteilen bestünden'. Im Gegensatz zu vorherigem Textbeleg wird hierbei aber Deutschland miteinbezogen.[148]

„Weithin ist unbekannt, dass auch bei uns Lebensmittel gentechnisch verändert (gv) sind. **Schon jetzt** werden gentechnisch modifiziertes Soja-Lecithin für die Weiterverarbeitung zu Schokolade, Emulgatoren und Vitamin E aus gv-Soja und Speiseöl

---

148 Dies könnte u. a. daran liegen, dass die Aussagen eventuell zu verschiedenen Zeitpunkten getroffen wurden.

aus genetisch verändertem Mais oder Raps hergestellt. Weitere Möglichkeiten finden sich bei der Herstellung von Futtermitteln, Backwaren umweltschonender Waschmittel. Zur Herstellung von Käse braucht man das im Magen säugender Kälber entstehende Lab bzw. das darin enthaltende Chymosin. **Es wäre illusorisch, wollte man die benötigte Menge an Chymosin heute auf diese Art und Weise gewinnen, deshalb wird es weltweit gentechnisch erzeugt.**" (CDU-CSU-Bundestagsfraktion - Gentechnologie - Einsatz der Grünen Gentechnik)

Der Blogleser Flash (hier als Skeptiker eingestuft) äußert über die Kommentarfunktion zu dem Blogeintrag „10 Gründe für grüne Gentechnik - Nutzen, Chancen, Risiken" des Blogs „WeiterGen" seine Haltung, dass ‚die Grüne Gentechnik aus dem Grund nicht aufhaltbar sei, da der Mensch fortschrittsorientiert ist'.

„Flash· 20.04.09 · 12:32 Uhr / Ja, das hört sich alles schon sehr gut an. Es ist denkbar, daß Bt-Mais nicht diese Risiken aufweist, die ihm die Ökofuzzis unterstellen. Man muß aber ein bißchen weiter schauen. Dieser Mais ist ja nicht das Ende der Fahnenstange, sondern erst der Anfang. Hat der Anbau sich erst etabliert und eine ausreichende Akzeptanz erreicht, wird es wohl **rasant vorwärtsgehen** mit "grüner" Gentechnik - die dann auch größere Risiken eingeht. Es kann mir aber keiner einreden, daß man die Komplexität der Wechselwirkungen derartiger Eingriffe in die Natur wirklich beherrschen und vorhersehen kann. Man ruft erneut Geister, die man dann nicht wieder loswird. Früher war es vielleicht der Ausbau der Energieversorgung und des Energieverbrauchs, dessen side effect wir heute als "Klimawandel" haben. Auch die grüne Gentechnik wird side effects haben, auch wenn man die heute noch nicht kennt und absieht. Dennoch bin ich überzeugt, **der Mensch wird sich davon nicht aufhalten lassen - er wird immer alles Machbare auch machen, egal, wo.** Dieses Genmaisverbot ist da nur eine marginale Bremse. Und schließlich und endlich: in einer Demokratie sollte sich die Politik so oder so an den Wünschen der Bevölkerungsmehrheit orientieren. Und da gibts keine Akzeptanz für Genmais. Es steht Monsanto ja frei, den Anbau in afrikanische Mangelgebiete zu verlegen - dort ist wohl kaum mit Gegenwehr zu rechnen." (Kommentare zu WeiterGen (20.04.2009) - 10 Gründe für grüne Gentechnik - Nutzen, Chancen, Risiken)

Gegner beziehen vor allem dahin gehend Stellung, als sie Aussagen der Befürworter kritisieren und als unrichtig darzustellen versuchen.

Der Gentechnik-Industrie wird von Greenpeace der Wunsch zugeschrieben, dass ‚die Grüne Gentechnik bereits die Regel und keine Ausnahme sei'.

„*Ginge es nach dem Willen der Gentechnik-Industrie*, wären Gen-Pflanzen auf dem Acker und im Essen längst die Regel. **Dabei häufen sich Beispiele dafür, dass diese Risikotechnologie Gefahren für unsere Gesundheit und Umwelt mit sich bringt**: Fremde Gene in Lebensmitteln können neue Giftstoffe und Allergien verursachen. Der Anbau von Gen-Pflanzen gefährdet die biologische Vielfalt und führt zu einem vermehrten Pestizideinsatz." (Greenpeace - Gentechnik)

Im Folgenden kritisieren Bündnis '90/ Die Grünen und die NGO IDG-Keine-Gentechnik das Kommunikationsverhalten der industriellen Akteure. Im Anschluss folgt eine kausale Zuschreibung für deren Intention. Die Fraktion macht ihre Haltung, dass ‚Gentechnikfreiheit noch möglich sei', deutlich.

„Und dann stellt sich die Agro-Gentechnik-Industrie auch noch hin und behauptet, dass „Ohne Gentechnik"-Produkte verunreinigt seien. *Mit derartigen Falschmeldungen wollen sie verhindern, dass sich ein Markt für gentechnikfreie Futtermittel aufbaut.* **Die Zukunft der Landwirtschaft ist gentechnikfrei!**/ *Die deutsche Landwirtschaft habe ohne Agro-Gentechnik keine Zukunft, so die Biotech-Industrie.* Dabei gibt es bis heute keine glaubwürdigen Angaben, wie viele Arbeitsplätze in der AgroGentechnik überhaupt geschaffen wurden. Studien, wie viele Jobs verloren gehen und wie teuer uns die Agro-Gentechnik kommt, gibt es erst recht nicht. Heute wachsen weltweit nur auf rund zwei bis drei Prozent der Anbauflächen gentechnisch veränderte Pflanzen. **In Europa sinkt der (schon immer sehr geringe) Gentech-Anbau seit Jahren.**" (Bündnis '90 - Die Grünen-Bundestagsfraktion - Gentechnik auf dem Acker. Nein Danke)

„**Gentechnik schon überall?**/ Die Gentechnik-Industrie und Lobby-Verbände behaupten immer wieder, dass Gentechnik-Pflanzen **bereits überall** wachsen und unsere Lebensmittel **nicht mehr ohne Gentechnik hergestellt werden können.**" (Informationsdienst Gentechnik - Keine Gentechnik.de – Gute Gründe gegen Gentechnik in der Landwirtschaft)

Antizipierter Sachverhalt RÜCKHOLUNG

Antizipierter Sachverhalt RÜCKHOLUNG	Haltung - Befürworter	Haltung - Gegner
Sachverhalt A: RÜCKHOLUNG NACH UNGEWOLLTER DURCHMISCHUNG		‚Nicht möglich'
Sachverhalt B: RÜCKHOLUNG BEI DER FREISETZUNG	‚Möglich': Sachverhaltsverknüpfung zum Konzept ›Sicherheit‹ ‚Zerstörung durch landwirtschaftliche Maßnahmen (mechanische Maßnahmen, Herbizidanwendung)'	‚Nicht möglich' ‚Durch Pollenflug'

In Bezug auf die als Sachverhalt B bezeichnete Rückholung bei der Freisetzung, ist das BVL der Ansicht, dass ‚diese rückgängig gemacht werden könnte, indem die gentechnisch veränderten Pflanzen zerstört würden'.

„Können einmal freigesetzte gentechnisch veränderte Pflanzen wieder aus der Umwelt entfernt werden?/ Auf landwirtschaftlich genutzten Flächen können gentechnisch veränderte Pflanzen genauso wie nicht veränderte Pflanzen durch landwirtschaftliche Maßnahmen (mechanische Maßnahmen, Herbidzidanwendung) zerstört werden. Dieses gilt auch für herbizidresistente gentechnisch veränderte Pflanzen, die nur eine Herbizidresistenz gegen einen herbiziden Wirkstoff aufweisen und daher durch Herbizide mit anderen Wirkstoffen abgetötet werden können." (BVL - Häufig gestellte Fragen zu Freisetzungen)

Die KWS streitet nicht ab, dass eine Möglichkeit zur Auskreuzung besteht. Stattdessen wird darauf abgezielt, dass bereits zugelassene Pflanzen sicher seien und damit eine RÜCKHOLUNG BEI DER FREISETZUNG ‚möglich' sei. Hier besteht eine Sachverhaltsverknüpfung zum Konzept ›Sicherheit‹.

„Können sich transgene Pflanzen ungehindert ausbreiten? Sind sie - einmal in die Umwelt entlassen - **nicht mehr rückholbar?**/ Transgene Pflanzen können sich genauso wie ausschliesslich konventionell gezüchtete Pflanzen via Pollen oder Tiere (z.B. Bienen, Blattläuse) verbreiten. Entscheidend ist, welche Gen-Informationen sie in sich tragen./ Ein wichtiger Teil der Sicherheitsbewertung im Freilandversuch besteht insofern darin, nicht nur zu klären, welche Verbreitungswahrscheinlichkeit gegeben ist, sondern insbesondere, ob sich daraus negative Folgen für Mensch, Tier oder Umwelt ergeben können./ **Wenn sich bestätigt, daß von den getesteten Pflanzen keine derartigen Gefahren ausgehen, so erhalten diese Pflanzen eine Genehmigung zur Inverkehrbringung und können großflächig angebaut werden.**" (KWS - Häufig gestellte Fragen zu Biotechnologie und Gentechnik)

Für die ‚Unmöglichkeit einer Rückholung' bezogen auf den als Sachverhalt A bezeichnete RÜCKHOLUNG NACH UNGEWOLLTER DURCHMISCHUNG, die die Verunreinigung bzw. Kontamination von Saatgut bzw. konventioneller und gentechnisch veränderter Produkte meint, spricht sich Greenpeace als Gegner der Grünen Gentechnik aus.

„Einmal tolerierte Verunreinigungen setzen sich aber auf dem Weg vom Feld bis zum Lebensmittel fort und verstärken sich sogar. Die ungewollte Durchmischung konventioneller und biologischer Produkte mit gentechnisch veränderten Organismen wird unvermeidlich und ist **nicht rückholbar**." (Greenpeace - Saatgut)

In Bezug auf die RÜCKHOLUNG BEI DER FREISETZUNG, hier als Sachverhalt B bezeichnet, sind Greenpeace und Gendreck-weg der Ansicht, dass ‚bei einer Freisetzung GVO nicht rückholbar seien'. Gendreck-weg begründet dies mit dem ‚Pollenflug'. Durch den Zusatz „Verantwortliche wissen, dass [...]" wird hier der Anschein erweckt, dass die Befürworter von Freisetzungen nicht anderer Ansicht seien, sondern dass sie trotz besseren Wissens auf eine Freisetzung drängen. Anhand dieser Aussage wird eine Anspielung auf Machtmissbrauch getroffen. Dies wird in Kapitel 4.4.4 |Macht durch Grüne Gentechnik| weiter ausgeführt, macht hier vor allem die starke Verwobenheit des Diskurses und die Kohärenz der Haltung von Gendreck-weg deutlich.

> „Einmal in die Umwelt entlassen, sind Gen-Pflanzen **nicht mehr rückholbar** und können sich unkontrolliert ausbreiten. Durch Pollenflug oder Insekten gelangt das veränderte Erbgut in herkömmliche Pflanzen. Wenn sich Gen-Pflanzen auf den Äckern vermehren und sich den Weg in unsere Lebensmittel bahnen, gibt es für Bauern und Verbraucher keine Wahlfreiheit mehr." (Greenpeace (2010) - Milch für Kinder. Einkaufsratgeber für den Genuss ohne Gentechnik (Auszug))

> *„Die Verantwortlichen wissen*, dass damit unumkehrbare Fakten geschaffen werden. Einmal freigesetzt, sind Gentech-Pflanzen **nicht mehr rückholbar. Durch Pollenflug verbreitet sich unkontrolliert genmanipuliertes Erbgut.** Artfremde Eigenschaften können in verwandte Wildpflanzen auskreuzen." (Gendreck-weg.de - Gefährliche Saat ... Gentechnik in der Landwirtschaft)

Antizipierter Sachverhalt KOEXISTENZ

Antizipierter Sachverhalt KOEXISTENZ	Haltung - Befürworter	Haltung - Gegner
	‚Möglich' ‚Soll ermöglicht werden'	‚Schwer realisierbar' ‚Nicht möglich' Sachverhaltsverknüpfung mit dem Thema |Akteure des Widerstands gegen Grüne Gentechnik|

In Bezug auf den Sachverhalt KOEXISTENZ, der mit verschiedenen landwirtschaftlichen Anbauformen von GVO zusammenhängt, unterscheiden sich die Positionen der Akteure vor allem darin, ob sie Koexistenz für ‚möglich' oder für ‚nicht möglich' halten.

Das BMELV behauptet als einziger Akteur aktiv, dass KOEXISTENZ ‚möglich' sei.

> „Das neue Gentechnikrecht bildet den Rahmen für eine positive Entwicklung und Nutzung der Gentechnik. Mit dem neuen Gentechnikgesetz hat die Bundesregierung einen wichtigen Beitrag dazu geleistet, die Forschung und Anwendung der Gentechnik in Deutschland zu fördern, ohne dass der Schutz von Mensch und Umwelt oder die Wahlfreiheit für Verbraucherinnen und Verbraucher eingeschränkt werden. **Zudem sorgt die neue Regelung dafür, dass die unterschiedlichen Bewirtschaf-**

tungsformen friedlich nebeneinander existieren können." (BMELV (2008) - Das neue Gentechnikrecht 2008)

Andere Akteure wie die Online-Enzyklopädie Wikipedia, die Verbände der Lebensmittel- und Agrarindustrie, die Land- und Ernährungswirtschaft sind der Ansicht, dass ‚Koexistenz ermöglicht werden soll'.

„Koexistenz/ Für die ökologische Landwirtschaft ist die **Vermeidung der Vermischung ihrer Produkte** mit transgenen Pflanzen sehr wichtig, insbesondere in der EU, da ihre Produkte sonst nicht mehr die gesetzlichen Anforderungen erfüllen." (Wikipedia (2010) - Grüne Gentechnik)

„In der Landwirtschaft sollten ökologische, konventionelle und gentechnisch basierte Anbaumethoden nebeneinander bestehen und sich entwickeln können. **Ziel ist ein sinnvolles Neben- und Miteinander aller Anbauverfahren – aber gerade dafür sind nachvollziehbare Regelungen erforderlich.**" (Verbände der Lebensmittel- und Agrarindustrie (2002) - Vielfalt fördern. Innovationspotenzial wahren)

„Praktische Anwendung durch Koexistenz ermöglichen!/ Investitionen am Standort Deutschland setzen voraus, dass Forschungsergebnisse in praxisreife Produkte einfließen und umgesetzt werden können. **Grundlage zum Anbau bilden die rechtlichen Vorgaben zur Koexistenz.** Weitergehende Auflagen dürfen nicht länger die Anwendung zugelassener und sicherer Produkte behindern, die weltweit bereits großflächig genutzt werden. Betriebswirtschaftliche Entscheidungen sollen von Landwirten und nicht von der Politik getroffen werden." (Land- und Ernährungswirtschaft fordert verlässliche Gentechnikpolitik zur Sicherung des Innovationsstandortes Deutschland - Branchenstellungnahme zur Gentechnikpolitik der Bundesregierung)

Bei den Akteuren, die Koexistenz für ‚schwer realisierbar' halten, handelt es sich vor allem um Gegner der Grünen Gentechnik.

Der Absolutheitsanspruch der Aussage der evangelischen und katholischen Kirche, die sich in einem gemeinsamen Positionspapier „Ungelöste Fragen - Uneingelöste Versprechen" ablehnend zur Grünen Gentechnik äußern, ist am geringsten, da sie nicht sagen, dass Koexistenz ‚unmöglich' sondern lediglich ‚schwer realisierbar' ist.

„Gefahr für die gentechnikfreie Landwirtschaft/ Die unkontrollierbare Ausbreitung gentechnisch veränderter Pflanzen **macht eine neutrale Koexistenz** zwischen Landwirten, die gentechnisch veränderte Pflanzen anbauen und solchen, die darauf verzichten wollen, **schwierig.**" (Gemeinsames Positionspapier der Evang. u. Kath.

Kirche in Deutschland (07.10.2003) - Ungelöste Fragen - Uneingelöste Versprechen)

Die NGO IDG-Keine-Gentechnik trifft diese Proposition mittels fremder Redewiedergabe. Percy Schmeiser ist derjenige, der die Behauptung, dass Koexistenz ‚nicht möglich' sei, äußert. Der Bezug auf Percy Schmeiser zählt zu den Themen, die von den Gegnern der Grünen Gentechnik dominant gesetzt werden (Sachverhaltsverknüpfung mit dem Thema |Akteure des Widerstands gegen Grüne Gentechnik|; vgl. Kapitel 4.4.4). Auf diese Weise schafft die NGO zwar Raum für diese Ansicht, ist jedoch nicht selbst für deren Wahrheitsgehalt verantwortlich.

„ ‚Koexistenz ist nicht möglich', sagt der kanadischen Landwirt Percy Schmeiser und spricht dabei aus eigener Erfahrung. Seine Felder wurden durch Gentech-Raps von Monsanto verunreinigt, woraufhin der Konzern ihn wegen Patentverletzung verklagte." (Informationsdienst Gentechnik - Keine Gentechnik.de – Gentechnik-Pflanzen breiten sich unkontrolliert aus)

Auch die NGO Gendreck-weg zeigt ihre Ansicht, dass Koexistenz ‚nicht möglich' sei, nur implizit auf, indem sie sich auf Percy Schmeiser bezieht.

„Der Anbau von genmanipulierten Organismen (GMO) bedroht weltweit die traditionelle Landwirtschaft. ‚Koexistenz', wie sie Gentechnikbefürworter immer wieder beschwören, **funktioniert nicht**. In Kanada z.B. ist es praktisch nicht mehr möglich, gentechnik-freien Raps oder Soja zu ernten. Die Agro-Gentechnik bringt Bauern und Bäuerinnen in Abhängigkeit von großen Saatgutkonzernen. Percy Schmeiser, ein kanadischer Bauer, wurde von Monsanto verklagt, weil auf seinen Feldern patentierter Gentech-Raps gefunden wurde. Von Nachbarfeldern waren Pollen und Fruchtkörner auf seinem Acker gelandet, seine jahrzehntelange Zuchtarbeit war mit einem Schlag zunichte. Obwohl er nie Gentechnik wollte, wurde er verurteilt." (Gendreckweg.de - Gefährliche Saat ... Gentechnik in der Landwirtschaft)

Was den Absolutheitsanspruch angeht, so bezeichnet der BUND Verunreinigung als „wahrscheinlich" und ist der Ansicht, dass Koexistenz ‚schwer realisierbar' ist. Der Gebrauch des Modalverbs *können* schränkt die Proposition in Bezug auf ihre Faktizität ein. Die stärkere und nicht gewählte alternative Formulierung wäre: „Weil sich die ‚Koexistenz' von konventioneller, biologischer und Gentech-Landwirtschaft sehr schnell als unmöglich erweisen **wird** [...]."

„Weil sich die ‚Koexistenz' von konventioneller, biologischer und Gentech-Landwirtschaft sehr schnell als unmöglich *erweisen kann* und eine schleichende gentechnische Verunreinigung herkömmlicher Ernten wahrscheinlich ist, unterstützt der BUND die Gründung gentechnikfreier Regionen. Mehr Informationen finden sich unter www.gentechnikfreie-regionen.de." (BUND - Kommerzieller Gentech-Anbau in Deutschland: Ende der Wahlfreiheit)

Interessant ist diesbezüglich ebenfalls die Proposition der Linken-Fraktion, die der Ansicht ist, dass Koexistenz ‚nicht möglich' ist. Die Linke-Fraktion distanziert sich durch die Verwendung des Konjunktivs II in der Proposition „Grundlage für Koexistenz wäre....", da der Konjunktiv II Irrealität indiziert. Der Akteur wechselt in den Indikativ, sobald es darum geht, die eigene Meinung zu vertreten. Der Absolutheitsanspruch wird nicht eingeschränkt und die Aussage „[D]ie Vorstellung eines friedlichen Nebeneinanders ist eine Illusion" wird im Nachsatz sogar noch verstärkt, da ein Bezug zur Vergangenheit gezogen wird („Das Argument Koexistenz hat sich als ein Trojanisches Pferd erwiesen."), was die Aussage verstärkt, da dadurch vermittelt wird, dass darüber bereits Wissen und Erfahrung bestehen.

„Was bedeutet Koexistenz?/ Der Begriff der Koexistenz von Landwirtschaft mit und ohne Einsatz der Agro-Gentechnik steht im Mittelpunkt der politischen Debatte. Koexistenz bedeutet, dass GVO-Anbauerinnen und -Anbauer sowie Nicht-Anwenderinnen und -Anwender dauerhaft nebeneinander produzieren können. **Grundlage wäre** die Einhaltung der so genannten „guten fachlichen Praxis" beim Anbau gentechnisch veränderter Nutzpflanzen, der Rechtsvorschriften für Etikettierung und der Schwellenwerte für Sortenreinheit und Kennzeichnung (Grenzwerte für die zugelassene unbeabsichtigte Kontamination). [...] Allerdings **ist** zu bezweifeln, dass mit Abstandsregeln die gentechnikfreie Landwirtschaft wirksam geschützt werden, da es zu viele Kontaminationsrisiken gibt. In den großen GVO-Anbaugebieten gibt es bereits negative Erfahrungen, die zeigen, dass Koexistenz praktisch nicht funktioniert. **Die Vorstellung eines friedlichen Nebeneinanders ist eine Illusion. Das Argument Koexistenz hat sich als ein Trojanisches Pferd erwiesen.** In den USA, Argentinien oder Mexiko ist es bereits nach fünf oder zehn Jahren zu massiven, unkontrollierbaren Verunreinigungen gekommen: durch illegalen Anbau, Pollen- und Insektenflug, Saatgutvermengung, unsaubere Ernte- und Transporttechnik, Durchwuchs etc.." (Die Linke-Bundestagsfraktion - Die Agro-Gentechnik - 30 Fragen & 30 Antworten zur Zukunft der gentechnikfreien Landwirtschaft)

An dieser Stelle bleibt festzuhalten, dass lediglich Gendreck-weg, Die Linke-Fraktion und die KLJB die Haltung ‚Koexistenz ist nicht möglich' ohne Einschränkung des Geltungsanspruchs vertreten.

„ ‚Koexistenz', wie sie Gentechnikbefürworter immer wieder beschwören, **funktioniert nicht.**" (Gendreck-weg.de - Gefährliche Saat ... Gentechnik in der Landwirtschaft)

„Der Anbau von genmanipulierten Organismen (GMO) bedroht weltweit die traditionelle Landwirtschaft. ‚**Koexistenz**', wie sie Gentechnikbefürworter immer wieder beschwören, **funktioniert nicht**." (Gendreck-weg.de - Gefährliche Saat ... Gentechnik in der Landwirtschaft)

„**Die Vorstellung eines friedlichen Nebeneinanders ist eine Illusion.**" (Die Linke-Bundestagsfraktion - Die Agro-Gentechnik - 30 Fragen & 30 Antworten zur Zukunft der gentechnikfreien Landwirtschaft)

„Auch im Bereich der nachwachsenden Rohstoffe betreffen die Risiken der Agro-Gentechnik insbesondere die • Koexistenz: **Das Nebeneinander von gentechnisch veränderten Organismen und Pflanzen der konventionellen oder biologischen Landwirtschaft ist nicht möglich.** Aufgrund des Pollenfluges lässt sich die Ausbreitung gentechnisch veränderter Organismen nicht verhindern, auch nicht von Energiepflanzen auf Pflanzen zur Lebensmittelerzeugung." (KLJB (2006) – Beschluss: Keine Agro-Gentechnik bei nachwachsenden Rohstoffen)

Antizipierter Sachverhalt TECHNIKFOLGE VON HERBIZIDTOLERANZEN

Antizipierter Sachverhalt TECHNIKFOLGE VON HERBIZID-TOLERANZEN	Haltung - Befürworter	Haltung - Gegner
	‚Keine Existenz von Superunkäutern' ‚Existenz von resistenten Unkräutern'	‚Existenz bzw. Entstehen von Superunkräutern'
	‚Tolerant gegen Herbizide' ‚Bekämpfbar durch andere Herbizide'	‚Mehrfachtoleranzen gegen Herbizide' In Bezug auf mehrfachtolerante Ackerkräuter: ‚Bekämpfbar durch Herbizidmischung' In Bezug auf mehrfachtolerante GV Rapspflanzen: ‚Nicht mit entsprechenden Herbiziden bekämpfbar'

Was die Technikfolgenabschätzung der SUPERUNKRÄUTER betrifft, so scheint es ausschließlich zwei gegensätzliche Ansichten zu geben. Zum einen sind die NGO Greenpeace und Bündnis '90/ Die Grünen als Gegner der Grünen Gentechnik der Ansicht, dass ‚Superunkräuter existieren oder durch die Anwendung der Grünen Gentechnik entstehen können'[149]. Zum anderen bestreiten das Bundesamt für Verbraucherschutz und Lebensmittelsicherheit (BVL) und das Unternehmen KWS zwar nicht die ‚Existenz von resistenten Unkräutern', dafür aber die ‚Existenz von Superunkräutern'. Sowohl BVL als auch KWS sind der Ansicht, dass ‚resistente Unkräuter' entstehen können, bestreiten aber – und das ist ausschlaggebend für die Entstehung von Superunkräutern – zudem die ‚Entstehung von Mehrfachtoleranzen'.

„Können bei Freisetzungen „Superunkräuter" entstehen?/ Die Entstehung von „Superunkräutern" aus gentechnisch veränderten Pflanzen bei Freisetzungen **ist nicht zu befürchten**. Die meisten Freisetzungen werden mit gentechnisch veränderten Kulturpflanzen durchgeführt, deren Ansprüche an ihren Lebensraum gut bekannt sind. Durch das Hinzufügen eines oder weniger neuer Gene verändern sich diese Ansprüche nicht so, dass aus der Kulturpflanze ein Superunkraut wird, das selbst in widrigsten Lebensräumen alle anderen Pflanzen verdrängt. Das gilt auch für herbizidresistente gentechnisch veränderte Pflanzen: **Trotz der Resistenz gegen einen bestimmten Herbizidwirkstoff lassen sie sich durch alle anderen Herbizidwirkstoffe nach wie vor bekämpfen**." (BVL - Häufig gestellte Fragen zu Freisetzungen)

„Können „Superunkräuter" entstehen, z.B. durch eine Herbizidtoleranz?/ [...] Wird beispielsweise herbizidtoleranter Raps angebaut, so ist eine Übertragung auf eine als Unkraut auftretende Wildpflanzenart ein natürlicher Vorgang, der unabhängig von der Zuchtmethode besteht. Eine erfolgte Übertragung würde jedoch nichts anderes beweisen, als dass Kulturpflanzen mit ihren wilden Verwandten kreuzbar sind - eine alles andere als neuartige Erkenntnis. **Durch den Einsatz eines anderen Herbizids könnte die Wildpflanze jederzeit beseitigt werden. Von einem „Superunkraut" kann also nicht die Rede sein**." (KWS - Häufig gestellte Fragen zu Biotechnologie und Gentechnik)

Auch der die Grüne Gentechnik befürwortende Rüdiger Marquardt, Autor eines vom BMBF herausgegebenen Texts, gesteht die Möglichkeit der Bildung von ‚resistenten Unkräutern' zu, zur ‚Entstehung von Superunkräutern' äußert sich das BMBF allerdings nicht.

„Die zusammen mit gentechnisch veränderten Pflanzen einsetzbaren Herbizide gelten als umweltverträglicher als viele andere, da sie rascher abgebaut werden und die Mengen geringer sind, die man für eine Bekämpfung des Unkrauts benötigt. Als so genannte Nachauflaufherbizide können sie nach Bedarf verwendet und müssen nicht – wie bei Vorauflaufherbiziden erforderlich – schon prophylaktisch ausgebracht

---

149 Textbeleg ohne Begründung der eigenen Ansicht findet sich in Kapitel 1.2 der Zusatzmaterialien unter www.springer.com auf der Produktseite dieses Buches.

werden. Sie sind aber völlig unselektiv, d. h., sie greifen alle Pflanzen an, ohne zwischen Unkraut und Nutzpflanze zu unterscheiden. Mit gentechnischen Methoden hat man die Nutzpflanzen daher gegen diese Herbizide resistent gemacht. Nur die gentechnisch veränderten Nutzpflanzen überstehen einen Einsatz der so genannten Totalherbizide, während alle anderen Pflanzen absterben. Wie bei sämtlichen derartigen Entwicklungen bleibt das inhärente Problem, dass unter dem Selektionsdruck des Herbizids auch **resistente Unkräuter entstehen können**. Ob dies durch Erwerb des Resistenzgens – durch unerwünschte Kreuzung mit der Nutzpflanze – geschieht oder durch andere Mechanismen, ist dabei unerheblich." (Rüdiger Marquardt (BMBF) - Biotechnologie Basis für Innovationen (Auszug))

Die ‚Entstehung von Superunkräutern' begründet die NGO Gentechnikfreie Regionen in Deutschland durch Auskreuzung. Anhand der fremden Redewiedergabe „Viele Studien haben gezeigt, dass" bemüht sich die NGO, ihre Position zu stärken, indem sie auf eine andere Autorität verweist. Das Modalverb „können" schränkt die Proposition ein.

„Bei Raps ist die häufigste Eigenschaft, die durch Gentechnik in die Pflanze eingebracht wird, die Toleranz gegen ein spezifisches Pflanzenschutzmittel (= Herbizid). Ein solcher gentechnisch veränderter Raps wird als herbizidtolerant bezeichnet. Wird der Acker mit dem Herbizid besprüht, überlebt allein der gentechnisch veränderte Raps. *Viele Studien haben gezeigt*, dass sich die Herbizidtoleranz von Raps auf nahe verwandte Ackerkräuter auskreuzen *kann*. Aus der Kreuzung entstehen **"Superunkäuter", die nur noch mit einer Mischung verschiedener Pflanzenschutzmittel bekämpft werden können**." (Gentechnikfreie Regionen in Deutschland (BUND/AbL) - Ökologische Risiken)

Die Entstehung von Superunkräutern (in diesem Fall der Raps als Superunkraut) erklären Greenpeace, Bündnis '90/ Die Grünen und Gentechnikfreie Regionen in Deutschland (BUND/ AbL) mit dem Entstehen von Abwehrkräften gegen Pflanzenschutzmittel (Unkrautvernichtungsmittel). Entscheidend für den Dissens ist ihrer Begründung nach, dass es sich um ‚Mehrfachtoleranzen' handelt. Im vorliegenden Textbeleg wird darüber hinaus hervorgehoben, dass Raps einmal die Rolle der GV Pflanze einnimmt, auf anderen Feldern hingegen das Unkraut darstellt.

„Hinzu kommt, dass Raps selber auf anderen Feldern als Unkraut auftritt. In Kanada, wo gentechnisch veränderter Raps 75 Prozent des Rapsanbaus ausmacht, treten Rapspflanzen als **Unkräuter auf, die gleich gegen mehrere handelsübliche Pflanzenschutzmittel tolerant sind**: Durch Kreuzung haben sich in den Pflanzen **Mehrfachtoleranzen** ausgebildet, d. h. die Herbizidtoleranzen mehrerer gentechnisch veränderter Rapssorten, die gegen unterschiedliche Pflanzenschutzmittel tolerant sind, vereinen sich in einer Pflanze. **Solche Rapspflanzen sind mit den entspre-**

chenden Herbiziden nicht mehr zu bekämpfen." (Gentechnikfreie Regionen in Deutschland (BUND/AbL) - Ökologische Risiken)

Bezüglich der antizipierten Sachverhalte VERBREITUNG, RÜCKHOLUNG, KOEXISTENZ und TECHNIKFOLGE VON HERBIZIDTOLERANZEN lässt sich feststellen, dass die Grenzen zwischen den Standpunkten der Befürworter und der Gegner klar verlaufen. Allerdings kann im Gegensatz zu den rechtlichen Sachverhalten bemerkt werden, dass die Positionen differenzierter formuliert werden. So wird in Bezug auf den antizipierten Sachverhalt RÜCKHOLUNG eine Unterscheidung in Sachverhalt A RÜCKHOLUNG NACH UNGEWOLLTER DURCHMISCHUNG, zu dem sich nur die Gegner äußern und Sachverhalt B die RÜCKHOLUNG BEI DER FREISETZUNG getroffen; bezüglich des antizipierten Sachverhalts KOEXISTENZ unterscheiden sich die Haltungen bezüglich des Faktizitätsanspruchs.

Insgesamt kann also für Diskursverhärtungen festgehalten werden, dass sie verhärtete Positionen in Bezug auf rechtliche und antizipierte Sachverhalte verdeutlichen, dass die Verhärtung aber nicht bei jedem Sachverhalt gleich ausfällt. Manchmal verläuft die Grenze nicht zwischen Gegnern und Befürwortern und die geäußerten Haltungen unterscheiden sich in Bezug auf ihre Differenziertheit und ihren Faktizitätsanspruch.

4.4.3 Kampf um Wissen – Argumentation und Dialogizität

Die Argumentation ist eine sprachliche Handlung und wird auf den lateinischen Begriff argūmentātio (Beweisführung) zurückgeführt. Die Argumentation bezeichnet ein

> „komplexes sprachliches Verfahren zur einvernehmlichen Klärung kontroverser Meinungen. Der Kern einer A. besteht in der schlüssigen Anknüpfung von Strittigem an Unstrittiges (...)." (Bußmann [3]2002: 94)

Des Weiteren wird hier im Gesamtkapitel „Argumentation" der Fokus darauf gelegt, ob zwischen den einzelnen Argumenten der Gegner und Befürworter eine Überschneidung besteht oder ob diese völlig unabhängig voneinander im Raum stehen und keine Entsprechung finden. Diese hier so bezeichnete Überschneidung wird unter dem Begriff „Dialogizität" zu fassen gesucht. Dazu wird auf Michail Bachtin Bezug genommen. Allerdings grenzt sich das an dieser Stelle entworfene Verständnis von Dialogizität von Bachtins Verständnis im Sinne einer Mehrstimmigkeit (Polyphonie)[150] und Vielstimmigkeit (Heteroglossie)[151] ab (Zappen 2000).

Stattdessen wird sich hier auf den Aspekt seines Dialogizität-Terminus berufen, den Michail Bachtin in seinem Roman „*Probleme der Poetik Dostojevskijs*" als Konzept der Dialogizität in Abgrenzung zu Monologizität entwirft. Er erklärt darin den Dialog in seiner engeren Bedeutung als einen Ausschnitt zwischenmenschlicher Rede, welcher verschiedene Dialogtypen wie z. B. Stilisierung, Parodie und versteckte Polemik enthält (ebd.). Darin versteht er den Dialog als zweistimmige Rede, die einen bewussten Bezug auf die Äußerung eines anderen nimmt; eine solche Rede ergänzt das Gesagte um eine neue Bedeutung und damit um eine neue Absicht (ebd.). Monologische, einstimmige Rede hingegen erkennt nur sich selbst an und nimmt keinen Bezug auf die Worte von anderen (ebd.). Der Anschluss an die Bachtinsche Terminologie von Dialogizität besteht also in der Anknüpfung an das Gesagte eines Anderen. Dialogizität stellt ein diskursives Element dar, welches darüber Auskunft gibt, ob es zwischen den angeführten Argumenten der Diskursakteure eine sachverwandte und sinnhafte Anknüpfung aneinander gibt. Nicht gemeint ist hier in Abgrenzung zu Bachtin jedoch, dass die Bezugnahme vom Diskursakteur in jedem Fall bewusst erfolgen muss. Übereinstimmung besteht mit seiner Definition im Verfolgen einer neuen und abweichenden Absicht, was sich damit begründet, dass die Akteure schließlich verschiedene Interessen verfolgen.

Bei einer Argumentation kann zwischen den Diskursakteuren Konsens oder Dissens bestehen. Konsens setzt voraus, dass die Äußerungen der Diskursakteure denselben Sachverhalt betreffen. Wenn allerdings unter den Akteuren Dissens besteht, so kann dies auf verschiedene Konstellationen zurückzuführen sein. Szenario 1, die opponierenden Akteure nehmen also auf im Diskurs Geäußertes Bezug, sprechen über einen sachverwandten Inhalt und sind sich über diesen nicht einig. Szenario 2, die Diskursakteure nehmen keinen Bezug auf einen sinn- und sachverwandten Gegenstand, argumentieren auf verschiedenen Ebenen (beispielsweise in Bezug auf verschiedene gesellschaftliche Lebensbereiche) und reden dadurch aneinander vorbei, womit gemeint ist, dass ihre Argumente nicht denselben Sachverhalt betreffen und damit eine Art „Nicht-Kommunikation" hervorgerufen wird, die dann in Form des Dissens zutage tritt.

---

150 Das Konzept der Polyphonie wird von Bachtin in „*Probleme der Poetik Dostojevskijs*" expliziert (Zappen 2000).
151 Das Konzept der Heteroglossie legt Bachtin in „Das Wort im Roman" dar (Zappen 2000).

Handlungsstrategien der Diskursakteure im Kampf um Wissen 271

Folgende schematische Abbildung soll diesen Sachverhalt erläutern:

Konsens		Dissens			
		Szenario 1		Szenario 2	
Dialogizität		Dialogizität		Keine Dialogizität	
Argument A	Argument B	Argument A	Argument B	Argument A	
					Argument B

Tabelle 3. Dialogizität. Quelle: Eigene Darstellung.

Somit sollen in der qualitativen Untersuchung des fachexternen Diskurses die einzelnen Argumente in Bezug auf die verschiedenen Themen inhaltlich eruiert werden, der Argumentationsverlauf und die Dialogizität oder die fehlende Dialogizität aufgezeigt werden. Der Mehrwert dieser sprachwissenschaftlichen Analyse im Gegensatz zu anderen geisteswissenschaftlichen Untersuchungen zum Diskursthema Grüne Gentechnik ist der, dass nicht nur eine inhaltliche Auflistung der jeweiligen Argumentation erfolgt, sondern auch deutlich gemacht wird, in welcher sprachlichen Form dies geschieht. Durch die Angabe der sprachlichen Form können sprachliche Strategien, seien sie nun bewusst oder unbewusst eingesetzt worden, aufgezeigt werden. Auf diese Weise wird eine Basis dafür geschaffen, diesen Strategien entsprechend zu begegnen.

Thema |Gentechnisch veränderte nachwachsende Rohstoffe|

Thema |GV Nachwachsende Rohstoffe|	Argument - Befürworter	Argument - Gegner
	‚Erhaltung von Energiesicherheit durch den Einsatz Grüner Gentechnik'	
	‚Klimawandel als Begründung für die Produktion von Biotreibstoffen'	
	‚Nutzen der nachwachsenden Rohstoffe für die Industrie'	
	‚Verbesserung der Produktqualität durch den Einsatz von nachwachsenden Rohstoffen'	
		‚Versuch der Erzeugung von Akzeptanz für die Grüne Gentechnik über nachwachsende Rohstoffe'
	‚Nutzung nachwachsender Rohstoffe außerhalb der Nahrungskette'	‚Anwendung der Grünen Gentechnik im Bereich Energiegewinnung genauso riskant wie die Anwendung in der Lebensmittelproduktion'

Im Themenbereich |GV nachwachsende Rohstoffe| setzen sich im vorliegenden Textkorpus die Akteure argumentativ auseinander. |GV nachwachsende Rohstoffe| sind Pflanzen, die gentechnisch verändert wurden, damit sie den Ertrag von Pflanzen zur Gewinnung von Energie, Biopolymeren und Biotreibstoffen steigern.

Der Wissenschaftler Bernd Müller-Röber führt die zunehmende Bedeutung der gentechnisch veränderten nachwachsenden Rohstoffe an und betont damit die Relevanz des Themas innerhalb des Diskurses.

Handlungsstrategien der Diskursakteure im Kampf um Wissen 273

„**Präzisionsgezüchtete Pflanzen als nachwachsende Rohstoffe werden zunehmend an Bedeutung gewinnen.** Die Pflanzengenomforschung und ihre biotechnologischen Anwendungen bieten dafür ein weites technologisches Spektrum." (Bernd Müller-Röber (2006) - Grüne Gentechnik für nachwachsende Rohstoffe)

Das schweizerische Unternehmen Syngenta argumentiert als Befürworter für die Anwendung der Grünen Gentechnik im Bereich |nachwachsender Rohstoffe|. Syngenta vertritt alleinig das Argument der ‚Erhaltung von Energiesicherheit durch den Einsatz Grüner Gentechnik'. Syngenta zieht den ‚Klimawandel' als Begründung für die Produktion von Biotreibstoffen heran. Die ‚Herausforderung den Klimawandel zu meistern' stellt wie z. B. die ‚Sicherung der Ernährungsgrundlage' ebenfalls ein Argument dar, das von allen Seiten als positiv eingestuft wird. Formal betrachtet wird deutlich, dass indikativisch formuliert wird, was auf einen hohen Anspruch auf Faktizität verweist, ebenso wie das verwendete Modalwort „wahrhaft" (vgl. Kapitel 4.5.4.1; Modaladjektive).

„Biotreibstoffe/ Biotreibstoffe tragen dazu bei, die Herausforderungen der Energiesicherheit und des Klimawandels zu meistern. /[...]/ In Pflanzen "eingebaute" Enzyme gehören zu den zukunftsgerichteten Schlüsselinnovationen von Syngenta – Pflanzen sind die einzige *wahrhaft* erneuerbare Ressource, die wir haben./ Die effiziente Biotreibstoffproduktion wird helfen, den Wettbewerb zwischen Biotreibstoffanbau und Lebensmittelproduktion einzudämmen und hat keine grösseren Auswirkungen auf die Biodiversität als konventionelle Kulturen." (Syngenta - Was denkt Syngenta über... Biotreibstoffe)

Von verschiedenen Akteuren wird der ‚Nutzen der gentechnisch veränderten nachwachsenden Rohstoffe für die Industrie' angeführt und die Anwendung der Grünen Gentechnik im Bereich gentechnisch veränderte nachwachsende Rohstoffe befürwortet. Helmut Heiderich, Autor eines von der KAS herausgegebenen Aufsatzes, begründet seine Haltung damit, dass ‚die Nutzung nachwachsender Rohstoffe außerhalb der Nahrungskette' erfolge, und bezieht sich mithilfe dieses Arguments auf Bedenken einiger Gegner, die darin ein Risiko sehen. Helmut Heiderich und der DIB sprechen von der ‚Verbesserung der Produktqualität durch den Einsatz von gentechnisch veränderten nachwachsenden Rohstoffen'.

„Ein besonders interessantes Einsatzgebiet für die Gentechnik sind nachwachsende Rohstoffe, da ihre Nutzung außerhalb der Nahrungskette erfolgt. Bei Raps z. B. wird die Fettsäurezusammensetzung so verändert, **dass eine Steigerung des Erucasäureanteils auf 60 % ermöglicht wird, was zu einer verbesserten Schaumbremsung und Hautverträglichkeit in der Waschmittelindustrie beiträgt.**" (Helmut

Heiderich (2001)(KAS) - Perspektiven der „Grünen Gentechnik" (Zukunftsforum Politik))

„Pflanzen liefern außer Nahrungsmitteln auch nachwachsende Rohstoffe, die eine wichtige Quelle für Chemieprodukte sind. Durch Biotechnologie und Gentechnik können pflanzliche Inhaltsstoffe für die Weiterverarbeitung optimal angepasst und besser genutzt werden." (DIB (2009) – Auf einen Blick. Biotechnologie 2009)

Die Gegner, hier zunächst KLJB und die Fraktion Die Linke, argumentieren vor allem mittels zweier Argumente gegen den Anbau und den Einsatz gentechnisch veränderter nachwachsender Rohstoffe. Die Gentechnik-Industrie würde über die nachwachsenden Rohstoffe versuchen, ‚Akzeptanz für die Grüne Gentechnik zu erreichen, weil dies über den Lebensmittelsektor nicht gelänge'.

„Der Anbau gentechnisch veränderter Pflanzen birgt große Risiken, selbst wenn diese nicht im Lebensmittel- und Futtermittelbereich verwendet werden. Wir sehen die Gefahr, dass die Gentechnikkonzerne versuchen, im Bereich der nachwachsenden Rohstoffe den Anbau gentechnisch veränderter Pflanzen zu verbreiten, gerade weil er kaum im öffentlichen Interesse steht. Dieser Markt ist weniger als der Lebensmittelbereich im Blick der VerbraucherInnen. Der boomende Anbau nachwachsender Rohstoffe darf nicht die Einstiegshilfe für gentechnisch veränderte Pflanzen sein." (KLJB (2006) – Beschluss: Keine Agro-Gentechnik bei nachwachsenden Rohstoffen)

„Aussagen des brandenburgischen Landwirtschaftsministers, zur Steigerung nachwachsender Rohstoffe zur Energieproduktion könne auf die Agro-Gentechnik nicht verzichtet werden, lassen bereits ahnen, worauf man sich in den kommenden Diskussionen und Jahren einstellen kann. Wenn gv-Pflanzen auf dem Teller nicht willkommen sind, versucht man es eben über den Tank." (Die Linke-Bundestagsfraktion - Die Agro-Gentechnik - 30 Fragen & 30 Antworten zur Zukunft der gentechnikfreien Landwirtschaft)

Schaut man die Formseite an, fällt auf, dass anhand eines Wenn-Dann-Verhältnisses (Wenn A gilt, dann gilt auch C) argumentiert wird. Dieses durch ein faktisches „Wenn" konstituierte Wenn-Dann-Verhältnis wird genutzt, um „eine notwendige Konsequenz aus einem nicht infrage stehenden Sachverhalt im bedingenden Satz zu formulieren." (Duden ^{7}2006: 1095). Wenn transgene Sorten erstmals großflächig Einzug auf deutsche Äcker halten sollten (A), dann am ehesten als gentechnisch veränderte nachwachsende Rohstoffe (C).

Die NGO Gentechnikfreie Regionen in Deutschland (BUND/AbL) unterstellt dem Befürworter über die ihm zugeschriebene modalisierte Bedingung berechnendes Verhalten („so das Kalkül der Saatgutkonzerne"). Damit versucht

Gentechnikfreie Regionen (BUND/AbL) die Glaubwürdigkeit des Kontrahenten, nämlich der Saatgutindustrie, einzuschränken.

„Auch für die Saatgutfirmen, die in Deutschland seit über einem Jahrzehnt vergeblich einen Markt für ihre Gentech-Pflanzen suchen, sind sie der neue Hoffnungsträger. Entsprechend vollmundig kommen die Ankündigungen daher. Zunächst gentechnisch veränderte Energiepflanzen, dann Kartoffeln mit verändertem Stärkehaushalt für die Papierherstellung oder Holz mit reduziertem Lingingehalt für die Zellstoffproduktion, schließlich Pharmapflanzen, die Medikamente bilden - **sie sollen der Agro-Gentechnik zu dem verhelfen, was ihr bisher fehlt: zu Akzeptanz bei Landwirten und Verbrauchern.** Wenn transgene Sorten erstmals großflächig Einzug auf deutsche Äcker halten sollten, *so das Kalkül der Gentechnik-Konzerne,* **dann** vermutlich nicht als Lebens- oder Futtermittel, sondern am ehesten als nachwachsende Rohstoffe." (Gentechnikfreie Regionen in Deutschland (BUND/AbL) - Nachwachsende Rohstoffe. Einfallstor für die Gentechnik in der Landwirtschaft)

Von der Vereinigung Gentechnikfreie Regionen in Deutschland (BUND/AbL) wird argumentiert, dass ‚die Risiken, die für die Anwendung der Grünen Gentechnik im Bereich Lebensmittelproduktion ebenfalls auf die Anwendung für die Energiegewinnung gälten'.

„Ob Gentech-Pflanzen als Lebens- oder Futtermittel oder als nachwachsender Rohstoff auf den Acker gelangen, spielt in Bezug auf ihre Umweltauswirkungen und ihre Koexistenzfähigkeit keine Rolle. Genveränderte Energie-, Industrie- und Pharmapflanzen sind mindestens genauso problematisch für die Umwelt wie zu Nahrungszwecken angebaute Gentech-Saaten, **die Wahrscheinlichkeit**, dass es zu Vermischungen mit Produkten aus konventioneller und biologischer Landwirtschaft kommt, **ist genauso groß**. Und eine Garantie, dass sie nicht in der menschlichen und tierischen Nahrungskette auftauchen, wird keiner ihrer Nutzer abgeben wollen." (Gentechnikfreie Regionen in Deutschland (BUND/AbL) - Nachwachsende Rohstoffe. Einfallstor für die Gentechnik in der Landwirtschaft)

Die vom Fachlichkeitsgrad eher als alltagssprachlich einzustufenden Texte geben Anlass zur Vermutung, dass hier eine starke Adressatenorientierung an den Verbraucher vollzogen wird, um diesen von der Argumentation der NGO zu überzeugen (vgl. Kapitel 4.5.3).

An der Gegenüberstellung der Argumente von Gegnern und Befürwortern in der eingangs aufgeführten Tabelle wird deutlich, dass es wenig Pro- und Kontra-Argumente gibt, die sich auf denselben Sachverhalt beziehen. Es werden verschiedene Schwerpunkte gelegt und die Argumentation läuft meist aneinander vorbei. Dialogizität liegt ausschließlich bei der Frage vor, ob die Nutzung nachwachsender Rohstoffe weniger riskant sei, da sie außerhalb der Nahrungskette stattfindet. Die Befürworter sind der Ansicht, ja, die Gegner sind der Ansicht, nein.

Thema |Gen-Food|

Thema |Gen-Food|	Argument - Befürworter	Argument - Gegner
	‚GV Zuckerrüben: kein Risiko für Verbraucher'	
	‚Zurückweisung der Gleichsetzung von gentechnisch veränderten Lebensmitteln und Lebensmitteln, die gentechnisch veränderte Stoffe enthalten'	
	‚Kein Risiko in Bezug auf Lebensmittel, die gentechnisch veränderte Stoffe enthalten'	
	‚Gentechnisch veränderte Stoffe werden bereits in herkömmlichen Lebensmitteln verwandt'	
	‚Prinzip der Substanziellen Äquivalenz'	
		‚Mindere Qualität der Lebensmittel'
		‚Mangelnde Untersuchungen'
		Sachverhaltsverknüpfung mit ›Verbraucherbedürfnis‹
		Sachverhaltsverknüpfung mit |gentechnikfreier Ernährung|
		Sachverhaltsverknüpfung mit KENNZEICHNUNG VON GVO
		Sachverhaltsverknüpfung mit ›Wahlfreiheit‹

Unter dem Thema |Gen-Food| wird die Diskussion über gentechnisch veränderte Lebensmittel behandelt. Der Schwerpunkt liegt hierbei auf der Tatsache, dass es sich nicht um gentechnisch veränderte Pflanzen handelt, sondern um die Lebensmittel, die gentechnisch verändert sind oder aus gentechnisch veränderten Bestandteilen bestehen. Das Thema |Gen-Food| ist mit der Problematik der KENNZEICHNUNG VON GVO verknüpft. Diese wird im Kapitel „Kampf um Wissen – Diskursverhärtungen" unter dem Kampf um rechtliche Sachverhalte erläutert.

Eine Möglichkeit, die eigene (hier: befürwortende) Position in Bezug auf gentechnisch veränderte Lebensmittel zu stärken, ist, Autoritäten zu zitieren (vgl. Kapitel 4.5.1.1), welche GVO als nicht riskant für den Menschen deklarieren. Die KWS nimmt als Befürworter auf die EFSA Bezug und führt dadurch an, dass die Produkte aus der Zuckerrübenverarbeitung ‚kein Risiko für die Verbraucher darstellten'.

„Zucker aus Roundup Ready-Zuckerrüben auch in Deutschland?/ Aus den USA werden u. a. auch nach Europa Zuckerrübenprodukte (Zucker, Rübenschnitzel und Melasse) exportiert. Um den Export dieser Produkte künftig auch von Roundup Ready-Zuckerrüben zu ermöglichen, wurde bei der EU eine entsprechende Importgenehmigung beantragt. Das dazugehörige Verfahren ist langwierig: Ende Dezember 2006 veröffentlichte die Europäische Behörde für Lebensmittelsicherheit, EFSA ihre Stellungnahme, die so genannte „overall opinion". **Auch sie kam nach vielfältigen Untersuchungen zu dem Schluss, dass die Roundup Ready-Zuckerrübe sowie deren Produkte kein Risiko für Mensch und Tier darstellen.** Über diese Stellungnahme entscheidet nun die Europäische Kommission. Deren Vorschlag geht dann zur Abstimmung an den „Ständigen Ausschuss für die Lebensmittelkette und Tiergesundheit", in dem alle EU-Mitgliedsstaaten vertreten sind. Für eine rechtskräftige Entscheidung braucht es eine qualifizierte Mehrheit dieser Staaten. Wenn diese nicht im ersten Anlauf zustande kommt, wird sich der Ministerrat mit diesem Antrag beschäftigen. Am Ende entscheidet gewöhnlich die Europäische Kommission. Aufgrund der Erfahrungen in vergleichbaren Fällen ist eine abschließende Genehmigung Ende 2007 zu erwarten." (Angelika Sontheimer (für KWS) - Ready for Take off? Roundup Ready-Zuckerrüben in den USA in den Startlöchern)

Rüdiger Marquardt, Autor eines vom BMBF herausgegebenen Texts, argumentiert als Befürworter von Grüner Gentechnik bezüglich |Gen-Food| anhand der ‚Zurückweisung der Gleichsetzung von gentechnisch veränderten Lebensmitteln und Lebensmitteln, die gentechnisch veränderte Stoffe enthalten'. Daran wird deutlich, dass er hier eine Unterscheidung bezüglich des Risikopotenzials zieht.

Weiterhin weist er ein ‚Risiko in Bezug auf Lebensmittel, die lediglich gentechnisch veränderte Stoffe enthalten' zurück, indem argumentiert, dass der einzige Unterschied der beiden Stoffe im Reinheitsgrad liegen würde. Damit bezieht er sich auf das Prinzip der „Substanziellen Äquivalenz".

„In der öffentlichen Darstellung entsteht oft der Eindruck, von gentechnisch veränderten Lebensmitteln gehe per se ein erhöhtes Risiko aus. **Dabei erstreckt sich diese Befürchtung sogar auf Lebensmittel, die selbst gar nicht verändert sind, sondern nur Stoffe enthalten oder mit ihnen in Berührung gekommen sind, die gentechnisch hergestellt wurden.** So wird bei der Herstellung von Hartkäse Labferment eingesetzt. Dieses Enzym, international Chymosin genannt, wird in vielen anderen Ländern längst gentechnisch produziert und eingesetzt. **Es unterscheidet sich von dem aus Kälbermägen isolierten Enzym nur dadurch, dass es gentechnisch in viel höherer Reinheit gewonnen werden kann.**" (Rüdiger Marquardt (BMBF) - Biotechnologie Basis für Innovationen (Auszug))

Walter P. Hammes, Autor eines von der KAS herausgegebenen Textes, problematisiert in diesem den Umstand der Sicherheitsbewertung von gentechnisch veränderten Lebensmitteln. Zum einen argumentiert er als Befürworter für eine Sicherheitsbewertung nach dem Prinzip der „Substanziellen Äquivalenz".

„Hinsichtlich der Lebensmittel gentechnischen Ursprungs lässt sich erkennen, dass gerade die Bewertung der gesundheitlichen Unbedenklichkeit eines Lebensmittels aus einem genetisch veränderten Organismus, in dem nur ein einziges Gen modifiziert wurde, eine verhältnismäßig leichte Aufgabe sein kann, wenn die Summe der Unbekannten und die potentiellen Risiken mit dem verglichen werden, was bei Lebensmitteln aus z. B. einer bisher niemals als Lebensmittel genutzten Pflanze vorhanden ist. **Bei der Bewertung der gentechnisch modifizierten Organismen kann nämlich die traditionelle Erfahrung mit dem ursprünglichen Empfängerorganismus, dem sogenannten „traditionellen Gegenstück", berücksichtigt werden. Dieser Vorgehensweise liegt das Konzept der „Substantiellen Äquivalenz" zugrunde.**" (Walter P. Hammes (2001)(KAS) - Perspektiven der „Grünen Gentechnik" (Zukunftsforum Politik))

Zum anderen wirft er das Problem auf, dass der risikobehaftete Gegenstand schwer zu beurteilen sei, da sein Risiko eben nicht durch einen Vergleich mit dem konventionellen Gegenstand auszuschließen sei. Damit erscheint seine Argumentation in Hinsicht auf die Sicherheitsbewertung anhand des Prinzips der „Substanziellen Äquivalenz" widersprüchlich.

„Die Herausforderung für die Sicherheitsbewertung eines mit Hilfe der Gentechnik erzeugten, neuartigen Lebensmittels besteht darin, dass sie in einer deutlich risikobehafteten Grundgegebenheit ein Risiko ausschließen bzw. gegebenenfalls definieren muss. **Diese Grundgegebenheit ist vielfach nicht oder nur unvollständig bekannt, weil sie beim traditionellen Verzehr nicht auffällig wurde.**" (Walter P.

Handlungsstrategien der Diskursakteure im Kampf um Wissen 279

Hammes (2001)(KAS) - Perspektiven der „Grünen Gentechnik" (Zukunftsforum Politik))

Als Argumente gegen gentechnisch veränderte Lebensmittel werden verschiedene Sachverhalte angeführt. Meist wird den |gentechnisch veränderten Lebensmitteln| bzw. dem |Gen-Food| ‚mindere Qualität' zugesprochen. Bündnis '90/ Die Grünen stellen gentechnisch veränderte Produkte Bioprodukten gegenüber und beschreiben |Gen-Food| als „geschmacksarm" und weniger gesund.

„Bio schmeckt gut und tut gut: Wer seinen Geschmack ein wenig geschult hat, kann genormter Discount-Ware wenig abgewinnen. Gutes Essen ist in regionalen Küchen, die Menschen über Jahrhunderte entwickelt haben, verankert. **Agro-Gentechnik erzeugt geschmacksarme Hochertragssorten. Bio schmeckt nicht nur intensiver und typischer, es ist auch gesünder**: Weniger Wasser, Zusatzstoffe, Pestizide und Antibiotika, mehr Vitamine und schützende Antioxidantien." (Bündnis '90 - Die Grünen-Bundestagsfraktion - Vielfalt statt Agro-Gentechnik)

Das Argument des Blogleser Anders bezieht sich ebenfalls auf die ‚mindere Qualität der GV Lebensmittel'. Im Blog „WeiterGen" wird |Gen-Food|von ihm als „shit" etikettiert, was den emotionalen Charakter der Debatte verdeutlicht. Seine fäkalsprachliche Bezeichnung wird vom Blogautor, der Grüne Gentechnik befürwortet, aufgegriffen und zurückgewiesen.

„‚Anders· 02.05.08 · 12:37 Uhr / [...] And until then certain people should probably start eating their own shit before pushing it to others :o) [...] / Tobias· 02.05.08 · 16:51 Uhr / [...] Und gentechnisch veränderte Lebensmittel sind immer noch Lebensmittel und kein "shit". Gene kodieren für Proteine, das sind Eiweise, die spätestens im Magen denaturiert und im Darm verdaut sind." (Kommentare zu WeiterGen (02.05.2008) - Video - Polylux - Gentechnik gegen Hunger)

Im Zusammenhang mit der gentechnischen Veränderung von Lebensmitteln spielt natürlich auch das Thema |Gentechnikfreie Ernährung| bei den Gegnern der Grünen Gentechnik eine Rolle. Um ihre Position zu stärken, werden zum einen Autoritäten herangezogen, die sich gegen gentechnikfreie Produktion aussprechen,

„Gentechnikfreie Landwirtschaft als Standortfaktor/ Viel Beachtung fanden die Aussagen von **Babykost-Hersteller Hipp** auf der Grünen Woche 2006. „Wenn es in Deutschland nicht mehr möglich ist, garantiert unveränderte Rohstoffe zu bekommen, dann werde ich diese aus dem Ausland beziehen. Unsere Kunden sollen weiterhin sicher sein, kein Gen-Food kaufen zu müssen." Hipp ist der größte Verarbeiter von ökologischen Rohstoffen in Europa." (Gentechnikfreie Regionen in Deutschland (BUND/AbL) - Kein Genmais auf unsere Äcker!)

„Auch der **Präsident der europäischen Vereinigung der Spitzenköche**, "**EURO-TOQUES**", **Ernst-Ulrich Schassberger** erklärte zur Gründung der gentechnikfreien Stadt Überlingen im April 2004: "Wir Gastronomen unterstützen die Bauern mit der Bevorzugung regionaler gentechfreier Produkte" im Kur- und Restaurantbetrieb." (Gentechnikfreie Regionen in Deutschland (BUND/AbL) - Gesundheitliche Risiken)

zum anderen wird eine Sachverhaltsverknüpfung mit dem Konzept ›Verbraucherbedürfnis‹ vorgenommen. Der Duktus verweist auf einen hohen Faktizitätsanspruch, da die Aussage indikativisch formuliert ist.

„Fazit: Gentechnikfreie Erzeugung sichert Märkte/ Wer auf hohe Qualität und höherpreisige Märkte setzt, ist mit dem Genmais schlecht beraten. **Im gesamten deutschen und EU-Lebensmittelmarkt sind gentechnisch veränderte pflanzliche Rohstoffe nicht absetzbar.** Im Gegenteil: Aufpreise werden für gentechnikfreie Produkte bezahlt." (Gentechnikfreie Regionen in Deutschland (BUND/AbL) - Gesundheitliche Risiken)

Die NGO Gentechnikfreie Regionen in Deutschland (BUND/AbL) vollzieht Sachverhaltsverknüpfung mit |gentechnikfreier Ernährung| durch Hinweise darauf, wie diese erzielt werden könne.

„Wie kann ich mich **gentechnikfrei** ernähren?/ Die Mahlzeiten aus frischen Zutaten selbst zubereiten und Fertigprodukte und "Schnelle Küche" meiden. Generell gilt nämlich: Je stärker ein Gericht vorproduziert ist, desto größer ist die Wahrscheinlichkeit, dass einzelne Inhaltsstoffe mit Gentechnik in Berührung gekommen sind." (Gentechnikfreie Regionen in Deutschland (BUND/AbL) - Gesundheitliche Risiken)

Die Fraktion Bündnis '90/ Die Grünen argumentieren wiederum über eine Sachverhaltsverknüpfung mit dem Konzept ›Verbraucherbedürfnis‹. Formal gesehen ist die Aussage von Bündnis '90/ Die Grünen vor allem deshalb spannend, da mehrere Zuschreibungen vorgenommen werden. Woran wird deutlich, dass der Widerstand erfolgreich ist? Was ist mit der befürwortenden Minderheit? Den Verbrauchern wird eine Begründung für ihre Ablehnung zugeschrieben: „weil Gentech-Pflanzen in den Kreislauf der Natur ausgebracht werden" und „und sie wollen ihre Wahlfreiheit behalten".

„Eine Technologie ohne Akzeptanz/ **Der Widerstand gegen Gen-Food ist groß – und erfolgreich.** Umfragen ergeben seit Jahren: **Die große Mehrheit der VerbraucherInnen (je nach Umfrage zwischen 70 bis über 80 Prozent) will kein Gen-Food auf dem Teller.** Gentechnisch veränderte Lebensmittel werden vor allem abgelehnt, **weil Gentech-Pflanzen in den Kreislauf der Natur ausgebracht werden.** Dagegen wehren sich die Menschen – und sie wollen ihre Wahlfreiheit behal-

Handlungsstrategien der Diskursakteure im Kampf um Wissen 281

ten. Sie wollen diejenigen unterstützen, die alles tun, um die Verwendung von Gentech-Pflanzen bei der Lebensmittelproduktion zu vermeiden." (Bündnis '90 - Die Grünen-Bundestagsfraktion - Gentechnik im Essen. Nein Danke)

„**Die Sorge der Verbraucher, dass ihnen gentechnisch veränderte Produkte gegen ihren Willen aufgedrängt werden**, ist berechtigt. Vieles, z. B. Gentech-Sojaöl, wurde ihnen ohne Kennzeichnung *untergejubelt*. Seit April 2004 müssen gentechnisch veränderte Bestandteile in Lebens- und Futtermitteln mit einem Gen-Label gekennzeichnet werden, wenn sie den Schwellenwert im Falle einer technisch nicht vermeidbaren Verunreinigung von 0,9 Prozent überschreiten. Aber es gibt eine große Lücke: Produkte von Tieren, die mit gentechnisch verändertem Futtermittel gefüttert wurden, sind nicht kennzeichnungspflichtig. So entwickelten sich Import-Futtermittel zum **Haupteinfallstor für die Agro-Gentechnik**." (Bündnis '90 - Die Grünen-Bundestagsfraktion - Gentechnik im Essen. Nein Danke)

Greenpeace schreibt dem Konzern Müller eine fadenscheinige Argumentation zu, führt diese allerdings weder wörtlich noch als indirektes Zitat auf und vollzieht eine Sachverhaltsverknüpfung zu dem Thema |Gentechnikfreiheit| und dem Konzept ›Wahlfreiheit.‹

„Viele Verbraucher haben sich an den Mitmachaktionen gegen Müllermilch beteiligt. Doch statt dem Wunsch nach Essen - produziert ohne Gen-Pflanzen - nachzukommen, versucht Müller in einem Antwortschreiben an die Verbraucher, *mit fadenscheinigen Argumenten seine Unternehmenspolitik zu rechtfertigen.*/ Das alles müssen Sie nicht hinnehmen. Kämpfen Sie gemeinsam mit Greenpeace, damit wir auch künftig die Wahl haben und Essen ohne Gentechnik genießen können." (Greenpeace - Müll-Milch.de)

In Bezug auf das Thema |Gen-Food| mahnt Die Linke-Fraktion (sowie Greenpeace und Gentechnikfreie Regionen in Deutschland (BUND/AbL)) ‚mangelnde Untersuchungen' an. Ihre Aussage fällt im Gegensatz zu der der Partei Bündnis '90/ Die Grünen formal anders aus. Der Geltungsanspruch ihrer Aussage wird durch den Gebrauch des Modalverbs können im Konjunktiv II eingeschränkt. Darüber hinaus wird ein Distanzsignal eingesetzt, indem Kritikerinnen und Kritiker als verlautbarende Instanz der Proposition zwischen die Aussage und Die Linke-Fraktion geschoben werden. Das Attribut „völlig" zum Adverb „unauffällig", verstärkt den Absolutheitsanspruch der Aussage. Trotz ihrer klaren Selbstpositionierung als Gegner der Gentechnik äußert sich Die Linke-Fraktion hier in zurückhaltendem Duktus.

„Kritisch muss der Verzehr von so genanntem „Gen-Food" gesehen werden, **denn es gibt bisher keinerlei wissenschaftliche Langzeituntersuchungen**, wie sich diese Produkte auf den Menschen auswirken *könnten*. Damit können schädigende Wirkungen nicht ausgeschlossen werden. *Kritikerinnen und Kritiker* führen an, dass es bei Tieren schon vermehrt zu Problemen bis hin zum Tod gekommen ist. In Australien verendeten z.b. Versuchsmäuse, nachdem sie mit gv-Erbsen gefüttert wurden. Die gentechnische Veränderung (ein Protein aus einer Bohne) blieb jedoch bisher beim Verzehr – auch durch den Menschen - *völlig unauffällig.*" (Die Linke-Bundestagsfraktion - Die Agro-Gentechnik - 30 Fragen & 30 Antworten zur Zukunft der gentechnikfreien Landwirtschaft).

Wenn man das Thema |Gen-Food| eingehender betrachtet, wird augenscheinlich, dass die Argumentation der Befürworter und Gegner nicht miteinander korrespondiert. Dies mag daran liegen, dass die untersuchten Texte natürlich monologisch sind und die Akteure sich nicht miteinander im Gespräch befinden. Dennoch wird in Bezug auf ein bestimmtes Thema die eigene Haltung verdeutlicht und anhand von Argumenten belegt, diese korreliert aber nicht zwingend mit dem Standpunkt des Gegenübers. Somit ist das Thema |Gen-Food| Ausdruck mangelnder Dialogizität im Diskurs.

Handlungsstrategien der Diskursakteure im Kampf um Wissen 283

Thema |Technikfolgenabschätzung - Allergien|

Thema |Technikfolgen- abschätzung – Aller- gien|	Argument - Befürworter	Argument - Gegner
	Sachverhaltsverknüpfung zum Thema |Gen-Food| ‚Bt-Mais enthält kein allergenes Potenzial'	‚Zusammenhang zwischen dem Auftreten von Allergien und gentechnischer Veränderung'
	‚Risiko des allergenen Potenzial abschätzbar' ‚Neu eingeführtes Protein ist bekannt und kann in isolierter Form gewonnen werden'	‚Risiko des allergenen Potenzials nicht abschätzbar' ‚Risiko kann übersehen werden, weil es unbekannt ist'
	‚Verschiedene Eiweißstoffe können zu allergischen Reaktionen führen' ‚Auftreten von Allergien unabhängig von GV'	‚Beeinflussung der Proteinexpression' ‚Unerwartete Veränderungen im Stoffwechsel der Pflanzen' ‚Auftreten von Allergien abhängig von GV'
	‚Paranuss-Beispiel'	
		‚Mangelnde bzw. widersprüchliche Beurteilungen'
Bezeichnungskonkurrenz	‚Allergien = mögliches Risiko' (BMBF/ Greenpeace)	‚Allergien = nachweisbares Risiko' (DFG)

In diesem Unterkapitel wird die Argumentation der Akteure im Bereich Technikfolgenabschätzung von gentechnisch veränderten Lebensmitteln in Bezug auf das Auftreten von Allergien nach dem Verzehr begutachtet.

Die KWS als Befürworter der Grünen Gentechnik vollzieht an dieser Stelle eine Sachverhaltsverknüpfung zum Thema |Gen-Food|, indem sie den Aspekt betont, dass Allergien durch Eiweißstoffe ausgelöst werden könnten, unabhängig davon, ob es sich „um ‚herkömmliche' oder ‚gentechnisch gewonnene' " handle.

Darüber hinaus zieht sie ein Beispiel heran (vgl. Kapitel 4.5.1.3), an welchem sie zeigen möchte, dass das mögliche allergene Potenzial frühzeitig erkannt werden kann. Es handelt sich um das ‚Beispiel der Paranuss'. Bei der Herstellung einer gentechnisch veränderten Sojabohne war durch das Protein der Paranuss allergenes Potenzial auf die Sojabohne übertragen worden. Dieses Beispiel wird aufgrund des frühzeitigen Erkennens des allergenen Potenzials ausschließlich von Gentechnik-Befürwortern eingesetzt, um deren Argumentation zu stützen.

„Werden Allergien zunehmen?/ In Deutschland leiden ca. 10-15 % der Gesamtbevölkerung an Allergien der verschiedensten Art. Nur ein geringer Teil (ca. 3 %) davon sind Lebensmittelallergien. Bei entsprechend veranlagten Menschen können bestimmte Eiweißstoffe zu allergischen Reaktionen führen, und zwar völlig unabhängig davon, ob es sich um ‚herkömmliche' oder ‚gentechnisch gewonnene' Eiweißstoffe handelt. Vor der Vermarktung gentechnisch hergestellter Produkte wird daher das Allergierisiko sehr sorgfältig begutachtet./ Ein Beispiel: **Im frühen Entwicklungsstadium einer Sojabohnensorte, in die ein Gen der Paranuß übertragen worden war, wurde anhand von Labortests deutlich, daß Paranuß-Allergiker auf diese Sojabohne empfindlich reagieren würden. Daraufhin wurde die Entwicklung lange vor der Marktreife eingestellt.** Darüber hinaus liegen Dank gentechnischer Verfahren in der Forschung heute sehr viel mehr Informationen über Lebensmittelallergien vor, so daß die Hauptallergene gut charakterisiert sind." (KWS - Häufig gestellte Fragen zu Biotechnologie und Gentechnik)

Rüdiger Marquardt, Autor eines vom BMBF herausgegebenen Texts, weist anhand eines Beispiels, der Flavr-Savr-Tomate, ein konkretes Risiko zurück, konstatiert allerdings dementgegen, dass das allergene Potenzial gentechnisch veränderter Organismen ein mögliches Risiko darstelle und „kritisch geprüft" werden müsse.

„**Im Falle der Flavr-Savr-Tomate, in der lediglich ein Gen ausgeschaltet wurde und damit ein Protein fehlt, sind schädliche Wirkungen für den Menschen sicher nicht zu befürchten.** Es wird aber aus gutem Grund immer wieder darauf hingewiesen, **dass besonders das allergene Potenzial der neuen Lebensmittel kritisch geprüft werden muss.**" (Rüdiger Marquardt (BMBF) - Biotechnologie Basis für Innovationen (Auszug))

Einen ‚Zusammenhang zwischen dem Auftreten von Allergien durch gentechnische Veränderung' sieht vor allem der Zusammenschluss Gentechnikfreie Regionen (BUND/AbL) aufgrund einer möglichen Veränderung der Proteinexpression[152]. Gleichzeitig schränkt die NGO die Glaubwürdigkeit der Europäischen

---

152 Die Fraktion Die Linke gibt dieser Einordnung ebenfalls Raum, zitiert aber Kritiker und Kritikerinnen der Gentechnik und distanziert sich dadurch etwas vom vermittelten Sachverhalt:

Food Safety Authority (EFSA), der Europäischen Behörde für Lebensmittelsicherheit, ein. Hierbei wird deren Risikobewertung kritisiert.

„Als Folge gentechnischer Eingriffe kann sich auch das allergene Potential eines Lebensmittels verändern, indem beispielsweise die Proteinexpression beeinflusst wird. Hinsichtlich möglicher allergologischer Risiken der Amylopektin-Kartoffel gründet **EFSA (2006) ihre Beurteilung allerdings vorwiegend auf Analogieschlüssen** [sic!] **statt auf Daten und Fakten:** Die Kartoffel gelte nicht als Lebensmittel mit bedeutendem allergenen Potential, deshalb werde auch eine etwaige Überexpression irgendeines Kartoffelproteins die Allergenität der Kartoffel nicht wesentlich verändern." (Gentechnikfreie Regionen in Deutschland (BUND/AbL) - Anmerkungen zur beantragten EU-Zulassung der Amylopektinkartoffel Event EH92-527-1 der Firma BASF)

Da über die Tatsache, dass das Thema |Technikfolgenabschätzung - Allergien| Risiken birgt, anscheinend Konsens besteht, verschiebt sich der Dissens bezüglich des allergenen Potenzials von gentechnisch veränderten Lebensmitteln auf die Frage, ob das Risiko abgeschätzt werden kann und das allergene Potenzial rechtzeitig aufgedeckt wird.

Manche Akteure attribuieren das Risiko des allergenen Potenzials als ein „mögliches", andere als ein „nachweisbares". Die Grenze dieser Bezeichnungskonkurrenz verläuft nicht zwischen Gegnern und Befürwortern, sondern individuell. Greenpeace bezeichnet das Risiko als „möglich".

„[...] In genmanipulierten Lebensmitteln **können** neue Giftstoffe entstehen oder Eiweiße, die Allergien auslösen. Langzeitstudien zu Risiken von Gen-Food gibt es nicht." (Greenpeace (2010) - Essen ohne Gentechnik. Einkaufsratgeber für gentechnikfreien Genuss)

Die DFG ordnet als Befürworter das allergene Potenzial gentechnisch veränderter Organismen hingegen als ein „nachweisbares" Risiko ein.

„Besondere Bedeutung kommt der Frage nach den Allergien zu – hat man hier doch die beiden einzigen bisher **nachweisbaren Risiken** bestimmter transgener Pflanzen entdeckt." (DFG (2010) – Grüne Gentechnik)

Wie bereits erwähnt, verschiebt sich der Dissens auf das Attribut der Abschätzung. Was die Einschätzung des Risikos des allergenen Potenzials anbetrifft, so

---

„Kritikerinnen und Kritiker der Agro-Gentechnik befürchten beim Verzehr von gentechnisch veränderten Lebensmitteln einen Zusammenhang vermehrt auftretender Unverträglichkeiten und allergischer Reaktionen." (Die Linke-Bundestagsfraktion - Die Agro-Gentechnik - 30 Fragen & 30 Antworten zur Zukunft der gentechnikfreien Landwirtschaft k)

sprechen sich sowohl die Wissenschaftler Klaus-Dieter Jany und Claudia Kiener als auch das Unternehmen Syngenta dafür aus, dass ‚das allergene Potenzial abgeschätzt werden könne bzw. mit welcher Wahrscheinlichkeit ein Protein eine Allergie auslösen würde'. Jany und Kiener begründen dies damit, dass ‚das neu eingeführte Protein bekannt sei und in isolierter Form gewonnen werden könne'.

„Allergenes Potential neuer Proteine/ In Europa treten bei einem bis zwei Prozent der erwachsenen Bevölkerung IgE-vermittelte Lebensmittelallergien auf. Die meisten „echten" Lebensmittelallergien werden durch Proteine aus Kuhmilch, Fisch, Schalentieren, Erdnuss, Soja, Hühnerei und Nüssen ausgelöst. Lebensmittelallergien stellen ein bekanntes Problem dar. Durch die gentechnischen Verfahren werden neue Proteine in Lebensmittel (Organismen) eingebracht, die potentiell antigen wirken können. **Da aber das neu eingeführte Protein bekannt ist und in isolierter Form gewonnen werden kann, ist eine Abschätzung des allergenen Potentials möglich.**" (Klaus-Dieter Jany und Claudia Kiener (2001) - Der lange Weg vom Labor auf den Tisch: Gentechnik und Lebensmittel)

In Bezug auf den eigens produzierten Bt-Mais schließt Syngenta mit hohem Absolutheitsanspruch über den Negationspartikel „keinerlei" allergenes Potenzial aus.

„Besteht die Möglichkeit allergischer Reaktionen?/ Bt-Mais wird seit langem sicher angebaut und konsumiert./ Der Zulassungsprozess schliesst auch die Evaluierung potenzieller allergener Eigenschaften von Bt-Mais ein. In deren Verlauf müssen alle neu eingeführten Proteine sorgfältig untersucht werden, um ihr allergieauslösendes Potenzial zu untersuchen. Die Frage, ob Bt-Mais eine Lebensmittelallergie auslösen kann, bezieht sich auf die Tatsache, dass Bt-Proteine ja normalerweise in Mais nicht vorkommen./ Proteine, die Allergien auslösen, haben eine ganz spezifische und gut bekannte Struktur, die an das körpereigene Immunsystem "andockt", und so die allergische Reaktion auslöst. Zeigt ein neu eingeführtes Protein eine ähnliche Struktur wie ein bekanntes Allergen, ist eine Reihe weiterer Tests erforderlich, um sämtliche Informationen über das Potenzial dieses Proteins, tatsächlich eine Allergie auszulösen, zu erhalten. **So ist es möglich abzuschätzen**, mit welcher Wahrscheinlichkeit ein neues Protein eine Allergie auslösen wird, indem man es mit bekannten Allergenen vergleicht. Eine solche Evaluierung stellt eine Vorbedingung für die Zulassung gentechnisch veränderter Pflanzenorganismen dar. **Die Analyse des Bt-Proteins im Syngenta Bt-Mais führte zu dem Schluss, dass *keinerlei* allergenes Potenzial besteht.**" (Syngenta - BT-Mais)

Dieser Annahme widerspricht die NGO Gentechnikfreie Regionen in Deutschland, indem sie anführt, dass ‚allergenes Potenzial übersehen werden könne, weil es unbekannt sei und durch bewährte Testraster falle'.

Handlungsstrategien der Diskursakteure im Kampf um Wissen 287

„In weiteren Versuchsreihen wird nach bekannten Allergenen bzw. dem allergenen Potenzial der Genpflanzen gesucht. Dabei werden die nach der neuen Geninformation hergestellten Eiweiße mit bekannten Allergieauslösern verglichen, und es wird an Zellkulturen beobachtet, wie diese auf das neue Eiweiß reagieren. Da nur vom bereits Bekannten auf das Unbekannte geschlossen werden kann, besteht folgende Gefahr: **Sollte etwas völlig Unbekanntes auftauchen, würde es möglicherweise nicht einmal bemerkt werden, da es durch die angewandten Testraster fällt.**" (Gentechnikfreie Regionen in Deutschland (BUND/AbL) - Gesundheitliche Risiken)

Von der NGO Gentechnikfreie Regionen in Deutschland (BUND/AbL) werden ‚mangelnde bzw. widersprüchliche Beurteilungen' angemahnt.

„Toxikologie und Allergologie/ Laut Antragsteller sollen Reste der Amylopektin-Kartoffeln verfüttert werden und als Dünger Verwendung finden. Auch wenn die direkte Verwendung als Lebensmittel nicht geplant ist, kann doch ein Eintrag in die Lebensmittelkette nicht ausgeschlossen werden. Untersuchungen zur Futter- und Lebensmittelsicherheit sind deshalb unerlässlich. **Die Daten zur Toxikologie und Allergologie der Amylopektin-Kartoffel sind jedoch ungenügend.**" (Gentechnikfreie Regionen in Deutschland (BUND/AbL) - Anmerkungen zur beantragten EU-Zulassung der Amylopektinkartoffel Event EH92-527-1 der Firma BASF)

Wenn man die Argumentation in Bezug auf das Thema |Technikfolgenabschätzung - Allergien| betrachtet, wird deutlich, dass hier Konsens über einen Sachverhalt besteht. Befürworter und Gegner sind sich darüber einig, dass das allergene Potenzial von |Gen-Food| ein Risiko darstellt.

Dissens besteht hingegen über die Möglichkeit der Abschätzung des allergenen Potenzials und bei den Akteuren über die Abhängigkeit des Auftretens von Allergien von GV. Dissens besteht darüber hinaus in Bezug auf das Attribut „mögliches" im Gegensatz zu „nachweisbares" Risiko. Hier handelt es sich um eine Bezeichnungskonkurrenz. Vielleicht liegt der Grund für die häufig implizite kausale Argumentation darin, dass sehr umstritten ist, ob und wie das allergene Potenzial von |Gen-Food| eingeschätzt werden kann.

Thema |Technikfolgenabschätzung – Honigproduktion, Bienen und Imkerei|[153]
Die Technikfolgenabschätzung im Bereich gentechnisch veränderten Honigs bzw. der Auswirkungen gentechnisch veränderter Pflanzen auf Bienen und Imker lässt sich in verschiedene Punkte untergliedern.

hema |Honigproduktion, Bienen und Imkerei|	Argument - Befürworter	Argument - Gegner
|Verbreitung des Pollens|	‚Mais produziert keinen Nektar, Anflug von Maispflanzen nur in Notzeiten'	‚Pollen aus GV Pflanzen verunreinigen Honig aufgrund kilometerweiter Verbreitung des Pollens durch Bienen'
|Auswirkung auf Bienen|	‚Keine Anzeichen für schädliche Wirkungen auf die Bienen durch das im Pollen vorhandene Bt-Protein' ‚MON 810-Pollen für Bienen sowie für den Menschen ungefährlich'	‚"Bienen-AIDS"' ‚Mögliche Schädigung von Bienen durch BT-Toxine' ‚Zusätzliche Belastung von Bienen durch BT-Toxine'
|Nachweis von Pollen|	‚Keine Möglichkeit des Nachweises vom Pollenanteil im Honig' ‚Nachweisbarkeit umstritten'	

---

153 Die Rechtslage hat sich am 06.09.2011 geändert. Focus.de am Dienstag, 06.09.2011, 16:28 „Honig oder Nahrungsergänzungsmittel, in denen sich auch nur geringe Rückstände gentechnisch veränderter Pollen finden, dürfen nur noch mit Zulassung auf den Markt gebracht werden. Das urteilte der EuGH in Luxemburg am Dienstag. Er reagierte damit auf die Klage eines Imkers aus Augsburg gegen den Freistaat Bayern." (Aus: „Honig-Urteil. Kleiner Imker siegt gegen Gen-Industrie" (hei/dapd). In: *Focus Online vom 06.09.2011.* Verfügbar unter: http://www.focus.de/finanzen/recht/honig-urteil-kleiner-imker-siegt-gegen-gen-industrie_aid_662653.html; Zugriff am 19.03.2012.)
2. Gerichtshof der Europäischen Union PRESSEMITTEILUNG Nr. 79/11 Luxemburg, den 6. September 2011: Presse und Information Urteil in der Rechtssache C-442/09 Karl Heinz Bablok u. a. / Freistaat Bayern: „Honig und Nahrungsergänzungsmittel, die den Pollen eines GVO enthalten, sind aus GVO hergestellte Lebensmittel, die nicht ohne vorherige Zulassung in den Verkehr gebracht werden dürfen."
(http://www.jusline.de/scripts/widgets/pressemitteilungen/index.php?pressemitteilung=122748&userid=41759&grp=EuGH; Zugriff am 19.03.2012.)

Handlungsstrategien der Diskursakteure im Kampf um Wissen 289

|Honig|	‚Honig enthält üblicherweise Pollen aus GV Pflanzen, da Honig Importware aus Anbauländern der Grünen Gentechnik ist'
	‚Zunehmende Schwierigkeit der gentechnikfreien Honigproduktion für Imker'
|Mangelnde Untersuchung|	‚Mangelndes Kriterium der Bienenverträglichkeit im Untersuchungsdesign der Zulassung von GVO'
|Rechtslage|	‚Unzureichend definierte Rechtsordnung'
	‚Beeinträchtigung der Imker ohne gleichzeitigen Schutzanspruch'
	‚Bundesweite Differenz der richterlichen Entscheidungen'

|*Verbreitung des Pollens*|
Der Verfasser des Blogs „WeiterGen" führt an, dass ‚Mais keinen Nektar produziere, Maispflanzen von Bienen nur in absoluten Notzeiten angeflogen würden, um Pollen zu sammeln'.

„Womit wir beim Honig wären. Ein von Gentechnikgegnern häufig gebrachtes Argument (mit voller Unterstützung der Imker) ist, dass transgener Mais den Honig verseuchen würde und die Bienen ausrottet. / **Mais produziert keinen Nektar. Maispflanzen werden von Bienen nur in absoluten Notzeiten angeflogen, um Pollen zu sammeln.** Der Pollenanteil am Honig ist allerdings sehr gering und beträgt etwa 0,1 bis 0,5 Prozent." (WeiterGen (20.04.2009) - 10 Gründe für grüne Gentechnik - Nutzen, Chancen, Risiken)

Bündnis '90/ Die Grünen sind dementgegen der Ansicht, dass ‚Pollen aus gentechnisch veränderten Pflanzen sofort im Honig „landen" würde, da Bienen den Pollen kilometerweit verbreiteten'.

„Ungeschützte Bienen: ImkerInnen sollen nach den neuen Regeln überhaupt nicht vor Gentech-Pflanzen geschützt werden. **Dabei verbreiten Honigbienen den Gen-Pollen kilometerweit – und er landet sofort im Honig.** Die Mehrzahl der ImkerInnen wird ihre Bienen von Gentechnik-Standorten entfernen, um gentechnikfrei zu produzieren. Die Erträge vieler Kulturpflanzen werden mit hoher Wahrscheinlichkeit sinken." (Bündnis '90 - Die Grünen-Bundestagsfraktion - Vielfalt statt Agro-Gentechnik)

|*Auswirkung auf Bienen*|

Der Blogautor Tobias Maier argumentiert, dass ‚es bisher keine Anzeichen dafür gäbe, dass das im Pollen vorhandene Bt-Protein schädliche Wirkungen auf die Bienen haben könnte'. Er vertritt einen hohen Absolutheitsanspruch, da er seine Aussage im Indikativ trifft, schränkt seine Proposition hingegen dadurch ein, dass er nicht sagt, dass das Bt-Protein keine schädliche Wirkung auf Bienen haben könnte, sondern lediglich, dass bisher keine Anzeichen dafür existierten.

„Womit wir beim Honig wären. Ein von Gentechnikgegnern [sic!] häufig gebrachtes Argument (mit voller Unterstützung der Imker) ist, dass transgener Mais den Honig verseuchen würde und die Bienen ausrottet. […] **Bisher gibt es weiter keine Anzeichen, dass das im Pollen vorhandene Bt-Protein schädliche Wirkungen auf die Bienen direkt haben könnte.**" (WeiterGen (20.04.2009) - 10 Gründe für grüne Gentechnik - Nutzen, Chancen, Risiken)

Der Blogleser Torben argumentiert ebenfalls für die ‚Ungefährlichkeit des MON 810-Pollens für Bienen sowie für den Menschen'. Er schränkt seine Aussage in Bezug auf den Menschen mit folgender modalisierenden Satzadverbiale „mit sehr sehr hoher wahrscheinlichkeit" ein.

„Torben· 21.04.09 · 00:43 Uhr / @ Engywuck/ […]Überhaupt sind sich Fachzeitschriften uneins ob man GV-Pollen im Honig nachweisen kann. Öko-test sagt ja: "[…]."/ Stiftung Warentest sagt nein. "[…]". Torben sagt: das ist auch Scheissegal, **denn der MON 810-Pollen ist für Bienen ungefährlich** (http://www.biosicherheit.de/de/sicherheitsforschung/68.doku.html) **und für den Menschen mit sehr sehr hoher wahrscheinlichkeit auch,** weil er - selbst wenn er sich täglich 24 kg "kontaminiertem Honig" reinpfeift - weniger als ein tausendstel der Bt-Toxin-Dosis zu sich nimmt, die eine Kuh ohne jegliche gesundheitliche Beeinträchtigung täglich kaut. Millionenfach bestätigt durch Amerikaner und Mexikaner die den Bt-Mais doch tatsächlich direkt verspeisen!!! (Wahnsinn wie mutig von denen)" (Kommentare zu WeiterGen (20.04.2009) - 10 Gründe für grüne Gentechnik - Nutzen, Chancen, Risiken)

Was die Auswirkungen des Bt-Toxins auf Bienen anbelangt, so wird von der NGO IDG-Keine-Gentechnik von einem Phänomen, das als „Bienen-AIDS" tituliert wird, berichtet. Obwohl erwähnt wird, dass bisher kein Zusammenhang zwischen GVO und dem Bienensterben nachgewiesen wurde, wird von der NGO gleichzeitig durch den Gebrauch der adversativen Konnektoren „zwar... aber" vermittelt, dass sie einen kausalen Zusammenhang zwischen beiden Phänomenen vermutet (vgl. Kapitel 4.5.4.2).

„[...] Kein Wunder, dass die Nachricht aus den USA, wo in einigen Regionen 70% der Bienenbestände verendet sind, hohe Wellen schlägt. Mittlerweile sorgen sich nicht nur die Imker um diese wichtigen Tierchen. Wissenschaftler befürchten, dass bei den Bienen das Immunsystem zusammengebrochen ist, denn sie wiesen mehrere Krankheiten gleichzeitig auf. Deshalb wird das Phänomen mittlerweile auch ‚Bienen-AIDS' genannt. Als mögliche Ursache wird immer wieder der Anbau von Gentech-Pflanzen genannt. **Zwar konnte** ein Zusammenhang bisher nicht nachgewiesen werden. **Aber** der Anbau von genveränderten Organismen ist in den USA sehr weit verbreitet." (Informationsdienst Gentechnik - Keine Gentechnik.de – Imker-Klagen)

Des Weiteren wird Professor Dr. Hannes Kaatz von der Universität Kassel als Autorität herangezogen, die ebenfalls eine Wechselwirkung der Phänomene annimmt, um die Faktizität dieser Vermutung zu erhöhen (vgl. Kapitel 4.5.4.1). Kaatz selbst schränkt seine Aussage durch die Verwendung des einleitenden Verbs „nahelegen" ein.

„Bienenschäden/ Es kann sein, dass Bienen durch BT-Toxine geschädigt werden. *Professor Kaatz von der Universität Kassel* stellte durch Versuche zunächst fest, dass Bienen durch das Bakteriengift nicht beeinträchtigt werden. Als sie jedoch zufällig an Parasiten erkrankten, was bei Bienen häufig vorkommt, starben aus der Gruppe, die über längere Zeit ausschließlich mit Bt-Maispollen gefüttert wurden wesentlich mehr Tiere, als aus der Versuchsgruppe mit herkömmlicher Fütterung. "Der Versuch musste schon nach vier Wochen abgebrochen werden. Diese unerwarteten Ergebnisse *legen nahe, dass* **zwischen den Krankheitserregern und dem Bt-Gift eine Wechselwirkung besteht**", so Prof. Kaatz in einer Stellungnahme im Bienen-Journal (4/2007)." (Informationsdienst Gentechnik - Keine Gentechnik.de – Imker-Klagen)

|*Nachweis von Pollen*|

Der Verfasser des Blogs „WeiterGen" führt bezüglich des Nachweises von Pollen an, dass der Pollenanteil am Honig sehr gering sei und etwa 0,1 bis 0,5 Prozent betrüge. ‚Der Pollenanteil im Honig könne selbst mit extrem empfindlichen Messverfahren nicht nachgewiesen werden'.

„Womit wir beim Honig wären. [...] Der Pollenanteil am Honig ist allerdings sehr gering und beträgt etwa 0,1 bis 0,5 Prozent. Selbst wenn die Bienenvölker in der Nähe eines Bt-Maisfeldes stehen, ist der mögliche Anteil an **Bt-Pollen im Honig so** gering, dass er selbst mit extrem empfindlichen Messverfahren nicht nachweisbar ist." (WeiterGen (20.04.2009) - 10 Gründe für grüne Gentechnik - Nutzen, Chancen, Risiken)

In den Kommentaren zum Blog „WeiterGen" führt Torben an, dass die ‚Nachweisbarkeit des Pollens aus gentechnisch veränderten Pflanzen umstritten sei'.

„Torben· 21.04.09 · 00:43 Uhr / @ Engywuck/ [...] **Überhaupt sind sich Fachzeitschriften uneins ob man GV-Pollen im Honig nachweisen kann**. Öko-test sagt ja: "[...]."/ Stiftung Warentest sagt nein. "[...]". (Wahnsinn wie mutig von denen)" (Kommentare zu WeiterGen (20.04.2009) - 10 Gründe für grüne Gentechnik - Nutzen, Chancen, Risiken)

|*Honig*|

Die CDU/CSU-Fraktion impliziert, dass ‚Honig sowieso Pollen aus gentechnisch veränderten Pflanzen enthalten müsse, da er zum großen Teil aus Ländern importiert würde, die sehr viel GVO produzieren' über folgende Aussage:

„Es ist noch darauf hinzuweisen, dass Deutschland bei Honig lediglich einen Selbstversorgungsgrad von 29 % (2004/05) hat und demnach große Mengen aus dem Ausland importiert werden. Der größte Exporteur ist dabei **Argentinien, dort werden aber 18 Mio. ha mit gentechnisch veränderten Pflanzen angebaut**. Auch von **Kanada kommt Honig zu uns, dort wird im großen Maße gentechnisch veränderter Raps angebaut**." (CDU-CSU-Bundestagsfraktion - Gentechnologie - Einsatz der Grünen Gentechnik)

Der IDG-Keine-Gentechnik argumentiert, dass ‚es für Imker von nun an schwierig werde, Produkte gentechnikfrei zu produzieren zu können'.

„Vor allem die Imkerei ist durch Gentechnik gefährdet. Bienen kennen keine Sicherheitsabstände und sammeln auch Pollen von Gentechnik-Pflanzen. **Imker haben daher besondere Probleme, ihre Produkte gentechnikfrei zu halten**. Denn der Gentech-Mais MON 810 ist in Deutschland zum Anbau zugelassen." (Informationsdienst Gentechnik - Keine Gentechnik.de – Gentechnik-Pflanzen breiten sich unkontrolliert aus)

Die NGO Gendreck-weg argumentiert ebenfalls gegen Grüne Gentechnik mit dem Hinweis der ‚zunehmenden Schwierigkeit der gentechnikfreien Honigproduktion für Imker'.

„Widerstand hat viele Hintergründe/ Gendreck-weg wurde von Imkern und Bäuerinnen und Bauern aus Süddeutschland ins Leben gerufen. Sie spüren als Erste die Konsequenzen der Gentechnologie. **Wer will noch Honig kaufen, wenn er mit**

Gentech-Pollen verunreinigt ist? Wer traut den Erzeugnissen eines Bauern noch, wenn der Nachbar Gentech-Mais anbaut?" (Gendreck-weg.de - Widerstand hat viele Hintergründe)

Konsens besteht darüber, dass Honig vermutlich meist bereits gentechnisch verändert ist, Dissens besteht über den Umgang damit. Während die CDU/CSU-Fraktion als Befürworter das Problem zu relativieren versucht, weisen die NGOs IDG-Keine-Gentechnik und Gendreck-weg darauf hin, dass dadurch die gentechnikfreie Produktion von Honig gefährdet sei.

|*Mangelnde Untersuchungen*|

Der IDG-Keine-Gentechnik zitiert die Forderung von Umweltorganisationen nach mehr Geld für die Erforschung des Zusammenhangs zwischen dem Bienensterben und dem Anbau von Gentech-Pflanzen und begründet dies mit dem ‚mangelnden Kriterium der Bienenverträglichkeit im Untersuchungsdesign der Zulassung von GVO' (4.5.2.2 Direkte Kritik an Forschung).

„Untersuchung der Auswirkungen von gentechnisch veränderten Pflanzen auf Bienen fehlen bisher. **Und eine Bienenverträglichkeit wird vor der Freisetzung nicht nachgewiesen.** Umweltorganisationen fordern, **dass mehr Geld in die Erforschung des Zusammenhangs zwischen dem Bienensterben und dem Anbau von Gentech-Pflanzen gesteckt wird.**" (Informationsdienst Gentechnik - Keine Gentechnik.de – Imker-Klagen)

|*Rechtslage*|

Der IDG-Keine-Gentechnik bezieht sich als alleiniger Akteur auf die Rechtslage in Bezug auf die Situation der deutschen Imker. Sie beklagt eine ‚unzureichend definierte Rechtsordnung'. In Bayern dürfe GV Honig nicht verkauft werden, es bestünden diesbezüglich bundesweit rechtliche Unklarheiten. ‚Obwohl Imker wesentlich beeinträchtigt werden, erhielten sie gleichzeitig keinen Schutzanspruch'.

„Oktober 2009 - Ist Honig mit MON 810-Pollen verunreinigt, ist er nicht mehr verkehrsfähig und damit unverkäuflich, so urteilte das Verwaltungsgericht Augsburg im Mai 2008. In einem Rechtsstreit fordern Imker die bayerischen Behörden deshalb auf, Schutzmaßnahmen zu ergreifen, damit der Eintrag von Pollen gentechnisch veränderter Pflanzen in ihren Honig verhindert wird. Der Bayerische Verwaltungsgerichtshof hat nun beschlossen, dem Europäischen Gerichtshof mehrere Fragen zur Entscheidung vorzulegen. **Denn offensichtlich sind einige rechtliche Fragen, die Imker betreffen, völlig unklar.** Beispielsweise, ob es sich bei Pollen um ein vermehrungsfähigen gentechnisch veränderten Organismus (GVO) handelt. Die Zulassung des MON 810 gilt nämlich nicht für Lebensmittel, die GVO enthalten. Auch ob bei Verunreinigungen von Honig mit gentechnisch verändertem Material die selbe strenge Nulltoleranz gilt wie bei anderen Lebensmitteln, ist unklar." (Informationsdienst Gentechnik - Keine Gentechnik.de – Imker-Klagen)

Die NGO beklagt darüber hinaus die ‚bundesweite Differenz der richterlichen Entscheidungen', da ein Gericht in Frankfurt noch 2007 GV Honig als verkehrsfähig erklärte.

„**Mai 2007 - In einem weiteren Fall wies das Verwaltungsgericht Frankfurt die Klage zurück, weil MON 810-Pollen im Honig gar kein genetisch veränderter Organismus sei.** Wie das dem Großhandel sowie Verbraucherinnen und Verbrauchern vermittelt werden soll, ist jedoch fraglich." (Informationsdienst Gentechnik - Keine Gentechnik.de – Imker-Klagen)

Die Argumentation der Befürworter und Gegner korrespondiert innerhalb dreier Themen miteinander. Zum einen besteht Dissens in Bezug auf die |Verbreitung von Pollen|, über die |Auswirkung von GV Pflanzen auf Bienen|. Aber es besteht Konsens darüber, dass |Honig inzwischen sowieso meist Pollen aus GV Pflanzen enthalte| (Import-Produkte bzw. gentechnikfreie Produktion in Deutschland nicht mehr möglich). Die vier weiteren Themen beinhalten Sachverhalte, bezüglich derer keine gegenseitige Dialogizität besteht. Argumentation von Befürworter-Seite in Bezug auf die |Unmöglichkeit bzw. die Umstrittenheit des Nachweises von GV Pollen im Honig|, von gegnerischer Seite die |Unzureichende Rechtslage in Bezug auf die Auswirkungen gentechnisch veränderter Pflanzen auf Bienen und Imker|, die |Honigproduktion| und die |Forderung nach weiteren Untersuchungen|.

Thema |Technikfolgenabschätzung – Horizontaler Gentransfer – Antibiotika-Resistenzgene|

Das Thema |Technikfolgenabschätzung – Horizontaler Gentransfer – Antibiotika-Resistenzgene| befasst sich mit der Technikfolgenabschätzung von Antibiotika-Resistenzgenen. Diese bezeichnen Gene in gentechnisch veränderten Kulturpflanzen, die sie gegen ein bestimmtes Antibiotikum resistent macht.

Thema |Technikfolgenabschätzung - Horizontaler Gentransfer – Antibiotika-Resistenzgene|	Argument - Befürworter	Argument - Gegner

	‚Verwendung von Antibiotika-Resistenzgenen nicht riskant, weil keine Übertragung auf den menschlichen Darm möglich ist' ‚Wahrscheinlichkeit einer Übertragung auf den menschlichen Darm sehr gering'	‚ „Mögliche" Übertragung von Antibiotika-Resistenzgenen in den menschlichen Darm riskant, weil sich Antibiotika-Resistenzgene auf Bakterien im menschlichen Darm übertragen können'
	‚Einsatz von Antibiotikaresistenzgenen als Selektionsmarker sicher und nicht riskant' ‚Antibiotika-Resistenzgene bereits weit verbreitet, deshalb keine Gefahr'	‚Auf Anbau und Einsatz der GV Kartoffeln mit diesem Resistenzmarker soll verzichtet werden'
	‚Kein Zusammenhang zwischen der Einführung von Antibiotika-Resistenzgenen in Pflanzen und der zunehmenden Unempfindlichkeit gegenüber Antibiotika'	
	‚Keine Verwendung von Resistenzgenen in der Human- oder Tiermedizin'	
	‚In Zukunft anderer Umgang mit Antibiotika-Resistenzgenen'	
	‚Gentechnik verhilft zur Kreation neuer antibiotischer Wirkstoffe'	
		‚Warnung vor Verallgemeinerungen in Bezug auf Antibiotikaresistenzen'
Sprachliche Strategie		‚Mangelnde/ widersprüchliche Untersuchungen'

Helmut Heiderich, Befürworter der Grünen Gentechnik, weist explizit zurück, dass ‚Antibiotika-Resistenzgene sich auf Bakterien im menschlichen Darm übertragen könnten'.

„Antibiotikaresistenzmarker, die im Labor zur Selektion von Pflanzen und Mikroorganismen eingesetzt werden, gelten ebenfalls als Risikofaktor. **Die Vermutung, dass die Resistenzen unkontrolliert auf die menschliche Darmflora übertragen werden könnten und so die Behandlung von Infektionen eingeschränkt wird, hat sich nicht bestätigt.** Diese Befürchtung konnte in keiner der zahlreichen wissenschaftlichen Untersuchungen nachgewiesen werden. Die Hersteller und die Politik reagieren aber auf die Bedenken. Zukünftig werden die Antibiotikaresistenzgene nach der Selektion wieder aus den Produkten entfernt oder die Selektion wird mit anderen Methoden durchgeführt." (Helmut Heiderich (2001)(KAS) - Perspektiven der „Grünen Gentechnik" (Zukunftsforum Politik))

Vor allem Befürworter wie die BASF (darüber hinaus „WeiterGen" und das BVL als neutraler Akteur, da das Bundesamt eine beratende Funktion innehat) betrachten den ‚Einsatz von Antibiotikaresistenzgenen als Selektionsmarker als sicher und nicht riskant'.

„Kritiker befürchten, dass das besagte Gen von der Kartoffel auf Bakterien übertragen werden könnte – zum Beispiel auf die Darmbakterien einer Kuh – und dadurch letztendlich die Wirksamkeit von Kanamycin und Neomycin beeinträchtigen könnte. Die EFSA und die Experten von der deutschen „Zentralen Kommission für die Biologische Sicherheit" (ZKBS) haben bestätigt, **dass das in Amflora verwandte Antibiotika-Resistenzmarkergen sicher ist.**" (BASF - Das Antibiotika- Resistenzgen)

Klaus-Dieter Jany und Claudia Kiener, KWS, BASF und Wikipedia erachten die ‚Wahrscheinlichkeit, dass sich eine solche Übertragung vollzöge als sehr gering'. Die BASF argumentiert dabei quantitativ,

„Die Wahrscheinlichkeit, dass das Markergen über die Artgrenzen hinweg auf ein Bakterium übertragen wird, ist verschwindend gering. **Statistisch gesehen liegt sie bei ca. 1: 100.000.000.000.000.000.000.** Damit ist ein solches Ereignis etwa 100.000 Mal unwahrscheinlicher als zweimal hintereinander im Lotto sechs Richtige anzukreuzen." (BASF - Das Antibiotika- Resistenzgen)

die Wissenschaftler hingegen qualitativ:

„Antibiotika-Resistenzgene werden in der Gentechnik häufig als Markergene zur Identifizierung der transgenen Zelle (Pflanze) verwendet. /[…]./ Eine Integration fremder DNA in das Genom von Zellen der menschlichen Darmmucosa oder der dort angesiedelten Mikroorganismen ist sehr unwahrscheinlich, da folgende Schritte erforderlich wären:
1. die Freisetzung des Gens aus der Pflanzenzelle und seine Persistenz in intakter Form,
2. die Aufnahme durch kompetente Bakterien und Integration in das Genom,

3. Expression des übertragenen Gens.
Die Expression eines übertragenen Gens ist nur möglich, wenn die dafür nötigen Regulationseinheiten ebenfalls integriert wurden und vom neuen Wirt erkannt werden können." (Klaus-Dieter Jany und Claudia Kiener (2001) - Der lange Weg vom Labor auf den Tisch: Gentechnik und Lebensmittel)

Das BVL (sowie BASF und KWS) vertreten das Argument, dass ‚Antibiotika-Resistenzgene bereits weit verbreitet seien und deshalb keine Gefahr darstellten'.

„Warum werden „Markergene" verwendet? Wie sind Antibiotika-Resistenzgene zu beurteilen?/ [...] Werden die Pflanzenzellen nach der Transformation mit diesem Antibiotikum behandelt, bleiben nur solche erhalten, die gegen das Antibiotikum widerstandsfähig sind. [...] **Für Freisetzungen werden nur Pflanzen mit solchen Antibiotikaresistenzgenen zugelassen, die in der Umwelt weit verbreitet sind und für die medizinische Anwendung von Antibiotika bei Mensch und Tier kein Risiko darstellen.**" (BVL - Häufig gestellte Fragen zu Freisetzungen)

Die KWS spricht sich dennoch gleichzeitig ‚gegen die Verwendung von Resistenzgenen in der Human- oder Tiermedizin aus'.

„Grundsätzlich gilt, dass in der Pflanzenzüchtung nur Resistenzgene gegen solche Antibiotika eingesetzt werden sollen, die nicht in der Human- oder Tiermedizin Verwendung finden, um so der Entstehung von Antibiotika-Resistenzen in Mikroorganismen vorzubeugen. Die Pflanzenzüchtung hat die Problematik der Antibiotika-Resistenzen immer schon sehr ernst genommen, so dass an Alternativen gearbeitet wird." (KWS - Häufig gestellte Fragen zu Biotechnologie und Gentechnik)

Helmut Heiderich beschreibt ebenfalls, dass ‚es in Zukunft einen anderen Umgang mit Antibiotika-Resistenzgenen gäbe'.

„**Zukünftig werden die Antibiotikaresistenzgene nach der Selektion wieder aus den Produkten entfernt oder die Selektion wird mit anderen Methoden durchgeführt.**" (Antibiotikaresistenzmarker, die im Labor zur Selektion von Pflanzen und Mikroorganismen eingesetzt werden, gelten ebenfalls als Risikofaktor. **Die Vermutung**)

Die beiden Wissenschaftler ‚weisen den Zusammenhang von der Einführung von Antibiotika-Resistenzgenen in Pflanzen und der zunehmenden Unempfindlichkeit gegenüber Antibiotika zurück'.

„Bedenken gegen die Gentechnik werden sehr häufig mit dem möglichen Transfer der neueingeführten Gene auf Organismen der Umwelt oder auf die Darmflora von Mensch und Tiere begründet. Im letzteren Fall werden insbesondere die Antibiotika-

Resistenzgene besonders intensiv diskutiert. Es wird befürchtet, dass Menschen Resistenzen gegenüber Antibiotika erlangen und bei bestimmten Erkrankungen nicht mehr auf die entsprechenden Antibiotika positiv reagieren. Tatsächlich ist in den letzten fünf bis zehn Jahren eine zunehmende Unempfindlichkeit gegenüber Antibiotika zu beobachten und es treten zunehmend Schwierigkeiten in der Behandlung septischer beziehungsweise bakterieller Erkrankungen auf. **Dies ist jedoch nicht auf die Einführung von Antibiotika-Resistenzgenen in Pflanzen zurückzuführen, sondern vielmehr auf den weiten und großen Einsatz von Antibiotika in der Humantherapie und Tiermedizin und -mast.**" (Klaus-Dieter Jany und Claudia Kiener (2001) - Der lange Weg vom Labor auf den Tisch: Gentechnik und Lebensmittel)

Rüdiger Marquardt, Autor eines vom BMBF herausgegebenen Texts, ist der Ansicht, dass ‚dank Gentechnik die Kreation von neuen antibiotischen Wirkstoffen möglich sei'. Damit wird Biotechnologie als Waffe gegen Antibiotika-Resistenz eingesetzt.

„Die Sorge allerdings, dass mit den Antibiotika die schärfsten Waffen stumpf werden, die wir im Kampf gegen zahlreiche Infektionskrankheiten haben, ist unabhängig vom obigen Fall [Auskreuzung, B.F.] sehr wohl berechtigt. Durch den hohen Selektionsdruck, der durch die weltweite Anwendung von Antibiotika ausgeübt wurde, sind zunehmend resistente Stämme aufgetreten. [...] In den vergangenen Jahren konnte man die pathogenen Mikroorganismen durch immer neue und verbesserte Antibiotika in Schach halten. Heute beginnen solche Antibiotika knapp zu werden. Die klassische Biotechnologie verbündet ihre Kräfte deshalb mit der Gentechnik. Der Gedanke dabei ist, die Syntheseleistungen unterschiedlicher Antibiotikaproduzierender Stämme durch Gentransfer zu vereinen und **so neue Antibiotika zu generieren**. [...]" (Rüdiger Marquardt (BMBF) - Biotechnologie Basis für Innovationen (Auszug))

Vor allem die Gegner der Grünen Gentechnik, hier Bündnis '90/ Die Grünen (Gentechnikfreie Regionen in Deutschland (BUND/AbL), BUND, Fraktion Die Linke) ‚bewerten die „mögliche" Übertragung von Antibiotika-Resistenzgenen in den menschlichen Darm als ein Risiko, weil sich Antibiotika-Resistenzgene auf Bakterien im menschlichen Darm übertragen könnten'.

„**Antibiotika-Resistenzen können sich auf Bakterien im menschlichen Darm übertragen**. Lebenswichtige Antibiotika aus der Humanmedizin könnten so unwirksam werden." (Bündnis '90 - Die Grünen-Bundestagsfraktion - Vielfalt statt Agro-Gentechnik)

Die NGO Gentechnikfreie Regionen in Deutschland (BUND/AbL) zeigt an der Argumentation der EFSA einen Widerspruch zur WHO bzgl. der genannten

Handlungsstrategien der Diskursakteure im Kampf um Wissen 299

Antibiotika auf. Das in der Amflora eingesetzte Antibiotikaresistenzgen dient zur Resistenz gegen die von der EFSA als nur in geringem Umfang verwendeten eingestuften Antibiotika. Die NGO führt auf, dass die WHO diese jedoch als wichtig einstuft. Ihre Position in Bezug auf Antibiotikaresistenzgene ist sehr differenziert, da sie sich nicht eindeutig dagegen ausspricht, sondern lediglich von einer ‚Verallgemeinerung in Bezug auf Antibiotikaresistenzen abrät'.

„Die Nutzung von Antibiotikaresistenzgenen ist aufgrund der möglichen Übertragung auf Bakterien des Magen-Darmtraktes oder in Umweltmedien vorkommende Bakterien (horizontaler Gentransfer) heftig in die Diskussion geraten. [...] Laut Europäischer Lebensmittelsicherheitsbehörde EFSA (2004, 2006) stellt die Nutzung des nptII Gens in transgenen Pflanzen allerdings kein Sicherheitsrisiko für die menschliche Gesundheit und die Umwelt dar, **da die genannten Antibiotika nur in geringem Umfang in der Human- und Tiermedizin eingesetzt würden**. Zudem sei das Risiko eines Gentransfers sehr gering und das nptII Gen in den Bakterienpopulationen bereits weit verbreitet. **Die Antibiotika Kanamycin, Neomycin und Gentamicin gelten jedoch laut WHO (2005) keineswegs als unbedeutend, sondern wurden als essentiell und sehr wichtig eingestuft**. Nach Wögerbauer (2006) ist zudem die Verbreitung von Resistenzgenen bei Keimen, auch solchen, die humanpathogen sind, sehr unterschiedlich, Korrelationen mit dem Antibiotikaverbrauch in einzelnen Ländern scheint es zu geben. **Eine Verallgemeinerung über die Hintergrund-Belastung mit Resistenzen ist danach nicht statthaft**." (Gentechnikfreie Regionen in Deutschland (BUND/AbL) - Anmerkungen zur beantragten EU-Zulassung der Amylopektinkartoffel Event EH92-527-1 der Firma BASF)

Die AGU weist nicht das Argument zurück, dass ‚das Risiko einer Beeinträchtigung der Wirksamkeit von medizinisch relevanten Antibiotika als gering eingeschätzt wird', führt aber trotzdem aus, dass ‚auf Anbau und Einsatz der GV Kartoffeln mit diesem Resistenzmarker verzichtet werden soll'.

„Aus kirchlicher Sicht sollte hier nach dem Vorsorgeprinzip gehandelt werden: **Auch wenn das Risiko einer Beeinträchtigung der Wirksamkeit von medizinisch relevanten Antibiotika als gering eingeschätzt wird, so sollte dennoch auf Anbau und Einsatz der gv Kartoffeln mit diesem Resistenzmarker verzichtet werden**." (AGU - Verzicht auf Amflora)

Von der NGO IDG-Keine-Gentechnik werden ‚mangelnde bzw. widersprüchliche Beurteilungen angemahnt'.

„Bedenken wegen Antibiotika-Resistenzen der "Amflora"/ 17. April 2007 - Die Europäische Behörde für Lebensmittelsicherheit (EFSA) erklärt die genveränderte Kartoffelsorte "Amflora" durch ein Gutachten für unbedenklich. Diese Beurteilung spricht gegen die Bedenken, die die EU-Kommission der kommerziellen Nutzung der "Amflora" entgegen brachte. Die Kommission hatte dem Inverkehrbringen zunächst nicht zugestimmt und die Europäische Arzneimittelagentur (EMEA) um eine Beurteilung gebeten. Die Prüfung der EMEA hatte ergeben, dass die Antibiotika-Resistenzen eine wichtige Rolle in der humanmedizinischen Therapie spielen." (Informationsdienst Gentechnik - Keine Gentechnik.de – Rechtsgutachten: Amflora-Zulassung verstößt gegen EU-Richtlinie)

Am Thema |Technikfolgenabschätzung – Horizontaler Gentransfer – Antibiotika-Resistenzgene| wird deutlich, dass in der Argumentation sowohl Dialogizität als auch ein Mangel an dieser zu bestimmten Themen bestehen. Dialogizität besteht hinsichtlich der Einschätzung des Risikos, das die Befürworter als nicht, die Gegner hingegen als gegeben erachten. Dafür werden verschiedenste Argumente angeführt. Keine Entsprechung finden die beiden zuletzt aufgeführten Argumente. Herausgestellt werden soll die EKD, die die Wahrscheinlichkeit einer Übertragung als gering einstuft, sich dann aber im Gegensatz zu den Befürwortern gegen den Einsatz von GV Kartoffeln mit diesem Resistenzmarker ausspricht.

Handlungsstrategien der Diskursakteure im Kampf um Wissen 301

Thema |Forschung im Bereich Grüner Gentechnik|

Thema |Forschung im Bereich Grüner Gentechnik|	Argument - Befürworter	Argument - Gegner
	‚Forschung zu Grüner Gentechnik aus Bundesmitteln (BMBF) finanziert' ‚Freisetzungen von der DFG gefördert' ‚industriellen Akteure der Grünen Gentechnik sich teilweise aus öffentlichen Fördermitteln finanziert'	‚Forderung nach unabhängiger Forschung durch einen demokratischen Stakeholderkreis'
	‚Kritik an Unterfinanzierung der deutschen Wissenschaft' ‚Rückläufige Investitionsbereitschaft in Grüne Gentechnik seitens öffentlicher und privater Hand'	
	‚Forschungsstandort Deutschland: Erleichterung der Forschung durch Gentechnikgesetzesnovelle' ‚Relevanz der Unabhängigkeit von anderen Staaten im Bereich Grüne Gentechnik'	
	‚Bestehende Investitionsbereitschaft in Grüne Gentechnik seitens der Industrie' ‚Forderung für steuerliche Begünstigungen'	‚Kritik an der Abhängigkeit der Forschung von der Industrie'

Befürworter

Die Befürworter der Grünen Gentechnik befassen sich ausdrücklich mit der Finanzierung und Durchführung der Forschung. Stefan Rauschen betont in einem Interview, dass ‚seine Forschung an Grüner Gentechnik aus Bundesmitteln finanziert werde'.

„Für viele ist vielleicht überraschend zu hören, wer die Forschung bezahlt./ Die Forschung, die wir seit fast 10 Jahren an verschiedenen gentechnisch veränderten Pflanzen und Maissorten durchführen, **wird vom Bundesministerium für Bildung und Forschung (BMBF) in einem Rahmenprogramm zur Pflanzen-**

> Biotechnologie gefördert./ Alle Mitglieder meiner Arbeitsgruppe, inklusive mir selbst, werden also durch **Forschungsmittel finanziert, die letztlich aus dem Steueraufkommen des Bundes stammen.**" ([Interview mit Dr. Stefan Rauschen] Alles was lebt (14.04.2009) - Persönliche Erfahrungen in der deutschen Biosicherheitsforschung: Interview mit Dr. Stefan Rauschen)

Jörg Hinrich Hacker führt an, dass ‚viele Freisetzungen von der DFG gefördert werden'.

> „So verwundert es nicht, dass über 30 Prozent aller so genannten „Freisetzungen" von transgenen Pflanzen in Deutschland von wissenschaftlichen Instituten, etwa der Max-Planck-Gesellschaft, den Universitäten oder der Leibniz- Gemeinschaft vorgenommen werden. **Viele dieser Projekte werden auch von der DFG gefördert.**" (Jörg Hinrich Hacker (2004) - Ein „Jahr der Innovation" auch für die Gentechnik)

Auch der DIB führt an, dass ‚industrielle Akteure der Grünen Gentechnik sich teilweise aus öffentlichen Fördermitteln finanzieren'. Der DIB beklagt die ‚rückläufige Investitionsbereitschaft auf öffentlicher sowie privater Seite'.

> „Erfolgsfaktor Forschung/ Biotechnologie-Unternehmen in Deutschland finanzieren sich aus Risikokapital, Kapitalmarkt **und öffentlichen Fördermitteln.** Doch diese **Finanzierung ist rückläufig:** Die Höhe der Fördermittel stagniert bei 51 Millionen, während das Investitionsvolumen aus privaten Finanzierungsquellen um über ein Viertel zurückging. Mehr noch: Beim Risikokapital ist sogar ein Rückgang von 32 Prozent zu verzeichnen – ein spürbarer Einschnitt beim größten finanziellen Stützpfeiler der Unternehmen." (DIB (2009) – Auf einen Blick. Biotechnologie 2009)

Gleichzeitig betont der DIB aber die ‚Bereitschaft der Unternehmen in Forschung zu investieren' und fordert gleichzeitig ‚steuerliche Begünstigungen' dafür.

> „2008 haben in Deutschland 501 Unternehmen ganz oder überwiegend mit Verfahren der modernen Biotechnologie gearbeitet. Sie beschäftigten 14.450 Mitarbeiter und erzielten einen Jahresumsatz von 2,19 Milliarden Euro. Davon investierten sie wie im Vorjahr über eine Milliarde Euro – und somit knapp die Hälfte Ihres Umsatzes – in Forschung und Entwicklung (F&E). **Diese anhaltend hohen Ausgaben für F&E zeigen die ungebrochene Bereitschaft der Unternehmen, diesen zukunftsträchtigen Wirtschaftsbereich aus eigener Kraft voranzutreiben.** Um das Potenzial dieser forschungsintensiven Technologie optimal erschließen zu können, **brauchen die Investoren Unterstützung durch steuerliche Forschungsförderung.**" (DIB (2009) – Auf einen Blick. Biotechnologie 2009)

Jörg Hinrich Hacker kritisiert ‚die Unterfinanzierung der deutschen Wissenschaft'. Gleichzeitig betont er die immateriellen Bedingungen und kritisiert die Vorbehalte gegen gentechnisch veränderte Lebensmittel.

„**Fazit: Die Wissenschaft in Deutschland ist unterfinanziert.** Wer Innovationen will, muss hier also eingreifen. Doch wie steht es um die immateriellen Bedingungen für die Forschung? Ist Deutschland überhaupt ein forschungsfreundliches Land? Nehmen wir das Beispiel Gentechnik. [...] Die medizinisch relevante Genforschung, salopp als „rote Gentechnik" bezeichnet, ist alles in allem eine Erfolgsgeschichte. [...] Neben der roten Gentechnik hat sich eine „grüne Gentechnik" entwickelt, in deren Mittelpunkt die Forschung mit gentechnisch veränderten oder „transgenen" Pflanzen steht. Mittlerweile sind weltweit fast 70 Millionen Hektar Fläche mit gentechnisch veränderten Pflanzen registriert worden. Dies entspricht einer Fläche doppelt so groß wie die Bundesrepublik Deutschland. Mit den Verfahren der grünen Gentechnik werden neue Sorten von Nutzpflanzen gezüchtet, die resistent gegen bestimmte Krankheitserreger beziehungsweise gegen Insektenbekämpfungsmittel sind, oder die neue Inhaltsstoffe, zum Beispiel Vitamine oder Eiweiße, bilden. Mittels transgener Pflanzen lässt sich deshalb oft kostengünstiger und mit weniger Pflanzenschutzmitteln produzieren. In den USA beläuft sich die Ernte von transgenen Sorten bei Mais, Baumwolle oder Sojabohnen schon auf über 50 Prozent. Während in vielen außereuropäischen Ländern gentechnisch veränderte Pflanzen in großem Umfang angebaut werden, gibt es in Europa nach wie vor erhebliche Vorbehalte gegen „genefood"." (Jörg Hinrich Hacker (2004) - Ein „Jahr der Innovation" auch für die Gentechnik)

Das BMELV betont, wie wichtig es für den Forschungsstandort Deutschland sei, ‚unabhängig von anderen Ländern zu bleiben' und ‚befürwortet aus diesem Grund die Gentechnikgesetzesnovelle, die Forschung im Bereich Grüne Gentechnik erleichtere'.

„Forschung/ Die Vierte Novelle zum Gentechnikgesetz schafft deutliche Erleichterungen für die weitere Erforschung dieser jungen Technologie. Für den Forschungsstandort Deutschland ist es unerlässlich, dass wir im Bereich der Spitzentechnologie, besonders bei der Sicherheits- und Entwicklungsforschung, nicht von Ländern wie China oder Indien abhängig werden, in die in diesem Bereich größte Forschungsanstrengungen unternehmen. **Daher erleichtert das Gesetz gentechnische Arbeiten in Anlagen der unteren Sicherheitsstufen, die den Großteil der Forschung in Deutschland ausmachen.** Zusätzlich wird bei Forschungsfreisetzungen für gentechnisch veränderte Organismen (GVO), für die bereits genug Freilanderfahrung gesammelt wurde, ein vereinfachtes Verfahren bei Forschungsfreisetzungen als Dauerrecht eingeführt, das bereits auf EG-Ebene existiert./ Auch das kostspielige Verfahren der Entsorgung von Produkten aus Forschungsfreisetzungen durch Hochdruckdämpfen, das sich viele Forschungseinrichtungen nicht leisten konnten, wurde durch die Möglichkeit der industriellen oder thermischen Verwertung von Erntegut, beispielsweise in Biogasanlagen, erleichtert." (BMELV (2008) - Das neue Gentechnikrecht 2008)

Gegner

Ein Zusammenschluss mehrerer Gegner der Grünen Gentechnik fordert ‚unabhängige Forschung durch einen demokratischen Stakeholderkreis'.

„Um den Zulassungsprozess für GVO zu verbessern, fordert der EU-Umweltministerrat die Einbeziehung der Ergebnisse unabhängiger Institute. Dafür müssen diese eine Mittelausstattung erhalten, die die Durchführung entsprechender Studien ermöglicht. **Zudem muss die "policy coalition" aus staatlicher Forschungsförderung (BMBF), Deutscher Forschungsgemeinschaft, der Max-Planck-Gesellschaft und Industrievertretern endlich durch einen demokratisch legitimierten Stakeholder-Kreis ersetzt werden**, der sowohl Designs als auch Vergabe der Forschungsförderung transparent und offen gestaltet. Ausschreibungen wurden bisher systematisch so verengt, dass praktisch nur ein kleiner Kreis vorab erwünschter Forschungsnehmer den Zuschlag erhielt. Die Verstrickungen dieser etablierten Netzwerke sind gut dokumentiert." (DNR, BÖLW, BUND, AGU, Greenpeace, NABU und VDW- Bioethik, Biotechnologie und Gentechnik - Risiken der Agrogentechnik)

Vor allem vonseiten der NGOs (Informationsdienst Gentechnik - Keine Gentechnik/ Gentechnikfreie Regionen in Deutschland (BUND/AbL)) und von der KLJB wird ‚Kritik an der Abhängigkeit der Forschung von der Industrie' geübt.

„Wieviel Gift ist im Gen-Mais?/ Die Gentechnik-Industrie verspricht, sie habe alles unter Kontrolle und bei den Gen-Pflanzen gebe es keine Überraschungen. Greenpeace wollte es genau wissen und hat sich von **unabhängiger** Seite Antworten geholt: Sie ließen 600 Blattproben von Gen-Maispflanzen, die in Deutschland angebaut wurden, im Labor genau analysieren. Die Ergebnisse waren überraschend!" (Informationsdienst Gentechnik - Keine Gentechnik.de – Gentechnik-Mais MON 810 - das Verfahren ruht)

„Weder **unabhängig** noch ausreichend: Erhebung der Daten/ Die Daten, auf deren Basis die beteiligten Institutionen eine Zulassung erteilen, erheben die Antragsteller selbst, d. h. die Firmen oder Forschungseinrichtungen, die den GVO entwickelt haben. Die Freisetzungsrichtlinie sieht eine Umweltverträglichkeitsprüfung vor, mit der nicht allein Umwelteffekte, sondern auch Auswirkungen auf die menschliche Gesundheit erfasst werden sollen. Wie sie im Detail durchzuführen ist, nach welchem Versuchsdesign welche Daten zu erheben und wann die Sicherheit eines GVO als nicht gewährleistet gilt – das alles bleibt äußerst vage. Die Folge: Nicht nur ein Antragsteller hat sehr viel Spielraum, welche Informationen er vorlegt, sondern auch die EFSA als die Behörde, die die wissenschaftliche Stichhaltigkeit der Anträge zu bewerten hat." (Gentechnikfreie Regionen in Deutschland (BUND/AbL) - In der

Regel ohne Mehrheit: Zulassung gentechnisch veränderter Organismen (GVO)/ und: BUND - In der Regel ohne Mehrheit: Zulassung gentechnisch veränderter Organismen)

„Gesundheit: Die Risiken für Menschen und Tiere sind **nicht zweifelsfrei und unabhängig erforscht**." (KLJB (2006) – Beschluss: Keine Agro-Gentechnik bei nachwachsenden Rohstoffen)

Es wird deutlich, dass dieses Thema von den Befürwortern der Grünen Gentechnik dominiert wird. Dialogizität besteht in Bezug auf das Thema |Forschung im Bereich Grüner Gentechnik| hinsichtlich zweier Argumentationen. Während die Befürworter begründen, dass bestehende Forschung aus öffentlichen Mitteln bzw. Bundesmitteln finanziert würde, demnach unabhängig sei, bestreiten die Gegner dies und fordern vor allem die Unabhängigkeit der Forschung von der Industrie. Befürworter fordern finanzielle und rechtliche Erleichterungen für die Forschung und kritisieren deren Unterfinanzierung.

Thema |Technikfolgenabschätzung – Biodiversität|

Thema |Technikfolgen- abschätzung – Biodiversität|	Haltung - Befürworter	Haltung - Gegner
Hypothese	‚Grüne Gentechnik fördert Biodiversität'	‚Grüne Gentechnik vernichtet Biodiversität'
	‚Möglichkeit der Einkreuzung von gentechnisch veränderten Eigenschaften in Kultursorten'	‚Auskreuzungen oder die Aufnahme gentechnisch veränderter Stoffe über den Nährstoffkreislauf für die Einschränkung der Biodiversität verantwortlich'
	‚Insektenresistenz als Grund für eine höhere Biodiversität auf Bt-Feldern'	‚Erhaltung der Biodiversität nur über Erhaltung der Bedingungen in denen die Natur die Biodiversität selbst erhalten kann' ‚Verdrängung von Kultursorten' ‚Grüne Gentechnik = industrielle Landwirtschaft = Anbau von Monokulturen = Einschränkung der Biodiversität'
	‚Relevanz der Biodiversität'	
		‚Vorgehen der Gentechnik-Konzerne für Einschränkung der Biodiversität verantwortlich'
		Sachverhaltsverknüpfung zu ›Patentschutz‹ Sachverhaltsverknüpfung zum Konzept ›Natürlichkeit‹

Befürworter

Die Ansicht, dass ‚Grüne Gentechnik Biodiversität fördert', wird von den die Grüne Gentechnik befürwortenden Akteuren DFG, dem Autoren des Blogs

„WeiterGen" und dem Wissenschaftler Bernd Müller-Röber sowie Wikipedia in den vorliegenden Texten vertreten. Die Autoren des Wikipedia-Eintrags und Bernd Müller-Röber begründen dies mit der neu gewonnenen Erkenntnis und Technik über die ‚Möglichkeit, Eigenschaften in Kultursorten einzukreuzen'.

„Auch kann die Grüne Gentechnik die **Biodiversität** fördern, da sich einzelne Eigenschaften relativ leicht in lokal angepasste Sorten einbauen lassen. Die konventionelle Züchtung benötigt für einen ähnlichen Prozess mehr Zeit und finanziellen Aufwand." (Wikipedia (2010) - Grüne Gentechnik)

„Dank molekularer Techniken nimmt auch die Kenntnis über die natürlicherweise vorhandene genetische Variabilität (**Biodiversität**) in einer bisher nicht gekannten Weise zu. Varianten einzelner Gene können dadurch gezielter eingekreuzt oder mittels Gentransfer in Kulturpflanzen eingebracht werden." (Bernd Müller-Röber (2006) - Grüne Gentechnik für nachwachsende Rohstoffe)

Tobias Maier begründet seine Ansicht mit dem Argument, dass ‚Insektenresistenz ein Grund für eine höhere Biodiversität auf Bt-Feldern' sei. Um seine Glaubwürdigkeit zu stärken, nimmt er eine Bezugnahme auf Studien vor (vgl. Kapitel 4.5.1.2). Mit der Verwendung der beiden Ausdrücke „tatsächlich" und „erwiesenermaßen" ist der Absolutheitsanspruch seiner Aussagen sehr hoch (vgl. Kapitel 4.5.4.1).

„Das Bt-Toxin (Kristallstruktur: Siehe Abbildung), dem der Bt-Mais seinen Namen verdankt, stammt von dem Bakterium Bacillus thuringensis. Das Toxin ist spezifisch wirksam bei Larven von Käfern, Schmetterlingen und Zweiflüglern. Seit über 50 Jahren wird das Bt-Toxin oder gleich Sporen von Bacillus thuringensis als Insektizid gespritzt. Unter anderem in der ökologischen Landwirtschaft. Wenn nun der Mais selbst das Protein produziert, kann auf das Spritzen verzichtet werden, und nur Larven von Insekten, die tatsächlich den Mais zum Zweck der Nahrungsaufnahme befallen, werden getötet. Das ist ökologisch, wird aber ignoriert. *Tatsächlich haben Studien bestätigt*, dass die **Artenvielfalt** auf Bt-Maisfeldern höher ist, als auf Feldern, die mit konventionellen Insektiziden behandelt werden müssen." (WeiterGen (20.04.2009) - 10 Gründe für grüne Gentechnik - Nutzen, Chancen, Risiken)

„Dadurch, dass das Toxin nicht gespritzt werden muss, werden andere Arten geschont. Das ist ökologisch und dient *erwiesenermaßen* der **Artenvielfalt**." (WeiterGen (20.04.2009) - 10 Gründe für grüne Gentechnik - Nutzen, Chancen, Risiken)

Die DFG beruft sich in diesem Zusammenhang auf den Experten Matin Quaim, der seine Ansicht wie Tobias Maier mit der ‚Insektenresistenz als Grund für eine höhere Biodiversität auf Bt-Feldern' begründet.

„Er [Matin Quaim, B.F.] hält auch die Sorge nach abnehmender biologischer Vielfalt durch Grüne Gentechnik für unbegründet: Die ‚Bt-Technologie ist nicht auf eine Kulturart oder Sorte begrenzt, sondern kann in mehreren Sorten eingesetzt werden, um sie vor Insekten zu schützen.' Und auch wirklich nur vor Insekten – denn wie Professor Jung ergänzte, beruht der Wirkmechanismus des Bazillus auf einem Toxin, das nur im alkalischen Milieu von Insektendärmen wirke und nicht im sauren bei Säugetieren und Menschen." (DFG - Parlamentarischer Abend "Grüne Gentechnik")

Syngenta ruft das Konzeptattribut ‚Relevanz der Biodiversität' auf. Der Ausdruck „hochwertige Kulturpflanzen" in der untenstehenden Proposition mag dafür sprechen, dass implizit das Konzeptattribut ‚Grüne Gentechnik fördert Biodiversität' aufgerufen wird, denn da Kulturpflanzen stets gezüchtete Pflanzen bezeichnen, kann vermutet werden, dass gegebenenfalls versucht wird, wie dies Horst Glatzel im folgenden Textbeleg aufführt, „neue Gene in die Pflanzenzüchtung eingeführt werden".

„Syngentas Position/ Syngenta ist sich bewusst, dass die Landwirtschaft eine wichtige Rolle bei der Erhaltung der Biodiversität spielt. Wir führen daher verschiedene Projekte durch, um zu erforschen, welche Ressourcen notwendig sind, **um hochwertige Kulturpflanzen und eine nachhaltige Umwelt** für Mensch und Natur sicherzustellen./ Ein Beispiel ist die Partnerschaft von Syngenta und der Operation Bumblebee mit dem Earthwatch Institute. Mitarbeitende von Syngenta arbeiten mit Umweltforschern und Freiwilligen zusammen, um zu erfahren, wie Landwirtschaft und Umweltschutz in der Praxis zusammenwirken. Sie wollen zudem ein Bewusstsein für Naturschutzmassnahmen und die Probleme und Chancen des Artenschutzes in der Landwirtschaft schaffen." (Syngenta - Was denkt Syngenta über... Biodiversität)

Horst Glatzel bezieht sich sowohl auf das Konzeptattribut ‚Einschränkung der Biodiversität', als auch auf das Konzeptattribut ‚Förderung der Biodiversität' durch Grüne Gentechnik. Seine Haltung in Bezug auf die ›Biodiversität‹ kann deshalb als deskriptiv eingestuft werden.

„Im Verhältnis Gentechnik und Biodiversität wird *einerseits* befürchtet, dass die durch die klassische Pflanzenzüchtung bzw. durch die Wirtschaftsweise bereits hervorgerufene Einschränkung auf wenige Kultursorten durch den Einsatz der Gentechnik noch verstärkt werden könnte. *Andererseits* wird auch auf positive Effekte auf die Biodiversität hingewiesen, da neue Gene in die Pflanzenzüchtung eingeführt werden und das Interesse am Erhalt der genetischen Vielfalt steigt." (Horst Glatzel (2001)(KAS) - Perspektiven der „Grünen Gentechnik" (Zukunftsforum Politik))

Gegner

Bündnis '90/ Die Grünen und die EKD machen durch ihre Definition bereits deutlich, dass sie unter Biodiversität etwas verstehen, was sich mit der Grünen Gentechnik per definitionem ausschließt. Sie definieren vielfältige Landwirtschaft als in „eine natürliche und kulturelle Umwelt eingebunden" und nehmen damit eine Sachverhaltsverknüpfung zum Konzept ›Natürlichkeit‹ vor.

„Eine **vielfältige Landwirtschaft** produziert nicht allein Nahrungsmittel: Sie pflegt Landschaft und Bodenfruchtbarkeit, liefert Arbeitsplätze und ist in **eine natürliche und kulturelle Umwelt** eingebunden, zu deren Erhalt sie beiträgt." (Bündnis '90 - Die Grünen-Bundestagsfraktion - Vielfalt statt Agro-Gentechnik)

Die EKD geht ähnlich vor, indem sie die ‚Erhaltung der Biodiversität nur über Erhaltung der Bedingungen, in denen die Natur die Biodiversität selbst erhalten kann', festsetzt. Hier wird deutlich, wie sehr die Ansicht in Bezug auf einzelne Sachverhalte von grundsätzlichen Haltungen geprägt wird.

„Es ist den Menschen gegenwärtig nicht möglich, das notwendige und wünschenswerte Maß der Vielfalt festzulegen, und es ist auch die Frage, ob sie es überhaupt wollen sollen. Die Menschen können aber dazu beitragen, die Bedingungen zu erhalten, unter denen **die Natur die ihr eigene Vielfalt** zu bewahren und zu entfalten imstande ist. Die Aufbewahrung von Samen in Genbanken bietet langfristig keine hinreichende Sicherheit für die Erhaltung der Artenvielfalt." (EKD (1997) - Einverständnis mit der Schöpfung)

Die Akteure BfN, IDG-Keine-Gentechnik, Bündnis '90/ Die Grünen, der Zusammenschluss der evangelischen und katholischen Kirche, Greenpeace und Gentechnikfreie Regionen in Deutschland vertreten die Ansicht, dass ‚durch den Einsatz der Grünen Gentechnik ein Risiko für die Biodiversität entstehe'. Eine Hypothese, auf die fast alle Akteure referieren (EKD, IDG-Keine-Gentechnik, Bündnis '90/ Die Grünen und Greenpeace), stellt die ‚Verringerung der Biodiversität' dar. Greenpeace verwendet den Ausdruck „bedrohen" („Gentechnik-Konzerne [...] und bedrohen die Agrarische **Vielfalt**." (Greenpeace - Konzerne)[154]) und äußert sich dadurch mit dem höchsten Absolutheitsanspruch (vgl. Kapitel 4.5.4.1).

„Die indirekten Auswirkungen der HR-Technik [Herbizidresistenz, B.F.] sind ein weiterer Aspekt, der bei der Risikobewertung von HR-Pflanzen zu berücksichtigen ist. Es besteht der berechtigte Verdacht, dass die Breitbandwirkung der Herbizide

---

154 Vollständiger Textbeleg findet sich in Kapitel 1.2 der Zusatzmaterialien unter www.springer.com auf der Produktseite dieses Buches.

die **Biodiversität** der Ackerbegleitflora **verringert** und dass sich dieser Effekt über die Nahrungskette fortsetzt./ Letzte Änderung: 06.07.2006" (BfN - Herbizidresistenz und landwirtschaftliche Anwendungen)

Mit der ersten Hypothese in Zusammenhang stehend wird die Folge ‚Verdrängung von Kultursorten' als Begründung dafür angeführt, dass ‚Grüne Gentechnik Biodiversität einschränkt'. Dies proklamieren IDG-Keine-Gentechnik und Bündnis '90/ Die Grünen. Anhand des Modalworts „real" verstärkt Bündnis '90/ Die Grünen die eigene Proposition (vgl. Kapitel 4.5.4.1 Absolutheitsanspruch).

„Die EU und die Weltgesundheitsorganisation WHO haben bei der Zulassung von Amflora, der Gentech-Kartoffel des deutschen Chemiekonzerns BASF, starke Bedenken geäußert. Dennoch findet in Deutschland großflächiger „experimenteller" Amflora-Anbau mitsamt Antibiotika-Markern zur Pflanzgut-Gewinnung statt, obwohl von der Agrogentechnik *eine reale Gefahr* für die **Biodiversität** ausgeht. Sie verdrängt Kultursorten, kontaminiert die Natur und will Leben unter Patentansprüche stellen." (Bündnis '90 - Die Grünen-Bundestagsfraktion - Vielfalt statt Agro-Gentechnik)

Grüne Gentechnik wird von den Akteuren IDG-Keine-Gentechnik[155], Bündnis '90/ Die Grünen und den Vertretern der evangelischen und katholischen Kirche ‚mit industrieller Landwirtschaft (bzw. dem Anbau von Monokulturen) gleichgesetzt' und diese wird als ‚Grund für die Einschränkung der Biodiversität angeführt'.

„Die **Monokultur** der industriellen Landwirtschaft zerstört unsere biologische **Vielfalt**." (Informationsdienst Gentechnik - Keine Gentechnik.de – Gentechnik-Pflanzen breiten sich unkontrolliert aus)

„Dennoch findet in Deutschland **großflächiger** „experimenteller" Amflora-Anbau mitsamt Antibiotika-Markern zur Pflanzgut-Gewinnung statt, obwohl von der Agrogentechnik eine reale Gefahr für die **Biodiversität** ausgeht." (Bündnis '90 - Die Grünen-Bundestagsfraktion - Vielfalt statt Agro-Gentechnik)

„Gefahr für die **Artenvielfalt**/ [...] Zusätzliche Gefahren gehen von der Gen-Erosion durch die extreme **Homogenität des Saatguts und dem großflächigen Anbau** aus." (Gemeinsames Positionspapier der Evang. u. Kath. Kirche in Deutschland (07.10.2003) - Ungelöste Fragen - Uneingelöste Versprechen)

---

155 Vollständige Textbelege finden sich in Kapitel 1.2 der Zusatzmaterialien unter www.springer.com auf der Produktseite dieses Buches.

Handlungsstrategien der Diskursakteure im Kampf um Wissen 311

Durch die Verbindung mit „und" beziehen sich die durch den kausalen Konnektor „durch" angeschlossenen genannten Gründe auch auf die Biodiversität (vgl. Kapitel 4.5.4.2). Greenpeace macht also nicht die Grüne Gentechnik sondern das ‚Vorgehen der Gentechnik-Konzerne für die Einschränkung der Biodiversität verantwortlich'.

„*Durch* Einflussnahme auf die Politik und Wissenschaft, den Aufkauf konkurrierender Unternehmen, die Kontrolle von Landwirten *und* die Inkaufnahme einer Vielzahl von Umweltproblemen versuchen Gentechnik-Konzerne auf den Markt zu drängen und bedrohen die Agrarische Vielfalt." (Greenpeace - Konzerne)

Greenpeace und Bündnis '90/ Die Grünen verknüpfen den Sachverhalt der Biodiversität mit dem Sachverhalt ›Patentschutz‹ (vgl. Kapitel 4.4.1.2).

„Saatgut ist die erste Stufe der Produktionskette von Pflanzen, die zu Lebensmitteln oder Tierfutter verarbeitet werden und Grundlage zur Sicherung der Landwirtschaft und Ernährung. Ist das Saatgut bedroht - etwa durch die Verunreinigung mit gentechnisch veränderten Organismen oder **durch die Patentierung großer Saatgutkonzerne**- so ist auch die genetische Vielfalt und die Ernährungssicherheit und in Gefahr." (Greenpeace - Saatgut)

„[…], obwohl von der Agrogentechnik eine reale Gefahr für die Biodiversität ausgeht Sie verdrängt Kultursorten, kontaminiert die Natur und **will Leben unter Patentansprüche stellen.**" (Bündnis '90 - Die Grünen-Bundestagsfraktion - Vielfalt statt Agro-Gentechnik)

Die KLJB macht ‚Auskreuzungen oder die Aufnahme gentechnisch veränderter Stoffe über den Nährstoffkreislauf' für die Einschränkung der Biodiversität verantwortlich.

„Artenvielfalt: Durch **Auskreuzungen oder die Aufnahme gentechnisch veränderter Stoffe über den Nährstoffkreislauf** können irreversible Schäden in Ökosystemen entstehen." (KLJB (2006) – Beschluss: Keine Agro-Gentechnik bei nachwachsenden Rohstoffen)

Als sprachliches Mittel wird von den Akteuren IDG-Keine-Gentechnik, Gentechnikfreie Regionen in Deutschland (BUND/AbL) und Bündnis '90/ Die Grünen fremde Redewiedergabe verwendet, um die eigene Position zu stärken (vgl. Kapitel 4.5.1.1). Meist werden dafür Studien als Autoritäten herangezogen.

„Im Herbst 2003 veröffentlichte Ergebnisse **umfangreicher Studien in England** (die so genannten Farm Scale Evaluations) haben jedoch gezeigt:[...]." (Gentechnikfreie Regionen in Deutschland (BUND/AbL) - Versprechen der Agro-Gentechnik sind nicht haltbar)

„Die **britischen Studien** "Farm-Scale-Evaluations" belegen in einer umfangreichen Untersuchung, dass [...]." (Informationsdienst Gentechnik - Keine Gentechnik.de – Gentechnik-Pflanzen breiten sich unkontrolliert aus)

„*Forschungen zeigen*: [...]." (Bündnis '90 - Die Grünen-Bundestagsfraktion - Vielfalt statt Agro-Gentechnik)

Betreffs des Themas der |Technikfolgenabschätzung – Biodiversität| kann festgestellt werden, dass weitestgehend Dialogizität in der Argumentation besteht. Es werden zwar von den Gegnern Argumente angeführt, die keine Entsprechung erhalten, es gibt aber auch Streitpunkte, die sich durch gegenläufige Argumentationen auszeichnen.

Handlungsstrategien der Diskursakteure im Kampf um Wissen 313

Thema |Horizontaler Gentransfer - Durchwuchs|

Durchwuchs	Befürworter		Gegner
	DFG ‚Mögliches Risiko' ‚Überdauerungspotenzial'	BVL/ VBIO/ Horst Glatzel (KAS) ‚Durchwuchs als mögliches Risiko bei gleichzeitiger Zurückweisung des Risikos deklariert' ‚Geringe Frequenz' ‚Mangelnde Beweise' ‚Zersetzung der Proteine im Boden' ‚Hypothetisches Risiko' ‚Konkurrenzvorteil stärker als Durchwuchsrisiko'	‚Mögliches Risiko' ‚Überdauerung anhand des Konkurrenzvorteils unter natürlichen Bedingungen'
Mais	‚Kein Risiko'		‚Risiko' ‚Beobachtung von Mais-Durchwuchs im Jahr 2007'
Kartoffel	‚Kein Risiko'		‚Risiko' ‚Überdauerungspotenzial'
Raps	DFG ‚Risikopotenzial umstritten' ‚Überdauerungspotenzial'		‚Risiko' ‚Überdauerungspotenzial'

Durchwuchs wird vom BVL folgendermaßen definiert:

„Beim Austausch genetischen Materials zwischen verschiedenen Lebewesen unterscheidet man grundsätzlich zwischen **dem horizontalen Gentransfer, der die Weitergabe genetischen Materials außerhalb der sexuellen Fortpflanzungswege** und unabhängig von bestehenden Artgrenzen beschreibt, und dem **vertikalen Gentransfer (= Kreuzung), der die Übertragung genetischen Materials innerhalb derselben oder zwischen nah verwandten Arten auf sexuellem Wege darstellt**." (BVL - Häufig gestellte Fragen zu Freisetzungen)

Durchwuchs bzw. horizontaler Gentransfer wird vom BVL, dem VBIO und der DFG als ein ‚mögliches Risiko' eingestuft, dieses wird jedoch zurückgewiesen, indem auf die ‚seltene Frequenz' und auf ‚mangelnde wissenschaftliche Belege' verwiesen wird.

> „Unter bestimmten Bedingungen ist dieser horizontale Gentransfer etwa von einer Pflanze auf ein Bodenbakterium **zwar möglich, kommt in der Praxis aber selten vor.**" (VBIO - Schwerpunkt Sicherheitsforschung: Thema "Koexistenz")

> „Ein horizontaler Gentransfer von einer Pflanze auf ein Bodenbakterium ist unter bestimmten Voraussetzungen **grundsätzlich möglich**, stellt aber unter natürlichen Bedingungen **ein extrem seltenes Ereignis dar**. Dennoch bewertet das BVL vor einer Freisetzungsgenehmigung die möglichen Folgen eines solchen horizontalen Gentransfers./ Dafür, dass Gene aus Pflanzen über horizontalen Gentransfer auf Tiere oder den Menschen übertragen, dort etabliert und weitervererbt werden, gibt es **keine wissenschaftlich fundierten Belege**." (BVL - Häufig gestellte Fragen zu Freisetzungen)

Die Zurückweisung des Risikopotenzials begründet das BVL darüber hinaus aufgrund der ‚Zersetzung der Proteine im Boden'.

> „Sind Auswirkungen auf das Bodenleben und die Bodenstruktur zu erwarten?/ Für gentechnisch veränderte Pflanzen gilt genauso wie für konventionelle Pflanzen, dass die bei der Zersetzung von Pflanzenresten freigesetzten Nukleinsäuren und Proteine oder auch von den Pflanzenwurzeln direkt in den Boden abgegebenen Proteine im Boden zersetzt werden. **Sie stellen an sich keine Gefährdung dar.**" (BVL - Häufig gestellte Fragen zu Freisetzungen)

Die DFG deklariert das Risiko als ein ‚mögliches' und begründet diese Einschätzung mit der ‚Überdauerung der Samen im Boden'.

> „Zu den **wichtigsten potenziellen ökologischen Risiken transgener Pflanzen** gehört deren Auskreuzungs- oder **Überdauerungspotenzial** im Ökosystem." (DFG (2010) – Grüne Gentechnik)

Horst Glatzel distanziert sich vom vermittelten Sachverhalt durch das Anzeigen einer Wiedergabe einer fremden Haltung mit den Worten „[d]arüber hinaus wird befürchtet, dass" (vgl. Kapitel 4.5.1.1). Zudem deklariert er das Risikopotenzial anhand des Modalworts als ein ‚hypothetisches' und argumentiert im Gegensatz zum ZdK anhand des Arguments des ‚Konkurrenzvorteils gegen ein Bestehen des Durchwuchsrisikos'.

"Bezogen auf die für die landwirtschaftliche Produktion der Zukunft wichtigen transgenen Pflanzen werden verschiedenartige ökologische Risiken – *und zwar hypothetische* – in die Überlegungen einbezogen: *Darüber hinaus wird befürchtet, dass* Fremdgene über Bodenmikroorganismen auf andere nicht verwandte Pflanzenarten oder auf andere Mikroorganismen (Krankheitserreger) übertragen werden könnten (horizontaler Gentransfer)./ Dabei ist nach dem heutigen Wissensstand davon auszugehen, dass Gene, die auf Wildarten übertragen werden, nur unter ganz bestimmten Voraussetzungen, d. h. **nur wenn ein definitiver Konkurrenzvorteil auch unter natürlichen Bedingungen besteht, im Erbgut erhalten bleiben.**" (Horst Glatzel (2001)(KAS) - Perspektiven der „Grünen Gentechnik" (Zukunftsforum Politik))

Rüdiger Marquardt, Autor eines vom BMBF herausgegebenen Texts, spricht ‚Mais und Kartoffeln ein Risikopotenzial' ab.

„Gentechnisch veränderte Organismen erhalten in aller Regel keine Eigenschaften, die ihnen einen Vorteil in der Natur bieten würden. Dennoch muss man sich besonders mit Blick auf Freisetzungsexperimente fragen, **ob es zur Auskreuzung von Genen, also der Übertragung von Fremdgenen durch natürliche Kreuzung** – z.B. aus gentechnisch veränderten Kulturpflanzen – auf Wildpflanzen, kommen und welche Auswirkungen das haben kann. Bestimmte Kulturpflanzen, beispielsweise Mais und Kartoffel, sind bei uns nicht heimisch, sondern vor langer Zeit eingeführt worden. Daher haben diese Kulturpflanzen keine „wilden" Verwandten in unseren Breiten, mit denen sie sich kreuzen könnten. **In diesen Fällen wäre also ein Anbau gentechnisch veränderter Pflanzen mit Blick auf ein Auskreuzen von Genen unproblematisch.**" (Rüdiger Marquardt (BMBF) - Biotechnologie Basis für Innovationen (Auszug))

Was die ‚Durchwuchsproblematik von Raps' betrifft, so beurteilt die DFG den Sachverhalt aufgrund des ‚Überdauerungspotenzials der Samen im Boden' als umstritten.

„Als problematischste Art gilt der Raps – nicht nur wegen der Pollenausbreitung, die im Wesentlichen durch Insekten geschieht, sondern auch wegen der **langen Lebensdauer der Samen im Boden**. Die Daten zur Ausbreitung von Rapspollen sind sehr uneinheitlich [...]." (DFG (2010) – Grüne Gentechnik)

Das ZdK stuft Durchwuchs als ‚mögliches Risiko' ein. Das ZdK begründet die Voraussetzung für das Eintreten des Risikos der ‚Überdauerung anhand des Konkurrenzvorteils unter natürlichen Bedingungen'.

„Einkreuzungen von gentechnisch veränderten Pollen über weite Entfernungen sind beim landwirtschaftlichen Anbau **grundsätzlich möglich**, auch in verwandte Wildformen. Pflanzen können auswildern, wenn sie durch konventionelle oder gentechnische Züchtung **bessere Potenziale zum Überleben in solchen Lebensräumen haben**, die nicht vom Menschen geschaffen sind. Eigenschaften können „vertikal", d. h. über Pollen vermittelt, oder **„horizontal", also über freie DNA (die nicht zellgebunden vorliegt), auf andere Organismen übertragen werden.**" (ZdK (2003) - Agrarpolitik muss wieder Teil der Gesellschaftspolitik werden)

Der BUND spricht Mais ein ‚Risikopotenzial aufgrund von Durchwuchs' zu.

„Bisher galt Durchwuchs bei Mais für unsere Breitengrade als ausgeschlossen. Im westfälischen Werne (Regierungsbezirk Arnsberg) sind auf einem Versuchsfeld von Monsanto im Frühjahr 2007 erstmals **ungeplant Gentech-Maispflanzen gewachsen.**/ Aufgrund der Durchwuchsproblematik haben fast alle evangelischen Landeskirchen ihren Gemeinden empfohlen, auf ihren Flächen den Anbau von gentechnisch veränderten Pflanzen zu untersagen. Neben einer grundsätzlichen Skepsis gegen den Einsatz der Gentechnik in Landwirtschaft und Lebensmittelproduktion verweisen sie auf die Wertminderung des Bodens und damit ihres Besitzes." (BUND - Der Anbau gentechnisch veränderter Pflanzen mindert den Wert des Bodens)

Er spricht sowohl der Kartoffel als auch dem Mais ein ‚Risikopotenzial aufgrund von Durchwuchs' zu.

„Auskreuzung und Durchwuchs gentechnisch veränderter Pflanzen/ Die Verbreitung und Überdauerung gentechnisch veränderter Pflanzen hängt von der Pflanzenart ab./ Mais und Kartoffeln stammen ursprünglich aus Mittel- und Südamerika und haben in Europa keine wildlebenden Verwandten. Bei Kartoffeln bleiben nach der Ernte bis zu 30.000 Knollen je Hektar auf dem Acker zurück. **Sie können milde Winter überdauern und im Folgejahr ebenfalls als Durchwuchs auftreten.**" (BUND - Auskreuzung und Durchwuchs gentechnisch veränderter Pflanzen)

Der BUND bezieht sich ebenfalls auf das Beispiel Raps. Er führt das ‚Überdauerungspotenzial (und das Auskreuzungspotenzial) als Grund für ein Bestehen des Risikos' auf.

„Wissenschaftler sind sich einig: **Raps ist nicht koexistenzfähig**/ Aufgrund seines Auskreuzungsverhaltens, der leichten Samenverbreitung und seines **Durchwuchsverhaltens** gilt gentechnisch veränderter Raps als nicht „koexistenzfähig", d. h. Einkreuzung und Eintrag in benachbarte nicht-transgene Rapsbestände lassen sich in der Praxis nicht verhindern, wie u. a. die Erfahrungen mit herbizidresistentem Raps in Kanada zeigen. Selbst die als Befürworterin der Gentechnik geltende Dr. Christel Happach Kasan (Gentechnik-Sprecherin der FDP-Bundestagsfraktion) betont, dass Raps nicht koexistenzfähig ist. Wissenschaftler des Forschungsverbundes GenEERA (Generische Erfassung und Extrapolation der Rapsausbreitung), in dem Biologen,

Umweltforscher, Agrarwissenschaftler und Geologen aus fünf deutsche Hochschulen kooperieren entwickelten ein Computersimulationsmodell zur Ausbreitung von Gen-Raps in Norddeutschland, einem Hauptanbaugebiet der gelb blühenden Ölpflanzen. Hiernach würde ein weit verbreiteter Gen-Raps-Anbau dazu führen, dass nur noch ein Drittel der konventionellen Rapsfelder in der betroffenen Region frei von gentechnischen Verunreinigungen wäre." (Gentechnikfreie Regionen in Deutschland (BUND/AbL) - Hintergrundpapier: Kritik an der geplanten RAPS-Freisetzung in Mecklenburg – Vorpommern)

Hinsichtlich des Themas |Horizontaler Gentransfer – Durchwuchs| besteht durchweg Dialogizität. Es besteht darüber hinaus die ungewöhnliche Situation, dass sich die Gruppe der Befürworter unterteilt. Zwischen DFG und den Gegnern besteht Konsens darüber, dass ‚Durchwuchs ein mögliches Risiko' darstellt. BVL/ VBIO/ Horst Glatzel (KAS) weisen dies zurück und stehen somit im Dissens zur DFG und den Gegnern. Uneinigkeit besteht ebenfalls zwischen Befürwortern und Gegnern in Bezug auf die Mais- und Kartoffelpflanze. Hinsichtlich der Rapspflanze fällt wiederum die Haltung von DFG und Gegnern konsensual aus.

Thema |Vertikaler Gentransfer – Auskreuzung

(= Kreuzung, die die Übertragung genetischen Materials innerhalb derselben oder zwischen nah verwandten Arten auf sexuellem Wege darstellt)

Auskreuzung	Befürworter		Gegner
		DFG ‚Mögliches Risiko' ‚Auskreuzungspotenzial'	**Bündnis '90/ Die Grünen** ‚Mögliches Risiko' ‚Verbreitung von Fremd-Genen auch in verwandten Wildpflanzen'
Mais	**Horst Glatzel (KAS)** ‚Kein Risiko' ‚Mais besitzt in Deutschland keine verwandten Wildarten'		
Kartoffel	**BASF/ DFG** ‚Kein Risiko' ‚Kartoffeln besitzen in Europa keine verwandten Wildarten'		
Raps	**Horst Glatzel (KAS)** ‚Mögliches Risiko' ‚Herbizidresistenz kein Konkurrenzvorteil gegenüber der Wildform'	**Rüdiger Marquardt (BMBF)** ‚Risiko' ‚Abhängig von der Eigenschaft und ob diese einen Konkurrenzvorteil gegenüber der Wildform mitbringt → Einzelfallentscheidung'	

Das Thema |Vertikaler Gentransfer – Auskreuzung| betrifft die **„Vererbung einer bestimmten Eigenschaft aus einer Individuengemeinschaft (Populati-**

on, Kulturpflanzensorte) in eine andere" (bioSicherheit[156]). Für diesen Sachverhalt werden aber auch alternative Bezeichnungen gewählt. Zuweilen wird auch statt des Ausdrucks *Auskreuzung* die Bezeichnung *Einkreuzung* verwendet. Sie beschreibt denselben Sachverhalt, es besteht lediglich ein Unterschied in der Perspektive. Bei *Einkreuzung* wird die Pflanze in den Vordergrund gerückt, in die genetisches Material übertragen wird. Für dieses Korpus wird vermutet, dass dies kein Indikator für eine befürwortende oder ablehnende Gesinnung darstellt. Statt *Auskreuzung* oder *Einkreuzung* wird ebenfalls die Bezeichnung *Genfluss* verwandt. *Genfluss* bezeichnet laut Wikipedia „in der Evolutionsbiologie den Austausch genetischen Materials zwischen zwei Populationen einer Art." (Wikipedia[157]).

Als ein ‚mögliches Risiko' wird die **Auskreuzung** bzw. der **vertikale Gentransfer** von der DFG eingestuft.

„Zu den wichtigsten potenziellen ökologischen Risiken transgener Pflanzen gehört deren **Auskreuzungs- oder Überdauerungspotenzial im Ökosystem**." (DFG (2010) – Grüne Gentechnik)

Horst Glatzel von der KAS weist ein ‚Risiko für die Auskreuzung von Mais' mit der Begründung zurück, dass ‚Mais in Deutschland keine verwandten Wildarten besäße'.

„Eine Sorge ist, dass sich die in Pflanzen neu eingeführten Gene bei einer Freisetzung **durch Kreuzung mit verwandten Wildarten unkontrolliert ausbreiten könnten (vertikaler Gentransfer)**. Dies gilt freilich nur für Kulturpflanzen, die in der heimischen Flora nah verwandte Wildpflanzen haben. **Dies ist z. B. für Mais in Deutschland nicht der Fall.**" (Horst Glatzel (2001)(KAS) - Perspektiven der „Grünen Gentechnik" (Zukunftsforum Politik))

Bezüglich der Kartoffel weist die BASF ‚ein Risikopotenzial mit der Begründung zurück', dass ‚die Kartoffel hier keine wild wachsenden Verwandten habe'.

„Welches Risiko besteht, wenn gentechnisch veränderte Pflanzen auf wildwachsende Pflanzen auskreuzen? ?? Beim Anbau bestimmter Nutzpflanzen spielt das Thema Auskreuzung keine Rolle, da zum Beispiel die Kartoffel in Europa keine wildwachsenden verwandten Arten hat. Findet – bei anderen Nutzpflanzen – in einigen Fällen eine Auskreuzung auf wildwachsende Arten statt, ist nicht davon auszugehen, dass

---

156 http://www.biosicherheit.de/lexikon/731.auskreuzung.html; Zugriff am 21.04.2012.
157 http://de.wikipedia.org/wiki/Genfluss; Zugriff am 27.02.2012.

sich die neuen Merkmale in den wildwachsenden Pflanzen durchsetzen." (BASF - Biotechnologie bei BASF. Warum Biotechnologie, Herr Marcinowski?)

Die DFG ist ebenfalls der Ansicht, dass ‚Kartoffeln nicht auskreuzungsfähig sind'. Die DFG schränkt den Absolutheitsanspruch ihrer Äußerung aber ein, indem sie das Verb „erwarten" verwendet. Eine Auskreuzung sei nicht zu erwarten, hat weniger Geltungsanspruch als eine mögliche Alternative „wird nicht auskreuzen". Dieser differenzierte und in Bezug auf den Absolutheitsanspruch eingeschränkte Sprachgebrauch ist typisch für den Bereich Wissenschaft.

„Die Kartoffel dagegen ist mit Blick auf das **Auskreuzungspotenzial** eine besonders sichere Kulturart. **Da sie generell klonal über die Knolle vermehrt wird, ist eine Ausbreitung von unerwünschten transgenen Hybriden nicht zu erwarten.**" (DFG (2010) – Grüne Gentechnik)

Dem Raps hingegen spricht Rüdiger Marquardt (BMBF) ein ‚Risikopotenzial jedoch nur ab, wenn dieser keinen Konkurrenzvorteil gegenüber der Wildform, den Rübsen, hat'.

„Die Übertragung fremder Erbinformation innerhalb verwandter Arten, z.B. von gentechnisch verändertem Raps auf den „wilden Verwandten", den Rübsen, ist dagegen möglich. Kreuzungen zwischen Raps und Rübsen sind in der Natur ja üblich. **Man muss in einem solchen Fall abschätzen, ob die neu erworbene Eigenschaft einen Selektionsvorteil für die Wildpflanze bedeuten kann.** Die Meinungen darüber können auseinander gehen und müssen wissenschaftlich geprüft werden." (Rüdiger Marquardt (BMBF) - Biotechnologie Basis für Innovationen (Auszug))

Horst Glatzel (KAS) hält ‚Auskreuzung von Raps auf eine Wildform für möglich', ‚spricht der Auskreuzung jedoch ihr Risikopotenzial ab, mit der Begründung, dass ‚die übertragene Eigenschaft keinen Konkurrenzvorteil mit sich bringe'.

„Dies soll an dem Beispiel einer Rapssorte, die mit gentechnischen Methoden herbizidresistent gemacht wurde, verdeutlicht werden: In Deutschland existieren mehrere Wildformen des Raps. Findet nun zwischen dem Raps und diesen Wildformen eine Kreuzung statt, d. h. wird die Herbizidresistenz übertragen, so stellt sich die Frage, ob mit diesem Gentransfer ein Risiko für die Umwelt verbunden ist. **Im Fall der übertragenen Herbizidresistenz hat die durch Gentransfer veränderte Wildform unter natürlichen Bedingungen keinen Konkurrenzvorteil gegenüber anderen, nicht veränderten verwandten Wildpflanzen.** Eine Herbizidresistenz ist für die Konkurrenz von Wildpflanzen untereinander ohne Belang; sie spielt nur bei den Kulturpflanzen eine Rolle. **Dieses bedeutet, dass in diesem Fall ein Risiko in Folge des Genflusses für die Wildpflanzen in der Umwelt ausgeschlossen wer-**

den kann." (Horst Glatzel (2001)(KAS) - Perspektiven der „Grünen Gentechnik" (Zukunftsforum Politik))

Als ein ‚mögliches Risiko' wird die **Auskreuzung** bzw. der **vertikale Gentransfer** von der Fraktion Bündnis '90/ Die Grünen eingestuft.

„Flächendeckende Kontamination droht: Wenn Europa langsam flächendeckend kontaminiert wird, ist die gentechnikfreie Landwirtschaft in Europa am Ende – und damit der Biolandbau. Die Erfahrungen in Nord- und Südamerika zeigen, wie rasant sich die Verseuchung ausbreiten kann: Verunreinigungen entstehen durch Pollenflug, Insektenbestäubung, Deklarationsfehler, verunreinigte Maschinen und Schiffe, Vertauschen von Saatgut, durch Verwehen beim Transport und nicht zuletzt durch „Nahrungsmittelhilfe" der USA in die Dritte Welt. **Zudem breiten sich die Fremd-Gene auch in verwandten Wildpflanzen aus.**" (Bündnis '90 - Die Grünen-Bundestagsfraktion - Vielfalt statt Agro-Gentechnik)

In Bezug auf das Thema |Vertikaler Gentransfer – Auskreuzung| besteht durchgehend Dialogizität. Befürworter äußern sich indes vermehrt. Überraschenderweise besteht auch in Bezug auf diese Technikfolgenabschätzung Konsens zwischen DFG und Bündnis '90/ Die Grünen. Dissens hingegen herrscht zwischen Horst Glatzel (KAS) und Rüdiger Marquardt (BMBF).

Thema |Vertikaler Gentransfer – Pollenflug|

Pollenflug	Befürworter: VBIO	Befürworter: **BVL** und **KAS**	Gegner
	‚Bestandteil zur Abschätzung des Risikos einer Auskreuzung' ‚Beispiel Ochsenfrosch, Herkulesstaude, Japanische Staudenknöterich' ‚Konkurrenzvorteil gegenüber heimischen Arten'	‚Mögliches Risiko' **BVL** ‚Einschränkung des Risikos aufgrund der Minimierung des Risikos anhand Sicherheitsvorkehrungen'	‚Negative Folge' ‚Durch Wind und Bienen' ‚Beispiel Nord- und Südamerika'
Mais	**Tobias Maier und DFG** ‚Pollenflug unwahrscheinlich' ‚Mais hat keine verwandte Wildarten in Europa' ‚Maispollen für Ausbreitung des Bt-Mais zu groß' ‚Mindestabstand ausreichend um Pollenflug zu verhindern'		
Kartoffel			
Raps	**DFG** ‚Mögliches Risiko' ‚Pollenausbreitung durch Insekten'		‚Negative Folge' ‚Beispiel Kanada'

Der Pollenflug ist eine Möglichkeit der sexuellen Übertragung. Als ‚Bestandteil der Abschätzung des Risikos einer Auskreuzung' wird vom VBIO der Pollenflug genannt.

„Um herauszufinden, wie groß das Risiko einer Auskreuzung oder Auswilderung ist, müssen verschiedene Faktoren betrachtet werden:/
* Wie weit fliegt der Pollen der Gv-Pflanze? (Pollen-Monitoring)
* Gibt es, abgesehen vom konventionellen Anbau einer Nutzpflanze, verwandte Wild-Arten der Gv-Pflanze in der Umgebung, die diese befruchten könnte? (das ist von Art zu Art sehr unterschiedlich!)
* Auswilderung: Hat die Gv-Pflanze Fitness-Vorteile gegenüber Wildpflanzen im umgebenden Ökosystem, so dass die Möglichkeit besteht, dass sie diese verdrängt? (auch diese Frage ist von Lebensraum zu Lebensraum unterschiedlich zu beantworten)" (VBIO - Schwerpunkt Sicherheitsforschung: Thema "Koexistenz")

Das BVL, das als Akteur eine „neutrale" Haltung einnimmt, äußert, dass die ‚Möglichkeit des Gentransfers durch Pollenflug besteht', weist die Möglichkeit jedoch zurück, indem angeführt wird, dass ‚diese durch Sicherheitsvorkehrungen minimiert würde'.

„Können Gene der gentechnisch veränderten Pflanzen auf andere Lebewesen übertragen werden? […], Gene aus gentechnisch veränderten Pflanzen können **durch Pollen** auf andere Pflanzen übertragen werden, sofern diese sexuell kompatibel sind. Bei Freisetzungen wird die Möglichkeit eines solchen vertikalen Gentransfers durch die Auflage bestimmter **Sicherheitsvorkehrungen** (z. B. Mindestabstände zu sexuell kompatiblen Pflanzen) minimiert." (BVL - Häufig gestellte Fragen zu Freisetzungen)

Als Risiko wird Pollenflug von Helmut Heiderich von der Konrad-Adenauer-Stiftung eingestuft. Er ist der Ansicht, dass die ‚Möglichkeit eines Gentransfers durch Pollenflug besteht'.

„Ökologische Bedenken, dass neue Gene der veränderten Kulturpflanzen auf Wildpflanzen übertragbar sind, **sind nicht vollständig auszuschließen**. Allerdings können bei der natürlichen Auskreuzung bestimmter Kulturpflanzen **durch Pollenflug** neue Gene ebenso auf andere Kulturpflanzen oder Wildpflanzen übertragen werden wie konventionelle. Ein solches **Risiko** wird vor der Genehmigung zur Freisetzung der gentechnisch veränderten Pflanze intensiv geprüft." (Helmut Heiderich (2001)(KAS) - Perspektiven der „Grünen Gentechnik" (Zukunftsforum Politik))

In Bezug auf die Auskreuzung von Mais stuft der Autor des Blogs „WeiterGen" ‚Pollenflug aufgrund der bereits getroffenen Abstandsregeln als unwahrscheinlich' ein, („um die Befruchtung konventioneller Maispflanzen weitgehend zu verhindern"). Als Gründe führt der Biologe erstens an, dass ‚Mais keine verwandte Pflanzenart in Europa habe', zweitens, dass ‚Bt-Mais sich nicht ausbreiten könne', drittens ‚Maispollen aufgrund seiner Größe kaum verbreitet werden könne', und viertens, dass der ‚Mindestabstand ausreiche, um unter dem gesetzlich vorgeschriebenen Schwellenwert zu liegen'. Der Blogautor behauptet demnach nicht, dass Mais nicht auskreuzungsfähig sei, sondern dass der Anteil sehr gering ausfalle. Dies wird an den Modalwörtern „weitgehend" ersichtlich. Die DFG vertritt dieselbe Ansicht und verwendet, um dieser Einschränkung Ausdruck zu verleihen das einschränkende Modaladverb „begrenzt".

„Mais ist eine Kulturpflanze. Außerhalb bewirtschafteter Felder können Maispflanzen nicht überleben. **Mais kann auch nicht in verwandte Pflanzenarten auskreuzen**, da es solche in Europa nicht gibt. Diese biologischen Sachverhalte gelten genauso für Bt-Mais. **Es ist ausgeschlossen, dass Bt-Mais danach „in freier Natur" existieren oder sich dort ausbreiten könnte.** Durch die Übertragung von Pollen während der Blüte Anfang Juli können konventionelle Maispflanzen befruchtet werden. Die Maiskörner dieser Pflanzen enthalten dann neben dem konventionellen Chromosomensatz auch den der gentechnisch veränderten Pflanze. **Maispollen ist jedoch recht schwer, er wird also nicht kilometerweit mit dem Wind transportiert, sondern befruchtet, wenn überhaupt, dann nur Maispflanzen auf Feldern in der unmittelbaren Nachbarschaft. Der gesetzlich vorgeschrieben Mindestabstand reicht aus, um die Befruchtung konventioneller Maispflanzen *weitgehend* zu verhindern.** Zahlreiche Studien belegen, dass sich die Einträge von Bt-Mais in direkt benachbarte Felder nach 50 m bereits unter dem gesetzlich vorgeschriebenen Maximalwert von 0.9 % bewegen. Der Mindestabstand ist 150 m. Maisblüten sind für Insekten unattraktiv, so dass die Befruchtung auf diesem Wege keine Rolle spielt." (WeiterGen (20.04.2009) - 10 Gründe für grüne Gentechnik - Nutzen, Chancen, Risiken)

„Maispollen ist aufgrund seiner Größe, der hauptsächlichen Verbreitung durch den Wind und der geringen Überlebensfähigkeit **nur begrenzt auskreuzungsfähig**." (DFG (2010) – Grüne Gentechnik)

Das ‚Risiko des Pollenflugs von Rapspollen' wird von der DFG als Befürworter festgestellt. Die DFG spezifiziert ‚Pollenflug als Verbreitung durch Insekten'.

„Als problematischste Art gilt der Raps – nicht nur wegen der **Pollenausbreitung, die im Wesentlichen durch Insekten geschieht,** sondern auch wegen der langen Lebensdauer der Samen im Boden. Die Daten zur Ausbreitung von Rapspollen sind sehr uneinheitlich [...]." (DFG (2010) – Grüne Gentechnik)

Der VBIO als die Grüne Gentechnik befürwortender Verband stuft Pollenflug als ‚mögliches Risiko' ein und begründet dieses anhand der Beispiele ‚Ochsenfrosch, Herkulesstaude oder Japanischer Staudenknöterich' und dem ‚Konkurrenzvorteil gegenüber heimischen Arten'.

"Das Auskreuzen: Verwilderung und unkontrollierte Ausbreitung/ Die Kreuzung zwischen zwei Pflanzen nennt man auch vertikalen Gentransfer. **Hierbei wird der Pollen einer Pflanze auf eine andere Pflanze der gleichen oder nahe verwandten Art übertragen - und damit auch Eigenschaften des Pollenspenders!** Bei der Auskreuzung transgener Pflanzen könnten so künstlich eingebaute eigenschaften [sic!] wie Herbizid- oder Insekten-Resistenzen [sic!] auf Wildpflanzen oder konventionelle Nutzplantzen [sic!] auf dem Nachbarfeld übertragen werden. Bei der Auswilderung siedelt sich eine Pflanze in einem neuen Lebensraum an. Hat sie dort durch ihre besonderen Eigenschaften Vorteile gegenüber den heimischen Arten, kann sie diese verdrängen, was nachhaltige Veränderungen in der Nahrungskette und dem Gleichgewicht des Ökosystems zu Folge haben kann. **Ganz aktuell sieht sich Europa mit den negativen Folgen der Auswilderung eingeschleppter Arten wie dem Ochsenfrosch, der Herkulesstaude oder dem Japanische Staudenknöterich konfrontiert.** Jetzt werden die durch Neozooen und Neophyten hervorgerufenen Ökoschäden zum ersten mal beziffert (VBIO-News)" (VBIO - Schwerpunkt Sicherheitsforschung: Thema "Koexistenz")

Als ‚Risiko wird Pollenflug' für die Auskreuzung von Pflanzen von den Akteuren Greenpeace und Gendreck-weg eingestuft.

„Einmal in die Umwelt entlassen, sind Gen-Pflanzen nicht mehr rückholbar und können sich unkontrolliert ausbreiten. **Durch Pollenflug oder Insekten** gelangt **das veränderte Erbgut** in herkömmliche Pflanzen. Wenn sich Gen-Pflanzen auf den Äckern vermehren und sich den Weg in unsere Lebensmittel bahnen, gibt es für Bauern und Verbraucher keine Wahlfreiheit mehr." (Greenpeace (2010) - Milch für Kinder. Einkaufsratgeber für den Genuss ohne Gentechnik (Auszug))

„Die Verantwortlichen wissen, dass damit unumkehrbare Fakten geschaffen werden. Einmal freigesetzt, sind Gentech-Pflanzen nicht mehr rückholbar. **Durch Pollenflug** verbreitet sich unkontrolliert **genmanipuliertes Erbgut**. Artfremde Eigenschaften können in verwandte Wildpflanzen auskreuzen." (Gendreck-weg.de - Gefährliche Saat ... Gentechnik in der Landwirtschaft)

Bündnis '90/ Die Grünen führen als Grund für das ‚Risiko des Gentransfers durch Pollenflug die Erfahrungen in Nord- und Südamerika an'. Das Heranziehen eines Beispiels soll der Aussage Glaubwürdigkeit verleihen (vgl. Kapitel 4.5.1.3).

„Flächendeckende Kontamination droht: Wenn Europa langsam flächendeckend kontaminiert wird, ist die gentechnikfreie Landwirtschaft in Europa am Ende – und damit der Biolandbau. *Die Erfahrungen in Nord- und Südamerika zeigen*, wie rasant sich die Verseuchung ausbreiten kann: **Verunreinigungen** entstehen **durch Pollenflug**, Insektenbestäubung, Deklarationsfehler, verunreinigte Maschinen und Schiffe, Vertauschen von Saatgut, durch Verwehen beim Transport und nicht zuletzt durch

„Nahrungsmittelhilfe" der USA in die Dritte Welt. Zudem breiten sich die Fremd-Gene auch in verwandten Wildpflanzen aus." (Bündnis '90 - Die Grünen-Bundestagsfraktion - Vielfalt statt Agro-Gentechnik)

Pollenflug wird von den NGOs Gentechnikfreie Regionen in Deutschland und IDG-Keine-Gentechnik zur Begründung durch die Prädikation ‚die Verbreitung durch Wind und Bienen' präzisiert, die den Vorgang des Pollenflugs verdeutlichen soll. Dies geschieht aus Gründen der Veranschaulichung bzw. Konkretisierung, die typisch für den Sprachgebrauch der NGOs in dieser Debatte zu sein scheint (vgl. Kapitel 4.1.2; Seite 43f.).

„Sollte es weiter zu einem kommerziellen Anbau von Genpflanzen kommen, droht eine langsame flächendeckende gentechnische Kontamination von konventioneller und ökologischer Landwirtschaft. Mittelfristig ist das Aus für die in der EU zur Zeit noch weitgehend gentechnikfreie Landwirtschaft und Lebensmittelproduktion zu befürchten. *Denn: Wie sage ich den Bienen, dass sie den Pollen doch bitte innerhalb der Felder mit gentechnisch veränderten Pflanzen lassen möchten, wie verhindere ich, dass der Wind den Pollen der Genpflanzen über weite Strecken verbreitet?*" (Gentechnikfreie Regionen in Deutschland (BUND/AbL) - Bei kommerziellem Anbau von GVO in Deutschland droht gentechnikfreier Landwirtschaft mittelfristig das Aus)

„Gentechnik-Pflanzen breiten sich unkontrolliert aus **Wind und Bienen tragen Pollen kilometerweit.** Die Pollen übertragen die veränderten Gene auf herkömmliche Pflanzen. Dadurch wird die gentechnikfreie Landwirtschaft gefährdet. Wenn nur 0,3% des Mais-Saatguts verunreinigt ist, würden bereits 300 Gentechnik-Pflanzen pro Hektar wachsen." (Informationsdienst Gentechnik - Keine Gentechnik.de – Gute Gründe gegen Gentechnik in der Landwirtschaft)

Das ‚Risiko des Pollenflugs von Rapspollen' wird von Greenpeace festgestellt. Die NGO begründet dies durch das ‚Heranziehen des Beispiels Kanada, wo sich GV Raps flächendeckend ausgebreitet habe'.

„Gen-Pflanzen beachten keine Ackergrenzen. Einmal in die Umwelt ausgesetzt, sind sie nicht mehr rückholbar und übertragen ihre Eigenschaften **durch Pollenflug** oder Insekten auf herkömmliche Pflanzen. **In Kanada z.B. hat sich Gen-Raps fast flächendeckend** ausgebreitet, so dass Ökobauern ihren Raps-Anbau aufgeben mussten." (Greenpeace (2005) - Gute Gründe gegen Gentechnik...)

Sowohl der |horizontale Gentransfer – Durchwuchs| (außerhalb der sexuellen Fortpflanzungswege), sowie der |vertikale Gentransfer – die Auskreuzung| (eine Kreuzung, die die Übertragung genetischen Materials innerhalb derselben oder zwischen nah verwandten Arten auf sexuellem Wege darstellt) als auch der

Handlungsstrategien der Diskursakteure im Kampf um Wissen

|Pollenflug| als Unterkategorie der Auskreuzung werden vor allem von NGOs, Politik (Fraktionen und Ministerien) und Wissenschaft thematisiert. Die Industrie äußert sich auffällig wenig. Es besteht bezüglich aller Themen Dialogizität, d. h. es wird nicht aneinander vorbeigeredet. Stattdessen verschwimmen bezüglich dieser Themen die Grenzen zwischen befürwortender und gegnerischer Haltung. Dissens besteht sowohl zwischen Gegnern und Befürwortern, teilweise aber auch unter den Befürwortern. Hinsichtlich des Themas |Vertikaler Gentransfer - Pollenflug| besteht darüber hinaus der Unterschied zwischen Befürwortern und Gegnern in der Konstituierung des Themas. Während die Befürworter den |Pollenflug| als ‚mögliches Risiko' einstufen, so werten die Gegner den |Pollenflug| als ‚negative Folge'. Der Unterschied in der sprachlichen Handlung besteht also im erhobenen Absolutheitsanspruch.

4.4.4 Kampf um Wissen – Themensetzung und Themenausblendung

In der vorliegenden sprachwissenschaftlichen Analyse spielen die sprachlichen Mittel, also vor allem rhetorische Mittel, die die Diskursakteure einsetzen, um ihre Position im Diskurs sprachlich durchzusetzen, eine wesentliche Rolle. Allerdings sind nicht allein textimmanente Faktoren in einer sich auf Foucault begründenden Diskursanalyse relevant. Ganz im Gegenteil, hier soll ebenfalls in den Blick genommen werden, dass bestimmte Themen von einer Gruppe der Diskursakteure angesprochen, thematisiert oder dominiert werden, andere hingegen weniger thematisiert oder ausgeblendet werden. Spannend ist nun natürlich, festzustellen, welche Akteure welche Themen kaum thematisieren oder ausblenden, da in diesem Fall von einer Tabuisierung gesprochen werden kann, welche dem Gestus entspricht, Bedeutungsbeimessung durch Ausblendung zu verhindern. Aus diesem Grund wird hier in diesem Kapitel „Themensetzung und Themenausblendung" festgehalten, welche Diskursakteure welche Themen offensiv thematisieren und diskutieren und welche Akteure bestimmte Themen ausblenden.

4.4.4.1 Von ablehnender Akteursgruppe dominierte Themen

Unter diesem Abschnitt werden die Themen aufgeführt, die vor allem von Gegnern der Grünen Gentechnik thematisiert und offensiv bearbeitet werden. Zu diesen Themen äußern sich in Einzelfällen auch Befürworter; meist neutral und selten in Opposition zu der Ansicht der Gegner der Grünen Gentechnik.

Thema |Alternative Verfahren|

|Alternative Verfahren|	‚Gentechnikfreie Produktion' ‚Fruchtfolge' ‚TILLING' und ‚SMART Breeding'

‚Gentechnikfreie Produktion'

Bündnis '90/ Die Grünen Fraktion spricht sich für ‚gentechnikfreie Produktion' aus.

„Mit Gentech-Pflanzen Chemiegifte sparen? Es gibt schon eine Landwirtschaft, die ohne auskommt. Bio-Produktion schont Umwelt und Klima, fördert die Produktivität der Böden, ermöglicht Nutztieren ein artgerechtes Leben, steigert die biologische Vielfalt des Saatguts und begünstigt regionale Entwicklungen. **Lieber ohne Gentechnik: Bio-HerstellerInnen verzichten** – wie viele konventionelle Nahrungsmittelherstellerlnnen und Handelsketten – **auf den Einsatz von Gentechnik bei ihrer Produktion**, weil es die Mehrheit der VerbraucherInnen so möchte." (Bündnis '90 - Die Grünen-Bundestagsfraktion - Vielfalt statt Agro-Gentechnik)

Um ihre Position zu stärken, dass man ‚gentechnikfrei produzieren' und natürlich auch ‚gentechnikfrei konsumieren' sollte, zählen die Gegner der Grünen Gentechnik verschiedene gentechnikfreie Produkte auf. Die NGO IDG-Keine-Gentechnik spricht sich für die Vorteile von Bio-Baumwolle aus.

„Weniger als ein Prozent Baumwolle wird weltweit ökologisch angebaut. Die Vorteile der **Bio-Baumwolle** liegen jedoch auf der Hand. Wer **Biobaumwolle** [differierende Schreibweisen im Original; B.F.] anbaut, muss eine Fruchtfolge einhalten, um so die Schädlinge besser in Schach zu halten. Nach einem Jahr Baumwolle, werden im nächsten Jahr Bohnen, Erbsen oder eine andere Nahrungsfrucht angebaut. So können sich die Böden erholen und gleichzeitig produzieren die Bauern ihre eigene Nahrung. Außerdem bleibt Dünger im Boden. Außerdem sind die Preise, die für ökologisch erzeugte Baumwolle bezahlt werden sind, höher und verlässlich. Das Projekt von transfair in Burkina Faso arbeitet beispielsweise nach diesen Prinzipien." (Informationsdienst Gentechnik - Keine Gentechnik.de – Gentechnik-Baumwolle)

Greenpeace schlägt als Alternative zu gentechnisch verändertem Futtermittel ‚gentechnikfreies Rapsschrot anstelle von Sojaschrot' vor und argumentiert, dass dieses gleichzeitig bei nur geringen Mehrkosten verfügbar sei.

„In der Milchviehfütterung kann Sojaschrot durch Rapsschrot, Lupinen oder andere heimische Eiweißträger ohne ernährungsphysiologische Nachteile ersetzt werden. Eine bedarfsgerechte Proteinversorgung für hochleistende Milchkühe kann auch durch Rapsschrot gewährleistet werden. Fütterungsversuche aus den letzten Jahren belegen, **dass Rapsschrot auch in der Schweinemast den Bedarf an Sojaschrot senken oder ersetzen kann. Der gesamte europäische Raps ist gentechnikfrei.** Die EU ist weltweit der größte Rapsproduzent." (Greenpeace (2009) - Tierische Produkte – ohne Einsatz gentechnisch veränderter Futterpflanzen)

„Es gibt Alternativen. Dies zeigen Bauern und Wissenschaftler in zahlreichen Projekten rings um den Globus. So werden mit traditionellen und innovativen Methoden längst Pflanzen gezüchtet, die den unterschiedlichsten Boden- und Klimabedingungen angepasst sind und Schädlingen widerstehen können. **Auch der Bedarf an wertvollem Eiweiß im Tierfutter kann problemlos aus gentechnikfreiem Anbau gedeckt werden.**" (Greenpeace – Alternativen)

Bezüglich des Themas der |Alternativen Verfahren| äußert sich die Bundestagsfraktion Bündnis '90/ Die Grünen, indem sie die GV Kartoffel Amflora als längst von ‚gentechnikfreien Alternativen' überholt beurteilt.

„Seit 2010 darf in Deutschland die Gentech-Kartoffel Amflora des Konzerns BASF angebaut werden, die schwarz-gelbe Regierung treibt den Anbau sogar voran. Amflora dient vor allem industriellen Zwecken z. B. der Papierherstellung. **Niemand – bis auf BASF – braucht Amflora. Sie stammt aus der Gentechnik-Mottenkiste und wurde schon längst von gentechnikfreien Alternativen überholt.** Aus grüner Sicht muss die Regierung den Anbau stoppen, wie dies Österreich bereits getan hat. Amflora wurde von den Zulassungsbehörden nicht hinreichend auf ihre Umweltverträglichkeit geprüft, eine Verunreinigung der Lebens- und Futtermittelkette ist langfristig nicht zu vermeiden. Zudem trägt Amflora ein Gen, das ihr Resistenz gegen therapeutisch wichtige Antibiotika vermittelt wie z. B. gegen Tuberkulose. Derartige Konstrukte dürfen laut EU-Gentechnikrecht inzwischen weder vermarktet noch freigesetzt werden." (Bündnis '90 - Die Grünen-Bundestagsfraktion - Gentechnik auf dem Acker. Nein Danke)

Gleich der NGO Greenpeace beruft sich die AGU auf die ‚gentechnikfreien Alternativprodukte' zu Amflora.

„Aufgrund der existierenden gentechnikfreien Alternativprodukte kann die Stärkeindustrie ihr Herstellungsverfahren optimieren, ohne den Anbau gentechnisch veränderter Kartoffeln zu unterstützen, die einen bedenklichen Antibiotikaresistenzmarker enthalten." (AGU - Verzicht auf Amflora)

‚Fruchtfolge'

Gentechnikfreie Regionen in Deutschland (BUND/AbL) bezeichnen die ‚Fruchtfolge' als die beste Kontrolle des Schädlings Maiszünsler. Diese ‚Fruchtfolge' stellt für die NGO eine Alternative zum Bt-Mais dar.

"Alternativen zum Bt-Mais:/ Die beste Kontrolle des Schädlings Maiszünsler ist nach wie die Fruchtfolge. Vor allem auf im Vorjahr stark befallenen Flächen darf im Folgejahr kein Mais angebaut werden. Zudem sorgen tiefes Abhäckseln der Maispflanze bei der Ernte oder sorgfältiges Zerkleinern der Stoppeln sowie sauberes tiefes Unterpflügen dafür, dass die schlüpfenden Falter am Verlassen des Bodens gehindert werden. Sorten mit harten Stängeln und eine vernünftige, weite Fruchtfolge sind weitere Maßnahmen, um den Befall zu kontrollieren./ In der Vergangenheit war der Einsatz der Schlupfwespe Trichogramma häufig zu zeitaufwändig. Dem wirtschaftlichen Nützlingseinsatz steht heute jedoch mit der Weiterentwicklung des maschinellen Einsatzes zur direkten Bekämpfung des Maiszünslers auch auf großen Flächen nichts mehr im Wege. Eine exakte und termingerechte Ausbringung ist mit Stelzenschleppern möglich, es gibt keine Wartezeiten, und die Resistenzbildung wird vermieden. In der intensiven Körnermaisregion am Oberrhein kostet Bauern die Maiszünslerregulierung durch Trichogramma-Behandlung oder Häckseln der Stoppeln 20 bis 35 Euro je Hektar." (Gentechnikfreie Regionen in Deutschland (BUND/AbL) - Kein Genmais auf unsere Äcker!)

‚TILLING' und ‚SMART Breeding'

Der VBIO als ein die Grüne Gentechnik befürwortender Akteur führt verschiedene alternative Ansätze der Pflanzenzüchtung an, bewertet diese jedoch nicht.

„SMART Breeding und TILLING stoßen politisch und gesellschaftlich auf weniger Widerstand, als die gentechnische Veränderung." (VBIO - Alternative Ansätze)

Er beschreibt zum einen das ‚TILLING', zum anderen das ‚SMART Breeding'.

„SMART Breeding/ SMART ist ein Akronym für „Selection with Markers and Advanced Reproductive Technologies" (etwa: Selektion mit Hilfe von Markern und verbesserter Vermehrungstechniken"). SMART Breeding vereint klassische Pflanzenzüchtung mit einem moleklaren [sic!] Selektionsverfahren, das erlaubt erwünschte Einkreuzungen schnell zu detektieren. Dadurch wird die Zeit, die nötig ist Merkmale durch Züchtung in Organismen zu vereinigen um Jahre verkürzt." (VBIO - Alternative Ansätze)

„TILLING/ TILLING steht für Targeting Induced Local Lesions IN Genomes (frei übersetzt: Gezielte Suche nach induzierten lokalen Mutationen im Genom). Beim TILLING wird das Genom durch mutagene Substanzen verändert. Die chemische Mutagenese führt zufällig Mutationen an vielen Stellen im Genom ein. Die Herausforderung ist, diejenigen Mutanten zu identifizieren, die Mutationen im gewünschten Gen tragen. Das Neue am TILLING ist nicht die Art, mit der Mutationen eingeführt werden, sondern dass gesuchte Mutanten anschließend durch molekularbiologische Methoden relativ schnell herausgefiltert werde [sic!] können." (VBIO - Alternative Ansätze)

„TILLING Mutationen völlig ungerichtet in ein Genom eingeführt, um die Vielfalt der Ausprägungen eines Gens zu erhöhen." (VBIO - Alternative Ansätze)

Der die Grüne Gentechnik befürwortende Wissenschaftler, Stefan Rauschen, äußert sich hingegen kritisch gegenüber dem als alternativ zur Grünen Gentechnik geltenden Verfahren des ‚TILLINGs'.

„Stefan Rauschen· 13.01.10 · 17:04 Uhr / [...]/ TILLING pflanzen werden als große alternative zu gentechnisch veränderten pflanzen gehypt. dabei werden im pflanzengenom unvorhergesehen und ununtersucht mutationen ausgelöst, hunderte, wenn nicht gar tausende. welche bedeutung die haben könnten, interessiert kein, weil ist ja mutagenese, damit "konventionell" und eben nicht "gentechnisch verändert"./ daher kommt es auch, dass die amflora immer noch nicht zugelassen ist, die TILLING alternative aber bald auf den äckern stehen darf. wobei beide (abgesehen vom antibiotika-resistenzmarker der amflora) dieselbe phänotypische eigenschaft haben, eine bestimmte form der stärke zu produzieren. was bei der TILLING alternative sonst noch anders sein mag, braucht nicht untersucht werden./ wissenschaftlich? wohl kaum." (WeiterGen (10.01.2010) - Rationales zur Grünen Gentechnik)

Thema |Verbraucherbedürfnis|

|Verbraucherbedürfnis|	‚Verbraucher sind gegen Grüne Gentechnik' ‚Die verbleibenden 20 Prozent der Verbraucher seien nicht für die Grüne Gentechnik, sondern stünden ihr gleichgültig gegenüber' ‚Technikfolge: Verunreinigungen' ‚Bereits einiges (z. B. der Versuchsanbau der Amflora oder eine unzureichende Kennzeichnung) geschieht gegen den Willen der Verbraucher' ‚Ablehnung der Verbraucher von gentechnisch veränderten Bestandteilen in Futtermitteln von Tieren' ‚Maishändler würden Aufpreise für gentechnikfreie Produkte bezahlen'

In den folgenden Textbelegen der Diskursakteure Greenpeace, BUND, Bündnis '90/ Die Grünen, Die Linke-Fraktion, KLJB und AGU wird vermittelt, dass ‚Verbraucher gegen Grüne Gentechnik seien' und es wird darin häufig eine negative Wertung der Grünen Gentechnik vorgenommen.

„Bayer/Aventis, Monsanto, Syngenta und DuPont - die Saatgutproduktion konzentriert sich bereits auf wenige Konzerne. **Doch die große Mehrheit der Verbraucher und Landwirte lehnt Gen-Pflanzen im Essen und auf dem Acker ab.** Mit gutem Grund, denn für sie bringt die Gentechnik keine Vorteile." (Greenpeace - Konzerne)

„Die Verbraucher in Deutschland haben es geschafft, durch ihre Ablehnung genmanipulierte Lebensmittel aus den Supermärkten zu verbannen. Ganz gegen den Willen der Verbraucher werden Gen-Pflanzen jedoch in großem Umfang an landwirtschaftliche Nutztiere verfüttert." (Greenpeace - Tierfutter)

Der BUND betont darüber hinaus, dass ‚die verbleibenden 20 Prozent der Verbraucher nicht für die Grüne Gentechnik seien, sondern ihr gleichgültig gegenüber stünden'.

„Die Kennzeichnungspflicht greift auch in Kantinen und Gaststätten. Und sie gilt genauso für unverpackte Lebensmittel. Bisher sind in der EU fast keine gekennzeichneten Lebensmittel auf dem Markt. Der Grund: Lebensmittelindustrie und -handel wissen, dass 80 Prozent aller Verbraucher in Deutschland strikt gegen Gentechnik im Essen sind. **Die übrigen 20 Prozent sind nicht etwa dafür, sondern gleichgültig.**" (BUND - Kennzeichnung von Gentech-Produkten)

Die AGU begründet die Aussage, dass ‚die Mehrheit der Verbraucher Grüne Gentechnik ablehnt', mit der ‚Technikfolge: Verunreinigungen'.

„Die deutsche Bevölkerung verlangt gentechnikfreie Lebensmittel. Die Umsetzung des Eckpunktepapiers **würde zu einer großflächigen Verunreinigung in der Landwirtschaft und damit in der Nahrungskette führen,** befürchten die kirchlichen Umweltexperten." (AGU - Gentechnikgesetz muss größtmöglichen Schutz für Mensch und Umwelt sichern)

In den folgenden Textbelegen wird deutlich, dass die Akteure der Ansicht sind, dass ‚bereits einiges (z. B. der Versuchsanbau der Amflora oder eine unzureichende Kennzeichnung) gegen den Willen der Verbraucher geschieht bzw. angewandt werde'.

„Wir schreiben das Jahr 2010. Das Jahr nach der Wahl der schwarz-gelben Regierung, einer Regierung, die in der Gentechnologie eine ‚wichtige Zukunftsbranche' sieht. So hat es die Gen-Kartofffel ‚Amflora' sogar in den Koalitionsvertrag geschafft. Ihr Anbau und ihre Verarbeitung sollen in Deutschland unterstützt werden. Keine Frage, diese neue Regierung will gegen die Mehrheit der Verbraucher Gen-Pflanzen auf dem Acker und Teller fördern." (Greenpeace - Gentechnik)

Im Diskurs um Grüne Gentechnik wird nicht nur die ‚Ablehnung der Verbraucher von gentechnisch veränderten Lebensmitteln' thematisiert, sondern auch die ‚Ablehnung der Verbraucher von gentechnisch veränderten Bestandteilen in Futtermitteln von Tieren'.

> „*Ein Unding*, wenn man bedenkt, dass Verbraucherinnen und Verbraucher keine Gentechnik - auch nicht im Tierfutter - wollen. *Der BUND unterstrich dies im April mit einer Studie*: Demnach wünschen mehr als drei Viertel der Bundesbürger, dass Handelsketten und Lebensmittelindustrie das Label "Ohne Gentechnik" einsetzen. Denn dies garantiert den Kunden eine gentechnikfreie Produktion. Weibliche Kundinnen erwarten sogar zu vier Fünftel eine Positivkennzeichnung tierischer Produkte wie Milch, Eier und Fleisch, wenn zu ihrer Herstellung kein gentechnisch verändertes Futter eingesetzt wurde. An der Kennzeichnung "Ohne Gentechnik" würden sich beim Einkauf 73 Prozent der Verbraucherinnen und Verbraucher orientieren und eher Produkte kaufen, die diesen Hinweis tragen." (Informationsdienst Gentechnik - Keine Gentechnik.de – Verband Lebensmittel ohne Gentechnik gegründet)

Greenpeace zieht den Schluss, dass die „Verarbeitung gentechnisch veränderter Zutaten [...] den weltweiten Anbau von Gen-Pflanzen" fördere.

> „Dabei lehnt die Mehrheit der Verbraucher Gen-Pflanzen in Lebensmitteln und im Tierfutter ab. Die Bedenken sind berechtigt, denn die Verarbeitung gentechnisch veränderter Zutaten fördert den weltweiten Anbau von Gen-Pflanzen und somit die damit verbundenen Gefahren." (Greenpeace - Lebensmittel)

Um deutlich zu machen, wie groß die ‚Ablehnung vonseiten der Verbraucher ist', äußern die Akteure, dass beispielsweise ‚Maishändler Aufpreise für gentechnikfreie Produkte bezahlen würden'.

> „Genmais: Kein Exportschlager/ Nach Angaben der US-Regierung gehen den Maisfarmern jährlich ca. 300 Millionen Dollar verloren, weil eine Reihe von Gentech-Sorten in der EU und anderen Weltregionen nicht zugelassen sind. Um ihre Absatzmärkte zu sichern, zahlen selbst transnationale Getreidehändler wie Archer Daniel Midlands **Aufpreise für herkömmlichen Mais**. Auch zur Ernte 2004 erfassten ein Viertel der Maishändler in den USA gentechnischen Mais getrennt vom herkömmlichen Mais. **Ein Achtel der Unternehmen zahlt Aufpreise für konventionellen Mais**." (Gentechnikfreie Regionen in Deutschland (BUND/AbL) - Kein Genmais auf unsere Äcker!)

Ronny, Blogleser von „Kritisch gedacht", vollzieht darüber hinaus eine Verknüpfung mit dem Konzept ›Wahlfreiheit‹ (vgl. Kapitel 4.4.1.2).

„Ronny· 17.03.10 · 07:59 Uhr / @Wolfgang/ [...] Natürlich gibt es auch strikt abzulehnende Produkte- aber generell grüne Gentechnik ablehnen ? / Generell ablehnen würde ich sie nicht, denn da müsste man ja alle neuen Sorten ablehnen, da ja Züchtung auch eine Form der Genmanipulation ist. Ich will als Kunde einfach nur die Möglichkeit haben zu wählen. Die Industrie soll draufschreiben nicht/schon künstlich genmanipuliert und der Kunde soll wählen. **Wie wärs mal mit Überzeugungsarbeit seitens der Wirtschaft anstatt erzwingen zu wollen, dass die Kunden es unbemerkt kaufen ?** Die Wirtschaft bekommt ihr Zeug billier (und vielleicht auch besser), der Kunde zahlt aber genauso viel und trägt auch noch das Gesundheitsrisiko. Finde ich unfair. **Außerdem, viele Menschen WOLLEN das einfach nicht, obs jetzt Sinn macht oder nicht. Warum muss man solche Menschen überfahren ?**" (Kommentare zu Kritisch gedacht (15.03.2010) - Gentechnik: "Dialog" mit den Grünen)

Im Wikipedia-Eintrag wird eine Meinungsumfrage wiedergegeben. Dabei wird jedoch keine Wertung vollzogen.

„In einer Meinungsumfrage von 2000 in 35 Ländern wurden 35.000 Menschen gefragt, ob die Vorteile von transgenen Nahrungspflanzen größer als die Risiken seien. Transgene Nahrungspflanzen fanden wenig Zustimmung bei Bürgern reicher Nationen wie Japan und Frankreich mit nur 22%. In Indien und China lag die Zustimmung mit über 65% deutlich höher, am höchsten war sie in Kuba und Indonesien mit etwa 80%. Einer 2006 durchgeführten Befragung von Menschen, die sich der Existenz gentechnisch veränderter Organismen (GVO) bewusst waren, zufolge glaubten 89% der Griechen, dass GVO schädlich seien, hingegen nur 33% der Südafrikaner. In den USA und Europa ist die Ablehnung GVL am stärksten bei Menschen über 64, Frauen, und bei Menschen mit niedrigem Bildungsabschluss. Ablehnung von GVL ist positiv korreliert mit Veganismus und Vegetarismus sowie mit einer Bevorzugung von "natürlichen", "gesunden" und "ökologischen" Lebensmitteln. Die Zustimmung für GVL ist am höchsten bei Menschen mit postgradualen Abschlüssen." (Wikipedia (2010) - Grüne Gentechnik)

Handlungsstrategien der Diskursakteure im Kampf um Wissen 335

Thema |Macht durch Grüne Gentechnik|

MACHT durch Grüne Gentechnik	‚Monopolstellung von Saatgutfirmen' ‚Biopiraterie' ‚Profitgier'/ ‚Ökonomische Interessen' ‚Abhängigkeit schaffen' ‚Kontrolle ausüben' ‚Machtmissbrauch'

Das Thema |Macht durch Grüne Gentechnik| spielt eine entscheidende Rolle im Diskurs um die Grüne Gentechnik. Vor allem seitens der Gegner der Grünen Gentechnik wird dies thematisiert. Da das Konzept |Macht| vor allem mit der Macht der Akteure zu tun hat, werden an dieser Stelle einige Textbelege zitiert, die auf die industriellen Akteure und deren Stellung verweisen.

‚Monopolstellung von Saatgutfirmen'

Kritisiert wird von den Gegnern der Grünen Gentechnik, die ‚Monopolstellung von Saatgutfirmen' und dass unter diesen Monsanto den größten Marktanteil innehat.

„Wer bringt den Genmais auf die Äcker?/ Sechs Konzerne teilen sich weltweit den Markt für genverändertes Saatgut, **knapp 90 Prozent davon hält allein das US-Unternehmen Monsanto**. Auf seiner Investorentagung im November 2005 kündigte der Konzern an, mit seinen gentechnisch veränderten Sorten als nächstes Maismarkt in Europa erobern zu wollen." (Gentechnikfreie Regionen in Deutschland (BUND/AbL) - Kein Genmais auf unsere Äcker!)

„In Gefahr – unabhängige Landwirte: Schon heute dominieren wenige große Unternehmen die inter-nationale Landwirtschaft. Der Agrarkonzern Monsanto hat **über 90 % Marktanteil**." (Bündnis '90 - Die Grünen-Bundestagsfraktion - Vielfalt statt Agro-Gentechnik)

In Deutschland stellen BASF Plant Science, die KWS und Norddeutsche Pflanzenzucht Hans-Georg Lembke KG die entscheidenden industriellen Unternehmen dar.

„Die **BASF Plant Science** hat im Sommer 2006 die belgische Firma CropDesign übernommen. Damit will sie sich den Zugriff auf die Entwicklung neuer Eigenschaften bei Gentechnikpflanzen der so genannten zweiten Generation sichern, die sich z. B. durch größere Unempfindlichkeit gegen Trockenheit oder veränderte Inhaltsstoffe auszeichnen sollen. Konkret geht es um Mais und Reis." (Gentechnikfreie Regionen in Deutschland (BUND/AbL) - Agro-Gentechnik nutzt nur einer Handvoll multinationaler Firmen)

„Auf genverändertes Saatgut setzen zudem zwei mittelständische deutsche Saatgutunternehmen: die **KWS Saat AG**, die Soja und Mais für den US-Markt anbietet (und seit 2006 auch eine Variante des Gentech-Mais MON 810 für deutsche Landwirte) sowie die **Norddeutsche Pflanzenzucht Hans-Georg Lembke KG**, die in Kanada mit Raps am Markt vertreten ist." (Gentechnikfreie Regionen in Deutschland (BUND/AbL) - Agro-Gentechnik nutzt nur einer Handvoll multinationaler Firmen)

Ein Aspekt der |Macht| stellt die ‚Monopolstellung' von Saatgutfirmen dar. Die Fraktion Bündnis '90/ Die Grünen nimmt dabei eine Personifikation der Grünen Gentechnik vor (vgl. Kapitel 4.4.1.2; Konzeptattribut ‚Monopol der Saatgutfirmen').

„**Monopolisten** überziehen die Erde: *Die grüne Gentechnik will das Saatgut der Menschheit besitzen* – aber nicht mir [sic!] ihr teilen. Der milliardenschwere Markt befindet sich zu fast 100% in den Händen von 6 Agro-Riesen, allen voran das US-Unternehmen Monsanto mit einem Marktanteil von fast 90%. Stiftungen wie die Bill-Gates-Foundation arbeiten eng mit Agrokonzernen zusammen. Zum Club gehören auch die deutschen Unternehmen Bayer Crop-Science und BASF Plant Science. BASF forscht vor allem an pflanzlichem Erbgut – kein Unternehmen der Welt hält hier mehr Patente." (Bündnis '90 - Die Grünen-Bundestagsfraktion - Vielfalt statt Agro-Gentechnik)

„Der Markt mit transgenen Pflanzen wird fast vollständig **von einer Handvoll Firmen** beherrscht: Monsanto (Hersteller des im Vietnamkrieg eingesetzten Agent Orange), Syngenta, Bayer Crop Science, Dow und DuPont. Diese Unternehmen kontrollieren gleichzeitig den globalen Markt für Pflanzenschutzmittel. Durch diese Kombination können Gewinne doppelt eingefahren werden. So erklärt sich auch eine Konzentration der Entwicklung von gv-Pflanzen mit Herbizidresistenz (siehe Kapitel 4)." (Die Linke-Bundestagsfraktion - Die Agro-Gentechnik - 30 Fragen & 30 Antworten zur Zukunft der gentechnikfreien Landwirtschaft)

Die NGO Gentechnikfreie Regionen in Deutschland (BUND/ AbL) thematisiert den Aspekt ‚Monopolstellung' und schreibt dem Gentech-Multi die Absicht zu,

Handlungsstrategien der Diskursakteure im Kampf um Wissen 337

den Widerstand von Landwirten und Verbrauchern gegen genveränderte Produkte schrittweise aufzuweichen.

„Monsanto verfügt mit einem Marktanteil von knapp 90 Prozent des weltweit gehandelten genveränderten Saatguts über eine monopolartige Stellung. Für den Gentech-Multi geht es um weit mehr als 1900 Hektar Genmais auf deutschen Äckern: um den Einstieg in den mit 81 Millionen VerbraucherInnen interessantesten Agrarmarkt der EU. Und darum, den Widerstand von Landwirten und Verbrauchern gegen genveränderte Produkte schrittweise aufzuweichen." (Gentechnikfreie Regionen in Deutschland (BUND/AbL) - Kein Genmais auf unsere Äcker!)

Die NGO Gentechnikfreie Regionen in Deutschland (BUND/AbL) und ein Befürworter der Grünen Gentechnik, der Autor des Blogs „WeiterGen", thematisieren ebenfalls den Aspekt ‚Monopolstellung'; sie zeigen aber beide eine andere Konsequenz als den Boykott der Grünen Gentechnik auf. Der Blogautor thematisiert eine Liberalisierung der Märkte und die Ermöglichung von Wettbewerb, die NGO erwähnt einen Zusammenschluss mehrerer Saatgut-Konzerne mit dem Ziel, das Monopol von Monsanto zu kippen.

„Bewegung im Markt/ Waren die vergangenen Jahre durch Übernahmen und Firmenfusionen geprägt, so bilden sich derzeit neue Formen der Kooperation zwischen den großen Anbietern gentechnisch veränderten Saatguts heraus. Die Konkurrenten von Monsanto schließen sich zusammen, um die **Nummer Eins auf dem Markt für transgene Pflanzen** zu attackieren." (Gentechnikfreie Regionen in Deutschland (BUND/AbL) - Agro-Gentechnik nutzt nur einer Handvoll multinationaler Firmen)

„Vorneweg: Auch ich bin kein Freund der Monopolwirtschaft, **und wenn Monsanto (oder wer auch immer) das Monopol bei gentechnisch veränderten Pflanzen hat, ist das nicht gut zu heißen**. Ohne Fachmann in Wirtschaftsfragen zu sein, ist mir ein Mittel gegen Monopolisierung doch bekannt: **Liberalisierung der Märkte und die Ermöglichung von Wettbewerb**. Durch ein Verbot wird mit Sicherheit das Gegenteil erreicht. Doch so weit reicht der Blick der Kritiker nicht. Solange ein klares Feindbild ausgemacht ist, wird die globalisierungskritische Keule geschwungen und draufgehauen." (WeiterGen

(20.04.2009) - 10 Gründe für grüne Gentechnik - Nutzen, Chancen, Risiken)

Vonseiten der institutionellen Befürworter wird das Thema |Macht durch Grüne Gentechnik| in der Tat nicht thematisiert, allerdings wird auf Befürworter-Seite in weniger institutionellen Formen dem Thema durchaus Raum gegeben. Der Blogleser Kaukomieli und der Blogautor Tobias Maier stellen Überlegungen an, wie man mit der ‚Monopolstellung' von Monsanto umgehen könnte.

„Kaukomieli· 15.07.09 · 15:18 Uhr / @Tobias: /[...] Der **Vormachtsstellung** von Monsanto (oder sonst einem Unternehmen) könnte man durch eine Veränderung (sprich **Verkürzung der Laufzeiten**) des **Patentrechts** vielleicht sinnvoller begegnen./
Tobias·15.07.09 · 16:04 Uhr / Kaukomieli,/ [...] / **Für eine elegantere Alternative zu verkürzten Patentlaufzeiten halte ich sogenanntes "Open-source-Saatgut", das allen zugänglich wäre, und das in öffentlich finanzierten Laboren, beispielsweise an Universitäten, produziert werden könnte.** / Die politischen Rahmenbedingungen in Deutschland mit Verboten für den Anbau transgener Pflanzen und eben durch jene Feldbefreieraktionen wird dem effektiv ein Riegel vorgeschoben./
Kaukomieli· 15.07.09 · 16:19 Uhr / @Tobias:/ [...]Den **Open-Source Gedanken von Forschungsergebnissen öffentlich finanzierter Laborergebnisse teile ich, meiner Ansicht nach ist eine Beschränkung darauf aber zu leicht zu umgehen. Wie sollte man mit Stiftungsprofessuren umgehen, mit Sponsoring der Hochschulen durch Unternehmen?**/ Das führt allerdings jetzt weit vom eigentlichen Thema weg und ist vielleicht eher etwas für ein eigenes Blog-Posting :)" (Weiter-Gen (14.07.2009) - Gift im Garten - Alternativen für die Feldbefreier)

‚Biopiraterie'

Bündnis '90/ Die Grünen thematisiert im Zusammenhang mit der |Macht durch Grüne Gentechnik| den Aspekt der ‚Biopiraterie' in der konventionellen Landwirtschaft. Dieses Thema hängt nicht direkt mit der Grünen Gentechnik zusammen, dient aber als Hilfsmittel, um gegen die großen Saatgutkonzerne zu argumentieren und deren Vorgehen zu kritisieren, um damit deren Reputation zu schädigen.

„**Biopiraterie** – das große Geschäft: Zwei Pelargonien aus Südafrika und das traditionelle Wissen der Zulu dienen zur Herstellung eines Medikaments gegen Bronchitis – über 50 Mio. Euro jährlicher Umsatz. Ein Sud aus den Rinden und Blättern des Bocoa-Baumes aus Französisch-Guayana ist Grundlage für eine französische Creme gegen Hauterschlaffung – eine viertel Mrd. Euro Umsatz. **Unternehmen aus den USA haben Duft-Reis und Weizen mit besonderen Backeigenschaften patentieren lassen – beide aus Indien entwendet.**" (Bündnis '90 - Die Grünen-Bundestagsfraktion - Vielfalt statt Agro-Gentechnik)

„**Patente – der legale Klau**: Auf den Feldern und in den Dschungeln des Südens suchen Chemiekonzerne ihre Rohstoffe – das „grüne Gold". Sie schicken ForscherInnen und EthnologenInnen, die LandwirtInnen und Medizinkundigen „freundschaftlich" über die Schulter schauen. **Ist die Heilpflanze erst patentiert, gehört sie dem Konzern.**" (Bündnis '90 - Die Grünen-Bundestagsfraktion - Vielfalt statt Agro-Gentechnik)

‚Profitgier'/‚Ökonomische Interessen'

Eine weitere Teilbedeutung, die dem Konzept ›Macht‹ zugeordnet werden kann, stellt der Aspekt ‚Profitgier' dar. Die NGO IDG-Keine-Gentechnik schreibt den zuständigen Akteuren werbendes Verhalten zu, indem sie „das vermeintliche Vorzeigeprojekt ‚Golden Rice' " als Kampagne tituliert, mit der gentechnisch veränderten Nahrungsmitteln zum Durchbruch verholfen werden soll. Sie verwendet das Passiv und vermeidet dadurch (bewusst oder unbewusst sei dahingestellt) eine Benennung der verantwortlichen Akteure.

„Alle genannten Gentechnik-Konzerne erwirtschafteten den Löwenanteil ihres Umsatzes mit chemischen Spritzmitteln. Ihr vorrangiges Interesse sei, herbizidresistente Pflanzen und dazugehörige Spritzmittel in Kombination zu verkaufen. Eine weitere Recherche von Foodwatch zeigt anhand des Beispiels ‚Golden Rice' auf, dass die Gentechnik-Industrie ihre Heilsversprechen bislang nicht einlösen konnte. Das vermeintliche Vorzeigeprojekt ‚Golden Rice' stellt sich insgesamt als eine Kampagne dar, mit der gentechnisch veränderten Nahrungsmitteln zum Durchbruch verholfen werden soll." (Informationsdienst Gentechnik - Keine Gentechnik.de (16.11.2009) – Welternährungsgipfel: Neue Broschüre erklärt entscheidende Erkenntnisse)

Gentechnikfreie Regionen in Deutschland (BUND/AbL) und Greenpeace thematisieren den Aspekt, dass Konzerne ‚ökonomische Interessen' vertreten. Greenpeace schreibt den Gentechnik-Konzernen darüber hinaus das Gefühl der Hoffnung auf große Gewinne durch Grüne Gentechnik zu.

„Wem nutzt die Gentechnik eigentlich? Die Gentechnik-Konzerne **erhoffen sich große Gewinne**. Ginge es nach ihrem Willen, wären Gen-Pflanzen auf dem Acker und bei der Herstellung unserer Nahrungsmittel die Regel. Mit ausgefeilten Machtstrategie versuchen sie, die Landwirtschaft vom Acker bis zum Teller zu kontrollieren." (Greenpeace - Konzerne)

„Gentechnik-Konzernen geht es hauptsächlich darum, **ihren Profit zu steigern.**" (Greenpeace (2010) - Milch für Kinder. Einkaufsratgeber für den Genuss ohne Gentechnik (Auszug))

„Die Firmen, die gentechnisch verändertes Saatgut anbieten, **wollen damit Gewinne erwirtschaften** und haben deshalb als Abnehmer die kaufkräftigen Landwirte der Industrieländer, nicht aber die armen Kleinbauern des Südens im Blick." (Gentechnikfreie Regionen in Deutschland (BUND/AbL) - Versprechen der Agro-Gentechnik sind nicht haltbar)

„An herbizidtoleranten Pflanzen **verdienen ihre Hersteller gleich doppelt:** zum einen über den Verkauf von Saatgut, zum anderen über den Verkauf der Herbizide." (Gentechnikfreie Regionen in Deutschland (BUND) - Gentechnik fördert großflächige Monokulturen)

‚Abhängigkeit schaffen'

Ein weiterer Aspekt in Bezug auf das Thema |Macht durch Grüne Gentechnik| lässt sich durch den Aspekt des ‚Abhängigkeitsschaffens' als Eigenschaft der Macht innehabenden Akteure aufzeigen. Dieser Aspekt wird vom Autor des Blogs „Mahlzeit", der Fraktion Bündnis '90/ Die Grünen, der NGO IDG-Keine-Gentechnik und der KLJB aufgeführt.

„Und wer auf Biotech-Saatgut setzt, begibt sich in die **Abhängigkeit** weniger Monopolisten." (Mahlzeit (14.04.2008) - Warum hungert die Welt wirklich)

„In Gefahr – **unabhängige** Landwirte:[...]." (Bündnis '90 - Die Grünen-Bundestagsfraktion - Vielfalt statt Agro-Gentechnik)

„**Patente auf Saatgut und Ernte machen LandwirtInnen von der Industrie abhängig** und entziehen Kleinbäuerinnen und -bauern in südlichen Ländern die Kontrolle und Verfügungsgewalt über ihr Saatgut und ihre Erzeugnisse und die biologische Vielfalt auf den Äckern schrumpft." (Bündnis '90 - Die Grünen-Bundestagsfraktion - Vielfalt statt Agro-Gentechnik)

„**Dadurch, dass die Bauern ihr uraltes Recht, das Saatgut selbst zu vermehren, verlieren, geraten sie in Abhängigkeit von Saatgutkonzernen, die immer mächtiger werden.**" (Informationsdienst Gentechnik - Keine Gentechnik.de – Gentechnik-Pflanzen breiten sich unkontrolliert aus)

„**Abhängigkeit:** Es entstehen **massive Abhängigkeiten der Bauern von Großkonzernen**, die gentechnisch verändertes Saatgut vertreiben." (KLJB (2006) – Beschluss: Keine Agro-Gentechnik bei nachwachsenden Rohstoffen)

Auch im Wikipedia-Eintrag, der eine leicht befürwortende Tendenz aufweist, wird dieser Aspekt des ‚Abhängigkeitsschaffens' als Eigenschaft der Macht innehabenden Akteure aufgeführt.

„Der Biologe und Umweltschützer Tewolde Berhan Gebre Egziabher wirft Saatgutherstellern vor, **sie würden Landwirte in eine Abhängigkeit nach ihren Produkten zwingen und bezeichnet dies als effektiven Kolonialismus**." (Wikipedia (2010) - Grüne Gentechnik)

‚Kontrolle ausüben'

Der Aspekt ‚Kontrolle ausüben' wird ebenfalls von Kritikern (AGU) und Gegnern der Grünen Gentechnik den Macht innehabenden Akteuren zugeschrieben.

„Mithilfe der Patentierung von Gentech-Pflanzen versuchen **diese Unternehmen die Kontrolle über die weltweite Nahrungsmittelproduktion zu erlangen**. Denn das sichert gerade auch in Zeiten des Mangels satte Profite." (Informationsdienst Gentechnik - Keine Gentechnik.de (16.11.2009) – Welternährungsgipfel: Neue Broschüre erklärt entscheidende Erkenntnisse)

„Das Ziel von Monsanto sei es, so ein Konzernsprecher, **die gesamte Nahrungsmittelkette zu kontrollieren**." (Die Linke-Bundestagsfraktion - Die Agro-Gentechnik - 30 Fragen & 30 Antworten zur Zukunft der gentechnikfreien Landwirtschaft)

„Patente auf Nahrungsmittel bergen die Gefahr in sich, dass einige wenige multinational agierende Weltkonzerne Ausschließungsrechte erwerben, die es ihnen ermöglichen, **die gesamte Kette der Nahrungsmittelherstellung von den Genen bis auf den Esstisch zu kontrollieren**." (Gemeinsames Positionspapier der Evang. u. Kath. Kirche in Deutschland (07.10.2003) - Ungelöste Fragen - Uneingelöste Versprechen)

„**Monsanto kontrolliert** mit seinen Tochterunternehmen nach eigenen Angaben nun die Hälfte des amerikanischen Saatgutmarktes." (Gentechnikfreie Regionen in Deutschland (BUND/AbL) - Agro-Gentechnik nutzt nur einer Handvoll multinationaler Firmen)

‚Machtmissbrauch'

Des Weiteren wird vonseiten der Gegner der Grünen Gentechnik, der Fraktion Bündnis '90/ Die Grünen und der NGO Gentechnikfreie Regionen in Deutschland (BUND/AbL) ein Vorwurf des ‚Machtmissbrauchs' erhoben. Ein Teilaspekt des ‚Machtmissbrauchs' stellt der Machtmissbrauch in Hinsicht auf die Umstände des Hungers in der Welt dar.

„*Miese Geschenke*: Gentech-Konzerne verschenken Saatgut bis einheimische Märkte zerstört sind. Dann müssen alle beim Konzern kaufen. Exportländer von Gentech-Saaten liefern ihre Produkte als Hungerhilfe. Ist ein Land erst einmal kontaminiert, sind die Märkte schon halb übernommen. Es werden sogar Saaten, sogenannte Terminator-Gene, entwickelt deren Ernte nicht mehr keimt. Nur ein geistiges Eigentum soll ungeschützt sein: das traditionelle Wissen in südlichen Ländern." (Bündnis '90 - Die Grünen-Bundestagsfraktion - Vielfalt statt Agro-Gentechnik)

„Die Firmen haben eins gemeinsam: Sie wollen ihre Gentech-Sorten möglichst weltweit absetzen. Von Interesse sind dabei nicht nur die Industriestaaten mit zahlungskräftigen Landwirten, sondern auch die Entwicklungsländer. Über Nahrungsmittellieferungen mit Gentech-Mais versucht die USA, afrikanische Staaten zur Akzeptanz der Gentechnik zu zwingen. 60 afrikanische Organisationen haben sich Anfang Mai 2004 beim Welternährungsprogramm der UN beschwert, dass sie Produkte akzeptieren sollen, die sich auf den Weltmärkten nicht verkaufen lassen. Im Juli 2006 haben auch die protestantischen Hilfswerke erklärt, dass sie im Rahmen ihrer Hungerhilfe keine gentechnisch veränderten Nahrungsmittel verteilen werden." (Gentechnikfreie Regionen in Deutschland (BUND/AbL) - Agro-Gentechnik nutzt nur einer Handvoll multinationaler Firmen)

Thema |Folgen des Einsatzes von Grüner Gentechnik|

|Folgen des Einsatzes von Grüner Gentechnik|	‚Erhöhter Einsatz von Pestiziden nach Anwendung der Grünen Gentechnik' ‚Verunreinigungen in Lebens- bzw. Futtermitteln' ‚Schäden an Tieren'

Hier geht es um die |Folgen des Einsatzes von Grüner Gentechnik|, also um Ereignisse bzw. Vorfälle, die sich nach Ansicht der Akteure bereits nach der Anwendung von Grüner Gentechnik ereignet haben.

Über den ‚erhöhten Einsatz von Pestiziden nach Anwendung der Grünen Gentechnik' berichtet Bündnis '90/ Die Grünen.

„Pestizid-Albtraum in Argentinien: In Argentinien hat der Anbau von Gentech-Soja zu einem Pestizid-Albtraum geführt: Unkräutern wurde das Resistenz-Gen gegen das Herbizid Glyphosat in ihr Erbgut eingebaut. Nun muss immer mehr Gift auf den Feldern versprüht werden. Die Giftwolken zerstören Getreide auf Nachbarfeldern. Menschen leiden an Atemnot und Ausschlag, Vögel bringen missgebildete Junge zur Welt. Wichtige Bodenbakterien werden vernichtet, die Erde wird unfruchtbar." (Bündnis '90 - Die Grünen-Bundestagsfraktion - Vielfalt statt Agro-Gentechnik)

Dass es sich bei ‚Verunreinigungen in Lebens- bzw. Futtermitteln' um eine negative Folge des Einsatzes Grüner Gentechnik handele, sind sich folgende Akteure einig: die beiden Bundestagsfraktionen Die Linke und Bündnis '90/ Die Grünen, das BVL, die Wissenschaftler Busch et al. und die NGOs Gentechnikfreie Regionen in Deutschland (BUND) und BUND. Im Folgenden werden Fälle von Verunreinigungen aufgeführt, auf die sich die Akteure beziehen. Zu den von ihnen aufgeführten Fällen zählt beispielsweise die Verunreinigung von konventionellen Lebensmitteln durch den GV Mais StarLink.

„Auch bei einem als bedenklich eingestuften GVO kann nicht sicher davon ausgegangen werden, dass er wirklich aus dem Verkehr gezogen wird. **Obwohl die zuständige amerikanische Behörde den so genannten Starlink-Mais der Firma Aventis 2000 als gesundheitlich bedenklich einstufte, gelangte er auf den Markt und fand sich in essbaren Taco-Schalen wieder.** Das Getreide war zwar nicht für den menschlichen Verzehr zugelassen, aber als Tierfutter beziehungsweise für industrielle Zwecke freigegeben. Damit gelangte es indirekt über Milch oder Eier in die Nahrungskette des Menschen." (Die Linke-Bundestagsfraktion - Die Agro-Gentechnik - 30 Fragen & 30 Antworten zur Zukunft der gentechnikfreien Landwirtschaft)

„Panne des Genmais: Eine Milliarde Verlust nach Lebensmittelverunreinigung/ **Im Herbst 2000 entdeckten US-Verbraucherschützer in Mais-Chips Bestandteile des gentechnisch veränderten Mais StarLink.** StarLink war nur als Futtermittel zugelassen. Rückruf, Entsorgung und Tests von Lebensmitteln kosteten den Konzern Aventis eine Milliarde US-Dollar. Aventis verkaufte seine Agrarsparte anschließend an Bayer. Selbst heute noch werden immer wieder Verunreinigungen gefunden, obwohl im Maisgürtel der USA der Anteil von StarLink an der gesamten Maisfläche nur ein Prozent betrug." (Gentechnikfreie Regionen in Deutschland (BUND/AbL) - Kein Genmais auf unsere Äcker!)

Die Fraktion Bündnis '90/ Die Grünen führt den transgenen Reis LL 601 aus den USA des Unternehmens Bayer als Beispiel für eine Verunreinigung auf.

„Auch der Herbst 2006 zeigte, dass der Lebensmittelmarkt nicht wirksam gegen Kontaminationen geschützt werden kann. **Transgener Reis aus China und aus den USA (Gen-Reis LL 601 von Bayer) gelangte auf den europäischen Markt.** Beide waren nicht für den menschlichen Verzehr in der EU zugelassen. Aufgedeckt wurde der Verstoß allerdings nicht von staatlich zuständigen Kontrollbehörden, sondern von einer Nichtregierungsorganisation." (Die Linke-Bundestagsfraktion - Die Agro-Gentechnik - 30 Fragen & 30 Antworten zur Zukunft der gentechnikfreien Landwirtschaft)

"Ruinöser Gentechnik-Reis: 2006 lieferten die USA gentechnisch kontaminierten Reis in mindestens 30 Länder. Daraufhin hagelte es Importverbote. Die US-Reisindustrie erlebte die größte Finanz- und Handelskrise in ihrer Geschichte und fuhr Verluste von mindestens 1,2 Mrd. US-Dollar ein." (Bündnis '90 - Die Grünen-Bundestagsfraktion - Vielfalt statt Agro-Gentechnik)

Auf eine Verunreinigung durch den gentechnisch veränderten Mais NK 603 der Firma Pioneer bezieht sich die NGO BUND. Sie nimmt eine doppelte Zuschreibung vor, indem sie den Gentechnik-Gegnern und Landwirten die Sorge zuschreibt, dass es sich hierbei um eine Verunreinigungsstrategie der Industrie handeln könnte.

"BUND schließt sich Klage im Gentechnikmais-Skandal an/ Wer ist Schuld am größten deutschen Verunreinigungs-Skandal mit gentechnisch verändertem Saatgut? Weil das niedersächsische Landwirtschaftsministerium und der Saatgutkonzern Pioneer weiterhin alle Schuld von sich weisen, hat die Arbeitsgemeinschaft bäuerliche Landwirtschaft am 11. Juni Strafanzeige gegen Unbekannt gestellt. Dieser Strafanzeige hat sich der BUND angeschlossen. Die Gentechnikproduzenten und die Politik sollen die Verantwortung für den Skandal übernehmen, damit die betroffenen Bauern entschädigt werden./ Hintergrund: **In sieben Bundesländern – Baden-Württemberg, Bayern, Brandenburg, Mecklenburg-Vorpommern, Niedersachsen, Nordrhein-Westfalen und Schleswig-Holstein – ist Maissaatgut ausgesät worden, das mit der gentechnisch veränderten Sorte NK 603 der Firma Pioneer verunreinigt war.** Allein in Niedersachsen sind 23 Landwirte betroffen. Der in Spuren gefundene Gentech-Mais ist in Europa nicht zum Anbau zugelassen. Er darf also nicht im Saatgut auftauchen – es gilt Nulltoleranz. Der ausgesäte Mais muss nun untergepflügt werden, bevor eine weitere Verbreitung durch Pollenflug möglich wird./ *Bei Gentechnik-Gegnern und den betroffenen Bauern wächst die Sorge, dass es sich hierbei um den Teil einer systematischen Verunreinigungsstrategie der Gentechnik-Industrie handelt. Bauern und Verbraucher sollen sich nach und nach an Kontaminationen durch gentechnisch veränderte Pflanzen gewöhnen.* Dabei steht fest, dass sie keine Risikotechnologie auf den Äckern wollen, sondern eine gesunde Lebensmittelerzeugung." (BUND - BUND schließt sich Klage im Gentechnikmais-Skandal an)

Die Fraktion Bündnis '90/ Die Grünen nehmen Bezug auf einen Verunreinigungsvorfall, der sich in Mexiko zugetragen hat.

"Mexiko total verseucht: In Mexiko hat kontaminierte „Nahrungsmittelhilfe" einen bedeutenden Teil des traditionellen Mais-Saatguts gentechnisch verseucht. Die Importware war nicht gekennzeichnet und wurde von ahnungslosen Bäuerinnen und Bauern ausgesät. WissenschaftlerInnen gehen davon aus, dass in 70 Jahren im ganzen Land kein gentechnikfreier Mais mehr vorzufinden sein wird. Das Hochland von

Mexiko ist das Ursprungsland der Maisvielfalt und von unschätzbarer Bedeutung für die weltweite Züchtung." (Bündnis '90 - Die Grünen-Bundestagsfraktion - Vielfalt statt Agro-Gentechnik)

Die NGO Gentechnikfreie Regionen in Deutschland beziehen sich auf Vorfälle von Verunreinigungen in den USA, Argentinien und Kanada.

„Was sich als mögliches zukünftiges Szenario für Deutschland und die EU abzeichnet, ist in den drei Hauptanbauländern von gentechnisch veränderten Pflanzen schon jetzt *Realität*. **Die USA, Argentinien und Kanada können bereits heute nicht mehr gewährleisten, dass ihr Saatgut und ihre Ernten keine Gentechnik enthalten – zu weit fortgeschritten ist bei ihnen der Anbau gentechnisch veränderter Pflanzen, die gentechnische Kontamination ist allgegenwärtig**." (Gentechnikfreie Regionen in Deutschland (BUND/AbL) - Bei kommerziellem Anbau von GVO in Deutschland droht gentechnikfreier Landwirtschaft mittelfristig das Aus)

Obwohl die Wissenschaftsautoren Busch et al. nicht zu den Gegnern der Grünen Gentechnik gehören, benennen auch sie einen Verunreinigungsfall. Sie beziehen sich auf gentechnisch veränderte Papayas aus Hawaii. Korrelierend mit ihrer befürwortenden Haltung im Diskurs relativieren sie die Verunreinigungsfälle anhand der Aussage „*Dennoch hält sich die Zahl der Verstöße in Grenzen.*".

„Im Jahr 2004 wurden im Rahmen eines europaweiten Untersuchungsschwerpunktes des LGL nicht zugelassene gv-Papayas in Deutschland entdeckt, die Produkte wurden darauf vom Markt genommen. In den letzten Jahren (2006, 2007) sind vermehrt nicht zugelassene gv-Reissorten nachgewiesen worden. *Dennoch hält sich die Zahl der Verstöße in Grenzen.*" (Ulrich Busch, Annette Block und Esther Meissner-Chiuz (2010) - Nutzpflanzen nach Maß. Gentechnisch veränderte Lebensmittel)

Und auch das BVL als neutral geltender Akteur beruft sich auf einen Fall, bei dem transgener Reis aus China (Bt 63) nachgewiesen werden konnte.

„In Deutschland und anderen Ländern der Europäischen Union sind gentechnische Veränderungen in Reisprodukten aus China nachgewiesen worden. Es wird vermutet, dass die gentechnische Veränderung aus Reislinien stammt, die in China im Rahmen von zeitlich und räumlich begrenzten Freilandversuchen untersucht wurden und von dort in den Verkehr gelangt sind." (BVL (29.09.2006) - Fragen und Antworten zu Spuren von gentechnisch verändertem Reis aus China (Bt63 Reis))

Bündnis '90/ Die Grünen, Greenpeace und BUND konstatieren, dass der Einsatz der Grünen Gentechnik ‚Schäden an Tieren' verursache.
Die Fraktion Bündnis '90/ Die Grünen ziehen als Beleg einer negativen Auswirkung der Grünen Gentechnik das Beispiel von erkrankten Mäusen heran.

„Giftige Gentechnik-Erbsen: Überrascht waren australische ForscherInnen, als sie Gene von Bohnen auf Erbsen übertrugen, um sie gegen die Larven des Gemeinen Erbsenkäfers resistent zu machen. Feldmäuse mussten die Gentechnik-Erbsen fressen, um ihre Unbedenklichkeit zu beweisen. **Fehlanzeige: Die Mäuse wurden lungenkrank. Die Bohnengene hatten Eiweißstrukturen der Erbse so verändert, dass sie allergische Reaktionen auslösten.** Jahrelange intensive Untersuchungen, wie sie die australischen ForscherInnen durchführten, sind in der EU nicht vorgeschrieben." (Bündnis '90 - Die Grünen-Bundestagsfraktion - Vielfalt statt Agro-Gentechnik)

Die NGO Greenpeace bezieht sich auf erkrankte Ratten, um Folgen Grüner Gentechnik aufzuzeigen.

„Die acht Jahre, in denen gentechnisch veränderte Organismen gewerbsmäßig freigesetzt werden, haben gezeigt, dass das Genehmigungsverfahren von Gen-Pflanzen nicht wirksam genug ist, um die Sicherheit von gentechnisch veränderten Organismen und Gen-Produkten zu gewährleisten. Dies belegt die aktuelle Kontroverse um den Mais MON 863. **Dieser Gen-Mais der Firma Monsanto hatte bei Fütterungsversuchen an Ratten schwere Schäden verursacht. Unter anderem veränderte sich das Blutbild der Nager und es kam zu Nierenschäden.** Dennoch haben sich die europäische Zulassungsbehörde EFSA (European Food Safety Authority) und das deutsche Robert Koch Institut für eine Marktzulassung ausgesprochen." (Greenpeace (2005) - Gute Gründe gegen Gentechnik...)

Auf geschädigte bzw. erkrankte Nutzinsekten beziehen sich der BUND und die Fraktion Bündnis '90/ Die Grünen.

„Geschädigte Nutzinsekten/ Bt-Mais wirkt nicht allein auf den Maiszünsler, sondern ebenso auf sogenannte Nicht-Zielorganismen. Auch sie sind den Bt-Toxinen dauerhaft in sehr hoher Konzentration ausgesetzt. **Heimische Schmetterlinge wie Schwalbenschwanz, Tagpfauenauge, Kleiner Fuchs, Kohlmotte und Kleiner Kohlweißling werden durch Pollen von Bt-Mais in ihrer Entwicklung beeinträchtigt oder gar getötet. Ebenfalls geschädigt: Parasitisch und räuberisch lebende Insekten und Spinnen,** deren Beutetiere auf Bt-Mais leben, das Toxin aufgenommen und über die Nahrungskette weitergegeben haben." (BUND - Insektenresistente gentechnisch veränderte Pflanzen)

„Gefährliche Kettenwirkung: Bt-Mais und Bt-Baumwolle, die durch gentechnische Veränderungen Gifte gegen Schädlinge produzieren, **töten auch andere Insekten. Diese sterben, weil sie die giftgefüllten Schädlinge fressen.** Über die Wurzeln der Gentechnik-Pflanzen landet das Gift auch im Boden mit seinen zahllosen Kleinstlebewesen und niemand kann die Folgen voraussagen." (Bündnis '90 - Die Grünen-Bundestagsfraktion - Vielfalt statt Agro-Gentechnik)

Handlungsstrategien der Diskursakteure im Kampf um Wissen 347

Thema |Akteure des Widerstands gegen Grüne Gentechnik|

|Akteure des Widerstands gegen Grüne Gentechnik|	'Percy Schmeiser' 'Marie-Monique Robin' 'Arpad Pusztai'

Im Diskurs um die Grüne Gentechnik finden sich vermehrt drei Namen im Zusammenhang mit der Anti-Gentechnik-Bewegung. Diese werden ausschließlich von Gegnern der Grünen Gentechnik und von Bloglesern und im Wikipedia-Eintrag herangezogen. Es handelt sich um den Wissenschaftler ‚**Arpad Pusztai**', **die Journalistin ‚Marie-Monique Robin' und den kanadischen Landwirt** ‚**Percy Schmeiser**'.

‚Percy Schmeiser' wird von Gendreck-weg und IDG-Keine-Gentechnik als Opfer dargestellt, welches von Monsanto verklagt wurde.

„Das bedeutet für die Landwirte, die Gentech-Pflanzen benutzen wollen, dass sie das Saatgut jedes Jahr kaufen oder Lizenzgebühren zahlen müssen. Im Fall des kanadischen Bauern **Percy Schmeisser** hat Monsanto sogar dann Lizenzgebühren verlangt, *wenn es sich um ungewollte Verschmutzungen von Nachbarfeldern handelte*." (Informationsdienst Gentechnik - Keine Gentechnik.de – Patente in der Landwirtschaft)

„Der Anbau von genmanipulierten Organismen (GMO) bedroht weltweit die traditionelle Landwirtschaft. "Koexistenz", wie sie Gentechnikbefürworter immer wieder beschwören, funktioniert nicht. In Kanada z.B. ist es praktisch nicht mehr möglich, gentechnik-freien Raps oder Soja zu ernten. Die Agro-Gentechnik bringt Bauern und Bäuerinnen in Abhängigkeit von großen Saatgutkonzernen. **Percy Schmeiser**, ein kanadischer Bauer, wurde von Monsanto verklagt, weil auf seinen Feldern patentierter Gentech-Raps gefunden wurde. Von Nachbarfeldern waren Pollen und Fruchtkörner auf seinem Acker gelandet, seine jahrzehntelange Zuchtarbeit war mit einem Schlag zunichte. *Obwohl er nie Gentechnik wollte, wurde er verurteilt*." (Gendreckweg.de - Gefährliche Saat ... Gentechnik in der Landwirtschaft)

Die verkürzte Darstellung „Obwohl er nie Gentechnik wollte, wurde er verurteilt" der NGO Gendreck-weg steht in krassem Gegensatz zu der Darstellung, die von einem Blogleser des Blogs „WeiterGen" von Percy Schmeiser gezeichnet wird.

In dieser Darstellung wird ‚Percy Schmeiser' nicht als hilfloses Opfer, das einem Konzern ausgeliefert ist, gezeichnet. Stattdessen zitiert der Blogleser die Urteilsbegründung. Diese rechtfertigt die Verurteilung von Schmeiser mit der wissentlichen Weiterverwendung der GV Pflanzen, um Saatgut zu produzieren.

„Torben·17.07.09 21:15 Uhr / Was ich in der Berichterstattung über das Gerichtsverfahren gegen Monsanto gegen **Percy Schmeiser** nur sehr selten / gar nicht lese ist, **dass Percy Schmeiser wohl wissend das seine Felder mit gentechnisch veränderten Raps kontaminiert waren, diese Pflanzen zur Gewinnung von Saatgut benutzt hat und so in der Folge ein Anteil von teilweise 95 – 98 % GVO bei Beprobung auf Anordnung des Gerichts auf seinen Äckern nachgewiesen werden konnte.**/ Nachzulesen in der Urteilsbegründung aus 2001 im Original unter http://decisions.fct-cf.gc.ca/en/2001/2001fct256/2001fct256.html/ Der Antrag von Schmeiser, die Berücksichtigung der Proben des Klägers ins Beweisverfahren aus verschiedenen Gründen für unzulässig zu erklären, wurde vom Gericht zurückgewiesen (Punkt 62 - 66). Weiterhin wurde vom Gericht die Rechtmäßigkeit des Patents anerkannt, was von der Verteidigung des Beklagten im Vorfeld angezweifelt wurde./ Nach Auffassung des Gerichtes wusste der Beklagte - oder hätte zumindest wissen müssen - dass ein erheblicher Anteil der neu ausgesäten Rapspflanzen Roundup resistent war und ihre Aussaat somit in das Patent des Klägers eingriff..../ Das hört sich alles schon ganz anders an als die ewige Jammerei der Monsanto Konzern verklage Bauern deren Raps von benachbarten Feldern oder durch Verwehungen beim Transport der Ernte kontaminiert würden. / In Verbindung mit dem jetzigen Vergleich der zwischen Monsanto und Schmeiser über die Kostenübernahme bei einer Feldkontamination geschlossen wurde ist ein guter Kompromiss entstanden./ Als Farmer darfst [sic!] du dir die Beseitigung von GVO auf deinen Feldern von Monsato bezahlen lassen, solltest du aber deren Pflanzen erneut aussähen musst du zahlen...." (Kommentare zu WeiterGen (02.05.2008) - Video - Polylux - Gentechnik gegen Hunger)

Greenpeace bezieht sich auf 'Marie-Monique Robin' und schließt sich derer in ihrem Film „Mit Gift und Genen" vertretenen Meinung an.

„Drei Jahre lang hat **Marie-Monique Robin** recherchiert, gesammelt und sortiert. Dann hatte die französische Filmemacherin das Material, das sie brauchte: Ihr brillanter Film Monsanto, mit Gift und Genen zeigt, mit welchen Methoden der Gentechnikkonzern Monsanto weltweit nach der Macht über unser Essen greift. [...] **Der Film von Marie-Monique Robin zeigt eindrücklich, wie ein einzelnes Unternehmen versucht, weltweit Kontrolle über unsere Ernährung zu erlangen. Er entlarvt die falschen Versprechungen von Monsanto und zeigt, dass Pestizide und Gen-Pflanzen keine Lösung für Hunger und Klimawandel darstellen, sondern dem Profitinteresse großer Konzerne dienen.**" (Greenpeace - Konzerne)

Im folgenden Wikipedia-Eintrag wird ein Bezug zu ‚Árpád Pusztai' hergestellt. Er erhielt vor allem durch den Film „Mit Gift und Genen" von Marie-Monique Robin große Aufmerksamkeit. Im vorliegenden Eintrag wird keine Position zu seinen Forschungsergebnissen eingenommen, Pusztai wird jedoch dazu instrumentalisiert, auf die Problematik der Auslegung von Forschungsergebnissen

Handlungsstrategien der Diskursakteure im Kampf um Wissen 349

hinzuweisen. Mit der Äußerung, dass Pusztais Interpretation seiner Ergebnisse, dass nämlich die mit den transgenen Kartoffeln gefütterten Ratten weniger gesund seien als die übrigen Versuchstiere, eine Kontroverse unter Wissenschaftlern ausgelöst hätte, wird die Auslegung von Ergebnissen von einem Akteur des Diskurses thematisiert (vgl. Kapitel 4.5.2.1 und 4.5.2.2).

„Während der Erforschung möglicher Transgene für die Kartoffelzüchtung Ende der 90er Jahre führte der britische Forscher **Árpád Pusztai** Fütterungsversuche durch. Es sollte getestet werden, ob transgene Kartoffeln, die Lektin bilden, ein mögliches Gesundheitsrisiko darstellten. Lektin ist ein gegen Schadinsekten wirksames Protein aus Schneeglöckchen, das für den Menschen als unbedenklich angesehen wird. **Pusztai erklärte, dass die mit den transgenen Kartoffeln gefütterten Ratten weniger gesund seien als die übrigen Versuchstiere. Dies löste eine Kontroverse unter Wissenschaftlern aus.** Dabei wurde die statistische Signifikanz der Ergebnisse infrage gestellt, auf mögliche Fehler im Versuch hingewiesen, und die Erklärung der Ergebnisse in anderen Faktoren als dem Gentransfer vermutet. Pusztai blieb in der Folge bei seiner Interpretation, dass der Gentransfer zur Produktion neuer Toxine geführt hätte." (Wikipedia (2010) - Grüne Gentechnik)

4.4.4.2 Hauptsächlich von Befürwortern besetzte Themen

Die Themen |Functional Food/ Nutraceuticals|, |Plant-Made Pharmaceuticals (PMPs) und Plant-Made Industrial Products (PMIPs)|, |Rolle der Politik| und |Kritik am BUND| werden vor allem von Befürwortern der Grünen Gentechnik dominiert. Sowohl Die Linke-Fraktion als auch die Fraktion Bündnis '90/ Die Grünen äußern sich zu diesen vor allem von den Befürwortern der Grünen Gentechnik dominierten Themen. Dies kann vermutlich auf deren zeitweilige Funktion als Oppositionsfraktionen und deren damit einhergehende Verpflichtung, in einen Dialog einzusteigen, zurückgeführt werden.

Thema |Plant-Made Pharmaceuticals (PMPs) und Plant-Made Industrial Products (PMIPs)|

Bei |Plant-Made Pharmaceuticals (PMPs) und Plant-Made Industrial Products (PMIPs)| handelt es sich um Proteine, die für die Produktion medizinischer und industrieller Präparate hergestellt werden. Ob die Bezeichnungen *Plant-Made Pharmaceuticals (PMPs)* und *Plant-Made Industrial Products (PMIPs)* sich auf Proteine beziehen, die durch konventionelle und gentechnisch veränderte Pflanzen hergestellt wurden oder ausschließlich die gentechnische Veränderung bezeichnen, scheint umstritten. Während ein gesondert hinzugezogener Artikel des Department of Forest Science der Oregon State University Plant-Made Pharmaceuticals (PMPs) und Plant-Made Industrial Products (PMIPs) als „proteins produced by genetically engineered plants" definiert (McGregor et. al. 2005), so zeigt folgender Textbeleg der DFG, dass bei der Herstellung pharmazeutischer Präparate auch konventionelle Pflanzen inkludiert werden.

„Unter Ausnutzung unterschiedlicher Systeme werden derzeit Strategien zur Produktion von plant made pharmaceuticals für viele wesentliche menschliche Erkrankungen erprobt. Für eine Reihe dieser Substanzen werden Wirksamkeit und Sicherheit bereits in klinischen Studien der Phase 1 und 2 untersucht. Hergestellt werden die Wirkstoffe vor allem in Tabak, Mais, Kartoffeln, Reis und Wasserlinsen. Hinzu kommen Ansätze zur Proteinherstellung in Moosen, die sich derzeit in der Entwicklung befinden. Dabei setzt man vermehrt auf Fermentiertechniken und deren hohen Sicherheitsstandard. Insgesamt ist die Anbaufläche im Freiland mit einigen Hundert Hektar jedoch sehr gering. Die Sicherheitsanforderungen bei der Erzeugung von pharmazeutisch nutzbaren Wirkstoffen in Pflanzen sei es mit transgenen oder mit konventionellen Sorten müssen auch mögliche unerwünschten Effekte von Wirkstoffen einbeziehen, die im Agrarökosystem verbleiben. Das betrifft vor allem den Nachbau gleichartiger Pflanzen für die Erzeugung von Nahrungsmitteln und Futter." (DFG (2010) – Grüne Gentechnik)

|Plant-Made Pharmaceuticals (PMPs) und Plant-Made Industrial Products (PMIPs)|	‚Forschungsziel der Grünen Gentechnik'

Als Befürworter thematisieren der VBIO, der Autor des Blogs „WeiterGen", Wikipedia und die Bundestagsfraktion Die Linke die |Plant-Made Pharmaceuticals (PMPs) und Plant-Made Industrial Products (PMIPs)|. Die Linke greift als einziger Gegner dieses Thema auf.

„Durch die Vielzahl der kommerziellen und nichtkommerziellen Anwender der Grünen Gentechnik ergibt sich ein breites Spektrum von Zielen: /[...]/
* Nachwachsende Rohstoffe: Nutzung von Inhaltstoffen und Grundstoffen für die Industrie und Pharmaindustrie (Bps. Amflora-Kartoffel, Zeaxanthin-Kartoffel)./ [...]." (VBIO - Was will man erreichen? Was kann man erreichen)

„Züchtungsziele durch Gentechnik (Stand: 1998)/ Die Ziele der Grünen Gentechnik unterscheiden sich prinzipiell nicht von denjenigen Jahrtausende alter traditioneller Pflanzenzucht. Es geht um eine Verbesserung der Eigenschaften von Pflanzen, die anhand folgender Einteilung unterschieden werden können[10]:/ [...][
• Gv-Pflanzen der dritten Generation, bei der die Pflanze Industrierohstoffe (Biokraftstoffe, biologisch abbaubares Plastik, Enzyme oder Schmieröle) oder pharmazeutische Produkte wie Hormone, Impfstoffe oder Antikörper herstellen soll." (Wikipedia (2010) - Grüne Gentechnik)

„Gentechnisch veränderte Pflanzen bieten industrielle und pharmazeutische Anwendungsmöglichkeiten. Beispiele sind die Herstellung von Stärke aus gentechnisch veränderten Kartoffeln, was ja auch schon hier im Blog Thema war. Pflanzen können so verändert werden, dass sie bekannte Wirkstoffe in veränderter Form oder in höheren Konzentrationen produzieren. Es ist vorstellbar, das gentechnisch veränderte Pflanzen als "Biofabriken" zur Herstellung industriell oder pharmazeutisch genutzter Proteine fungieren. Weiter können durch grüne Gentechnik gezielt Nahrungsmittel verändert werden und so beispielsweise Mangelernährungen vorbeugen. Ob Vitamin A im Reis oder bestimmte Fettsäuren in Soja, es gibt unzählige Anwendungen." (WeiterGen (20.04.2009) - 10 Gründe für grüne Gentechnik - Nutzen, Chancen, Risiken)

„Die absehbaren oder anvisierten gentechnischen Veränderungen können in acht Kategorien aufgeteilt werden10:/ [...]
5. Veränderte Nutzpflanzen für die industrielle Stoffproduktion (‚Plant Made Industrials', z.B. Produktion industrieller Enzyme)
6. Nutzpflanzen zur Produktion pharmazeutischer Substanzen (‚Plant Made Pharmaceuticals', z.B. Impfstoffe)./ [...]" (Die Linke-Bundestagsfraktion - Die Agro-Gentechnik - 30 Fragen & 30 Antworten zur Zukunft der gentechnikfreien Landwirtschaft)

Thema |Functional Food/ Nutraceuticals|

|Functional Food| und |Novelfood|	‚Medizinische oder gesundheitliche Auswirkungen' ‚Positive ökonomische Effekte'

|Functional Food/ Nutraceuticals| bezeichnet funktionelle Lebensmittel, die mit zusätzlichen Inhaltsstoffen angereichert sind und denen durch Werbemaßnahmen ein positiver Effekt auf die Gesundheit zugeschrieben wird.

Bei der Lebensmittelgruppe |Functional Food/ Nutraceuticals| stellt die gentechnische Veränderung nur eine mögliche Variante eines Produkts dar, die meisten Erzeugnisse, die als Functional Food bezeichnet werden, sind hingegen nicht gentechnisch verändert. In diesem Diskurs werden jedoch vor allem die gentechnisch veränderten Produkte thematisiert.

Auf den Themenbereich |Functional Food/ Nutraceuticals| wird in den vorliegenden Texten vor allem von Befürwortern Bezug genommen. Eine Definition, was unter |Functional Food/ Nutraceuticals| zu verstehen ist, wird von Rüdiger Marquardt, Autor eines vom BMBF herausgegebenen Texts, und der Linke-Fraktion gegeben und weitere Diskursakteure (Wikipedia, Busch et al. und die Fraktion Die Linke) äußern sich hierzu ohne den Sachverhalt zu bewerten.

„Andere Ansätze zielen auf eine Veränderung von Kulturpflanzen dergestalt, dass die Konzentration der Inhaltsstoffe, die für den Menschen wichtig sind, erhöht ist. Das können z.b. wichtige Aminosäuren sein oder Vitamine./ [...]/ **Die neuen Lebensmittel, die international als Novel Food bezeichnet werden, erfordern unter Sicherheitsaspekten eine genaue Prüfung.**" (Rüdiger Marquardt (BMBF) - Biotechnologie Basis für Innovationen (Auszug))

„Direkter Nutzen heißt, dass gv-Rohstoffe bestimmte Eigenschaften (z.b. geringeres Allergiepotential oder ein besonders hoher Vitamin-A Gehalt wie beim so genannten „Golden Rice") haben. **Nahrungsmittel aus solchen Rohstoffen bezeichnet man als „functional food".**" (Die Linke-Bundestagsfraktion - Die Agro-Gentechnik - 30 Fragen & 30 Antworten zur Zukunft der gentechnikfreien Landwirtschaft)

Wikipedia, die KWS, Rüdiger Marquardt (Autor eines vom BMBF herausgegebenen Texts), die DFG, Wikipedia, Syngenta und der Blogautor Tobias Maier führen vor allem die Vorteile an, die durch die neuartigen Lebensmittel erzielt werden könnten. Alle drei Akteure betonen vor allem die ‚positiven medizinischen oder gesundheitlichen' Auswirkungen.

„Andere Ansätze zielen auf eine Veränderung von Kulturpflanzen dergestalt, **dass die Konzentration der Inhaltsstoffe, die für den Menschen wichtig sind, erhöht ist.** Das können z.b. wichtige Aminosäuren sein oder Vitamine. **Auf diesem Weg könnte man Mangelkrankheiten, die einer einseitigen Ernährung angelastet werden können, vorbeugen.** Sehr wichtig ist das mit Blick auf Reis, der mit Vitamin A angereichert werden soll. Dort wo der Reis Nahrungsgrundlage ist, werden viele Tausend Fälle von Blindheit auf einen Mangel an Vitamin A zurückgeführt. Die Entwicklung solcher Pflanzen könnte zu Lebensmitteln führen, für die der Begriff Nutraceuticals geprägt wurde. **Damit soll ausgedrückt werden, dass sie neben der eigentlichen Nahrungsmitteleigenschaft auch eine medizinisch relevante Eigenschaft besitzen. Die neuen Lebensmittel, die international als Novel Food bezeichnet werden,** erfordern unter Sicherheitsaspekten eine genaue Prüfung." (Rüdiger Marquardt (BMBF) - Biotechnologie Basis für Innovationen (Auszug))

Wikipedia schreibt darüber hinaus dem |Functional Food/ Nutraceuticals| einen ‚positiven ökonomischen Effekt' und einen ‚positiven ökologischen Effekt' zu.

„Mangelernährung/ Ernährungsphysiologisch verbesserte Pflanzen können die Gesundheit von Konsumenten erhöhen. So wird geschätzt, dass der goldene Reis die Kosten der Vitamin A-Versorgung in Indien um 60 % senken würde. Übersetzt man eine gesteigerte Gesundheit in Arbeitsproduktivität, wird ein globaler Wohlfahrtszuwachs von 15 Milliarden US $ pro Jahr geschätzt, das meiste davon in Asien. In China würde der goldene Reis einen Wachstumseffekt von schätzungsweise 2 % beдеuten. Auch für transgene Pflanzen mit erhöhtem Gehalt an Nährstoffen wie Eisen oder Zink, sowie erhöhtem Gehalt an essentiellen Aminosäuren, werden positive ökonomische und gesundheitliche Effekte erwartet." (Wikipedia (2010) - Grüne Gentechnik)

„Die in der grünen Gentechnik am häufigsten verwendete Baumart ist die Pappel. Ziele der Forschung sind ein verminderter Ligningehalt, um in der Papier- und Zellstoffherstellung mit weniger Bleichmitteln auszukommen, schnelleres und stärkeres Wachstum zur Nutzung als Energiepflanzen sowie Aufnahme von Umweltgiften zur biologischen Reinigung belasteter Böden." (Wikipedia (2010) - Grüne Gentechnik)

Was die Bewertung der funktionellen Lebensmittel anbelangt, so zitiert Die Linke-Fraktion das Büro für Technikfolgenabschätzung des Deutschen Bundestags, welches die Entwicklung dieser Lebensmittel laut Linke-Fraktion als skeptisch einstuft.

„Direkter Nutzen heißt, dass gv-Rohstoffe bestimmte Eigenschaften (z. B. geringeres Allergiepotential oder ein besonders hoher Vitamin-A Gehalt wie beim so genannten ‚Golden Rice') haben. Nahrungsmittel aus solchen Rohstoffen bezeichnet man als „functional food". Seit Jahren schon werden GVO mit direktem Nutzen für die Verbraucherinnen und Verbraucher angekündigt. **Ihre Entwicklung wird allerdings skeptisch gesehen**, *z. B. vom Büro für Technikfolgenabschätzung des Deutschen Bundestages*" (Die Linke-Bundestagsfraktion - Die Agro-Gentechnik - 30 Fragen & 30 Antworten zur Zukunft der gentechnikfreien Landwirtschaft)

Von Gegner-Seite finden sich zu diesem Sachverhalt im Diskurs jedoch implizite Sachverhaltsbewertungen, die hier analysiert werden sollen. Diese werden auffälliger Weise über das rhetorische Mittel des Spotts ausgelöst, welcher eine Unterart der Ironie bzw. der Verstellung (eironeia/ dissimulatio) darstellt. Unter Ironie versteht man

„die extreme Form des tropischen Ersatzes [...]. Im Tropus der Ironie steht das gesetzte Wort in einer Gegenteil-Beziehung zum ersetzten Wort: die Bedeutung eines Wortes wird nicht auf ein mehr oder weniger ähnliches, sondern auf ein konträres Wort übertragen. Insofern kann die Ironie als Sonderfall der Metapher verstanden werden. Grundlegend eingeteilt wird die Ironie nach den Gesichtspunkten Lob oder Tadel: die Ironie kann entweder dazu dienen, durch verstelltes Lob herabzusetzen oder durch verstellten Tadel zu loben (s. Quint. VIII, 6,55). Als weitere Unterarten der Ironie faßt Quintilian unter anderem den Sarkasmus und den Euphemismus auf (s. Quint. IX, 1,3)." (Ueding/ Steinbrink [4]2005: 299f).

Die NGO IDG-Keine-Gentechnik äußert sich ironisch zu dem Thema |Functional Food/ Nutraceuticals|, indem sie den Sachverhalt spottend mit der Überschrift „Baumwolle zum Essen" überschreibt.

„*Baumwolle zum Essen*/ Doch Baumwolle landet nicht nur in Jeans und T-Shirts. Bestimmte Teile der Fasern werden für die Papierherstellung verwendet. **Und auch die rund anderthalb Kilogramm Samen pro Kilogramm Faser bleiben nicht ungenutzt: Man presst das Öl aus ihnen heraus.** [...] Außer den zahlreichen Pestiziden, denen die Baumwollpflanze während ihres Wachstum ausgesetzt war, produziert die Pflanze ein eigenes Gift namens Gossypol, das die Pflanze vor Schädlingen schützt. 2006 jubilierten Gentechnik-Bewürworter, man könne diese Öl nun bald auch für Menschen genießbar machen. Dank einer gentechnischen Veränderung sei es nunmehr möglich, dass Gossypol nur noch in der Pflanze, aber nicht im Samen produziert werde. Ein riesiges Potential zur Ernährungssicherheit wurde konstatiert." (Informationsdienst Gentechnik - Keine Gentechnik.de – Gentechnik-Baumwolle)

Die NGO kritisiert in Bezug auf das Thema |Functional Food/ Nutraceuticals| das gesellschaftliche Verhalten der Befürworter und übt damit implizite Sachverhaltsbewertung aus.

„Da dieser Reis eine gelbe Farbe hat, nannte man ihn schnell "Golden Rice". Wer diese neue Errungenschaft den Menschen vorenthalte, gefährde ihre Gesundheit, sagen die Gentechnikbefürworter. Doch die Wahrheit ist etwas komplizierter. Tatsächlich soll über ein vermeintlich "humanitäres" Projekt die Gentechnik salonfähig gemacht werden. Es gibt jede Menge konventionelle Gemüsesorten, mit denen der Vitamin-A-Mangel leicht bekämpft werden könnte, ohne dass man dafür die Risiken der Gentechnik in Kauf nehmen müsste. Das sagt auch die Weltgesundheitsorganisation WHO, die außerdem dazu rät Vitamin-A-Pillen zu verteilen und normale Lebensmittel mit Vitamin A anzureichern. Technisch ist das Problem also längst gelöst. Was fehlt sind klare politische Prioritäten für die Umsetzung und nicht eine neue gentechnisch veränderte Pflanze." (Informationsdienst Gentechnik - Keine Gentechnik.de – Gentechnik-Pflanzen breiten sich unkontrolliert aus)

Thema |Rolle der Politik|

|Rolle der Politik|	‚Widersprüchliche Signale' ‚Opportunistische Haltung' ‚Politische Entscheidung' ‚Zustand der Beeinflussung'

Zur |Rolle der Politik| im Diskurs um die Grüne Gentechnik wird von den Verbänden der Lebensmittel- und Agrarindustrie kritisiert, dass ‚die Signale sehr kontrovers ausfielen'.

„Die politischen Signale – ganz egal, ob aus Berlin oder aus Brüssel - sind kontrovers: Einerseits wird biotechnologische Forschung nicht nur gewünscht, sondern auch gefördert (vgl. dazu auch Kapitel III, erster Absatz). Andererseits wird die Umsetzung ihrer Ergebnisse, z. B. die Markteinführung von Produkten, kategorisch erschwert oder sogar verhindert./ • So besteht das von einigen Mitgliedstaaten 1998 ausgerufene und seither von der EU-Kommission mehrfach ausdrücklich als rechtswidrig bezeichnete de facto-Moratorium auch heute noch fort. Durch eine umstrittene Rechtsauffassung der Bundesregierung wurde im Juli 2002 das Sortenzulassungsverfahren für einen gentechnisch veränderten Mais blockiert. Bereits im Februar 2000 hatte die Bundesregierung die Sortenzulassung eines EU-weit genehmigten Bt-Mais in Deutschland verhindert." (Verbände der Lebensmittel- und Agrarindustrie (2002) - Vielfalt fördern. Innovationspotenzial wahren)

Stefan Rauschen kritisiert im Blog „Alles was lebt" die ‚opportunistische Haltung' des ehemaligen Bundesministers für Ernährung, Landwirtschaft und Verbraucherschutz, Horst Seehofer.

„**Bayern hat in den letzten Jahren in Sachen Biosicherheitsforschung eine Kehrtwende vollzogen - doch nicht auf allen Ebenen, oder?**/ Bayern ist in der Tat ein schwieriger Fall. Die CSU war früher der Grünen Gentechnik aufgeschlossen gegenüber. Schließlich versucht Bayern stets mit Hochtechnologie zu glänzen. Da konnten sie sich auch nicht aus der Grünen Gentechnik heraushalten./ Die öffentliche Stimmung, die mehrheitlich der Grünen Gentechnik skeptisch bis ablehnend gegenübersteht, hat die Sache aber geändert. Besonders, als die CSU bei der Landtagswahl die herbe Wahlschlappe kassiert hat. Man musste sich wieder basis-nah profilieren, und das kann man mit der Opposition gegen die Grüne Gentechnik sehr gut. Das haben in verschiedenen Landkreisen ja auch anderen Parteien und freie Wählergemeinschaften der CSU vorgemacht./ Daher änderte diese ihre Strategie nun. In Berlin war Horst Seehofer noch einer, der meinte, man müsse sich die Optionen, die die Grüne Gentechnik bietet, offenhalten. Je länger er aber in Bayern ist, desto stärker geht er gegen diese Technologie vor." ([Interview mit Dr. Stefan Rauschen] Alles was lebt (14.04.2009) - Persönliche Erfahrungen in der deutschen Biosicherheitsforschung: Interview mit Dr. Stefan Rauschen)

In den Kommentaren zu einem Beitrag des Blogs „WeiterGen" beurteilt der Blogleser Blogjoker ‚die Entscheidung des Anbauverbots als eine politische' und mokiert sich im gleichen Zug über diese Wähler, bei denen es sich wohl um Gentechnik-Gegner handelt.

„blogjoker· 20.04.09 12:03 Uhr / [...] Ich vermute, dass bei den politischen Entscheidungsprozessen nicht so sehr das Wohl der hungernden Bevölkerung in den Entwicklungsländern im Vordergrund steht, sondern die Sorge um die politische Akzeptanz bei bestimmten Wählerschichten. Wähler, die mit dem Begriff Hunger eher eine modisch-alternativ angehauchte Fastenkur assoziieren und weniger die brutale Realität, wo Menschen wegen Unterernährung ein Leben lang dahinvegetieren müssen. Aber solch hässlichen [sic!] Dinge sind denn [sic!] ‚kritischen' Bürgern und BürgerInnen, die sich ihre moralische Überlegenheit mit dem Kauf eines Öko-Schokoriegels in einem Dritte-Welt-Laden erkaufen, wohl nicht zuzumuten." (Kommentare zu WeiterGen (20.04.2009) - 10 Gründe für grüne Gentechnik - Nutzen, Chancen, Risiken)

Dass ‚diese Entscheidung dem Wahlkampf geschuldet ist', sieht der VBIO ebenfalls so, allerdings steht er dem Verbot ablehnend gegenüber.

„Alle wissenschaftlichen Versuche haben in der Vergangenheit gezeigt, dass sie uns leistungsfähige und sichere Pflanzensorten an die Hand gibt." **Der VBIO hat daher die Politiker aufgefordert, keinen Wahlkampf mit einer fundamental wichtigen Technologie wie der grünen Gentechnik zu betreiben.** „Es darf nicht sein, dass wir in 20 Jahren feststellen, nicht die optimalen Getreidepflanzen anbauen zu können, die Trockenheit und extrem heiße Sommer ertragen, **weil wir im Bundestagswahlkampf 2009** [hier im Zusammenhang mit dem MON 810-Anbauverbot durch Ilse Aigner, B.F.] **populistische und wissenschaftsferne Entscheidungen getroffen haben**", so Balling weiter." (Nachrichten des Verbandes Biologie, Biowissenschaften und Biomedizin in Deutschland (2009) - Grüne Gentechnik: Weiterhin turbulent)

Obwohl Bündnis '90/ Die Grünen nicht zu den Befürwortern der Grünen Gentechnik gehören, werfen auch sie der Regierung vor, dass ‚deren Entscheidung (hinsichtlich des Anbauverbots des GV Maises MON 810) dem Wahlkampf geschuldet sei', wenngleich von den Grünen das Anbauverbot befürwortet wird.

„Agro-Gentechnik widerspricht dem grünen Ziel einer zukunftsfähigen, umweltgerechten Landwirtschaft, die sich an biologischer Vielfalt und an den Verbraucherwünschen orientiert. Mit dem Anbauverbot für MON 810-Mais in Deutschland ist der Kampf gegen Agrogentechnik noch lange nicht gewonnen. **Die Gefahr ist groß, dass dieses Verbot nur bis zur nächsten Bundestagswahl hält.** Gen-Food und Agro-Gentechnik stehen am 27.9. zur Wahl: Gentechnikfreiheit mit starken Grünen oder Gen-Food mit Schwarz-Gelb." (Bündnis '90 - Die Grünen-Bundestagsfraktion (11.03.09) – Gentechnik)

Die Fraktion Bündnis '90/ Die Grünen wirft den Regierungen einen ‚Zustand der Beeinflussung' vor.

Handlungsstrategien der Diskursakteure im Kampf um Wissen 357

„Und die Politik? **Viel zu oft beugen sich Regierungen dem Druck der Gentechnik-Lobby.** Während Renate Künast als rot-grüne Verbraucherministerin sich noch strikt weigerte, Gen-Mais für den Anbau zuzulassen, ließ ihr Nachfolger Horst Seehofer den Gentech-Mais MON 810 des US-Agro-Riesen Monsanto auf deutschen Äckern zu." (Bündnis '90 - Die Grünen-Bundestagsfraktion - Vielfalt statt Agro-Gentechnik)

Thema |Kritik am BUND|

Das Thema |Kritik am BUND| wird vor allem von der Blogosphäre thematisiert. Da es sich um ein wissenschaftliches Blogportal handelt, sind einige der Blogautoren und -leser als Befürworter, die Mehrheit als Skeptiker und manche Blogleser gegebenenfalls als Gegner der Grünen Gentechnik einzustufen (vgl. Kapitel 4.2). Ein Blogbeitrag des Blogs Frischer Wind befasst sich ausschließlich mit der Tatsache, dass der sachsen-anhaltinische Landesgeschäftsführer des BUND die Aktionen der Feldzerstörer unterstützt.

„Der sachsen-anhaltinische Landesgeschäftsführer des BUND hat in einem Leserbrief an die Volksstimme sechs "Feldbefreier" in den höchsten Tönen gelobt, die vor rund einem Jahr ein Genweizen-Forschungsfeld des IPK Gatersleben mit Hacken zerstört hatten. [...] Großes Lob also für die "mutigen jungen Männer und Frauen", deren Tat Wendenkampf für "moralisch mehr als nachvollziehbar" hält, und denen er "große Zivilcourage" bescheinigt. Dankbarkeit - und nicht etwa eine Strafe - sei Wendenkampf zufolge die richtige Antwort auf den Vandalismus am Leibnitz-Institut in Gatersleben." (Frischer Wind (27.04.2009) - BUND-Landeschef lobt illegale Genweizen-Zerstörung in Gatersleben)

„Mir geht es vielmehr um die Methoden, zu deren Anwendung sich militante Gegner grüner Biotechnologie offensichtlich berechtigt sehen: Vandalismus und Zerstörung fremden Eigentums zum Stopp "unerwünschter Forschung". Dass der BUND solche Methoden nun offiziell gutheißt, ist eine so deutliche Abkehr von rechtsstaatlichen und demokratischen Grundsätzen, dass mich die Lektüre des Briefs einigermaßen erschüttert hat. Wie das Verbot der Genmais-Sorte MON 810 durch die CSU-Ministerin Aigner vor nicht einmal 14 Tagen deutlich gezeigt hat, haben die Gegner grüner Biotechnologie durchaus die Möglichkeit, ihre Vorstellungen auf demokratische Art und Weise durchzusetzen. Das nächtliche Bearbeiten von Forschungsfeldern mit der Hacke ist dabei ebenso unnötig wie die Stilisierung von Straftätern zu heldenhaften Kämpfern." (Frischer Wind (27.04.2009) - BUND-Landeschef lobt illegale Genweizen-Zerstörung in Gatersleben)

„Anstatt "Feldbefreier" für das Anrichten von Schäden in Höhe von zigtausend Euro zu beklatschen, für die letztendlich wieder mal der Steuerzahler wird aufkommen müssen, könnte der BUND auch dazu aufrufen, sich politischen Parteien anzuschließen, die grüne Gentechnik programmatisch ablehnen, wie beispielsweise die Grünen oder eben auch die CSU. Bedauerlicherweise scheint man sich jedoch beim BUND vom demokratischen Diskurs schon so weit entfernt zu haben, dass man sich in einer Art Notwehrsituation wähnt, in der aus Gründen der Selbstverteidigung einfach zugeschlagen werden kann." (Frischer Wind (27.04.2009) - BUND-Landeschef lobt illegale Genweizen-Zerstörung in Gatersleben)

„Und so hat es zumindest ein Geschmäckle, wenn Wendenkampf sich mehr Bürger mit "Zivilcourage" wünscht und damit augenscheinlich ausdrücken will, dass er weitere gegen das Leibnitz-Institut gerichtete Straftaten begrüßen würde. Dass eine so extreme Rhetorik ausgerechnet vom BUND kommt ist äußerst bedauerlich, ist die Organisation doch sonst ein äußerst kompetenter Ansprechpartner, wenn es um Belange des Umweltschutzes geht. Durch die Solidarisierung mit Straftätern "im Dienste der guten Sache" dürfte man sich zukünftig allerdings eher Wege verbauen, da man als Partner für Politik, Forschung und Wirtschaft irgendwann schlicht und ergreifend nicht mehr in Frage kommen wird. Vielleicht darf man ja aber noch auf die (späte) Einsicht der Verantwortlichen hoffen..." (Frischer Wind (27.04.2009) - BUND-Landeschef lobt illegale Genweizen-Zerstörung in Gatersleben)

In den Kommentaren zu diesem Blogeintrag potenziert sich die Empörung.

„GeMa· 28.04.09 · 09:20 Uhr. Ich würde ebenfalls zu gern erfahren, was Sachbeschädigung mit Zivilcourage zu tun hat. Vielleicht kann Herr Wendenkampf sich ein wenig Nachhilfeunterricht bezugs der jüngeren Geschichte dieses Landes antun, um die - eigentlich - sehr deutlichen Unterschiede zu erkennen." (Kommentare zu Frischer Wind (27.04.2009) - BUND-Landeschef lobt illegale Genweizen-Zerstörung in Gatersleben)

„Jörg·(Diax's Rake) 28.04.09 · 09:28 Uhr. [...] Der Brief ist wirklich widerlich. Diese Märtyerverklärung von Straftaten, die angebliche Notwehr, da möchte ich wirklich kotzen. Das ist purer Fundamentalismus ohne jegliche geistige Regung. Mal sehen, was da vom BUND Deutschland kommt, ansonsten weiß man ja dann auch, was man vom BUND zu halten hat. Schublade PETA auf, BUND dazulegen, Schublade zu." (Kommentare zu Frischer Wind (27.04.2009) - BUND-Landeschef lobt illegale Genweizen-Zerstörung in Gatersleben)

„Christian Reinboth·(Frischer Wind – Das Blog zur Energiewende) 28.04.09 · 10:39 Uhr / @Jörg: An PETA musste ich bei der Lektüre dieses Leserbriefs auch schon denken - im Grunde passt das aber gar nicht zum BUND. Möchte wissen, was Wendenkampf da bloß geritten hat, sowas in die Zeitung zu bringen. Besonders extrem finde ich, dass gleich im ersten Satz Brecht zitiert wird ("Wo Unrecht zum Recht wird..."), der sich mit seinem Aufruf zum Widerstand immerhin auf die Nazis bezogen hat. Dass man hier zumindest indirekt Parallelen zieht, ist schon erschreckend - da ist man von der PETA-Rhetorik in der Tat nicht mehr weit entfernt.../ Vom BUND Deutschland habe ich in der Sache noch nichts vernommen, sicher ist das

Monitoring regionaler Zeitungen dort auch nur eingeschränkt möglich..." (Kommentare zu Frischer Wind (27.04.2009) - BUND-Landeschef lobt illegale Genweizen-Zerstörung in Gatersleben)

„Christian Reinboth· 29.04.09 · 13:30 Uhr. @Wolfgang Flamme: Dass beim BUND vielleicht der eine oder andere mit solchen Aktionen sympathisiert ("der Feind meines Feindes...") überrascht mich eher wenig. Wenn aber der Landesgeschäftsführer so offen die "Feldbefreiung" als "mutige Tat" lobt und Dritte praktisch indirekt dazu aufruft, weitere Zerstörungsakte zu begehen, dann hat das doch eine etwas andere Qualität. Mir ist diese Tendenz hin zu radikalen Ideen bislang zumindest noch nicht aufgefallen. Extrem ärgerlich das Ganze..." (Kommentare zu Frischer Wind (27.04.2009) - BUND-Landeschef lobt illegale Genweizen-Zerstörung in Gatersleben)

Abschließend kann festgehalten werden, dass also – wie das Kapitel 4.4.4.1 zeigt – folgende Themen vor allem durch die der Grünen Gentechnik ablehnend gegenüberstehende Akteursgruppe geprägt wurden:

- Alternative Verfahren
- Verbraucherbedürfnis
- Macht durch Grüne Gentechnik
- Folgen des Einsatzes von Grüner Gentechnik
- Akteure des Widerstands gegen Grüne Gentechnik

Die nachfolgenden Themen wiederum werden vor allem von den Befürwortern thematisiert, wie in Kap. 4.4.4.2 dargelegt wurde:

- Functional Food/ Nutraceuticals
- Plant-Made Pharmaceuticals (PMPs) und Plant-Made Industrial Products (PMIPs)
- Rolle der Politik
- Kritik am BUND

Es erschließt sich somit der Eindruck, dass die Themensetzung der Akteure keine Überraschung darstellt. Die von ihnen dominierten Themen entsprechen den gesellschaftlichen Bereichen, die durch die Akteure vertreten werden.

4.5 Sprachliche Strategien beim Kampf um Wissen

Im vorliegenden Kapitel sollen sprachliche Strategien in den Fokus genommen werden. Der Schwerpunkt wird also von der Analyse der Wissensherstellung hin zu den rhetorischen Mitteln, die im Ringen um Wissen über die Grüne-Gentechnik-Debatte eingesetzt werden, verschoben. Da in demokratischen Gesellschaften gewöhnlich mehrere miteinander bezüglich eines Themas in Konkurrenz stehende Positionen vertreten werden, ziehen diese verschiedene sprachliche Strategien nach sich (Spieß 2007: 43-69).

Während Constanze Spieß Sprachstrategien „als sprachliche Realisierungsmittel der Intention des Textemittenten" (ebd.: 43) versteht, so wird hier davon ausgegangen, dass diese Realisierungsmittel zwar die Position des Akteurs unterstützen, ob es sich dabei jedoch um intentionale oder unbewusste Verwendung handelt, bleibt offen.

„Zustimmung für die je eigene Position bei für den Textproduzenten relevanten Adressaten" (ebd.) zu erzielen, wird meist über die sprachliche Handlung des „Erreichen[s] von Zustimmungsbereitschaft bzw. Akzeptanzschaffen[s]" (ebd.: 44) realisiert.

„Die Haupthandlung (das ERREICHEN VON ZUSTIMMUNGSBEREITSCHAFT) wird durch verschiedene Unterhandlungen, die sich als Redestrategien beschreiben lassen, realisiert. Redestrategien manifestieren sich auf allen sprachstrukturellen Ebenen. Sie verfolgen bestimmte Ziele und bedienen sich dabei konkreter sprachlicher Mittel." (Spieß 2007: 44).

Im Vergleich zu Textanalysen aus anderen geisteswissenschaftlichen Disziplinen liegt der Schwerpunkt dieser linguistischen Diskursanalyse auf der Thematisierung der sprachlichen Repräsentation von Sachverhalten. Damit rücken in diesem Kapitel „synsemantischen grammatischen Zeichen, die eine Organisations- und Interpretationsfunktion für lexikalische Zeichen haben" (Felder 2009a: 16f.) in den Vordergrund.

4.5.1 Verstärkung der Glaubwürdigkeit[158]

4.5.1.1 Bezugnahme auf Autoritäten (auctoritas)

Direkte/ Indirekte Redewiedergabe[159]

Im Diskurs um die Grüne Gentechnik werden von den Akteuren verschiedenste sprachliche Strategien angewandt, um ihre Position im Diskurs zu verstärken. Eine Form der Überzeugungsmittel stellt die Verstärkung der Glaubwürdigkeit durch die Bezugnahme auf Autoritäten, die in der auf Cicero zurückgehenden Rhetorik *auctoritas* genannt wird, dar. Ziel der *auctoritas* ist die Herstellung von Glaubwürdigkeit aufgrund des „gesellschaftlichen oder kulturellen Ansehen des Zeugnisses bzw. seines Urhebers" (Ueding/ Steinbrink ⁴2005: 268f)

„‚[...] Autorität erwirbt man sich entweder durch Naturtalent oder durch dauernde Bewährung. Die Autorität auf Grund von Naturtalent liegt in besonderem Maße in der Tüchtigkeit; bei der Bewährung gibt es vieles, was Autorität bringt: Ausgebildetes Talent, erworbener Reichtum, Lebensalter, Kenntnis, Erfahrung, Druck und manchmal auch ein Zusammentreffen zufälliger Umstände.' (Cic. top. 19)" (Ueding/ Steinbrink ⁴2005: 268f)

Diese Bezugnahme gilt in der Rhetorik als „wirkungsvolles Überzeugungsmittel" (Ueding/ Steinbrink ⁴2005: 268f), denn die Bezugnahme auf eine Autorität ist etwas, das „wie das Beispiel ‚[v]on außen her in den Fall hineingebracht' (Quint. V,11,36)" wird (ebd.).

Die „auctoritas" unterscheidet sich vom Heranziehen eines Beispiels durch die Erlangung ihrer Glaubwürdigkeit aufgrund des „gesellschaftlichen oder kulturellen Ansehen des Zeugnisses bzw. seines Urhebers" (ebd.).

Die Bezugnahme auf eine Autorität findet meist über die direkte bzw. indirekte Redewiedergabe statt. Mit der Redewiedergabe hat sich Elvira Topalović ausführlich beschäftigt. In ihrem Aufsatz „Falsche Zitate in den Mund gelegt? Der Deutsche Presserat urteilt über Leserbeschwerden." von 2007 befasst sie sich vor allem mit der Redewiedergabe in der Mediensprache. Sie bezieht sich auf Burger, wenn sie hervorhebt, dass sich die Funktion der direkten Redewiedergabe, „Signalisieren, dass das Gesagte so und nicht anders gesagt wurde" (Burger ³2005: 97) immer häufiger hin zum „Signalisieren, dass der Journalist ‚dabei war', als das Zitierte gesagt wurde" (ebd.) verändert. Topalović bemerkt:

---
158 Zu Glaubwürdigkeit Burkhardt 2003: 105.
159 Diese Arbeit schließt sich dem gebräuchlichsten Terminus an (Zifonun, Hoffmann/Strecker et al. 1997: 2555; Eisenberg 1999: 118 und 119).

„Wenn die Diskrepanz zwischen journalistischen und allgemeinen Zitierpraktiken noch größer wird, riskieren die Zeitungen, selbst in ihrem seriösesten Bereich – der politischen Berichterstattung – ihre Authentizität, ‚das Gütezeichen journalistischer Arbeit' (Burger ³2005: 98) schlechthin, einzubüßen." (Topalović 2007: 4f.)

Zudem überwiegt als Wiedergabe fremder Äußerungen von Journalisten zunehmend die hybride Redewiedergabe („in einigen wenigen Veröffentlichungen unter ‚Slipping' bekannt" (Topalović 2007: 4)). Topalović versteht unter hybrider Redewiedergabe:

„In ein und demselben Satz wird die Information aus zwei verschiedenen Perspektiven (oder deiktischen Zentren) gegeben: im übergeordneten Satz aus der Sicht des interpretierenden Journalisten (= indirekte Rede), im untergeordneten Satz aus der Sicht des Zitierten selbst (= direkte Rede)." (Topalović 2007: 4).

Um den Terminus der fremden Redewiedergabe zu präzisieren, wird auf die Definition von Brendel/Meibauer/Steinbach Bezug genommen. Sie definieren in ihrem Sammelband „Zitat und Bedeutung" (2007) Zitat als:

„all das [...], was zum Referat im Sinne von Fabricius-Hansen (2002) gehört plus das, was mit Anführungszeichen markiert werden kann." (Brendel/Meibauer/Steinbach 2007: 7).

Topalović bezeichnet die von Brendel/Meibauer/Steinbach gewählte Definition als „alle möglichen Sprachmittel der ‚Metarepräsentation' " (Topalović 2010: 3) und paraphrasiert diese als „von der direkten/wörtlichen und indirekten/nichtwörtlichen bis hin zur erlebten Rede und zum emphatischen Zitat[160]. Die Darstellung der verschiedenen Zitattypen nach Brendel/Meibauer/Steinbach (2007: 6) soll die Bandbreite an fremder Redewiedergabe verdeutlichen:

---

160 Zudem zählt zur Redewiedergabe natürlich ebenfalls die Wiedergabe von Denkinhalten, vorausgesetzt, diese wurden jemals in schriftlicher oder mündlicher Form von dessen Urheber geäußert, wie z. B. in diesem Fall: „**So hat der Babykosthersteller Hipp Anfang 2006 öffentlich darüber nachgedacht,** sein Unternehmen in die einem strikten Anti-Gentechnik-Kurs verpflichteten Nachbarländer Österreich oder Schweiz zu verlagern, wenn er in Deutschland die Gentechnikfreiheit seiner Produktion nicht mehr gewährleisten kann. Die Abwanderung von ‚Hipp' beträfe in Deutschland über 3.000 landwirtschaftliche Betriebe, die dem Konzern als Zulieferer dienen." (BUND - "Grüne Gentechnik": Rationalisierungstechnologie auf dem Acker)

Sprachliche Strategien beim Kampf um Wissen 363

a. Die Theorie ist schwer zu verstehen.	(Originaläußerung)
b. Lena sagte: „Die Theorie ist schwer zu verstehen."	(Direktes Zitat)
c. Die Theorie, (das) sagt Lena, sei/ ist schwer zu verstehen.	(Parenthetisches Zitat)
d. Lena sagte, dass die Theorie schwer zu verstehen sei/ ist.	(Indirektes Zitat)
e. Lena sagte, dass die Theorie „schwer zu verstehen ist".	(Gemischtes Zitat)
f. „Die Theorie ist schwer zu verstehen" ist ein Satz.	(Reines Zitat)
g. Lena sagte, die „Theorie sei/ ist schwer zu verstehen.	(Modalisierendes Zitat)
h. Lena beschleunigte ihren Schritt. Die Theorie war schwer zu verstehen. Aber sie würde es schaffen.	(Erlebte Rede)
i. Hier gibt es „frische" Brötchen.	(Empathisches Zitat)

Grafik 5. Fremde Redewiedergabe. Quelle: Brendel/ Meibauer/ Steinbach 2007: 6; Topalović 2010: 3-4.

In der vorliegenden Untersuchung liegt der Fokus auf der Unterscheidung von direkter und indirekter Rede.

„Direkte und indirekte Rede unterscheiden sich prinzipiell im Hinblick auf das Verhältnis der beiden involvierten Kommunikationssituationen: Während bei direkter Rede die Situationen klar getrennt werden, werden bei indirekter Rede die Situationen ‚vermischt', d. h. die jeweiligen Anteile sind nicht eindeutig abgrenzbar. Bei der indirekten Rede ist einerseits nicht eindeutig, was tatsächlich wörtlich gesagt wurde, und andererseits kann der Zitierende Anteile von sich in den Text einbringen, indem er bestimmte Elemente umformuliert, ergänzt usw. [...] In beiden Fällen liegt eine ‚Polyphonie' vor, d. h. dass mehrere ‚Stimmen' im Text vorhanden sind, nämlich der Erzähler und die Stimmen, die der Erzähler wiedergibt. Bei direkter Rede nun gibt der Erzähler die Verantwortung für das Gesagte an eine andere Stimme ab, während er bei indirekter Rede die Verantwortung auch für den wiedergegebenen Text behält." (Burger [3]2005: 91)

Im Unterkapitel „Direkte Rede" liegt der Schwerpunkt einerseits darauf, wer zitiert wird, also von wem Originaläußerungen bzw. direkte Zitate stammen, zum anderen wird betrachtet, inwiefern eine Originaläußerung in ihrer Form bestehen bleibt und wie sie gegebenenfalls weitergetragen wird.

Im Unterkapitel „Indirekte Rede" wird vor allem untersucht, inwieweit der Modusgebrauch in der indirekten Rede Indikator für die Redeeinstellung sein kann.

Direkte Rede

Bei der direkten Rede spielen die Originaläußerung und das direkte Zitat eine Rolle. Eine Funktion von Zitaten stellt die Redewiedergabe einer Autorität dar. Auf diese Weise wird von den Diskursakteuren versucht, die eigene Perspektive zu legitimieren und zu rechtfertigen (Köller 2004: 693). Dies stellt im untersuchten Diskurs beispielsweise der Bezug auf die Nobelpreisträgerin Christiane Nüsslein-Volhard dar. Wobei immer zu bedenken bleibt, dass nicht allein der Grad der Autorität für die Redewiedergabe eine große Rolle spielt, sondern auch die Position der zitierten Person in der Debatte um Grüne Gentechnik. So macht es Sinn, dass die wissenschaftlichen Akademien Christiane Nüsslein-Volhard zitieren, die als klare Befürworterin der Grünen Gentechnik bekannt ist.

„Die Nobelpreisträgerin Christiane Nüsslein-Volhard bringt die Meinung der Wissenschaftsgemeinschaft auf den Punkt, wenn sie ausführt: ‚In Deutschland ist noch nicht hinreichend akzeptiert, dass die Anwendung der Gentechnik in der Pflanzenzüchtung ein noch unausgeschöpftes Potential für den ökologischen Landbau, für verbesserten Umweltschutz, die Erhaltung der Artenvielfalt und die Gesundheit bietet. Pflanzen, die resistent gegen Motten, Pilzbefall, Viren und Nematoden sind, müssen nicht gespritzt werden. Pflanzen, die besser an ungünstige Wachstumsbedingungen, Salzböden, Karst, Trockenheit, angepasst sind, können so gezüchtet und angebaut werden, um verödetes Land wieder fruchtbar zu machen.' " (Stellungnahme der wissenschaftlichen Akademien (13.10.2009) - Für eine neue Politik in der Grünen Gentechnik)

Die NGO IDG-Keine-Gentechnik zitiert hingegen NABU-Präsident Olaf Tschimpke, der zu den Gegnern der Grünen Gentechnik zählt.

„Der Arbeitsbericht des Büros für Technikfolgenabschätzung beim Deutschen Bundestag kommt zu ähnlichen Ergebnissen: "Der Bericht belegt eindringlich, dass selbst nach zwölf Jahren großflächigen Einsatzes von transgenem Saatgut der ökonomische, ökologische und soziale Nutzen nicht zu belegen ist. Daher sollten Forschung und Entwicklung für nachhaltigere und ökologische Alternativen zur Agrogentechnik gestärkt werden", **so NABU-Präsident Olaf Tschimpke.**" (Informationsdienst Gentechnik - Keine Gentechnik.de (16.11.2009) – Welternährungsgipfel: Neue Broschüre erklärt entscheidende Erkenntnisse)

Darüber hinaus besteht natürlich ebenfalls die Möglichkeit, die eigene Perspektive besonders hervorzuheben, indem eine starke Abgrenzung von einer gängigen Ansicht oder Denkhoheit getroffen wird (Köller 2004: 693).

Im Zusammenhang mit der direkten Redewiedergabe stellt sich die Frage, inwieweit ein Originalzitat wörtlich bzw. sinngemäß wiedergegeben wird. Damit wird das Problem der zunehmend „unsauberen" Zitierpraktiken angesprochen. Im folgenden Beispiel für eine solche Redewiedergabe handelt es sich im Gegensatz dazu jedoch nicht um professionelle Journalisten, sondern um Privatpersonen, die sich als „relative Laien" oder „relative Experten" in der Kommentarfunktion eines Wissenschaftsblogs zu einem Thema äußern. Am Beispiel einer Redewiedergabe in Form von direkten und indirekten Zitaten einer Äußerung des Landesgeschäftsführer des BUND Sachsen-Anhalt, Oliver Wendenkampf, soll dargestellt werden, auf welche Weise Äußerungen wiedergegeben werden und wie dabei unsaubere Zitiertechnik offenbar wird. Oliver Wendenkampf äußert sich zum Ausreißen von gentechnisch veränderten Pflanzen aus Forschungs- oder Anbaufeldern und wird dabei in einem Artikel der Volksstimme, einer sachsen-anhaltinischen Lokalzeitung, zitiert und diese Äußerungen werden in einem ScienceBlog von deren Lesern diskutiert. Dabei werden die Äußerungen Wendenkampfs wiedergegeben und zum Teil dabei verändert. Hier zunächst der angesprochene Artikel aus der Volksstimme vom 24. April 2009:

„ **„Feldzerstörer" vor Gericht**
Sie wussten sich nicht anders zu helfen

Zu „Institut für Pflanzengenetik muss Schaden neu berechnen/ ‚Feldzerstörer' lehnen vor Gericht Vergleichsvorschlag ab", Volksstimme vom 24. April:

Wo Unrecht zu Recht wird, wird Widerstand zur Pflicht. Diesem immer wieder aktuellen Leitspruch fühlten sich offenbar auch die sechs jungen Leute verpflichtet, die sich vor dem Landgericht Magdeburg zu verantworten haben. *Sie haben sich für eine Tat zu verantworten, die im juristischen Sinne zwar abzulehnen ist, moralisch aber mehr als nachvollziehbar. Sie sollte sogar mit einem gewissen Dank verbunden werden – und nicht mit Schadensersatzansprüchen.* 80 Prozent der Bundesbürger lehnen Gentechnik in der Landwirtschaft ab, Bundesverbraucherschutzministerin Aigner hat den Anbau der gentechnisch veränderten Maissorten Monsanto 810 als zu gefährlich für die Umwelt verboten.

Die selbsternannten Feldbefreier, die sich in ihrer Ohnmacht der Gentechnikindustrie und der Gentechniklobby in Sachsen-Anhalt gegenüber nicht anders zu helfen wussten als mit dieser – zugegebenermaßen illegalen – Form des Widerstandes, sollen zur Verantwortung gezogen werden. Nicht etwa der Verursacher der möglichen unkontrollierten Auskreuzung dieser künstlichen Weizensorte. *Dass diese mutigen jungen Männer und Frauen das getan haben, wozu zahlreiche Bundesbürger nicht den Mut hatten, hat mit Anarchie nichts zu tun. Sondern eben mit Zivilcourage* – und davon haben wir in Deutschland, Sachsen-Anhalt und Magdeburg wahrlich viel zu wenig.

Oliver Wendenkampf, Landesgeschäftsführer des BUND Sachsen-Anhalt, 39108 Magdeburg"

(*Quelle: http://www.scienceblogs.de/frischer-wind/2009/04/ bundlandeschef-verteidigt-illegale-genweizenzerstorung.php;Zugriff am 29.02.2012.*)

Während im folgenden gemischten Zitat der Originalwortlaut weitestgehend beibehalten wird, (bis auf die Attribuierung „große" Zivilcourage, welche im Original keine Entsprechung findet),

„Der sachsen-anhaltinische Landesgeschäftsführer des BUND hat in einem Leserbrief an die Volksstimme sechs "Feldbefreier" in den höchsten Tönen gelobt, die vor rund einem Jahr ein Genweizen-Forschungsfeld des IPK Gatersleben mit Hacken zerstört hatten. [...] **Großes Lob also für die "mutigen jungen Männer und Frauen", deren Tat Wendenkampf für "moralisch mehr als nachvollziehbar" hält, und denen er "große Zivilcourage" bescheinigt.** Dankbarkeit - und nicht etwa eine Strafe - sei Wendenkampf zufolge die richtige Antwort auf den Vandalismus am Leibnitz-Institut in Gatersleben." (Frischer Wind (27.04.2009) - BUND-Landeschef lobt illegale Genweizen-Zerstörung in Gatersleben)

so zitiert der Autor des folgenden Kommentars des Blogs „Frischer Wind" trotz Anführungszeichen, die als Signal direkter Redewiedergabe gelten, nicht wortwörtlich und interpretiert darüber hinaus die Worte des sächsischen Landesgeschäftsführers des BUND als Aufruf zur Feldzerstörung.

„Christian Reinboth·29.04.09 13:30 Uhr. @Wolfgang Flamme: Dass beim BUND vielleicht der eine oder andere mit solchen Aktionen sympathisiert ("der Feind meines Feindes...") überrascht mich eher wenig. Wenn aber **der Landesgeschäftsführer so offen die "Feldbefreiung" als "mutige Tat" lobt und Dritte praktisch indirekt dazu aufruft, weitere Zerstörungsakte zu begehen,** dann hat das doch eine etwas andere Qualität. Mir ist diese Tendenz hin zu radikalen Ideen bislang zumindest noch nicht aufgefallen. Extrem ärgerlich das Ganze..." (Kommentare zu Frischer Wind (27.04.2009) - BUND-Landeschef lobt illegale Genweizen-Zerstörung in Gatersleben)

Indirekte Rede

Die indirekte Rede kann formal als indirektes, parenthetisches und modalisierendes Zitat auftreten. Dabei spielt der Modusgebrauch eine große Rolle. Denn die Wahl des Modus in der indirekten Redewiedergabe (Indikativ oder Konjunktiv I) kann Rückschlüsse auf die Einstellung des Diskursakteurs zum vermittelten Inhalt zulassen (Köller 2004: 704).

Wenn der Diskursakteur nicht am Wahrheitsanspruch des vermittelten Inhalts zweifelt bzw. wenn er die fremde Information als verlässlich einordnet, so liegt der Gebrauch des Indikativs näher (ebd.).

„Der Gebrauch des Indikativs in der indirekten Rede würde somit metainformativ signalisieren, dass der Sprecher den referierten Aussagen im Prinzip denselben Geltungsanspruch zuordnet wie den eigenen und dass er keinerlei Grund sieht, den Wahrheitsanspruch der vermittelten Äußerungen zu Debatte zu stellen." (Köller 2004: 704)

Beim vorliegenden Beispiel aus der Debatte über Grüne Gentechnik wird der Indikativ gewählt, um die indirekte Rede wiederzugeben, und es kann vermutet werden, dass er nicht am Wahrheitsgehalt der vermittelten Äußerung zweifelt.

Sprachliche Strategien beim Kampf um Wissen 367

Erst im eigenständigen Hauptsatz wird der Konjunktiv I verwendet; hier allerdings vor allem als formaler Anzeiger der indirekten Rede.

„FAO-Chef Jaques Diouf hat im Vorfeld des Welternährungsgipfels aus Solidarität mit der eine Milliarde Menschen, die auf der Welt hungern, einen Tag lang nichts gegessen. Als Lösung schlägt die FAO vor, die Agrarproduktion bis zum Jahr 2050 zu verdoppeln. Dabei gibt es derzeit pro Kopf mehr Agrarproduktion als je zuvor. Und dennoch litten noch nie so viele Menschen an Hunger wie heute. Das Problem **sind** u. a. die Verluste bei der Lebensmittelproduktion, **erläuterte Benny Härlin von der Zukunftsstiftung Landwirtschaft in Berlin**. Ein Großteil der Lebensmittel **gehen** bei der Ernte oder durch die Vernichtung von Lebensmitteln verloren. Auch der Verbrauch des Getreides für Futtermittel (35%) und andere Verwertung wie Kraftstoffherstellung (18%) **seien** ein Riesenproblem." (Informationsdienst Gentechnik - Keine Gentechnik.de (16.11.2009) – Welternährungsgipfel: Neue Broschüre erklärt entscheidende Erkenntnisse)

Wenn der Diskursakteur in der indirekten Rede den Konjunktiv I verwendet, so lässt dies den Rückschluss zu, dass er unterscheiden möchte, ob er oder eine fremde Instanz für eine Äußerung verantwortlich ist. Er kann damit seine Verantwortung klar vom vermittelten Inhalt abgrenzen (Köller 2004: 704).

„Der Gebrauch des KI in der indirekten Rede kann demgegenüber als Hinweis darauf gewertet werden, dass der aktuelle Sprecher sich ausdrücklich als Vermittler einer Aussage anderer Herkunft kenntlich machen will und deshalb klar zwischen denjenigen Informationen zu unterscheiden wünscht, für deren Wahrheitsgehalt er selbst verantwortlich zeichnet und denjenigen für die andere zuständig sind." (Köller 2004: 704)

Im Diskurs finden sich dafür zahlreiche Beispiele. Diese können im parenthetischen Zitat wie hier,

„Mit Hilfe der grünen Gentechnik **ließe sich - nach Schätzungen des Council for Biotechnology** - das Ertragspotenzial um rund 25 Prozent weltweit heben." (Bayer CropScience - Klimawandel)

„Das Ziel von Monsanto **sei** es, **so ein Konzernsprecher**, die gesamte Nahrungsmittelkette zu kontrollieren." (Die Linke-Bundestagsfraktion - Die Agro-Gentechnik - 30 Fragen & 30 Antworten zur Zukunft der gentechnikfreien Landwirtschaft)

„Dankbarkeit - und nicht etwa eine Strafe - **sei Wendenkampf zufolge** die richtige Antwort auf den Vandalismus am Leibnitz-Institut in Gatersleben." (Frischer Wind (27.04.2009) – BUND-Landeschef lobt illegale Genweizen-Zerstörung in Gatersleben)

„Das Ziel von Monsanto **sei** es, **so ein Konzernsprecher**, die gesamte Nahrungsmittelkette zu kontrollieren." (Die Linke-Bundestagsfraktion - Die Agro-Gentechnik - 30 Fragen & 30 Antworten zur Zukunft der gentechnikfreien Landwirtschaft)

oder im indirekten Zitat, wie aus dem folgenden Textbeleg ersichtlich,

„**Eine häufig geäußerte Befürchtung ist die, dass** etwa insektenresistente Pflanzen wie der Bt-Mais, die gezielt gegen Schadinsekten wirken, ungewollt auch nützliche Insekten wie Schmetterlinge oder Bienen oder auch Bodenorganismen **schädigen könnten**." (VBIO - Schwerpunkt Sicherheitsforschung: Thema "Koexistenz")

„**Wenn die Hersteller genmanipulierter Lebensmittel behaupten**, Genlebensmittel **seien** die am besten getesteten Lebensmittel überhaupt, so ist das Unsinn." (Gentechnikfreie Regionen in Deutschland (BUND/AbL) - Gesundheitliche Risiken)

oder in modalisierenden Zitaten stehen.

„Daher **gehe** es nicht um die Frage Gentechnik versus Natur, denn auch mit konventionellen Methoden der Pflanzenzüchtung **würden** Pflanzenarten **hergestellt**, die es vorher nicht gegeben **habe**, sagt Jung." (DFG - Parlamentarischer Abend "Grüne Gentechnik")

„Niemand behauptet ernsthaft, die Grüne Gentechnik **sei** ein „Allheilmittel." (Verbände der Lebensmittel- und Agrarindustrie (2002) - Vielfalt fördern. Innovationspotenzial wahren)

„**Aussagen des brandenburgischen Landwirtschaftsministers**, zur Steigerung nachwachsender Rohstoffe zur Energieproduktion **könne** auf die Agro-Gentechnik **nicht verzichtet werden**, lassen bereits ahnen, worauf man sich in den kommenden Diskussionen und Jahren einstellen kann." (Die Linke-Bundestagsfraktion - Die Agro-Gentechnik - 30 Fragen & 30 Antworten zur Zukunft der gentechnikfreien Landwirtschaft)

Der Konjunktiv I kann also als „wertneutrales Zitier- bzw. Vermittlungssignal" für Sachaussagen unterschiedlicher Herkunft gelten; er kann darüber hinaus jedoch in formal eigenständigen Hauptsätzen verwendet werden. Er signalisiert den Fortgang der indirekten Rede (Köller 2004: 704). Hier ein Beispiel aus der untersuchten Debatte:

„Er [Professor Dr. Christian Jung von der Universität Kiel, B.F.] führte aus, dass Weizen in der Natur gar nicht existieren würde und aufgrund klassischer Züchtung Roggengene enthalte. Und Raps **sei** eine Kreuzung aus Kohl und Rübsen." (DFG - Parlamentarischer Abend "Grüne Gentechnik")

Die Diskursakteure verfügen also über die Möglichkeit, durch die Wahl des Modus bei der indirekten Redewiedergabe ihre Einstellung zu bekunden und damit Position im Diskurs zu beziehen. Das Besondere an dieser Art der Darstellung ist nun, dass Leser normalerweise den Modusgebrauch in einer gewöhnlichen Rezeptionssituation nicht reflektieren, intuitiv jedoch durchaus den Modusgebrauch dahin gehend wahrnehmen, als dass man der Redewiedergabe eines Mediums (sei es nun Blog oder Zeitung) folgt und damit manche Äußerungen als glaubwürdig andere hingegen als unglaubwürdig beurteilt. Wie bewusst allerdings die Diskursakteure diese Form der sprachlichen Strategien anwenden, soll und kann an dieser Stelle nicht beurteilt werden.

4.5.1.2 Bezugnahme auf Studien

In einer Debatte, in der es um die Anwendung einer Technik geht, steht die wissenschaftliche Technikfolgenabschätzung im Vordergrund der Diskussion. Es ist deshalb nur logisch, dass zu den Autoritäten, die herangezogen werden, um Glaubwürdigkeit zu erzeugen, zum einen einzelne Wissenschaftler zählen, zum anderen aber die weniger personenbezogene Variante gewählt wird, nämlich Studien, die die eigene Position stärken.

Dabei wird zwischen der Bezugnahme auf Studien, die genau benannt werden, das heißt deren Quelle bekannt gegeben wird und des eher floskelhaften Bezugs auf Instanzen, die nicht benannt werden, unterschieden.

Die exakt benannten herangezogenen Studien kommen aus den Bereichen der Wissenschaft,

„[...] eine Studie des Imperial College London und der Universität Simon Rodriguez, Caracas, aus dem Jahr 2003 [...]." (Gentechnikfreie Regionen in Deutschland (BUND/AbL) - Ökologische Risiken)

der NGOs,

„[...], halten nach Analysen des Bund für Umwelt und Naturschutz Deutschland (BUND) einer Überprüfung nicht Stand. Eine von der Publizistin Ute Sprenger für den BUND erstellte Studie mit dem Titel »Die Heilsversprechen der Gentechnikindustrie - ein Realitäts-Check« erbrachte das Ergebnis, dass [...]." (Informationsdienst Gentechnik - Keine Gentechnik.de (16.11.2009) – Welternährungsgipfel: Neue Broschüre erklärt entscheidende Erkenntnisse)

„Zu diesem Ergebnis kommt die Studie "Grüne Gentechnik als Arbeitsplatzmotor? Genaueres Hinsehen lohnt sich", die vom BUND in Auftrag gegeben und 2006 vom Lehrstuhl für Unternehmensführung der Carl-von-Ossietzky-Universität Oldenburg durchgeführt wurde." (BUND - "Grüne Gentechnik": Rationalisierungstechnologie auf dem Acker)

der privaten Forschungsunternehmen,

„[...] (Quelle: Fraunhofer Institut für System- und Innovationsforschung, 2007)." (DIB (2009) – Auf einen Blick. Biotechnologie 2009)

„Nach einer neuen Studie des National Center of Food and Agricultural Policy [...]." (Monsanto - Biotechnologie)

„Laut Julius-Kühn-Institut (ehemals Biologische Bundesanstalt für Land- und Forstwirtschaft) [...]." (WeiterGen (20.04.2009) - 10 Gründe für grüne Gentechnik - Nutzen, Chancen, Risiken)

„Auch das Max-Planck-Institut für Pflanzenzüchtung kommt zu dem Ergebnis, dass [...]" (http://www.mpiz-koeln.mpg.de/oeffentlichkeitsarbeit/FAQ/FAQBio/index.html, Frage 5)." (KWS (2008) - Roundup-tolerante Zuckerrüben und der Wirkstoff Glyphosat)

und natürlich aus dem Bereich Politik:

„[...] auch Forscher des Büros für Technikfolgen-Abschätzung beim Deutschen Bundestag (TAB) [...]" (Informationsdienst Gentechnik - Keine Gentechnik.de (16.11.2009) – Welternährungsgipfel: Neue Broschüre erklärt entscheidende Erkenntnisse)

„Diese Studie des österreichischen Gesundheitsministeriums [...]" (Informationsdienst Gentechnik - Keine Gentechnik.de – Gentechnik-Mais MON 810 - das Verfahren ruht)

„Die Gemeinsame Forschungsstelle der EU-Kommission hat errechnet, dass [...]" (BUND - Der Einsatz der Agro-Gentechnik verursacht Mehrkosten)

„[...] (Quelle: United Nations Population Fund) [...]" (Syngenta - Biotechnologie - Vorteile)

„Stefan· 16.03.10 · 14:31 Uhr/ Liebe Leute, Der Benbrook Report findet tatsächlich auf der Basis von Daten der US-Regierung, dass [...]" (Kommentare zu Kritisch gedacht (15.03.2010) - Gentechnik: "Dialog" mit den Grünen)

„[...], hat eine vom amerikanischen Landwirtschaftsministerium in Auftrag gegebene Studie [...]." (Rüdiger Marquardt (BMBF) - Biotechnologie Basis für Innovationen (Auszug))

Sprachliche Strategien beim Kampf um Wissen 371

Manche der Diskursakteure ziehen jedoch auch Studien ohne die Angabe einer genauen Quelle heran und bevorzugen eine vage Formulierung.

„[...] laut **aktueller Berichte** [...]." (WeiterGen (20.04.2009) - 10 Gründe für grüne Gentechnik - Nutzen, Chancen, Risiken)

„Studien zeigen, dass [...]. Es konnte auch nachgewiesen werden, dass [...]." (Syngenta - BT-Mais)
„Untersuchungen haben außerdem gezeigt, dass [...]" (Gentechnikfreie Regionen in Deutschland (BUND/AbL) - Ökologische Risiken)

„Laut Wissenschaftlern sei extrem unwahrscheinlich, dass [...]." (Wikipedia (2010) - Grüne Gentechnik)

„Forschungen zeigen: [...]. [...], so warnen UmweltschützerInnen, [...]." (Bündnis '90 - Die Grünen-Bundestagsfraktion - Vielfalt statt Agro-Gentechnik)

„Neuere Untersuchungen könnten darauf hindeuten, dass [...]. Außerdem sei nach aktuellen Studien davon auszugehen, dass [...]." (Informationsdienst Gentechnik - Keine Gentechnik.de – Gentechnik-Mais MON 810 - das Verfahren ruht)

„Es gibt zahlreiche Publikationen, die belegen, dass [...] (siehe bspw. Brookes, G. und Barfoot, P. (2008))." (KWS (2008) - Roundup-tolerante Zuckerrüben und der Wirkstoff Glyphosat)

„Von der Industrie unabhängige Wissenschaftler bezweifeln die These von [...] zunehmend." (Informationsdienst Gentechnik - Keine Gentechnik.de (16.11.2009) – Welternährungsgipfel: Neue Broschüre erklärt entscheidende Erkenntnisse)

„[...], jedoch zeigen objektive wissenschaftliche Untersuchungen, dass [...]." (DFG (2010) – Grüne Gentechnik)

Zudem wird aber auch vonseiten der Diskursakteure anstelle des Bezugs auf Studien deren Mangel bzw. deren Qualität beanstandet:

„Belege dafür, dass die Einfuhr von Soja aus den USA seit Juni 2009 zum Erliegen gekommen ist, gibt es nicht. [...] Ihre Behauptungen halten einer Prüfung nicht stand." (AGU - Wie die Agrarindustrie versucht, die Nulltoleranz zu kippen)

„Zuverlässige Daten fehlten, obwohl [...]." (Informationsdienst Gentechnik - Keine Gentechnik.de (16.11.2009) – Welternährungsgipfel: Neue Broschüre erklärt entscheidende Erkenntnisse)

Es zählt nun also ebenfalls zu den sprachlichen Strategien der Diskursakteure, Studien heranzuziehen und anhand derer die eigene Position zu stärken oder über das mangelnde Vorhandensein von sicheren Ergebnissen zur Technikfolgenabschätzung beispielsweise die Position des Gegners zu diskreditieren. Eine rein formale Strategie scheint die Bezugnahme auf Studien zu sein, die nicht einmal genauer benannt werden. Überraschenderweise wird diese Strategie durch alle Akteursgruppen hindurch angewandt. Mit zunehmender Ungenauigkeit bei der Benennung einer Quelle sinkt natürlich deren Glaubwürdigkeit[161].

4.5.1.3 Bezugnahme auf ein Beispiel (inductio)

Wenn in die Beweisführung externe Belege wie Beispiele hinzugefügt werden und damit durch Ähnlichkeit mit dem Sachverhalt verknüpft werden, spricht man mit Ciceros Worten auch von der „Inductio" (Ueding/ Steinbrink [4]2005: 268f). Damit unterschiedet sich diese Methode von den Schlussverfahren, da sie nicht „durch ihre eigene Kraft" wirken, sondern von außen herangetragen und durch fremde Autorität gestützt werden müssen (Cic. de or. 2,173 und Cic. de inv. I,31,51 nach Ueding/ Steinbrink [4]2005: 268f.).

Das Beispiel oder auch *paradeigma* oder *exemplum* ist ein einer Äußerung „zugefügter veranschaulichender Beleg" aus einem der Realität entsprechenden oder zumindest als der Realität entsprechend geltenden Geschehen (ebd.).

„Die Beispiele sind natürliche Beweise, die vom Redner nicht mit Hilfe des Schlußverfahrens gewonnen werden, sondern ihm vorgegeben sind und mit Hilfe seiner Erfahrung und Wahrnehmungsfähigkeit gefunden werden müssen. *Inductio* nennt Cicero die Methode, eine außerhalb des eigentlichen Redegegenstandes liegende Sache als Beispiel in die Rede miteinbeziehen und mit dem Fall durch Ähnlichkeit zu verknüpfen (s. Cic. de inv. I,31,51). […]" (Ueding/ Steinbrink [4]2005: 268f)

Die Funktion des Bezugs auf ein Beispiel liegt nicht allein darin, eine Argumentation zu belegen, das Beispiel erfüllt darüber hinaus die Aufgabe, einen schwierigen oder unverständlichen Sachverhalt zu erklären bzw. anschaulicher zu gestalten (Ueding/ Steinbrink [4]2005: 268f).

Als Anzeiger für Beispiele, die sich nach Ansicht der Akteure bereits ereignet haben, dienen auf der sprachlichen Oberfläche Ortsbezeichnungen wie z. B. in Norddeutschland,

---

161 Ädel und Garretson (2008: 180) konstatieren diese Entwicklung der Nicht-Benennung einer Quelle gleichermaßen für ihr Korpus zum Präsidentschaftswahlkampf im Jahr 2004 in amerikanischen Tageszeitungen.

Sprachliche Strategien beim Kampf um Wissen 373

„Auf Rapsfeldern bleiben nach der Ernte pro Hektar im Schnitt 200 bis 300 Kilogramm Samen zurück, und **in Norddeutschland** ist ein Durchwuchs von 400 Pflanzen/Quadratmeter nicht ungewöhnlich." (BUND - Der Anbau gentechnisch veränderter Pflanzen mindert den Wert des Bodens)

in den USA,

„**Wie Beobachtungen aus dem großflächigen Anbau von Gensoja und Genbaumwolle in den USA zeigen**, entwickeln sich bei herbizidtoleranten Pflanzen durch den ausschließlichen Einsatz eines Wirkstoffes allmählich resistente Ackerkräuter, d. h. es müssen von Saison zu Saison mehr Pflanzenschutzmittel ausgebracht werden, um sie zu beseitigen." (Gentechnikfreie Regionen in Deutschland (BUND/AbL) - Versprechen der Agro-Gentechnik sind nicht haltbar)
„**In den USA**, wo die Hälfte aller weltweit angebauten gentechnisch veränderten Pflanzen wachsen, konnten Farmer keine höheren Erträge erzielen. /[...]/ Und schließlich ist auch der Hunger **in der Dritten Welt** nicht weniger geworden." (BUND - Gentechnik in der Landwirtschaft: viele Risiken – kein Nutzen)

oder die Angabe einer Zeit, zu der sich die Begebenheit zugetragen hat.

„Ein Pharma-Mais, der einen Schweineimpfstoff produziert, in Nachbarfelder einkreuzt und in Folgekulturen auftritt, Behörden, die einschreiten, Ernten, die vernichtet werden und eine Firma, die mehrere Millionen Dollar Schadensersatz zahlen muss– **dieser Fall, der sich im Jahr 2001** in den USA zugetragen hat, bietet einen Vorgeschmack darauf, was passieren kann, wenn der Anbau transgener nachwachsender Rohstoffe aus dem Ruder läuft." (Gentechnikfreie Regionen in Deutschland (BUND/AbL) - Nachwachsende Rohstoffe. Einfallstor für die Gentechnik in der Landwirtschaft)

Wie an den aufgeführten Beispielen deutlich wird, stellt die Bezugnahme auf Beispiele eine sehr wirkungsvolle sprachliche Strategie im Diskurs dar, um die eigene Position im Diskurs zu stärken, denn sie dient dazu, die Glaubwürdigkeit in Bezug auf eine getroffene Aussage zu fördern, indem der Wahrheitsgehalt durch die Bezugnahme auf bereits Wirklichkeit gewordene Technikfolgen belegt wird (vgl. Kapitel 4.4.4).

4.5.2 Diskreditierung des Gegners

Eine weitere Strategie im Diskurs um Grüne Gentechnik stellt die Diskreditierung des Gegners dar. Dies kann beispielsweise erreicht werden, indem die Glaubwürdigkeit des Gegners im Bereich Forschung herabgesetzt wird und indem einander gegenseitig abgesprochen wird, gute Forschung zu betreiben. Dies wird vor allem dadurch erzielt, dass die Ergebnisse der Studien angezweifelt werden, sprich indem die Vorgehensweise bei einer Untersuchung kritisiert wird oder dass dem Gegner vorgeworfen wird, dass er sich bei der Informationsvermittlung nicht angemessen verhält.

Strategie → Akteursgruppe ↓	Bezugnahme auf einen Akteur, der eine Studie kritisiert	Kritik an einer Studie
Gegner	**IDG-Keine-Gentechnik:** Bezugnahme auf Greenpeace und Global 2000, die die Studie der EFSA kritisieren **IDG-Keine-Gentechnik:** Bezugnahme auf Greenpeace, Greenpeace Bezugnahme auf BfN, das unzulängliches Untersuchungsdesign eines Monsanto-Berichts kritisiert	**Gentechnikfreie Regionen (BUND/AbL)** kritisiert Beurteilung der EFSA
Neutraler Akteur	**BfR:** Bezug auf Gilles-Eric-Séralini-Studie, die die Monsanto-Studie, eine 90-tägige-Fütterungsstudie mit MON 863-Mais an Ratten, kritisiert	**BfR** kritisiert die Malatesta-Studie, eine Fütterungsstudie an Mäusen
Befürworter		**KWS** kritisiert unzulängliches Untersuchungsdesign an der Roundup-toleranten-Zuckerrüben-Studie von Relyea et al. 2005 an Amphibien und der Roundup-toleranten-Zuckerrüben-Studie Richard et al. 2005 am Menschen

In diesem Unterkapitel der sprachlichen Strategien soll deutlich werden, auf welche Weise die Diskursakteure die Kritik an Studien bzw. den Bezug auf Ak-

Sprachliche Strategien beim Kampf um Wissen 375

teure, die Studien kritisieren, nutzen, um die Glaubwürdigkeit der Akteure zu schwächen, die die gegnerische Position im Diskurs um die Grüne Gentechnik vertreten. Diese Strategien werden jeweils von beiden Akteursgruppen genutzt.

4.5.2.1 Indirekte Kritik an Forschung – Bezugnahme auf einen Akteur

IDG-Keine-Gentechnik: Bezug auf Greenpeace und Global 2000, die die Studie der EFSA kritisieren

IDG-Keine-Gentechnik hebt den Aspekt hervor, dass die Daten zum Teil geheim gehalten wurden, Greenpeace hatte erwirkt, dass Teile der Daten öffentlich zugänglich wurden. Zudem zitiert IDG-Keine-Gentechnik einen Greenpeace-Bericht, demzufolge die Studie nicht seriös verlaufen sei. Es seien zum Beispiel Ergebnisse aus Untersuchungen herangezogen worden, die nicht mit MON 810-Mais durchgeführt worden waren, sondern mit anderen Maissorten.

"Die Umweltorganisationen Greenpeace und Global 2000 untersuchten die Studie der EFSA, die bescheinigen soll, dass von dem Mais keinerlei Gefahren für die Umwelt oder die Gesundheit ausgehen. Doch laut Greenpeace-Bericht ist die Studie nicht seriös verlaufen: So wurden zum Beispiel Ergebnisse aus Untersuchungen herangezogen, die nicht mit MON 810-Mais gemacht wurden, sondern mit anderen Maissorten." (Informationsdienst Gentechnik - Keine Gentechnik.de – Gentechnik-Mais MON 810 - das Verfahren ruht)

IDG-Keine-Gentechnik: Bezugnahme auf Greenpeace, Greenpeace Bezugnahme auf BfN, das unzulängliches Untersuchungsdesign eines Monsanto-Berichts kritisiert

Der IDG-Keine-Gentechnik kritisiert, dass der Mais MON 810 trotz einer – ihrer Ansicht nach – unzulänglichen Prüfung wieder verkauft werden darf.

"Im April 2007 untersagte das Bundesamt für Verbraucherschutz und Lebensmittelsicherheit (BVL) vorübergehend den Verkauf des MON 810, weil es durch den Anbau eine Gefahr für die Umwelt sah. Monsanto legte daraufhin einen neuen Plan zur Beobachtung von Umweltauswirkungen vor. Dass der Plan den Anforderungen entspricht, darf allerdings bezweifelt werden. Denn wie Greenpeace aufdeckte, kritisiert das Bundesamt für Naturschutz in einer Stellungnahme, dass der Gentech-Mais nur unzulänglich geprüft wurde. Im Plan aufgeführte Beobachtungsnetzwerke wissen gar nichts von ihrer Mitwirkung (siehe Stellungnahme Tagfalter-Monitoring). Trotzdem darf der MON 810 seitdem nun wieder vertrieben werden." (Informationsdienst Gentechnik - Keine Gentechnik.de – Gentechnik-Mais MON 810 - das Verfahren ruht)

BfR: Bezug auf Gilles-Eric-Séralini-Studie, welche die Monsanto-Studie, eine 90-tägige-Fütterungsstudie mit MON 863-Mais an Ratten, kritisiert

Zu dieser Studie äußern sich mehrere Akteure (die NGOs Gentechnikfreie Regionen (BUND/AbL) und IDG-Keine-Gentechnik, das BfR und ein Leser des Blogs „WeiterGen" in der Kommentarfunktion). Aufgrund der häufigen Bezugnahme auf diese Studie wird deutlich, wie sehr die Kontroverse um die Technikfolgenabschätzung bezüglich Grüner Gentechnik an einzelnen Studien festzumachen ist. Denn das Ringen um wissenschaftliche Beweise für die vertretene Position ist ein wesentlicher Bestandteil des Streits um die Auswirkungen der Grünen Gentechnik.

„Das BfR bestätigte, dass die Fütterungsstudie im Wesentlichen in Übereinstimmung mit der OECD Guideline for the testing of chemicals 408 (Repeated Dose 90-day Oral Toxicity Study in Rodents) durchgeführt wurde. Auch die Auswahl und Zusammensetzung der verabreichten Diäten gab keinen Anlass zur Kritik. [...] Das BfR kommt daher zu dem Ergebnis, dass die beobachteten, statistisch signifikanten Unterschiede im Vergleich zu den Kontrollen toxikologisch nicht relevant sind./ Nach Ansicht des BfR liefert die von Séralini et al. durchgeführte erneute statistische Analyse der Daten auch bei sorgfältiger Überprüfung keine neuen Belege, welche die Ergebnisse der früheren Bewertungen der 90-tägigen Ratten-Studie in Frage stellen." (BfR - 90-Tage-Studie an Ratten mit MON 863-Mais. Keine Hinweise auf gesundheitliches Risiko. Stellungnahme Nr. 009-2007 des BfR)

4.5.2.2 Direkte Kritik an Forschung

Gentechnikfreie Regionen in Deutschland (BUND/AbL) kritisiert eine Beurteilung der EFSA

Gentechnikfreie Regionen in Deutschland (BUND/AbL) bemängelt die Begründung der EFSA für eine wissenschaftliche Technikfolgenabschätzung hinsichtlich einer von der BASF entwickelten Amylopektinkartoffel.

„Als Folge gentechnischer Eingriffe kann sich auch das allergene Potential eines Lebensmittels verändern, indem beispielsweise die Proteinexpression beeinflusst wird. Hinsichtlich möglicher allergologischer Risiken der Amylopektin-Kartoffel gründet EFSA (2006) ihre Beurteilung allerdings vorwiegend auf Analogieschlüssen [sic!] statt auf Daten und Fakten: Die Kartoffel gelte nicht als Lebensmittel mit bedeutendem allergenen Potential, deshalb werde auch eine etwaige Überexpression irgendeines Kartoffelproteins die Allergenität der Kartoffel nicht wesentlich verändern." (Gentechnikfreie Regionen in Deutschland (BUND/AbL) - Anmerkungen zur beantragten EU-Zulassung der Amylopektinkartoffel Event EH92-527-1 der Firma BASF)

Sprachliche Strategien beim Kampf um Wissen 377

BfR kritisiert die Malatesta-Studie, eine Fütterungsstudie an Mäusen

Das Bundesinstitut für Risikobewertung bezweifelt die Glaubwürdigkeit einer wissenschaftlichen Studie, welche negative Auswirkungen von GV Sojabohnen an der Leberfunktion konstatiert.

„Beeinflussen genetisch veränderte Sojabohnen die Leberfunktion?/ Stellungnahme des BfR vom 4. August 2004 zu einer Studie von Malatesta und Mitarbeitern/ In ihrer Juli-Ausgabe kommentiert die Zeitschrift „Food & Hygiene" eine Veröffentlichung von Malatesta und Mitarbeitern im Journal „Cell Structure and Function" mit den Worten „Wissenschaftler der Universität Urbino, Italien, haben den Nachweis erbracht, dass Gen-Soja die Leberstruktur von Mäusen verändert"./ Die Wissenschaftler selbst werten die aufgetretenen Effekte nicht als Hinweis auf eine Leberschädigung, sondern lediglich auf eine erhöhte Stoffwechsel-Aktivität dieses Organs, deren Mechanismus für die Autoren unklar bleibt./ Das BfR hat die Veröffentlichung kritisch geprüft und kommt zu folgender Einschätzung: Die Studie von Malatesta und Mitarbeitern weist methodische Mängel auf, die ihre Aussagekraft im Hinblick auf die Sicherheitsbewertung deutlich einschränken. Hinweise auf eine Veränderung der Leberfunktion durch genetisch veränderte Pflanzen können aus den Ergebnissen nicht abgeleitet werden." (BfR - Beeinflussen genetisch veränderte Sojabohnen die Leberfunktion? - Stellungnahme des BfR vom 4. August 2004 zu einer Studie von Malatesta und Mitarbeitern)

KWS kritisiert unzulängliches Untersuchungsdesign an der Roundup-toleranten-Zuckerrüben-Studie von Relyea et al. 2005 an Amphibien und der Roundup-toleranten-Zuckerrüben-Studie Richard et al. 2005 am Menschen

Die KWS übt Kritik an der Glaubwürdigkeit zweier wissenschaftlicher Studien, die Grüner Gentechnik in der einen Studie eine schädigende Wirkung auf Amphibien und in der anderen Studie auf den Menschen zuschreibt.

„Zwei Studien (Relyea 2005 zur angeblich schädigenden Wirkung auf Amphibien sowie Richard et al. 2005 zur schädigenden Wirkung auf den Menschen) sind beide einzelne reine Laborstudien, die Roundup in weiten Teilen völlig unsachgemäß und entgegen der Zulassung anwendeten (7-fache Überdosierung, nicht zugelassene Anwendungen bzw. andere Produktgruppen, Untersuchung in Wassertanks und somit auf künstlichen Wasseroberflächen respektive auf bereits krebsentartete Zellen in Petrischalen). Beiden Studien konnten erhebliche Mängel im Studiendesign nachgewiesen werden." (KWS (2008) - Roundup-tolerante Zuckerrüben und der Wirkstoff Glyphosat)

4.5.2.3 Kritik üben am Verhalten des Gegners

Eine weitere sprachliche Strategie, die Diskreditierung des Gegners fortzusetzen, stellt neben der Kritik an Studien die Kritik am Verhalten oder am Kommunikationsverhalten des Gegners dar.

Missachtung von Forschungsergebnissen

Greenpeace wirft hier der EFSA und dem deutschen Robert-Koch-Institut bewusste Missachtung von Forschungsergebnissen vor (es handelt sich hierbei vermutlich um die umstrittene Studie von Gilles-Eric Séralini).

„Die acht Jahre, in denen gentechnisch veränderte Organismen gewerbsmäßig freigesetzt werden, haben gezeigt, dass das Genehmigungsverfahren von Gen-Pflanzen nicht wirksam genug ist, um die Sicherheit von gentechnisch veränderten Organismen und Gen-Produkten zu gewährleisten. Dies belegt die aktuelle Kontroverse um den Mais MON 863. Dieser Gen-Mais der Firma Monsanto hatte bei Fütterungsversuchen an Ratten schwere Schäden verursacht. Unter anderem veränderte sich das Blutbild der Nager und es kam zu Nierenschäden. **Dennoch haben sich die europäische Zulassungsbehörde EFSA (European Food Safety Authority) und das deutsche Robert Koch Institut für eine Marktzulassung ausgesprochen."** (Greenpeace (2005) - Gute Gründe gegen Gentechnik...)

Fehlverhalten bei der Informationsvermittlung

Georg Hoffmann, Blogleser von „Kritisch gedacht", wirft den Grünen vor, sich hinter der Wissenschaft zu verstecken. Er greift die Glaubwürdigkeit der Grünen dadurch an, dass er ihnen zuschreibt, sich nur dann auf wissenschaftliche Daten zu beziehen, wenn diese genau zu deren Überzeugung passen.

„Georg Hoffmann· 18.03.10 01:06 Uhr / Lustig finde ich auch, dass dieselben Grünen in meinem Gebiet (Klimaforschung) bei jeder Gelegenheit den Konsensus der Wissenschaft beschwören, um ihre politischen Forderungen zu begründen (Energiesparen, alternative Energien etc) und dann bei der Gentechnik "scheissegal, wir sind trotzdem dagegen" zu skandieren./ Meines Erachtens kann man den Konsens in Klimafragen ackzeptieren und trotzdem meinen, dass andere Dinge in dieser Welt wichtiger sind als Klima. Man kann auch den Konsens in Sachen Gentechnik ackzeptieren und trotzdem dagegen sein (da man die Restrisiken zu gross einschätzt oder weil man ein bestimmtes Ideal der Nahrungsaufnahme hat). Aus der Wissenschaft folgt nie, was man machen soll. **Die Grünen verstecken sich hinter der Wissenschaft, um je nach Fall ihre politischen Ideale zu verstecken.** So wird das nichts." (Kommentare zu Kritisch gedacht (15.03.2010) - Gentechnik: "Dialog" mit den Grünen)

Sprachliche Strategien beim Kampf um Wissen 379

Die Kritik am Verhalten bzw. am Kommunikationsverhalten der gegnerischen Diskursakteure kann wie bei einem Streit zwischen Einzelpersonen dazu verhelfen, den Gegner in seiner Position zu schwächen und ihn aufgrund seines Fehlverhaltens generell als nicht vertrauenswürdig erscheinen zu lassen.

4.5.2.4 Zuschreibung von Einstellungen

Eine weitere sprachliche Vorgehensweise, den Gegner in Misskredit zu bringen, ergibt sich durch die Möglichkeit, dem gegnerischen Diskursakteur bestimmte Haltungen bzw. Einstellungen zuzuschreiben, um damit dessen Reputation zu minimieren. Im vorliegenden Korpus finden sich dafür vor allem in Kapitel 4.4.4 zahlreiche Beispiele. Hier werden lediglich exemplarisch zwei Beispiele dafür aufgezeigt.

„Wenn transgene Sorten erstmals großflächig Einzug auf deutsche Äcker halten sollten, **so das Kalkül der Gentechnik-Konzerne**, dann vermutlich nicht als Lebens- oder Futtermittel, sondern am ehesten als nachwachsende Rohstoffe." (Gentechnikfreie Regionen in Deutschland (BUND/AbL) - Nachwachsende Rohstoffe. Einfallstor für die Gentechnik in der Landwirtschaft)

„**Ginge es nach dem Willen der Gentechnik-Industrie**, wären Gen-Pflanzen auf dem Acker und im Essen längst die Regel." (Greenpeace - Gentechnik)

4.5.3 Adressatenorientierung

4.5.3.1 Herstellung von Gruppenzugehörigkeit

Die Verwendung der verschiedenen Pronomina spielt im Sprachgebrauch der Debatte über Grüne Gentechnik eine interessante Rolle. Es konnten drei verschiedene musterhafte Anwendungen von Pronomina unterschieden werden.
  Anhand des unterschiedlichen Gebrauchs von Personalpronomina wird deutlich, dass der durchdachte Gebrauch sehr unterschiedliche Wirkungen auf den Rezipienten erzielen kann. Zudem wird an dieser Stelle ersichtlich, wie ergiebig ein solches Untersuchungsfeld, das sich nur geringfügig mit dem Forschungsinteresse der vorliegenden Arbeit überschneidet, sein kann.

Der Bereich der Corporate-Identity-Forschung floriert seit geraumer Zeit; was aber die linguistische Beschäftigung mit Corporate Identity anbelangt, so besteht hier noch erheblicher Forschungsbedarf.[162]

Im Bereich Unternehmensforschung sind für die linguistische Herangehensweise vor allem die beiden Bereiche Corporate Identity und Corporate Wording interessant. Corporate Identity wird hier mit Bezug auf Birkigt et al. (^{11}2002: 18) verstanden als eine

„strategisch geplante und operativ eingesetzte Selbstdarstellung und Verhaltensweise eines Unternehmens nach innen und außen auf Basis einer festgelegten Unternehmensphilosophie, einer langfristigen Unternehmenszielsetzung und eines definierten (Soll-)Images – mit dem Willen, alle Handlungsinstrumente des Unternehmens in einheitlichem Rahmen nach innen und außen zur Darstellung zu bringen." (Birkigt et al. ^{11}2002: 18)

Sie setzt sich aus den Unterpunkten „Unternehmensverhalten (Corporate Behaviour), Unternehmenskommunikation (Corporate Communication), Unternehmenserscheinung (Corporate Design)" (Burel 2011: 5) zusammen.

Corporate Wording bezeichnet einen homogenen sprachlichen Code, der das Unternehmen einzigartig und von anderen unterscheidbar macht (Förster 1994).

Burel stellt fest, dass Identitätstexte von Unternehmen typischerweise

„meist in der 1. Person Plural (*wir*) in paralleler Anordnung gehalten [sind] und zeigen oft Wortfelder der Konzeptattribute 'Partnerschaft', 'Gruppe/Familie', 'Leistung', 'Erfolg', (*das beste Team in der Industrie*) oder 'Zeit' (*Tradition, Zukunft, nachhaltig*) sowie Adjektive als Wertmarker im Komparativ (*erfolgreicher*) oder Superlativ (*die besten*)." (Burel in Vorb.)

---

[162] Zur bestehenden linguistischen Forschung im Bereich Unternehmenskommunikation siehe beispielsweise: Sauer, Nicole (2002): *Corporate Identity in Texten. Normen für schriftliche Unternehmenskommunikation*. Berlin: Logos-Verlag; Förster, Hans-Peter; Rost, Gerhard; Thiermeyer, Michael (^{2}2009): *Corporate Wording: Die Erfolgsfaktoren für professionelle Kommunikation*. Frankfurt a. M.: Frankfurter Allgemeine Buch; Bungarten, Theo (1993): *Unternehmensidentität, Corporate Identity: Betriebswirtschaftliche und kommunikationswissenschaftliche Theorie und Praxis*. Tostedt: Attikon und Hundt, Markus (2011): „Wie wir die Dinge benennen, so begegnen wir ihnen: Naming-Prozesse im Kontext der HR-Markenarbeit." In: Esser, Marco; Schelenz, Bernhard (Hrsg.)(2011): *Erfolgsfaktor HR Brand. Den Personalbereich und seine Leistungen als Marke managen*. Erlangen: Publicis, S. 165-174 und Vogel, Kathrin (2012): *Corporate Style: Stil und Identität in der Unternehmenskommunikation*. Wiesbaden: VS Verlag für Sozialwissenschaften.

Dies kann im vorliegenden Diskurs für einige der Texte zur Grünen Gentechnik von Unternehmen bestätigt werden, selbst wenn es sich nicht um Identitätstexte handelt. Zudem wird auch in einem vorliegenden Unternehmenstext der KWS, wie Burel erwähnt, auf ein Wortfeld mit den Konzeptattribut ‚Gruppe/ Familie' Bezug genommen.

Im Folgenden wird also vor allem auf den akteursspezifischen Gebrauch des Pronomens der 1. Person Plural, des inklusiven „wir" eingegangen.

4.5.3.2 Inklusives „wir"

In diesem Kapitel wird insbesondere die akteursspezifische Verwendung des Pronomens „wir" betrachtet. Über dessen Gebrauch wird vermutlich der Versuch unternommen, Gruppenzugehörigkeit herzustellen. Burel kann in ihrer Untersuchung der Identitätstexte von DAX-30-Unternehmen ebenfalls feststellen, dass der Gebrauch des Plural-wir sowie des Possessivpronomens „unser/e" in identitätsstiftenden Unternehmenstexten gehäuft ist. Dass dadurch der Eindruck einer kollektiven Identität angestrebt wird, kann sie beispielsweise an der expliziten Nennung von „wir, die BASF-Mitarbeiter" (Burel in Vorb.) nachweisen.

Durch die stete Verwendung „wir bei Bayer CropScience" wird allerdings eine Abgrenzung vom Verbraucher bzw. Rezipient, vor allem aber auch vom Konkurrenten, erzielt.

„BioScience ist eines der führenden Unternehmen in der Entwicklung von Hybrid-Reis. Unser Hybrid-Reis kombiniert hervorragende Erträge mit einer höheren Saatgutqualität, einem ausgezeichneten Geschmack und sehr guten Kocheigenschaften. **Wir** bei Bayer CropScience haben ein großes Know-how in der Züchtung und der Erzeugung von Hybrid-Reis aufgebaut. Wir verfügen über hoch effiziente Züchtungsprogramme in aller Welt und erstklassiges Saatgut." (Bayer CropScience - Arize® Reis-Saatgut)

Syngenta setzt durch einen Wechsel von der Namensbezeichnung zum Pronomen der 1. Person Singular eine Abgrenzung vom Verbraucher und zudem eine Zusammengehörigkeit im Unternehmen um.

„**Syngenta** ist sich bewusst, dass die Landwirtschaft eine wichtige Rolle bei der Erhaltung der Biodiversität spielt. **Wir** führen daher verschiedene Projekte durch, um zu erforschen, welche Ressourcen notwendig sind, um hochwertige Kulturpflanzen und eine nachhaltige Umwelt für Mensch und Natur sicherzustellen." (Syngenta - Was denkt Syngenta über... Biodiversität)

Durch die Verwendung desselben Pronomens in Kombination mit dem Pronomen „alle" erreicht das Unternehmen Syngenta hingegen jedoch den Einbezug der Öffentlichkeit.

„Die Agrarpolitik und entsprechende Regulierungen müssen die Entwicklung und Verbreitung von Technologien unterstützen, die die Welt benötigt, um sich nachhaltig zu ernähren. Damit die Landwirte diese Technologien auch einsetzen können, ist eine möglichst breit aufgestellte Zusammenarbeit erforderlich, die Regierungen, internationale Organisationen, Stiftungen, Unternehmen und ländliche Gemeinschaften umfasst./ **Wir alle** sind in der heutigen globalen Welt miteinander vernetzt. **Wir alle** tragen die Verantwortung für den Erhalt unseres Planeten." (Syngenta - Optionen für Landwirte)

Auch anhand der Verwendung des Pronomens „wir" im Dativ („uns") beziehen Syngenta und BASF die Verbraucher mit ein.

„Gemeinsame Verantwortung für unseren Planeten/[...]./ In der westlichen Welt trifft die Modernisierung der Landwirtschaft jedoch nicht nur auf Zustimmung. Widerstand wird laut gegen die Verwendung von verbessertem Saatgut und von Pflanzenschutzmitteln. Es wird **uns** nicht gelingen, ohne den Einsatz technologischer Mittel die Bevölkerung dieser Welt zu ernähren und das Wohl unseres Planeten zu sichern." (Syngenta - Optionen für Landwirte)

„Die Gentechnik hilft **uns**, Pflanzen mit besonderen Eigenschaften auszustatten, die **wir** mit herkömmlicher Züchtung kaum erzielen könnten. Solche Eigenschaften sind zum Beispiel verbesserte Inhaltsstoffe wie ungesättigte Fettsäuren sowie Trocken-, Salz- oder Kälteresistenz." (BASF - Biotechnologie bei BASF. Warum Biotechnologie, Herr Marcinowski?)

Durch die Verbindung des Pronomens der 1. Person Plural „wir" und der Höflichkeitsanrede an eine Person mit „Sie" anhand des finalen Konnektors *damit* wird ein Zusammengehörigkeitsgefühl zwischen Fraktion und Wähler evoziert.

„Deshalb haben **wir uns** bei der Novelle des Gentechnikgesetzes für den Schutz der gentechnikfreien Landwirtschaft und Lebensmittelproduktion eingesetzt. **Wir** haben auch erreicht, dass eine bessere Kennzeichnung Transparenz schafft, *damit* **Sie** die Wahl haben." (SPD-Bundestagsfraktion (März 2008) – Wahlfreiheit und Transparenz)

Eine andere Wirkung wird erzielt, wenn Unternehmen wie KWS oder Bayer CropScience den Firmennamen und das Pronomen in der 3. Person Singular verwenden, um damit auf sich selbst zu verweisen. Diese Kombination dient vor

Sprachliche Strategien beim Kampf um Wissen

allem der Etablierung des Namens und der Verknüpfung des Namens mit den gewählten und thematisierten Inhalten.

„KWS respektiert und unterstützt diese strengen Standards, weicht nicht aus und stellt sich damit auch der gesellschaftlichen Diskussion im offenen Dialog. **Sie** steht **als familiengeprägtes Unternehmen** weiterhin für sorgsamen Umgang mit dieser neuen Technologie und will so eine nachhaltige Landwirtschaft fördern - in einer unternehmerischen Balance zwischen Ökonomie, Ökologie und gesellschaftlicher Verantwortung." (KWS - KWS Freilandversuche 2010 mit gentechnisch veränderten Zuckerrüben)

„Im Rahmen eines nachhaltigen Pflanzenbaus will **Bayer CropScience** den gezielten Einsatz von Pflanzenschutzmitteln mit allen technologischen Möglichkeiten verbessern und somit die Voraussetzung für ein erfolgreiches Ressourcenmanagement schaffen - zum Wohl der Umwelt und der Gesellschaft." (Bayer CropScience - Landwirtschaft der Zukunft)

Auf die Textsorte des Ratgebers ist sicherlich die direkte Anrede des Verbrauchers anhand des pronominalen „Sie" und des Possessivpronomens „Ihr" zurückzuführen.

„**Ihr** Einkauf hat aber einen Einfluss auf die „Gesundheit" unserer Umwelt. Je nachdem, welche Produkte **Sie** kaufen, fördern oder verringern **Sie** indirekt den Anbau von Gen-Pflanzen. Wenn **Sie** Marken bevorzugen, bei deren Herstellung keine Gen-Pflanzen im Kuhfutter eingesetzt werden, tragen **Sie** mit dazu bei, dass **Ihrem** Kind eine intakte Umwelt hinterlassen wird." (Greenpeace (2010) - Milch für Kinder. Einkaufsratgeber für den Genuss ohne Gentechnik (Auszug))

Wie bereits in Kapitel 4.1 angesprochen zählt zum Sprachgebrauch von Blogs ebenfalls die Funktion der „Ironisierung und Schaffung kritischer Distanz zum täglichen Medienmüll usw." (Busse: 2005: 40f), welche Busse in Hinblick auf Jugendsprache feststellt.

Die Verwendung von Ironie in diesem ersten Beleg ist ein Hinweis für den Versuch, Gruppenzugehörigkeit herzustellen.

„In Schweden ist man auf vergleichbarem Weg schon einen Schritt weiter. Dort wird über die Kennzeichnung von "klimafreundlichen" Nahrungsmitteln nachgedacht. Produzenten, die ihren Ausstoß an Treibhausgasen senken - irgendwo zwischen 5 und 80 Prozent - dürften sich demnach mit einem gesonderten Klima-Logo schmücken. *Das wäre doch bestimmt auch was für Frau Aigner, oder?*" (Mahlzeit (11.08.2009) - Scheinheilige Logos)

In diesem zweiten Beleg geschieht dies über die Positionierung anhand kritischer Distanz.

„Wer bisher der grünen Gentechnik aus dem Weg gehen will, der greift zu Bio-Produkten. Auf ein einheitliches Bio-Siegel und europaweite Anbau-Kriterien haben sich die Produzenten nach langem Streit vor Jahren endlich einigen können. Mit dem neuen Logo wird dieser Standard aufgeweicht. Es wird eine Art "kleines Bio-Siegel" geschaffen, *mit dem sich konventionelle Hersteller ein grünes Mäntelchen umhängen können*." (Mahlzeit (11.08.2009) - Scheinheilige Logos)

Dieses dritte Beispiel des blogspezifischen Sprachgebrauchs belegt den dort vorzufindenden Sarkasmus.

„Flash· 20.04.09 · 12:32 Uhr / Ja, das hört sich alles schon sehr gut an. Es ist denkbar, daß Bt-Mais nicht diese Risiken aufweist, die ihm die Ökofuzzis unterstellen. Man muß aber ein bißchen weiter schauen. Dieser Mais ist ja nicht das Ende der Fahnenstange, sondern erst der Anfang. [...] Dennoch bin ich überzeugt, der Mensch wird sich davon nicht aufhalten lassen - er wird immer alles Machbare auch machen, egal, wo. Dieses Genmaisverbot ist da nur eine marginale Bremse. Und schließlich und endlich: in einer Demokratie sollte sich die Politik so oder so an den Wünschen der Bevölkerungsmehrheit orientieren. Und da gibts keine Akzeptanz für Genmais. *Es steht Monsanto ja frei, den Anbau in afrikanische Mangelgebiete zu verlegen - dort ist wohl kaum mit Gegenwehr zu rechnen*." (Kommentare zu WeiterGen (20.04.2009) - 10 Gründe für grüne Gentechnik - Nutzen, Chancen, Risiken)

4.5.3.3 Herstellung von Volksnähe: fachexterner Sprachgebrauch

Die Herstellung von Volksnähe durch Allgemeinverständlichkeit sowie durch Poetik und Bildhaftigkeit der Sprache zählt ebenfalls zu den sprachlichen Strategien, anhand derer Gruppenzugehörigkeit geschaffen werden kann. In Kapitel 4.1.2. („Fachlichkeitsgrad") konnte diese bereits für die NGOs BUND, Gentechnikfreie Regionen in Deutschland (BUND/ AbL) und Greenpeace sowie für die Bundestagsfraktion Bündnis '90/ Die Grünen festgestellt werden und soll deshalb an dieser Stelle nicht erneut aufgeführt werden.

4.5.4 Versuch der Faktizitätsherstellung bzw. des Ansprucherhebens auf Gültigkeit

Für den Ausdruck „Fak¦ti¦zi¦tät" (von lateinisch factum: Tatsache) lassen sich die Bedeutungen „Wirklichkeit; Tatsächlichkeit, Gegebenheit" (Duden [7]2001: 301) ermitteln. Hermann Helbig ([2]2008: 413) führt den Ausdruck als Bezugnahme auf den Wahrheitsgehalt von Sachverhalten (reale Welt bzw. hypothetische Welten) ein.

„In der natürlichen Sprache kann sowohl explizit als auch implizit Bezug auf die Wahrheit von Sachverhalten oder die Existenz von Objekten und damit auf die extensionale Deutung von Begriffen und Sachverhalten im philosophischen Sinn genommen werden. Weil damit der Inhalt eines Satzes direkte Bezugnahmen auf die reale Welt bzw. auf die hypothetische Welt enthält, muß dieser Bezug auch in der Wissensrepräsentation selbst (und zwar auf präextensionaler Ebene) berücksichtigt werden. Zu diesem Zweck führen wir ein weiteres Merkmal: die Faktizität (Abkürzung: FACT) ein." (Helbig 2008: 413)

Einen Unterpunkt, den er für diese Bezugnahme wählt, nennt er Wahrheitsgehalt (Helbig ²2008: 413). Dieser korrespondiert mit meiner Definition von Faktizität, bei der es um die Sprechereinstellung bezüglich des Wahrheitsgehalts des geäußerten Sachverhalts geht.

In dieser Kategorie befasst man sich demnach mit der von Felder (2006c: 168) geäußerten Frage „Mit welcher Sicherheit ist bei der Realisierung von Vermutungen zu rechnen?". Denn der Wahrheitsgehalt liefert „Informationen über das Zutreffen oder Nicht-Zutreffen beliebiger Sachverhalte" (Helbig 2008: 414). Darüber hinaus werden mit dem Merkmal der Faktizität aber auch Angaben vermittelt, die den Wahrheitsgehalt als „hypothetisch, als gedacht oder nur von jemand behauptet dargestellt [...]" (ebd.: 413) einstufen. Der Faktizität untergeordnet ist der Absolutheitsanspruch, der sich mit dem Wahrheitsgehalt überschneidet. Denn bei dem Absolutheitsanspruch geht es darum, eine Aussagemodifizierung zu treffen, insofern als eine Einschätzung bzw. ein Anspruch an den Wahrheitsgehalt der Äußerung formuliert wird. Um an diese Aussagemodifizierung zu gelangen, müssen sowohl Proposition (Satzinhalt) als auch Illokution (Sprechhandlung) sowie die Sprechereinstellung eruiert werden (Felder 2006c: 168).

Eine weitere Möglichkeit, Faktizitätsherstellung nachvollziehbar zu machen, stellt der Nachvollzug der grammatischen Kategorie Modalität dar. Im Folgenden wird Modalität anhand von Wilhelm Köller erläutert; die hier vertretene Auffassung schließt an dessen Modell an.

Die ontologische Kategorie Modalität stellt eine Kategorie dar, anhand derer Philosophen Aussagen über die Art und Weise, in der Sachverhalte bestehen, treffen und diese voneinander abgrenzen können. Anhand der Unterkategorien „Wirklichkeit", „Möglichkeit" oder „Notwendigkeit" werden Sachverhalte hinsichtlich ihrer „charakteristische[n] Existenzweise" eingestuft (Köller 1997: 123). Daraus ergibt sich, dass die Sprachverwendung allein nichts über die „faktische Existenzweise" eines Sachverhalts aussagt, sondern ausschließlich über die „Wahrnehmungsweise" des Sprechers in Bezug auf einen Sachverhalt (ebd.). Die kognitive Herangehensweise rückt die Denkperspektive bzw. den Wahrheitsanspruch, mit dem ein Sachverhalt sprachlich objektiviert wird, in den Vordergrund (Köller 1995: 39).

Im kommunikativen Ansatz gewinnt Modalität an Bedeutung bei der Markierung von Mitteilungsinhalten aus Sicht des Sprechers (ebd.). Anhand der kommunikativen Kategorie Modalität lassen sich Informationseinheiten eines Sprechers in ihrer Gültigkeit einstufen (Köller 1995: 39; Dietrich 1992: 23; Bußmann ³2002: 438).

Ausgelöst durch eine neue Sichtweise Kants in der Erkenntnistheorie entwickelt Wilhelm Köller zwei Funktionstypen von Modalität (Köller 1995: 39). Er unterteilt die grammatische Kategorie Modalität in sachverhaltsbezogene und kommunikationsbezogene Modalität. Er stellt das Begriffspaar Modifikation und Modalisierung[163] auf, um zu verdeutlichen, dass mit dieser begrifflichen Gegenüberstellung nicht unterschiedliche Arten von Modalität gemeint sind, sondern dass es sich um unterschiedliche „Akzentsetzungen bei der modalen Spezifikation von Basisaussagen" handelt (ebd.: 42). Als sachverhaltsbezogene Modalität/ Modifikation werden nach Köller Äußerungen bezeichnet, die „die Gültigkeit von Informationsinhalten einstufen", der Ausdruck kommunikationsbezogene Modalität/ Modalisierung wird verwandt, wenn ein Sprecher „die Gültigkeit eines Mitteilungsinhaltes metakommunikativ aus seiner eigenen Wahrnehmung" beurteilt. Das Begriffspaar Modifikation und Modalisierung repräsentiert die extremen Positionen Subjektorientierung und Objektorientierung im „Spannungsfeld" Modalität (ebd.). Köller sieht das sprachliche Phänomen Modalität „als eine apriorische Grundstruktur jeder natürlichen Sprache" an (ebd.).

Modalität spielt bei der Analyse von Kommunikationsprozessen dahingehend eine große Rolle, dass anhand grammatischer Formen und durch die Einstufung einer sprachlichen Handlung in Modifikation und Modalisierung eine Aussage darüber getroffen werden kann, ob der Sprecher eine Mitteilung über einen Sachverhalt macht oder eine metakommunikative Aussage trifft. Die metakommunikative Äußerung kann neben der Informationsfunktion „Ich (der Emittent) informiere dich (den Rezipienten) über einen Sachverhalt X (Textinhalt)." Folgendes betreffen:

---

163 Wilhelm Köller verwendet zunächst die Dichotomie „Modifikation" und „Modalisation" (Köller 1995). Später unterscheidet er hingegen zwischen „Modifikation" und „Modalisierung" (Köller 1997), vermutlich um die Prozesshaftigkeit des Vorgangs zu betonen. In der vorliegenden Arbeit wird ausschließlich das Begriffspaar „Modifikation" und „Modalisierung" verwendet.

Sprachliche Strategien beim Kampf um Wissen 387

„Einstellungen, die sich auf den Sicherheitsgrad, den Wahrscheinlichkeitswert des Wissens beziehen, das der Emittent von der Wahrheit des Textinhalts besitzt (bzw. zu besitzen vorgibt)." (Brinker ^{6}2005: 113)

Der Emittent könne dadurch den thematisierten Sachverhalt als „tatsächlich", als „mehr oder weniger wahrscheinlich" oder als „nicht gegeben" darstellen. Außerdem besteht vonseiten des Emittenten die Möglichkeit, die Gewissheit seines Wissens einzuschränken (Brinker ^{6}2005: 113f). Eine Rolle bei diesem Vorgang spielt die Angabe von Quellen sowie die Verwendung von sprachlichen Erscheinungsformen von Modalität. Aufgeführt werden darunter z. B. die Modusformen bei der Redewiedergabe (*Indikativ, Konjunktiv I und II*) (vgl. Kapitel 4.5.1.1), assertive Modalpartikeln, modal abschwächende Modalpartikeln, negative Satzadverbialia (Modalpartikeln, Modaladverbien und Negationspartikeln), Modaladjektive und Distanzmarker (vgl. folgendes Kapitel 4.5.4.1).

An den folgenden Textbelegen des Diskurses um die Grüne Gentechnik soll deutlich werden, wie durch den Einfluss der grammatischen Kategorie Modalität Einstellungsbekundungen der Diskursakteure herausgearbeitet werden können.

4.5.4.1 Absolutheitsanspruch

Die Abgrenzung von Adverbien/ Modalpartikeln und Geltungs-Adverbien und Modalwörtern ist umstritten (Eisenberg 1999: 227).

Diese Arbeit schließt sich der sehr differenzierten Darstellung Ballwegs (2007) von „Modalpartikeln" und der ihnen entgegenstehenden „Negativen Satzadverbialia" an. Er ordnet Modalpartikeln in ihrer snytaktischen Funktion als Satzadverbialia ein, ihre semantische Bezugnahme zieht sich jedoch über den gesamten Satz (Ballweg 2007: 547). Er schreibt Satzadverbialia zu, dass sie unter semantischen Aspekten durch logische Schlussweisen charakterisiert sind (ebd.: 548). Bei den Modalpartikeln unterscheidet er zwischen assertiven Modalpartikeln (die durch den Schluss *Der Satz S' folgt aus dem Satz S* gekennzeichnet sind), den modal abschwächenden Satzadverbialia, (denen der Schluss *Weder folgt Satz S' noch der Satz nicht (S') aus S* zugeordnet werden kann) und den negativen Satzadverbialia (die sich durch den Schluss *Der Satz nicht (S') folgt aus dem Satz S* auszeichnen) (ebd.).

Assertive Modalpartikeln

Rein Assertive Modalpartikeln

Mit rein assertiven Modalpartikeln kann der Sprecher den Wahrheitsanspruch einer Äußerung erhöhen (Ballweg 2007: 549).

tatsächlich (rein assertive Modalpartikeln)

„Es wird befürchtet, dass die Verbreitung der Gentechnik in der Landwirtschaft zu einer weltweiten Dominanz weniger Saatguthersteller führen könnte. **Tatsächlich** ist die Tendenz zur Unternehmenskonzentration auch im Saatgutmarkt – wie in vielen Wirtschaftsbereichen – deutlich erkennbar. Hier ist es die Aufgabe der jeweiligen Kartellbehörden zu entscheiden, ob dies eine Marktbeeinträchtigung und damit für die heimischen Landwirte eine Bedrohung darstellt." (BVL (^{3}2010) - Die Grüne Gentechnik. Ein Überblick)

„**Tatsächlich** sind heute viele Sorten, die in der Landwirtschaft angebaut werden, mit Hilfe biotechnologischer Verfahren gezüchtet worden." (DFG (2010) – Grüne Gentechnik)

wirklich (rein assertive Modalpartikeln)

„In jedem Falle kann der Verbraucher nur bei Herstellung der Wahlfreiheit auf der Angebots- wie der Nachfrageseite ohne Bevormundung **wirklich** durch sein Kaufverhalten über die Marktanteile der einzelnen Produkte und ihrer Herstellungsverfahren entscheiden." (BLL - Grundsatzposition der deutschen Lebensmittelwirtschaft zur Grünen Gentechnik)

„Zugunsten einer **wirklich** nachhaltigen Landwirtschaft sollte den Landwirten eine angemessene Auswahl an Schädlingsbekämpfungsmethoden zur Verfügung stehen." (Syngenta - Antworten zu Pflanzenschutzmitteln und Biotechnologie in der Landwirtschaft)

Bewertend-assertive Modalpartikeln

Der wahrheitsfunktionale Gehalt der Assertivität wird bei den bewertend-assertiven Modalpartikeln um eine Bewertung des Sachverhalts durch die Äußerungsinstanz erweitert (Ballweg 2007: 549).

leider

„Außerdem sind die Preise, die für ökologisch erzeugte Baumwolle bezahlt werden sind [sic!], höher und verlässlich. Das Projekt von transfair in Burkina Faso arbeitet beispielsweise nach diesen Prinzipien. Das groß angelegte und vom Otto-Versand geförderte Projekt Cotton made in Afrika ist dagegen vielleicht gut gemeint, aber **leider** schlecht gemacht. Bei diesem Projekt wird zwar auf gewisse soziale und ökologische Mindeststandards geachtet, die Baumwolle ist aber weder fair gehandelt noch biologisch angebaut. Der Konzern verschenkt so seine riesige Marktmacht. Da sind eher hausbackene Textilunternehmen wie C&A schon fortschrittlicher: Dort wird für Bio-Cotton-Produkte konsequent zertifizierte Biobaumwolle eingekauft." (Informationsdienst Gentechnik - Keine Gentechnik.de – Gentechnik-Baumwolle)

Sprachliche Strategien beim Kampf um Wissen 389

glücklicherweise

„Zwar hat sich die Anbaufläche für Genmais seit dem letzten Jahr verdreifacht, nach wie vor ist aber **glücklicherweise** der meiste Mais, der angebaut wird, nicht gentechnisch verändert. Und immer mehr Landwirtinnen und Landwirte in Deutschland und Europa tun sich zusammen und rufen Gentechnikfreie Regionen aus." (Gendreck-weg.de - .... keimt vielerorts! Auch bei Ihnen vor der Tür)

allerdings

Die Besonderheit von „allerdings" liegt in der Fähigkeit, einen Bewertungswiderspruch zu einem vorherig geäußerten Wissen zu evozieren (Bührig 2007: 533). Während im Gebrauch von „allerdings" generell gelten mag, dass

„[a]nders als im Fall einer offen ausgeübten Kritik seitens des Autorenteams [...] dieses Vorgehen die Eckpunkte einer kritischen Bewertungsoperation [liefert], deren Vollzug nicht vorweggenommen, sondern dem Leser überlassen wird [...]" (Bührig 2007: 533),

wird im vorliegenden Textbeleg deutlich, dass eine offen ausgeübte Kritik in der nachfolgenden Proposition geäußert wird.

„Monsanto legte daraufhin einen neuen Plan zur Beobachtung von Umweltauswirkungen vor. Dass der Plan den Anforderungen entspricht, darf **allerdings** bezweifelt werden. Denn wie Greenpeace aufdeckte, kritisiert das Bundesamt für Naturschutz in einer Stellungnahme, dass der Gentech-Mais nur unzulänglich geprüft wurde." (Informationsdienst Gentechnik - Keine Gentechnik.de – Gentechnik-Mais MON 810 - das Verfahren ruht)

Evidenzbetonende assertive Modalpartikeln

Die evidenzbetonenden assertiven Modalpartikeln dienen dazu, die Evidenz einer Aussage „durch Anknüpfung an gemeinsames oder als gemeinsam unterstelltes Wissen, Ziele oder Normensystem" (Ballweg 2007: 550) zu verstärken.

bekanntlich

„Baumwolle ist **bekanntlich** sehr schwierig anzubauen und benötigt normalerweise mehrere Spritzungen pro Saison, um Schädlinge zu bekämpfen, welche die Baumwollkapseln zerstören. Bt-Baumwolle produziert ihr eigenes natürliches Insektizid, wodurch Pflanzenschutzbehandlungen deutlich reduziert werden können." (Syngenta - Antworten zu Pflanzenschutzmitteln und Biotechnologie in der Landwirtschaft)

offensichtlich

„Eine konsequente Ablehnung aller, insbesondere der gentechnischen Anwendungen der modernen Biotechnologie findet heute kaum noch Unterstützung. Dafür sind die Vorteile gerade im medizinischen Sektor zu **offensichtlich**." (Rüdiger Marquardt (BMBF) - Biotechnologie Basis für Innovationen (Auszug))

„Die historische Entwicklung bestätigt diese Annahme. Die ersten Versuche, gentechnisch Medikamente in Deutschland herzustellen, war von massiven Protesten begleitet. Anlässlich einer Diskussion in einem Praktikum in Bochum hielt es noch 1992 die Mehrheit der Studenten für besser, jemanden an Krebs sterben zu lassen, als ein gentechnisches Verfahren zur Heilung zu entwickeln. Mittlerweile werden derartige Methoden von einer überwältigenden Mehrheit akzeptiert. In diesen Fällen hat also der **offensichtliche** Nutzen einen Meinungsumschwung bewirkt, obwohl der erste Todesfall bei einer Gentherapie im Dezember 1999 die realen Gefahren dieser Therapie aufgezeigt hat." (Frank Kempken und Renate Kempken (^{3}2006) - Gentechnik bei Pflanzen. Chancen und Risiken (Springer-Lehrbuch)(Auszug))

selbstverständlich

„Unser Bekenntnis zur Produktsicherheit gilt **selbstverständlich** auch für neue Technologien wie die Pflanzenbiotechnologie. Wir haben Verständnis für gesellschaftliche Bedenken gegenüber genetisch veränderten Organismen (GVO), schließen uns aber dem wissenschaftlichen Konsens an, dass GVOs kein Sicherheitsrisiko darstellen." (Bayer CropScience - Verantwortungsvolle Innovation)

Modal abschwächende Modalpartikeln

Die Verwendung von modal abschwächenden Modalpartikeln erlaubt einem Sprecher, die „Übernahme der Verantwortung für den Wahrheitsgehalt" (Ballweg 2007: 552) der getätigten Äußerung zu umgehen. Die essentielle Funktion dieser Modalpartikeln wird durch die Bekundung der Sprechereinstellung, abhängig von der Zugänglichkeit des Wahrheitsgehalts zum Geäußerten, bestimmt.

angeblich

„Besonders in armen Ländern tragen Gentechnik-Pflanzen **angeblich** immer mehr dazu bei, die Schwierigkeiten der Landwirtschaft sowie das Hungerproblem zu lösen. Die meisten Medien übernehmen die Botschaft unhinterfragt." (Informationsdienst Gentechnik - Keine Gentechnik.de (16.11.2009) – Welternährungsgipfel: Neue Broschüre erklärt entscheidende Erkenntnisse)

„Gibt es Alternativen zur Agro-Gentechnik?/ Die angesprochenen Probleme sollten **angeblich** mit Hilfe der Agro-Gentechnik gelöst werden(siehe Frage 4). Dies gelingt tatsächlich aber nur mit einer nachhaltigen Landwirtschaft, die unsere natürlichen Ressourcen erhält, statt sie zu zerstören." (Die Linke-Bundestagsfraktion - Die Ag-

Sprachliche Strategien beim Kampf um Wissen 391

ro-Gentechnik - 30 Fragen & 30 Antworten zur Zukunft der gentechnikfreien Landwirtschaft)

möglicherweise

„Und die Minimierung des Einsatzes von Insektiziden/Herbiziden ist (nach meiner Meinung) ein gutes Argument pro Agro-Gentechnik, allerdings entkräftet das eben nicht den Hinweis darauf, daß die Erträge **möglicherweise** nicht so steigen wie (teilweise) versprochen." (Kommentare zu 3vor10 (16.04.2009) - Keine Ertragssteigerung durch Grüne Gentechnik)

wahrscheinlich

„Weil sich die ‚Koexistenz' von konventioneller, biologischer und Gentech-Landwirtschaft sehr schnell als unmöglich erweisen kann und eine schleichende gentechnische Verunreinigung herkömmlicher Ernten **wahrscheinlich** ist, unterstützt der BUND die Gründung gentechnikfreier Regionen. Mehr Informationen finden sich unter www.gentechnikfreie-regionen.de." (BUND - Kommerzieller Gentech-Anbau in Deutschland: Ende der Wahlfreiheit)

vermeintlich

„Tatsächlich soll über ein **vermeintlich** ‚humanitäres' Projekt die Gentechnik salonfähig gemacht werden." (Informationsdienst Gentechnik - Keine Gentechnik.de – Gentechnik-Pflanzen breiten sich unkontrolliert aus)

Negative Satzadverbialia (Modalpartikeln, Modaladverbien und Negationspartikeln)
Die negativen Satzadverbiale sind durch eine skalare Verneinung des Restsatzes gekennzeichnet.

keinesfalls, keineswegs, nie, nirgends

„Der im Eckpunktepapier vorgesehene Abstand von 150 Metern ist **keinesfalls** ausreichend. Es ist vielmehr davon auszugehen, dass es keinen Abstand gibt, der einen sicheren Schutz vor Verunreinigungen bieten wird." (AGU - Gentechnikgesetz muss größtmöglichen Schutz für Mensch und Umwelt sichern) (Textbeleg aus Kapitel 4.4.2.1)

kein, keinerlei

„Die beim Bt-Mais verwendete Resistenz ist in der freien Natur sehr häufig und sie hat **keine** medizinische Bedeutung. Auf Mensch und Tier hat die Resistenz **keinerlei** Auswirkungen." (WeiterGen (20.04.2009) - 10 Gründe für grüne Gentechnik - Nutzen, Chancen, Risiken)

fast immer

„Beide Verfahren sind ungenau. Denn man weiß erst hinterher, an welcher Stelle die Gene eingebaut werden und wie sie dort wirken. Deshalb kommt es **fast immer** zu unvorhersehbaren Nebeneffekten. Es braucht Tausende Versuche um ein gewünschtes Resultat zu erzielen." (Informationsdienst Gentechnik - Keine Gentechnik.de – Was ist (Agro-)Gentechnik)

Modaladjektive

Modaladjektive bezeichnen Adjektive, die ihr Bezugswort hinsichtlich des Absolutheitsanspruchs einstufen.

realistisch (Adj.)

„Mit **realistischen** Ertragssteigerungsraten von 20 % und mehr kann die Pflanzenbiotechnologie dazu beitragen, einige der Herausforderungen von heute zu meistern." (BASF - Zusammenarbeit von BASF und Monsanto in der Pflanzenbiotechnologie)

objektiv

„Zwar gibt es wie bei jeder neuen Technologie auch Bauern, die anfangs aufgrund ungünstiger Umstände negative Erfahrungen gemacht haben, jedoch zeigen **objektive** wissenschaftliche Untersuchungen, dass die Mehrheit der bisherigen Technologieanwender in Entwicklungs- und Schwellenländern erheblich profitiert." (DFG (2010) – Grüne Gentechnik)

wahrhaft (Ballweg 2007: 550)

„In Pflanzen ‚eingebaute' Enzyme gehören zu den zukunftsgerichteten Schlüsselinnovationen von Syngenta – Pflanzen sind die einzige **wahrhaft** erneuerbare Ressource, die wir haben." (Syngenta - Was denkt Syngenta über... Biotreibstoffe)

Distanzmarker

Zu den typischen Distanzmarkern zählen doppelte Anführungszeichen und lexikalische Indikatoren wie beispielsweise sogenannt/ so genannt (Spieß 2011a: 145f.). Constanze Spieß hält fest, dass Distanzmarker (Anführungszeichen oder Ausdrücke wie z. B. so genannt; s.u.) zwar durchaus die Funktion einer „Negativevaluation" erfüllen können, stellt aber heraus, dass Distanzmarker nicht zwingend eine negative Bewertung des Sachverhalts ausdrücken müssen (ebd.: 146).

Sprachliche Strategien beim Kampf um Wissen

Anführungszeichen
„Heutige Kulturpflanzen wurden in Tausenden von Jahren mittels klassischer Züchtung von Menschenhand optimiert. Sie ähneln ihren **"natürlichen"** Vorfahren nur noch entfernt." (BASF - Chancen und Nutzen)

sogenannt (Adj.)
Im vorliegenden Beispiel handelt es sich ebenfalls um eine Distanzierung vom Ausdruck, aber um keine negative Bewertung des Sachverhalts.

„Die **sogenannte** Schrumpeltomate wurde 2003 patentiert. Doch das letzte Wort ist hier noch nicht gesprochen. Es gibt erhebliche Widerstände gegen diese ‚Patente auf Leben'." (Informationsdienst Gentechnik - Keine Gentechnik.de – Gentechnik-Pflanzen breiten sich unkontrolliert aus)

Bei der Analyse des fachexternen Sprachgebrauchs zur Grünen Gentechnik entstand der Eindruck, dass sogenannt/ so genannt im Vergleich zu den Anführungszeichen als Distanzmarker eine weitere Funktion erfüllt. Dem ersten Eindruck nach dient sogenannt/so genannt, wie in nachfolgendem Textbeleg, meist als lexikalischer Indikator für Fachtermini.

„Im Gegenteil: Bei den **so genannten insektenresistenten** Gentech-Pflanzen wie dem umstrittenen Genmais MON 810 ist die ganze Pflanze zu einem Pestizid ‚umfunktioniert'. Gentech-Pflanzen dienen auch nicht der „Welternährung". Stattdessen landen sind [sic!] sie Exportware – als Baumwolle für billige T-Shirts oder als Futtermittel für den Fleischkonsum in den Industrieländern. Fleischhunger macht Welthunger – dagegen hilft keine Technik, besonders auch keine Agro-Gentechnik." (Bündnis '90 - Die Grünen-Bundestagsfraktion (11.03.09) – Gentechnik)

Dieser Eindruck konnte anhand einer computergestützten Konkordanz-Auswertung mit dem Programm AntConc bestätigt werden.
Nur in 71 Fällen der Konkordanz-Auswertung von so genannt und sogenannt (ohne Blogosphäre) wurde sogenannt verwendet, um sich entweder inhaltlich zu distanzieren (negativ evaluierend) oder um deutlich zu machen, dass der Begriff von jemand anderem stammt, also fremde Redewiedergabe.
In 142 Fällen, so ergab die hermeneutische Auswertung der Belege, handelt es sich um einen Indikator für fachsprachlichen Gebrauch.

Beispiele für fachsprachlichen Gebrauch

„In den 90er Jahren kamen weitere Züchtungsziele dazu: die Verbesserung der Nährstoffeffizienz und der **sogenannten Low input-Eignung** sowie Verwendungsmöglichkeiten im Non-Food-Bereich." (KWS - Ziele der Pflanzenzüchtung)

„Die Lösung dieses Problems lag in der Entdeckung der **sogenannten cytoplasmatisch männlichen Sterilität (CMS)**, die zur Infertilität des Pollens und damit zu selbststerilen Blüten führt." (Frank Kempken und Renate Kempken (^{3}2006) - Gentechnik bei Pflanzen. Chancen und Risiken (Springer-Lehrbuch)(Auszug))

„Als Scheren kommen **so genannte Restriktionsenzyme** und als Klebstoffe Ligasen zum Einsatz." (BASF - Was ist Biotechnologie)

„Um das gesamte **so genannte Komitologieverfahren** einer Revision zu unterziehen, müssen eine Vielzahl von Interessen und Kräfteverhältnissen ausbalanciert werden." (BUND (2006) - Informationen für Bäuerinnen und Bauern zum Einsatz der Gentechnik in der Landwirtschaft)

Beispiele für distanzierenden Gebrauch (negativ evaluierend oder fremde Redewiedergabe anzeigend)

Die folgenden Textbelege zeigen, dass sich manche Akteure sogar über die zweifache Verwendung von Distanzsignalen von einem Ausdruck oder einer Äußerung distanzieren. Sie verwenden doppelte Anführungszeichen und *sogenannt/ so genannt*.

„Agro-Gentechnik schafft Arbeitsplätze, ist Jobmotor und Garant für Wirtschaftswachstum – das sind Sätze, die in der öffentlichen Auseinandersetzung um die **so genannte "Grüne Gentechnik"** geradezu gebetsmühlenartig wiederholt werden." (BUND (2006) - „Grüne Gentechnik" als Arbeitsplatzmotor? Genaues Hinsehen lohnt sich)

„Speziell in der **sogenannten "grünen" Gentechnik**, also im Bereich der Lebensmittelproduktion und in der Landwirtschaft, muss allerdings noch viel Aufklärungsarbeit geleistet werden." (Rüdiger Marquardt (BMBF) - Biotechnologie Basis für Innovationen (Auszug))

„Die Entstehung **so genannter Superunkräuter** mit Mehrfachresistenzen gegen übliche Unkrautvernichtungsmittel (Herbizide) als Folge der großflächigen Anwendung transgener Pflanzen wurde bereits nachgewiesen." (Die Linke-Bundestagsfraktion - Die Agro-Gentechnik - 30 Fragen & 30 Antworten zur Zukunft der gentechnikfreien Landwirtschaft)

Sprachliche Strategien beim Kampf um Wissen 395

„Direkter Nutzen heißt, dass gv-Rohstoffe bestimmte Eigenschaften (z.b. geringeres Allergiepotential oder ein besonders hoher Vitamin-A Gehalt wie beim **so genannten "Golden Rice"**) haben." (Die Linke-Bundestagsfraktion - Die Agro-Gentechnik - 30 Fragen & 30 Antworten zur Zukunft der gentechnikfreien Landwirtschaft)

„Die Bauern in den USA sind deshalb zu einem **sogenannten "Resistenzmanagement"** verpflichtet." (BUND (2004) - Streitfall Gentechnik. Hintergründe zur Macht der WTO und den Gefahren der Gentechnik)

„Der Protest gegen gentechnisch veränderte Pflanzen kommt unter anderem in **sogenannten Feldbefreiungen** zum Ausdruck, wobei entsprechende Anbaugebiete rechtswidrig von Umweltaktivisten besetzt oder beschädigt werden." (Wikipedia (2010) - Grüne Gentechnik)

Modusformen

Die Verwendung des Indikativs impliziert, wie bereits erwähnt (vgl. Seite 276), einen hohen Absolutheitsanspruch. Dies bedeutet, dass der Diskursakteur die Quelle als verlässlich einordnet. Hieran wird deutlich, dass er bei der Redewiedergabe eine Wahl trifft. Er entscheidet sich in diesem Fall gegen den Einsatz eines den Absolutheitsanspruch einschränkenden Modalverbs und vermeidet z. B. die alternative Formulierung „kann die biologische Gesundheit gefährden" oder „kann zu einem vermehrten Pestizideinsatz führen".

„Ginge es nach dem Willen der Gentechnik-Industrie, wären Gen-Pflanzen auf dem Acker und im Essen längst die Regel. Dabei häufen sich Beispiele dafür, dass diese Risikotechnologie Gefahren für unsere Gesundheit und Umwelt mit sich bringt: Fremde Gene in Lebensmitteln können neue Giftstoffe und Allergien verursachen. Der Anbau von Gen-Pflanzen **gefährdet die biologische Vielfalt und führt zu einem vermehrten Pestizideinsatz.**" (Greenpeace - Gentechnik)

Im nachstehenden Textbeleg wechselt die NGO IDG-Keine-Gentechnik zwischen einem hohen Absolutheitsanspruch (Verbmodus Indikativ „schadet") und einem eingeschränkten Absolutheitsanspruch (Modalverb im Verbmodus Konjunktiv II).

„Das freigesetzte Gift, das einige Gentechnik-Pflanzen produzieren, **schadet** Insekten und Kleintieren und **könnte sich** in Boden und Wasser **anreichern**." (Informationsdienst Gentechnik - Keine Gentechnik.de – Gute Gründe gegen Gentechnik in der Landwirtschaft)

Modalverb

Wie in Kapitel 4.4.2.2 (antizipierter Sachverhalt KOEXISTENZ) bereits erwähnt wurde, bezeichnet der BUND Verunreinigung als „wahrscheinlich". Darüber hinaus wird im selben Textbeleg durch das Modalverb können bzw. hier durch die konjugierte Form „kann" die Proposition eingeschränkt und eine stärkere Alternative wie z. B. „als unmöglich erweisen wird" wird somit umgangen.

„Weil sich die "Koexistenz" von konventioneller, biologischer und Gentech-Landwirtschaft sehr schnell als unmöglich erweisen **kann** und eine schleichende gentechnische Verunreinigung herkömmlicher Ernten **wahrscheinlich** ist, unterstützt der BUND die Gründung gentechnikfreier Regionen. Mehr Informationen finden sich unter www.gentechnikfreie-regionen.de." (BUND - Kommerzieller Gentech-Anbau in Deutschland: Ende der Wahlfreiheit)

Der folgende Textbeleg stellt aufgrund seiner „Doppelmodalität", also der mehrmaligen Verwendung einer Modalverbkonstruktion, die zwei Modalverben enthält, einen auffälligen Sprachgebrauch dar.

„Die große Mehrheit der Verbraucherinnen und Verbraucher lehnt den Einsatz der Gentechnik in der Landwirtschaft und der Lebensmittelproduktion ab. Sie **wollen** auch in Zukunft gentechnikfreie Erzeugnisse **kaufen können**. Landwirte **sollen** weiterhin gentechnikfrei **anbauen und** Lebensmittelproduzenten ihre Erzeugnisse auch ohne Gentechnik **anbieten können**." (SPD-Bundestagsfraktion (März 2008) – Wahlfreiheit und Transparenz)

wollen ... kaufen können (Zuschreibung)
sollen ... anbauen können (Wertung)
sollen ... anbieten können (Wertung)

Mit der ersten Konstruktion nimmt die SPD-Fraktion eine Zuschreibung vor und mit den beiden Letztgenannten wertet sie den Sachverhalt. An dieser Stelle wird deutlich, wie Sprachhandlungen (hier: Zuschreibung und Sachverhaltsbewertung) mit grammatischen Auffälligkeiten korrelieren können.

4.5.4.2 Kausalitätsherstellung

Kausale Adverbien

Kausalität kann auf verschiedenste Art und Weise hergestellt werden. Im Diskurs konnten vor allem zwei Arten festgestellt werden. Hierzu zählt zum einen die Zuschreibung von Kausalität über die Verwendung kausaler Adverbien.

„Der Mensch schafft Pflanzen nach seinen Bedürfnissen. Er tut dies seit rund 13 000 Jahren – und hat **damit** die Grundlage dafür gelegt, dass auf der Erde heute mehr als sechseinhalb Milliarden Menschen leben können." (DFG (2010) – Grüne Gentechnik)[164]

Der kausale Charakter wird der Äußerung durch das kausale Adverb „deshalb" verliehen. Das Adverb sorgt für den Zusammenhang auf der Sprachoberfläche (Kohäsion). Kohärenz, also der Zusammenhang auf tiefensemantischer Ebene, soll daraus erschlossen werden.

„Eine nachhaltige Landwirtschaft der Zukunft benötigt Innovation: Bayer CropScience nutzt **deshalb** die Biotechnologie als ein wichtiges Verfahren, um Pflanzen gegen Klima- und Umweltstress sowie gegen Schädlinge unempfindlicher zu machen." (Bayer CropScience - Landwirtschaft der Zukunft)[165]

Im Diskurs wird darüber hinaus des Öfteren auf die rhetorische Überzeugungskraft der Alltagssprache gesetzt[166].

Verwendung des Adjunktors „als"

Eine andere Möglichkeit der Kausalitätsherstellung stellt die Verwendung des Adjunktors „als" dar, dessen Funktion darin besteht, das Referenzobjekt der Adjunktorphrase zusätzlich zu charakterisieren (Eggs 2007: 218f). Diese Form der Charakterisierung wird häufig als „appositionsartig" (Erben [11]1972: 151) beurteilt und als eine Sonderform der Apposition eingeordnet (Eggs 2007: 207). Eggs hingegen kritisiert an dieser Klassifizierung, dass sich *als*-Phrasen jedoch nicht ausschließlich auf das Referenzobjekt beziehen müssen, sie können durch

---

164 Zur inhaltlichen Auswertung dieses Textauszugs vgl. Kapitel 4.3.1; Konzept ›Natürlichkeit‹.
165 Zur inhaltlichen Auswertung dieses Textauszugs vgl. Kapitel 4.4.1.2; Konzept ›Nachhaltigkeit‹.
166 Kausalität kann auch über pragmatische Inferenzen hergestellt werden. Unter pragmatischen Inferenzen wird hier mit mit Bezug auf Levinson (2000: 204) die „Erschließung impliziter Aussagen aus einer gegebenen Information" (Warnke/ Spitzmüller 2008: 28) verstanden. Spannend sei sie für die diskurslinguistische Untersuchung vor allem durch ihre „ergänzbare[n] Inhalte (Implikaturen) und voraussetzbare[n] Inhalte (Präsuppositionen)" (Warnke/ Spitzmüller 2008: 28). Warnke/Spitzmüller sind der Ansicht, dass die Eruierung dieser sich dazu eignen würde „Diskurskontexte erkennbar zu machen" (Warnke/ Spitzmüller 2008: 28). „Die impliziten Bezüge auf gemeinsames Wissen scheinen uns für die Diskurskohärenz sogar besonders wichtig zu sein." (Warnke/ Spitzmüller 2008: 28). Dieser Ansicht wird in dieser Arbeit Rechnung getragen, indem auf Sachverhaltsverknüpfungen aufmerksam gemacht wird, die sich ebenfalls dazu eignen implizite Bezugnahme und Wertung aufzuzeigen. Auf die Eruierung von Implikaturen und Prässuppositionen wurde in dieser Arbeit verzichtet, nicht ohne deren Relevanz hervorheben zu wollen.

ihren adverbialen Charakter die Bedeutung des gesamten Satzes verändern (ebd.: 208).

„Die satzbezogene Interpretation des *als*-Adjunkts im Sinne eines da-, obwohl-, oder wenn-Satzes ist nicht auf *als*-Adjunkte in Satzadverbialfunktion beschränkt; sie ergibt sich immer dann, wenn im dazugehörigen Hauptsatzprädikat eine Wissensform oder Handlungsdisposition verbalisiert wird, die sich automatisch aus der im *als*-Adjunkt genannten Funktion oder Rolle ergibt bzw. ergeben sollte. Denn in unserem Wissen ist mit einer jeden Rolle oder Funktion zugleich ein Bündel von Erwartungen hinsichtlich Handlungen und Wissen desjenigen mitgegeben, dem diese Rolle oder Funktion zugeschrieben wird. Nur so ist es ja überhaupt erklärbar, dass das *als*-Adjunkt das ‚Plausibel-Machen einer Aussage' leisten und zum Beispiel die Vermutung über das Vorliegen eines bestimmten Wissens [...] oder die Bewertung eines bestimmten Verhaltens als ungewöhnlich [...] abstützen kann." (Eggs 2007: 212)

Im Fall des vorliegenden Satzes wird durch die *als*-Phrase insofern die Bedeutung des Satzes verändert, als das Unternehmen KWS über diese grammatische Form versucht, den Zusammenhang zwischen einem Familienunternehmen und sorgsamem Umgang herzustellen. Dabei soll das Wissen, dass gegenseitige Sorgsamkeit typischer Bestandteil einer Familie ist, abgerufen und auf den Umgang mit der Grünen Gentechnik übertragen werden.

„**Sie** steht **als familiengeprägtes Unternehmen** weiterhin für **sorgsamen Umgang** mit dieser neuen Technologie" (KWS - KWS Freilandversuche 2010 mit gentechnisch veränderten Zuckerrüben)

Burel stellt ebenfalls fest:

„Reflektiert das Unternehmen über sich selbst, so meist in der Form von Selbstbezeichnungen mit Paraphrasen (*als leistungsorientiertes Unternehmen* (Henkel44)), mit Verben wie *sein* (*Die Gruppe Deutsche Börse mit ihrem breiten Geschäftsportfolio ist für Finanzmarktteilnehmer aus aller Welt der Platz ihrer Wahl.45*) oder *bilden*. Erst durch sprachliche Reflexions-, Konstitutions- sowie Konstruktions- und Transferprozesse kann demnach erst eine Unternehmensidentität entstehen, die für Textproduzenten sowie -rezipienten zum mentalen sowie materialisierten Objekt erwächst." (Burel in Vorb.)

Als Beispiel für eine derartige sprachliche Kreation der Unternehmensidentität dient im vorliegenden Diskurs folgendes Beispiel:

„**Als Innovationsführer in der Agrarbranche** stellt sich Bayer CropScience den Herausforderungen der neuen Agrarwirtschaft und trägt durch modernen Pflanzenschutz sowie neuen Lösungen aus dem Bereich der Pflanzenzüchtung und der Pflanzenbiotechnologie dazu bei, die Erträge der Landwirtschaft zu steigern – weltweit." (Bayer CropScience - "Die Zweite Grüne Revolution")

Enthymem als Spezifikum des Schlussverfahrens

Kontrovers verlaufende Argumentationen und Argumentationsmuster sind wichtiger Bestandteil einer Wissenserfassung des vorliegenden Diskurses „Grüne Gentechnik". Das *argumentum* bzw. die Schlussfolgerung gehört im Bereich der Rhetorik zu den Beweisarten (pisteis/ probationes). Die Beweisführung durch Kunstfertigkeit (pisteis/ probationes artificiales) umfasst die Beweisgründe (syllogismoi, enthymemata/ ratiocinatio, argumenta), zu denen das *argumentum* bzw. die Schlussfolgerung zählt.

„Das *argumentum* stellt eine rationale Schlußfolgerung dar, »die der Beweisführung Beweiskraft liefert, wodurch etwas durch etwas anderes erschlossen und etwas Zweifelhaftes durch etwas Unzweifelhaftes in seiner Gewißheit bestärkt wird, [also] muß es etwas in einem Fall geben, das keinen Erweis nötig hat« (Quin. V,10,11). Das *argumentum* vermittelt also zwischen dem, was feststeht, und allem, was zweifelhaft ist und erst zur Gewißheit werden soll." (Ueding/ Steinbrink [4]2005: 266ff)

Das Enthymem (*enthymema, ratiocinatio*) stellt einen besonderen Typus des Argumentums dar und wird in gesellschaftlichen öffentlichen Diskursen sehr häufig verwendet.

„Das Enthymem (*enthymema, ratiocinatio*) ist die spezifisch rhetorische Argumentationsweise, der »rhetorische Syllogismus« (Aristoteles), mit dessen Hilfe der Redner seine Beweisführung aufbaut." (Ueding/ Steinbrink [4]2005: 266ff)

In der antiken Rhetorik stellte das Enthymem eine besondere Art des Schlussverfahrens dar, welches nicht den formallogischen Ansprüchen genügen musste. Es basierte vielmehr auf einer „allgemein anerkannte[n] und daher nur sehr schwer zu widerlegende[n] Feststellung" (Ueding/ Steinbrink [4]2005: 266ff.), die gemäß Quintilian auf sinnliche Wahrnehmung, gesellschaftlichen Konsens, gesetzlich Festgelegtes, gesellschaftliche Traditionen und Bräuche, konsensualen Wissensbestand beider Parteien, Erwiesenes und Einvernehmliches zurückgehen kann (ebd.). Auch Martin Wengeler widmet sich in diversen diskursanalytischen Untersuchungen der Argumentationsanalyse, indem er sich der Tradition der Toposanalyse anschließt und „kontextspezifische" (Wengeler 2008: 218) Argumentationsmuster in aktuellen kontroversen Debatten eruiert (Wengeler 2003, 2008).

Da das Enthymem eher die subjektive mentale Bewertung dessen umschreibt, was „logisch" erscheint, kann dessen Hauptcharakteristikum mit dem

Plausibilitätsbegriff gefasst werden. Hier wird davon ausgegangen, dass die Aushandlung von Gültigkeit über Kausalitätsherstellung erfolgt und an Plausibilitätskriterien festgemacht wird (Felder 2013: 183).

An folgendem Beispiel soll die sprachliche Strategie des Enthymems, also eines Schlussverfahrens, das auf Plausibilität beruht, aufgezeigt werden.

Der BUND behauptet nicht explizit, dass gentechnische veränderte Lebensmittel Allergien auslösen oder auslösen könnten. Durch die Proposition „Darüber hinaus kann die gentechnische Veränderung auch zu [...] führen" (in Kursivformatierung) kann nämlich geschlossen werden, dass das vorhergehend Gesagte (in Fettdruck) ebenfalls vom BUND als Folge der Grünen Gentechnik eingeordnet wird. Dieser Schluss wird vom BUND durch die parataktische Anordnung und die Verknüpfung durch den Konnektor „darüber hinaus" sprachlich realisiert.

„Neue Allergien und Antibiotikaresistenzen durch gentechnisch veränderte Lebensmittel?/ Im Zusammenhang mit gentechnisch veränderten Lebensmitteln werden in erster Linie zwei Gesundheitsrisiken diskutiert: das Entstehen neuer Allergien und weiterer Antibiotikaresistenzen./ Die in verschiedene Nutzpflanzen – bisher hauptsächlich in Soja, Mais, Raps und Baumwolle – **neu eingebrachte Erbinformation produziert Proteine. Proteine sind potentielle Allergieauslöser, und Lebensmittelallergien beruhen auf einer Überempfindlichkeit gegenüber bestimmten Proteinen.** *Darüber hinaus kann die gentechnische Veränderung auch zu* unerwarteten Veränderungen im Stoffwechsel der Pflanzen *führen*, die die Sicherheit und Qualität der daraus hergestellten Lebensmittel beeinträchtigt." (BUND - Gentechnisch veränderte Lebensmittel: ungeklärte Risiken für die Gesundheit)

Anhand der vorgestellten sprachlichen Strategien der Kausalitätsherstellung wird deutlich, dass die Diskursakteure über bedeutenden Spielraum verfügen, um auf Ebene der Oberflächenstruktur Kohäsion herzustellen. Dadurch wird versucht, beim Rezipienten den Eindruck zu erwecken, dass auch auf der semantischen Tiefenstruktur ein kausaler Zusammenhang besteht. Zu beurteilen, ob dies tatsächlich der Fall ist, obliegt jedoch nicht dieser Arbeit.

4.6 Ergebnisse der empirischen Untersuchung des fachexternen Diskurses

In der hermeneutischen Auswertung des fachexternen Diskurses wurde konstatiert, dass das Eindeutigkeitspostulat der Fachsprache revidiert werden muss (Gardt 1998; Felder 1999: 57), dass der Diskurs aber auch Anlass bietet, die Einordnung von fachexterner Vermittlungssprache neu zu überdenken und eine Differenzierung auf funktionaler Ebene vorzunehmen. Zudem konnte festgestellt

Ergebnisse der empirischen Untersuchung des fachexternen Diskurses 401

werden, dass bei den meisten Akteuren die Selbstpositionierung und ihre Positionierung in dieser Arbeit anhand der vorliegenden Texte übereinstimmen. Eine Ausnahme stellt die Evangelische Kirche dar, die sich selbst als ambivalent und unschlüssig in ihrer Position charakterisiert, deren Position in Bezug auf die Herstellung von Wissen meist mit der der gegnerischen Seite korreliert und die deshalb in dieser Arbeit als Gegner der Grünen Gentechnik eingestuft wird.

Angesichts der Untersuchung der Sprachhandlungskategorien kann festgestellt werden, dass sich die Sachverhaltsfestsetzung und Sachverhaltsabgrenzung als wertvolle Analysekategorien bestätigt haben. Der Sachverhalt wird von den Akteuren sehr verschieden dargestellt. Die Sachverhaltsverknüpfung stellt ebenfalls eine bedeutsame Kategorie dar. Sie zeigt thematische und konstruierte Zusammenhänge auf, ist aber in einem so umfangreichen Diskursausschnitt zu kleinteilig, als dass durch sie zu eigenständigen Ergebnissen gelangt werden kann. Die Kategorie Sachverhaltsbewertung diente dazu die Pro- und Kontra-Argumentation der Akteure hinsichtlich des Diskursthemas der Grünen Gentechnik zugänglich zu machen. Die Auswertung der semantischen Kämpfe der Debatte zeigte, dass die Akteure vor allem durch Bedeutungsfixierungen versuchen die Herstellung von Wissen zu beeinflussen. Der Streit um Wahrheit kulminiert in den Diskursverhärtungen, wo es um rechtliche und antizipierte Sachfragen geht, und er macht deutlich, dass in diesem Diskurs das Ringen um Wahrheit eine große Rolle spielt.

Bei der Auswertung der Argumentation wurde deutlich, dass die Stichhaltigkeit der Argumentation eine Rolle spielt: Darüber hinaus aber auch sehr bedeutsam war die Untersuchung der Frage, ob zwischen den einzelnen Argumenten der Gegner und Befürworter Dialogizität besteht oder ob diese völlig unabhängig voneinander im Raum stehen und keine Entsprechungen finden. Der Mehrwert dieser sprachwissenschaftlichen Analyse im Gegensatz zu anderen geisteswissenschaftlichen Untersuchungen zum Diskursthema Grüne Gentechnik zeigte sich darin, dass nicht nur eine inhaltliche Auflistung der jeweiligen Argumentation erfolgte, sondern auch deutlich gemacht werden konnte, in welcher sprachlichen Form dies geschieht. Die Betrachtung des Diskursverlaufs stellte heraus, welche Themen dominant gesetzt werden, bzw. welche Themen von einer Akteursgruppe kaum thematisiert und sogar tabuisiert werden.

Zudem konnten vielfältige und differenzierte sprachliche Strategien, seien sie nun bewusst oder unbewusst erfolgt, aufgezeigt werden.

Die Diskursauffächerung in filigrane Einzelpunkte machte deutlich, an welchen Stellen des Diskurses Aushandlungskämpfe um sprachlichen Dissens oder Sachfragen verhandelt werden. Zudem trat die Komplexität des Sprachhandelns zutage. Es wurde ein methodisches Spektrum aufgezeigt, anhand dessen die Komplexität des Diskurses erfasst wurde. Darüber hinaus konnte aber auch die

Komplexität des Gegenstands veranschaulicht werden. An den verschiedenen Akteuren und den gesellschaftlichen Bereichen, die sie repräsentieren, wird erneut deutlich, dass es keinen interessenfreien Raum gibt (Habermas), und es somit zur Aufgabe der Sprachwissenschaft gehören kann, Machtansprüche, die sich an Sprache aufzeigen lassen, zu eruieren und für die Öffentlichkeit nachvollziehbar und plausibel zu machen. Durch die Analyse des fachexternen Diskurses konnte dargelegt werden, dass ein solch kontroverses Diskursthema wie die Grüne Gentechnik nicht „neutral" vermittelt wird. Je nachdem, welcher Akteur sich über den untersuchten Sachverhalt äußert, ändert sich dementsprechend die Information über den Diskursgegenstand.

5 Empirische Untersuchung des fachexternen Diskurses und des Mediendiskurses: exemplarische korpuslinguistische Verfahren

Im vorliegenden Kapitel sollen die verschiedenen Software-Tools vorgestellt und die geplante Analysemethodik kurz vorgestellt werden.

5.1 Eingesetzte Software und Vorgehensweise

Für die computergestützte Untersuchung wurden drei verschiedene Softwares verwendet. Zum einen das von Laurence Anthony entworfene Konkordanzprogramm AntConc und das von Friedemann Vogel entwickelte kontrastive diskurslinguistische Programm LDA-Tool. Mit AntConc wurde ein bewährtes und bereits vielfach angewandtes Programm verwendet (siehe z. B. in Vogel 2012b; Felder 2012a) und mit Vogels Programm fiel die Wahl auf ein bisher erst in wenigen Untersuchungen eingesetztes Tool. Bevor diese genauer erläutert werden, wird kurz der Vorgang des Korpus-Taggings beschrieben, der dem Einsatz der korpuslinguistischen Software vorausgeht.

5.1.1 Software

5.1.1.1 Korpus-Tagging

Die Annotation von morphosyntaktischen Informationen, also die Kennzeichnung der Wortart, ist beim Tagging am weitesten verbreitet (Lemnitzer/ Zinsmeister 2006: 66). Im Englischen spricht man von Grammatical Tagging, Part-of-Speech Tagging oder schlicht Tagging (ebd.). Die vorliegenden Korpora wurden mit dem von Friedemann Vogel entwickelten Tool „Corpustransformer"[167] lemmatisiert. Hierzu wurde der von Helmut Schmid (Stuttgart) programmierte

---

[167] Als Freeware unter CC-Lizenz auf: http://www.friedemann-vogel.de/software verfügbar.

„TreeTagger"[168] herangezogen. Dem Stuttgarter TreeTagger liegt das Stuttgart-Tübingen Tagset (kurz: STTS) zugrunde[169].

„Das sogenannte kleine Tagset ohne explizite Tags für Flexionsmorphologie umfasst 54 Tags. Neben der Wortklasse werden weitere Eigenschaften wie die syntaktische Position bzw. Distribution des Wortes, seine grammatische Funktion und morphologische oder semantische Eigenschaften berücksichtigt, [...]." (Lemnitzer/ Zinsmeister 2006: 66)

Die Korpora wurden morpho-syntaktisch annotiert, damit bei der Keyword-Analyse alle Wortformen zu einem Keylemma zusammengefasst werden und nicht jede einzelne Wortform für sich berechnet wird. Zudem können auf diese Weise Filterungen nach Part-of-Speech-Tags (also Filterungen nach der Wortart (kurz: POS-Filterung) vorgenommen werden, so wie es beispielsweise bei der Eruierung diskurstragender semantischer Kategorien geschehen ist (vgl. Kapitel 5.3).

5.1.1.2 LDA-Tool

Die Software mit dem Namen „LDA-Tool" wurde am Germanistischen Seminar der Universität Heidelberg mit Unterstützung der Heidelberger Computerlinguistik als ein Windows-basiertes Programm entwickelt, dessen Funktionen auf die Bedürfnisse von Diskurslinguisten ausgerichtet sind, und die vor allem für kontrastive diskurslinguistische Untersuchungen sehr ergiebig sind (Vogel 2011: 3).

In dieser Untersuchung wird das LDA-Tool[170] vor allem zu einer Keyword- und Key-N-Gramm-Analyse[171] verwendet. Das LDA-Toolkit setzt sich aus mehreren, unabhängig voneinander nutzbaren Teilkomponenten zusammen. Basis des Programms stellt der LDA-Baum dar, der die Analyse-Tools vereint, und deren Ergebnisse in einer Baumstruktur darstellt (ebd.: 4). Eine Basisfunktion des Programms bildet die „einfache Konkordanzansicht zu einem Suchausdruck" (kurz: KWIC für Keywords in Context) (ebd.). Des Weiteren erfüllt das Programm verschiedene Frequenzanalysen. Zum einen erstellt es eine Tokenlist, also „eine Frequenzanalyse aller Ausdrücke (Token vs. Lemma) in einem Korpus", zum anderen führt es ebenfalls Keyword-Analysen durch. Unter Keyword-

---

168 Part-of-Speech-Tagger; http://www.ims.uni-stuttgart.de/projekte/corplex/TreeTagger/.
169 Die vollständige Dokumentation der Tagsets unter:
http://www.ims.uni-stuttgart.de/ftp/pub/corpora/stts_guide.pdf.
170 Das Programm ist für eine nicht-kommerzielle Nutzung mit Namensnennung unter folgendem Link downloadbar: http://friedemann-vogel.de/software/lda-toolkit; Zugriff am 25.01.2012.
171 Siehe hierzu beispielsweise Senkbeil 2011 oder Bubenhofer 2009.

Analysen wird ein „statistischer Vergleich von Ausdrucksfrequenzlisten im Hinblick auf signifikante Typik einzelner Ausdrucke für die jeweiligen Vergleichskorpora" verstanden (ebd.). Weitere Frequenzanalysen bestehen in Form der (Key-)Cluster- und N-Gramm-Analyse. Die (Key-)Cluster-Analyse nimmt eine „statistische Auswertung von Mehrworteinheiten mit [...] Referenzwort" vor, die N-Gramm-Analyse erlaubt die „statistische Auswertung von Mehrworteinheiten [...] ohne Referenzwort" (ebd.).

Zudem kann das Programm eine kontrastive Kookkurrenzanalyse durchführen und je nach Wunsch eine „einzelkorpusbezogene, korpusvergleichende oder profilvergleichende Frequenzanalyse und statistische Auswertung von Ausdrücken im Kotext eines Bezugswortes" vornehmen (ebd.). Die visualisierende Funktion der Software ergibt sich aus einer „semiautomatische[n] Code-Generierung (für den Export) und Visualisierung von Belegen und hierarchischen Kotextstrukturen als Wort-Wolke sowie als Wort-Netz" (ebd.).

5.1.1.3 AntConc

Das kostenlose Mehrzweck-Korpusanalyse-Toolkit AntConc ist eine Multi-Plattform-Anwendung, die von Laurence Anthony für den Gebrauch im Unterricht konzipiert wurde. AntConc läuft sowohl auf Windows als auch auf Linux/Unix-basierten Systemen. Das umfassende Instrumentarium des Korpusanalyse-Programms enthält eine Konkordanz-Funktion, eine Wort- und Keyword-Frequenzanalyse und ermöglicht eine Cluster- und Fragment-Analyse (N-Gramm-Analyse) und nicht zuletzt eine grafische Darstellung der Wortverteilung (Anthony 2004: 7). Eine der Schwachstellen des Programms stellt laut Anthony noch die Handhabung von annotierten (beispielsweise im HTML/XML-Format kodierten) Daten dar. Dennoch besteht mit AntConc die Möglichkeit, in HTML/ XML formatierte eingebettete Tags zu zeigen oder zu verbergen (ebd.: 12), und auch die manuelle Sprachenkodierung aller hochgeladenen Texte kann mithilfe von AntConc durchgeführt werden. Dies erweist sich vor allem im Fall von Korpora, die anhand verschiedener Datenbanken zusammengestellt wurden, als eine ausgesprochen hilfreiche Funktion. Denn dadurch wird sichergestellt, dass Frequenzanalysen durch potenzielle Nichterkennung nicht verfälscht werden.

5.1.2 Konkordanz-Auswertung

An dieser Stelle soll kurz erläutert werden, was in der folgenden Analyse unter Konkordanz-Auswertung verstanden wird. Bei einer Konkordanz handelt es sich um eine zeilenweise Visualisierung von KWICs (Vogel 2012b: 45). Unter KWIC versteht man „Keywords in Context" (ebd.). Das heißt nach der Eruierung von Keywords oder Key-Grammen werden die Ergebnisse in den Programmen (AntConc oder LDA-Tool) zeilenweise dargestellt. Dabei wird der Kotext des ursprünglichen Texts mitangezeigt. Wie groß dieser Kotext sein soll, kann individuell festgelegt werden. In AntConc ist es überdies möglich, über eine Verknüpfung in den Original-Text zu gelangen. Dies ist in Bezug auf die Analyse vor allem deshalb bedeutsam, als diese Funktion dem Analytiker ermöglicht, vom Kotext, also der „Menge der linguistischen Einheiten, die im gleichen Text verwendet wurden" (Lemnitzer/ Zinsmeister 2006: 29), den Kontext zu erschließen. Kontext kann als „Summe der unmittelbaren Rahmenbedingungen einer Sprachhandlung als das Bezugssystem innerhalb dessen einer Äußerung eine Funktion zukommt" (ebd.) verstanden werden. Der Kontext kann dieser Definition gemäß zwischen dem kulturellen Kontext als Bezugssystem und dem situativen Kontext schwanken (ebd.). Eine umfassendere Definition versteht Kontext „nicht als Umgebung von Texten oder Gesprächsbeiträgen" (Müller 2012: 74), sondern als „ ‚die deutungsrelevante Umgebung einer sprachlichen Fokuskonstruktion, die im Zentrum der jeweiligen Teiluntersuchung steht' " (ebd.). Diese Kontextdefinition umfasst die aktuelle Text- bzw. Gesprächsumgebung, also den Kotext, wenn dieser im Diskurs als deutungsrelevant aufgewiesen wird. Da dies im Falle einer Konkordanz-Auswertung als gegeben vorausgesetzt wird, kann eine Konkordanz-Auswertung als eine hermeneutische Auswertung angesehen werden, bei der neben dem eruierten Keyword oder Key-Gramm der Kontext nach letztgenannter Definition inkludiert wird.

5.2 Erscheinungsformen des Mediendiskurses

5.2.1 *Medienkommunikation*

Im vorliegenden Kapitel wird der Charakter des Mediendiskurses zur Debatte über Grüne Gentechnik vorgestellt. Öffentliche (Medien-)Kommunikation, Medientexte aus der überregionalen seriösen Tages- und Wochenpresse, stellen eine Vermittlungsvarietät mit der Funktion der Informationsvermittlung dar. In Abgrenzung zur fachexternen Varietät besteht zwischen Autor und Leser kein Experten-Laien-Gefälle, da die Journalisten üblicherweise keine Experten auf dem Gebiet der Grünen Gentechnik sondern Experten der Vermittlung sind. Die Varietät der Medienkommunikation zeichnet sich dadurch aus, dass es sich um massenmediale Vermittlung handelt. Die Funktion der vorliegenden Artikel beruht auf der Informationsvermittlung, der Aufklärung, dem Wissenstransfer im Bereich der Öffentlichkeit. Öffentlicher Sprachgebrauch ist durch verschiedene Kriterien gekennzeichnet; zu diesen zählen situative, mediale und gegebenenfalls sogar inhaltliche Aspekte (Busse 2001: 45). Unter öffentlichem Sprachgebrauch wird hier mit Anschluss an Busse (ebd.) verstanden, dass der Produktions- bzw. Rezeptionsvorgang durch die Öffentlichkeit bestimmt ist. Zudem rechnet er zu den prototypischen Merkmalen des ‚Öffentlichen Sprachgebrauchs' die einseitige bzw. monologische Kommunikationsrichtung (ebd.: 34). Diese Merkmale reichen seiner Ansicht nach nicht aus, um den Gegenstand trennscharf abzugrenzen (ebd.). Öffentlicher Sprachgebrauch hängt nach Ansicht Busses ebenfalls vom Inhalt des Gesagten ab:

„Andererseits könnte es als naheliegend betrachtet werden, die Äußerungen eines Politikers zu einem aktuellen politischen Thema, die am Kneipentisch ohne Anwesenheit von Journalisten oder sonstigen „Multiplikatoren" artikuliert werden, dem Korpusbereich des „öffentlichen Sprachgebrauchs gerade auch wegen ihres Inhalts zuzurechnen." (Busse 2001: 45)

5.2.2 Massenmedialität

Massenkommunikation zeichnet sich durch eine „einseitige Verteilung von Informationen an ein großes Publikum" (Schmitz 2004: 12) aus. Massenmedien konstituieren „Wirklichkeit" mit. Da sie in Sprache gefasstes Wissen weitergeben, haben sie Anteil an der Herstellung und Weitergabe von Informationen und sind dadurch daran beteiligt, unser Bild von der „Wirklichkeit" mitzubestimmen und Einfluss darauf zu nehmen.

Das von Gerhard Maletzke im Jahr 1963 entwickelte Feldmodell der Massenkommunikation bietet eine bekannte modellhafte Darstellung von Massenkommunikation. Das Modell zeichnet sich dadurch aus, dass nicht nur die Akteure „Kommunikator" und „Rezipient" und die beiden Sachverhalte „Aussage" und „Medium" dargestellt werden, sondern darüber hinaus „die Beziehungen zwischen diesen Positionen", also deren „wechselseitigen Rückwirkungen" im Kommunikationsprozess (Merten ^{3}2007: 77)[172].

---

172 Merten kritisiert an vorliegendem Modell, dass sowohl ungeklärt bleibt, was genau zwischen Kommunikator und Rezipient geschieht, als auch die „stillschweigende Gleichsetzung von Kommunikation und Massenkommunikation" (Merten ^{3}2007: 77). Dieser Kritik wird hier Rechnung getragen, indem das Modell ausschließlich zu einer modellhaften Darstellung von Massenkommunikation herangezogen wird.

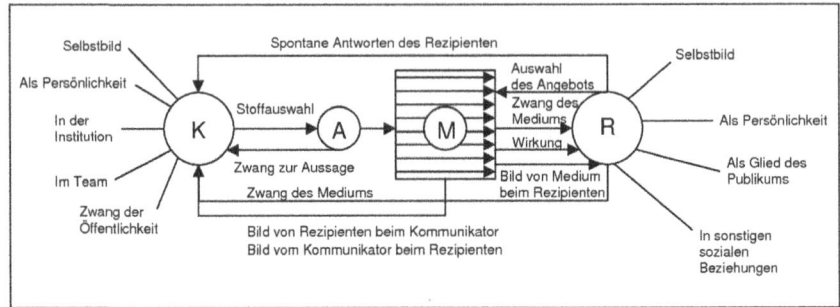

Grafik 6. Feldmodell der Massenkommunikation. Quelle: Martin Assman (20. März 2006): http://upload.wikimedia.org/wikipedia/de/d/db/Feldmodell_der_ Massenkommunikation.gif; Zugriff am 14.02.2012.

Dieses Modell erhält hier besondere Gültigkeit, da es zur Verdeutlichung beiträgt, wie die verschiedenen Medien (Tagespresse und Wochenpresse im Print- und Online-Format) unterschiedlichen Akteuren des Diskurses Raum zum Sprechen verleihen. Außerdem kann durch den Vergleich der Medien anhand einzelner Beispiele aufgezeigt werden, inwiefern diese bereits eine Vorauswahl der Informationen treffen, bevor diese uns vermittelt werden. Somit wird die Auswirkung der Massenkommunikation besonders deutlich.

5.2.3 Pressetexte

Printmedien werden in Abhängigkeit ihres Erscheinungsmodus unterschieden. Es gibt Tageszeitungen und Wochen- bzw. Sonntagszeitungen. Die Differenz besteht in den Kriterien Periodizität und Aktualität (Gegenwartsbezogenheit bzw. Zeitnähe) (Schaffrath [4]2000: 434). Tageszeitungen sind tagesaktuell ausgerichtet, und Wochenzeitungen bringen

> „weniger Nachrichten, dafür aber ausführlichere Analysen, Hintergründe, Diskussionen und Kommentare und ordnen aktuelle Themen in größere Zusammenhänge ein. Wochenzeitungen versuchen, ein Stück Räsonier- und Aufklärungsjournalismus zu offerieren." (Schaffrath [4]2000: 434)

Dem Medienkorpus dieser Arbeit liegen überregionale, als seriös eingestufte Medientexte aus Tages- und Wochenzeitungen vor. Bei der Zusammenstellung der Medientexte wurde auch auf Artikel im Online-Format zurückgegriffen. Agenturtexte werden hier mit Bezug auf Bieres Definition von Pressetexten ausgeschlossen (Biere 1993: 57).

Zentrale redaktionelle Form in der Tageszeitung ist der Artikel, der sich auf ein bestimmtes Ereignis oder Thema bezieht und als „Bericht, Nachricht, Reportage, Interview, Kommentar, Glosse oder als Mischform" eine funktionale Einheit bildet (Straßner 2000: 26)[173].

Diese Arbeit schließt sich der von Lüger entwickelten und von Burger modifizierten Aufteilung[174] in „informationsbetonte Texte" (Informationsfunktion), „meinungsbetonte Texte" (Appellfunktion/ Meinungsbeeinflussung) und „instruierend-anweisende Texte" (Appellfunktion/ Verhaltensbeeinflussung) an (Burger ^{3}2005: 208).

Allerdings stellen Burger (^{3}2005: 225) und Schaffrath (^{4}2000: 435) fest, dass sich die Formen der informationsorientierten und der meinungsorientierten Artikel immer mehr vermischen und die Trennungsnorm zunehmend unterwandert wird. In dieser Studie wird mit Anschluss an Burger (^{3}2005) und Schaffrath (^{4}2000) die Ausführung der Trennungsnorm nicht nur in der alltäglichen journalistischen Praxis angezweifelt. Auch in der Theorie wird die Vorstellung einer reinen Faktendarstellung hier ausdrücklich zurückgewiesen (vgl. Kapitel 4.5.4 und Burger ^{3}2005: 225). Dessen ungeachtet wird in der Praxis eine Gewichtung der Textfunktion durchgeführt. Die vorliegenden Artikel können im Hinblick auf die Reichweite der Ausdrucksweise übergreifend der Standard- bzw. der Hochsprache mit hoher Reichweite zugeordnet werden. Medienkommunikation ist eine Vermittlungsvarietät und kann dabei von einer Alltagssemantik (geringer

---

[173] „Schlagzeile" und „Vorspann/ Lead" werden nach Burger als „Bausteine von informationsbetonten Pressetexten" aufgefasst und somit nicht als eigenständige Textsorte erachtet (Burger ^{3}2005: 212). Diese Ansicht ist in der Textlinguistik umstritten. Gudrun Held stuft Schlagzeilen beispielsweise aufgrund der Erfüllung der sieben Textualitätsmerkmale von de Beaugrande/ Dressler (1981) als „abhängige Textsorte" ein, fügt dem jedoch hinzu, dass diese lediglich in Abhängigkeit vom nachfolgenden Text erfolgreich untersucht und interpretiert werden könnten (Held 1998: 122). Leider konnte hier keine Schlagzeilenanalyse erfolgen. Diese stellt jedoch eine weitere geeignete Form zur Untersuchung von Sachverhaltskonstituierung in Medien dar, denn mit Anschluss an Biere wird hier davon ausgegangen, dass sie „den Leser auf eine bestimmte Lesart des Textes einstimmen. Sie geben gewissermaßen eine Brille vor, […]. Sie steuern die selektive Wahrnehmung des Lesers, indem sie bereits vor der Lektüre einen makrostrukturell komprimierten Auslegungstext anbieten, zu dem der Leser nach der Lektüre zurückkehren kann, sofern er sein Textverständnis in Übereinstimmung mit der angebotenen makrostrukturellen Repräsentation bringen kann." (Biere 1993: 74) Zudem bestehen Titel, wie Held die Schlagzeilen nennt, aus wichtigen und aktuellen Informationen der Nachrichten und erhalten die höchste Rezipientenanzahl (Held 1998: 121). Held schreibt dem Titel darüber hinaus eine Bewertungsfunktion zu (Held 1998: 122). Weiterführend zu Schlagzeilen bzw. Titeln siehe: Hellwig, Peter (1984): „Titulus oder Über den Zusammenhang von Titeln und Texten". In: *Zeitschrift für Germanistische Linguistik 12*, S. 1-20 und Sandig, Barbara (1971): *Syntaktische Typologie der Schlagzeile. Möglichkeiten und Grenzen der Sprachökonomie im Zeitungsdeutsch*. München.

[174] Burger spricht den beiden von Lüger aufgestellten Textklassen „auffordernde Texte" und „kontaktorientierte Texte" Relevanz für Presse-Texte ab (Burger ^{3}2005: 209).

Fachlichkeitsgrad) bis hin zur Vermittlungssemantik (mittlerer Fachlichkeitsgrad) reichen.

5.3 Keyword-Analyse

In der vorliegenden korpuslinguistischen Herangehensweise sollen die Wörter eines Diskurses statistisch ermittelt werden, deren Frequenz in einem Text oder Korpus relativ häufig (bei Bondi „statistisch signifikant"; bei Vogel „signifikant häufig"; hier immer „relativ häufig", B.F.) auftreten, wenn man diese mit einem Referenzkorpus vergleicht (Stubbs 2010: 25). Sie werden im Folgenden mit Anschluss an Vogel (2011: 4) als Keywords bezeichnet[175]:

> „Unter „Keywords" werden im Rahmen des LDA-Toolkit Ausdrücke verstanden, die in Abhängigkeit zu einem frei wählbaren Signifikanzniveau signifikant häufiger in einem Quell- als in einem Referenzkorpus vorkommen. Zu diesem Zweck werden Ausdrucksfrequenzlisten (Token vs. Lemma) sowohl zu Quell- als auch Referenzkorpus erstellt und kontrastiv mittels Chi-Square-Signifikanztest miteinander verglichen." (Vogel 2011: 4)

Unter Schlüsselwörtern, die vor allem im hermeneutischen qualitativen Kontext eine Rolle spielen, werden in der Linguistik mit Liebert (2003) Worteinheiten gefasst, die dadurch gekennzeichnet sind, dass

> „(a) sie das Selbstverständnis einer Person oder Gruppe im Diskurs widerspiegeln können, (b) sie vom Analytiker als diskursbestimmend eingestuft werden, (c) die kontextuelle Bedeutung dominant zu sein scheint, (d) sie eine Bedeutungsvielfalt aufweisen und dass (e) sie mitunter strittig sind." (Felder 2012a: 135)

Keywords teilen mit Schlüsselwörtern vor allem die Eigenschaft, dass sie „als diskurs-charakterisierend eingeschätzt werden." (Felder 2012a: 135). Es wird jedoch darauf aufmerksam gemacht, dass statistische relative Häufigkeit nicht selbst zur Interpretation eines Diskurses beiträgt. Keywords können jedoch auf Elemente verweisen, die erklärungsbedürftig sind und sich für eine Interpretation als lohnenswert erweisen können (Bondi 2010: 3). Keywords verweisen aber mit Sicherheit auf grundlegende Elemente in Diskursen (ebd.). Die Analyse von

---

175 In Abgrenzung zu Felder (2012a: 135) werden in dieser Arbeit ausschließlich durch statistische Verfahren ermittelte Worteinheiten als Keywords bezeichnet.

Keywords ermöglicht eine Eruierung der globalen Textkohäsion (Stubbs 2010: 28).

Stubbs führt in Anlehnung an die Arbeiten von Scott noch einmal auf, dass Scotts Verdienst darin besteht, aufzuzeigen, wie man sich Keywords anhand einer empirischen Methode nähert, die auf Frequenz und Verteilung basiert (ebd.). Keywords werden relativistisch berechnet. Das Programm AntConc ermittelt Keywords über den Log-likelihood Test, das LDA-Tool errechnet seine Keywords über den *chi-square*: 12,12 (99,95 %). Da der Log-likelihood-Algorithmus die Homogenität des Korpus als Voraussetzung annimmt (Senkbeil 2011: 53), das vorliegende Korpus aber durch Heterogenität gekennzeichnet ist, wird deshalb auf das LDA-Tool zurückgegriffen.

Die Stärke oder „keyness" des Keyword (Senkbeil 2012: 401) wird also in der vorliegenden Untersuchung mittels *chi-square test of significance* errechnet.

Das vorrangige Ziel der Keywordanalyse ist es, semantisch dominante Kategorien eines vorliegenden Korpus im Vergleich zu einem Referenzkorpus zu eruieren. Diese Kategorien werden hier als diskurstragende Kategorien (ebd.: 410), in anderen Arbeiten auch als „‚key-webs'" bezeichnet (ebd.: 400). Die Keyword-Analyse, die diese Art von Kategorien hervorbringt, zeichnet sich also dadurch aus, dass sie dazu beiträgt, „repetitive, relativ stabile, den gesamten Diskurs stützende Formationen" (ebd.: 410) zu eruieren.

So kann eine Analyse diskurstragender Kategorien zwar einer grundlegenden Beschreibung der Themenspezifik dienen, häufig ist aber gerade diese nicht besonders interessant für die Untersuchung, da die dominanten Themen oftmals sehr nah am Suchterm, anhand dessen das Korpus zusammengestellt wurde, liegen (Müller 2012: 67).

Von besonderem Interesse können deshalb gerade Keywords sein, die auf ein Thema verweisen, das als themenfremd zum Korpus erscheinen mag; denn solche Spezifika bieten einen hervorragenden Ansatzpunkt für eine tiefergehende Analyse und das Erstellen einer korpusbasierten Hypothese (Senkbeil 2012: 404).

5.3.1 Fachexternes Korpus versus Medienkorpus

Um auf Differenzen bzw. Gemeinsamkeiten zwischen dem fachexternen Diskursausschnitt und dem Mediendiskursausschnitt aufmerksam zu werden, wurde eine kontrastive Keyword-Analyse der beiden Korpora durchgeführt. Hierzu wurden zunächst das fachexterne Korpus als Quellkorpus und das Medienkorpus als Referenzkorpus mit dem LDA-Tool ausgewertet, anschließend wurde die Untersuchung mit umgekehrten Kriterien für das fachexterne Korpus und das

Medienkorpus durchgeführt. Die Keyword-Analyse erfolgt bei diesem Programm anhand des Chi-Square-Tests, also einem statistischen Signifikanztest. Die Keywords mussten dabei mindestens den Signifikanzwert von 12,12 (99,95 %) (*chi-square*) erreichen. Es wurde dabei nach Lemma statt Token gesucht und es wurde ein Wortartenfilter eingesetzt, um nur Eigennamen, normale Nomen, finite Formen von Vollverben, Imperative von Vollverben, Infinitive von Vollverben, Infinitiv mit „zu" von einem Vollverb und dem Partizip Perfekt von Vollverben zu erhalten, da die Keyword-Analyse mit dem Ziel durchgeführt wurde, Hinweise auf semantische „diskurstragende" Kategorien oder auf themenfremde Bereiche zu erhalten. Die Keywordliste des fachexternen Korpus ergab 3 057 Keywords und die des Medienkorpus 861. Aus diesem Grund wurden zur besseren Vergleichbarkeit nur die ersten 500 Keywords ausgewertet.

Anhand der kontrastiven Keyword-Analyse konnten Ergebnisse ermittelt werden, die im Folgenden dargestellt werden[176].

Der Vergleich der ersten 500 Keywords des fachexternen Diskurses[177] und des Mediendiskurses zeigt, dass verschiedene diskurstragende Kategorien ermittelt werden konnten, die beide Diskursausschnitte betreffen und deshalb einen Vergleich in diesen Kategorien erlauben. Außerdem konnten diskursausschnittsspezifische Kategorien ermittelt werden, d. h. jeweils nur für einen Diskursbereich typische, also entweder typisch für den fachexternen oder für den Mediendiskurs. Zuletzt werden auffällige Einzelphänomene der Keywordlists benannt und näher untersucht.

Diskurstragende gemeinsame Kategorien

Die ersten 500 Keywords des fachexternen Diskurses und des Mediendiskurses wurden ausgewertet, indem diese geordnet und in semantische Kategorien zusammengefasst wurden. Dabei wurden Kategorien gefunden, die als diskurstragend eingestuft werden konnten, da sie Keywords aus beiden Diskursausschnitten umfassten. Diskurstragende gemeinsame Kategorien stellen die semantischen Kategorien „Gesellschaftliche Bereiche", „Sachverhalt GRÜNE GENTECHNIK", „Akteure" und die grammatische Kategorie der „Verben" sowie eine Kategorie, in die Keywords eingeordnet wurden, welche „metasprachliche Sprachverwendung" indizieren, dar. Im Folgenden wird ein Vergleich innerhalb dieser diskurs-

---

176 Die komplette Übersicht der ersten 500 Keywords, die in Kategorien geordnet wurden, ist in Kapitel 1.4.1 der Zusatzmaterialien unter www.springer.com auf der Produktseite dieses Buches verfügbar.

177 Das fachexterne Korpus wurde mit Ausnahme des Texts „BfR Wissenschaft (2006) (Hrsg. v. J. Zagon et al.) - Nachweis von gentechnisch veränderten Futtermitteln" aus der Publikationsreihe BfR-Wissenschaft ausgewertet, da dieser aufgrund seiner Länge und vielen gleichförmigen Satzkonstruktionen und Wiederholungen, die Ergebnisse stark einseitig beeinflusst hatte.

tragenden Kategorien angestellt, um zu eruieren, welcher Diskursauschnitt die Kategorie stärker bestimmt.

Heterogenität herrscht zwischen beiden Diskursausschnitten in der diskurstragenden Kategorie „gesellschaftliche Bereiche", die durch die Keywords indiziert werden. Im fachexternen Diskurs existiert ein hoher Anteil an Keywords, die dem juristischen Bereich zuzuordnen sind (z. B. *verordnung, antragsunterlage, eg 2001/18*); zudem dem Bereich Unternehmen (*innovationspotenzial, diversitätszentren*), Blogosphäre (z. B. *@tobias, gibt's, wikipedia*) und Kirche (*eigenwert, mitgeschöpfen, solidarität*). Im Mediendiskurs finden sich hingegen Keywords aus dem alltagsweltlichen Bereich (z. B. *auto, job, tisch, körper*) und Keywords aus dem Bereich Politik (z. B. *wahlkampf, parteitag, schwarz*).

Die kontrastive Keywordanalyse zwischen fachexternem Korpus und Medienkorpus zeigt eine große Differenz bezüglich der semantischen Nähe der Keywords zum „Sachverhalt GRÜNE GENTECHNIK". Zu den Keywords des fachexternen Diskurses zählen sehr viel mehr Keywords, die semantisch den Methoden der Grünen Gentechnik (z. B. *übertragung, Gvo, biotechnologie, agro, gentransfer*), der Pflanzenzüchtung (z. B. *pflanze, pflanzenzelle, züchtungsmethode*) und der Landwirtschaft (z. B. *kulturart, pestizideinsatz, nutzpflanze, zuckerrübe*) nahe stehen. Gerade der eben angesprochene Bereich Landwirtschaft fällt in den Keywords des fachexternen Diskurses entsprechend hoch aus. Im Mediendiskurs hingegen finden sich deutlich weniger Keywords, die diesen Bereich betreffen (z. B. *genmais, haftungsregel, bioland, foodwatch*).

Im Mediendiskurs liegt der größte thematische Schwerpunkt auf den „Akteuren" (namentlich genannt: z. B. *seehofer, künast, aigner, hambrecht, marcinowski, grolm* oder sozialen Rollen: z. B. *agrarministerin, ökobauer, unternehmer* oder einzelne Parteien), und da vor allem aus dem Bereich Politik. Im fachexternen Diskurs stammen die namentlich genannten Akteure vor allem aus dem Bereich Blogosphäre (z. B. *mrbaracuda*·(Blogleser), *tobias* (Tobias Maier, Blogautor), *jacobasch*·(Stefan Jacobasch, Blogautor und –leser)), die Akteure ohne Namensnennung etwa zu gleichen Teilen aus den Bereichen Blogosphäre, NGO, Politik und Industrie.

Homogenität dagegen besteht im Hinlick auf einen geringen Anteil an substantivischen Keywords, die auf einen „metasprachlichen Sprachgebrauch" verweisen (fachexterner Diskurs: z. B. *stellungnahme, aussage* und Mediendiskurs: z. B. *debatte, ansicht*).

Ein Vergleich der grammatischen Kategorie der Verben zeigt, dass die ersten 500 Keywords des fachexternen Diskurses deutlich weniger Verben enthalten, als dies im Mediendiskurs der Fall ist. In beiden Diskursen dominieren Tätigkeitsverben. Der Mediendiskurs zeichnet sich im Vergleich durch eine hohe Anzahl an Verben aus, die Sprechakte bezeichnen. Einerseits fallen darunter sehr viele Verben, die sich direkt auf die Kommunikation beziehen, (z. B. *sagen, ankündigen, reden, erzählen),* andererseits aber auch Verben, die einen Geltungsanspruch anzeigen (z. B. *wissen),* sowie Verben, die Gefühle und Einstellungen zum Ausdruck bringen (z. B. *fürchten, glauben, beklagen, kritisieren)* und Sprechaktverben, die einen Sprechakt genauer charakterisieren (z. B. *verlangen, drohen, versprechen, fordern, warnen).* Von diesen ist in dieser Untersuchung vor allem das Sprechaktverb *warnen* von Interesse, da es vermutlich auf die Thematik verschiedenster Technikfolgen und damit auf einen umstrittenen Diskursgegenstand verweist.

Keywords, die auf den ersten Blick in keine der eruierten Kategorien eingeordnet werden konnten, wurden gesondert untersucht. Bei diesen wurde eine Konkordanzauswertung vorgenommen, um zu erfahren, auf welchen Kontext die Keywords verweisen.

Zu diesen Keywords zählen die Lexeme *eigentum* und *märka.* Sie stammen beide aus dem fachexternen Diskursausschnitt. Die Konkordanzauswertung ergab, dass diese Keywords „Sachverhaltsverknüpfungen" indizieren. Im fachexternen Diskurs hat die Überprüfung des Keywords *eigentum* ergeben, dass hierbei eine Verknüpfung mit dem Sachverhalt Patentrecht (hierauf verweist das Cluster „*geistiges eigentum"* (mit 28 Treffern in den KWICs (= Key Words in Context)) und mit dem Sachverhalt des Widerstands gegen Grüne Gentechnik anhand der Zerstörung von Eigentum (z. B. Forschungsfelder) vorgenommen wurde. Das Keyword *märka* repräsentiert den Namen eines Unternehmens und indiziert eine Sachverhaltsverknüpfung mit dem Konzept ›Macht‹. Die NGO Gentechnikfreie Regionen in Deutschland kritisiert eine Kooperation zwischen Monsanto und dem Unternehmen Märka.

„Wer bringt den Genmais auf die Äcker?/ Sechs Konzerne teilen sich weltweit den Markt für genverändertes Saatgut, knapp 90 Prozent davon hält allein das US-Unternehmen Monsanto. Auf seiner Investorentagung im November 2005 kündigte der Konzern an, mit seinen gentechnisch veränderten Sorten als nächstes den Maismarkt in Europa erobern zu wollen. Seit 2005 besteht eine Kooperation von Monsanto mit dem Landhandelsunternehmen Märka: **Monsanto liefert das Saatgut, Märka kauft sowohl die gentechnisch veränderten Körnermaisernten als auch die verunreinigten Ernten der Nachbarfelder auf.** *Dadurch soll Genmais auf die Äcker kommen, ohne dass Bauern wegen ihrer verunreinigten Ernten vor Gericht ziehen.* Doch die Mehrheit der geschädigten Nachbarn wird nach dem Modell von Märka und Monsanto leer ausgehen. Denn in den meisten der geplanten Genmais-Regionen wird Futtermais angebaut. Dafür besteht kein Kaufangebot des Unternehmens." (Gentechnikfreie Regionen in Deutschland (BUND/AbL) - Kein Genmais auf unsere Äcker!)

Im Mediendiskurs indizierten manche Keywords ganz offensichtlich sachverwandte Themenfelder. Hierzu zählten beispielsweise das Thema |BSE| (*erreger, bse*), die |Energiepolitik| (u. a. Erneuerbare Energie etc.), die |Rote Gentechnik| (*stammzelle, embryonen, medikament* etc.), die Atomkraft (*atomkraft*) und die Domäne Wirtschaft (*fonds, haftungsfonds*). Das Keyword *malaria* verweist auf den Sachverhalt der „Designer-Insekten".

„In den Gentech-Labors warten noch weit mehr Insekten auf ihren Auftritt: Honigbienen, die unempfindlich gegen Insektizide sind oder Mücken, in denen sich keine **Malaria**-Erreger mehr entwickeln können. Auch an Seidenraupen wird geforscht, die Arzneimittel oder spezielle Fasern für kugelsichere Westen herstellen. Weiterhin soll Gentechnik die biologische Schädlingsbekämpfung effektiver machen. [...] Die Autoren des Pew-Reports bemängeln nicht nur unzureichende gesetzliche Vorschriften im eigenen Land; sie fordern auch international verbindliche Regeln. In Europa wurden bisher keine Anträge auf Freisetzungsversuche mit Gentech-Insekten gestellt, so Detlef Bartsch vom Robert-Koch-Institut in Berlin." (SZ 04.02.2004)

Darüber hinaus gaben einige der Keywords die Anregung diese auf ihren „faktizitätsstiftenden Charakter" hin zu überprüfen. Im fachexternen Diskurs stellt dies das Keyword *stand* (z. B. *stand der wissenschaft* (31 Hits)) dar.

Im Mediendiskurs indizierten die Keywords *wirklichkeit* mit den Clustern *in wirklichkeit* (28 Treffer davon alle faktizitätsstiftend) und *die wirklichkeit* (6 von 14 faktizitätsstiftend) einen Versuch der Faktizitätsherstellung.

Zudem weisen beide Korpora eine Anzahl an Wörtern auf, die als „semantisch unspezifizierte Lexeme" bezeichnet werden, weil sie sehr kontextabhängig sind. Aus dem fachexternen Diskurs gelten für „semantisch unspezifizierte Lexeme" exemplarisch[178] die Lexeme *hinblick, erhaltung, bedingung* und aus dem Mediendiskurs dienen die Lexeme *kurs, kreis, hoffnung* als Beispiele hierfür.

Diskursausschnittspezifische Kategorien des fachexternen und des Mediendiskurses

Die Auswertung der ersten 500 Keywords des fachexternen Diskurses und des Mediendiskurses in semantische Kategorien ergab, dass Kategorien eruiert wurden, die keine Entsprechung im jeweils anderen Diskursausschnitt entsprachen. Diese wurden als diskursausschnittspezifische Kategorien bezeichnet.

Zu den diskursausschnittspezifischen Kategorien des Mediendiskurses zählen sehr viele Angaben zu Orten (z. B. *Europa, amerika, brüssel, berlin*), Zeit

---

[178] Weitere Keywords sind in Kapitel 1.4.1 der Zusatzmaterialien unter www.springer.com auf der Produktseite dieses Buches verfügbar.

(z. B. *jahr, sommer, februar*) und Angaben zu Mengen, Geld und Währung (z. B. *prozent, milliarde, drittel, euro*). Zu den diskursausschnittsspezifischen Kategorien des fachexternen Diskurses zählen sehr verschiedene Bereiche. Im fachexternen Diskurs dominieren die Themen Sicherheitsbewertung, Technikfolgenabschätzung (z. B. *risikoabschätzung, sicherheit*) und mögliche Technikfolgen (z. B. *auskreuzung, effekt*). Große Differenzen bestehen ebenfalls hinsichtlich des Fachlichkeitsgehalts der beiden Diskursausschnitte. Im fachexternen Bereich finden sich viele Fachtermini (z. B. *vektor, neomycin, pcr*). Obwohl vorrangig deutsche Texte ausgewählt wurden, findet sich im Vergleich zum Mediendiskurs häufiger englischer Sprachgebrauch (in Literaturverweisen, dem Anhang etc.: z. B. *output, gm, safety, transgenic*), was ebenfalls ein Indiz für den Fachlichkeitsgrad des Diskurses darstellt, da die Forschungsliteratur häufig englisch ist und international kommuniziert wird. Daneben konnte festgestellt werden, dass viele der Substantive Prozesse bezeichnen bzw. dass es sich um nominalisierte Handlungsverben handelt (z. B. *durchführung, ertragssteigerung, entgiftung*). Im fachexternen Diskurs wurden divergente Konzepte eruiert, die sich mit Ausdrücken der Keywordlist des fachexternen Diskurses decken. Es kann also festgestellt werden, dass über das korpuslinguistische Verfahren der Keyword-Analyse dieselben Ausdrücke als Keywords ermittelt wurden, die auch über die hermeneutische Analyse eruiert und für den Diskursausschnitt als relevant eingestuft wurden. Dies bestätigt die induktiv geleistete Analyse (*vielfalt, resistenzgene, nulltoleranz, schwellenwert, unkräutern*).

Auffällige Einzelphänomene der diskursausschnittsspezifischen Keywordlists

Nachdem die ersten 500 Keywords des fachexternen Diskurses und des Mediendiskurses in diskurstragende und diskursausschnittsspezifische Kategorien differenziert wurden, fielen nun einige Einzelphänomene der jeweiligen diskursausschnittsspezifischen Keywordlist ins Auge.

Im fachexternen Diskurs fällt das Keyword *rahmen* auf und wird in einer Konkordanzauswertung genauer untersucht. Diese Auswertung des Keywords *rahmen* (171 Treffer) führt zu dem Cluster *im Rahmen X ((Konkordanz) (129)*. Das Keyword *bezug* (73 Hits) wird ebenfalls anahand einer Konkordanzauswertung analysiert und verweist auf das Cluster *in bezug auf* (51 Hits). Das Keyword *regel* (127 Treffer) verweist auf das Cluster *in der regel* (105 Hits). Im Mediendiskurs indiziert *angst* (400 Treffer) das Cluster *angst vor* (147 Hits) oder *aus angst* (23 Treffer). Die Auswertung von Einzelphänomenen eines Diskursausschnitts kann demnach zu typischen Clustern der diskursausschnittsspezifischen Sprachverwendung führen.

Keyword-Analyse 417

Exkurs: Auffälliges Cluster „warnen vor" führt zu Sachverhaltsverknüpfung zu den Themen Atomkraft und Frankenstein

Wie in diesem Kapitel bereits erwähnt (vgl. Seite 301) erfährt das Keyword *warnen* eine Einzelanalyse, da es vermutlich auf den Bereich Technikfolgenabschätzung und damit auf einen strittigen Punkt im Diskurs verweist. Das lemmatisierte Keyword *warnen* erreicht im Medienkorpus eine absolute Frequenz von 700 (im Referenzkorpus erscheint es 14 Mal und hat den Signifikanzwert 121,889). Um das Vorkommen genauer untersuchen zu können, wird eine Konkordanzauswertung mit dem Programm AntConc vorgenommen. Da AntConc nicht die Möglichkeit bietet, lemmatisierte Keywords zu errechnen, das LDA-Tool jedoch eine Sortierung der Konkordanzen nicht zulässt, wird eine Konkordanzauswertung anhand des Infinitivs bzw. anhand der 3. Person Plural vorgenommen. *Warnen* als Suchterm erzielt 179 Treffer im Mediendiskurs. Eine Sortierung der Ergebnisse (Level 1: 0, Level 2: 1R) zeigt, dass *warnen vor*, ein dominantes Cluster darstellt. Da vor allem von Interesse ist, wer jemanden vor etwas warnt, wird im Folgenden nach dem Term *warnen vor* gesucht. *Warnen vor* erzielt immer noch 70 Hits.

Die händische Auswertung ergibt, dass in 15 Fällen ein anderer Zusammenhang als die Grüne Gentechnik gemeint ist, dass in 8 Fällen für die Grüne Gentechnik argumentiert wird und dass, wie erwartet, in 47 Fällen vor Folgen der Grünen Gentechnik gewarnt wird. Meistens werden Warnungen vor Risiken, unabsehbaren Folgen, Antibiotika-Resistenzen ausgesprochen. Die Ergebnisse zeigen mehr oder weniger dieselben Themen, die auch im fachexternen Diskurs beim Thema |Technikfolgenabschätzung| eine Rolle spielen[179].

Zwei Ausnahmen stellen zum einen eine Sachverhaltsverknüpfung mit Tschernobyl dar,

„Genfood könnte demnächst Standard in deutschen Supermärkten werden, auf den Äckern macht sich schon jetzt der "BT11"-Mais breit. Der Schweizer Konzern Syngenta hat in dieses Produkt den "Bacillus Thuringensis" eingeschleust. Der soll die Pflanzen gegen Schädlinge resistent machen, freuen sich die Hersteller. Für die Gegner der gentechnisch veränderten Organismen (GVO) ein Anlass zum Aufschrei, **sie warnen vor einem "gentechnischen Tschernobyl!".**" Der Verbraucher schlägt sich meist intuitiv und mit hohem emotionalem Einsatz entweder auf die Seite der GVO-Hasser oder der GVO-Liebhaber, und genau an diesem Punkt setzen die Projekte des Critical Art Ensembles an. Die Performer aus den USA fordern Ratio statt Hysterie. Sie wollen mit ihren Installationen und Performances informieren, bei-

---

[179] Eine Tabelle zum Nachvollzug der Auswertung des Clusters *warnen vor* befindet sich in Kapitel 1.4.1 der Zusatzmaterialien unter www.springer.com auf der Produktseite dieses Buches.

spielsweise darüber, was denn dieser ominöse "Bacillus Thuringensis" überhaupt ist und wie er seinen Weg in den Maiskolben findet." (taz 07.05.2004)

zum anderen eine Verknüpfung mit dem literarischen Stoff des Romans „Frankenstein oder Der moderne Prometheus" von Mary Shelley.

„Denn viele Naturschützer sehen in den **"Frankentrees"** ein neues Armageddon. Sie warnen vor der Übertragung fremden Erbguts auf Wildpflanzen und befürchten eine weitere Intensivierung der Forstwirtschaft." (Der Spiegel 15.11.2004)

Diese beiden Sachverhalte werden im Folgenden genauer untersucht und überprüft, ob es sich hierbei um einen typischen Sprachgebrauch des Mediendiskurses handelt.

Mit dem Konkordanzprogramm AntConc werden anhand des Suchterms *Tschernobyl* 42 Treffer erzielt. Davon verweisen 16 Textstellen auf Sachverhaltsverknüpfungen zu anderen Themen, davon natürlich zur Atomkraft, aber auch zur Nanotechnologie und zum Bienensterben durch Insektizide[180].

Anhand folgender Textbelege soll aufgezeigt werden, dass die Medien auf den Zusammenhang zwischen Grüner Gentechnik und Tschernobyl verweisen und sich dabei verschiedene Positionen herauskristallisieren ließen. Entweder sie bewerten den Vergleich aufgrund des Reaktorunglücks in Tschernobyl als begründet oder sie beurteilen diesen Vergleich als unbegründet und erklären eine Ablehnung der Grünen Gentechnik mit einer dem Reaktorunglück folgenden Technikskepsis.

Dem Vergleich zwischen Atomkraft und Grüner Gentechnik wird in der SZ am 21.05.2004 und der taz am 27.04.2004 in einem Interview mit Friedrich Wilhelm Graefe zu Baringdorf Raum gegeben, der diesen als begründet einordnet.

„SZ-Interview mit Friedrich Wilhelm Graefe zu Baringdorf/ **Grüne Gentechnik gefährlicher als Atomkraft**/ Landwirtschaftsexperte der Grünen kritisiert staatliche Anbauversuche mit verändertem Mais in Bayern/ [...]/
* SZ:* Die ökonomischen Interessen hinter der Gentechnik sind stark. Sie wird nicht aufzuhalten sein./ * Baringdorf:* Eine Technik wird in unserem Zeitalter nicht zu Beginn verhindert. Das haben wir auch bei der Atomenergie gelernt. Die Gentechnik wird beobachtet werden müssen. Ich bin kein Katastrophen-Politiker. Aber wenn es ein **gentechnisches Tschernobyl** geben sollte, kann uns wenigstens niemand mehr was vom Storch erzählen. Dazu dient die Auseinandersetzung. Und entschieden ist die Sache auch noch nicht: Die kleine Minderheit der Kapitalinteressen trifft hier auf

---

180 Eine Tabelle zum Nachvollzug der Auswertung des Suchterms *Tschernobyl* befindet sich in Kapitel 1.4.1 der Zusatzmaterialien unter www.springer.com auf der Produktseite dieses Buches.

eine breite demokratische Strömung. Und zwar in der gesamten EU, einschließlich den neuen Mitgliedsstaaten." (SZ 21.05.2004)

„Gentechnik ist eine Risikotechnologie. Agrarexperte Graefe zu Baringdorf warnt vor einem **"gentechnischen Tschernobyl"**. Jetzt seien Politik und Verbraucher gefragt/ [...]/ Letztlich entscheidet sich die Frage am Verbraucher, ob er Genfood will oder nicht. Hält der Verbraucher die momentane Ablehnung durch?/ Wir brauchen eine demokratische Auseinandersetzung um diese Art der Ernährung. Wir haben das im Atombereich gesehen: Ich glaube, eine Technik verhindert man in unserem Zeitalter nicht zum Beginn, sondern wenn es große Probleme gibt. Sollte ein **gentechnologisches Tschernobyl** passieren, wird es wichtig sein, ob wir in der Bevölkerung eine Debatte über das Ende dieser Technik angestiftet haben." (taz 27.04.2004)

Die taz zitiert mehrfach Personen, die einen Vergleich zwischen der Grünen Gentechnik und Tschernobyl ziehen und diesen als begründet einschätzen (31.01.2000, 27.04.2004, 03.07.2004, 20.03.2008, 16.02.2009),

„Greenpeace setzt weiter auf die Konsumenten. **Die Menschen mieden jetzt schon genmanipulierte Lebensmittel, als wenn es Pilze aus Tschernobyl wären**, sagt Härlin. "Wir sind sicher, am Ende werden die Verbraucher den Kampf gewinnen.""" (taz 31.01.2000)

„Für Konrad Ott, Professor für Umweltethik an der Uni Greifswald und zuständig für Gentechnik im "Sachverständigenrat für Umweltfragen" der Bundesregierung, ist das EU-Regelwerk zur Gentechnik zumindest ein deutlicher Fortschritt zu den Bestimmungen von 1998. Es fehle allerdings "die Definition, was bei gentechnischen Freisetzungen überhaupt als Schaden an der Umwelt gilt" und ab welchem Schaden ein gentechnisches Experiment abgebrochen werde. **Insgesamt sei nicht abzuschätzen, welches Risiko die Gentechnik berge. "Bei der Atomtechnik war das anders. Da wussten wir, dass die Schäden riesig werden würden und dass die Wahrscheinlichkeit eins zu zehntausend war." Dieses Risiko realisierte sich in Tschernobyl am 26. April 1986.** Genau 18 Jahre vor der gestrigen Sitzung der Agrarminister in Luxemburg." (taz 27.04.2004 IV)

„Der Imker aus Berlin stellte seine Produktion 1995 auf Bio um. [...] Gegen mögliche Gentechnik-Rückstände sei er machtlos, kontrolliert würde seine Ware aber regelmäßig. Doch die Imker sorgen sich um ihren ihren Absatz: "Sobald in irgendeinem Öko-Honig Rückstände gefunden werden, werden viele Konsumenten aufhören, den zu kaufen", meint Friedmann. Denn einer der Anreize, das meist etwas teurere Produkt zu erwerben, falle dann weg. Der Imker erinnert an 1986, an den Super-GAU von **Tschernobyl**: Damals hätten auch viele aus Sorge vor radioaktiver Verunreinigung auf deutschen Honig verzichtet." (taz 20.03.2008)

„In Frankreich hat der Afssa-Bericht erwartungsgemäß die schlummernde Polemik über transgenes Saatgut wieder zum Kochen gebracht. Kaum war der 21 Seiten lange Text veröffentlicht, meldeten sich GegnerInnen und BefürworterInnen von MON 810 zu Wort. Bauerngewerkschafter José Bové, zugleich mehrfach verurteilter Genschnitter, bezeichnet die Studie als Muskelspiel der Genmais-Lobby. **Die ehemalige Umweltministerin Corinne Lepage von der rechtsliberalen Partei Modem spricht von einer Manipulation wie in den Zeiten von Tschernobyl.** Lepage: Es gibt immer noch keine einzige öffentliche Untersuchung über das Verhalten von Ratten, die genmanipulierte Organismen gefressen haben. Die einzigen verfügbaren Quellen stammen von den Herstellern genmanipulierten Saatgutes." (taz 16.02.2009)

In einem Beitrag für die taz von Jürgen Dahl, Buchhändler, Journalist und freier Schriftsteller, stellt dieser einen direkten Vergleich zwischen der Technikskepsis im Zusammenhang mit der Atomkraft und der Technikskepsis angesichts der Grünen Gentechnik her.

„Die schönen Zukunftsbilder von gentechnisch optimierten Esswaren erinnern fatal an die Versprechungen der Atomtechniker vor fünfzig Jahren: dass man mit einer Hand voll Uran eine Großstadt drei Jahre lang mit Licht und Wärme versorgen könne. Was da an Risiken im Weg lag, wurde ignoriert oder bagatellisiert, und jene, die davor warnen wollten, taten sich schwer, ihre Bedenken zu rechtfertigen, denn das Wissen war noch lückenhaft, der Optimismus der Macher grenzenlos und **Tschernobyl** und die Atom-U-Boote in der Barentsee konnte man zwar vage erahnen, aber solche Ahnungen galten den Technikern als Hirngespinste neurotischer Laien. **Ganz ähnlich verhält es sich derzeit mit dem, was die Agrarindustrie die "grüne Gentechnik" nennt,** - wobei sie gern das Missverständnis in Kauf nimmt, "grün" sei auch hier ein Kürzel für "natürlich"und "gesund", und außerdem davon profitiert, dass das Hantieren mit Pflanzen immer noch als ziemlich harmlos angesehen wird, verglichen mit dem Klonen und Reparieren von Tieren und Menschen." (taz 03.07.2004)

Der Spiegel lässt Raum für eine diesbezügliche Fremdäußerung (16. September 2002), in welcher der Zusammenhang von Grüner Gentechnik und Atomkraft zurückgewiesen wird.

„Auch in ihrem neuen Buch verteidigen sie [die Publizisten Dirk Maxeiner und Michael Miersch, B.F.] ihren Ruf als Kritiker der Lust am Untergang - gegen Fortschrittsverweigerer, die "unsere Gesellschaft lähmen". Den Berufspessimisten aller Couleur halten Maxeiner & Miersch entgegen, dass "heute mehr Menschen in Wohlstand und Freiheit leben als je zuvor", dass auch in der Dritten Welt die Versorgung besser geworden sei und nicht Gentechnik und Globalisierung lebensgefährlich seien, sondern die alten Risiken wie "Straßenverkehr, Zigaretten, Alkohol, Übergewicht und Bewegungsmangel". **Entgegen allen Erwartungen habe das Desaster von Tschernobyl in Deutschland "zu keinen gesundheitlichen Folgen" geführt, und auch gentechnisch veränderter Mais oder der Elektrosmog konnten die in sie gesetzten Katastrophenerwartungen nicht erfüllen.**" (Der Spiegel 16.09.2002)

Zudem zieht Der Spiegel einen Vergleich zwischen Atomkraft und Grüner Gentechnik und weist diesen als unbegründet zurück, was sich an der Verwendung der Ausdrücke *Generalverdacht* und *Skeptiker neuer Technologien* festmachen lässt.

„Innerhalb der Regierung wird damit ein Streit ausgetragen, der auch die Gesellschaft spaltet. Spätestens nach den Chemie-Katastrophen im italienischen Seveso, dem indischen Bhopal und vor allem dem **Atom-GAU von Tschernobyl** stehen in Deutschland industrielle Großtechnologien unter Generalverdacht - stärker als in anderen Ländern und stärker, als dem heimischen Wirtschaftsstandort manchmal gut tut. [...] **Und so setzen sich auch in der rot-grünen Koalition häufig genug die Skeptiker neuer Technologien durch. Wie in der Gentechnik,** die die Brüsseler EU-Kommission noch vor kurzem zu einem wichtigen Feld ihrer Industriepolitik erklärt hat." (Der Spiegel 04.10.2004)

Der Zusammenhang, der einen Vergleich von Grüner Gentechnik und Tschernobyl hervorbringt, ist ganz anderer Natur als der übliche Vergleich aufgrund der Unmöglichkeit, die Technikfolgen einer neuen Technologie einschätzen zu können. Hierbei handelt es sich um einen Verweis auf ein Forschungsexperiment, das sich die Folgen des Reaktorunglücks zunutze machen will (04. Oktober 2004, 19. Dezember 2009) und damit einen positiven Vergleich zwischen Atomkraft und Grüner Gentechnik hervorbringt.

„Genau das ist das Ziel der Forstgenetiker: Mit Hilfe molekularbiologischer Tests wollen sie die individuellen Eigenschaften eines Baums vorhersagen, noch ehe der Setzling in die Erde kommt. [...] Auch Finkeldey fahndet im Erbgut von Nadelbäumen nach Überlebensstrategien: **In der Ukraine sammelt der Wissenschaftler Nadeln von Kiefern ein, die die Reaktorkatastrophe von Tschernobyl überstanden haben.** "Einige Bäume haben die radioaktive Verstrahlung besser weggesteckt als andere", erklärt Finkeldey, "wir wollen herausfinden, woran das liegt." **Kopenhagener Forscher sind sogar schon auf der Suche nach den Genen für den perfekten Weihnachtsbaum.** Die Dänen sind Exportmeister: Rund zehn Millionen Christbäume liefert das Königreich Jahr für Jahr in die Nachbarländer, vor allem die auch in deutschen Wohnzimmern so beliebte Nordmann-Tanne." (Der Spiegel 19.12.2009)

Im Text der Welt äußert sich der Autor positiv bezüglich Grüner Gentechnik, was an dem Vergleich zwischen Grüner Gentechnik und der Atomkraft deutlich wird, da Technikskepsis als Angstszenarien und die möglichen Technikfolgen des GV Anbaus als erfundene Horrormärchen bezeichnet werden.

„Mit der messbaren Wirklichkeit haben diese Empfindungen nichts zu tun. Unterm Strich geht es uns täglich besser denn je. Das gilt auch für die Natur und die Technikbeherrschung. Dennoch erhitzen und ermüden **Angstszenarien** wie der Rinderwahnsinn, die Klimakatastrophe, das Artensterben, die Bevölkerungsexplosion, die Vogelgrippe, das Bienensterben, der Al-Qaida-Terrorismus oder die Sorgen wegen der **Atom- und der Grünen Gentechnik** permanent die Gemüter. **Alte Kamellen wie der Super-GAU von Tschernobyl oder erfundene Horrormärchen über die Folgen des Anbaus transgener Nutzpflanzen werden gebetsmühlenartig bemüht.** Noch nie in der jüngeren Geschichte haben moralische Forderungen nach Zügelung und Abstinenz der Menschen eine derart starke soziale Kraft entfalten können. Die deutsche Bilanz dieser grünen Misanthropie ist entsprechend atemberaubend: Zunächst musste die Kernkraft dran glauben, die ohne Not verboten wurde, während sie in vielen Teilen der Welt eine Renaissance erfährt. Seit Jahren wird auch gegen die Grüne Gentechnik getreten, die wegen ihrer Vorteile weltweit boomt und offenbar gerade deshalb von unseren Breitengraden ferngehalten werden soll." (Die Welt 21.05.2008)

Im Artikel der Frankfurter Sonntagszeitung wird der Vergleich zwischen Grüner Gentechnik und Atomkraft am Beispiel einer existenten oder fehlenden gesellschaftlichen Risikobereitschaft für eine neue Technik festgemacht.

„Das einflussreichste Argument der Gentechnikgegner aber lautet: Wir kennen die Risiken dieser Technik nicht. Dieses Argument ist so wirkungsvoll, weil es stimmt. Aber so ist das eben mit neuer Technik. **Die gesellschaftspolitische Frage an technologischen Schwellen kann deshalb nur lauten, ob die Gesellschaft bereit ist, gewisse Risiken zu tragen.** Sie ist es immer weniger./ [...]/ Wann der Wendepunkt kam, ist schwer zu ermitteln. Das Club-of-Rome-Buch "Die Grenzen des Wachstums", eine bemerkenswert erfolgreiche Ansammlung von Fehlprognosen, traf in den siebziger Jahren einen Nerv, die Antikernkraftbewegung erlebte nach dem **Tschernobyl-GAU 1986** schon ihren zweiten Frühling/ [...]/ **In der Gentechnik wird seit 15 Jahren die Angst vor einer hypothetischen Gefahr am Leben erhalten.** Dass sie immer noch nicht aufgetaucht ist, ist, so möchte man meinen, gerade das Teuflische dieser Technik./ Die Gegner haben ganze Arbeit geleistet und finden inzwischen unglaublich viel Rückhalt. Linke und Grüne geben in Mitteilungen regelmäßig zum Ausdruck, dass sie mit den Feldbesetzungen sympathisieren, die in den Texten allerdings regelmäßig Feldbefreiungen genannt werden." (FAS 19.04.2009 III)

In der Süddeutschen Zeitung wird ein Zusammenhang zwischen Grüner Gentechnik und der Atomkraft dadurch hergestellt, indem wertfrei über die zunehmende Relevanz von wissenschaftlichen Themen für die Gesellschaft berichtet wird, allerdings wird auch hierbei auf den Gegensatz Technikeuphorie und Technikskepsis bzw. Forschungsfeindlichkeit angespielt.

> „Die gesamte Entwicklung spiegelt die wachsende Bedeutung wissenschaftlicher Themen für die Gesellschaft. Nach der grenzenlosen Wissenschafts- und Technikeuphorie der sechziger Jahre und der darauf folgenden, von Ölschock, Seveso und **Tschernobyl** befeuerten allgemeinen Forschungsfeindlichkeit hat die Qualität öffentlicher Debatten über Wissenschaftsthemen inzwischen ein hohes Niveau erreicht. Ob Stammzellen, **grüne Gentechnik** oder die Frage nach der Freiheit des Willens: Ein sehr interessiertes Publikum verlangt mittlerweile ein bemerkenswertes Maß an Information. [...] Wenig überraschend, dass lebensnahe Themen besonders gefragt sind, vor allem Berichte aus der Medizin. Erstaunlich ausgeprägt ist jedoch auch das Interesse an scheinbar nur nischentauglichen Themen. So kann man Chefredakteure erschrecken, indem man eine Diskussionsveranstaltung über Kernfusion anbietet, zu der plötzlich 200 Menschen ins Auditorium drängen. Berichte über die Angriffe amerikanischer Neokreationisten auf die Evolutionslehre Darwins füllen ebenso ganze Pappschachteln mit Leserzuschriften wie Leitartikel über die Gefahren grüner Gentechnik." (SZ 06.10.2005)

Im Gegensatz zu dem eher fortschrittliche Technik befürwortenden Charakter des bereits aufgeführten Auszugs aus dem FAS-Artikel verleiht folgender Textbeleg aus der FAS beiden Positionen Raum.

> „*Droht ein **Biotech-Tschernobyl** oder nahen paradiesische Zeiten? / An manipulierten Lebensmitteln führt kein Weg vorbei / Die Impfbanane als Ziel*/ FRANKFURT. "Wer weiß schon, was in zehn, zwanzig Jahren passiert, wenn man immer fremde Gene mitißt?" Michael Rothkegel, Geschäftsführer vom Bund für Umwelt und Naturschutz (BUND) in Frankfurt, spricht mit seiner Frage aus, was so manchen im vielbeschworenen Zeitalter der Biotechnologie umtreibt. Seine Antwort dürfte wenig dazu beitragen, sich auszusöhnen mit der **sogenannten Grünen Gentechnik**, der Produktion also, die sich mit dem Gentransfer bei Pflanzen beschäftigt und die letztendlich unsere Ernährung beeinflußt. "Vor Tschernobyl hat auch jeder gesagt: Was für eine tolle Energiequelle."/ Für den Sprecher von Aventis CropScience im Industriepark Höchst, Wolfgang Faust, ist dies nichts als ein "Horrorszenario", verbreitet von einem der vielen Ideologen. Was ihn mehr beunruhigt als ein **potentielles "Tschernobyl der Grünen Gentechnik"** sind die Milliardenverluste, die sein Unternehmen verbucht, weil die von ihm entwickelten Pflanzenschutzverfahren auf Gentech-Basis nicht zugelassen werden." (FAS 29.10.2000)

Auch die Frankfurter Allgemeine Zeitung zieht in einem Text von Ulf von Rauchhaupt, Autor von „Wittgensteins Klarinette. Gegenwart und Zukunft des Wissens", eine Sachverhaltsverknüpfung zwischen Grüner Gentechnik und

Atomkraft, nimmt aber keine Stellung zu einer möglichen Bewertung des angestellten Vergleichs. Sie bestätigt lediglich beiden Technologien eine „Unkalkulierbarkeit von Risiken".

„Bis heute streiten sich die Experten, wie hoch nun der Schaden war, der 1986 durch den geborstenen Reaktor von **Tschernobyl** entstand. Und nicht wenige halten es für zynisch, das Leid krebskranker Kinder überhaupt in Dollar und Euro messen zu wollen. Dabei ist die Kernenergie zumindest so lange bekannt, daß man im Prinzip weiß, welche Folgen ein schwerer Unfall haben kann - wenn auch wieder nur durch Hochrechnung leidvoller Erfahrungen der Vergangenheit. So birgt - und das ist der dritte Grund für die **wachsende Unkalkulierbarkeit von Risiken in der Wissensgesellschaft** - jede neue Technologie möglicherweise Grundrisiken, von denen wir gar nichts wissen können. Im vorhinein können wir sie oft allenfalls begründet imaginieren, **etwa im Falle gentechnisch veränderter Nahrungsmittelpflanzen.** Obwohl noch niemand durch genmanipulierte Mais-oder Sojaprodukte zu Schaden gekommen ist, können wir uns doch Gefahrenszenarien ausmalen und damit gegen die Einführung der entsprechenden Technologien argumentieren; begründet und engagiert, aber weitgehend empiriefrei. Spätestens in solchen Debatten zeigt sich: das zur Risikoabschätzung nötige Wissen kann in vielen Fällen selber nicht mehr wissenschaftlich abgesichert werden." (FAZ 28.05.2005)

Zusammenfassend lässt sich also feststellen, dass aufgrund ihrer wiederholten Bekundungen bezüglich des Vergleichs von Grüner Gentechnik und Atomkraft die taz als Grüne-Gentechnik-Gegner und Der Spiegel als Grüne-Gentechnik-Befürworter zu vermuten sind. Hier soll aber nochmal daran erinnert werden, dass dies aufgrund eines sehr beschränkten Auszugs aus der gesamten Debatte geschlossen wird und deshalb nur im Zusammenhang mit anderen diesbezüglichen Ergebnissen als begründet erachtet werden kann.

Aufgrund des Hinweises auf einen Frankenstein-Vergleich in der Umgebung des Clusters *warnen vor* wird ein Versuch zur Überprüfung angestellt, ob dieser Vergleich ein typisches Sprachmuster im Sprachgebrauch über Grüne Gentechnik darstellt. Der erste Suchvorgang erfolgt über den Suchterm *Franken**. Auf diese Weise werden 92 Treffer erzielt, 35 Hits davon verweisen auf einen anderen Sachverhalt wie z. B. das Gebiet Franken oder den ehemaligen **Minister für Wissenschaft, Forschung und Kunst des Landes Baden-Württemberg**, Peter Frankenberg. Die anderen 57 Treffer sind thematisch zutreffend und werden über die Suchterme *Frankenstein* und *Frankenfood* eruiert[181].

---

181 Eine Tabelle zum Nachvollzug der Auswertung des Suchterms *Franken** sind in Kapitel 1.4.1 der Zusatzmaterialien unter www.springer.com auf der Produktseite dieses Buches verfügbar.

Aufgrund der manuellen Auswertung aller Textbelege kann festgestellt werden, dass die Sachverhaltsverknüpfung mit dem literarischen Stoff des Romans „Frankenstein oder Der moderne Prometheus" von Mary Shelley kein Indikator für befürwortenden oder ablehnenden Sprachgebrauch ist. Der Vergleich von Äußerungen mit den Wortbestandteilen *Franken-* und *Frankenstein-* zeigt, dass *Franken-* vermehrt im Kontext des Sprechens über die Ablehnung der Grünen Gentechnik auftritt. Dies wird zum Beispiel daran deutlich, dass in der Umgebung dieses Wortbestandteils das Adjektiv *genmanipuliert* oder *genetisch manipuliert* verwendet wird (siehe dazu Müller et al. 2010: 452).

„Schon jetzt stammen 75 Prozent aller Lebensmittel, die in Deutschland verzehrt werden, nicht direkt vom Bauern, sondern haben industrielle "Veredelungsprozesse" durchlaufen. Auf den Markt drängen zugleich die vom Verbraucher beargwöhnten *genmanipulierten* Produkte, die nach Ansicht von Greenpeace ein "Risiko in aller Munde" darstellen, sowie die verschiedensten Versionen von **"Frankenfood"**, aus Versatzteilen zusammengestückelt wie **Frankensteins Monster.**" (Der Spiegel 04.12.2000)

„Und San Diegos Kongresszentrum war zum Auftakt der Biotech-Tagung am Wochenende von bewaffneten Schutztruppen umstellt wie ein formidabler Hochsicherheitstrakt. Doch hartes Durchgreifen war nicht nötig; die Demonstration gegen *Genmanipulation* und **"Frankenfood"** verlief vollkommen friedlich. /[...]/ „Das Einbringen von Genmaterial in Pflanzenkulturen kann resistent machen gegen Schädlinge, Viren oder große Trockenheit. Doch obwohl *genmanipulierte* Gemüsemais-Kulturen, Kartoffeln oder Zuckerrüben mittlerweile zum Anbau freigegeben sind, setzen die Bauern weiter auf herkömmliche Pflanzen, die mit teuren Schutzmitteln massiv gespritzt werden müssen. Der Grund: Große Abnehmer wie McDonald's haben zu verstehen gegeben, dass sie kein gentechnisch veränderten Produkte zu kaufen wünschen./ Etwa 800 Demonstranten haben in San Diego gegen die Verwendung von *genetisch manipuliertem* Saatgut und die Herstellung von **"Franken-Food"** protestiert." (Die Welt 27.06.2001)

Zahlreiche Beispiele, überwiegend mit dem Wortbestandteil *Franken-* erzielen eine Distanzierung zu dem Ausdruck, indem sie sich durch Distanzierungsmerkmale wie *durch Begriffe wie* oder *als ... bezeichnet* abgrenzen.

„Um derartige Sicherheitsrisiken zu klären, besteht in der EU seit 1998 ein Moratorium, das den kommerziellen Anbau und die Vermarktung gentechnisch veränderter Organismen (GVO) weitgehend verhindert hat. Mit einer Freisetzungsrichtlinie und weiteren Regelungen wollen sich die Europäer nun aus der Angststarre befreien. Gentechnisch verändertes Saatgut, Futter- und Nahrungsmittel, die in US-Medien gern *als* **"Frankenfoods"** *(Horrornahrung) tituliert werden*, sollen fortan untergesetzlich geregelten Auflagen genutzt werden können. Bis zur Sommerpause 2004, so heißt es im Berliner Verbraucherministerium, wird auch das deutsche Gentechnikgesetz entsprechend geändert sein." (Focus 03.11.2003)

„So ganz ohne Widerstand kann sich die Industrie aber selbst in ihrem Ursprungsland nicht entfalten. Auch im fortschrittsfreudigen Amerika gibt es Skeptiker. Den Konservativen ist dabei vor allem die Stammzellenforschung ein Dorn im Auge. Umweltverbände und viele Verbraucher erregen sich dagegen über gentechnisch veränderte Lebensmittel, die sie griffig *als* **„Frankenfood"** *bezeichnen*." (SZ 13.07.2001)

Zahlreiche Belege mit dem Wortbestandteil *Frankenstein-* wiesen auf neue Forschungsvorhaben hin.

Im folgenden Textbeleg dient der Frankenstein-Beleg dem Akteur, der in der Frankfurter Allgemeinen Sonntagszeitung zu Wort kommt, dazu, sich von der Überschreitung der Artgrenzen abzugrenzen.

„Auch bei der Firma ViaLactia aus Dunedin auf der Südinsel Neuseelands begeistert man sich für den innerartlichen Gentransfer, der nicht die **"Frankenstein-Attitüde des transgenen Ansatzes"** habe, wie es Forschungsleiter Zac Hanley ausdrückt. "Wir können uns vorstellen, auf diese Weise hitze- oder austrocknungsresistente Weidegräser zu züchten." Immerhin ist die Firma von der Technik so überzeugt, dass ViaLactia sie als "Cisgenics" vorsichtshalber als Warenzeichen angemeldet hat. Ebenso wie bei Conners "Intragenics" werden per Cisgenics nur Gene aus der gleichen Art in die Nutzpflanze eingeführt, aber cisgene Genfähren enthalten im Unterschied zu Conners intragenen Fähren nach wie vor bakterielle und virale DNA." (FAS 15.07.2007)

Auf diesen Spiegel-Artikel, der von einem Forschungsvorhaben mit gentechnisch veränderten Bäumen – hier als „Frankentrees" bezeichnet – berichtet, wird im Zusammenhang mit dem Ausdruck *Designer-Pappel* näher eingegangen (vgl. Kapitel 5.4.2).

„ ‚Die Wälder der Zukunft werden nichts mehr mit denen zu tun haben, die wir heute kennen' , prophezeit Steven Strauss von der Oregon State University, einer der profiliertesten *Baumdesigner*. Vor allem den weltweit "rapide wachsenden Bedarf für Holzprodukte" könnten die **Gentech-Bäume** künftig stillen, frohlockt der Wissenschaftler - und löst mit derlei Ankündigungen nicht nur Begeisterung aus. Denn viele Naturschützer sehen in den **"Frankentrees"** ein neues Armageddon." (Der Spiegel 15.11.2004)

Interessanterweise wird der *Frankenstein*-Wortbestandteil von den im Folgenden angeführten Medien dazu verwendet, einen Gefahren-Topos (zum Gefahren-Topos siehe Spieß 2011b: 474-479) zurückzuweisen.

„**Frankensteins Futter**/ Die grüne Gentechnik tut sich schwer, von ihrem Negativimage herunterzukommen. Gentechnisch veränderte Pflanzen mögen höhere Erträge, weniger Schädlingsbekämpfung und die Überwindung des Hungers in der Dritten Welt versprechen. Bei den Verbrauchern in Europa kann die Branche damit wenig Eindruck machen. Nach einer Serie von Lebensmittelskandalen sitzt das Mißtrauen tief. Dabei wird kaum ein konventionelles Lebensmittel so streng kontrolliert wie *die als* **Frankenstein-Food** *verteufelten Produkte der Gentechni*k. Seit mehr als zwei Jahren liegen in Europa sämtliche Zulassungsanträge für neue Produkte auf Eis, weil die EU-Regierungen mehrheitlich nicht bereit sind, sich über die *latenten Ängste* in der Bevölkerung hinwegzusetzen." (FAZ 21.08.2000)

„*Angst* vor "**Frankenstein-Food**"/ Nun ließe sich fragen, was die Aufregung soll. Die neue Verordnung ist die strengste der Welt, und das bisschen Gentechnik hat noch niemandem geschadet – was nach den jetzigen Erkenntnissen der Wissenschaft stimmt. Tatsächlich sind es meist *irreale* Vorstellungen, die vor allem in Europa die *Angst* vor Gentechnik schüren. *Kein Einziges* der bereits auf dem Markt erhältlichen GVO-Produkte konnte bislang mit Gesundheitsgefahren in Zusammenhang gebracht werden." (SZ online 16.04.2004)

Ebenso wie im Beleg der SZ werden im Kotext des untersuchten Wortbestandteils *Frankenstein-* die folgenden Ausdrücke verwendet, um einen Gefahren-Topos zurückzuweisen: Zeit online 23. März 2009: *Hysterie, Angst*; Der Spiegel 26. April 2005: *Urängste;* FOCUS 19. März 2007: *Angst, Schauermärchen.*

Verwunderung bzw. eine skeptische bis ablehnende Haltung in Bezug auf gentechnisch veränderte Lebensmittel zeigen, wie an folgenden Textbelegen deutlich werden soll, die taz, die FR, die SZ und die FAZ.

„"**Frankenstein-Food**"; In Washington sind gentechnisch veränderte Lebensmittel *selbst für* ausgemachte Ökos kein Thema." (taz 12.06.2004)

„Kein schöner Job, und heute zum Glück unüblich. Die Vision, dass man Vorkoster wieder einführen müsste, weil demnächst "**Frankenstein-Food**" mit verändertem Erbgut massenweise in unsere Supermärkte Eingang findet, ist zum Glück überzogen. Doch so ganz überzeugt Ministerin Künasts Selbstlob eben doch nicht, sie habe mit ihrem Gentechnik-Gesetz die "Wahlfreiheit von Verbrauchern gesichert". Denn die ist zwar verbessert worden, aber *leider* nicht durchgreifend." (FR 14.01.2004)

„Konservative betonen oft, der Einzelne sei für sein Leben verantwortlich, der Staat sollte ihm wenig vorschreiben. Diese Wahlfreiheit sollte deshalb auch für die Gentechnik gelten. Die meisten Bürger mögen nun mal kein **Frankensteinfood**. Der Staat sollte nicht versuchen, sie umzuerziehen." (SZ 16.01.2006)

„Der wohlige Ekel vor der Gentechnik, der viele Bürger eint, ist indes nicht allein dem Mangel an politischer Ehrlichkeit geschuldet. Die Branche selbst hat Fehler gemacht. Sie weckte Misstrauen, weil sie ewig haltbare Tomaten als das Nonplusultra dessen pries, was der moderne Mensch ersehnt. Solche **Frankenstein-Früchte** will man nicht. Man mag auch nicht den Versprechungen von Saatgut-Konzernen glauben, dass die Gentechnik wundersame Gewächse gebiert, die Wüsten erblühen lassen. Mehr Ehrlichkeit auch von dieser Seite wäre hilfreich." (FAZ 20.05.2009)

Die vergleichende Auswertung des fachexternen Diskurses und des Mediendiskurses machte deutlich, welche semantischen Kategorien diskurstragend und welche diskursspezifisch sind. Zudem konnte gezeigt werden, dass auch Einzelphänomene eine ausführlichere Analyse wert sind. Durch die Auswertung von auffälligen Lexemen der Keywordlists konnten typische Cluster des jeweiligen Sprachgebrauchs ermittelt werden. Die Auswertung des auffälligen Clusters „warnen vor" in Form eines Exkurses führte zur Sachverhaltsverknüpfung mit den Themen Atomkraft und Frankenstein.

5.3.2 Gegner versus Befürworter des fachexternen Korpus

Für die folgende Keywordanalyse wurden die Texte der Akteure des fachexternen Diskurses, also von Befürwortern und Gegnern in zwei Subkorpora unterteilt. Die Akteure, die aus Gründen ihrer Rolle im Diskurs eine neutrale Position einnehmen, so z. B. die Ministerien mit Ausnahme des BMBF (BVL, BMELV, BfR, BfN, BMJ, BMU, Bundesgesetzblatt) und Akteure, die aufgrund der geringen Anzahl an vorliegenden Texten keiner Position zugewiesen werden konnten, wurden nicht mit in die Analyse einbezogen. Ein einzelner Blogautor, der sich als Skeptiker einstuft, wurde ebenfalls außen vor gelassen. Die beiden Subkorpora wurden im Vergleich zu dem jeweils anderen Teilkorpus im LDA-Tool anhand einer Keywordanalyse ausgewertet. Das Korpus der Befürworter beinhaltet 194 560 Token und 194 513 Lemmata, das geringfügig größere Korpus der Gegner umfasst 207 990 Token und 207 946 Lemmata. Anhand des LDA-Tools werden 350 Keywords der Befürworter und 367 Keywords der Gegner erzielt. Anschließend wurden diese in semantische Kategorien eingeteilt. Es konnten positionsübergreifende und positionsspezifische Kategorien eruiert werden[182].

Positionsübergreifende Kategorien

Zu den positionsübergreifenden Kategorien zählen Akteure, der Bereich Landwirtschaft und der Sachverhalt GRÜNE GENTECHNIK.

---

[182] Eine Tabelle zum Nachvollzug der Auswertung der Keyword-Analyse der *Gegner versus Befürworter des fachexternen Korpus* findet sich in Kapitel 1.4.2 der Zusatzmaterialien unter www.springer.com auf der Produktseite dieses Buches.

Die Auswertung der Kategorie der Akteure ergibt, dass sich im Sprachgebrauch der Gegner der Grünen Gentechnik des fachexternen Diskurses mehr Keywords finden, die in die Kategorie Akteure gehören, als im Sprachgebrauch der Befürworter. Unter den Keywords der Gegner dominieren die Akteursbenennungen von Gegnern: z. B. *greenpeace, imker, zkbs, friends*. Es finden sich aber auch Benennungen von Befürwortern: *wto, ipk, kommission, monsanto, konzern*. Im befürwortenden Subkorpus dominieren Akteursbenennungen der Blogautoren und Blogleser, es finden sich aber auch das Unternehmen KWS, die DFG etc., also Akteursbenennungen aus verschiedenen Bereichen.

In den Keywords, die auf den Bereich Landwirtschaft verweisen (wie z. B. *soja, raps, saatgut, sojaschrot, brokkoli, ei, amflora, maisanbaufläche, heimtiernahrung, Biene*), nehmen die Keywords des Sprachgebrauchs der Gegner einen höheren Anteil an allen Keywords ein als dies im befürwortenden Korpus der Fall ist.

In den Keywords, die den Sachverhalt GRÜNE GENTECHNIK bezeichnen, fallen ebenfalls Differenzen auf. Während sich im gegnerischen Sprachgebrauch die keywords *agro, agrogentechnik, agro-gentechnik* und *gentech* als typische identifizieren lassen, so verwenden die Befürworter offensichtlich häufiger die Bezeichnungen *biotechnologisch, Biotechnologie* und *Pflanzenbiotechnologie* sowie *transgen* (vgl. Kapitel 4.4.1.1; Bezeichnungskonkurrenz *Grüne Gentechnik/ Agrogentechnik/ Biotechnologie*).

Positionsspezifische Kategorien des gegnerischen Sprachgebrauchs und des befürwortenden Sprachgebrauchs des fachexternen Diskurses

Im Sprachgebrauch der Gegner lassen sich einige Keywords dem Bereich Technikfolgen (z. B. *verunreinigung, kontamination, verunreinigt, gift, verunreinigen, verstoß, entschädigung, auskreuzungen, durchwuchs*) und dem Bereich Technikfolgenabschätzung (z. B. *koexistenz, risikobewertung, monitoring, kontrolle, sicherheitsvorkehrung*) zuordnen.

Es finden sich zudem Keywords, die sich dem Bereich Politik (z. B. *maßnahme, arbeitsplatz, behörde, standortregister, moratorium*), Kirche und Wertevermittlung (z. B. *ethisch, kirchlich, schöpfung, diözese, gerechtigkeit, solidarität*), dem Rechtsbereich (z. B. *gutachten, 2001/18/eg, paragraph, klage, zugelassen, kennzeichnung*), Orten (z. B. *argentinien, süden, berlin*), Zeit (*april, monat, 2005*), Wissenschaft (*kulturpflanzenforschung*) und Fachtermini (*herbizidresistent*) zuordnen lassen.

In den Keywords der Befürworter dominieren thematisch die Bereiche Wissenschaft und Pflanzenzüchtung (z. B. *grundlagenforschung, chloroplasten, tilling, proteine, eigenschaft, virus, kulturpflanze, übertragung, freisetzungsexpe-

*riment, mechanismus, dn*a). Dies ist damit zu erklären, dass zu den Befürwortern der Grünen Gentechnik vor allem Unternehmen und Wissenschaftler gehören.

Im Sprachgebrauch der Befürworter finden sich auch Keywords, die einem unternehmerischen Sprachgebrauch zugeordnet werden können (z. B. *neuartig, modern, diversitätszentren, effektiv, effizient, innovation, innovationspotenzial, potenziale*). Dazu gehören Keywords, die noch einmal unterstützen, dass der befürwortende Sprachgebrauch sich durch zukunftsgerichtetes und positiv besetztes Vokabular auszeichnet (z. B. *Vorteil, verbessern, fortschritt, interessant, erhöhen, ertrag, verbesserung, steigern, sicherheit, wohlstand, akzeptanz, vielversprechend*).

Zudem tauchen wenige Keywords mit dem Zeichen @ als Verweis auf den Bereich der Blogosphäre *(@, @sil, @tobias)* auf und viele Keywords, die als semantisch unspezifizierte Lexeme eingestuft wurden, da sie sehr vom Kontext abhängig sind und auf keine eigenständige semantische Kategorie verweisen.

Auffällige Einzelphänomene des befürwortenden Sprachgebrauchs

Im Folgenden wird noch auf einige wenige auffällige Einzelphänomene der Keywordlist der Befürworter der Grünen Gentechnik eingegangen. Dazu wird das Keyword *jahrhundert* gezählt. Vergleicht man die absolute Frequenz in beiden Korpora, so wird deutlich, dass *jahrhundert* von den Befürwortern etwas mehr als dreimal so häufig verwendet wurde. Es ist besonders auffällig, da in der hermeneutischen Auswertung das Syntagma *seit tausenden von Jahren* herausgearbeitet wurde (vgl. Kapitel 4.3.1).

Die Durchsicht der Konkordanzen ergibt, dass mit dem Keyword *jahrhundert* ebenfalls eine Zeitangabe verwendet wird, diese jedoch eine andere Funktion erfüllt als das in der hermeneutischen Auswertung herausgearbeitete Muster.

Im Textmuster *seit Tausenden von Jahren* wird von Befürworterseite auf die lange Tradition der Pflanzenzüchtung und die Entwicklung der konventionellen Pflanzenzüchtung Bezug genommen. Die Konkordanzauswertung des Keywords *jahrhundert* erzielt jedoch einen anderen Effekt. Denn statt der Betonung der Tradition wird auf die Relevanz der Grünen Gentechnik in der Gegenwart verwiesen, z. B.

Schlüsseltechnologie des 21. Jahrhunderts (BASF - Bio- und Gentechnologie: Schlüsseltechnologien des 21. Jahrhunderts/ BASF – FAQs - Das Engagement der BASF in der Biotechnologie/ BASF - Pflanzenbiotechnologie/ KWS - Was ist Pflanzenzüchtung/ Andreas Jungbluth (BMBF) – Science live – Perspektiven moderner Biotechnologie und Gentechnik),

schlüsselrolle im 21. jahrhundert (KWS - Grüne Gentechnik. Warum die moderne Pflanzenzüchtung nicht darauf verzichten kann), *eine der wichtigsten Technologien des 21. Jahrhunderts* (Bayer CropScience - Beste Voraussetzungen für erfolgreiche Innovation), *erst zwei Jahrhunderte später* (DFG (2010) – Grüne Gentechnik) und *über Jahrhunderte* (Syngenta - Antworten zu Pflanzenschutzmitteln und Biotechnologie in der Landwirtschaft und WeiterGen (14.07.2009) - Gift im Garten - Alternativen für die Feldbefreier).

Im Folgenden wird das Keyword *angst* genauerer betrachtet. Es stammt aus der Keywordlist des befürwortenden Subkorpus und lässt sich vor allem dem Sprachgebrauch der Blogosphäre zuordnen. In den Kommentaren des Blogs findet eine rege Diskussion zum Diskursthema Grüne Gentechnik statt und bei genauerer Betrachtung des Ausdrucks wird deutlich, dass sich in dessen Kotext sowohl Gegner als auch Befürworter der Grünen Gentechnik äußern. Dies liegt daran, dass der Text auch Kommentare von Bloglesern umfasst, die im Gegensatz zum Blogautor nicht automatisch zu den Befürwortern der Grünen Gentechnik gerechnet werden können.

Der Kontext des Keyword *angst* besteht also zum einen aus dem Versuch der Befürworter die Ablehnung der Grünen Gentechnik auf die (ihrer Ansicht nach unbegründete) Angst der Verbraucher bzw. der Öffentlichkeit zurückführen.

„Die dogmatische Ablehnung, die der Gentechnik entgegen schlägt, die quasireligiösen Verweise auf die Menschenwürde (rote Gentechnik) und auf Mutter Natur (grüne Gentechnik) haben für mich andere Gründe:/ [...]/2. Die **natürliche Angst der Menschen vor Neuem** und gleichzeitig die fehlende Bereitschaft sich mit komplexen Themen auseinander zu setzen (WeiterGen (22.02.2008) - Von Haien und Schweinen)

„Ich finde das wirklich nicht mehr lustig./ Es gibt Gesetze, die extrem hohe Anforderungen an die Sicherheit stellen./ Den Kritikern ist es niemals sicher genug. Dann kommt eben das nächste Bedenken./ Man muss es sich mal klar machen:/ das ist **Angst vor Gemüse**." (sil·12.01.10 15:14 Uhr in WeiterGen (10.01.2010) - Rationales zur Grünen Gentechnik),

Dieses Keyword verweist zum anderen auf Aussagen von Gentechnik-Gegnern, die diese Begründung der ablehnenden Haltung gegenüber der Grünen Gentechnik zurückweisen.

„Zukunftstechnologie? Na, ich weiss nicht. Mir scheint die grüne Gentechnik doch sehr betrieben von der Idee, lauter nichttechnische Probleme technisch zu lösen und die industrielle Monokultur mit Patenten zu komplettieren. **Das Unbehagen daran dürfte noch einige weitere Gründe ausser der verbreiteten Angst vor dem** (naja) 'Eingriff in die Schöpfung' haben. Im Gegensatz zu den potentiellen Anwendungen in der Medizin betrachte ich selber diese Ideen der grünen Gentechnik (insbesondere in der Nahrungsmittelerzeugung, und davon ist ja immer die Rede) ohne besondere Sympathie. **Schmeckt mir sehr nach einer brillianten Produktidee mit grandiosem Abhängigkeitseffekt.** Auch wenn die effektiven Gründe eher abergläubisch klingen und mit tausend anderen Formen der Wissenschaftsfeidlichkeit korrespondieren, habe ich kein Problem damit, wenn Politiker sich nicht direkt über die allgemeine Stimmung hinwegsetzen für eine ohnehin kaum durchsetzbare Sache." (walim·10.04.09 21:27 Uhr in WeiterGen (10.04.2009) - Genmais MON 810 - Das politische Spiel mit Zukunftstechnologien)

Im Folgenden soll das Keyword *natürlich,* das über eine absolute Frequenz von 156 verfügt, und dessen kotextuelle Umgebung genauer untersucht werden. Die Belege sind für eine vollständige Bewertung zu umfangreich; bei einem Blick auf die KWICs konnten zwei auffällige Textmuster ausgemacht werden. Das Keyword *natürlich,* das deshalb besonders interessant ist, da der Aspekt der Natürlichkeit im fachexternen Diskurs als umstrittenes Konzept ausgemacht werden konnte, trat in Form von *natürlicherweise* (12) und *natürlich vorkommend* (14) auf.

„Wir nehmen mit der Nahrung täglich mindestens 1,5 Millionen Mikroorganismen, die **natürlicherweise** Antibiotika-Resistenzgene tragen, zu uns. Theoretisch ist die DNA-Übertragungswahrscheinlichkeit von Bakterium zu Bakterium höher als von pflanzlichen oder tierischen Zellen auf Bakterien. Es gibt aber bislang keinerlei Hinweis darauf, dass eines der unzähligen Gene, die wir täglich mit der Nahrung aufnehmen, jemals auf die Mikroorganismen unserer Darmflora übertragen worden wäre." (KWS - Häufig gestellte Fragen zu Biotechnologie und Gentechnik)

„Die heutigen Kenntnisse über das Pflanzengenom erlaubt es uns, mit Hilfe der Biotechnologie **natürlich vorkommende** Allergene gezielt aus bestimmten Nahrungsmitteln zu entfernen. Hypoallergene Reis und Sojasorten wurden bereits entwickelt." (Syngenta - Antworten zu Pflanzenschutzmitteln und Biotechnologie in der Landwirtschaft)

Das Keyword *verbessert* erzielt mit 52,805 einen hohen Signifikanzwert in der Sprachverwendung der Befürworter der Grünen Gentechnik. Das Keyword wird 67 mal verwendet und eine Konkordanzauswertung zeigt, dass der Kontext von *verbessert* stets eine durch die Gentechnik hervorgerufene Verbesserung indiziert, während hingegen eine vorhergehende Untersuchung des medialen Sprachgebrauchs im Bereich Grüne Gentechnik keine Verwendung von *gentechnisch verbessert* eruieren konnte (Müller et al. 2010: 542).

„Längerfristig anvisierte Züchtungsziele für die Landwirtschaft sind besondere Resistenzeigenschaften der Kulturpflanzen und ein **verbessertes** Vermögen, mehr Stickstoff aufzunehmen. Hierzu kann die Gentechnik einen wesentlichen Beitrag leisten." (Horst Glatzel (2001)(KAS) - Perspektiven der „Grünen Gentechnik" (Zukunftsforum Politik))

Das Keyword *gezielt* bestätigt den Befund der hermeneutischen Auswertung des fachexternen Sprachgebrauchs, welche die Attribuierung mit *gezielt* als befürwortenden Sprachgebrauch identifiziert (vgl. Kapitel 4.3.1; Konzeptattribut ‚gezielt/ präzise').

„Ein weiterer großer Vorteil der gentechnischen Pflanzenzüchtung ist die **gezielte und präzise Übertragung** eines ganz bestimmten Gens anstelle der Vermischung aller Gene von zwei Pflanzen, wie es in der herkömmlichen Züchtung der Fall ist. Hier werden ja nicht nur wünschenswerte Eigenschaften, sondern auch weniger gute Eigenschaften neu kombiniert und vererbt. Diese müssen dann in aufwendigen Rückkreuzungen wieder herausgekreuzt werden. Die gentechnische Pflanzenzüchtung hat also den Vorteil, den Züchtungsvorgang zu erweitern, zu präzisieren und zu vereinfachen." (Mechthild Regenass-Klotz (^{3}2005) – Grundzüge der Gentechnik. Theorie und Praxis (Birkhäuser Verlag)(Auszug))

Die vergleichende Auswertung des Sprachgebrauchs der Gegner und der Befürworter des fachexternen Diskurses erlaubte die Eruierung positionsübergreifender und positionsspezifischer Kategorien. Die Auswertung der Einzelphänomene des Sprachgebrauchs der die Grüne Gentechnik ablehnenden Akteure erlaubte, Vergleiche mit der hermeneutischen Auswertung anzustellen.

Die Keyword-Analyse stellt sich als sehr geeignetes Verfahren dar, um sich einen guten Überblick über ein Korpus mit vielen Texten zu verschaffen und um Anhaltspunkte für eine wertvolle tiefergehende Analyse zu finden.

5.4 N-Gramm-Analyse

Die Analyse von N-Grammen stellt eine Erweiterung der Ermittlung von Keywords dar. Bei N-Grammen handelt es sich um Mehrwortverbindungen ohne Bezugswort. Key-N-Gramme können beispielsweise anhand des LDA-Tools in einem bestimmten Wortintervall und abhängig von ihrer Häufigkeit bzw. Signifikanz errechnet werden. Key-Mehrworteinheiten dienen ebenfalls als „Indices für korpusspezifische, thematische Schlüsselwörter und Schlüsselsyntagmen (im Sinne F. Hermanns: 1994)" (Vogel 2011: 6), da sie den Keywords gleich kontrastiv zu einem Referenzkorpus ermittelt werden (ebd.).

„Die Logik des Algorithmus entspricht der von Keyword-Analysen (einschließlich Anwendung von Chi-Square-Signifikanztest); das Ergebnis sind also korpusspezifische [...] Key-N-Gramme." (Vogel 2011: 6)

Die N-Gramm-Analyse verfolgt das Ziel, Textmuster aufzufinden. Man könnte sogar eine ausgewählte Part-of-Speech-Filterung vornehmen, um beispielsweise Cluster von aufeinanderfolgenden Autosemantika zu eruieren (Vogel 2011: 6), allerdings wurde die hier vorgenommene Analyse ohne Wortartenfilterung durchgeführt. Im Anschluss an das Auffinden signifikanter Textmuster müssen diese hermeneutisch interpretiert werden. In der vorliegenden Untersuchung werden Quint-Gramme ermittelt. Damit fällt die N-Gramm-Analyse unter das *corpus-driven* Verfahren.

5.4.1 Medienkorpus versus Mauerkorpus

Um diskursausschnittspezifische Quint-Gramme des Mediendiskurses zur Grünen Gentechnik zu eruieren, wurde eine kontrastive N-Gramm-Analyse des Medienkorpus durchgeführt. Als Referenzkorpus diente das Medienkorpus über die „Berliner Mauer" aus HeideKo (vgl. Kapitel 3.1). Die N-Gramm-Analyse wurde anhand des LDA-Tools ohne POS-Filterung durchgeführt und zielte auf lemmatisierte 5er Cluster. Nach der Auswertung wurden alle Cluster entfernt, die nicht zu den Textinhalten, sondern zu den „Nebendaten" der Artikel zählten. Danach wurden die ersten hundert relativ häufigen Cluster, welche mindestens eine absolute Frequenz von 10 aufweisen mussten, ausgewertet.

Hauptthemen der Clusterauswertung stellen sehr viele Nominalkonstruktionen rund um den Anbau von GVO dar (z. B. *d anbau von gentechnisch verändert, d anbau gentechnisch verändert pflanze|pflanzen, d anbau von gen mais*[183]). Darüber hinaus findet sich dreimalig ein Cluster, das den Anbau von GVO durch Attribuierung von *kommerziell* ergänzt: *kommerziell anbau von gentechnisch verändert*.

Unter den Nominalkonstruktionen treten auch zwei Cluster auf, die im Zusammenhang der Grünen Gentechnik auf die Gesundheit von Mensch und Tier referieren *(gesundheit von mensch und tier)*. Sie repräsentieren den Kontext der Diskussion um die Technikfolgenabschätzung der Grünen Gentechnik.

Des Weiteren zeigen sich ebenfalls einige Verbalkonstruktionen zum Thema des Anbaus *(d gentechnisch verändert pflanze|pflanzen anbauen, kein gen-*

---

183 Eine vollständige Auflistung der ersten hundert relativ häufigeren Cluster im Vergleich *Medienkorpus versus Mauerkorpus*, welche mindestens eine absolute Frequenz von 10 aufweisen mussten, finden sich in Kapitel 1.4.3 der Zusatzmaterialien unter www.springer.com auf der Produktseite dieses Buches.

technisch verändert pflanze\pflanzen anbauen). Zwei der Verbalkonstruktionen beinhalten eine Positionierung bezüglich des Anbaus (*für d anbau von gentechnisch*, *gegen d anbau gentechnisch verändert*). Die Konstruktion mit *für* taucht vor allem im Kontext von gesetzlicher Regelung des Anbaus auf, die Konstruktion mit *gegen* erscheint wie erwartet im Kontext von gegnerischen Positionen zum Anbau.

Die Ergebnisse zeigen auch viele Adverbialcluster rund um das Adverb *gentechnisch/ gentechnisch verändert* (z. B. **gentechnisch verändert** *organismus in d, von* **gentechnisch verändert** *mais in, d* **gentechnisch verändert** *stärkekartoffel amflora*[184]).

Ergänzt werden die Adverbialkonstruktionen mit dem Grundbestandteil *gentechnisch verändert* um die Themenbereiche, die durch das erste Substantiv einiger Konstruktionen indiziert werden:

- *d* **umgang** *mit gv,*
- *d* **einsatz** *von gv,*
- *d* **verwendung** *von gv,*
- *d* **kennzeichnungspflicht** *für gv,*
- *d* **freisetzung** *gv pflanze\pflanzen,*
- *d* **aussaat** *von gv,*
- *d* **zulassung** *von gv,*
- **freilandversuch** *mit gv pflanze\pflanzen,*
- **feld** *mit gentechnisch verändert pflanze\pflanzen.*

Zudem befassen sich einige wenige Konstruktionen thematisch mit GV Futtermitteln (*tier d mit gentechnisch verändert, mit gentechnisch verändert pflanze\pflanzen füttern*).

Neben den aufgeführten Konstruktionen und thematischen Zusammenhängen weisen einige Nominalkonstruktionen in Übereinstimmung mit den Ergebnissen der Keywordanalyse auf Akteure hin. So stellen einige Quint-Gramme Bezeichnungen eines Ministeriums, eines Industrieverbands, eines wissenschaftlichen Forschungsinstituts und eines Unternehmens dar:

- *bundesamt für verbraucherschutz und lebensmittelsicherheit*
- *für ernährung landwirtschaft und verbraucherschutz (BMELV; B.F.),*
- *d deutsch industrievereinigung biotechnologie dib,*
- *vom max planck institut für, von basf planen science d*

---

184 Weitere Quint-Gramme in der Tabelle zur N-Gram-Auswertung finden sich in Kapitel 1.4.3 der Zusatzmaterialien unter www.springer.com auf der Produktseite dieses Buches.

Zudem werden aber auch Einzelpersonen bezeichnet: d präsident d deutsch bauernverband, vorsitzende d deutsch industrievereinigung biotechnologie. Ebenfalls in Übereinstimmung mit der Keywordanalyse finden sich bei der Clusteranalyse Hinweise auf Ortsangaben (in d vereinigt staat und, vor alle in d usa), Zeitangaben (in d vergangen zehn jahr) und Mengenangaben (prozent mehr als im vorjahr, million hektar gentechnisch verändert pflanze|pflanzen, hektar gentechnisch verändert pflanze|pflanzen anbauen).

Zuletzt wurden zwei Verbalkonstruktionen per Konkordanzauswertung genauer untersucht. Das Cluster *gehen davon aus dass* deckte keine besonderen thematischen Zusammenhänge auf. Das Cluster *gentechnisch so verändern dass sie* hingegen dient als Indikator für Kontexte, in denen auf Forschungsexperimente Bezug genommen wird. Es konnten an dieser Stelle Sachverhaltsverknüpfungen zu folgenden GVO eruiert werden:

GV Kartoffeln,

„Doch nicht alle Entwicklungen zielen nur auf die Zipperlein der Zivilisation: **In den USA wurden bereits Kartoffeln gentechnisch so verändert, dass sie einen Impfstoff gegen Durchfallbakterien produzieren.** Auch Bananen können bereits Impfstoffe enthalten. Künftig sollen Lebensmitteln auch Vakzine gegen Keuchhusten, Tetanus und Masern bergen." (Die Welt 02.05.2001),

GV Pappeln,

„Metallgeschwängertes Restgestein haben sie zu Spitzkegelhalden aufgeschüttet, die sich bleich gegen den Horizont abzeichnen. Tote, vergiftete Erde - doch die **Designerpappeln** versprechen Wiederbelebung. "Wir haben die **Bäume gentechnisch so verändert, dass sie Schwermetalle wie Kupfer besonders gut über ihre Wurzeln aufnehmen**", sagt Rennenberg, Professor am Institut für Forstbotanik und Baumphysiologie der Universität Freiburg." (Der Spiegel 15.11.2004)

GV Immunzellen

„In Bedrängnis ist auch eine Studie geraten, deren Versuchskandidaten HIV-infiziert sind. **Ein Frankfurter Ärzteteam will ihre Immunzellen gentechnisch so verändern, dass sie sich dem Angriff der HI-Viren widersetzen.** Dazu sollte mit Hilfe von Retroviren ein Gen namens M87 in ihre Immunzellen eingebaut werden." (Der Spiegel 10.02.2003), die Freisetzung von GV Bakterien im menschlichen Körper,

„**In Amsterdam wollen Forscher erstmals gentechnisch veränderte Bakterien im menschlichen Körper freisetzen** - lässt sich das riskante Experiment kontrollieren? [...] Der amerikanische Zahnarzt Jeffrey Hillman wiederum hat Streptokokken gentechnisch so verändert, dass sie keine Milchsäure mehr herstellen können. Nachdem die Keime in Ratten "sehr wirksam" waren, so Hillman, will er sie "Anfang des kommenden Jahres" in die Münder amerikanischer und britischer Kariespatienten sprühen. Die Eindringlinge sollen jene natürlichen Bakterienarten, deren Abfallstoffe die Zähne verrotten lassen, dauerhaft aus dem Mund verjagen." (Der Spiegel 29.07.2002 II)

GV Tabakpflanzen als Landminendetektor,

„Tabak als Minen-Detektor/ **Eine dänische Biotechfirma hat Tabakpflanzen gentechnisch so verändert, dass sie verborgene Landminen im Boden aufspüren können**. Stickstoffdioxid (NO2), das aus vergrabenen Minen ausgast, färbt die normalerweise grünen Tabakblätter rot. Nach ersten Feldversuchen in Serbien soll der pflanzliche Minendetektor nun auf einer Versuchsfarm in Südafrika getestet werden, wie die Zeitung "Business Day" aus Johannesburg berichtet. Das Biotechunternehmen Aresa aus Kopenhagen hatte vor einigen Jahren bereits eine gentechnisch veränderte Ackerschmalwand (Arabidopsis thaliana) vorgestellt, die sich ebenfalls in der Umgebung von Landminen rot verfärbt." (Die Welt 23.07.2008)

GV Äpfel und Birnen

„Die Treetech-Forscher beschäftigen sich mit dem Obstanbau, vor allem mit Äpfeln und Birnen. Sie haben Pflanzen gentechnisch so verändert, dass sie ein bestimmtes Pestizid produzieren. Diese werden gemeinsam mit herkömmlichen Sorten angepflanzt und dienen quasi als lebende Fallen für schädliche Insekten. Allein die Früchte der gentechnisch unveränderten Pflanzen sollen geerntet und in den Handel gebracht werden." (Die Welt 06.02.2002)

GV Stechmücken

„Gentechnisch veränderte Mücke überträgt keine Malaria/[...] **Cleveland - US-Forscher haben Stechmücken gentechnisch so verändert, dass sie Malaria-Erreger nicht mehr übertragen können**. Die Wissenschaftler der Case Western Reserve University in Cleveland (Ohio) fügten dem Genom der Moskitos ein weiteres Gen namens "SM1" hinzu, das für die Produktion eines speziellen Proteins sorgt. Dieses hindert die Malaria-Erreger Plasmodium daran, vom Verdauungstrakt der Anopheles-Mücke in deren Speicheldrüsen zu wandern. Erst von dort können sie bei

einem Biss in den Blutkreislauf von Menschen oder Tieren übertragen werden."
(Die Welt 24.05.2002)

An dem letzten Textbeleg wird deutlich, dass die Untersuchung des Clusters *gentechnisch so verändern dass sie* als ein Ergebnis die Sachverhaltsverknüpfung zum Thema GV Stechmücken (bzw. in Kapitel 5.3 als *Designer-Insekten* bezeichnet) erzielt. Die Eruierung dieser Sachverhaltsverknüpfung korreliert also mit derjenigen, die zuvor anhand der Eruierung des Keywords *malaria* (vgl. Kapitel 5.3) ermittelt wurde[185].

5.4.2 Konkordanzanalyse des Determinans „Designer-"

Die Eruierung des Clusters *gentechnisch so verändern dass sie* durch eine Konkordanzanalyse ergab zudem die Sachverhaltsverknüpfung zu GV Pappeln. Im Textbeleg fiel der Ausdruck *Designer-Pappeln* auf. Dadurch wurde der Fokus auf das Determinans *Designer-* der Determinativkomposita bzw. Bindestrich-Komposita gelegt. Es liegt die Vermutung nahe, dass es sich dabei um eine Ersetzung der Adverbialkonstruktion *gentechnisch verändert* handelt. Dies konnte bis auf wenige Ausnahmen anhand einer Konkordanz-Auswertung im Medienkorpus zur Grünen Gentechnik bestätigt werden (vgl. Kapitel 9.4; Konkordanzauswertung des Determinans *Design-*). Das alleinstehend positiv besetzte Determinans *Design* in beispielsweise *Designer-*Stuhl verleiht der Gesamtkomposition im Zusammenhang mit gentechnisch veränderten Produkten einen mokanten Beigeschmack. Die ursprüngliche Verwendung mag auf die Methode des Molekulardesigns zurückgehen. Das Molekulardesign (engl.: *molecular modeling* (AE) bzw. *molecular modelling* (BE), auch *computer-aided molecular design*, CAMD)) ist eine der Methoden, auf die in der Gentechnik neben der Genetik zurückgegriffen wird; gleichzeitig eignet sich dieses Determinans aber auch aufgrund der Möglichkeit, dadurch den Prozess des Kreierens bzw. Erschaffens besonders zu betonen[186]. Statt GV Pflanzen wird also der Ausdruck *Designer-Pflanzen* verwendet.

„Der Anteil der **Biotech-Pflanzen** wächst/ Gen-Wächter EU-Umweltkommissar Stavros Dimas ist gegenüber **Designer-Pflanzen** skeptisch. Er fordert Langzeitstudien" (Focus 10.05.2008)

---

185 Weitere Belege des Clusters *gentechnisch so verändert, dass sie* befinden sich in Kapitel 1.4.3 der Zusatzmaterialien unter www.springer.com auf der Produktseite dieses Buches.
186 Siehe dazu ausführlicher Domasch 2007: 205ff.

Es werden pflanzliche gentechnisch veränderte Organismen mit dem *Design*-Determinans versehen, so zum Beispiel die gentechnisch veränderte Kartoffel (auch als **Designer-Knolle** bezeichnet),

„Wie trickreich dabei mitunter alle Seiten agieren, zeigt der Streit um die **Designer-Kartoffel** Amflora von BASF." (Focus 10.05.2008)

die Designer-Papaya,

„Anfang des Jahres waren **Designer-Papayas** bereits in Bayern und in Rheinland-Pfalz aufgetaucht. In den USA sind sie frei verkäuflich.." (taz 23.11.2004)

die Designer-Pappel und

„Ökologische Gentechnik/ [...]/ An der Universität Freiburg entwickeln Forscher **Designer-Pappeln**, mit denen sich chemisch verseuchte Industriegebiete in Ostdeutschland und Rußland reinigen lassen. Die Bäume saugen die Schadstoffe aus dem Boden und machen sie so entsorgungsfähig." (FAZ 13.10.2004)

die Designer-Rose.

„Als Heiliger Gral der Blumenzucht gilt jedoch von jeher die blaue Rose. Den Suntory-Forschern ist der Durchbruch gelungen. Geschickte **Manipulation der Farbstoffsynthese** brachte den ersehnten Erfolg. [...] Eher violett als marineblau sei die **Designer-Rose** bislang, räumt Tanaka ein." (Der Spiegel 18.02.2008)

Es werden zudem aber auch gentechnisch veränderte Produkte bzw. Gen-Food mit dem *Design*-Determinans versehen.

„Das Gros der Bevölkerung will kein **Designer-Essen** auf dem Teller. Gut, dass viele jetzt nicht mehr mitspielen. Sie protestieren und nehmen sich Anwälte." (taz 22.06.2007 II)

„Im Verdacht, mit Produkten aus der **Gentechnik** hergestellt zu sein, stehen bereits 50 bis 70 Prozent der rund 30 000 Fleisch- und Backwaren, **Designer-Snacks** oder Dosensuppen im deutschen Handel, die Allzweck-Eiweiss aus der Sojabohne enthalten." (Der Spiegel 04.12.2000)

Des Weiteren werden gentechnisch veränderte Insekten thematisiert;

„Rosafarbene Baumwollkapselbohrer könnten dem Bericht zufolge unter den ersten „**Designer-Insekten**" sein, die gezielt in die freie Wildbahn entlassen werden. Die

genmanipulierten Falter enthalten ein Quallen-Gen, das sie im Dunkeln leuchten lässt. Ziel ist es jedoch, Erbgut-Stücke einzubauen, welche die Larven des gefürchteten Baumwollschädlings töten. Dieses Gen sollen die veränderten Tiere in die frei lebende Falterpopulation einschleusen." (SZ 04.02.2004)

Es wird aber auch über gentechnische Veränderung am Erbgut von Embryonen mit dem Ausdruck *Designer-Babys* referiert[187].

„"Man wird nicht beim Primaten Halt machen", prophezeit Paul Serhal, Reproduktionsmediziner am University College Hospital in London. "Das ist nur der Startschuss für die **genetische Manipulation** des Menschen in der Zukunft." Eltern könnten ihre Nachkommen im Labor genetisch verbessern lassen: Frauen würden **Designer-Babys** gebären, die ihre neuen Eigenschaften weitervererbten./ Solche Eingriffe in die menschliche Keimbahn verbietet in Deutschland das Embryonenschutzgesetz." (Der Spiegel 15.01.2001)

„Streit um **"Designer-Baby"**/ US-Forscher haben im Herbst einen menschlichen Embryo gentechnisch verändert/ Jetzt werden Proteste laut/ [...] New York - Die **gentechnische Veränderung** eines Embryos hat Wissenschaftlern in New York den Vorwurf eingehandelt, sie bereiteten den Weg für "Designer-Babys" vor. Die Forscher der Cornell Universität hatten einem einzelligen menschlichen Embryo ein Gen für ein fluoreszierendes Protein eingesetzt." (Die Welt 14.05.2008)

Es entsteht der Eindruck, dass die Fälle, in denen anhand des Ausdrucks *Designer-* auf ein gentechnisch verändertes Produkt referiert wird, vor allem auf ungewöhnliche Forschungsvorhaben zutreffen; denn die verbreiteteren Forschungsvorhaben zu gentechnisch veränderten Kartoffeln, gentechnisch verändertem Mais und gentechnisch verändertes Soja sind unterrepräsentiert. Davon abgesehen werden hier gentechnische Veränderungen thematisiert, die nicht nur dem Bereich Grünen Gentechnik zuzurechnen sind, sondern die auch die weiße und rote Gentechnik betreffen: bei den meisten handelt es sich allerdings um Forschungsexperimente und nicht um bereits angewandte gentechnische Methoden.

Der folgende Textausschnitt belegt die Verwendung des Determinans *Designer-* im Kontext der gentechnischen Veränderung von Gräsern zur Gewinnung von Plastik[188].

---

187 Zum Ausdruck *Designer-Baby* siehe Domasch 2007: 201-211.
188 Die Textbelege zu den Belegen für Designer-Toxine, Designer-Allergene, Designer-Moleküle und Designer-Spritzmittel finden sich in den Textbelegen zur Konkordanzauswertung des Determinans *Designer-* in Kapitel 1.4.3 der Zusatzmaterialien unter www.springer.com auf der Produktseite dieses Buches.

„Dafür ist es **echtes Designer-Plastik**: Je nachdem welches Substrat den Bakterien serviert wird, erhält es verschiedene Eigenschaften: steif oder elastisch, luftdicht oder -durchlässig. [...] Allerdings bilden Pflanzen, anders als viele Bakterien, von Natur aus kein PHA, weshalb das Switchgrass bei Metabolix **gentechnisch verändert** wurde. Das manipulierte Gewächs besteht zu drei bis vier Prozent des Trockengewichts aus Plastik. Weitere Forschung soll den Anteil steigern. Dass Gentechnik Bio-Produkte erzeugt, dürfte manche Zeitgenossen irritieren." (FAS 15.02.2009)

Lediglich auf einen Textbeleg mit *Design-* wird an dieser Stelle noch einmal eingegangen, es handelt sich um *Designer-Seuche* bzw. *Designer-Keim*.

„Einen ersten Einblick in die geheime Forschung erhielt die westliche Welt im Oktober 1989, als der nach England emigrierte Biologe Wladimir Passetschnik die Aktivitäten in der Biowaffenfabrik Swerdlowsk beschrieb. Neben Langstreckenraketen, die in der Lage seien, Erreger zu transportieren, erwähnte Passetschnik ein **gentechnisch verändertes**, gegen bekannte Impfstoffe und Antibiotika unempfindliches Pestbakterium./ Weitere, in den neunziger Jahren übergelaufene Bioforscher, darunter der frühere Vizechef des sowjetischen Biowaffenprogramms Ken Alibek, enthüllten schließlich das ganze Ausmaß der sowjetischen Forschung. Alibek berichtete beispielsweise von einem gegen Impfungen gefeiten **Designer-Keim**, der die Eigenschaften von Ebola und Pocken in sich vereint." (Der Spiegel 22.10.2001)

Als eines der Ergebnisse der Konkordanzauswertung führt dieser Textbeleg thematisch in eine ganz andere Richtung; es handelt sich um die Thematik der Biowaffen. Dies stellt einen Themenbereich dar, der vermutlich aufgrund der thematischen Spezifität keine Rolle im fachexternen Korpus spielt. Führt man eine Konkordanzauswertung über AntConc durch, finden sich im Medienkorpus dagegen 152 Treffer für den Ausdruck *Biowaffe*. Dieses Thema wird fast ausschließlich von der taz und dem Spiegel behandelt. Dies gibt Anlass zur Vermutung, dass es sich um kein Mainstream-Thema des Diskurses handelt; diese Vermutung kann jedoch hier leider nicht weiter verfolgt werden. Von den 38 Hits des Suchterms *Design-*, stehen nur die Ausdrücke *Designer-Tasche, Designer von Investitionsprogrammen* und *Food-Designer* nicht im Zusammenhang mit gentechnischer Veränderung. Es kann also festgehalten werden, dass die Komposition von *Design-* und einem gentechnisch veränderten Produkt ein für die Debatte der Grünen Gentechnik auffälliges lexikalisches Determinativkompositum darstellt.

Anhand der N-Gramm-Analyse konnte festgestellt werden, dass die dominierenden Nominal- und Verbalkonstruktionen den Anbau von GVO betreffen und die Adverbialkonstruktionen *gentechnisch verändert* enthalten. Daneben finden sich Nominalkonstruktionen zu Akteuren. Die Verbalkonstruktion *gen-*

technisch so verändern dass führt zu Sachverhaltsverknüpfungen mit Forschungsexperimenten. Ein Beispiel dieser Sachverhaltsverknüpfungen stellen die Ausdrücke *GV Pappeln* bzw. *Designer-Pappeln* dar und führen damit zum Determinans *Designer-*, das genauer untersucht wurde. Anhand des Ausdrucks *Designer-* wird auf gentechnisch veränderte Produkte im Rahmen ungewöhnlicher Forschungsvorhaben referiert. Das Determinans *Designer-* verweist darüber hinaus zur Thematik der Biowaffen.

5.5 Diskursverhärtungen: Überprüfung der Konzepte im Mediendiskurs

Da in der hermeneutischen Auswertung festgestellt werden konnte, dass vor allem der Kampf um rechtliche und antizipierte Sachverhalte zu Diskursverhärtungen führt, soll nun anhand der computergestützten Methode überprüft werde, ob die in der hermeneutischen Analyse festgestellte Verhärtung auch über quantitative Verfahren greifbar wird. Um also die umstrittenen Konzepte (diese Untersuchung beschränkt sich auf drei der Konzepte, die im Kampf um antizipierte Sachverhalte umstritten sind) auf der sprachlichen Oberfläche zugänglich zu machen, sind zuerst die Suchterme festzulegen.

5.5.1 Konzept ›Verbreitung‹

Das Konzept ›Verbreitung‹ zeichnet sich durch die Konzeptattribute ‚nicht aufhaltbar' bzw. ‚aufhaltbar' aus. Der Suchterm *verbreitung* liegt natürlich nahe, um auf das Konzept ›Verbreitung‹ zu schließen. Der Suchterm *verbreitung* erzielt 220 Treffer, davon betreffen nur sieben Hits das gesuchte Konzept ›Verbreitung‹. Die Suche anhand des Suchterms *aufhaltbar* ergibt nur drei Konkordanzen, die mit dem gesuchten Konzept übereinstimmen. Es handelt sich dabei um den Ausdruck *unaufhaltbar*, der in drei Fällen das hier untersuchte Konzept betrifft, nämlich die ›Verbreitung‹ der Grünen Gentechnik. Zuletzt der Versuch angestellt, über den Suchterm *weltweit* das Konzept ›Verbreitung‹ zu fassen. Von den erzielten 1 192 Treffern, die manuell überprüft wurden, betreffen fünf das gesuchte Konzept. In Übereinstimmung mit der hermeneutischen Auswertung können auch über die computergestützte Suche im Medienkurs die Konzeptattribute ‚nicht aufhaltbar' bzw. ‚aufhaltbar' ausgemacht werden.

5.5.1.1 Konzeptattribut ‚nicht aufhaltbar'

Das Konzeptattribut ‚nicht aufhaltbar' vertreten verschiedene Medien. Der Focus verwendet dabei kein Distanzsignal.

„GRAFIK: Biotech-Revolution - Siegeszug Schon zwölf Mio. Bauern nutzen Gentech Neue Sorten - **Unaufhaltbar** Der Anteil der Biotech-Pflanzen wächst Gen-Wächter EU-Umweltkommissar Stavros Dimas ist gegenüber Designer-pflanzen skeptisch. Er fordert Langzeitstudien Last oder Lösung? Die Befürworter von Gentechnik sehen in ihr die Antwort auf die Versorgungsprobleme der Welt. Kritiker fürchten sich vor Monokulturen und gefährlichen Effekten für die Gesundheit" (Focus 10.05.2008)

„**Genpflanzen-Anbau weitet sich aus/ Weltweit** setzen immer mehr Landwirte auf gentechnisch veränderte Pflanzen. Deren Anbaufläche stieg 2008 um fast zehn Prozent auf 125 Millionen Hektar gegenüber dem Vorjahr. Auf der Hälfte davon wächst Soja, gefolgt von Mais, Baumwolle und Raps. Spitzenreiter sind die USA mit 63 Millionen Hektar Gen-Äckern, an zweiter Stelle steht Argentinien. Auch deutsche Bauern griffen 2008 vermehrt zu transgenen Sorten und bauten diese auf 3170 Hektar an. In der EU schrumpften die Flächen indes leicht, weil Frankreich Genmais verbot." (Focus 21.02.2009)

Die FAZ verleiht einem Akteur Raum, der dieses Konzeptattribut verwendet, jedoch einen Distanzmarker für fremde Redewiedergabe zum Einsatz bringt.

„BIO-Präsident Feldbaum verglich diese "Globalisierung der Gentechnik" mit der Ausbreitung anderer neuer Techniken wie der Landwirtschaft, des Fließbands und des Internets. Dieser Prozeß *sei* **unaufhaltbar**, weshalb es nötig sei, sich rechtzeitig auf die Folgen vorzubereiten. In der Tat machte die Konferenz deutlich, wie sehr die Gentechnik in den Alltag drängt: unzählige neuartige Nutzpflanzen und -tiere werden erzeugt, die eine schonendere Landwirtschaft und die "grüne" Produktion von Medikamenten erlauben sollen." (FAZ 14.06.2002)

Die FR vertritt zum einen das Konzeptattribut ‚nicht aufhaltbar' selbst, zum anderen gibt sie in demselben Artikel am 26. März 2007 zur Verstärkung ihrer eigenen Position Akteuren aus der Politik Raum (Renate Künast und Horst Seehofer), die dieses Konzeptattribut vertreten.

„Die meisten Bienenstöcke stehen in der Nähe von Großstädten; Hessens Bienen starten gut ins Frühjahr, aber die Imker werden älter und die Bienenvölker weniger / **Verbreitung der Gentechnik** verunsichert den Berufsstand/ […]/ HIGHLIGHT: Die hessischen Imker machen sich Sorgen um sinkende Bestände, den eigenen

Nachwuchs und die **Verbreitung der Gentechnik**. Gestern tagte der Hessische Imkertag." (FR 26.03.2007)

„Angesichts der *zunehmenden internationalen* **Verbreitung der Gentechnik** in der Landwirtschaft sollten klare Vorgaben für den Anbau in Deutschland gemacht werden, sagte Künast. Andernfalls drohe die "schleichende Einführung" von Gen-Lebensmitteln ohne Kennzeichnung. "Ob mit oder ohne Gesetz: Gentechnik ist auf dem Markt." Auf die verschärften Vorschriften hatten sich SPD und Grüne in ihrer Koalitionsvereinbarung festgelegt." (FR 26.03.2007)
„Auch den Anbau von genveränderten Pflanzen will Seehofer anders als Künast vorantreiben. Gentechnisch veränderte Pflanzen *würden* **weltweit immer stärker angewendet** - "das muss auch in Deutschland möglich sein"." (FR 17.12.2005 II)

Die taz und Die Welt online vertreten ebenfalls das Konzeptattribut ‚nicht aufhaltbar'.

„Trotz ihrer **wachsenden Verbreitung** bewegt die **grüne Gentechnik** die Gemüter der Amerikaner wenig. Selbst führende nationale Umweltschutzorganisationen widmen sich dem Thema kaum. Lediglich in einigen wenigen Regionen gibt es Widerstand. So erklärte sich der Landkreis "Mendocino County" in Kalifornien nach erfolgreichem Bürgerbegehren zur "gentechnikfreien Zone" und verbot den Anbau von Gen-Pflanzen auf seinen Äckern." (taz 12.06.2004 II)

„Auch auf Rückstände von gentechnisch veränderten Organismen wurden in den vergangenen fünf Jahren rund 300 Lebensmittel aus Soja und Mais getestet. In keiner Probe sei eine Verunreinigung von mehr als 0,1 Prozent festgestellt worden. Allerdings, so räumt das Ministerium ein, *sei* die **Gentechnik weltweit auch in der Landwirtschaft auf dem Vormarsch**, auch wenn sie um Europa noch einen Bogen mache." (taz 30.07.2007 II)

„Landwirtschaft/ **Grüne Gentechnik weltweit auf dem Vormarsch**/ In vielen Ländern wird er als großer Erfolg gefeiert, hierzulande dagegen scheiden sich die Geister bei der Beurteilung: Ackerflächen mit gentechnisch veränderten Pflanzen haben weltweit im Jahr 2009 wieder deutlich zugenommen. Bauern in Indien und China profitieren mit ihren Baumwollkulturen am stärksten. / Der Trend scheint unaufhaltsam." (Welt online 06.03.2010)

„Seehofer hatte in der „Berliner Zeitung" seiner Amtsvorgängerin vorgehalten, sie habe den Eindruck eines Gegensatzes zwischen Landwirtschaft und Verbraucherschutz erweckt. „Guter Verbraucherschutz geht nur mit der Agrarwirtschaft und nicht gegen sie", erklärte er. Zugleich kündigte er an, die von Künast bevorzugte Behandlung des Biolandbaus zu beenden. „Für mich sind konventionelle Bauern genauso wichtig wie Öko-Bauern." Auch wolle er die grüne „Gentechnik befördern".

Veränderte Pflanzen würden weltweit immer stärker angewendet. „Das muß auch in Deutschland möglich sein." (Welt online 16.12.2005)

5.5.1.2 Konzeptattribut ‚aufhaltbar'

Das Konzeptattribut ‚aufhaltbar' wird ebenfalls von FAZ und FR vertreten. Im folgenden Textbeleg distanziert sich die FAZ stark, indem sie die Motive desjenigen beleuchtet, der die Äußerung tätigt.

„"Die Gentechnik ist, das läßt sich zehn Jahre nach dem Beginn der kommerziellen Biotechnik im Agrarsektor sagen, die bisher am schnellsten angenommene Technologie in der Landwirtschaft", meint Clive James. Das muss aus seinem Mund nicht wundern. Der Direktor der ISAAA, einer der Biotechnikindustrie nahestehenden Agentur, die als einer der treibenden Kräfte an der **Verbreitung der Gentechnik** selbst mitwirkt und größtes Interesse an deren Erfolg hat, spart selten mit großen Vergleichen." (FAZ 07.11.2007)

Die FR vertritt hier das Konzeptattribut ‚aufhaltbar', da sie sich von dem Konzept ›Verbreitung‹ durch die Attribuierung „*angeblich nicht abwendbare"* distanziert.

„Die Absicht, die hinter einer Aufweichung der Gentechnik-Praxis steht, ist klar: Die Konzerne wollen die *angeblich nicht abwendbare* **Verbreitung der Gentechnik** schleichend durchdrücken. Nach dem Motto: Wozu die Aufregung um die Gentechnik im Essen und im Tierfutter, sie ist doch überall ohnehin vorhanden./ Noch aber ist es nicht zu spät, um dieser laxen Handhabung, die eine latente Gefahr für Gesundheit, Umwelt und auch unserer (Ess-)Kultur bedeutet, einen Riegel vorzuschieben." (FR 03.08.2009 II)

Die Zeit online vertritt hier das Konzeptattribut ‚aufhaltbar'. Sie distanziert sich durch Ironie und Zuschreibung.

„Deshalb hat sich in Deutschland eine breite Front gegen das »Ohne Gentechnik«-Siegel formiert, zu der indirekt auch die Regierung gehört. Denn plötzlich wird der Ruf nach der totalen Kennzeichnung laut, der ja auch schon in den schwarz-gelben Koalitionsvertrag Eingang gefunden hat. Ihre Verfechter setzen auf einen brachialen pädagogischen Effekt: Wenn die Mehrzahl der Waren im Supermarkt gekennzeichnet werden müsse, dann werde der Verbraucher erstens schon einsehen, dass Gentechnik offenbar unschädlich für ihn sei. Die meisten Produkte habe er ja schon zuvor ohne Schaden konsumiert. *Und zweitens müsse er realisieren, dass er gegen die* **Verbreitung dieser Technik** *ohnehin nichts mehr tun könne.*" (Zeit online 28.07.2010)

5.5.2 Konzept ›Technikfolge von Herbizidtoleranzen‹

An dem Konzept ›Technikfolge von Herbizidtoleranzen‹ wurden in der hermeneutischen Analyse die Konzeptattribute ‚Keine Existenz von Superunkräutern' und ‚Existenz von resistenten Unkräutern', die von den Befürwortern vertreten wurden, versus dem Konzeptattribut ‚Existenz bzw. Entstehen von Superunkräutern', das die Gegner der Grünen Gentechnik vertreten, eruiert. Hier wird versucht das Konzept der ›Technikfolge von Herbizidtoleranzen‹ computergestützt zu ermitteln. Die Suchterme *superunkräuter* und *super-unkräuter* erzielen 8 und 2 Treffer und es kristallisieren sich ebenfalls die dichotomischen Konzeptattribute ‚Keine Existenz von Superunkräutern' versus ‚Existenz bzw. dem Entstehen von Superunkräutern' heraus.

5.5.2.1 Konzeptattribut ‚Keine Existenz von Superunkräutern' und ‚Existenz von resistenten Unkräutern'

Das Konzeptattribut ‚Existenz bzw. Entstehen von Superunkräutern' wird in der Zeit, SZ, FR, FAZ und taz vertreten. In den Artikeln aus der Zeit, der SZ, der FR und der FAZ wird fremde Rede wiedergegeben; im Artikel der FR vom 13. Oktober 2009 und im Text der taz besteht durch die Darstellung der eigenen Position ein hoher Absolutheitsanspruch.

„Kritische Fragen werden nun allerdings selbst in der Pioniernation USA laut: Wird es neue Resistenzen geben? Sind neue Allergien zu befürchten? Welchen Schaden nehmen nützliche Insekten? Sinkt der Einsatz von Pflanzenschutzmitteln wirklich? Wie schnell und irreversibel verändert sich das Erbgut benachbarter Pflanzen, werden **"Superunkräuter"** entstehen? Noch immer sei das Datenmaterial in vielen Kernfragen dünn, kritisiert das amerikanische Henry-A.-Wallace-Zentrum für Agrar- und Umweltpolitik." (Die Zeit 19.09.2002)

„Die Forscher aus Reading untersuchten die Ölfrucht Raps, die im Frühsommer die Felder gelb färbt. Eine ihre Verwandten ist der unscheinbare Rübsen (Brassica rapa), der in vielen Ländern Europas wild wächst. Dass sich beide leicht kreuzen, weckt schon seit längerem die Sorge, Gentech-Raps werde sein Erbgut an das heimische Kraut weitergeben - zum Beispiel die Resistenz gegen Unkrautvernichtungsmittel. Dadurch könnten möglicherweise so genannte **Super-Unkräuter** entstehen, denen mit der "chemischen Keule" nicht mehr beizukommen ist. Wilkins und seine Kollegen haben jetzt errechnet, welches Ausmaß Mesalliancen zwischen Raps und seiner wilden Verwandtschaft annehmen könnten." (SZ 14.10.2003 II)

„Erst jüngst habe der Auftritt des kanadischen Landwirtes Percy Schmeiser im Bürgerhaus Ostheim vor 200 Besuchern gezeigt, dass die Interessen der Gentechnik-

Konzerne nicht mit denen der Landwirte und Verbraucher identisch seien. So gebe es heute keinen Raps in Kanada mehr, der nicht mit gentechnisch verändertem Raps verunreinigt sei. Auch habe sich herausgestellt, dass die Versprechungen der Industrie falsch seien. Statt weniger Dünger und Pestizide benötigten die Bauern mittlerweile mehr Gifte. Damit müssten die **Superunkräuter** bekämpft werden, die durch den Einsatz der Gentechnik entstanden seien." (FR 17.05.2006)

„Ich wünsche mir ein gentechnikfreies Deutschland. Warum? Weil die Gentechnik unsere Probleme nicht löst, dafür aber neue produziert. Sie kann den Hunger der Welt nicht abschaffen, provoziert aber **Superunkräuter**, gefährdet Schmetterlinge, sie macht Honig unverkäuflich, lässt den Pestizidverbrauch eher steigen als sinken und bringt Landwirte in die Abhängigkeit der Saatgutindustrie. Selbst die Deutsche Bank hat solche Fakten in einer neuen Studie warnend hervorgehoben." (FR 13.10.2009)

„Kritiker machen eine andere Rechnung auf. Der Gesamteffekt für die Umwelt sei fraglich, sagt Neil Hamilton von der Drake University, Des oines. Bei herbizidresistenten Sorten seien die Spritzmengen sehr hoch; außerdem erlaube die neue Technologie eine Ausweitung der Anbauflächen. "Und die Farmer können nicht erwarten, daß sie jahrelang Roundup sprühen, ohne daß sich Resistenzen und **Superunkräuter** herausbilden", warnt Hamilton. Aber Madsem und die meisten seiner Farmer-Kollegen vertrauen darauf, daß der Biotech-Industrie dann schon etwas Neues einfallen wird." (FAZ 10.09.2003)

„Wie ist die Situation der GVO in Kanada?/ Überall, wo gentechnisch veränderte Sorten eingeführt wurden, gab es ein Desaster. Die Erträge gingen zurück, neue Superunkräuter entstanden, und der Einsatz giftiger Pflanzenschutzmittel stieg." (taz 10.05.2008 VIII)

5.5.2.2 Konzeptattribut ‚Existenz bzw. Entstehen von Superunkräutern'

Das Konzeptattribut ‚Keine Existenz von Superunkräutern' vertreten die FAS und die FAZ.

„Der US-Botaniker Norman Ellstrand von der University of California in Riverside hat dazu einen historischen Vergleich angestellt. Ständiger Genfluß zwischen Kultur- und Wildpflanzen erfolge, anders als früher gedacht, in der Regel "häufig über weite Entfernungen und in hoher Frequenz". Fakt sei aber auch, daß dieser Pflanzensex die genetische Vielfalt über Jahrhunderte hinweg eher gesteigert als verringert habe. Eine seltene Ausnahme sei das Beispiel der Kokospalme. Wilde Kokospalmen sind inzwischen ausgestorben, Kulturpflanzen haben sie völlig verdrängt. Zu den möglichen Folgen regulären Genflusses zählt Ellstrand das gelegentliche Entstehen neuer Unkräuter. Zu rechnen sei in den nächsten fünf Jahren mit dem Auftreten erster Vertreter, die Resistenz gegenüber Unkrautvernichtungsmitteln durch Genfluß aus Kulturpflanzen erworben haben. Solche transgenen Unkräuter würden sich aber nicht wie "Killertomaten oder **Superunkräuter**" verhalten, sondern wie ihre konventionellen Verwandten - "eben wie Unkräuter"." (FAS 02.02.2003)

„Daß das Auftauchen eines fremden Gens in einer Wildpopulation schon als Verstoß gegen die "evolutionäre Integrität" zu werten ist, darf bezweifelt werden. Solcher Genfluß an sich ist kein Schaden, sondern nur eine Komponente der von Fall zu Fall komplexen Risikobewertung. Bliebe noch die Gefahr, daß durch illegitimen Pflanzensex neue **"Superunkräuter"** entstehen. Immerhin machen invasive Pflanzen der Landwirtschaft schon heute zu schaffen. Allerdings gilt auch für transgene Unkräuter: Sie wären eben Unkräuter, keine Killertomaten." (FAS 29.06.2003)

„Höchste Zeit daher, Bilanz zu ziehen und zu entscheiden, welche Risiken es überhaupt wert sind, weiter beobachtet zu werden. Einfach alles an Insekten oder Pflanzen zu zählen, was "überall krabbelt, fliegt und wächst", sei schlicht unbezahlbar, sagt der Ökologe Detlef Bartsch von der TU Aachen. Er warnt auch vor dem umweltschützerischen Erfindungsreichtum, der immer neue Risikohypothesen aufstellt. Sein Lieblingsbeispiel sind die sogenannten **Super-Unkräuter**, die angeblich entstehen können. Er werde schon ein wenig "sarkastisch", wenn immer noch pauschal das Risiko von Auskreuzungen von Genpflanzen als "Horrorszenario aufgebauscht wird"." (FAS 18.11.2001)

„Vor einigen Wochen ist in einer amerikanischen Wissenschaftszeitschrift über gentechnisch veränderte Sonnenblumen berichtet worden, die in der Theorie das Zeug zu einem der berüchtigten **"Superunkräuter"** hätten. Dank eines technisch eingeschleusten Gens sind die Ölpflanzen gegen eine weitverbreitete Pilzkrankheit gefeit. Man könnte erwarten, daß dieses Gen, sobald es durch Pollenflug auf die verwandten Gewächse am Feldrand übertragen wird, den Pflanzen einen Wettbewerbsvorteil verleiht. Nichts dergleichen ist passiert. Die Genübertragung gibt es zwar, aber zu einer massiven Ausbreitung des Fremdgens war es auch nach längerem Zuwarten nicht gekommen." (FAZ 27.06.2003)

Im vorliegenden Fall ist tatsächlich eine Parallele zwischen der politischen Ausrichtung der Zeitungen und einem Konzeptattribut erkennbar. Die tendenziell als eher links eingestellten Zeitungen tendieren zu dem Konzeptattribut, das von den Gegnern der Grünen Gentechnik vertreten wird, die Zeitung, die als eher konservativ eingestuft wird, verwendet beide und die dazugehörende Sonntagszeitung gebraucht ausschließlich das Konzeptattribut der Befürworter der Grünen Gentechnik.

5.5.3 Konzept ›Rückholung‹

Das Konzept ›Rückholung‹ wird anhand der beiden Konzeptattribute ‚möglich' versus ‚nicht möglich' differenziert. Es wird versucht, das Konzept über den Suchterm *rückholung* zu fassen. Über den Suchterm *rückholung* werden 2 Treffer im selben Artikel erzielt.

Dieser Textbeleg aus der FR repräsentiert das Konzeptattribut ‚nicht möglich'.

„Wenn es dann Probleme gibt, kann nicht einfach die Uhr zurückgedreht und mit der Produktion aufgehört werden. Die angeblichen Notfallpläne zur "**Rückholung**" sind praktisch undurchführbar, wie ein Beispiel aus den USA zeigt. Dort sollte die gentechnisch veränderte Maissorte "Starlink" gestoppt werden, weil sie unter Umständen Allergien auslösen kann. Rund eine Milliarde Dollar wurden aufgewendet, "Starlink" sowie damit verunreinigtes Saatgut wurden vernichtet, aber die Sorte taucht bis heute immer wieder auf, inzwischen sogar in Mexiko. Die Bedingungen für die "**Rückholung**" waren günstig, da "Starlink" in den USA nur auf minimalen Flächen angebaut wurde, dort kaum überwintern und keine wilden Verwandten hat." (FR 29.01.2004 II)

Um das Konzept der ›Rückholung‹ zu fassen wurde anhand des Suchterms *rückholbar* versucht, das Konzept greifbar zu machen. Es konnten über *rückholbar** 42 Treffer erhalten werden. Von den 42 Hits können alle Belege nach einer manuellen Überprüfung als Belege für das Konzeptattribut ‚nicht rückholbar' eingeordnet werden[189]. Im Mediendiskurs findet sich also kein Beleg für Dissens und Verhärtung bezüglich dieses Punkts. Was diesen Aspekt betrifft, besteht also eine Differenz zum fachexternen Diskurs.

Es kann demnach zusammenfassend festgehalten werden, dass sich die im fachexternen Diskurs hermeneutisch ermittelten Kämpfe um antizipierte Sachverhalte und als Diskursverhärtungen charakterisierte Streitpunkte auch im Mediendiskurs wiederfinden lassen; allerdings macht sich dies nicht quantitativ bemerkbar, denn die einzelnen Konzeptattribute konnten oft nur mit wenigen Textbelegen bestätigt werden. Somit wird deutlich, dass Diskursverhärtung nicht unbedingt eine Frage der Quantität darstellt, dass aber zumindest für den fachexternen Diskurs ermittelt werden konnte, dass diese Diskursverhärtung von Relevanz ist. Für den Mediendiskurs kann jedoch auch festgestellt werden, dass andere Themen diesen Diskursauschnitt wesentlich stärker bestimmen als die Diskursverhärtungen des fachexternen Diskurses.

---

189 Eine Tabelle mit den Textbelegen zum Suchterm *rückholbar** finden sich in Kapitel 1.4.4 der Zusatzmaterialien unter www.springer.com auf der Produktseite dieses Buches.

5.6 Ergebnisse der empirischen Untersuchung des fachexternen Diskurses und des Mediendiskurses

Die vergleichende Auswertung des fachexternen Diskurses und des Mediendiskurses sowie des Sprachgebrauchs der Gegner und der Befürworter des fachexternen Diskurses ermöglichte die Eruierung von diskurstragenden bzw. positionsübergreifenden sowie diskursausschnittspezifischen und positionsspezifischen Kategorien. Zudem konnte gezeigt werden, dass auch die Auswertung von Einzelphänomenen zu spannenden Ergebnissen führen kann. Die Auswertung des auffälligen Clusters „warnen vor" in Form eines Exkurses führte zur Sachverhaltsverknüpfung mit dem Thema Atomkraft und dem literarischen Frankenstein-Stoff.

Die Keyword-Analyse konnte insgesamt als ein sehr gewinnbringendes Verfahren für die Korpusanalyse eingestuft werden, da auf effiziente Weise Unterschiede im jeweiligen Sprachgebrauch ermittelt werden konnten.

Auch die N-Gramm-Analyse erlaubte einen schnellen Blick auf die vorherrschenden Konstruktionen und damit auf Themenbereiche, die den untersuchten Diskursausschnitt dominieren. Anhand der N-Gramm-Analyse konnte für den vorliegenden Diskurs festgestellt werden, dass die dominierenden Nominal- und Verbalkonstruktionen den Anbau von GVO betreffen und die Adverbialkonstruktionen *gentechnisch verändert* enthalten. Über die Analyse einer auffälligen Verbalkonstruktion wurden Sachverhaltsverknüpfungen eruiert, welche wiederum zu Determinativkomposita mit dem Determinans *designer-* führten. Anhand dessen wurde in der vorliegenden Debatte vor allem auf ungewöhnliche Forschungsvorhaben referiert.

Die Analyse der im fachexternen Diskurs hermeneutisch ermittelten Kämpfe um antizipierte Sachverhalte und als Diskursverhärtungen charakterisierte Streitpunkte zeigte, dass diese zwar auch Teil des Mediendiskurses sind; allerdings zeichneten diese sich nicht durch relative Häufigkeit aus. Es wurde hieran vielmehr deutlich, dass korpuslinguistische Untersuchungen nicht die Arbeit des Hermeneutikers ersetzen können, weil Häufigkeit manchmal ein Beleg für Relevanz sein kann, diese jedoch gleichfalls durch Faktoren wie Autorität, Macht, Kreativität und Einzigartigkeit bestimmt ist. Besonders augenfällige und themenfremde Einzelphänomene haben bisweilen großen Einfluss und prägen einen Diskurs sprachlich stärker als man dies aufgrund ihrer geringen Frequenz erwarten könnte.

Zusammenfassend wird für die Erprobung der hier verwendeten korpuslinguistischen Verfahren festgestellt, dass diese wertvolle Werkzeuge darstellen, um sich einem Korpus zu nähern, und dass sie den Ausgangspunkt hermeneutisch gewonnener Eindrücke bilden können oder der Weiterführung dienen.

6 Schlussbetrachtung

Das Forschungsziel der vorliegenden Arbeit bestand darin, am Beispiel der Grünen-Gentechnik-Debatte offenzulegen, wie über den Sprachgebrauch ein umstrittener Sachverhalt mitgeprägt und Wissen über diesen mitgestaltet wird.

Dadurch soll in einer demokratischen Gesellschaft der Beitrag geleistet werden, den Gesellschaftsmitgliedern bewusst zu machen, welches Gestaltungspotenzial die Sprachverwendung in Bezug auf Wissen in sich trägt.

Zwei Aspekte standen im Mittelpunkt dieser Untersuchung. Einerseits galt es, aufzuzeigen, welche Strategien die Akteure bewusst oder unbewusst verfolgen, um ihre Position in Bezug auf die Grüne Gentechnik durchzusetzen, und andererseits wurde dargestellt, wie anhand sprachwissenschaftlicher Methodik das der Sprache innewohnende, vom Sprachbenutzer in der Regel unbewusst angewandte Perspektivierungspotenzial offengelegt werden kann.

Die Untersuchung der Erscheinungsformen des fachexternen Diskurses aus varietätenlinguistischer Perspektive ließ erkennen, dass die fachexterne Kommunikation, die Texte von Experten umfasst, die sich an Laien bzw. die Öffentlichkeit wenden, um über die Grüne Gentechnik zu informieren, als heterogene Vermittlungsvarietät gefasst werden kann, deren Parameter der Standard- bzw. der Hochsprache mit hoher Reichweite entsprechen und die sich durch schwankenden Fachlichkeitsgrad auszeichnet. Deshalb wurde eine Differenzierung bezüglich der funktionalen Leistung des Inhalts vorgeschlagen. Mit Anknüpfung an Stegers Modell (1988: 311) und in Ergänzung zu Felder (2009b) wurde dementsprechend die funktionale Gestaltung der fachexternen Vermittlungstexte im Diskurs zur Grünen Gentechnik zwischen Fachsemantik, Vermittlungssemantik und Alltagssemantik angesiedelt.

Die Texte des fachexternen Korpus wurden als E-Texte mit der Textfunktion der Information, des Appells, der Obligation und einer gemischten Textfunktion der Information und des Kontakts eingeordnet. Zudem wurde gesondert auf den Bereich Blogsphäre und die Online-Enzyklopädie Wikipedia eingegangen.

Im Anschluss an die Ermittlung der einzelnen Funktion der Akteure des fachexternen Diskursausschnitts und deren Position hinsichtlich Grüner Gentechnik wurde überprüft, ob zwischen dem sprachlichen Handeln eines Diskursakteurs und seiner dargestellten Denkhaltung Kohärenz besteht.

Es stellte sich heraus, dass die sprachlichen Handlungsstrategien der Akteure des fachexternen Diskursausschnitts in den meisten Fällen mit ihrer Position im Diskurs übereinstimmen.

Für den Bereich Politik gilt: Die Haltungen der einzelnen Bundestagsfraktionen sind sehr klar und ihre sprachlichen Handlungsstrategien fallen entsprechend dieser Standpunkte aus, d. h. CDU/CSU und FDP korrelieren mit den Handlungen der anderen Befürworter und die der Grünen Gentechnik oppositionell eingestellten Akteure wie die SPD, Bündnis '90/ Die Grünen und Die Linke-Fraktion korrelieren mit den sprachlichen Handlungen der anderen Gegner. Die Ministerien unterscheiden sich in ihren sprachlichen Handlungsstrategien. Das BMBF agiert meist die Technologie gutheißend, das BMELV äußert sich zurückhaltend, aber wenn eher technikfreundlich, zum Beispiel in Bezug auf den rechtlichen Sachverhalt, die von ihm eingeführte „ohne-Gentechnik"-Kennzeichnung und hinsichtlich des antizipierten Sachverhalts, dass Koexistenz möglich sei. Seitens des BMU liegt eine zu geringe Zahl an Texten vor, als dass eine eindeutige Positionierung erfolgen könnte. Das BVL, das BfR und das BfN agieren gemäß ihrer Position als neutrale Akteure ausgewogen oder nicht wertend.

Im Bereich Wissenschaft gilt, dass grundsätzlich eine befürwortende Position bezüglich Grüner Gentechnik vertreten wird. Ausnahmen stellen die Autoren Busch, Block und Meissner-Chiuz sowie die Transfer-Akteure Irmer/ Seidel und Lissmann/ Zinkant dar, die eine ausgewogene Darstellung vornehmen oder keine eindeutige Position vertreten.

Der VBIO, der die Bereiche Wissenschaft und Industrie vertritt, konnte zu Beginn der Analyse mit der Vermutung auf technikfreundliche Tendenz eingestuft werden. Durch die Analyse der Handlungsstrategien der Akteure ergibt sich nun das Bild, dass sich der VBIO in Bezug auf Technikfolgen ausgewogen äußert, den Gegnern gleich alternative Verfahren anführt, aber eine den Befürwortern entsprechende Haltung in Bezug auf die Rolle der Politik und das Konzept ›Welternährung und Welthunger‹ vertritt. Er nimmt also eine leicht befürwortende Tendenz ein.

Im Bereich Industrie äußern sich die Unternehmen mit klarer Zustimmung zur Anwendung der Grünen Gentechnik. Zum Konzept ›Welternährung und Welthunger‹ äußert sich die KWS als einziges Unternehmen und auch in Kontrast zu anderen Befürwortern trotz ihrer fürsprechenden Haltung dahingehend, dass sie die Grüne Gentechnik nicht als Lösung für die Ernährungssicherung einstuft. Lediglich Novelfood wird als Lösungsansatz dazu aufgefasst. Der unternehmenstypische Sprachgebrauch lässt sich über verschiedene Verfahren nachweisen. Unternehmenstypischer Sprachgebrauch konnte sowohl durch die Keyword-Analyse als auch über die hermeneutische Analyse von sprachlichen

Schlussbetrachtung 453

Strategien eruiert werden und äußert sich vor allem in der Lexik. Als Beispiel hierfür dienen das als unternehmenstypischer Sprachgebrauch eingestufte Keyword *Innovationspotenzial* und die sprachliche Strategie der Erzeugung eines Zusammengehörigkeitsgefühls über das inklusive Wir.

Die Position des Interessenverbands der Futtermittel- und Lebensmittelwirtschaft konnte zunächst nicht festgestellt werden; nach der Analyse der Handlungsstrategien kann für diesen Akteur eine befürwortende Haltung festgestellt werden, wobei diese sich auf lediglich einen vorliegenden Text gründet, in dem sich dieser mit anderen Fürsprechern korrelierend für den Schwellenwert und gegen Nulltoleranz ausspricht.

Die Verbände der Lebensmittel- und Agrarindustrie positionieren sich selbst neutral, wollen weder als Gegner noch als Befürworter eingestuft werden. Da sie Freisetzungen in Deutschland gutheißen, wurden sie in dieser Arbeit als Fürsprecher eingestuft. Diese Einstufung konnte nach der Analyse der Handlungsstrategien der Akteure erneut bestätigt werden, da der Interessenverband sich in Bezug auf die umstrittene Einstufung des Risikos der Grünen Gentechnik für eine kalkulierbare Einstufung äußert, in Bezug auf Nachhaltigkeit und in Bezug auf Arbeitsplätze für die Grüne Gentechnik eintritt.

Die NGOs stellen die homogenste Gruppe unter den Akteuren dar. Sie nehmen ausnahmslos eine ablehnende Haltung gegenüber der Grünen Gentechnik ein. Für sie ist bezüglich der sprachlichen Strategien typisch, dass sie versuchen, sich über Veranschaulichung bzw. Konkretisierung im Sprachgebrauch von den anderen Akteuren abzugrenzen und Volksnähe anstreben. Sie schreiben der Industrie beispielsweise die Absicht zu, den Widerstand gegen gentechnisch veränderte Produkte aufweichen und diese über den Markt der nachwachsenden Rohstoffe einführen zu wollen. Gleichzeitig wird der Industrie vorgeworfen, sich gegen die Entstehung eines Markts für gentechnikfreie Futtermittel einzusetzen. Besonders charakteristisch ist für die NGOs jedoch vor allem die Themensetzung von Tabuthemen.

Was den Bereich Blogosphäre und die Online-Enzyklopädie Wikipedia anbelangt, so stellte sich heraus, dass die meisten Blogs, von denen sich nur wenige Beiträge mit dem Diskursthema der Grünen Gentechnik befassen, keine eindeutige Position in Bezug auf diese vertreten. Das Topthema des ScienceBlogs-Portals, der Blog „Neurons" und der Blog „3vor10" fallen in die Verantwortung des zuständigen Redakteurs Marc Scheloske, der außerdem mit dem eigenen Blog „Wissens-Werkstatt" vertreten ist. Die redaktionellen Blogs positionieren sich nicht und Marc Scheloske kann ebenso wie Stefan Jacobasch, Autor des Blogs „Mahlzeit", als Skeptiker der Grünen Gentechnik eingestuft werden. Er äußert sich lediglich einmal in Bezug auf das Konzept ›Welternährung und Welthunger‹. Seine Haltung stimmt dabei mit der Haltung von den Gegnern der

Grünen Gentechnik überein, weist aber explizit eine „Verteufelung der Technik" zurück. Auch die beiden Blogs „Frischer Wind" (Christian Reinboth) und „Kritisch gedacht" (Ulrich Berger) können nicht eindeutig positioniert werden. Letzterer äußert sich einmalig mit anderen Befürwortern übereinstimmend bezüglich der Äußerung des BUND in Bezug auf den Widerstand (Feldzerstörung) gegen die Grüne Gentechnik. Als typisch für den Sprachgebrauch der Blogosphäre kann die Tendenz zur Alltagssprache (vgl. Kapitel 4.1.2) und Ironie bzw. Sarkasmus gelten. Der Eintrag der Online-Enzyklopädie Wikipedia kann nach Auswertung der Handlungsstrategien der Akteure als ausgewogen bis leicht bejahend bezüglich der umstrittenen Technologie bestimmt werden, da der Eintrag häufiger mit der Position der Befürworter als mit der Haltung der Gegner korreliert.

Die Haltungen der Kirchen unterscheiden sich dahin gehend, dass die katholische Kirche sich als Gegner der Grünen Gentechnik positioniert, die evangelischer Kirche sich in ihrer Selbstpositionierung als ambivalent einstuft, in dieser Arbeit jedoch als Gegner deklariert wird, da ihre Positionen überwiegend mit denen der Gegner übereinstimmen.

Die inhaltliche Analyse der Sprachhandlungskategorien lieferte hinsichtlich der Sachverhaltsfestsetzung und Sachverhaltsabgrenzung die Erkenntnis, dass an den eruierten Konzepten deutlich wurde, dass von Befürworter-Seite auf implizite Weise mittels bestimmter Konzeptattribute versucht wurde, Grüne Gentechnik als Weiterentwicklung der konventionellen Pflanzenzucht darzustellen. Die Gegner der Grünen Gentechnik hingegen heben die Diskrepanz zwischen Grüner Gentechnik und konventioneller Pflanzenzucht hervor.

Die Auswertung von Sachverhaltsverknüpfungen ergab, dass sie sich besonders dafür eignet, aufzuspüren, wie Diskursakteure über diese zum Teil kausalen Verknüpfungen implizit Sachverhalte bewerten.

Bei der Auswertung der Sachverhaltsbewertungen wurde Dissens zwischen Gegnern und Befürwortern konstatiert, zudem wurde fehlende „Dialogizität" im Diskurs sichtbar. Bestimmte Vor- oder Nachteile der Technologie werden angeführt, finden aber keine Entsprechung in den Äußerungen der jeweils anderen Diskursgruppe. Zwischen diesen vereinzelten Bewertungen besteht kein thematischer Zusammenhang und es mangelt dadurch an Diskursdialogizität.

Die Eruierung „semantischer Kämpfe" machte die Bedingtheit der Konstitution fachlichen Wissens im fachexternen Diskurs zur Grünen Gentechnik durch die Sprachverwendung deshalb sehr deutlich, da die verschiedenartige Konstitution des Wissens aufgezeigt werden konnte. So ergab beispielsweise die Auswertung der Bezeichnungskonkurrenzen, dass Politik und Wissenschaft vor allem die Bezeichnung *Grüne Gentechnik* verwenden, die Industrie vor allem auf den Ausdruck *Biotechnologie* zurückgreift und die NGOs die Bezeichnung *Agrogentechnik* wesentlich häufiger als alle anderen Akteure gebrauchen. Darüber hinaus ließ sich feststellen, dass im fachexternen Diskursausschnitt um die Grüne Gentechnik um einige Bezeichnungen konkurriert wird und die Akteure darum kämpfen, „ihren" Ausdruck stark zu machen und durchzusetzen. Darüber hinaus war zu bemerken, dass Bezeichnungskonkurrenzen (wie im Fall von *Feldbefreiung* versus *Feldzerstörung*) manchmal mit einer Bedeutungsfixierung verknüpft sind. Ein Akteur kann auch im Alleingang versuchen, wie dies im Fall der FDP in Bezug auf den Ausdruck *Positivkennzeichnung* geschehen ist, eine Bezeichnung zu prägen. Die Kategorie der Bezeichnungskonkurrenz eignete sich hervorragend, um Differenzen zwischen den Akteuren auf der Sprachoberfläche aufzuzeigen.

Der sprachliche Anteil an der Herstellung von Wissen über Grüne Gentechnik konnte an der Auswertung der Bedeutungsfixierungen demonstriert werden. Die Eruierung der Bedeutungsfixierungen anhand von Konzepten machte deutlich, dass zwischen zwei Arten von Bedeutungsfixierungen unterschieden werden konnte. Einerseits besteht zwischen den Akteuren Dissens, was Konzepte betrifft, die die Haltung der Diskursakteure in Bezug auf die Grüne Gentechnik verdeutlichen und auf das jeweilige Wertesystem der Diskursakteure zurückzuführen sind und somit zu emotional ausgetragenen gesellschaftlichen Kontroversen führen können. Andererseits konnte Dissens hinsichtlich einiger Konzepte aufgezeigt werden, die sich eher auf den Umgang mit Grüner Gentechnik beziehen. Die Einstellung der Diskursakteure bezüglich dieser Konzepte repräsentieren gleichzeitig sehr stark deren Positionen in Bezug auf den untersuchten Gegenstand.

Die Ermittlung der strittigen Fragen des vorliegenden Diskurses hat gezeigt, dass neben den semantischen, also sprachlichen Kämpfen, der Streit um rechtliche und antizipierte Sachverhalte eine große Rolle spielt. Deshalb wurde die operative Kategorie „Diskursverhärtungen", die sich aus dem Kampf um rechtliche und antizipierte Sachverhalte im Kampf um Wissen zusammensetzt, entwickelt. Damit soll auch in einer linguistischen Untersuchung dem Umstand Rechnung getragen werden, dass Sprache zwar konstitutiven Anteil an der Wissensherstellung und an dem daraus folgenden Dissens hat, der Kampf um Wissen dennoch nicht nur sprachlichen Dissens umfasst und deshalb Diskursverhärtungen, die sich meist in Kämpfen um rechtliche Sachverhalte (Beispiel aktuelle Gesetzeslage) oder antizipierte Sachverhalte (Technikfolgen) ausdrücken, ebenfalls Teil des Kampfs um Wissen sind.

Für Diskursverhärtungen kann zusammenfassend festgestellt werden, dass sie Positionen unterschiedlich ausfallenden Verhärtungsgrads in Bezug auf rechtliche und antizipierte Sachverhalte verdeutlichen. Die Grenze zwischen den verschiedenen Haltungen verläuft dabei nicht immer zwischen Gegnern und

Befürwortern und die geäußerten Positionen unterscheiden sich in Bezug auf ihre Differenziertheit und ihren Faktizitätsanspruch.

Bei der Auswertung der Themen, die von den Akteuren vor allem argumentativ bearbeitet werden, wurde offenbar, dass für eine linguistische Auswertung sowohl eine inhaltliche Analyse als auch eine Analyse in Bezug auf die Dialogizität lohnenswert ist, denn letztere ermöglicht ein differenzierteres Bild der umstrittenen Themen und zeigte auf, dass auch Dialogizität ein sprachliches Mittel im Kampf um Wissen ist, da ein mangelndes Aufeinandereingehen den Verlauf einer Debatte negativ beeinflussen kann.

Die Analyse der „Themensetzung und Themenausblendung" hat verdeutlicht, dass die Themensetzung von der die Grüne Gentechnik ablehnenden Akteursgruppe typisch für den Non-Governmental-Bereich ist. Es handelt sich um die Themen |Alternative Verfahren|, |Folgen des Einsatzes von Grüner Gentechnik|, |Verbraucherbedürfnis|, |Macht durch Grüne Gentechnik|, |Akteure des Widerstands gegen Grüne Gentechnik| und |Widerstand gegen Grüne Gentechnik|. Die von den Befürwortern thematisierten Aspekte befassen sich mit |Functional Food/ Nutraceuticals|, |Plant-Made Pharmaceuticals (PMPs) und Plant-Made Industrial Products (PMIPs)|, |Rolle der Politik| und |Kritik am BUND|. Damit wird klar, dass Themensetzung und Themenausblendung durchaus als sprachliche Mittel gewertet werden können, anhand derer Einfluss auf die Herstellung von Wissen in einer Kontroverse genommen wird.

Die am Diskurs beteiligten Akteure agieren, indem sie beim Streben nach Durchsetzung ihrer Position die wichtigsten sprachlichen Strategien wie die „Verstärkung der Glaubwürdigkeit", die „Diskreditierung des Gegners", die „Adressatenorientierung" und den „Versuch der Faktizitätsherstellung bzw. des Ansprucherhebens auf Gültigkeit" anwenden. In dem reflektierenden Kapitel wurden die genannten Strategien auf komprimierte Art und Weise ausdifferenziert und es wurde aufgezeigt, anhand welcher grammatischen Mittel diese Strategien erzielt werden konnten.

Die ausgewählten korpuslinguistischen Verfahren boten die Möglichkeit, Differenzen zwischen verschiedenen Diskursausschnitten aufzuzeigen. Die vergleichende Auswertung des fachexternen Diskursausschnitts und des Mediendiskurses anhand von exemplarischen korpuslinguistischen Verfahren ergab, dass die Keyword-Auswertung erlaubt, diskurstragende und diskursausschnittsspezifische Kategorien und auffällige Einzelphänomene der diskursausschnittsspezifischen Keywordlists zu eruieren. Letztere führt zu den Sachverhaltsverknüpfungen mit der Atomkraft und dem literarischen Stoff des Romans „Frankenstein oder Der moderne Prometheus" von Mary Shelley.

Die Auswertung des Mediendiskurses im Vergleich mit dem Mauerkorpus anhand der N-Gramm-Analyse ermöglichte eine rasche Eruierung der vorherr-

Schlussbetrachtung 457

schenden Konstruktionen und damit der Themenbereiche, die den Mediendiskursausschnitt dominieren. In diesem Fall stellte das dominante Thema des Mediendiskurses der Anbau von GVO dar. Zudem konnte ein auffälliges lexikalisches Determinativkompositum (Design- oder Designer-) für gentechnisch veränderte Organismen festgestellt werden.

Die computergestützte Auswertung von hermeneutisch ermittelten Diskursverhärtungen bestätigte die hermeneutische Analyse, machte aber darüber hinaus deutlich, dass korpuslinguistische Untersuchungen nicht die hermeneutische Auswertung eines Analytikers ersetzen können. Denn es wurde festgestellt, dass Häufigkeit beispielsweise im Fall der Keyword-Analyse und auch der N-Gramm-Berechnung ein Beleg für Relevanz sein kann, dass den hermeneutisch eruierten Diskursverhärtungen aber aus anderen Gründen als der Häufigkeit Relevanz zugesprochen wurde.

Wie an anderer Stelle herausgestellt wurde, bietet die vorliegende Untersuchung lediglich einen ersten Eindruck des Mediendiskurses zur Debatte über Grüne Gentechnik. Die erzielten Ergebnisse lassen vermuten, dass eine ausführliche Auswertung des Mediendiskurses zur Grünen Gentechnik bestehend aus einer Kombination von korpuslinguistischen und hermeneutischen Verfahren spannende Ergebnisse erwarten lässt. Auf diese Weise könnten die sprachlichen Mittel, die von den medialen Akteuren eingesetzt werden, um das Wissen über Grüne Gentechnik zu prägen, besser veranschaulicht und somit die Ergebnisse dieser Studie, die sich vor allem auf die Eruierung der sprachlichen Mittel bei der Wissensvermittlung im fachexternen Diskursausschnitt konzentriert hat, vervollständigt werden.

Insgesamt konnte gezeigt werden, dass die linguistische Diskursanalyse einen geeigneten Zugang zur untersuchten Debatte darstellt, da auf sehr nuancierte Art und Weise herausgestellt werden konnte, welches Spektrum an Strategien den Akteuren der Grünen-Gentechnik-Debatte zur Verfügung steht, und welche sie letztendlich in der Debatte verfolgten, um ihre Position im Diskurs durchzusetzen. Dadurch, dass diese Differenzen in der Sprachverwendung beleuchtet werden konnten, wird deutlich, dass nicht nur das Wissen, das ein Akteur über einen umstrittenen Sachverhalt weitergibt, sondern auch ganz besonders die Art und Weise der Vermittlung dieses Wissens einen entscheidenden Einfluss auf das über diesen Sachverhalt entstehende Wissen hat.

Die Ergebnisse der Arbeit tragen somit hoffentlich dazu bei, ein Bewusstsein für die Macht der Sprache bei der Wissensherstellung zu entwickeln.

7 Literaturverzeichnis

Adamzik, Kirsten (2004): Textlinguistik. Eine einführende Darstellung. Tübingen: Niemeyer.
Adelung, Johann Christoph; Soltau, Dietrich Wilhelm; Schönberger, Franz Xaver (Hrsg.) (1811): *Grammatisch-kritisches Wörterbuch der hochdeutschen Mundart.* Wien: Pichler.
Ädel, Annelie; Reppen, Randi (Hrsg.) (2008): *Corpora and discourse: The challenges of different settings.* Amsterdam/Philadelphia: John Benjamins.
Ädel, A.; Garretson, G. (2008): "Who's speaking?: Evidentiality in US newspapers during the 2004 presidential campaign." In: Ädel, A.; Reppen, R. (Hsg.): *Corpora and discourse: The challenges of different settings.* Amsterdam/Philadelphia: John Benjamins.
Ainetter, Sylvia (2006): *Blogs - literarische Aspekte eines neuen Mediums.* Wien; Münster: LIT (Innsbrucker Studien zur Alltagsrezeption; 5).
Anthony, Laurence (2005). "AntConc: A Learner and Classroom Friendly, Multi-Platform Corpus Analysis Toolkit." In: *Proceedings of IWLeL 2004: An Interactive Workshop on Language e-Learning,* S. 7-13.
Assmann, Jan ([2]1999): Das kulturelle Gedächtnis. Schrift, Erinnerung und politische Identität in Hochkulturen. München: Beck.
Baker, Paul (2006): *Using corpora in discourse analysis.* London/ New York: Continuum International Publishing Group.
Ballweg, Joachim (2007): „Modalpartikel.". In: Hoffmann, Ludger (Hg.): *Deutsche Wortarten.* Berlin/New York: Walter de Gruyter, S. 547-553.
Barsalou, Lawrence W. (1992): "Frames, Concepts, and Conceptual Fields". In: Lehrer, Adrienne; Feder Kittay, Eva (Hrsg.): *Frames, Fields, and Contrasts. New Essays in Semantic und Lexical Organization.* Hillsdale: Erlbaum, S. 21–74.
Barsalou, Lawrence W., Niedenthal, Paula M., Barbey, Aron K., & Ruppert, Jennifer A. (2003): „Social embodiment". In: B. H. Ross (Ed.): *The psychology of learning and motivation, Vol. 43.* San Diego: CA: Academic Press, S. 43-92.
Becker, Andrea (2001): *Populärmedizinische Vermittlungstexte. Studien zu Geschichte und Gegenwart fachexterner Vermittlungsvarietäten.* Tübingen: Niemeyer (Reihe Germanistische, Linguistik Band 225).

Biber, Douglas, Connor, Ulla, Upton, Thomas A. (2007): Discourse on the Move: *Using Corpus Analysis to Describe Discourse Structure.* Amsterdam: John Benjamins Publishing.

Biedenkopf, Kurt H. (1973): „Bericht des Generalsekretärs". In: CDU (Hrsg.): *22. Bundesparteitag der Christlich Demokratischen Union Deutschlands. Niederschrift. Hamburg 18.-20. November 1973.* Bonn: CDU-Bundesgeschäftsstelle.

Biere, Bernd U.; Henne, Helmut (1993): *Sprache in den Medien nach 1945.* Tübingen: Niemeyer.

Birkigt, Klaus; Stadler, Marinus; Funck, Hans J. (^{11}2002): *Corporate Identity: Grundlagen, Funktionen, Fallbeispiele.* München: Redline Wirtschaft bei Verlag Moderne Industrie.

Bluhm, Claudia; Deissler, Dirk; Scharloth; Joachim, Stukenbrock; Anja (2000): "Linguistische Diskursanalyse: Überblick, Probleme, Perspektiven". In: *Sprache und Literatur in Wissenschaft und Unterricht,* S. 3–19.

Böschen, Stefan; Schulz-Schaeffer, Ingo (Hrsg.) (2003): *Wissenschaft in der Wissensgesellschaft.* Wiesbaden: Westdeutscher Verlag.

Bondi, Marina; Scott, Mike (2010): *Keyness in Texts.* Amsterdam/ Philadelphia: John Benjamins Publishing Co.

Bondi, Marina (2010): "Perspectives on keywords and keyness: An introduction". In: Bondi, Marina; Scott, Mike (2010): *Keyness in Texts.* Amsterdam/ Philadelphia: John Benjamins Publishing Co, S. 1-20.

Bonfadelli, Heinz; Dahinden, Urs (2002): *Gentechnologie in der öffentlichen Kontroverse.* Zürich: Seismo.

Brendel, Elke/ Meibauer, Jörg / Steinbach, Markus (2007)(Hrsg.): Zitat und Bedeutung. Hamburg: Buske,.

Brinker, Klaus et al. (2000)(Hrsg.)(2000): *Text- und Gesprächslinguistik. Ein internationales Handbuch zeitgenössischer Forschung.* (Handbücher zur Sprach- und Kommunikationswissenschaft 16/2). Berlin/New York: Walter de Gruyter.

Brinker, Klaus (^{6}2005): *Linguistische Textanalyse. Eine Einführung in Grundbegriffe und Methoden.* Berlin: Schmidt (= Grundlagen der Germanistik 29).

Bühl, Achim (2009): „Risikoanalyse Grüne Gentechnik". In: Bühl, Achim (Hrsg.): *Auf dem Weg zur biomächtigen Gesellschaft? Chancen und Risiken der Gentechnik.* Wiesbaden: VS Verlag für Sozialwissenschaften , S. 371-443. (Doi: 10.1007/978-3-531-91418-3_8).

Bührig, Kristin (2007): „Konnektivpartikel". In: Hoffmann, Ludger (Hrsg.): *Deutsche Wortarten.* Berlin/ New York: de Gruyter, S. 525-546.

Bubenhofer, Noah (2009): *Sprachgebrauchsmuster. Korpuslinguistik als Methode der Diskurs- und Kulturanalyse.* Berlin (u. a.): de Gruyter (Sprache und Wissen ; 4).
Bungarten, Theo (1993): *Unternehmensidentität, Corporate Identity: Betriebswirtschaftliche und kommunikationswissenschaftliche Theorie und Praxis.* Tostedt: Attikon.
Burel, Simone (2011): *Exposé zur Dissertation „Sprachliche Konstituierung von Identität in Unternehmenstexten.* Universität Heidelberg.
Burel, Simone (in Vorbereitung): *Sprachliche Konstituierung von Identität – Der Identitätsdiskurs der DAX-30-Unternehmen.*
Burger, Harald (^{3}2005): *Mediensprache: eine Einführung in Sprache und Kommunikationsformen der Massenmedien.* Berlin: de Gruyter.
Burkhardt, Armin; Pape, Kornelia (2003): *Politik, Sprache und Glaubwürdigkeit. Linguistik des politischen Skandals.* Göttingen: Vandenhoeck & Ruprecht.
Burkhardt, Armin (2003): „Verunklärungsarbeit. Sprachliche Techniken der Schuldverschleierung im Rahmen des CDU-Parteispendenskandals." In: Burkhardt, Armin; Pape, Kornelia (Hrsg.): *Politik, Sprache und Glaubwürdigkeit. Linguistik des politischen Skandals.* Göttingen: Vandenhoeck & Ruprecht.
Busse, Dietrich (1987): *Historische Semantik. Analyse eines Programms.* Sprache und Geschichte; Bd. 13. Stuttart: Klett-Cotta.
Busse, Dietrich; Hermanns, Fritz; Teubert, Wolfgang (Hg.) (1994): *Begriffsgeschichte und Diskursgeschichte. Methodenfragen und Forschungsergebnisse der historischen Semantik.* Opladen: Westdeutscher Verlag.
Busse, Dietrich; Teubert, Wolfgang (1994): „Ist Diskurs ein sprachwissenschaftliches Objekt? Zur Methodenfrage der historischen Semantik". In: Busse, Dietrich; Hermanns, Fritz; Teubert, Wolfgang (Hg.): *Begriffsgeschichte und Diskursgeschichte. Methodenfragen und Forschungsergebnisse der historischen Semantik.* Opladen: Westdeutscher Verlag, S. 10–28.
Busse, Dietrich (1995): „Sprache - Kommunikation – Wirklichkeit Anmerkungen zum „Radikalen" am Konstruktivismus und zu seinem Nutzen oder seiner Notwendigkeit für die Sprach- und Kommunikationswissenschaft". In: Fischer, Hans Rudi (Hrsg.): *Die Wirklichkeit des Konstruktivismus. Zur Auseinandersetzung um ein neues Paradigma.* Heidelberg: Carl Auer Verlag, S. 253-265.
Busse, Dietrich; Niehr, Thomas; Wengeler, Martin (Hrsg.) (2005): *Brisante Semantik. Neuere Konzepte und Forschungsergebnisse einer kulturwissenschaftlichen Linguistik.* Tübingen: Niemeyer.
Busse, Dietrich (2005): „Sprachwissenschaft als Sozialwissenschaft?". In: Busse, Dietrich; Niehr, Thomas; Wengeler, Martin (Hrsg.): *Brisante Semantik.*

Neuere Konzepte und Forschungsergebnisse einer kulturwissenschaftlichen Linguistik. Tübingen: Niemeyer 2005, S. 21-43.

Busse, Dietrich (2001): „Öffentliche Sprache und politischer Diskurs Anmerkungen zu einem prekären Gegenstand linguistischer Analyse". In: Diekmannshenke, Hajo; Meißner, Iris (Hrsg.): *Politische Kommunikation im historischen Wandel.* Wiesbaden: Westdeutscher Verlag (FS Josef Klein), S. 31-55.

Busse, Dietrich (2008): „Diskurslinguistik als Epistemologie. Das verstehensrelevante Wissen als Gegenstand linguistischer Forschung.". In: Warnke, Ingo/ Spitzmüller, Jürgen (Hrsg.): *Methoden der Diskurslinguistik Methoden der Diskurslinguistik.* Berlin: de Gruyter, S. 57-88.

Bußmann, Hadumod (³2002): *Lexikon der Sprachwissenschaft.* Stuttgart: Kröner.

Carstensen, Broder (1971): *Spiegel-Wörter, Spiegel-Worte zur Sprache eines deutschen Nachrichtenmagazins.* München: Hueber (Sprachen der Welt).

Dabrowski, Martin; Constanze Spieß. (Hrsg.) (2007): *Zellhaufen oder menschliches Leben? Überzeugungsstrategien im Diskurs um die embryonale Stammmzellforschung aus sprachwissenschaftlicher Sicht.* Münster: dialogverlag. (Nr. 11 der Reihe „edition akademie franz hitze haus" herausgegeben von Thomas Sternberg).

de Beaugrande, Robert-Alain; Dressler, Wolfgang Ulrich (1981): *Einführung in die Textlinguistik.* Tübingen: Niemeyer.

Dehmer, Dagmar (2008): „Ohne Gentechnik – fast". In: Tagesspiegel vom 16. 01.2008. Verfügbar unter: http://www.tagesspiegel.de/politik/deutschland/lebensmittel-ohne-gentechnik-fast/1141892.html; Zugriff am 22.01.2012

Dietrich, Rainer (*1992*): *Modalität im Deutschen. Zur Theorie der relativen Modalität.* Opladen: Westdeutscher Verlag.

Domasch, Silke (2007): *Biomedizin als sprachliche Kontroverse: Die Thematisierung von Sprache im öffentlichen Diskurs zur Gendiagnostik.* Berlin (u. a.): de Gruyter (Sprache und Wissen; 1).

Dudenredaktion (Hrsg.) (⁷2006): *Duden. Die Grammatik: Unentbehrlich für richtiges Deutsch.* Band 4. Mannheim, Leipzig, Wien und Zürich: Dudenverlag.

Dudenredaktion (Hrsg.) (⁷2001): *Duden. Das Fremdwörterbuch. Unentbehrlich für das Verstehen und den Gebrauch fremder Wörter.* Band 5. Mannheim, Leipzig, Wien und Zürich: Dudenverlag.

Eggs, Frederike (2007): „Adjunktor". In: Hoffmann, Ludger (Hg.): *Handbuch der deutschen Wortarten.* Berlin u.a.: de Gruyter, S. 189–221.

Eisenberg, Peter (1999): *Grundriss der deutschen Grammatik 2: Der Satz: BD 2.* Stuttgart; Weimar: Metzler.

Erben, Johannes (¹¹1972): *Deutsche Grammatik. Ein Abriß.* München: Hueber.

Esser, Marco; Schelenz, Bernhard (2011): *Erfolgsfaktor HR Brand: Den Personalbereich und seine Leistungen als Marke managen.* Erlangen: Publicis Publishing.
Fabricius-Hansen, Cathrine (Hrsg.) (2002): *Modus, Modalverben, Modalpartikeln.* Trier: Wissenschaftlicher Verlag Trier (WVT) (Fokus; 25).
Fandrych, Christian; Thurmair, Maria (2011): *Textsorten im Deutschen.* Tübingen: Stauffenburg-Verlag (Stauffenburg-Linguistik; Bd. 57).
Faulstich, Werner (^{4}2000): *Grundwissen Medien.* München: Wilhelm Fink Verlag (UTB für Wissenschaft; Medienwissenschaft, Literaturwissenschaft, 8169)
Feilke, Helmuth (2000): „Die pragmatische Wende in der Textlinguistik". In: Brinker, Klaus (Hg.): *Text- und Gesprächslinguistik/Linguistics of Text and Conversation.* Berlin/New York: de Gruyter, S. 64–82.
Felder, Ekkehard (1995): *Kognitive Muster der politischen Sprache – Eine linguistische Untersuchung zur Korrelation zwischen sprachlich gefaßter Wirklichkeit und Denkmustern am Beispiel der Reden von Theodor Heuss und Konrad Adenauer.* Frankfurt a. M. (u. a.): Peter Lang (Europäische Hochschulschriften: Reihe 1, Deutsche Sprache und Literatur, Band 1490).
Felder, Ekkehard (1999): „Differenzen in der Konzeptualisierung naturwissenschaftlicher Grundlagen bei Befürwortern, Skeptikern und Gegnern der Gen-/Biotechnologie." In: Axel Satzger (Hrsg.): *Sprache und Technik.* Frankfurt a. M. (u. a.): Peter Lang, S. 35-49 (Forum Angewandte Linguistik, Band 36).
Felder, Ekkehard (2003): *Juristische Textarbeit im Spiegel der Öffentlichkeit.* Berlin/ New York: Walter de Gruyter (Studia Linguistica Germanica, Band 70).
Felder, Ekkehard (2003a): „Das Spannungsverhältnis zwischen Sprachnorm und Sprachvariation als Beitrag zu Sprach(differenz)bewusstheit." In: *Wirkendes Wort. 53. Jahrgang, Heft 3/2003*, S. 473-499.
Felder, Ekkehard (Hrsg.) (2006): *Semantische Kämpfe. Macht und Sprache in den Wissenschaften:* Berlin (u. a.): de Gruyter (Linguistik - Impulse & Tendenzen; 19).
Felder, Ekkehard (2006a): „Zur Intention des Bandes". In: Felder, Ekkehard (Hrsg.): *Semantische Kämpfe. Macht und Sprache in den Wissenschaften:* Berlin (u. a.): de Gruyter (Linguistik - Impulse & Tendenzen; 19), S.1-11.
Felder, Ekkehard (Hrsg.) (2006b): „Semantische Kampfe in Wissensdomänen. Eine Einführung in Benennungs-, Bedeutungs- und Sachverhaltsfixierungs-Konkurrenzen." In: Felder, Ekkehard (Hrsg.): *Semantische Kämpfe. Macht und Sprache in den Wissenschaften.* Berlin/ New York: de Gruyter (Linguistik – Impulse und Tendenzen Bd. 19), S. 13–46.

Felder, Ekkehard (2006c): Form-Funktions-Analyse von Modalitätsaspekten". In: Scherner, Maximilian; Ziegler, Arne (Hrsg.): *Angewandte Textlinguistik. Linguistische Perspektiven für den Deutsch- und Fremdsprachenunterricht.* Tübingen: Narr Verlag, S. 157-178 (Europäische Studien zur Textlinguistik 2).

Felder, Ekkehard (2007): „Text-Bild-Hermeneutik. Die Zeitgebundenheit des Bild-Verstehens am Beispiel der Medienberichterstattung." In: Hermanns, Fritz; Holly, Werner (Hrsg.): *Linguistische Hermeneutik. Theorie und Praxis des Verstehens und Interpretierens.* Tübingen: Niemeyer, (Reihe Germanistische Linguistik 272), S. 357-385.

Felder, Ekkehard (2008): „Das Forschungsnetzwerk ‚Sprache und Wissen' ": Zielsetzung und Inhalte. In: *Zeitschrift für Germanistische Linguistik (ZGL) 36.2/2008*, S. 270-276.

Felder, Ekkehard; Bär, Jochen A. (Hrsg.) (2009): Sprache. Berlin/ Heidelberg: Springer (Heidelberger Jahrbücher; 53.2009).

Felder, Ekkehard (2009a): „Sprache – das Tor zur Welt!? Perspektiven und Tendenzen in sprachlichen Äußerungen." In: Felder, Ekkehard (Hrsg.): *Sprache. Im Auftrag der Universitätsgesellschaft Heidelberg.* Berlin (u. a.): Springer Verlag (Heidelberger Jahrbücher Band 53), S. 13-57.

Felder, Ekkehard (2009b): „Sprachliche Formationen des Wissens. Sachverhaltskonstitution zwischen Fachwelten, Textwelten und Varietäten." In: Felder, Ekkehard; Müller, Marcus (Hrsg.): *Wissen durch Sprache. Theorie, Praxis und Erkenntnisinteresse des Forschungsnetzwerks »Sprache und Wissen«.* Berlin/ New York: de Gruyter (Sprache und Wissen Bd. 3), S. 21-77.

Felder, Ekkehard (2009c): „Das Forschungsnetzwerk „Sprache und Wissen" – Zielsetzung und Inhalte." In: Felder, Ekkehard; Müller, Marcus (Hrsg.): *Wissen durch Sprache. Theorie, Praxis und Erkenntnisinteresse des Forschungsnetzwerks »Sprache und Wissen«.* Berlin/ New York: de Gruyter (Sprache und Wissen Bd. 3), S. 11-18.

Felder, Ekkehard; Müller, Marcus (2009): *Wissen durch Sprache: Theorie, Praxis und Erkenntnisinteresse des Forschungsnetzwerkes „Sprache und Wissen".* Berlin (u. a.): de Gruyter (Sprache und Wissen; 3).

Felder, Ekkehard; Müller, Marcus; Vogel, Friedemann (2012): *Korpuspragmatik: Thematische Korpora als Basis diskurslinguistischer Analysen.* Berlin/ New York: de Gruyter (Linguistik - Impulse & Tendenzen 44).

Felder, Ekkehard (2012a): „Pragma-semiotische Textarbeit und der hermeneutische Nutzen von Korpusanalysen für die linguistische Mediendiskursanalyse." In: Felder, Ekkehard; Müller, Marcus; Vogel, Friedemann (Hrsg.) (2012): *Korpuspragmatik. Thematische Korpora als Basis diskurslinguisti-*

scher Analysen. Berlin/ New York: de Gruyter (Linguistik – Impulse und Tendenzen 44), S. 115-174.

Felder, Ekkehard (2013): „Linguistische Diskursanalyse im Forschungsnetzwerk Sprache und Wissen". In: Keller, Reiner; Schneider, Werner; Viehöver, Willy (Hrsg.) (in Vorb.): *Diskurs – Wissen – Sprache*. Wiesbaden: VS- Verlag, 167-198.

Felder, Ekkehard (Hrsg.) (2013): *Faktizitätsherstellung in Diskursen. Die Macht des Deklarativen*. Berlin/ Boston: de Gruyter (Sprache und Wissen Bd. 13).

Fischer, Hans Rudi (Hrsg.) (1995): *Die Wirklichkeit des Konstruktivismus*. Heidelberg: Carl-Auer-Systeme.

Fleischer, Wolfgang; Barz, Irmhild (³1992): *Wortbildung der deutschen Gegenwartssprache*. Tübingen: Niemeyer.

Fluck, Hans-Rüdiger (⁵1996): *Fachsprachen. Einführung und Bibliographie*. Tübingen (u. a.): (UTB für Wissenschaft: Uni-Taschenbücher; 483).

Förster, Hans-Peter; Rost, Gerhard; Thiermeyer, Michael (²2009): *Corporate Wording: Die Erfolgsfaktoren für professionelle Kommunikation*. Frankfurt a. M.: Frankfurter Allgemeine Buch.

Förster, Hans-Peter (1994): *Coporate Wording. Konzepte für eine unternehmerische Schreibkultur*. Frankfurt a. M./ New York: Campus.

Forster, Ingrid (2011): *Die Säulen des Staates - Massenmedien als die „vierte Gewalt"?* München: Grin Verlag.

Fotion, Nick (2003): "From Speech Acts to Speech Activity". In: Smith, Barry (Hrsg): *John Searle*. Cambridge: Cambridge University Press, S 34-51.

Foucault (1973): *Archäologie des Wissens*. Frankurt a. M.: Suhrkamp. (1969): *L'Archéologie du savoir*. Paris: Gallimard.

Francis, W. Nelson (1982): „Problems of assembling and computerizing large corpora". In: Johansson, Stig (Hrsg.): *Computer Corpora in English Language Research*. Bergen: Norwegian Computing Centre for the Humanities, S. 124-136.

Gardt, Andreas (1998): Sprachtheoretische Grundlagen und Tendenzen der Fachsprachenforschung. In: *Zeitschrift für germanistische Linguistik (ZGL) 26.1998*, S. 31–66.

Gardt, Andreas (2013): „Textanalyse als Basis der Diskursanalyse. Theorie und Methoden." In: Felder, Ekkehard (Hrsg.): *Faktizitätsherstellung in Diskursen. Die Macht des Deklarativen*. Berlin/ Boston: de Gruyter (Sprache und Wissen Bd. 13), S. 29-56.

Gerichtshof der Europäischen Union (2011): Pressemitteilung Nr. 79/11: Presse und Information Urteil in der Rechtssache C-442/09 Karl Heinz Bablok u. a./ Freistaat Bayern. Vefügbar unter:

http://www.jusline.de/scripts/widgets/pressemitteilungen/index.php?presse mitteilung=122748&userid=41759&grp=EuGH; Zugriff am 19.03.2012.

Gipper, Helmut (1987): *Das Sprachapriori. Sprache als Voraussetzung menschlichen Denkens und Erkennens.* Stuttgart-Bad Cannstatt: frommannholzboog.

Gordon, John-Stewart (2007): *Bemerkungen zum Begründungstrilemma.* Münster: Lit Verlag.

Grimm, Jacob; Grimm, Wilhelm (1956): „V – Verzwunzen". In: *Deutsches Wörterbuch, Bd. 12,1.* Leipzig: Hirzel.

Grimminger, Rolf (1972). „Kaum aufklärender Konsum". In: Rucktäschel, Annamaria (Hrsg.): *Sprache und Gesellschaft.* UTB für Wissenschaft. Band 131. München: Wilhelm Fink, S. 15-68.

Habermas, Jürgen (^{5}1997): *Faktizität und Geltung.* Berlin: Suhrkamp.

Hahn, Walter (1983): *Fachkommunikation. Entwicklung, linguistische Konzepte, betriebliche Beispiele.* Berlin/ New York (Sammlung Goschen 2223).

Heinemann, Wolfgang (2011): „Diskursanalyse in der Kontroverse". In: Bilut-Homplewicz, Zofia; Waldemar Czachur (Hrsg.): *tekst i dyskurs - Text und Diskurs 4/2011. Zeitschrift der Abteilung für germanistische Sprachwissenschaft des Germanistischen Instituts Warschau,* S. 31-67.

Helbig, Hermann (^{2}2008): *Wissensverarbeitung und die Semantik der Natürlichen Sprache. Wissensrepräsentation mit MultiNet.* Berlin/ Heidelberg: Springer.

Held, Gudrun (1998): „Der Titel als Leseerlebnis. Zu einer Linguistik der Spielformen in den Schlagzeilen italienischer Nachrichtenmagazine. In: Kettemann, B.; Stegu, M.; Stöckl, H. (Hrsg.): *Mediendiskurse. VERBAL-Workshop 1996 Graz.* Frankfurt a. M.: Peter Lang, S. 121-133.

Hellwig, Peter (1984): „Titulus oder Über den Zusammenhang von Titeln und Texten". In: *Zeitschrift für Germanistische Linguistik 12,* S. 1-20.

Hermann, Roland; Kubitzki, Sabine; Henseleit, Meike; Henkel, Tobias (2008): *Lebensmittelkennzeichnung „ohne Gentechnik": Verbraucherwahrnehmung und -verhalten – Abschlussbericht. Institut für Agrarpolitik und Marktforschung der Universität Giessen.* Verfügbar unter: http://www.gutes-aus-hessen.de/fileadmin/pdf/Abschlussbericht_ohne_Gentechnik.pdf; Zugriff am 22.02.2012.

Hermanns, Fritz (1994): *Schlüssel-, Schlag- und Fahnenwörter.* Heidelberg (u. a.): Universitätsverlag (Arbeiten aus dem Sonderforschungsbereich 245, „Sprache und Situation", Heidelberg, Mannheim).

Hermanns, Fritz (2003): „Linguistische Hermeneutik." In: Linke, Angelika; Ortner, Hanspeter; Portmann-Tselikas, Paul (Hrsg.): *Sprache und mehr. Ansichten einer Linguistik der sprachlichen Praxis.* Tübingen: Niemeyer.

Hermanns, Fritz; Holly, Werner (Hrsg.) (2007): *Linguistische Hermeneutik. Theorie und Praxis des Verstehens und Interpretierens.* Tübingen: Niemeyer (Reihe Germanistische Linguistik 272).

Hörmann, Hans (1976): *Meinen und Verstehen. Grundzüge einer psychologischen Semantik.* Frankfurt a. M.: Suhrkamp.

Hoffmann, Lothar (^{3}1987): *Kommunikationsmittel Fachsprache. Eine Einführung.* Berlin (= Forum fur Fachsprachen-Forschung, Bd.1).

Hoffmann, Lothar (1988): *Vom Fachwort zum Fachtext. Beitrage zur Angewandten Linguistik.* Tübingen (= Forum fur Fachsprachen-Forschung, Bd.5).

Hoffmann, Ludger (2007): *Deutsche Wortarten.* Berlin/ New York: de Gruyter.

Huber, Oliver (2003): *Hyper-Text-Linguistik TAH: Ein textlinguistisches Analysemodell für Hypertexte: Theoretisch und praktisch exemplifiziert am Problemfeld der typisierten Links von Hypertexten im World Wide Web.* München: Herbert Utz Verlag.

Hundt, Markus (2000): „Textsorten des Bereichs Wirtschaft und Handel." In: Brinker, Klaus et al. (2000)(Hrsg.): *Text- und Gesprächslinguistik. Ein internationales Handbuch zeitgenössischer Forschung.* (Handbücher zur Sprach- und Kommunikationswissenschaft 16/2). Berlin/New York: Walter de Gruyter, S. 642-658.

Hundt, Markus (2011): „Wie wir die Dinge benennen, so begegnen wir ihnen: Naming-Prozesse im Kontext der HR-Markenarbeit." In: Esser, Marco; Schelenz, Bernhard (Hrsg.): *Erfolgsfaktor HR Brand. Den Personalbereich und seine Leistungen als Marke managen.* Erlangen: Publicis, S. 165-174.

Hundt, Markus, Christina A. Anders und Alexander Lasch (2010): *Der sprachliche Auftritt börsennotierter Unternehmen aus dem Energie- und Finanzdienstleistungssektor - Personalrekrutierung durch Sprache. Trends und Tendenzen in der sprachlichen Gestaltung von Karrierewebseiten* (KIMATEK 2010).

Husmann-Driessen, Jens (2006): *Die Ideologiesprache der beiden Volksparteien SPD und CDU in ihrer Grundsatzprogrammatik seit der Gründung der Bundesrepublik Deutschland.* Verfügbar unter: http://duepublico.uni-duisburg-essen.de/servlets/DocumentServlet?id=14542; Zugriff am 15.04.2011.

Iluk, Jan (2009): „Verarbeitungs- und lernbehindernde Barrieren in Lehrtexten aus kognitionswissenschaftlicher Sicht". In: Antos, Gerd (Hg.): *Rhetorik und Verständlichkeit.* Tübingen: Niemeyer. (Jahrbuch der Rhetorik 2009. Bd. 28), 46-60.

Jäckel, Michael; Mai, Manfred (Hrsg.) (2008): *Medienmacht und Gesellschaft. Zum Wandel öffentlicher Kommunikation.* Frankfurt a. M./ New York: Campus.

Johnson, Mark (1987): *The Body in the Mind. The Bodily Basis of Meaning, Imagination, and Reason.* Chicago: University of Chicago Press.

Keller, Reiner; Schneider, Werner; Viehöver, Willy (Hrsg.) (in Vorb.): *Diskurs – Wissen – Sprache.* Wiesbaden: VS- Verlag.

Keller, Reiner (^{4}2011): *Diskursforschung: Eine Einführung Für SozialwissenschaftlerInnen.* Wiesbaden: VS-Verlag (Reihe qualitative Sozialforschung Bd. 14. Hg.von Bohnsack, Ralf; Flick, Uwe; Lüders, Christian; Reichertz, Jo).

Keller, Rudi (2006): *Der Geschäftsbericht: Überzeugende Unternehmenskommunikation durch klare Sprache und gutes Deutsch.* Wiesbaden: Gabler Verlag.

Keller, Rudi (1977): „Kollokuionäre Akte". In: *Germanistische Linguistik, 1-2/77.* Hildesheim / Zürich / New York: Olms, 1977, S. 1-50.

Kennedy, Graeme (1998): *An Introduction to Corpus Linguistics.* London/ New York: Longman.

Kepplinger, Hans Mathias; Ehmig, Simone Christine; Ahlheim, Christine (1991): *Gentechnik im Widerstreit. Zum Verhältnis von Wissenschaft und Journalismus.* Frankfurt a. M./ New York: Campus.

Klein, Josef (Hrsg.) (1989a): *Politische Semantik. Bedeutungsanalytische und sprachkritische Beiträge zur politischen Sprachverwendung.* Opladen: VS Verlag für Sozialwissenschaften.

Klein, Josef (1989b): „Wortschatz, Wortkampf, Wortfelder in der Politik." In: Klein, Josef (Hrsg.): *Politische Semantik. Bedeutungsanalytische und sprachkritische Beiträge zur politischen Sprachverwendung.* Opladen: VS Verlag für Sozialwissenschaften, S.3-50.

Köck, Wolfram K. (1987): „Kognition – Semantik – Kommunikation". In: Schmidt, Siegfried J. (Hrsg.): *Der Diskurs des radikalen Konstruktivismus.* Frankfurt a. M.: Suhrkamp (Suhrkamp-Taschenbuch Wissenschaft; 636).

Köller, Wilhelm (1995): „Modalität als sprachliches Grundphänomen". In: *Der Deutschunterricht Heft 4. Beiträge zu seiner Praxis und wissenschaftliche Grundlegung.* Seelze: Friedrich, S. 37-50.

Köller, Wilhelm (1997): *Funktionaler Grammatikunterricht. Tempus, Genus, Modus: Wozu* wurde das erfunden? Baltmannsweiler: Schneider.

Köller, Wilhelm (2004): *Perspektivität und Sprache. Zur Struktur von Objektivierungsformen in Bildern, im Denken und in der Sprache.* Berlin/ New York: de Gruyter.

König, Jan (2011): *»Der Stil überzeugt!«. Die Überzeugungskraft persönlichen Stils am Beispiel der Rede Helmut Kohls vor der Ruine der Dresdner Frauenkirche im Jahr 1989 und der Rede des Marquis von Posa in Schillers Don Carlos.* Vortrag bei den Salzburg–Tübinger Rhetorikgesprächen 2011. Ver-

fügbar unter: http://www.rhetorikgespraeche.at/Vortr%C3%A4ge_Sat%C 3%BCr.htm#InhaltderVortr%C3%A4ge; Zugriff am 20.09.2011.
Konerding, Klaus-Peter (1993): *Frames und lexikalisches Bedeutungswissen*. Tübingen: Niemeyer (Reihe Germanistische Linguistik; 142).
Konerding, Klaus-Peter (2005): „Diskurse, Themen und soziale Topik". In: Fraas, Claudia (Hrsg.): *Mediendiskurse*. Frankfurt a. M./ Berlin/ Bern/ Wien (u. a.): Lang (Bonner Beiträge zur Medienwissenschaft; 4).
Konerding, Klaus-Peter (2007): „Themen, Rahmen und Diskurse. Zur linguistischen Fundierung des Diskursbegriffes." In: Warnke, Ingo H. (Hrsg.): *Diskurslinguistik nach Foucault. Theorie und Gegenstände*. Berlin/ New York: de Gruyter.
Konerding, Klaus-Peter (2008): „Diskurse, Topik, Deutungsmuster." In: Warnke, Ingo/ Spitzmüller, Jürgen (Hrsg.): *Methoden der Diskurslinguistik*. Berlin: de Gruyter, S. 117-150.
Konerding, Klaus-Peter (2009a): „Diskurslinguistik – eine neue linguistische Teildisziplin." In: Felder, Ekkehard (Hrsg.): *Sprache. Im Auftrag der Universitätsgesellschaft Heidelberg*. Berlin (u. a.): Springer (Heidelberger Jahrbücher; 53), S. 155-177.
Konerding, Klaus-Peter (2009b): „Sprache – Gegenstandskonstitution – Wissensbereiche. Überlegungen zu (Fach-)Kulturen, kollektiven Praxen, sozialen Transzendentalien, Deklarativität und Bedingungen von Wissenstransfer". In: Felder, Ekkehard; Müller, Marcus (Hrsg.): *Wissen durch Sprache. Theorie, Praxis und Erkenntnisinteresse des Forschungsnetzwerkes "Sprache und Wissen"*. Berlin/ New York: de Gruyter (Sprache und Wissen; 3) S. 79-111.
Koselleck, Reinhart (Hrsg.) (1972): *Vergangene Zukunft. Zur Semantik geschichtlicher Zeiten*. Frankfurt: Suhrkamp.
Koselleck, Reinhart (1972): „Begriffsgeschichte und Sozialgeschichte". In: Koselleck, Reinhart (Hrsg.): *Vergangene Zukunft. Zur Semantik geschichtlicher Zeiten*. Frankfurt: Suhrkamp, S. 107-129.
Lemnitzer, Lothar; Zinsmeister, Heike (2006): *Korpuslinguistik: Eine Einführung*. Tübingen: Narr.
Levinson, Steven C. (2000): *Pragmatik*. Tübingen: Niemeyer.
Liebert, Wolf-Andreas (2003): „Zu einem dynamischen Konzept von Schlüsselwörtern". In: *Zeitschrift für angewandte Linguistik 38 (2003)*, S. 57–83.
Linke, Angelika; Ortner, Hanspeter; Portmann-Tselikas, Paul (Hrsg.)(2003): *Sprache und mehr. Ansichten einer Linguistik der sprachlichen Praxis*. Tübingen: Max Niemeyer Verlag.
Lohde, Michael (2006): *Wortbildung des modernen Deutschen: ein Lehr- und Übungsbuch*. Tübingen: Gunter Narr Verlag.

Lück, Hartmut (1963): *Datum: 11.11.1963 Betr.: SPIEGEL-Sprache*. In: DER SPIEGEL 46/1963.

Lüger, Heinz-Helmut (^{2}1995): *Pressesprache*. Tübingen: Niemeyer (Germanistische Arbeitshefte; 28).

Luhmann, Niklas (1996): *Die Realität der Massenmedien*. Opladen: Westdeutscher Verlag.

Mai, Manfred (2008): „Macht und Gegenmacht: Zum Verhältnis politischer und medialer Macht". In: Jäckel, Michael; Mai, Manfred (Hrsg.): *Medienmacht und Gesellschaft. Zum Wandel öffentlicher Kommunikation*. Frankfurt a. M./ New York: Campus.

Maletzke, Gerhard (1963): *Psychologie der Massenkommunikation*. Hamburg: Hans Bredow Institut.

Mautner, Gerlinde (2008): „Analyzing Newspapers, Magazines and Other Print Media". In: Wodak, Ruth; Krzyzanowski, Michal (Hrsg.)(2008): *Qualitative Discourse Analysis in the Social Sciences*. Basingstoke et al.: Palgrave Macmillan, S. 30-53.

McGregor, Erin; Strauss, Steve; Carroll, Kirstin (2005): *Plant-Made Pharmaceuticals (PMPs) & Plant-Made Industrial Products (PMIPs): Oregon State University Outreach in Biotechnology Program*. Verfügbar unter: http://wwwdata.forestry.oregonstate.edu/orb/pdf/biopharm%20factsheet%2 08_05.pdf; Zugriff am 31.03.2012.

Merten, Klaus (^{3}2007): *Einführung in die Kommunikationswissenschaft*. Münster: Lit Verlag.

Müller, Marcus (2012): „Vom Wort zur Gesellschaft: Kontexte in Korpora: Ein Beitrag zur Methodologie der Korpuspragmatik." In: Felder, Ekkehard; Müller, Marcus; Vogel, Friedemann (Hrsg.): *Korpuspragmatik. Thematische Korpora als Basis diskurslinguistischer Analysen*. Berlin/ Boston: de Gruyter, S. 33-82.

Müller, Marcus; Freitag, Birgit; Köder, Franziska (2010): "Plant biotechnology in German media: A linguistic analysis of the public image of genetically modified organisms". In: *Biotechnology Journal, Volume 5 Issue 6*, S. 541–544 (DOI: 10.1002/biot.201000127).

Myers, Greg (2010): *Discourse of blogs and wikis*. London (u. a.): Continuum (Continuum discourse series).

Niederhauser, Jürg (1999): *Wissenschaftssprache und populärwissenschaftliche Vermittlung*. Tübingen: Gunter Narr (Forum für Fachsprachen-Forschung; 53).

Niederhauser, Jürg; Adamzik, Kirsten (1999): *Wissenschaftssprache und Umgangssprache im Kontakt*. Frankfurt: Peter Lang.

Nöth, Winfried; Wenz, Karin (1998): *Medientheorie und die digitalen Medien.* Kassel: University Press.
Nöth, Winfried (1998): „Die Semiotik als Medienwissenschaft." In: Nöth, Winfried; Wenz, Karin (Hrsg.): *Medientheorie und die digitalen Medien.* Kassel: University Press, S. 47-60.
Meyers Grosses Taschenlexikon. 20 Bände, Bd. 5. Mannheim: Bibliographisches Institut.
o. Verf. (2011): „Honig-Urteil. Kleiner Imker siegt gegen Gen-Industrie" (hei/ dapd). In: *Focus Online vom 06.09.2011.* Verfügbar unter: http://www.fo cus.de/finanzen/recht/honig-urteil-kleiner-imker-siegt-gegen-gen-industrie_ aid_662653.html; Zugriff am 19.03.2012.
Oberthür, Jörg (2008): *Die Einführung der grünen Gentechnik als diskursive Konstruktion.* Baden-Baden: Nomos.
Ogden, Charles Kay; Richards, Ivor Armstrong (1923): *The Meaning of Meaning.* New York: Harcourt.
Partington, Alan (2004): Utterly content in each other's company. Semantic prosody and semantic preference. In: International Journal of Corpus Linguistics 9.1 (2004), S. 131-156.
Renn, Ortwin; Hampel, Jürgen (1999): *Gentechnik in der Öffentlichkeit. Wahrnehmung und Bewertung einer umstrittenen Technologie.* Frankfurt a. M./ New York: Campus.
Rittershofer, Christian (2007): *Lexikon Politik, Staat, Gesellschaft. 3600 aktuelle Begriffe von Abberufung bis Zwölfmeilenzone.* München: Dt. Taschenbuch-Verlag.
Roelcke, Thorsten (1991): „Das Eineindeutigkeitspostulat der lexikalischen Fachsprachensemantik." In: *Zeitschrift für germanistische Linguistik (ZGL) 19.1991,* S. 194–208.
Roelcke, Thorsten (^{3}2010): *Fachsprachen.* Berlin: Schmidt (Grundlagen der Germanistik; 37).
Rucktäschel, Annamaria (Hrsg.) (1987): *Sprache und Gesellschaft.* UTB für Wissenschaft. Band 131. München: Wilhelm Fink.
Rustemeyer, Dirk (Hrsg.) (2003): *Erziehung in der Moderne.* Würzburg: Königshausen & Neumann (Wittener kulturwissenschaftliche Studien; 3).
Sandig, Barbara (1971): *Syntaktische Typologie der Schlagzeile. Möglichkeiten und Grenzen der Sprachökonomie im Zeitungsdeutsch.* München: Hueber (= Linguistische Reihe 6).
Satzger, Axel (Hrsg.) (1999): *Sprache und Technik.* Frankfurt a. M./ Berlin/ Bern/ Wien (u. a.): Peter Lang (Forum angewandte Linguistik ; 36).
Sauer, Nicole (2002): *Corporate Identity in Texten. Normen für schriftliche Unternehmenskommunikation.* Berlin: Logos-Verlag.

Saussure, Ferdinand de (^{3}2001): *Grundfragen der Allgemeinen Sprachwissenschaft*. Berlin: de Gruyter.

Schaffrath, Michael (^{4}2000): „Zeitung." In: Faulstich, Werner (Hrsg.): *Grundwissen Medien*. München: Wilhelm Fink Verlag (UTB für Wissenschaft; Medienwissenschaft, Literaturwissenschaft, 8169), S. 433-451.

Schalk, Helge (2003): „Medien und Modernisierung. Semiotische Bemerkungen". In: Rustemeyer, Dirk (Hrsg.): *Erziehung in der Moderne. Festschrift für Franzörg Baumgart*. Würzburg: Königshausen & Neumann.

Scherner, Maximilian; Ziegler, Arne (Hrsg.): *Angewandte Textlinguistik. Linguistische Perspektiven für den Deutsch- und Fremdsprachenunterricht*. Tübingen: Narr Verlag (Europäische Studien zur Textlinguistik 2).

Schmidt, Manfred G. (^{2}2004): *Wörterbuch zur Politik*. Stuttgart: Kröner.

Schmidt, Siegfried J. (1987) (Hrsg.): *Der Diskurs des radikalen Konstruktivismus*. Frankfurt a. M.: Suhrkamp (Suhrkamp-Taschenbuch Wissenschaft; 636).

Schmitz, Ulrich (2004): *Sprache in modernen Medien: Einführung in Tatsachen und Theorien, Themen und Thesen*. Berlin: Schmidt (Erich).

Schwarke, Christian (2000): *Die Kultur der Gene*. Stuttgart: W. Kohlhammer.

Searle, John R. (^{11}1983): *Sprechakte: Ein sprachphilosophischer Essay*. Frankfurt a. M.: Suhrkamp Verlag.

Senkbeil, Karsten (2011): *Ideology in American Sports: A Corpus-Assisted Discourse Study*. Heidelberg: Winter.

Senkbeil, Karsten (2012): "The Language of American Sports. A corpus-assisted discourse study. Methodologische Überlegungen." In: Felder, Ekkehard; Müller, Marcus; Vogel, Friedemann (Hrsg.): *Korpuspragmatik: Thematische Korpora als Basis diskurslinguistischer Analysen*. Berlin/ Boston: de Gruyter. (Linguistik - Impulse & Tendenzen 44), S. 387-412.

Shelley, Mary (2008): *Frankenstein oder Der moderne Prometheus*. Frankfurt a. M.: Insel Verlag.

Spieß, Constanze (2007): „Zellhaufen oder menschliches Leben? Redestrategien im Bioethikdiskurs um embryonale Stammzellforschung". In: Dabrowski, Martin; Spieß, Constanze (Hrsg.): *Zellhaufen oder menschliches Leben? Überzeugungsstrategien im Diskurs um die embryonale Stammmzellforschung aus sprachwissenschaftlicher Sicht*. Münster: dialogverlag (Nr. 11 der Reihe „edition akademie franz hitze haus". Hg. von Thomas Sternberg), S. 35-74.

Spieß, Constanze (2011a): „Die sprachlich-diskursive Konstitution von Weltanschauung und Weltbild im Stammzelldiskurs durch Lexik, Metaphorik und Argumentatonsmuster". In: Bilut-Homplewicz, Zofia; Waldemar Czachur (Hrsg.): *tekst i dyskurs - Text und Diskurs 4/2011. Zeitschrift der Abteilung für germanistische Sprachwissenschaft des Germanistischen Instituts Warschau*, S. 133-156.

Spieß, Constanze (2011b): *Diskurshandlungen: Theorie und Methode linguistischer Diskursanalyse am Beispiel der Bioethikdebatte.* Berlin/ Boston: de Gruyter.

Spitzmüller, Jürgen; Warnke, Ingo H. (2011): *Diskurslinguistik: Eine Einführung in Theorien und Methoden der transtextuellen Sprachanalyse.* Berlin/ Boston: de Gruyter.

Stefanowitsch, Anatol (2005): „Quantitative Korpuslinguistik und sprachliche Wirklichkeit." In: Solte-Gresser, Christiane; Struve, Karin; Ueckmann, Natascha (Hrsg.): Von der Wirklichkeit zur Wissenschaft. Aktuelle Forschungsmethoden in den Sprach-, Literatur- und Kulturwissenschaften. Hamburg: LIT-Verlag, *S.* 147-161.

Steger, Hugo (1983): „Über Textsorten und andere Textklassen". In: *Textsorten und literarische Gattungen.* Hrsg. vom Vorstand der Vereinigung der Deutschen Hochschulgermanisten. Berlin: Viehweger, S. 25-67.

Steger, Hugo (1988): „Erscheinungsformen der deutschen Sprache. ‚Alltagssprache' – ‚Fachsprache' – ‚Standardsprache' – ‚Dialekt' und andere Gliederungstermini." In: *Deutsche Sprache Jahrgang 4/16 (1988). Zeitschrift für Theorie, Praxis, Dokumentation.* Berlin: Schmidt, S. 289-319.

Stegmeier, Jörn (2011): „Beiträge zur Entwicklung eines computergestützten Methodenapparats für die Diskursanalyse" . In: Felder, Ekkehard, Müller, Marcus; Vogel, Friedemann (Hg.): *Korpuspragmatik. Thematische Korpora als Basis diskurslinguistischer Analysen von Texten und Gesprächen.* Berlin/ New York: de Gruyter, S. 512-556.

Storrer, Angelika (1999): „Kohärenz in Text und Hypertext". In: Lobin, Henning (Hg.): *Text im digitalen Medium. Linguistische Aspekte von Textdesign, Texttechnologie und Hypertext Engineering.* Opladen/Wiesbaden: Westdeutscher Verlag, S. 33-66.

Straßner, Erich (2000) (Hrsg.): *Grundlagen der Medienkommunikation. Bd.10.* Tübingen: Niemeyer.

Straßner, Erich (2000): „Journalistische Texte". In: Straßner, Erich (2000) (Hrsg.): *Grundlagen der Medienkommunikation. Bd.10.* Tübingen: Niemeyer.

Strohner, Hans (2000): „Kognitive Voraussetzungen: Wissenssysteme – Wissensstrukturen – Gedächtnis." In: Brinker, Klaus; Antos, Gerd; Heinemann, Wolfgang; Sager, Sven F. (Hrsg.): *Text- und Gesprachslinguistik.* Berlin/ New York: de Gruyter (Handbucher zur Sprach- und Kommunikationswissenschaft 16.1), S. 261-274.

Stubbs, Michael (2010): "Three concepts of keywords". In: Bondi, Marina; Scott, Mike (2010): *Keyness in Texts*. Amsterdam/ Philadelphia: John Benjamins Publishing Co, S. 21-42.

Tomasello, Michael (2006): *Die kulturelle Evolution menschlichen Denkens*. Frankfurt a. M.: Suhrkamp.

Topalović, Elvira (2007): „Falsche Zitate in den Mund gelegt? Der Deutsche Presserat urteilt über Leserbeschwerden." In: *Sprachreport 01/2007*, S. 2-5.

Topalović, Elvira (2010): „Instrument Zitat: Zur syntaktischen Integration fremder Rede". Vortrag (gehalten an der Universität Duisburg-Essen im Jahr 2010).

Ueding, Gert; Steinbrink, Bernd (^{4}2005): *Grundriß der Rhetorik*. Stuttgart/ Weimar: Metzler.

Vogel, Friedemann (2011): *Das LDA-Toolkit. Analyseinstrument für kontrastive linguistische Diskurs- und Imageanalysen*. Arbeitspapier, Stand: 14.09.2011. Europäisches Zentrum für Sprachwissenschaften (EZS), Universität Heidelberg.

Vogel, Friedemann (2012a): „Das Recht im Text. Rechtssprachlicher Usus in korpuslinguistischer Perspektive." In: Felder, Ekkehard; Müller, Marcus; Vogel, Friedemann (Hrsg.): *Korpuspragmatik: Thematische Korpora als Basis diskurslinguistischer Analysen*. Berlin/ New York: de Gruyter. (Linguistik - Impulse & Tendenzen 44), S. 314-353.

Vogel, Friedemann (2012b): *Linguistik rechtlicher Normgenese. Theorie der Rechtsnormdiskursivität am Beispiel der Online-Durchsuchung*. Berlin/ Boston: de Gruyter.

Vogel, Kathrin (2012): *Corporate Style: Stil und Identität in der Unternehmenskommunikation*. Wiesbaden: VS Verlag für Sozialwissenschaften.

Warnke, Ingo H. (2007): *Diskurslinguistik nach Foucault. Theorie und Gegenstände*. Berlin/ New York: de Gruyter.

Warnke, Ingo H.; Spitzmüller, Jürgen (2008): *Methoden der Diskurslinguistik: Sprachwissenschaftliche Zugänge zur transtextuellen Ebene*. 1. Aufl. Gruyter.

Warnke, Ingo H. (2009): „Die sprachliche Konstituierung von geteiltem Wissen in Diskursen." In: Felder, Ekkehard; Müller, Marcus (Hrsg.)(2009): *Wissen durch Sprache. Theorie, Praxis und Erkenntnisinteresse des Forschungsnetzwerks "Sprache und Wissen"*. Berlin/ New York: de Gruyter, S. 113-140.

Weber, Tilo (2009): „Explizit vs. implizit, propositional vs. prozedural, isoliert vs. kontextualisiert, individuell vs. kollektiv – Arten von Wissen aus der Perspektive der Transferwissenschaften.". In: Weber, Tilo; Antos, Gerd (Hrsg.): *Arten von Wissen*. Frankfurt a. M.: Peter Lang, S. 13-22.

Wengeler, Martin (2003): *Topos und Diskurs. Begründung einer argumentationsanalytischen Methode und ihre Anwendung auf den Migrationsdiskurs (1960-1985)*. Tübingen: Niemeyer (= Reihe Germanistische Linguistik 244).
Wengeler, Martin (2008): „Ausländer dürfen nicht Sündenböcke sein". Diskurslinguistische Analyseebenen, präsentiert am Beispiel zweier Zeitungstexte. In: Warnke, Ingo H.; Spitzmüller, Jürgen (Hrsg.): *Methoden der Diskurslinguistik. Sprachwissenschaftliche Zugänge zur transtextuellen Ebene*. Berlin/ New York: de Gruyter, S. 207-236.
Wiedemann, Peter M.; Eitzinger, Claudia (2006): *Risikowahrnehmung und Gender*. Arbeiten zur Risiko-Kommunikation. Heft 93. Forschungszentrum Jülich (Hrsg.), Programmgruppe Mensch, Umwelt, Technik (MUT); verfügbar unter: http://www2.fz-juelich.de/inb/inb-mut/publikationen/hefte/heft_93.pdf; Zugriff am 13.04.2012.
Wikpedia, Stichwort „Blog", Version vom 02.09.2011, verfügbar unter: http://de.wikipedia.org/wiki/Blog; letzter Zugriff am 06.03.2013.
Wikpedia, Stichwort „Wiki", Version vom 08.11.2011, verfügbar unter: http://de.wikipedia.org/wiki/Wiki; letzter Zugriff am 06.03.2013, 12:45 Uhr.
Wikpedia, Stichwort „Blogosphäre", Version vom 30.01.2012, verfügbar unter: http://de.wikipedia.org/wiki/Blogosph%C3%A4re; letzter Zugriff am 06.03. 2013, 12:55 Uhr.
Wikpedia, Stichwort „Bundesamt für Verbraucherschutz und Lebensmittelsicherheit", Version vom 01.02.2012, verfügbar unter: http://de.wikipedia. org/wiki/Bundesamt_f%C3%BCr_Verbraucherschutz_und_Lebensmittelsic herheit; letzter Zugriff am 06.03.2013, 12:50 Uhr.
Wikpedia, Stichwort „Substanzielle Äquivalenz", Version vom 21.02.2012, verfügbar unter: http://de.wikipedia.org/wiki/Substanzielle_%C3%84quivalenz; Zugriff am 06.03.2013, 12:47 Uhr.
Wikpedia, Stichwort „Genfluss", Version vom 27.02.2012, verfügbar unter: http://de.wikipedia.org/wiki/Genfluss; letzter Zugriff am 06.03.2013, 12:48 Uhr.
Wikpedia, Stichwort „Wikipedia", Version vom 24.04.2012, verfügbar unter: http://de.wikipedia.org/wiki/Wikipedia; letzter Zugriff am 06.03.2013, 12:56 Uhr.
Wimmer, Rainer (1979): *Referenzsemantik*. Tübingen: Niemeyer (Reihe Germanistische Linguistik; 19).
Wittgenstein, Ludwig (1953): *Philosophische Untersuchungen*. In: Ludwig Wittgenstein Werkausgabe Band 1 (1999). Frankfurt a. M.: Suhrkamp, S. 231-485. Online: http://www.geocities.jp/mickindex/wittgenstein/witt_pu_gm.html; Zugriff am 15.04. 2012.

Wodak, Ruth; Krzyzanowski, Michal (Hrsg.)(2008): *Qualitative Discourse Analysis in the Social Sciences*. Basingstoke et al.: Palgrave Macmillan.
Zappen, James P. (2000): "Mikhail Bakhtin (1895-1975)". In: Moran, Michael G.; Ballif, Michelle (Hrsg.): *Twentieth-century Rhetoric and Rhetoricians*. Westport/ Connecticut: Greenwood Press.
Ziem, Alexander (2009): „Frames im Einsatz. Aspekte anaphorischer, tropischer und multimodaler Bedeutungskonstitution im politischen Kontext." In: Felder, Ekkehard; Müller, Marcus (Hrsg.): *Wissen durch Sprache: Theorie, Praxis und Erkenntnisinteresse des Forschungsnetzwerkes „Sprache und Wissen"*. Berlin (u. a.): de Gruyter (Sprache und Wissen; 3).
Zimmer, René (2009): „Die Rahmung der Zwergenwelt. Argumentationsmuster und Versprachlichungsformen im Nanotechnologiediskurs". In: Felder, Ekkehard; Müller, Marcus (Hrsg.)(2009): *Wissen durch Sprache: Theorie, Praxis und Erkenntnisinteresse des Forschungsnetzwerkes „Sprache und Wissen"*. Berlin u. a.: de Gruyter (Sprache und Wissen; 3), S 279-308.

The manufacturer's authorised representative in the EU is Springer Nature Customer Service Centre GmbH, Europaplatz 3, 69115 Heidelberg, Germany. If you have any concerns regarding our products, please contact ProductSafety@springernature.com

Printed and bound by CPI Group (UK) Ltd, Croydon, CR0 4YY
25/03/2026
02078192-0007